재해와 재난관리

Hazard Mitigation and Preparedness

원문: Dylan Sandler, Anna K. Schwab, Hazard Mitigation and Preparedness: An Introductory Text for Emergency Management and Planning Professionals, 3rd Edition, Routledge, 2022.

Dylan Sandler · Anna K. Schwab 공저　　김두기 역

도서출판 구미서관

역자 서문

이 책은 재해와 재난을 설명하고, 대비-대응-복구-경감-예방 과정을 통해 회복탄력적이고 지속가능한 사회를 만들기 위한 다양하고 실행가능한 전략을 제공합니다. 재해관리와 위기관리에 대한 사전 지식이 없다고 가정하여 균형 잡힌 접근방식으로 전문적인 내용을 알기 쉽게 설명하였습니다. 실제 사례와 연습문제와 응용 그리고 요약을 통해 배운 내용을 확인할 수 있습니다.

재난관리분야의 의미있는 수업자료로 활용될 수 있기를 소망하면서 번역을 시작하였습니다. 책이 나오기까지 큰 도움을 주신 구미서관 대표님과 편집부 관계자분들, 그리고 어려운 가운데 성실한 모습으로 자리를 지켜준 공주대학교 구조시스템연구실의 박찬솔, 공병진, 유지성 연구원들에게도 큰 감사의 뜻을 전합니다.

2023년 1월

김두기 배상

저자 서문

관련 전문가와 고등 교육 커뮤니티를 위한 필수 책자인 "재해경감 및 대비(제3판)"는 보다 안전하고 회복탄력적 커뮤니티를 만들기 위한 접근 가능하고 실행 가능한 전략을 제공한다. 균형 잡힌 접근방식으로 알려져 있고 가치가 있는 재해경감 및 대비는 해당 주제에 대한 사전 지식이 없다고 가정하여 비상관리에서 재해의 영향을 대비하고 경감하는 데 관련된 주요 원칙을 제시한다. 다양한 도구와 기술의 실제 사례를 통해 지식과 기술을 적용할 수 있다.

이 개정판에는 다음을 포함하였다.

- 대형 허리케인, 산불, 지진 및 COVID-19 팬데믹을 포함한 최근의 재해 및 경감 노력에 대한 사례 연구 및 관련 기사(sidebar) 업데이트
- 보험 요율 산정방법, 홍수지도 설명, 주민보험료 인하를 위한 커뮤니티 전략 등 전국 수해보험 프로그램 요약
- 기후변화가 재해에 영향을 미치는 방법과 비상관리자가 불확실한 미래를 계획하는 데 사용할 수 있는 도구에 대한 개요
- 다음 사항을 포함하는 대중과의 커뮤니케이션에서의 모범 사례:
  - 대중매체의 효과적인 사용을 위한 모델
  - 재해 및 대비 조치에 대한 정보를 전달하기 위한 행동 과학(behavioral science) 기술
  - 대중의 대비 수준을 높이기 위한 행동 변화를 촉진하는 방법
- 비상관리자 및 계획자가 커뮤니티에서 위험도를 줄이기 위한 계획, 정책 및 프로그램을 개발하고 구현하는 데 도움이 되는 실행 가능한 정보
- 관련 기사, 사례 연구, 목표 및 결과, 핵심 용어, 요약 질문 및 학생들을 위한 비판적 사고 연습을 포함한 업데이트된 텍스트 학습 보조 도구
- 강사가 강의를 계획하고 진행하는 데 도움이 되는 보충 전자파일 자료의 제공: 파워포인트 슬라이드, 시험지, 강사 강의 노트 및 학습 목표, 핵심 용어 및 강의 요약

저자인 **딜런 샌들러**(Dylan Sandler)는 뉴욕시 도시계획과에서 수석 플래너로서, 도시 전체의 구역 변경을 관리하고 토지이용 정책에 대한 도시 계획 위원회에 자문하고 있다. 관심 분야는 재해경감, 기후 적응, 분산 에너지 생산 및 배터리 저장, 도시 농업, 산업 정책 및 경제 개발이다. 허리케인 샌디(Sandy) 이후 그는 산업체들이 허리케인 샌디로 인한 피해로부터 복구하고 향후 사건 발생 시 위험도를 줄일 수 있도록 지원하는 정책(initiative)인 Resilient Industry Study 프로젝트 매니저를 역임했다. 그는 또한 시의 재해경감계획에 대한 기관의 간사 역할을 한다. 이전에 그는 국립 해양 대기 관리국을 지원하는 컨설턴트로 일하면서 국가 기후실행계획 및 국가 해양 정책을 시행했다. 여기서 그는 해안 계획 및 기후 경감과 적응에 초점을 맞춘 연방기관 간의 의사소통과 정책 개발을 촉진했다. 그는 채플힐에 있는 노스캐롤라이나 대학에 위치한 자연재해연구센터의 연구원으로도 근무하면서 재해경감, 해수면 상승 적응, 재해복구 계획에 관한 응용 연구를 수행했으며 센터의 웹사이트와 소셜 미디어를 유지하는 데 도움을 주었다. 그는 지역 및 주 차원의 재해경감계획에 대한 직접적인 경험이 있다. 노스캐롤라이나주 비상관리 부서와 함께 일하면서 주 및 연방 규정 준수를 위한 지역 계획을 검토하고, 노스캐롤라이나주 재해경감계획을 위한 기후변화에 관한 장을 저술했으며, 재해경감계획자를 위한 교육 세션에 사용된 자료를 편집하였다.

저자인 **안나 슈워브**(Anna K. Schwab)은 노스캐롤라이나 대학교 채플힐(UNC-CH)에서 관리하는 미국 국토안보부 해안 복원센터(CRC)의 프로그램 매니저이다. 센터는 자연재해와 관련된 연구를 수행하고, 연구결과를 실행하며, 차세대 재해 학자 및 실무자를 교육하는 데 초점을 맞추고 있다. 그녀는 프로그램 관리자로서의 전국의 다양한 파트너와 협력하여 센터의 연구, 교육 및 공공 봉사(outreach) 프로젝트를 조정한다. 참여하는 주요 연구원 간의 간사 역할을 수행하며, CRC 자문 위원회의 참여를 촉진한다. 현재 회복탄력성 센터에서 근무하기 전에는 UNC-CH와 NC Division of Emergency Management의 파트너십인 재해경감계획 정책(Hazard Mission Planning Initiative)에서 프로젝트 매니저 및 연구원으로 근무했다. 이 정책(initiative)은 연방 재난경감법에 따라 지방정부에 지역 재해경감계획의 개발, 채택 및 구현에 기술 지원을 제공했다. 그녀는 또한 오랫동안 UNC-CH에서 다양한 공공서비스 및 연구 정책의 연구에서 연구원과 프로그램 중재자(coordinator)로 근무하면서, 주로 비상관리, 자연재해경감, 토지 사용, 법률 및 계획, 환경 및 비상관리 윤리, 해안지역 관리, 지속가능 개발, 그리고 천연자원 보존에 관여하였다.

목 차

제1장 재해와 재난

제2장 대비, 재해경감, 기후변화적응

contents

제 I 편
자연재해와 인적재해

제3장 기상재해와 수문재해

제4장 지질재해

제5장 인적재해

제 Ⅱ 편
재난관리에 대한 공공과 민간의 역할

제6장 연방정부

제7장 주정부

제 8 장 지방정부

제 9 장 커뮤니티와 민간부문

제 III 편
재난관리에 대한 공공과 민간의 역할

제10장 위험도평가

제 IV 편 재난관리의 미래

제13장 재난 회복탄력성

제1장 재해와 재난

학습내용과 목표

(1) 학습 내용

- 자연재해 및 인적재해유형
- 재해(hazard)와 재난(disaster)의 차이
- 재난 관련 비용
- 기후변화와 자연재해 사이의 관계

(2) 학습 목표

- 재해와 재난을 구분하기
- 재난의 횟수와 크기가 증가하는 원인 분석하기
- 재난 시나리오의 잠재적 비용에 대해 토론하기

개요

재난은 자연스럽지 않다. 세상에는 자연재해(natural hazard)도 인적재해(human-made hazard)도 많다. 하지만 모든 재해가 재난이 되는 것은 아니다. 이 장에서는 커뮤니티가 직면한 자연재해와 인적재해에 대해 간략히 설명하고, 재해와 재난이 어떻게 다른지를 설명한다. 또한 사회적 취약성 개념에 대한 소개와 함께 도시환경(built environment ↔ 자연환경)에 영향을 미치는 재해와 관련된 많은 비용(경제, 사회, 환경 및 인적 비용)을 다룬다. 이 장은 기후변화가 현재와 미래에 우리가 경험하는 재해의 특성 중 일부를 어떻게 바꿀 것으로 예상되는지에 대한 논의로 끝을 맺는다.

1.1 재해: 자연환경의 일부

이 절에서는 자연재해의 개념을 소개하고 그것들이 어떻게 지구의 동적 평형(dynamic equilibrium)에서 중요한 역할을 하는 자연적 현상인지를 설명한다. 이 절은 또한 우리 커뮤니티에 대한 잠재적 위협인 인적재해를 소개한다.

"자연재해(natural hazard)"는 우리 세상의 일부이며, 자연재해의 발생은 불가피하다. 홍수, 허리케인, 토네이도, 겨울폭풍, 지진, 쓰나미, 화산 폭팔, 산사태, 그리고 다른 극한 사건들은 대부분 인간이 통제할 수 없는 자연 현상들이다.

몇몇 자연 현상들은 생태 환경도 변화시킬 수 있다. 자연재해에 의해 야기되는 다음과 같은 영향을 고려한다.

- 산불은 숲과 초원을 태운다.
- 해안폭풍은 해변을 침식하고, 모래언덕을 평평하게 만들고, 포구를 만들거나 채운다.
- 홍수는 습지를 침수시킨다.
- 화산 폭발은 녹은 바위와 용암으로 풍경을 덮는다.

자연재해로 인한 파괴에도 불구하고, 이러한 발생은 자연시스템의 일부이다. 재해는 지구에서 수십억 년 동안 발생해왔고 앞으로도 계속 발생할 것이다. 자연환경(natural environment)은 놀라울 정도로 회복탄력성(recuperative and resilient)이 있다. 재해사건 이후 생태계는 재생될 수 있고, 차세대 동식물이 새롭게 시작되는 시기에 맞춰 서식지가 복원된다.

1.1.1 지구의 동적 평형

우리가 "재해(hazard)"라고 부르는 많은 사건들은 사실 자연시스템에 필요하고 유익하며 환경 내의 평형을 유지하는데 도움을 준다. 건강한 자연시스템은 일련(一連)의 조정을 통해 오랜 시간 동안 평형 상태를 유지한다. 시스템의 한 부분에서의 변화는 다른 부분에서의 변화에 의해 평형을 이루게 되어 결국 전체 시스템이 "동적 평형(dynamic equilibrium)"이라고 불리는 현상인 평형을 되찾게 된다.

자연시스템이 일부 재해사건의 영향을 흡수하고 동적 평형을 통해 재조정할 때 발생하는 혜택을 고려한다.

- 산불은 낮게 자란 덤불을 제거해 숲 바닥을 햇빛에 개방하고 토양에 영양을 공급해 기존 나무가 튼튼하고 건강하게 자랄 수 있도록 한다.
- 홍수는 습지에 영양분과 침전물을 가져와 다양한 식물과 동물 종에게 풍요로운 서식지를 제공한다.
- 화산 용암과 화산재는 비옥한 토양을 형성하여 새로운 식물의 성장을 자극한다.

이러한 예는 환경은 인간이 재해로 간주하는 것을 처리할 수 있도록 잘 갖춰져 있을 뿐만 아니라 종종 재해를 통해 자연시스템을 갱신하고 유지하도록 하는 방법을 설명해 준다. 이러한 자연적인 과정들 중에는 지구가 수 천년 동안 경험해 온 지구 온도의 변동들이 있다. 혹한과 더 높은 기온의 기간은 항상 우리의 역동적인 평형의 일부였다. 그러나 이 장의 뒷부분에서 더 자세히 검토한 바와 같이, 기후변화는 몇몇 종류의 자연재해의 인과(因果) 과정에서의 변화를 포함하여, 자연적으로 발생하는 지구 시스템의 흐름을 바꾸고 있다.

1.1.2 자연재해유형

자연재해를 발생과 관련된 물리(物理) 과정에 따라 분류할 수 있다. 자연재해의 다섯 가지 광범위한 범주는 다음과 같다.

- 기상재해(meteorological hazard): 허리케인, 열대폭풍, 태풍, 토네이도, 눈과 얼음 폭풍, 뇌우 등
- 지질재해(geological hazard): 지진, 화산폭발, 쓰나미, 산사태, 침하 등
- 수문재해(hydrological hazard): 홍수, 가뭄, 산불 등
- 감염재해(infectious disease hazard): 유행 독감, 벡터매개성 질환 등
- 외계재해(extraterrestrial hazard): 지구 표면에 충돌하는 운석

자연재해의 물리적 매개변수에는 강도와 심각도, 특정 재해의 상대적 강도를 나타내는 측정 강도(measure)가 포함된다. 예를 들어, 허리케인은 종종 지속 풍속에 따라 허리케인의 순위를 1에서 5까지 매기는 사피어-심슨 척도(Saffir-Simpson scale)를 사용하여 분류된다. 지진은 종종 지진 발생원의 상대적인 크기를 설명하는 측정 단위인 규모(magnitude) 단위로 설명되며, 모멘트 규모를 자주 사용한다. 이러한 재해 측정 시스템은 전문 기상학자, 수문학자, 지진학자 및 자연재해사건을 연구하고 예측하는 데 관심이 있는 다른 과학자들에 의해 사용된다. 또한 이러한 척도는 모든 수준의 계획자, 비상관

리자, 엔지니어 및 의사결정자에게 자연재해의 설명, 예측, 계획 및 관리를 위한 공통 용어로 사용된다.

비록 이 책이 많은 종류의 자연재해에 대해 탐구할 것이지만, 외계재해에 대해서는 더 이상 논의하지 않을 것이다. 운석이 대기를 관통해 지구 표면에 충격을 가하는 사례가 있었지만, 이러한 사건은 극히 드물고, 대비와 경감계획의 직접적인 관심이 될 것 같지는 않다.

참조 위치문제

일부 자연재해는 미국의 특정 지역에서만 발생한다. 활화산은 뉴잉글랜드에서는 발견되지 않지만 하와이에서는 용암, 화산재, 증기를 일정한 간격으로 생산한다. 다른 유형의 재해는 더 널리 분포되어 있으며 거의 모든 곳에서 발견할 수 있다. 사실 홍수는 수원(水源)이 정상적인 수로를 넘치는 곳이면 어디서든 발생할 수 있다. 네바다주 라스베가스와 같이 일년 내내 가뭄을 경험하는 지역에서도 갑작스러운 홍수가 발생할 수 있다. 여전히 다른 유형의 재해는 국가의 한 지역에서 꽤 자주 발생하지만, 그러한 재해를 덜 자주 경험하는 다른 지역에서도 가능하다. 예를 들어, 캘리포니아 지진의 위험도는 잘 문서화되어 있지만, 1886년 사우스 캐롤라이나 찰스턴을 강타한 대지진은 덜 알려져 있다. 가까운 미래에 그곳에서 지진이 일어날 위험도는 상당히 크다.

1.1.3 인적재해

"인적재해(human-made hazard)"의 두 가지 주요 범주가 있다: 기술재해와 테러. 기술재해(technological hazard)는 무능력, 잘못된 계획, 운영자 오류, 장비 결함, 악천후 또는 기타 사고로 인해 발생할 수 있다. 예를 들어, 열차 탈선으로 인한 화학 물질의 유출 위험도는 기술재해로 간주된다. 반면 테러(terrorism)는 의도적인 행위를 의미한다; 즉, 어떤 개인이나 집단이 정치적, 사회적, 경제적, 종교적, 또는 복합적인 사명에 따라 특정한 목표로 나아가기 위해 손해를 입히는 것을 의미한다. 비록 인적재해에 대해 이전보다 많이 이해하고 있다고 할 수 있지만, 테러나 기술재해를 완전히 예방할 수 있는 능력은 여전히 제한적이다. 5장에서 인적재해와 그 영향에 대해 탐구할 것이다.

또한 계획을 위해 다양한 유형의 사건들을 별개의 범주로 분류하는 것이 유용하지만, 이러한 범주 사이의 경계는 종종 흐릿하고 시간이 지남에 따라 변경될 수 있다는 점에 유의해야 한다. 예를 들어, 전염재해는 자연적으로 발생하는 사건이지만, 이것들은 또한 테러리스트 음모의 일부로 무기화되어 사용될 수 있다. 마찬가지로, 원자력 발전소의 오작동으로 인해, 또는 국가가 지원하는 테러의 의도적인 위협으로 인해 핵 위험도는 존재할 수 있다.

자기 진단

- "자연재해"와 "동적 평형"을 정의하라.
- 두 가지 자연재해를 나열하고 그 재해의 유익한 기능에 대해 논의하라.
- 기술재해와 테러의 차이점을 설명하라.

1.2 재해와 재난

자연재해는 자연의 균형을 맞추기 위해 발생하며, 자연환경과 생태계는 일반적으로 재해사건 후 스스로 복구하고 복원할 수 있다. 재난은 재해와 다르다. "재난(disaster)"은 인간이 있는 곳에서 자연재해가 발생하여 커뮤니티나 사회의 정상적인 기능을 바꿀 때 발생한다. 재난은 단지 위험한 물리적 사건뿐만 아니라 그 사건에 취약한 사회적 조건과 상호 작용하여 인간, 물질, 경제적 또는 환경적 영향을 광범위하게 초래한다. 즉, 재해로 사람이 다치거나 재산이 훼손 됐을 때만 재난으로 간주한다. 인적재해에도 비슷한 구분이 가능하다. 예를 들어, 정부 데이터베이스 내의 취약성은 오랫동안 존재할 수 있다. 그러나 사이버 공격이 이 취약성을 악용하고 운영을 중단시킬 수 있을 때까지는 재난이 발생했다고 하지 않는다.

1.2.1 재난의 공식적 정의

로버트 T. 스태포드 재난구호 및 긴급원조법(Robert T. Stafford Disaster Relief and Emergency Assistance Act)은 연방정부가 주(州), 지방정부, 아메리카 원주민 부족, 개인 및 가족에게 재난 원조를 제공할 수 있도록 권한을 부여하는 주요 법이다. 스태포드법은 대형 재난을 다음과 같이 정의한다:

> **미국 내 임의 지역에서 발생한 자연재해(허리케인, 토네이도, 폭풍, 고조(高潮), 풍랑, 해일, 쓰나미, 지진, 화산폭발, 산사태, 눈보라 또는 가뭄 포함) 또는 원인과 관계 없이 화재, 홍수 또는 폭발로써, 이들이 유발하는 심각성과 피해의 규모가 대통령의 결정으**

로 이 법에 따라 주요 재난지원을 보장하기에 충분하여, 이들로 인한 피해, 손실, 어려움 또는 고통을 경감하기 위한 국가, 지방정부 및 재난구호 단체의 노력과 가용 자원을 보충함

이 정의가 나타내듯이, 재해의 원인이 무엇이든, 재난은 주(州) 및 지방정부의 대처 능력이 압도될 정도로 크고 심각한 사건이다(Photo 1.1 참조). 재난 구성을 결정하는 기준은 미국 적십자사와 같은 구호 단체가 보완하는 바와 같이 주와 지역 커뮤니티의 자원과 능력에 달려 있다. 우리의 관리체제(governance system)를 구성하는 정책과 규제들의 조각모음(patchwork)은 이러한 자원과 역량과 직접적인 관련이 있다. 6장 ~ 8장은 연방정부 시스템에 존재하는 재해관리 체계에 대해 상세히 설명한다. 이 장에서는 연방, 주 및 지방정부가 재난관리에 대한 책임을 수행하는 방법에 대한 정보를 제공한다. 연방정

Photo 1.1 허리케인 하비(Harvey)는 2017년 미국을 강타하여, 특히 텍사스에서 광범위한 홍수, 피해, 정전으로 이어졌다. 이 폭풍은 병원, 수도 및 폐수 처리 계획, 석유 화학 시설과 같은 중요한 기반시설에 상당한 피해를 입혔다. (이미지 제공: USGCRP 제4차 국가기후평가, 사진 출처: 참모병장 Daniel J. Martinez, 미국 항공 국가방위군)

부는 다른 자원이 고갈된 후에만 지원을 제공할 책임이 있다는 것을 유념해야 한다. 이 정책이 실제로 얼마나 엄격하게 시행되는지는 뒷장에서도 논의한다. 극한 자연 사건에 관한 정치적 견해는 재난 선언이 이루어지는 방식과 재난 자금이 국고에서 어떻게 지출되는지에 큰 영향을 미칠 수 있다.

1.2.2 재난의 횟수와 크기가 증가하는 원인은?

최근 수십 년간 미국에서 재난으로 인한 경제적 손실이 증가했다. 대형 재난의 수와 전반적인 비용이 증가하고 있는 것으로 보인다. 1990년대에는 각각 10억 달러 이상의 피해를 초래한 53건의 재난이 있었다. 2000년 10년 동안 620억 달러의 재난이 있었다. 그리고 2010년대 동안, 이 수치는 이 재난 규모의 놀라운 119개의 사건들로 급증했다.

왜 자연재해 비용이 증가하는가? 역사상 그 어느 때보다도 더 많은 재난을 겪고 있는 한 가지 이유는 그 어느 때보다도 많은 사회기반시설과 사람들이 그 어느 때보다도 위험에 처해 있기 때문이다. 이 나라의 재난 발생률은 놀라운 속도로 증가하고 있다. 그 이유는 더 많은 사람들이 종종 그들 자신과 그들의 재산을 보호할 필요성에 거의 또는 전혀 주의를 기울이지 않은 채 반복되는 해안폭풍, 지진 활동, 그리고 다른 종류의 자연재해에 노출된 지역에 살기로 선택했기 때문이다. 결과적으로, 자연재해의 결과로 발생하는 재해의 위험도는 지난 수십 년 동안 커졌다.

왜 이런 일이 생기는 것인가? 그 대답의 일부는 미국의 인구가 증가하고 있다는 것이다. 도시와 마을은 더 많은 사람들을 수용하기 위해 확장됨에 따라, 잠재적으로 위험한 지역으로 확장된다. 예를 들어, 캘리포니아의 많은 도시 교외는 이러한 환경이 초래하는 잘 알려진 위험도에도 불구하고 산불에 취약한 숲으로 확장되었다. 다른 커뮤니티는 최근 역사에서 이러한 지역들 중 일부가 침수되었음에도 불구하고 범람원에 새로운 쇼핑센터와 택지들을 짓고 있다. 또 어떤 사람들은 산사태의 가능성이 높은 가파른 경사면에 건설을 한다.

아마도 가장 극적인 개발 패턴의 변화가 해안선 위나 근처에서 일어났다. 해안 환경은 허리케인, 북동풍(northeaster), 홍수, 폭풍해일, 침식, 그리고 다른 해안재해 때문에 극도로 위험할 수 있지만, 해안선은 여전히 나라에서 가장 가치 있는 부동산 중 일부이다. 2017년 기준으로 미국 인구의 약 29.1%인 9,470만 명이 해안선을 따라 위치한 카운티에서 살고 있다. 이는 2000년 이후 15.3% 증가한 것이다. 개발과 인구 증가가 위험지역(hazardous area)으로 계속 확대되는 한, 미래에 점점 더 큰 재난을 예상할 수 있다.

참조 허리케인 카트리나: 인상적인 자연재해이며 재앙적인 인간 재난

허리케인 카트리나는 극단적인 자연재해와 파괴적인 재난의 한 예이다. 이 폭풍은 매우 강력했을 뿐만 아니라, 엄청난 양의 피해와 비극적인 사망자 수를 야기했다. 자연재해로 카트리나는 허리케인 형태의 수명이 거의 4일이었다. 이 기간 동안 카트리나는 플로리다에서 1등급 허리케인으로, 루이지애나에서 3등급 허리케인으로 두 차례 상륙했다. 멕시코만에서 5등급에 도달했을 때 대서양에서 가장 크고 강한 허리케인 중 하나였다. 이 폭풍은 쿠바, 플로리다, 조지아, 앨라배마, 미시시피, 루이지애나 일부 지역에 강풍, 폭풍해일, 홍수, 토네이도를 일으켰고 미시시피 분지와 테네시 계곡을 통해 소멸하면서 폭우와 홍수를 계속 일으켰다.

만약 허리케인 카트리나의 진로에 그 진노를 경험할 사람이나 재산이 없었더라면, 또는 허리케인이 공해상에서 발생했더라면, 허리케인은 기록상 가장 강력한 폭풍우 중 하나로 간주되었을 것이고, 이 폭풍의 영향은 전문 기상학자와 아마추어 폭풍 관측가들에게만 관심이 있었을 것이다. 불행하게도, 허리케인 카트리나의 역사는 매우 다른 이야기를 들려준다. 수천 명의 사람들과 구조물들이 카트리나의 강한 강우대(降雨帶; rain band), 거대한 폭풍해일, 그리고 소용돌이치는 바람의 직접적인 도달 범위 안에 있었고, 이것은 미국을 강타한 가장 재앙적인 허리케인 중 하나일 뿐만 아니라 가장 큰 피해를 입힌 허리케인 중 하나가 되었다.

자연재해에 대한 사회의 노출과 취약성에 있어서의 변화 외에도, 일부 자연재해사건은 빈도와 강도에서 변화하고 있다는 것이 점점 분명해지고 있다. 지구 기후변화와 관련된 전세계 평균 기온 상승은 해수면 상승 속도를 가속화하는 것에서부터 홍수나 가뭄과 같은 극한 날씨의 가능성에 영향을 미치는 것까지 광범위하게 영향을 미치고 있다. 기후변화와 자연재해 사이의 연관성은 이 장의 뒷부분과 이 책 전반에 걸쳐 더 자세히 논의한다.

또한 매체 노출의 증가로 인해 자연재해가 빈도로 증가하는 것처럼 보일 수 있다. 재해사건에 대한 언론의 집중 보도와 대중매체의 광범위한 보도는 뉴스의 문서화가 확장됨에 따라 전 세계적으로 재해 손실에 대한 인식을 높일 수 있다. 통신 시스템이 오늘날처럼 즉각적이지 않았던 과거 세대에는, 그들 자신의 커뮤니티 밖에서 일어나는 자연재해에 대해 아는 사람이 적었다. 오늘날, 전 세계의 재난이 일어나고 있을 때 상세한 정보, 사진, 그리고 비디오를 얻는 것은 흔한 일이 되었다.

자기 진단

- "자연재해"와 "동적 평형"을 정의하라.
- 두 가지 자연재해를 나열하고 그 재해의 유익한 기능에 대해 논의하라.
- 기술재해와 테러의 차이점을 설명하라.

1.3 재난 비용

재난과 관련된 비용에는 여러 가지 유형이 있다. 파손된 집을 수리하고 도로와 다리를 재건하는 비용과 같은 일부 비용은 명백하다. 기타 비용은 덜 직접적이며 완전히 계산할 수 없으며, 때로는 재난이 지나간 후 몇 년이 지나야 계산된다. 그럼에도 불구하고 기타 비용은 본질적으로 재정적인 것이 아니며 금전적 가치를 부여할 수 없다.

1.3.1 직접 금융 비용

재난은 자연재해에 의해 발생하든, 아니면 인간 대리인에 의해 발생하든 간에 매우 값비싼 대가를 치를 수 있다. 사람들이 위험에 처했을 때, 빠르고 안전하게 구조하여야 하며, 피난처와 음식을 제공하여야 한다. 정전이 되면 전기선과 전화선을 수리해야 한다. 건물과 사회기반시설(infrastructure)이 손상되면, 재건하여야 한다.

커뮤니티가 재난을 당했을 때 잔해를 제거하고, 사회기반시설을 보수하고, 집을 재건축하고, 상업과 산업을 재건하는 데 수백만, 때로는 수십억 달러가 든다. 지방정부는 재난으로 피해를 입은 학교, 공공시설, 소방서, 도로, 교량, 기타 지역 시설을 재건하는 데 드는 비용의 상당 부분을 부담하는 경우가 많다. 지방정부와 주정부가 그 모든 비용을 부담할 수 없다면, 연방정부는 대규모 재난에 따른 복구와 재건 비용뿐만 아니라 집과 일자리를 잃은 사람들에게 단기적인 원조 비용도 부담할 수 있다. 연방 재난지원 프로그램은 6장에서 더 자세히 논의한다.

누가 이 비용을 지불하는가? 재해 전, 중, 그리고 후에 지방, 주 및 연방정부가 수행하는 활동의 대부분을 납세자의 재원으로 충당한다. 각종 보험에 가입한 재산 소유자와 임차인은 재난 발생 후 주택 및 사업체 수리비 일부를 환급 받을 수 있다. 그러나 대규모 재난이 발생한 후 수천 명이 한꺼번에 보험금을 청구할 때, 직접적인 피해를 입은 사람들뿐만 아니라 모든 사람들의 보험료가 오를 수 있다. 교회와 다른 자선 단체와 자원봉사 단체들도 재난복구를 위해 아낌없이 기여하지만, 이것은 노숙을 줄이거나 예술을 지원하거나 조직의 원래 사명을 섬기는 것과 같은 다른 원인에 더 적은 자원을 직접 배분할 수 있다는 것을 의미한다. 다시 말해, 우리가 직접적으로 영향을 받는 지역에 살지 않더라도, 우리 모두는 재난에 대한 비용을 지불한다.

1.3.2 장기적인 경제적 비용

수리 및 재건을 위한 직접적인 재정 비용 외에 기타 비용도 종종 재난과 관련이 있다. 장기적인 경제적 비용은 수리 및 재건축의 직접적인 재정 비용이 충족되더라도 재난이 발생한 후 커뮤니티가 완전히 회복하지 못하게 할 수 있다.

커뮤니티의 주요 부분에 영향을 미치는 대규모 재난이 발생한 후, 지역기업들은 그들의 자본 자산(창고, 제조공장, 장비, 재고, 사무실 등)이 수리할 수 없을 정도로 손상되어 교체될 수 없거나, 그 재난으로 실종된 직원을 잃었기 때문에 영구적으로 문을 닫을 수 있다. 종종, 직원들은 집을 잃었거나 더 이상 일할 곳이 없기 때문에 그 지역을 떠나야 한다. 상품과 서비스의 흐름의 차질은 지역 사업에 직접적인 영향을 미치며 재난 지역 밖에 위치한 산업에도 장기간 피해를 줄 수 있다. 때로는 공급망의 "업스트림(upstream)"과 "다운스트림(downstream)"이 몇 주 또는 몇 달 동안 계속해서 중단되는 경우가 있다. 즉, 공급업체는 원자재와 부품을 납품할 수 없고, 기업은 완제품을 발송할 수 없다. 장기적인 경제적 손실은 비용을 충당하기에 충분한 저축이나 보험을 가지고 있지 않을 수 있고, 재정적 지불 능력을 유지할 만큼 충분히 빨리 손실을 회복할 수 없는 소기업 소유주와 농부들에게 특히 어렵다.

재난으로 주요 고용주가 문을 닫을 때 발생하는 일자리 손실은 커뮤니티 전체에 파급효과를 미칠 수 있다. 일자리 감소가 매우 심각하면 지역 전체의 경제 구조가 영구적으로 바뀔 수 있다. 많은 소규모 커뮤니티들은 그들의 경제적 기반을 위해 단지 한 두 개의 산업에 의존하며, 이것들이 파괴되면, 거주자들을 위한 고용의 원천이 없어 진다. 예를 들어, 주로 관광지 역할을 하는 마을은 그 지역에 방문객들을 데려오는 숙박시설과 명소를 재난으로 잃으면 황폐해질 수 있다. 결국 지방정부는 재산, 점유, 판매세로부터 주요 수입원을 잃고 더 이상 커뮤니티를 지원하는 데 필요한 서비스를 제공할 수단이 없게 된다.

시의 행정이 중단된 후 빠르고 효율적으로 복구될 수 없을 때 경제구조와 고용기반의 변화에 따른 문제는 심각하게 된다. 유틸리티(utility; 역주: 수도, 전기, 가스와 같은 공익사업), 학교, 교통시스템, 통신 및 기타 지역 시설의 사용중단기간이 길어질수록 주민과 기업이 직장과 상업으로 복귀하기가 어려워진다.

주택 부족은 종종 장기적으로 커뮤니티의 완전한 회복을 위한 가장 심각한 한계 중 하나이다. 지진이나 허리케인 등 대형 재난으로 주택 재고가 고갈되면 가용 주택 비용이 상승해 커뮤니티 주민들의 경제적 부담이 더욱 가중된다. 건축비는 일반적으로 재해 후에 극적으로 상승하는데, 이는 재료의 부족, 재료와 노동력의 가격 상승, 그리고 그에 상응하는 수요의 증가 때문이다. 이러한 높은 가격은 신규 거주자와 돌아온 거주자의 주택 선택을 더욱 제한한다.

1.3.3 환경 비용

경제적 손실만이 재해사건과 관련된 비용은 아니다. 자연환경은 재난이 일어나는 동안 심각한 피해를 입을 수 있다. 환경 피해는 화학 사고나 기름 유출과 같이 서식지와 생태계에 직접적인 영향을 미치는 인적재해의 결과일 수 있다. 가스관이 파열되는 지진이나 산업체에서 화학물질 누출이 발생하는 토네이도 등 자연재해로 인해 2차 재해가 발생할 때도 환경이 훼손될 수 있다.

홍수는 재해 물질이 홍수 속으로 방출될 때 심각한 환경 피해를 초래하는 경우가 매우 많다. 홍수가 잦아들면서 오염물질이 지표수(강, 호수, 하천)로 운반되거나 지하수로 스며들어 식수 공급원으로 유입될 수 있다. 예를 들어, 홍수가 발생하는 동안 탱크, 통(barrel) 및 저장 용기가 뚫리면 프로판, 가스, 화학 물질, 용제, 살충제 및 기타 유해물질이 방출될 수 있다. 폐차장, 축사, 육류 및 가금류 처리 공장, 하수 처리 시설 및 기타 오염원 또한 홍수 재난의 환경 비용을 증가시킬 수 있다. 예를 들어, 1999년 허리케인 플로이드(Floyd) 때, 며칠 간의 폭우 후에 강과 개울이 둑을 넘쳐서 노스캐롤라이나 동부의 많은 돼지 농장들이 물에 잠겼다. 수 톤의 동물성 폐기물이 격납 석호(containment lagoon) 위로 범람하여 그 지역의 수로로 들어갔다. 수질은 급격히 악화되어, 그 사건 이후 상당 기간 동안 사람, 가축, 야생동물, 그리고 수생 동물과 물고기의 건강을 위태롭게 했다. 이러한 위험도를 알고 있음에도 불구하고, 2016년 허리케인 매튜(Mattew)와 2018년 허리케인 플로렌스(Florence) 동안 양돈장에서 유사한 유출이 발생했다.

종종 적절한 청소와 처리 절차로 생태계와 서식지의 피해를 최소화할 수 있지만, 다른 경우에는 재난 이후 수년간 야생 동물과 식물이 심각한 영향을 받는다.

1.3.4 사회적 비용

재난의 가장 드러나지 않는 영향 중 하나는 그것이 사회에 미칠 수 있는 충격이다. 재난이 전체 이웃을 파괴할 때, 그 커뮤니티의 사회적 구조는 갈기갈기 찢어질 수 있다. 다음과 같은 발생 가능한 재앙의 결과를 고려해 보자.

- 주민들을 지원하기 위해 마련 됐던 사회연결망(social network)이 해체되었다.
- 활기찬 동네가 갑자기 유령도시가 될 수 있다.
- 주민들은 종종 떠밀려 가족이나 친구들과 멀리 떨어진 낯선 곳에서 살아야 한다.
- 아이들은 갑자기 선생님, 친구, 반 친구들이 없어지고 학교와 가정생활의 일상이 흐트러진다.
- 예배 장소는 회중(congregation)을 잃을 수도 있고, 한때 주민들을 보조하던 커뮤니티센터는 해체될 수도 있다.
- 가정 폭력 사건과 약물 남용은 종종 충격적인 사건 이후에 증가한다.

1.3.5 인명 손실

자연재해 또는 인적재해로 사람이 죽는 것은 한 번에 너무 많은 사람의 죽음이다. 흔하지는 않지만, 미국은 1,000명 이상의 사망자가 발생하는 재난을 경험했다. 최근 몇 년간 발생한 최악의 사건 중 두 가지는 각각 1,800명 이상과 3,000명 이상의 목숨을 앗아간 2005년 허리케인 카트리나(Katrina)와 2017년 허리케인 마리아(Maria)이다.

저개발국에 비해, 미국과 다른 부유한 나라들은 가난한 나라들보다 재난과 관련된 사망자가 더 적은 경향이 있다. 실제로 1980년과 2002년 사이에 전 세계 73개국에서 발생한 재난에 대한 연구에 따르면, 부유한 나라와 가난한 나라 사이에 자연재해사건의 수나 심각도에 차이가 없음에도 불구하고, 사망자 수에는 상당한 차이가 있는 것으로 나타났다. 코피 아난(Kofi Annan) 유엔 사무총장은 1999년에 다음과 같이 보고했다.

> **전 세계 재난 희생자의 90%가 개발도상국에 살고 있고, 이 곳에서는 빈곤과 인구 압박으로 인해 점점 더 많은 가난한 사람들이 홍수 범람지역, 지진이 잦은 지역, 그리고 불안정한 산비탈과 같은 곳에서 해를 입으며 살아가도록 강요당하고 있다. 안전하지 않은 건물은 위험성을 더한다. 위험이 발생하기 쉬운 지역에 사는 사람들의 취약성은 아마도 재난 사상자와 피해의 가장 중요한 단일 원인일 것이다.**

최근의 몇몇 세계적인 사건들은 개발도상국에서 일어나는 재난에서 종종 볼 수 있는 재앙적인 인명 손실을 보여준다.(종종 복싱 데이 쓰나미로 불리는) 2004년 인도양 지진과 쓰나미로 14개국에서 23만 명 이상의 사람들이 목숨을 잃었다. 비슷한 비극은 2010년 아이티(Haiti) 지진으로 30만 명 이상이 사망한 것으로 추정되었다.

COVID-19 팬데믹의 놀라운 사망자 수는 재난으로 인한 대규모 인명 손실 가능성을 나타낸다. 열악한 건축법규(building code)와 기반시설로 인해 더 악화되는 재난과는 달리, 코로나바이러스 팬데믹은 가난한 나라와 부유한 나라 모두에게 영향을 미쳤다. 그러나 건강과 경제적 영향은 다른 재난과 마찬가지로 저소득 커뮤니티와 유색인종 사회에 가장 집중되어 있다.

1.3.6 사회적 취약성

우리는 전 세계적으로 가장 적은 자원을 가진 사람들이 재난의 불균형적인 영향을 받는 것을 보아왔다. 하지만 이러한 통계를 구성하는 사람들은 누구인가?

재난의 부정적 영향에 가장 취약한 인구의 특성을 파악하고 정의하려는 시도를 포함하여 "사회적 취약성(social vulnerability)"이라는 주제에 대한 상당한 양의 연구가 있었다. 여기서 우리가 자연 재난에 대한 통속적인 근거 없는 믿음(myth)을 불식시킬 수 있다는 것이 상당히 확실하다.

- 근거 없는 믿음(myth)
  재난은 사회적 계급이나 경제적 지위에 대한 구분 없이 사람들을 죽인다.

- 현실(reality)
  부유층이나 중산층보다 가난하고 소외된 사람들이 훨씬 더 죽음의 위험도가 크다.

이 근거 없는 믿음의 폭로는 최근 미국 역사상 가장 재앙적인 사건들 중 하나인 허리케인 카트리나의 여파 동안 매우 명백해졌다. 사망, 유랑, 노숙자로 만든 사람들은 불균형적으로 저소득 아프리카계 미국인들로, 폭풍이 지나가면서 그 지역을 탈출할 방법이 없었다. 비슷하게, 허리케인 마리아가 푸에르토리코에서 끔찍한 피해를 입혔지만, 목숨을 잃은 사람들은 불균형적으로 가난하거나 노인들이었고, 그들 중 많은 사람들은 폭풍 이후 수개월 동안 전기와 건강 관리와 같은 지속적인 서비스 부족에 직면했었다.

다음 목록은 국내외에서 사회적 취약성을 증가시킬 수 있는 몇 가지 요인을 나타낸다.

- 인종, 문화, 민족
- 연령
- 성별
- 장애
- 소득격차
- 외국인 출생
- 미등록 체류자격
- 가정폭력

- 문맹률
- 언어 장벽
- 사회계층
- 약물남용
- 정신질환
- 주거 불안 또는 노숙

위의 범주에 속하는 인구 집단은 우리 사회에서 적지 않은 비중을 차지하고 있다. 세계적인 수준에서, 집단 학살, 전쟁, 시민소요, 기근, 그리고 가뭄에 의해 난민이 되거나 영향을 받는 사람들도 이 요소 목록에 추가할 수 있다. 이 모든 것들이 이 사람들을 자연재해의 영향에 불균형적으로 취약하게 만든다.

자기 진단

- 재난과 관련된 다섯 가지 비용 범주를 나열하라.
- 재난으로부터 환경이 어떻게 고통을 받을 수 있는지에 대해 논의하라.
- 사회적 비용의 세 가지 예를 들어라.
- 사회적 취약성의 원인이 되는 요소들은 무엇인가?

1.4 기후변화가 자연재해에 미치는 영향

지구의 기후는 과거에 매우 다양했지만, 지구 온도는 지난 수십 년 동안 비정상적으로 빠르게 상승했다. IPCC(Intergovernmental Panel on Climate Change; 기후변화에 관한 정부간 협의체; 역주: 1988년 11월 창설)와 전세계의 주요 과학자들에 의해 발행된 보고서에 따르면, 이러한 온도 상승은 인간이 유발한 배출 때문이며, 주로 이산화탄소 같은 열을 가두는 가스로부터이다. 대기와 해양의 온도는 지난 1,000년 동안(또는 그 이상) 평균적으로 더 높다. 지구 평균 기온이 1901년 이후 약 1.8°F도 상승했다. 2100년까지 전 세계적으로 얼마나 성공적으로 열을 가두는 가스 방출을 감소시키는가에 따라 다르지만 추가로 3.6 ~ 9°F도가 더 상승할 것으로 예상된다(Figure 1.1 참조). 이러한 현상을 "기후변화(climate change)"라고 하며, 기후의 평균 및/또는 변동성의 변화로서 수십 년 이상 지속된다.

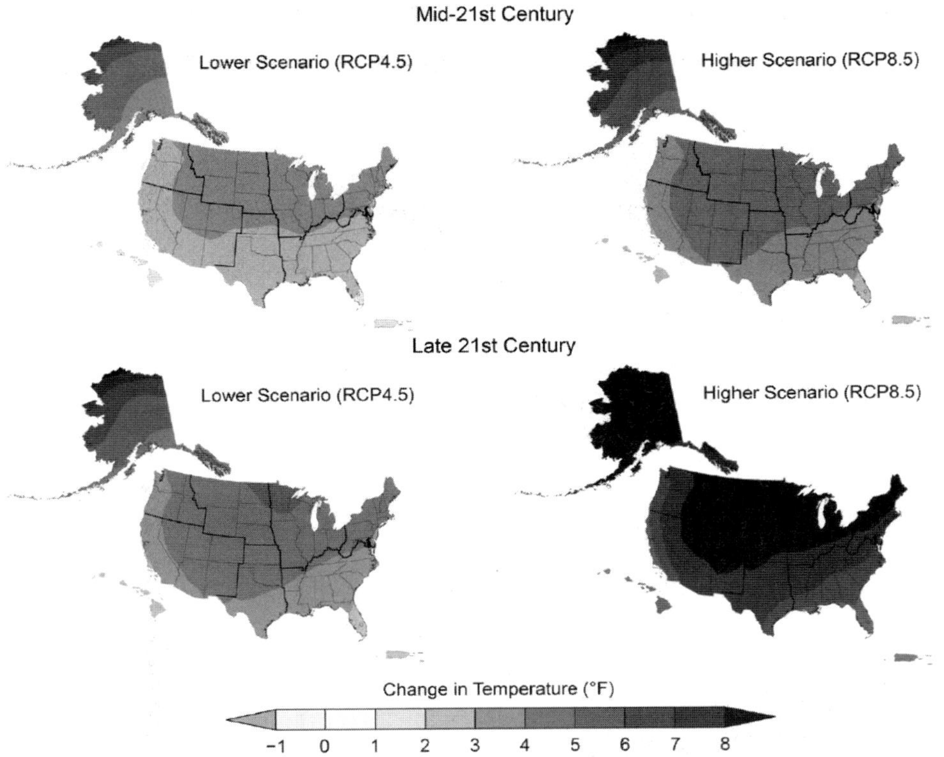

Figure 1.1 기후변화의 결과로 미국 전역에서 연평균 기온이 크게 증가할 것으로 예상된다. 세기가 끝날 무렵에는 배출량 감소를 반영한 낮은 시나리오에서 평균 온도가 3 ~ 5°F에서 증가할 것으로 예측된다. 높은 시나리오 모델에서는 평균 온도가 6 ~ 8 ~ 5°F 상승할 것으로 예측된다. (Figure 제공: USGCRP 제4차 국가기후평가)

참조 IPCC란?

1988년 유엔과 WMO(World Meteorological Organization; 세계기상기구)에 의해 설립된 IPCC(Intergovernmental Panel on Climate Change; 기후변화에 관한 정부간 협의체)는 기후변화 평가를 위한 선도적인 국제기구이다. IPCC는 기후변화에 대한 이해와 관련된 전 세계적으로 생산되는 가장 최근의 과학, 기술, 사회경제적 정보를 검토하고 평가하는 과학 기구이다. 이 기구는 어떠한 연구도 하지 않고 기후 관련 자료도 감시하지 않는다. 대신, 전 세계의 수천 명의 과학자들이 자발적으로 IPCC의 연구에 기여한다.

IPCC는 특정 주제에 대한 일련의 특별 보고서뿐만 아니라 최신 기후 과학을 검토하는 정기 평가 보고서를 발행한다. 모든 IPCC 보고서는 조직의 웹사이트(http://www.ipcc.ch/)에서 무료로 이용할 수 있다.

1.4.1 날씨인가 기후인가?

기후(climate)가 날씨(weather)와 무슨 관계가 있을까? 기후는 본질적으로 장기간의 평균 날씨이며, 종종 수십 년으로 정의된다. 이러한 연관성은 "기후는 당신이 기대하는 것이고, 날씨는 당신이 얻는 것이다(climate is what you expect; weather is what you get.)"라는 문구로 특징지어졌다. 단일 폭우는 날씨 사건이지만, 주어진 지역에 수십 년 동안 상당히 더 많은 폭우가 계속된다면, 이것은 기후 경향으로 간주될 것이다. 자연재해와 관련하여, 기후변화는 비정상적 상황을 만들어 일부 날씨 사건을 더 빈번하고 심각하게 만들고, 재해사건이 정상 범위를 훨씬 벗어나 발생할 가능성을 증가시키는 와일드카드(wildcard)를 추가시켰다. 이러한 이유로, 기후변화는 미국과 해외에서 전례 없는 재앙을 초래한다.

온도가 몇 도라고 해서 우려할 만한 것은 아니지만, 평균 온도의 작은 변화는 날씨 패턴과 자연재해의 가능성과 심각성에 영향을 미치면서 지구의 동적 평형에 엄청난 영향을 미칠 수 있다. 예를 들어, 온도 상승 외에도, 미국의 과학자들은 이미 폭우, 빠르게 후퇴하는 빙하, 이른 해빙, 강의 흐름의 변화, 해수면 상승, 그리고 많은 다른 변화들의 증가를 관찰했다.

1.4.2 지구 기후변화

기후변화 영향은 미국 국경을 훨씬 넘어 세계의 모든 나라에 영향을 미친다. 이러한 영향은 국가마다 크게 다르며, 많은 경우 자원이 적은 국가들이 가장 취약하다. 예를 들어, 아프리카 대륙의 많은 사람들은 증가하는 물 스트레스에 직면할 것으로 예상되며, 이는 중요한 공중보건, 농업, 그리고 식량 안보 문제를 야기한다. 반면에, 아시아의 해안지역은 증가하는 홍수로 인해 계속해서 상당한 위험에 직면할 것이다.

이러한 변화는 생태계와 인간의 건강에 깊은 영향을 미칠 것으로 예상된다. 예를 들어, 해수면이 상승함에 따라, 해안 커뮤니티는 장기적인 침식 및 지역 대수층(local aquifers)으로 해수 침입과 같이 느리게 진행되는 영향의 위험과 함께 허리케인과 해안폭풍으로부터 훨씬 더 높은 위험도에 놓이게 된다. 높은 평균 기온은 또한 가뭄과 산불의 가능성을 증가시켜 더 많은 커뮤니티를 위험에 빠뜨리고 농업과 다른 산업에 새로운 도전을 제기한다. 기존의 자연재해에 대한 지구 기후변화의 다양한 영향을 3장과 4장에서 다룬다. 기후변화가 세계적인 이슈인 반면, 그 영향은 지역적으로 느껴지며, 커뮤니티마다 큰 차이가 있다. 북동부 지역의 많은 지역은 호우 발생 횟수가 증가함에 따라 앞으로 더 많은 홍수가 발생할 것으로 보이는 반면, 더 덥고 건조한 날을 겪고 있는 남서부 지역은 산불 위험도가 계속 증가할 것으로 보인다. 기후변화가 자연재해 위험도에 영향을 미친다는 것이 점점 더 분명해짐에 따라, 비상관리자, 자원관리자 및 계획자는 재해에 효과적으로 대응하기 위해 커뮤니티에 미치는 기후변화 영향을 예상해야 할 것이다. 재해관리 체계 내에서 기후변화를 해결하기 위한 이러한 노력은 이 책 전체에 걸쳐 탐구된다.

요약

모든 커뮤니티는 자연재해와 인적재해에 노출될 가능성이 있다. 재해에 의해 사람들이 다치거나 사망했고 재산이 손상되었을 때에만 재난이 발생한다. 미국의 인구 증가와 발전 패턴으로 인해, 재난은 그 어느 때보다도 더 자주 발생한다. 기후변화는 우리가 경험하는 재해를 악화시킬 것이다. 우리 모두가 직간접적으로 이런 재난에 대한 대가를 치르기 때문에 책임 있는 비상관리 계획으로 재난에 대비하는 것이 최대 관심이다. 경감 및 대비 전략은 재해의 영향에 대해 커뮤니티를 더욱 회복탄력적으로 만드는 중요한 방법이다.

용어

- 기후변화(climate change)
  수십 년 이상 지속되는 기후의 평균 및/또는 변동성에 대한 통계적으로 식별 가능한 변화
- 재난(disaster)
  심각한 손상 또는 부상을 초래할 가능성이 있는 사건으로, 그 관리를 책임지는 기관 및 공무원의 비상 대응 및 복구 능력과 자원을 초과한다.
- 동적 평형(dynamic equilibrium)
  지구의 자연계는 일련의 조정을 통해 오랜 시간 동안 평형 잡힌 상태를 유지한다.
- 인적재해(human-made hazard)
  인간 활동에 의해 야기되는 의도적이거나 우발적인 사건. 예를 들면 기름 유출이나 폭탄테러와 같은 테러 행위 등이다.
- 자연재해(natural hazard)
  홍수, 허리케인, 겨울폭풍, 지진과 같은 불가피하고 통제할 수 없는 사건들

응용

1. 자연재해는 통제할 수 없는 사건이다. 당신이 사는 곳과 관련된 재해의 세 가지 예를 나열하라.

2. 몬태나주 미줄러(Missoula, Montana)와 플로리다주 마이애미(Miami, Florida)의 재난 가능성을 비교하라.
3. 오리건(Oregon) 해안의 관광도시에서 기름 유출로 인한 직간접적인 비용에 대해 토론하라.
4. 당신은 중서부 시골 농경지대의 주민으로서, 올해 세 번의 토네이도를 겪었으며, 손상된 농작물, 건물 및 장비에 대해 명백한 비용에 직면했다. 당신의 작은 커뮤니티가 직면할 수 있는 사회적 비용의 일부를 개략적으로 설명하라.
5. 재난 시 커뮤니티의 어떤 구성원이 추가 보호를 받아야 하는가? 이 취약한 구성원을 어떻게 알아낼 것인가?

자습

- 지역 재해 찾기

  당신의 커뮤니티에서 정기적으로 발생하는 자연재해는 무엇일까? 오랫동안 일어나지 않았던 재해들이 있는데도 주민들은 여러 해 전에 일어났던 "큰 재해"를 아직도 기억할 수 있을까? FEMA(Federal Emergency Management Agency; 연방재난관리청) 웹사이트에서 역사적 재난선포(historical disaster declaration)를 검색하여 고향이나 주에서 발생한 주요 사건에 대해 자세히 알아볼 수 있다. https://www.fema.gov/disasters/disaster-declarations

- 가정의 재난

  자신의 커뮤니티나 이웃에 대해 생각해 보자. 만약 당신이 사는 곳에서 큰 재난이 일어난다면, 어떤 건물과 시설들이 손상되거나 파괴될 수 있을까? 당신의 도시나 마을에서 주요 고용주는 누구인가? 만약 이 산업들과 회사들이 갑자기 문을 닫는다면 무슨 일이 일어날까? 당신이 아는 사람들이 근처에서 일자리를 구할 수 있는가? 아니면 다른 지역으로 옮겨야 하는가?

참고문헌

1. NOAA National Centers for Environmental Information. 2020. Billion-Dollar Weather and Climate Disasters. https://www.ncdc.noaa.gov/billions.
2. U.S. Census Bureau. July 15, 2019. 94.7M Americans Live in Coastline Regions. https://www.census.gov/library/stories/2019/07/millions-of-americans-live-coastline-regions.html.
3. Platt, R.H. 1999. Disasters and Democracy. The Politics of Extreme Natural Events. Washington, DC: Island Press.
4. Kahn, M. 2005. The death toll from natural disasters: The role of income geography and institutions. Review of Economics and Statistics 87(2), 271–284.

5. Alexander, D. 2008. Forty-Five Common Misconceptions about Disaster. http://emergencyplanning.blogspot.com.

6. Hayhoe, K., D.J. Wuebbles, D.R. Easterling, D.W. Fahey, S. Doherty, J. Kossin, W. Sweet, R. Vose, and M. Wehner. 2018. Impacts, Risks, and Adaptation in the United States: Fourth National Climate Assessment, Volume II. Washington, DC: U.S. Global Change Research Program, pp. 72–144.

제 2 장
대비, 재해경감, 기후변화적응

학습내용과 목표

(1) 학습 내용
- 종합적인 비상관리주기 단계
- 대비와 재해경감의 차이
- 자연재해와 기후변화 사이의 연관성
- 지속가능한 회복탄력적 커뮤니티의 특성

(2) 학습 목표
- 재해경감과 대비의 가치 평가
- 재해경감과 적응 전략의 식별
- 재해 관련 재해경감 및 대비 시기
- 재해경감, 회복탄력성 및 지속가능성의 연관성

개요

대부분의 자연재해가 발생하는 것을 막을 수 없으며, 마찬가지로 커뮤니티를 위협하는 대부분의 인적재해도 막을 수 없다. 그러나 이러한 재해의 영향을 줄이기 위한 조치를 취하여 손상이 덜 광범위하고 복구가 신속하게 이루어질 수 있도록 할 수 있다. 이 장에서는 미국의 비상관리시스템의 중요한 부분으로 재해경감과 대비의 개념을 소개한다. 또한 기후변화와 자연재해의 맥락에서 적응에 대한 기본적인 이해를 위한 기초를 제공한다. 재해경감, 대비 및 적응을 설명하는 것 외에도 재해 위험도를 줄이는 데 도움이 될 수 있는 몇 가지 주요 도구와 과정에 대해서도 논의한다. 그런 다음 재해 위험도를 낮추기 위해 취한 조치가 궁극적으로 커뮤니티에 손실을 줄이고 환경, 경제적, 사회적으로 보다 안정적이 되도록 지원하는 방법을 설명한다.

2.1 비상관리주기

"종합비상관리(comprehensive emergency management)"는 자연재해의 불가피성, 인적 재해와 위협의 가능성, 그리고 커뮤니티에 그것들이 재난을 일으킬 수 있는 잠재성을 다르기 위해 지역, 주 및 연방 차원에서 널리 사용되는 접근법이다. 종합비상관리 시스템의 일반적인 네 가지 단계는 "대비(preparedness)", "대응(response)", "복구(recovery)" 및 "경감(mitigation)"이다. 다섯 번째 단계인 "예방(prevention)"은 가끔 주로 인적재해의 맥락 어서 비상관리 시스템의 설명에 포함된다. Table 2.1에 이러한 각 단계를 요약하였다.

Table 2.1 종합비상관리의 단계

대비	• 사고 직후의 신속한 대응능력을 향상시키기 위한 활동. • 대응 절차 개발, 경고시스템 설계 및 설치, 대피(evacuation) 계획, 비상 운영 시험을 위한 연습 및 비상 인력 교육을 포함한다.
대응	• 재해 시 또는 재해 직후의 재난 피해자의 긴급한 요구를 충족시키기 위한 활동. • 비상 장비 및 인력을 동원하고 배치하는 작업을 포함한다. 여기에는 수색 및 구조, 대피, 응급 의료, 음식 및 대피 프로그램, 손상된 서비스와 시스템을 온라인으로 다시 가져오는 등 시간에 민감한 작업이 포함된다.
복구	• 재해 발생 후 가장 긴급한 요구가 충족될 때 시작되는 작업. 복구 작업은 커뮤니티를 다시 결합하거나 커뮤니티를 새로이 정상상태로 복원하도록 설계된다. • 도로, 교량 및 기타 공공시설의 수리, 전력, 수도 및 기타 시정 서비스의 복구 및 커뮤니티에 대한 정상적인 운영을 복구하는 데 도움이 되는 기타 활동을 포함한다.
재해 경감	• 재난을 예방하는 활동은 재난이 발생할 가능성을 줄이거나 피할 수 없는 재난과 비상사태의 피해를 줄인다. • 재해경감은 다음을 포함한다. - 제방 또는 기준면을 높인 노반과 같은 공학적 해답 - 재해 구역의 개발을 방지하기 위한 토지이용계획 - 건전한 건축 시행과 개보수를 통한 구조물 보호 - 손상된 구조물의 취득 및 이전 - 재해영향으로부터 완충지 역할을 하는 자연환경 보존 - 홍수보험과 같은 보험. 보험은 주택 소유자의 투자를 보호하고 개인, 가족, 커뮤니티 및 사회에 미치는 재정적 영향을 줄이기 위함이다. - 재해 및 위험도를 줄이는 방법에 대한 대중교육
예방	• 대응 활동: 위협의 전체 특성 및 원인을 파악하기 위한 검사 강화, 감시 개선 및 보안 운영. • 불법 행위를 저지, 선제, 저지 또는 방해하기 위한 법 집행 활동. • 전염재해를 탐지하고 예방하기 위한 공중보건 활동: 감시, 테스트, 대중 면역, 격리 및 검역.

다른 비상관리 모델도 사용되지만, 포괄적인 비상관리의 일반적인 네 가지 단계는 순환적 성격을 나타내는 원형 패턴으로 설명되는 경우가 많다(Figure 2.1 참조). 재난은 발생하기 전에 대비한다. 재해가 발생하면 커뮤니티는 먼저 해당 특정 사건에 대응하고 곧 복구를 시작해야 한다. 그러나 커뮤니티가 여전히 하나의 재난으로부터 회복하고 있는 동안에도, 그것은 다음 재난의 영향을 경감하기 위해 과정을 시작해야 한다. 나중에 설명하겠지만, 실제로 복구 과정에 경감을 통합하지 못하면 기회를 놓치는 경우가 많다.

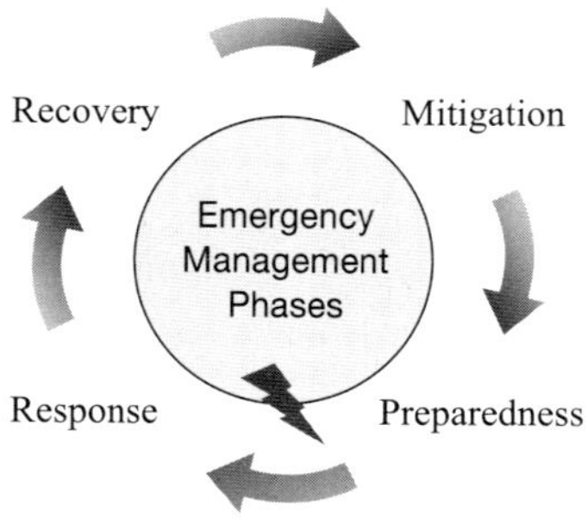

Figure 2.1 비상관리주기는 대비, 대응, 복구 및 경감으로 구성된다. 이 단계는 다이어그램에서 구별되지만, 실제로 이러한 단계가 함께 실행되는 경우가 많으며, 한 단계에서 취한 조치가 비상관리주기의 다른 단계에 상당한 영향을 미칠 수 있다.

"재난수명주기(disaster life cycle)"라고도 알려진 이 시스템은 비상관리자가 비상사태와 재난에 대비하고, 재난이 발생했을 때 대응하며, 사람들과 기관들이 재난으로부터 복구하도록 돕고, 재난이 커뮤니티에 미치는 영향을 경감하기 위해 지속적으로 조치를 취하는 과정을 기술한다.

우리는 항상 재난을 대비하고 그 영향을 경감한다. 이 두 단계는 재해를 예측하고 손실을 줄이기 위해 미리 계획하는 보다 회복탄력적 커뮤니티를 만들기 위한 요소다. 흥미롭게도, 재해사건 이후의 복구 기간은 종종 피해 지역 재개발에 경감 개념을 통합하는 방식으로 재건을 위한 독특한 기회를 제공한다. 실제로, 경감계획 및 프로젝트를 수행하기 위한 정부 자금의 가용성은 재해 수명 주기의 복구 단계에서 역사적으로 가장 높았다. 재해 전 경감 활동에 새로운 중점을 두고 있지만, 재해 후 환경은 자금 가용성의 상당한 증가 중 하나이며 일부 건물과 사회기반시설이 이미 수리 또는 재건되고 있는 시간이므로, 미래 위험을 경감하기 위해 변경 작업을 수행하는 추가 비용은 좋은 상태의 구조물을 보수하는 데 드는 비용보다 훨씬 낮을 수 있다. 재해경감 활동을 수행하기 위한 기술적 전문성 수준도 재난의 여파로 급증하는 경향이 있어, 이를 인지하고 능동적으로 대응하는 커뮤니티는 역경 속에서도 이점을 찾을 수 있는 경우가 많다.

2.1.1 대비

"대비(preparedness)"는 재난이 발생했을 때 사람들이 안전하게 헤쳐나갈 준비가 되어 있고 재난에 효과적으로 대응할 수 있도록 보장한다. 대비는 비상 또는 재난에 대응하기 위한 "준비 상태(state of readiness)"로 특정할 수 있다. 그것은 다양한 종류의 재해사건 동안 일어날 수 있는 일을 예측하고 그러한 가능성을 다루기 위한 계획을 개발하는 것을 포함한다. 대비는 또한 연습의 수행, 부족에 대한 계획 평가, 훈련과 교육을 포함한다. 비상관리자는 상황에 따라 유연하고 즉각적인 요구를 충족시키기 위해 계획을 조정할 수 있어야 하지만, 모든 종류의 재난과 비상사태에 대처하기 위한 계획 또는 확립된 행동수칙(protocol)은 성공적인 대응에 매우 중요하다. 11장에서 대비에 대해 좀 더 자세히 다루겠지만, 지금은 Table 2.2에 열거된 활동을 통해 비상관리자가 재난 발생 전에 수행할 수 있는 조치의 범위를 어느 정도 파악하여 시민들이 어떤 유형의 비상사태에 대비할 수 있도록 도울 것이다.

Table 2.2 대비 활동의 예

대비 활동	설명
계획 (Planning)	모든 미국 주 및 지역은 비상운영계획(EOPs; Emergency Operation Plans)을 준비한다. EOP는 지휘 계통을 확립하고, 책임 당사자를 지정하며, 정부 기능의 연속성을 제공하고, EOC(Emergency Operation Center; 비상운영센터)를 설립하고, 비상 시 의사 결정을 위한 로드맵을 제공한다. 대피(evacuation) 및 비상 보호(sheltering)는 전력, 수도, 하수 및 통신 시스템과 같은 백업 라이프라인서비스의 생성과 마찬가지로 대비 단계의 중요한 계획 기능이다.
훈련 (Training)	비상관리자, 긴급 대응자 및 공무원은 비상계획, 재난관리, 위험물 대응, 소방 관리, 통신시스템 및 기타 행동수칙(protocol)에 대한 강의를 수강하여 책임 있는 조직과 개인이 효과적으로 대응하는 데 필요한 도구를 갖추도록 한다.
연습 및 훈련 (Exercises and Drills)	특정 문제에 대한 "테이블탑(tabletop)" 토론에서부터 며칠에 걸쳐 전개되는 상세한 재해 시나리오를 포함하는 실규모 연습에 이르기까지, 연습 사건들은 실제 재난에 대응할 모든 기관과 자원봉사 조직을 하나로 묶는다.

비상 인지 및 교육 (Emergency Awareness and Education)	교육 메시지에는 아이들에게 911 전화 거는 법을 가르치고, 부모들에게 비상용품을 수중에 두도록 상기시키고, 집 소유주들에게 그들의 집을 더 재해로부터 보호하는 방법을 보여주고, 테러공격과 연관될 수 있는 의심스러운 행동을 보고하도록 사람들을 격려하고, 더 넓은 인구가 위험도를 감소시키도록 돕는다.
경고 (Warning)	경고 활동에는 경보시스템, 비상 경보시스템, 대중매체 및 디지털 메시지 발송, 사이렌 조정 및 기타 비상 통보 방법의 개발이 포함된다. 경고 및 알림 장치 및 행동수칙(protocol)의 정기적인 테스트는 매우 중요하다.

참조 Turn Around, Don't Drown!

매우 성공적인 경고시스템의 한 예는 운전자에게 위험한 홍수재해를 경고하기 위한 도로 표지판의 배치이다. 국립기상국에 따르면, 모든 홍수 사망자 중 거의 절반이 차량에서 발생한다. 6인치 정도의 물이 많은 승용차의 바닥에 닿아 멈추게 할 수 있고, 1피트의 물이 많은 차량을 떠다니게 할 수 있다. 2피트의 물은 SUV나 픽업 같은 더 큰 차량들도 띄울 것이다. 물이 움직이면 차량이 휩쓸릴 수 있다. 국지적인 홍수 동안 밤에 운전하는 것은 특히 위험할 수 있다. 얕은 홍수의 위험성에 대한 인식을 높이기 위해, NWS(National Weather Service; 국립기상국)는 커뮤니티가 주민들에게 홍수 속에서 걷거나 운전하는 것의 위험성에 대해 교육하는 것을 돕는 "Turn Around, Don't Drown!(익사하지 말고 길을 돌리세요!)" 프로그램을 시작했다.

2.1.2 연방 대비프로그램

대비 활동은 FEMA(Federal Emergency Management Agency; 연방재난관리청)이 주도하는 광범위한 국가대비시스템의 한 요소이다. "국가대비위원회(National Preparedness Directorate)"는 허리케인 카트리나 이후 2007년에 설립되었다. 전문 응급구조요원이 대비 임무를 수행할 수 있도록 많은 전략을 포함하여, 전국 주(州) 및 지방정부의 예방, 보호, 대응 및 복구 역량을 구축하기 위한 정책 및 계획 지침을 제공한다. 부서에 대한 자세한 내용은 다음 사이트를 참조할 수 있다: www.fema.gov/national-preparedness-directorate.

FEMA의 공공참여 및 인식캠페인 Ready.gov은 미국인이 자연재해와 인적재해를 포함한 비상사태에 대비하고 대응할 수 있도록 영어와 스페인어(listo.gov)로 풍부한 정보를 제공한다. 이 캠페인의 목표는 대중을 참여시키고 궁극적으로 전국적으로 기본적인 대비 수준을 높이는 것이다. Ready.gov은 개인에게 다음을 포함한 다양한 방법으로 대비할 것을 촉구한다.

- 비상구호키트(emergency supply kit; 역주: 비상 시를 대비한 기본 생필품 모음)의 구축
- 가족비상계획(family emergency plan; 역주: 비상 연락망 등을 작성)의 작성
- 비상알림(emergency alerts) 등록(역주: 비상 시 비상알림 메시지를 받을 수 있도록 등록)
- 재난 대응과 관련된 자원봉사자 조직에 참여

Ready Business(ready.gov/business)는 사업 대비에 초점을 맞춘 Ready 프로그램의 확장판이다. Ready Kids(ready.gov/kids)는 대화형 게임, 접근 가능한 정보, 교육자 및 학부모를 위한 계획 템플릿 등을 포함한 도구를 제공하며, 8 ~ 12학년 아이들에게 위협적이지 않고 연령에 맞는 방법으로 비상사태와 비상사태에 대한 대비에 대해 가르친다.

참조 교육 및 연습: 재난 도시

잘 알고 대비된 시민을 갖는 것도 중요하지만, 대규모 비상사태나 재난에 전문 응급구조요원의 기술은 필수적이다. 성공적인 대비프로그램의 중요한 요소는 응급구조요원을 위한 빈번한 훈련과 연습에 의존한다. 미국 전역에 많은 훈련 시설이 있지만, 가장 오래되고 가장 잘 알려진 것 중에 하나는 텍사스 College Station에 있는 Texas A&M University 근처에 있다. 재난도시로 알려진 52-에이커의 훈련 캠퍼스는 탈선한 열차, 무너진 건물, 누출된 위험물질 탱크, 그리고 다른 현실적인 재난 상황들과 같은 전면적인 소품들로 완성되어, 매우 다양한 비상 시나리오를 포함한다. 대형 석유 및 가스 유조선과 시추 플랫폼에서 발생할 수 있는 화재 및 기타 비상사태의 경험을 시뮬레이션하기 위한 제2차 세계대전 전함의 일부도 있다. 숙련된 조교들은 소방관, 법 집행관, 응급 의료 기술자, 비상관리자, 산업 종사자 및 공공 및 작업자 안전을 책임지는 다른 사람들을 엄격한 실제 교육에 노출시킨다. 자세한 내용은 Texas A&M Engineering Extension Service(http://www.teex.com)를 참조하라.

2.1.3 재해경감

"재해경감(hazard mitigation)"은 "재해와 그 영향으로부터 사람과 재산에 대한 장기적인 위험을 줄이거나 제거하기 위한 지속적인 조치"로 정의한다. 이 정의는 효과적인 경감이 가져올 수 있는 장기적인 혜택(benefit)을 강조한다. 이 정의는 또한 경감은 커뮤니티가 지속적으로 수행해야 하는 지속적인 노력임을 강조한다. 경감계획, 전략 및 조치의 궁극적인 목적은 회피가 불가능하거나 비실용적일 때, 사람과 재산을 위험에 빠뜨리는 것을 피하고 구조 및 커뮤니티를 더 안전하고 강하게 만드는 것이다.

2.1.4 대비와 경감의 차이점

대비는 비상관리의 기능적, 물류적, 운영적 요소를 포함한다. 재해사건에 앞서 대비 활동이 수행되지만, 이 활동은 비상관리주기의 대응과(작은 비중이지만) 복구 단계로 유도된다. 대비를 하는 동안, 우리는 물자를 모으고 재난이 닥쳤을 때 무엇을 해야 할지 계획을 세운다.

대비는 일련의 "만약에" 질문을 던지고 답이 현실화되기 전에 답을 찾으려고 하는 단계로 시각화 될 수 있다. 예를 들어 비상관리자는 다음과 같은 다양한 최악의 시나리오를 고려할 수 있다.

- 만약에 전기가 나가면 어떻게 할까? 발전기와 보충 연료가 있는가? 통신, 수도, 하수도 서비스는 괜찮은가?
- 만약에 길이 막히면 어떻게 할까? 어떻게 영향을 받는 사람들에게 필요한 물품과 의료 서비스를 제공할 것인가?
- 만약에 우리의 식량 공급이 중단된다면 어떻게 할까? 물, 얼음, 바로 먹을 수 있는 식사가 있는가? 이러한 구호품은 어디에 보관되어 있으며 얼마나 빨리 공급될 수 있는가?
- 만약에 여러 명이 다치면 어떻게 할까? 우리의 의료 연락 담당자는 누구인가? 이러한 의료 제공자들을 어떻게 분류하고 어떻게 서로 협력할 것인가? 그들은 교통수단, 보급품, 전력, 그리고 혈액이 필요할까?
- 만약에 거주자들이 그들의 집을 빨리 떠나야 한다면 어떻게 할까? 대피 계획은 수립되어 있는가? 리조트 커뮤니티의 관광 시즌과 같은 인구 변동을 설명하는가? 자동차를 소유하지 않거나 독립적으로 이동하지 않는 사람들은 어떤가? 장애인, 질병, 노인, 청년, 문맹인 주민들을 어떻게 처리할 것인가?
- 커뮤니티 건물은 대피소(shelter) 역할을 할 대비가 되어 있는가? 위치가 명확하게 식별되고 접근이 가능한가? 누가 대피소를 여는가? 애완동물에도 제공되는가?
- 응급구조요원들(first responders)은 수색 및 구조 임무를 수행할 준비가 되어 있는가? 그들은 재난 상황에서 복무하도록 훈련을 받았는가? 그들은 어떻게 서로 의사소통을 할 것인가?

이와는 대조적으로 "재해경감(hazard mitigation)"은 사전 재난 활동을 통해 사람과 재산에 대한 재난의 영향을 줄이려는 지속적인 노력이다. 경감조치는 재해사건이나 인적재해가 발생하기 전에 수개월, 수 년, 심지어 수십 년 동안 수행될 수 있으며 미래를 내다보는 안목으로 재난이 발생한 후에도 계속될 수 있다. 경감조치는 재해의 영향을 방지하거나 줄이기 위한 장기적인 해결책을 찾는다는 점에서 비상관리의 다른 단계와는 다르다. 재해경감은 다른 사고(思考, thought) 과정(process)과 때로는 장기적인 정책 및 의사 결정 과정을 지향하는 다른 기술들도 포함한다.

재해경감은 "어떻게 하면 손실을 줄일 수 있는가?"를 묻는 진행 중인 과정으로 시각화할 수 있다. 예를 들어 비상관리자는 커뮤니티에서 발생할 것으로 예상할 수 있는 다양한 재해와 위협의 영향을 회피하거나 흡수하는 방법에 대해 다음과 같은 질문을 할 수 있다.

- 과거에 여러 번의 사건으로 피해를 입은 특정 장소가 있는가? 이 땅의 가장 좋은 용도는 무엇이며, 생명과 재산이 과도한 위험에 노출되지 않도록 어떻게 보장할 수 있는가?
- 우리 커뮤니티에 잠재적 재해로부터 더 위험한 특정 인구가 있는가? 서비스 및 투자가 커뮤니티 구성원들에게 전달되어 보다 안전하게 하기 위해 무엇을 할 수 있는가?
- 우리 커뮤니티의 건물들은 이러한 지역에서 일반적으로 발생하는 자연재해에 견딜 수 있는 방식으로 건설되었는가? 교량, 송전선, 하수도 시스템 및 기타 기반시설은 어떤가?
- 사람들은 자신들과 그들의 자산을 보호하도록 장려하는 방식으로 위험들에 대해 충분히 알고 있는가? 사람들은 그들의 집과 소지품들이 파손 사건이 발생했을 때 적절한 보험을 가지고 있는가?

재해경감 및 대비 사이의 주요 차이점 중 하나는 각 결과의 가시성이다. 경감조치의 이점은 시행 후 몇 달 또는 심지어 몇 년 동안 실현되지 않는 경우가 많다. 성공은 일어나지 않는 것, 즉 "회피한 손실(loss avoided)"로 측정된다. 회피(avoidance)와 예방(prevention)은 잘 수행된 경감의 결과이며, 정량화하기 어려울 수 있다. 결과적으로, 커뮤니티는 계획적이고 과정 지향적인 재해경감전략보다는 비상 상황의 즉각성(immediacy)에 대비한 가시적이고 결과 지향적인 조치를 선호해 왔다.

불행히도, 재해가 실제로 발생할 때까지 재해경감은 종종 무시된다. 자연재해의 경우, 역사는 이전과 같은 장소에서 같은 방식으로 재건하는 커뮤니티의 사례로 가득 차 있지만, 놀랄 만큼 유사한 재해사건이 재발할 때 같은 위험에 처하게 된다. 허리케인, 토네이도, 홍수로 집과 사업이 파괴된 사람들이 그들의 삶을 정상으로 되돌리기를 원하는 것은 당연히 기대된다. 그리고 그들은 가능한 한 빨리 그러한 일이 일어나기를 원한다. 하지만 때때로, 너무 빨리 재건하는 것은 더 똑똑하게 재건할 수 있는 기회를 놓칠 수 있다는 것을 의미한다. 재해경감은 미래 위험에 의해 야기되는 위협을 반영하기 위해 인간의 정착 패턴과 건설 기법을 적용함으로써 반복적이고 예측 가능한 재난에 수반되는 파괴와 재건의 순환을 의도적으로 끊는 것을 추구한다.

자기 진단

- 종합비상관리주기의 4단계를 열거하라.
- 대비와 경감의 차이점을 논의하라.
- Ready.gov이 시민들에게 수행하도록 권장하는 주요 대비 업무에 대해 설명하라.

2.2 기후변화적응

기후변화는 오늘날 우리가 다루는 많은 자연재해에 직접적인 영향을 미친다. 기후가 계속해서 변화함에 따라, 날씨 사건의 빈도, 강도, 공간 범위, 지속시간, 그리고 시기가 바뀌어 전례 없는 극한 날씨 사건이 발생할 것이다. 평균적으로 30년에 한 번 발생했던 사건들은 미래에 4 ~ 5년마다 발생할 수 있다.

기후변화의 결과는 이미 감지되고 있으며, 이러한 결과는 전 세계적으로 점점 더 중요해질 것이다. 그러나 취약성을 감소시키고 현재와 미래의 재난으로 인한 손실을 줄일 수 있는 기회가 있다. 즉, 기후변화는 일부 재해의 빈도와 강도를 증가시킬 수 있지만, 그러한 재해로 인한 피해는 기후변화만으로 귀속될 수 없다. 즉, 책임 있는 공공 정책과 민간 조치가 현재와 미래에 위험을 줄일 수 있다.

2.2.1 무엇을 할 수 있는가?

기후변화에 대한 대응은 크게 두 가지 범주로 나뉜다.

- 주로 지구 대기의 온난화를 일으키는 온실 가스 배출을 줄이기 위한 시도를 통해 인간이 야기하는 기후변화의 “원인(cause)”을 다루는 “경감(mitigation)” 노력
- 기후변화의 “증상(symptom)”을 설명하기 위한 “적응(adaptation)” 노력

이러한 노력만으로는 모든 기후변화 영향을 피할 수 없다. 오히려 경감과 적응은 서로를 보완하고, 함께 추구한다면 기후변화의 결과를 상당히 줄일 수 있다.

재해경감, 기후 경감 및 기후 적응: 무엇이 다른가?

비상관리와 환경관리 분야에서 공통적으로 사용되는 많은 단어와 문구는 밀접한 관련이 있을 뿐만 아니라 뚜렷하고 의미 있는 차이를 갖고 있다. 이러한 뉘앙스를 이해하는 것은 위험을 줄이기 위한 프로그램과 정책에 대한 명확한 의사소통을 위해 중요할 수 있다. 기후경감(climate mitigation)은 화석 연료를 태우는 결과로 대기 중으로 방출되는 이산화탄소를 줄이기 위한 노력과 같이 기후변화를 일으키는 동력을 줄이는 것을 목표로 한다. 기후적응(climate adaptation)은 향후 수십 년간 예상되는 해수면에 따라 폐수처리시설을 짓는 등 기후변화에 대한 취약성을 줄이는 것을 목표로 한다. 자연재해에 대한 취약성을 줄이는 데 초점을 맞춘 재해경감(hazard mitigation)은 기후적응과 많은 특성이 동일하다. 두 가지 모두 자연재해에 대한 취약성을 식별하고 해당 취약성을 줄이기 위한 전략을 개발하는 데 초점을 맞추고 있다. 사실 이 두 가지 전략 중 많은 부분이 겹친다. 그럼 뭐가 다른가? 우선, 재해경감계획에서 다루는 일부 재해는 기후변화의 영향을 받지 않을 수 있다. 예를 들어, 기후적응계획은 지진과 관련된 위험이 증가하고 있다고 가정하지 않는 반면, 재해경감계획은 여전히 지진에 의한 지진 피해를 줄이기 위한 전략을 평가할 것이다. 또 다른 차이점은 기후적응이 특정 위치에서 기후변화가 일어날 가능성이 있는 다양한 방식에 대해 훨씬 더 전체적인 관점을 취할 수 있다는 것이며, 이러한 이해를 광범위한 의사 결정과 투자에 반영하기 위한 계획을 개발할 수 있다는 것이다. 예를 들어, 기후변화가 특정 지역의 지역 생태계에 상당한 영향을 미칠 것으로 예상되는 경우, 기후적응계획은 생물 다양성을 유지하려는 프로그램을 도입할 수 있다. 재해경감은 사람의 생명을 제한하고 재산에 대한 손상을 줄이는 데 더 초점을 맞추는 경향이 있으므로 재해경감계획은 자연환경에 대한 영향만을 관리하도록 설계된 노력에는 덜 초점을 맞출 수 있다.

2.2.2 적응 사례

오늘 이산화탄소 배출이 멈춘다 하더라도, 우리는 이미 지구 기온의 온난화를 저질렀고, 이 온난화가 특히 지역 수준에서 정부가 제공하는 많은 중요한 서비스와 기능에 영향을 미칠 것이라는 것을 알고 있다. 일부 커뮤니티는 이미 재난 비용 상승과 동식물 변화라는 형태로 기후변화의 영향을 느끼고 있지만, 기후변화에 따른 높은 비용과 피해가 불가피한 것은 아니다. 적응은 이러한 위험을 줄일 수 있는 기회를 제공한다.

좋은 소식은 많은 적응 조치들이 장기간의 이익뿐만 아니라 명백하고 즉각적인 혜택을 갖고 있으며, 그것들은 그들 스스로 추구할 가치가 있다는 것이다. 적응 전략은 일반적으로 건전한 환경 실천과 일치하며 천연자원(natural resource)의 사용을 개선하고 현재의 자연재해에 대한 회복탄력성을 높이는 효과적인 방법이다.

참조 친환경 옥상 정원

많은 적응 조치는 온실가스(GHG; greenhouse gas) 배출을 감소시킨다. 친환경 옥상, 즉 옥상 정원은 실제로 도시를 시원하게 할 수 있어 기후변화(적응)로 지구 기온이 상승하면서 심해지는 도시지역의 '열섬(heat island)' 효과에 적응하는 데 도움이 된다. 이러한 초목 지붕(Photo 2.1 참조)은 또한 폭풍우 동안 물을 간직하고 건물과 도로 및 주차장 같은 불투수성 표면에서 흘러나오는 유출량을 줄여 폭우로 인한 홍수를 관리하는 데 도움을 준다(재해경감). 이와 함께 친환경 옥상은 단열재를 추가로 제공해 건물의 에너지 효율을 높여 냉난방 에너지 수요를 감소시키고, 이는 다시 대기 중으로 이산화탄소가 덜 배출되도록 한다(기후경감). 한 번에 많은 이점을 얻을 수 있는 능력은 친환경 옥상뿐만이 아니다. 이 텍스트에서 논의된 많은 경감 전략은 여러 가지 긍정적인 결과를 갖고 있다.

Photo 2.1 시카고 시청에 있는 것과 같은 친환경 옥상(green roof)은 자연재해경감뿐만 아니라 기후변화 경감 목적을 모두 제공하는 다목적 건물 기술의 좋은 예이다. 식생은 과도한 빗물을 흡수하는 동시에 건물을 냉각시켜 건물의 에너지 소비를 줄인다. (이미지 제공: Tony The Tiger/GFDL/CC BY-SA 3.0)

자기 진단

- 재해경감, 기후경감 및 적응 사이의 관계를 설명하라.
- 온실가스 배출을 줄이기 위한 조치를 취하더라도 기후변화적응이 중요한 이유를 설명하라.

2.3 재해경감과 경감전략

기후변화에 적응하는 동시에 사람과 재산에 대한 재해의 영향을 줄이기 위해 커뮤니티가 사용할 수 있는 다양한 도구와 기술이 있다. 모든 커뮤니티는 재해에 대한 노출과 개인의 위험수준 측면에서 각각 다르지만, 이러한 재해를 경감하고 기후변화에 적응하기 위한 전략은 공통 범주로 분류되는 경향이 있다. 이 절에 전체에서 다룰 몇 가지 주요 범주를 요약하면 다음과 같다.

- 사회기반시설물 전략

  이 전략은 사회기반시설물 그 자체와 그것에 의존하는 커뮤니티를 자연재해, 인적 위협, 기후변화 등에 보다 회복탄력적으로 만들기 위해 사회의 기본 물리적 시스템의 변경 또는 수정을 포함한다. 이러한 유형의 전략 예로는 새로운 저수 시스템의 건설, 전력선 매립, 홍수 수준 이상으로 폐수처리시설의 증가, 그리고 손상과 서비스 중단의 가능성을 줄이기 위한 중요 기반시설의 건설 또는 보수를 위한 기타 개입이 있다.

- 토지이용 전략

  이 전략은 재해 위험에 더 잘 대응하기 위해 개발 및 개발 위치를 개선할 뿐만 아니라, 개발 및 사람들의 피해를 방지하도록 안내한다. 토지이용에는 홍수지역 개발 제한, 빗물관리 개선을 위한 저영향 개발, 여름철 기온을 줄이기 위한 도시조경 등이 포함된다.

- 천연자원 전략

  이 전략은 자원 소비를 줄이고 필수 서비스를 제공하는 생태계를 보호한다. 예를 들어 담수 소비를 줄이기 위한 기술과 폭풍 피해를 제한하는 해안 습지를 보호하기 위한 조치가 모두 천연자원 전략으로 고려될 것이다.

- 교육 전략

  이 전략은 적응 및 경감조치에 대한 정보와 함께 기후변화와 자연재해영향에 대한 정보를 일반 대중과 기업에 배포한다. 위의 많은 전략의 성공은 커뮤니티 구성원의 자발적인 참여에 달려 있다. 따라서, 교육 전략은 효과적인 위험 감소의 핵심이다.

이러한 전략 유형 각각은 재해의 영향에 대한 도시환경(built environment ↔ 자연환경)의 취약성을 줄이려고 한다(Photo 2.2 참조). 많은 커뮤니티는 위험 감소 요구를 충족하기 위해 여러 전략을 조합하여 사용한다. 재해경감도구와 기법은 12장에서 자세히 설명한다.

Photo 2.2 뉴저지주 Sea Bright: 건설 인부들이 허리케인 샌디 동안 파손된 이 집을 들어올리는 것을 마치고 있다. 들어올림(Elevation)는 범람원에 위치한 주택의 홍수를 경감하는 한 가지 방법이다. (이미지 제공: Steve Zumwalt, FEMA)

2.3.1 위험도평가와 지도 제작

커뮤니티가 재해경감 또는 기후변화적응 전략을 구현하기 전에, 위협을 제기하는 재해 유형과 그러한 재해가 사람과 재산에 어떻게 영향을 미칠 수 있는지에 대한 명확한 그림을 가지고 있어야 한다. 재해식별은 취약성을 줄이기 위해 필요한 첫 번째 단계이다.

재해식별은 커뮤니티의 재해 이력에 대한 정보를 취합하고, 다양한 재해사건을 분석(profiling)하며, 미래 재해 가능성에 대한 예측을 하는 과정을 포함한다. 커뮤니티는 또한 토지이용 패턴, 성장 잠재력 및 미래에 위험에 처할 수 있는 것을 평가하기 위한 개발 동향의 분석을 포함하여 확인된 재해에 취약한 자산과 인구를 결정해야 한다. 지도는 재해들이 주어진 도시환경(built environment ↔ 자연환경)과 교차하는 지점을 그래픽 및 시각적 방법으로 설명하는 데 사용할 수 있으므로 커뮤니티 "위험도평가(risk assessment)"의 중요한 구성요소이다. 위험도평가 중에 생성된 분석과 지도는 커뮤니티가 지역 자산과 취약 인구를 보호하는 방법에 대한 중요한 결정을 내리는 데 도움이 될 수 있다. 비상관리자와 계획자가 일반적으로 사용하는 도구를 포함하여 커뮤니티 위험도평가를 수행하기 위한 목표와 접근방식은 제10장에서 다룬다.

미국의 대부분 커뮤니티는 관할구역 전체에 걸쳐 홍수가 발생하기 쉬운 지역의 위치를 보여주는 공식적인 FIRM(Flood Insurance Rate Map; 홍수보험율지도)를 갖고 있다. 이 지도는 특정 지역이 특정 기간 동안 홍수로 범람할 가능성을 나타낸다. 예를 들어, 지도는 특정 연도 동안 1% 이상의 홍수가 발생할 가능성이 있는 지역(종종 100년 범람원이라고 함)과 홍수사건 동안 상당한 파도를 경험할 가능성이 있는 해안 위치를 보여준다. 이 지도는 커뮤니티 범람원(floodplain)에서 허용되는 구조물 유형을 규제하고 다양한 수준의 홍수의 영향을 경감하기 위해 이러한 구조물이 보호되어야 하는 방법을 지정하는 법령을 개발하기 위한 기초 자료로 사용된다.

2.3.2 커뮤니티의 성장과 개발 관리

재해경감 및 기후변화적응에 대한 가장 효과적인 접근방식 중 하나는 토지이용계획 및 규제를 통해 커뮤니티 성장과 개발을 관리하고 건축법규를 통해 새로운 구조물의 품질을 제어하는 것이다. 지방정부는 범람원, 지진 위험지역, 산사태가 발생하기 쉬운 부지, 산불 지역 등 위험한 장소에서 벗어난 개발을 유도하기 위해 구역지정 및 분할 조례를 사용할 수 있다. 지방정부는 위험지역을 피하기 위해 도로, 공공 선로(utility line), 상하수도 처리시설, 기타 공공서비스 등의 사회기반시설도 설치할 수 있다. 커뮤니티는 자본개선(capital improvement)에서 전략적 투자를 통해 위험지역을 개발하기에 덜 매력적으로 만들어 부적절한 부지에 건설하는 것을 막을 수 있다.

어디에 어떻게 건설하는지에 대한 선택이 많은 자연재해 및 인적재해와 위협에 대한 취약성의 수준을 결정한다. 재해경감은 커뮤니티의 성장과 발전을 저해하는 것으로 간주되어서는 안 된다. 반대로 커뮤니티의 성장과 관련된 결정에 재해경감을 통합하면 보다 안전하고 회복탄력적 커뮤니티가 될 수 있으며 새로운 가정과 기업에 더 매력적인 커뮤니티가 될 수 있다.

참조 핵심은 시행(Implementation)

신중한 위험도평가는 잠재적 재해를 식별하고 그러한 재해가 커뮤니티에 미칠 수 있는 영향을 설명하는 좋은 정보를 제공할 것이다. 그러나 실행 가능한 위험 감소 전략은 아무리 상세하고 정확하더라도 화려한 지도의 제작 이상의 것이 필요하다. 의사결정자들은 확인된 위협을 구체적으로 다루는 건전한 정책을 개발하기 위해 위험도평가 중에 수집된 정보를 사용해야 한다. 그러나 구현된 정책이 변경되어 리스크 수준이 낮아질 때까지 이 단계조차 충분히 진행되지 않는다. 불행하게도, 너무나 자주, 이 마지막 "실행(action)" 단계가 일어나지 않으며, 지역주민들은 위험이 도사리고 있다는 것을 알고 있음에도 여전히 취약성에 노출되어 있다.

안타깝게도 이것은 워싱턴주 오소(Oso)에서의 경우와 유사하다. 2014년 3월 22일, 매우 크고 빠르게 움직이는 산사태로 약 39명의 사람들이 사망했고, 그들 중 다수는 진흙 벽이 가파른 경사면을 달려 내려와 흙, 돌, 나무 줄기, 그리고 다른 잔해들이 뒤섞여 온 동네를 집어삼켰을 때 그들의 집에 있었다. 항공 사진을 통해 이전의 산사태(향후 산사태가 가능함을 나타냄)가 발생했음을 명확히 보여주었으며, 이 지역을 매우 높은 산사태 위험지역으로 식별했다. 해당 카운티는 2014년 이전까지만 해도 이후 산사태로 전멸한 부동산을 매입해 비우는 방안을 검토했지만 대신 경사면 기단을 안정시키고 주민은 그대로 두기로 했다. 불행하게도, 그 지역에 신축에 대한 몇 가지 제한도 있었다. 알려진 산사태의 노출에 기초하여 좀 더 엄격한 개발 지침이 시행되었더라면, 오소에서의 비극은 피할 수 있었을 것이다.

자기 진단

- 기후변화적응에도 사용될 수 있는 재해경감전략의 네 가지 주요 범주를 나열하라.
- 위험도평가 및 매핑이 재해경감전략 과정에 어떻게 도움이 되는지 설명하라.
- 토지이용계획이 커뮤니티의 전반적인 위험 감소 전략에 어떻게 기여할 수 있는가?

2.4 재해경감과 대비의 가치

경감의 목표가 재해 취약성의 장기적인 감소를 장려함으로써 생명을 구하고 재산피해를 줄이는 것임을 배웠다(Table 2.3 참조). 재해경감은 비용 효율적이고 환경적으로 건전한 조치를 통해 달성될 수 있으며, 이는 다시 재산가, 기업 및 모든 정부 차원의 막대한 재난 비용을 줄일 수 있다. 또한 재해경감은 중요한 커뮤니티 시설을 보호하고, 책임에 대한 노출을 줄이며, 커뮤니티 혼란을 최소화할 수 있다. 대비는 인명 및 재산을 구하고 재해 전 계획, 훈련 및 연습을 통해 대응 작업을 용이하게 한다.

Table 2.3 경감 및 대비의 혜택

경감 및 대비의 혜택	설명
인명 손실 및 재산피해의 감소	커뮤니티는 가족과 그들의 집을 위험한 곳 밖으로 옮기는 것과 같은 경감조치를 통해 재해로부터 생명을 구하고 재산피해를 줄일 수 있다. 또한 경감 및 대비는 재난 시 사람들을 구조해야 하는 비상 근무자의 위험을 감소시킨다.
비용 절감	커뮤니티는 긴급 서비스, 구조 작업 또는 복구 노력을 제공하지 않아도 되므로 비용 절감을 경험할 수 있다. 또한 커뮤니티는 비용이 많이 드는 건물과 기반시설의 보수와 신축을 피한다.
대응 및 복구의 속도 향상	커뮤니티는 사전에 경감 및 대비를 고려함으로써 재난이 발생하기 전에 재난 후 기회를 파악할 수 있다. 재난이 닥치기 전에 생각해 낸 전략은 커뮤니티가 때가 되면 신속하게 대응할 수 있도록 한다.
사업 및 일자리의 보호	재난의 영향은 지역경제를 약화시켜 기업과 그들이 제공하는 일자리를 위협할 수 있다. 경감 및 대비는 혼란을 줄일 수 있으며, 이는 다시 안정된 경제와 일자리 기회를 유지하는 데 도움이 된다.

2.4.1 재해경감 비용

경감의 기본 전제는 현재 재해경감에 대한 투자가 재난에 따른 비상 대응, 복구, 보수, 재건축에 필요한 금액을 줄여 미래 지출 수요를 크게 감소시킨다는 것이다. 사회간접시설 및 자본 자산에 대한 투자를 보호함으로써 커뮤니티는 장기적으로 비용 절감을 누릴 수 있다. 따라서 재해경감은 커뮤니티가 추구해야 할 재정적으로 책임이 있는 활동이다. 마찬가지로 경감 및 대비의 혜택은기업, 산업 및 민간부문의 다른 구성원에게 귀속된다. 손실을 줄임으로써 기업은 직원, 수입 흐름, 회사 자산을 보호할 수 있고, 재난 후에도 재정 지불 능력과 경제적 생존 능력을 유지할 수 있도록 더 잘 준비된다. 민간부문 경감 및 대비 활동은 9장에서 설명한다.

참조 재해경감 비용 1달러로 6달러 절감!

많은 연구들이 전국적으로 경감사업의 효과를 평가해 왔다. 재산피해를 피하는 것은 물론 이것이 유일한 가치 지표는 아니지만, 이러한 연구는 경감이 장기적으로 커뮤니티와 납세자들의 돈을 절약하면서 상당한 경제적 이점을 가지고 있다는 것을 일관되게 보여준다. 실제로 더 엄격한 건축법규와 같은 경감 프로그램을 통해 미국인들을 매년 약 34억 달러를 절약한다. 국립건축과학연구소(National Institute of Building Sciences)에 따르면, 경감에 투자되는 1달러당 국가는 향후 손실을 피할 수 있는 약 6달러를 절약한다.

2.5 지속가능성과 재난 회복탄력성

재해경감은 환경을 보호하고 재난 관련 비용을 절감하는 역할을 하기 때문에, 커뮤니티 전체의 경제적 활력, 환경적 건강, 삶의 질을 뒷받침하는 커뮤니티의 장기 지속가능성(sustainability)에 기여할 수 있다. 기후변화적응은 미래의 기후 조건을 오늘날의 결정에 반영함으로써 이것을 한 단계 더 발전시킨다. 지속가능성은 현 세대의 결정이 미래 세대의 선택권을 감소시키지 않을 때 달성된다. "지속가능한 발전(sustainable development)"은 미래 세대가 자신의 욕구를 충족시킬 수 있는 능력을 훼손하지 않고 현재의 욕구를 충족시키는 발전이다. 재난의 영향을 줄이거나 피하는 방식으로 건설하는 것은 지속가능한 커뮤니티의 필수적인 특성이다.

지속가능성은 커뮤니티의 규모와 위치와 관계 없이 커뮤니티가 현재와 미래의 모든 구성원들에게 더 나은 삶의 질로 이끄는 결정을 내리도록 도울 수 있는 개념이다. 지속가능성의 원칙은 재난의 여파로 복구하고 재건해야 한다고 생각하는 커뮤니티에도 적용된다. 지속가능한 개발(및 재개발)의 목표는 생명, 재산, 자연환경, 경제의 보호를 통해 안전하고 지속적인 커뮤니티를 만들고 유지하는 것이다. 재해경감 및 기후변화적응 활동은 더 지속가능하게 되기 위한 노력의 매우 중요한 부분이다.

재해경감 및 기후변화적응을 수용하는 것도 재난 회복탄력성의 핵심 요소이다. "재난 회복탄력적 커뮤니티(disaster-resilient community)"는 재난으로 인한 사회적, 환경적, 경제적 손실과 혼란을 최소화하기 위해 개발되거나 재개발된 커뮤니티 또는 지역을 말한다. 회복탄력적 커뮤니티는 자연시스템을 이해하고 도시환경(built environment ↔ 자연환경)의 적절한 입지, 설계 및 건설이 재난 예방의 증진에 필수적이라는 것을 깨닫는다. 회복탄력적 커뮤니티는 고난 사건에 대비, 계획, 복구 및 보다 성공적으로 적응하는 마을, 시, 카운티 및 주이다. 자연재해 및 인적재해 그리고 위협에 대비하고 그 영향을 경감하기 위한 조치는 회복탄력성의 필수 구성요소이다. 커뮤니티의 지속가능성과 회복탄성력을 구축하는데 있어 경감 및 대비의 역할에 대한 심층적인 논의는 13장에서 설명한다.

참조 허리케인 샌디 복구: 혁신적인 계획 및 설계를 통한 회복탄력성 증진

허리케인 샌디가 그 지역의 커뮤니티를 황폐화 시켰을 때, 우리는 기후변화가 우리 커뮤니티가 더 회복탄성적이고 지속가능하게 되기 위해 모든 개발과 계획에서 중요함을 상기하였다.

숀 도노반 미국 주택도시개발부 장관

허리케인 샌디는 이전의 어떤 폭풍과도 달랐다. 전례 없는 피해는 날씨 사건이 우리 커뮤니티, 주, 그리고 더 큰 지역에 가한 진정한 위협을 드러냈고 기후변화와 해수면 상승을 해결하기 위해 우리의 관행과 사고방식, 그리고 삶의 방식을 바꿔야 한다는 대중 인식의 새로운 시대를 알렸다. 폭풍의 영향을 받은 모든 사람들이 복구 과정을 계속 추진하고 있지만, 단순히 이전에 존재했던 것을 재건할 수는 없다는 것은 분명하다. 이 지역이 미래의 폭풍으로부터 회복할 수 있을 만큼 충분히 회복할 수 있도록 이번에는 다르게 생각할 필요가 있다.

이러한 과제를 해결하기 위해 2013년 6월, 도노반 장관은 "Rebuild by Design(도시재개발 공모전)"이라는 다단계 설계 공모전을 개최하여 샌디 영향 지역의 회복탄력성을 촉진하기 위한 혁신적이고 실행 가능한 제안을 개발했다. 수년 동안 커뮤니티 참여, 계획 및 설계를 계획한 후, 이러한 프로젝트 중 몇 개는 미래의 폭풍 및 홍수 이벤트로 인한 중단 가능성을 줄이기 위해 앞으로 나아가고 있다. "Rebuild by Design" 이니셔티브에 대한 자세한 내용은 http://www.rebuildbydesign.org을 참조하라.

자기 진단

- 재해경감 및 대비의 최소 3가지 이점에 대해 설명하라.
- 재해경감 및 대비가 지속가능한 개발과 어떻게 연결되는지 설명하라.

요약

재해경감 및 대비 활동은 커뮤니티가 재해의 영향에 더 회복탄력적으로 대처할 수 있도록 돕고, 기후변화적응은 커뮤니티가 미래에 자연재해의 영향을 다루기 위한 출발을 가능하게 한다. 재난 비용은 미국에서 계속 증가하고 있으며, 우리는 재산을 취약한 지역에서 벗어나게 하기 위한 노력을 증가시켜야 하고, 이를 위해 재해영향으로부터 가정과 사업을 강화하기 위한 지속적이고 미래 지향적인 경감전략과 건축법규를 시행한다. 우리는 대비 측면에서도 할 일이 많다. 최근 허리케인, 산불, 눈보라, 그리고 미국과 전 세계적으로 COVID-19 팬데믹의 엄청난 피해로 인한 인명 및 재산 손실은 재난 생존자에 대한 대피(evacuation), 비상대피소(emergency shelter), 공중보건 프로그램 및 비상사태의 배포 계획을 계획함으로써, 우리 인구를 보호할 수 있는 능력을 크게 향상시킬 필요가 있다. 이러한 문제들을 10 ~ 12장에서 자세히 살펴본다.

용어

- 적응(adaptation)
  피해를 줄이거나 유익한 기회를 이용하기 위해 실제 또는 예상되는 기후와 그 영향에 대한 조정 과정
- 종합비상관리(comprehensive emergency management)
  자연재해, 인적재해 및 커뮤니티에서 재난이 발생할 수 있는 가능성을 다루는 데 사용되는 접근법
- 재난수명주기(disaster life cycle)
  재난 사건과 상호 대응되는 종합비상관리 시스템의 4단계 주기
- 재난 회복탄력적 커뮤니티(disaster-resilient community)
  재해로 인한 인적, 환경적, 재산적 손실과 사회적, 경제적 혼란을 최소화하기 위해 개발되거나 재개발된 커뮤니티 또는 지역. 회복탄력적 커뮤니티는 자연시스템을 이해하고, 건설된 환경의 적절한 입지, 설계, 건설이 재난 예방의 발전을 위해 필수적인 것을 알고 있다.
- 재해경감(hazard mitigation)
  재해와 그 영향으로부터 사람과 재산에 대한 장기적인 위험을 줄이거나 제거하기 위한 지속적인 조치
- 국가대비위원회(National Preparedness Directorate)
  FEMA 내에서 국가대비위원회는 전국 주 및 지방정부를 위한 예방, 보호, 대응 및 복구 능력을 구축하기 위한 전략, 정책 및 계획 지침을 제공한다. 위원회에 대한 자세한 내용은 www.fema.gov/national-preparedness-directorate에서 확인할 수 있다.
- 대비(preparedness)
  비상 또는 재난에 대응할 수 있는 준비 상태

- Ready.gov
  커뮤니티, 기업, 가족, 그리고 개인들이 비상사태에 대비하기 위해 취할 수 있는 조치에 대해 배울 수 있도록 돕는 FEMA의 공공 봉사(outreach) 및 교육 프로그램
- 복구(recovery)
  재난 발생 후 커뮤니티를 재건하기 위한 조치를 포함한 비상관리주기의 단계. 예를 들어, 도로 및 교량 보수 및 전력 복구
- 대응(response)
  재난 발생 중 또는 재난 발생 직후 피해자의 긴급한 요구를 충족시키기 위한 조치를 포함한 비상관리주기의 단계. 예를 들어 보호(sheltering), 대피(evacuation), 수색 및 구조, 비상 물품 전달 등이 포함됨.
- 위험도평가(risk assessment)
  위험도를 평가하는 데 사용되는 과정 또는 방법론
- 지속가능한 개발(sustainable development)
  미래 세대가 자신의 욕구를 충족시킬 수 있는 능력을 훼손하지 않고 현재의 욕구를 충족시키는 개발

연습문제

요약 질문

1. 재난 발생 중 또는 재난 발생 후에만 재해경감을 수행할 수 있다. 참인가 거짓인가?

2. 연습(exercise)과 훈련(drill)은 재난 대비의 중요한 구성요소이다. 참인가 거짓인가?

3. 다음 웹사이트 중 FEMA의 공공참여 및 인식캠페인의 일부가 아닌 것은?
   a. Ready.gov
   b. Ready.gov/kids
   c. Ready.gov/business
   d. Ready.gov/homeowners

4. 주민들은 가능한 한 빨리 재난으로부터 복구하기를 원하기 때문에, 계획자와 비상관리자는 항상 속도를 유일한 복구 목표로 삼아야 한다. 참인가 거짓인가?

5. 폭염에 더 잘 대처하기 위해 에어컨을 설치하는 것은 기후변화 경감의 한 형태이다. 참인가 거짓인가?

6. 일부 기후변화적응 전략은 즉각적인 이익과 비용 절감을 가져올 수 있다. 참인가 거짓인가?

7. 회복탄력적 커뮤니티는 재해가 발생하는 것을 막는 커뮤니티이다. 참인가 거짓인가?

8. 대비에는 다양한 유형의 재해사건 동안 발생할 수 있는 상황을 예측하는 것이 포함된다. 참인가 거짓인가?

9. 다음 중 대비 조치의 예는 무엇인가?
   a. 급수 시스템 재구축 b. 범람원 보전
   c. 응급상황 관련자 교육 d. 도로 보수

10. 재난 발생 후 기간은 경감조치를 이행하는 데 귀중한 시간이다. 참인가 거짓인가?

11. 경감은 커뮤니티의 돈을 절약하는 방법이다. 참인가 거짓인가?

리뷰 질문

1. 재난의 장기적 영향을 제한하기 위해 회복탄력적 커뮤니티가 사용하는 비상관리주기의 단계는 무엇인가?

2. 대비와 재해경감의 차이점을 예를 들어 설명하라.

3. 종합비상관리시스템을 4단계로 구분한다. 단계들의 이름을 나열하라.

4. 재해경감은 커뮤니티를 위한 현명한 투자로 간주되어야 한다. 그 이유를 설명하라.

5. 재해경감은 성장과 개발에 관한 커뮤니티의 결정에 어떻게 영향을 미치는가?

6. 재해경감에 사용된 자금에 대한 전반적인 투자 수익률을 분석한 연구 결과를 설명하라.

7. 기후변화 경감 및 기후변화적응 간의 차이점을 설명하라.

응용

1. 미네소타 북부의 한 도시와 애리조나 주의 한 도시가 재해에 대비하는 방법을 비교하라. 어떤 조치(measure)가 일치하는가?

2. 마을의 최고 비상관리자로서, 당신은 지방정부가 재해경감조치에 참여하도록 요구하는 새로운 연방프로그램에 대한 제안을 지방정부 이사회에 제출해야 한다. 회복탄력적 커뮤니티가 무엇인지 어떻게 설명할 것인가? 재해경감의 이점에 대한 발표에 포함할 내용은 무엇인가? 재해영향을 줄이기 위해 지역 자원을 사용하는 것을 승인하도록 이사회를 어떻게 설득할 것인가?

3. 재해경감 및 기후변화적응이 어떻게 유사한지 설명하라.

자습

- 허리케인 추적

당신은 지방정부의 관리로서 마을에 거주하는 사람들의 안전을 보장할 책임이 있다. 당신은 수십 년 동안 심각한 허리케인을 경험하지 못했지만, 작년에 한 허리케인은 궤도를 바꿔 마을을 아슬아슬하게 피해갔다. 허리케인의 계절이 다가오고 있다고 가정하자. 마을이 올해 계절을 대비하기 위해 무엇을 했는지 주민들에게 알려줄 공시(public announcement)의 개요를 설명하라. NOAA(국립해양대기청) 허리케인 추적 웹사이트(www.nhc.noaa.gov)는 훌륭한 자료이다.

- 회복탄력성 판단

당신이 홍수가 발생하기 쉬운 커뮤니티의 비상관리자라고 가정해 보자. 이 재해에 대해 커뮤니티가 얼마나 회복탄력적인지 판단하기 위해 어떤 요소를 살펴볼 것인가? 당신의 커뮤니티가 피해를 최소화하고 사람들을 안전하게 하도록 자연재해사건을 겪을 수 있을지 어떻게 결정할 수 있는가? 아니면 당신의 커뮤니티가 고통스런 재난을 겪을지 어떻게 결정할 수 있는가?

참고문헌

1. Blanchard, W. 1997. Emergency Management USA: Student Manual. Emmitsburg, MD: FEMA Emergency Management Institute.
2. Bernstein, L., R.K. Pachauri, and A. Reisinger. 2008. Climate Change 2007: IPCC Synthesis Report. Geneva, Switzerland.
3. NOAA, Office for Coastal Management. Hazard Mitigation Value. https://coast.noaa.gov/states/fast-facts/hazard-mitigation-value.html.
4. Multi-Hazard Mitigation Council. 2019. Natural Hazard Mitigation Saves. Washington, DC: National Institute of Building Sciences.
5. The H. John Heinz III Center for Science, Economics and the Environment. 2000. The Hidden Costs of Coastal Hazards: Implications for Risk Assessment and Mitigation. Washington, DC: Island Press.
6. National Research Council. 2012. Disaster Resilience: A National Imperative. Washington, DC: The National Academies Press.

제 I 편

자연재해와 인적재해

제3장 기상재해와 수문재해

제4장 지질재해

제5장 인적재해

홍수의 다른 원인은 무엇인가? 우리는 어떻게 지진의 심각성을 측정하고 전달할 수 있는가? 산불 발생 가능성에 영향을 미치는 요인은 무엇인가? 원자력 발전소가 인근 커뮤니티에 어떤 위험을 초래하는가? 3, 4, 5장에서는 미국이 직면하고 있는 광범위한 자연재해 및 인적재해를 설명하고 관련 질문들을 다룬다. 다양한 재해의 원인, 특성 및 분류를 심층적으로 조사하고 미국과 전 세계에서 주목할 만한 역사적 사건을 설명한다.

재해에 대한 취약성을 줄이기 위한 조치를 취하기 전에 일반적 유형의 재해를 완전히 이해하고 각 재해로 인한 손상을 예측할 수 있는 것이 중요하다. 제3장은 허리케인, 해수면 상승, 가뭄, 토네이도, 혹독한 겨울 날씨, 폭염, 산불 등 지구의 수계(水界)와 관련된 자연재해에 대해 논의한다. 제4장은 지진, 쓰나미, 화산, 산사태, 해안침식과 같은 지질재해에 초점을 맞춘다. 제5장은 화학 물질 유출과 같은 기술적 사고뿐만 아니라 본질적으로 의도적이고 악의적인 위협인 인적재해를 다룬다.

모든 커뮤니티는 약간 다른 재해프로파일을 가지고 있다. 즉, 이러한 재해의 가능성과 잠재적 심각성은 커뮤니티마다 다르다. 오클라호마와 같이 육지로 둘러싸인 주의 주민들은 토네이도, 홍수, 가뭄과 같은 위험에 더 많은 관심을 가지고 있는 반면, 해수면 상승은 남부 플로리다 대부분에 계속해서 심각한 영향을 미칠 것이다. 또한 특정 커뮤니티에서 재해프로파일이 시간이 지남에 따라 바뀌는 방법과 이유를 고려하는 것이 중요하다. 예를 들어, 한 지역의 새로운 개발은 뇌우로 인한 폭우의 유출량을 증가시킬 수 있다. 농업, 에너지, 산업이 줄어드는 물 공급으로 경쟁하기 때문에 지난 세기 동안 일반적으로 충분한 담수를 가지고 있던 일부 지역은 미래에 물을 더 적게 사용해야 할 수도 있다. 기후변화와 인간 활동 모두에 따른 이러한 변화에 대해 다음 절에서 논의하고, 커뮤니티가 자연재해 및 인적재해에 대비하고 위험을 경감할 수 있는 기반을 제공한다.

재해의 원인과 결과 외에도 재해에 관해 일관된 의사소통 방법을 갖는 것이 중요하다. 버지니아 해안의 비상관리자는 대피 명령을 전달할 때 소형 열대폭풍(tropical storm)과 재앙적인 허리케인을 어떻게 구별할 것인가? 개발자와 건설자들은 홍수 가능성을 줄이기 위해 새 집의 기초가 얼마나 높아야 하는지를 어떻게 결정할 것인가? 다음 절에서는 재해를 분류하고 설명하는 데 일반적으로 사용되는 시스템을 개략적으로 설명한다. 재해사건의 가능성이나 강도를 분류하는 널리 사용되는 방법은(시민과 사건에 대응하는 책임자에게 유용한 정보를 제공할 뿐만 아니라) 커뮤니티에 가장 중요한 재해를 다루는 정책을 설계하고 경감조치의 우선순위를 정하는 데 매우 중요하다.

제3장 기상재해와 수문재해

학습내용과 목표

(1) 학습 내용
- 기상재해와 수문재해의 차이
- 허리케인, 산불, 가뭄을 포함한 대범주 재해의 특성과 영향
- 홍수 유형과 범람원과 홍수의 관계
- 재해 강도를 측정하는데 사용되는 평가 시스템
- 기후변화가 기상재해와 수문재해에 미치는 영향

(2) 학습 목표
- 미국과 전세계에 영향을 준 대형 역사 기상재해와 수문재해에 대한 조사
- 기상재해와 수문재해를 측정하기 위한 도구와 단위의 이해
- 자연재해의 잠재성과 개발과 같은 인간활동 사이의 연관성 검토
- 기후변화가 많은 자연재해의 강도 또는 빈도의 증가에 주는 영향 평가

개요

기후와 관련된 여러 재해들과 그것들이 커뮤니티에 어떻게 영향을 미칠 수 있는지 검토한다. 이러한 재해들을 지구의 대기 순환 메커니즘에서 발생하는 "기상재해(meteorological hazard)"와 지구의 물 순환 메커니즘에서 발생하는 "수문재해(hydrological hazard)"로 분류한다. 이 장에서는 허리케인, 해수면 상승, 홍수, 가뭄, 산불, 토네이도, 혹독한 겨울 날씨, 극심한 더위 등의 주요 기상재해와 수문재해에 초점을 맞춘다. 산불이 반드시 날씨 패턴에 의해 발생하는 것은 아니지만, 산불이 발생하려면 특정 기상 조건이 존재해야 하기 때문에 이 장에 포함하였다. 이 장에서는 이러한 자연재해의 주요 특성 중 몇 가지, 재해사건의 진행 중 예상되는 것들, 심각도 측면에서 재해의 순위를 매기는 방법, 그리고 그것들이 우리 커뮤니티에 미칠 수 있는 영향 중 몇 가지를 논의한다.

3.1 기후 관련 자연재해

1980년과 2019년 사이에 미국에서 273건의 날씨(weather; 기상) 및 기후(climate) 재해가 발생하여 각각 10억 달러 이상의 피해를 입었다. 2005년 허리케인 카트리나라는 이름의 날씨 관련 사건이 재산피해 측면에서 이전의 모든 재난을 능가하여 총 1,700억 달러의 비용을 초래했고 1,833명의 사망자를 낳았다. 허리케인이 매우 활동적이었던 2017년, 여러 대형 폭풍이 미국을 강타했다. 허리케인 마리아는 거의 3,000명의 사망자를 내며 푸에르토리코를 황폐화시켰다. 중서부의 대규모 홍수사건과 파괴적인 토네이도, 북부의 눈보라와 얼음 폭풍, 서부 주에서의 매우 파괴적인 산불 등, 미국의 다른 지역들도 날씨 현상의 공유 책임을 경험했다.

이런 저런 날씨 관련 재해는 크게 두 가지 범주로 분류된다.

- 기상재해(meteorological hazard)
  지구 대기 중의 과정으로 인해 발생하는 날씨 사건
- 수문재해(hydrological hazard)
  지구의 물 시스템의 일부로 발생하는 날씨 사건

어떤 사건이 두 범주 모두에 해당할 수 있다. 미국에서 발생하는 가장 일반적인 기상재해와 수문재해는 다음과 같다.

- 허리케인
- 폭풍해일
- 강풍
- 집중호우
- 혹독한 겨울 날씨
- 어는 비(freezing rain)
- 눈폭풍
- 눈보라(blizzard)
- 바람냉각(wind chill)
- 혹한(酷寒; extreme cold)
- 가뭄
- 토네이도
- 용오름(watersprouts)
- 홍수
- 북동풍(northeaster; Nor'easters)
- 폭염(heat wave)
- 우박폭풍(hailstorms)
- 번개폭풍(lightning storms)
- 심한 뇌우
- 안개
- 눈사태 또는 산사태(avalanche)
- 해수면 상승

이 장에서는 미국 전역에서 가장 자주 발생하고, 재산에 상당한 피해를 줄 가능성이 가장 높으며, 인간의 생명과 안전에 가장 높은 위험도를 제기하는 수문재해와 기상재해에 초점을 맞춘다. 날씨 관련 재해에 대해 학습하는 궁극적인 목표는 특정 지역에서 특정 사건의 조건과 가능성을 구체적으로 목표로 하는 경감 및 대비 활동을 통해 커뮤니티에 미치는 영향을 줄일 수 있는 것이다.

이 장 전반에 걸쳐, 기후변화의 결과로 이러한 자연재해가 시간에 따라 어떻게 변화하고 있는지 설명한다. 기후는 특정 장소의 온도, 바람, 비와 같은 날씨 조건의 장기 평균을 나타낸다. 지구의 기후가 변화함에 따라 홍수나 극심한 더위와 같은 많은 날씨 사건의 가능성 또한 변하는 경향이 있다. 많은 해안 커뮤니티에서 특히 우려되는 것은 해수면 상승을 포함한 해양에 대한 기후변화의 영향이다. 기후변화의 영향은 모든 커뮤니티나 모든 지역에서 동일하지 않다. 당신의 커뮤니티에서 일어날 수 있는 기후변화와 이것이 자연재해에 미치는 영향에 대한 더 구체적인 정보는 주(州) 기상국(state climate office)(http://www.stateclimate.org/)에 문의하라.

참조 삶의 방식 선택

대서양과 멕시코만 해안에서 허리케인과 다른 해안폭풍의 높은 확률에 대한 인식은 해안선을 따라 위치한 부동산에 대한 바람, 파도, 비 및 폭풍해일의 영향을 줄이는 데 필수적이다. 일부 해안 커뮤니티에서는 규제 및/또는 개인의 선택으로 인해 주민들이 재산을 보호하기 위한 다양한 조치를 채택하였다. 앨라배마 걸프 쇼어스(Gulf Shores)와 같은 도시에서는 허리케인으로 인한 홍수의 위험을 줄이기 위해 건물들을 기둥 위에 세운다. 이 해변의 집들은 이쑤시개 위에 자리잡고 있는 것처럼 보이지만, 기둥은 구조물의 1층을 예상 홍수위 이상으로 높이는데 효과적이며 폭풍우에도 어느 정도의 보호를 제공한다. 많은 주택 소유주들은 또한 건물 외부에 스톰 셔터(storm shutter)를 설치하거나 해안폭풍이 예측될 때 창문과 문 위에 설치할 수 있는 합판을 준비한다. 이러한 대비된 거주자들은 직접 경험이나 다른 사람들의 경험으로부터, 슬래브 기초 건물(slab-on-grade building)은 홍수가 발생하기 쉬운 지역에서 안전하지 않거나, 창문을 테이핑(taping)하는 것이 허리케인급 바람의 피해를 예방하는 효과적인 방법이 아니라는 것을 배웠다. 이러한 예는 해안과 같은 취약한 지역에 살고 있는 재산 소유자의 광범위한 선택 범위를 나타낸다. 재산 소유자는 자연재해와 사람과 재산에 미치는 잠재적 영향에 대해 알고 있다면 유익한 선택을 할 수 있다. 우리는 이 도구와 다른 경감 및 대비 도구에 대해 다음 장에서 논의할 것이다. 우리는 재해의 물리적 특징과 그것이 사회에 미치는 영향에 우선으로 초점을 맞출 것이다.

자기 진단

- "기상재해"와 "수문재해"를 정의하라.
- 기상재해와 수문재해의 예를 나열하라.
- 재해경감 및 대비 활동을 수행하기 위해 날씨 관련 재해에 대한 기본 지식이 필요한 이유를 설명하라.

3.2 허리케인

"허리케인(hurricane)"은 20 ~ 30마일의 너비를 가질 수 있는 "눈(eye)"이라고 불리는 조용한 중심의 둘레를 순환하는 회전하는 바람 덩어리이다. 눈은 폭풍의 중심에서 바깥쪽으로 나선형으로 뻗어 있는 "강우대(降雨帶; rain band)"에 둘러싸여 있다. 허리케인은 물 위에서 2주 이상 지속될 수 있고 400마일에 걸쳐 확장될 수 있는 매우 강력한 힘을 갖고 있다. 허리케인은 대형의 움직이는 폭풍 시스템이기 때문에 전체 주, 지역, 심지어 여러 나라에 영향을 미칠 수 있다. 해안 개발뿐 아니라 내륙 먼 지역도 강풍과 집중호우 등 허리케인의 직접적인 영향을 받을 수 있다.

3.2.1 형성

허리케인은 북위 약 5°의 열대 해양에서 발생한다. 따라서, 허리케인을 "열대 저기압(tropical cyclone)*"이라고도 한다. 허리케인은 "열 엔진(heat engine)"인데, 이것은 따뜻한 물의 응축에서 나오는 잠열(潛熱; latent heat)의 방출에 의해 연료를 공급받는다는 것을 의미한다. 이러한 조건들은 열대 지역에 존재하며 허리케인이 형성되는 데 필요한 에너지를 공급한다. 이상적인 허리케인의 계절은 6월 1일부터 11월 30일까지이다. 이것은 허리케인의 계절이 매년 6개월씩이라는 것을 의미한다. 이 기간의 상당부분이 허리케인이

* 역주 : 고기압과 저기압은 어떤 차이가 있을까?

고기압	저기압
• 주변 지역보다 공기의 압력인 대기압이 높은 상태 • 북반구에서는 고기압 중심에서 시계방향으로 공기 방출 → 하강기류로 방출된 공기 보충 • 고기압으로 (단열) 압축 → 온도 상승 → 구름 소멸 → 날씨 맑음	• 주변 지역보다 공기의 압력인 대기압이 낮은 상태 • 북반구에서는 저기압의 중심에서 반시계방향으로 공기 유입 → 유입된 공기는 상승기류로 발산 • 저기압으로 (단열) 팽창 → 온도 하강 → 구름 생성 → 날씨 흐림

발생하기 쉬운 해안 지역의 관광 성수기와 일치한다.

허리케인은 열대 저기압으로 시작된다. 적절한 조건이 유지된다면, 저기압은 열대폭풍으로 발달한 후 본격적인 허리케인 상태로 강화될 수 있다. 허리케인 형성에는 다음과 같은 조건이 필요하다.

- **고온:** 충분히 따뜻한 해수면 온도
- **다습:** 바닷물 증발로 인한 대기 수분
- **불안정:** 저압 교란(low-pressure disturbance)
- **상승 기류:** 최저 50,000피트 상공부터 높이 상승에 따른 급변풍(wind shear; 윈드시어)

3.2.2 특성

허리케인은 여러 가지 구별되는 특성으로 구성된 여러 힘을 갖는 자연재해로, 각각의 특성이 매우 파괴적일 수 있다. 특징들의 조합이 종종 허리케인을 매우 위협적으로 만든다. 재산에 가장 큰 손해를 입히고 생명에 가장 큰 위협이 되는 허리케인의 주요 요소는 다음과 같다.

- **폭풍해일(storm surge)**

  폭풍해일은 폭풍이 상륙을 만드는 해안선을 가로질러 휩쓸고 지나가는 큰 해양 파도이다. 폭풍이 더 강렬할수록 파고는 더 커진다. 폭풍해일이 높을수록 해안선의 피해는 커진다. 폭풍해일은 해안지역을 침수시키고, 모래언덕을 씻어내고, 강에서 역류 홍수를 일으키고, 해안 커뮤니티의 거리 및 건물을 침수시킬 수 있다.

- **폭풍 조수(storm tide)**

  만조와 동시에 폭풍해일이 발생하면 수위는 더욱 커진다. 폭풍 조수는 폭풍해일과 정상 조수의 조합이다. 예를 들어, 일반적인 2피트의 만조와 함께 15피트의 폭풍해일은 17피트의 폭풍해일을 생성한다.

- **내륙홍수(inland flooding)**

  허리케인이 육지를 가로질러 이동하면서 집중호우와 바다로부터 역류 범람을 일으키며, 강과 개울은 종종 둑을 넘친다. 실제로 1963년과 2012년 사이의 한 연구는 허리케인 활동과 관련된 사망의 약 25%가 담수(freshwater) 범람의 결과라는 것을 알아냈다.

• 수력(water force)

허리케인과 기타 해안폭풍 동안, 해안지역은 속도(velocity) 또는 "파도작용(wave action)"으로 홍수를 경험할 수 있다. 파도와 함께 범람하는 물의 힘은 홍수를 더욱 파괴적으로 만든다. 속도와 파도의 작용은 건물을 넘어뜨리고, 다리를 파괴하고, 잔해(debris)를 옮기고, 모래언덕을 침식하고, 해안선을 쇄굴하고, 모래를 이동시키고 다시 퇴적 시킬 수 있다.

• 풍속(wind velocity)

풍속이 높을수록 잠재적 피해도 커진다. 허리케인에 의한 바람은 내륙으로 수백 마일을 이동하여 식물, 건물, 사회기반시설에 상당한 피해를 입힐 수 있다. 허리케인급 바람(hurricane-force winds)은 지붕 판자, 나뭇가지, 잔디 설비, 그리고 심지어 배와 자동차와 같은 느슨한 잔해들로 미사일을 만들 수도 있다. 날아다니는 잔해들은 종종 바람의 힘보다 더 큰 피해를 입힌다.

• 해안침식(*海岸浸蝕*; coastal erosion)

해안침식은 해안 땅이 파도에 의해 마모된 결과이다. 그것은 해양을 따라 해안선이 수평으로 후퇴하는 것을 묘사하기 위해 흔히 사용된다. 비록 자연적인 해안 과정으로 침식이 발생하지만, 허리케인은 해안선을 따라 정상적인 침식 속도를 크게 가속시킬 수 있으며, 심지어 바다의 파도로부터 안전하다고 여겨지던 집들과 다른 구조물들이 갑자기 직접적인 파도의 작용을 받거나 심지어 바다에 잠기기도 한다.

허리케인이 상륙(landfall)하여 해안이나 내륙을 횡단할 때, 발생하는 피해의 종류는 그 특정한 폭풍의 지배적인 특징에 따라 달라진다. 예를 들어, 허리케인 프란(Fran)은 주로 "바람 허리케인(wind hurricane)"으로 간주되었다. 1996년 이 허리케인이 노스캐롤라이나 주에 영향을 미쳤을 때, 보고된 피해의 대부분은 지붕이 뜯겨져 나간 것, 구조물, 차량, 도로에 떨어진 나무들, 날아오는 잔해들에 의한 피해를 포함했다. 이와 대비하여 허리케인 플로이드(Floyd)가 3년 뒤 노스캐롤라이나를 강타했을 때 피해의 대부분은 심각한 홍수로 인한 것이었다. 주의 동부지역의 3분의 1은 전례 없는 높은 수위를 경험했다. 내륙의 강우량이 강과 개울을 범람시키므로써, 주택, 사업장, 돼지 농장, 하수도 시설, 폐차장, 그리고 해안 평야 전역에 걸쳐 도시환경의 다른 특징들을 범람시켰다.

역사적으로 대서양 허리케인 활동은 많은 변동성을 갖는다. 어떤 기간들은 정상보다 높은 활동을 하는 반면, 다른 기간들은 정상보다 낮은 활동을 한다. 이러한 변동은 매년 대서양과 카리브해에서 형성되는 허리케인의 수와 대형 허리케인의 수 차이에서 비롯된다. 1966년부터 2009년까지의 허리케인 시즌은 매 시즌 평균 11.3개의 폭풍이 발생했으며, 평균 6.2개는 허리케인으로 되었으며, 평균 2.3개는 대형 허리케인으로 되었다.

참조　인명구조를 위한 폭풍해일을 모델링

1900년 이래로 폭풍해일(storm surge)로 인한 홍수는 허리케인으로 인한 다른 모든 위협(담수 홍수, 바람, 토네이도)을 합친 것보다 더 많은 인명피해를 발생시켰다. 해안 공학자들은 정교한 컴퓨터 모델을 사용하여 폭풍해일의 분석과 예측을 강화하기 위해 노력하고 있다. 그러한 모델 중 하나는 ADCIRC(Advanced Coast Circulation Model)로, 비, 기압, 바람 예보를 결합하여 해안 커뮤니티가 언제, 어디서, 어느 정도까지 폭풍해일, 높은 파도, 홍수를 경험할 것인지를 예측한다. 고해상도 모델은 초당 수조 개의 계산이 가능한 슈퍼컴퓨터를 사용하여 일반적인 해일 예측보다 더 세밀하고 정확한 정보를 제공한다. 비상관리자는 모델의 결과를 사용하여 폭풍이 접근함에 따라 대피할 위치를 파악하고 심각한 폭풍이 발생하기 전에 경감 및 대응을 계획할 수 있다(Figure 3.1 참조).

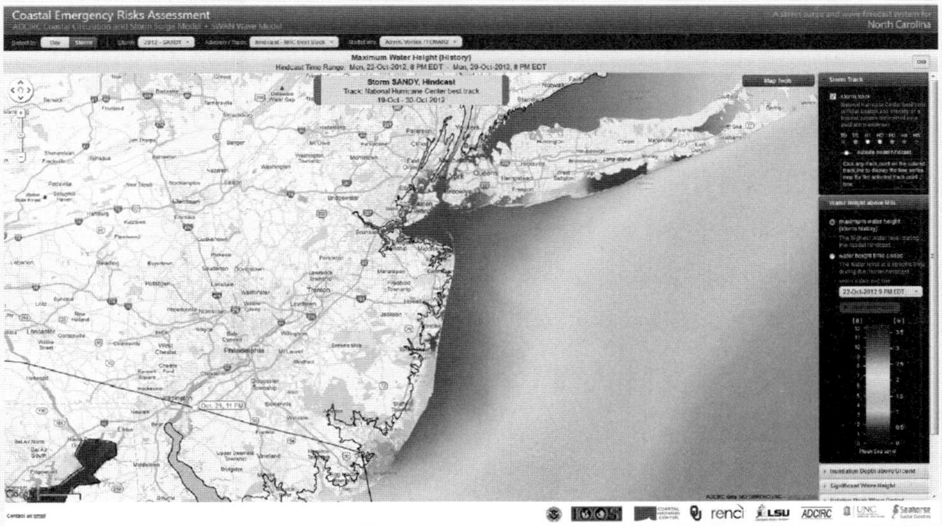

Figure 3.1 ADCIRC 해안 순환 모델은 허리케인이 해안에 접근함에 따른 폭풍해일과 홍수를 예측하는 데 사용된다. (해안 비상 위험도평가로 나타낸 그림)

3.2.3 측정

허리케인 심각도는 사피르-심슨 등급(Saffir-Simpson Scale)으로 측정되며, 범위는 1등급(minimal)에서 5등급(catastrophic)까지이다. 이 등급은 최대지속바람(maximum sustained wind)을 기준으로 허리케인을 분류한다(Table 3.1).

Table 3.1 사피르-심슨 등급

사피르-심슨 등급	최대지속풍속(Maximum Sustained Wind Speed)		
	mph	meter/second	Knots
1	74–95	33–42	64–82
2	96–110	43–49	83–95
3	111–129	50–58	96–112
4	130–156	58–70	113–136
5	157+	70+	137+

3, 4, 5등급의 허리케인은 가장 잠재적으로 위험하며 종종 “대형 허리케인(major hurricane)”으로 분류된다. 그러나 1과 2등급의 허리케인을 포함한 모든 강도의 허리케인은 막대한 재산피해를 야기하고 인간의 생명에 위험을 초래할 가능성이 있다는 것을 기억하는 것이 중요하다. 예를 들어 허리케인 아이린(Irene)은 2011년 1등급의 허리케인으로 상륙했지만 광범위한 홍수 피해를 입혔고 약 100억 달러의 피해와 45명의 사망자를 냈다. 이와 비슷하게, 2012년 허리케인 샌디(Sandy)는 최고 바람 강도에서 2등급의 폭풍이었지만 뉴저지와 뉴욕 지역을 강타했을 때는 더 이상 허리케인이 아니었다. 그럼에도 불구하고, 이 폭풍은 대부분 사피르-심슨 등급에서 포착되지 않은 해안폭풍해일로 인해 재앙적인 피해를 입혔다. Table 3.2에 사피르-심슨 등급의 각 허리케인 범주에서 발생할 수 있는 손상 유형의 예를 보였다.

Table 3.2 허리케인 등급 손상 예시

등급	수준	설명	허리케인 예
1	Minimal	주로 관목, 나무, 잎, 고정되지 않은 주택이 피해를 입었다. 다른 구조물에 실질 손상은 없다. 부실하게 만들어진 표지판에 약간의 손상이 있다. 저지대 해안도로가 침수되고, 부두가 약간 파손되며, 일부 소형 선박의 노출된 앵커의 계류 밧줄이 손상되었다.	Humberto (2007)

2	Moderate	관목과 나무 잎에 상당한 손상을 입혔고, 일부 나무는 쓰러졌다. 노출된 이동 주택에 심각한 손상을 입혔다. 부실한 표지판에 광범위한 손상이 발생하였다. 건물의 지붕재 일부 손상; 창문 및 문 일부 손상이 발생하였다. 건물에 큰 피해는 없다. 해안 도로와 저지대 내륙 탈출로는 허리케인 중심 도착 2 ~ 4시간 전에 물이 불어나면서 차단되었다. 교각에 상당한 손상이 있다. 마리나 항이 물에 잠겼다. 소형 선박의 파손된 계류 밧줄로 정박 되지 않는다. 일부 해안가 주택과 저지대의 대피가 필요하다.	Ernesto (2012)
3	Extensive	나무에서 찢어진 나뭇잎들; 큰 나무들이 쓰러졌다. 가장 부실하게 만들어진 표지판들이 날아갔다. 건물의 지붕재 일부 손상; 창문 및 문 일부 손상. 작은 건물에 약간의 구조적 손상이 있다. 이동주택이 파괴되었다. 해안의 심각한 홍수와 해안 근처의 많은 작은 구조물들이 파괴되었고, 해안 근처의 더 큰 구조물들은 거센 파도와 떠다니는 잔해들에 의해 손상되었다. 저지대의 내륙 탈출로는 허리케인 중심지가 도착하기 3 ~ 5시간 전에 물이 불어나면서 차단되었다. 해발 5피트 이하의 평평한 지대가 8마일 이상의 내륙으로 침수되었다. 해안선의 여러 블록 내에 있는 저지대 주택의 대피가 필요할 수 있다.	Ivan (2004)
4	Extreme	관목들, 나무들, 그리고 모든 표지판들이 날아갔다. 지붕 재료, 창문 및 문의 광범위한 손상; 많은 작은 주택의 지붕이 완전히 망가졌다. 이동 주택이 완전히 파괴되었다. 파도와 떠다니는 잔해에 의한 침수 및 타격으로 인해 해안 근처의 구조물 저층에 대한 중대한 손상. 저지대의 내륙 탈출로는 허리케인 중심지가 도착하기 3 ~ 5시간 전에 물이 불어나면서 차단되었다. 해발 10피트 이하의 평평한 지대가 6마일이나 되는 내륙으로 범람했다. 해변의 큰 침식. 해안에서 500야드 이내의 모든 주택과 해안에서 2마일 이내의 단층 주택에 대한 대규모 대피가 필요할 수 있다.	Katrina (2005)
5	Catastrophic	관목들, 나무들, 그리고 모든 표지판들이 날아갔다. 창문과 문에 매우 심각하고 광범위한 손상; 창문과 문에 유리가 광범위하게 산산조각이 났다. 많은 주택과 산업 건물의 지붕이 완전히 파괴 되었으며, 다른 지붕에는 상당한 손상을 입혔다. 일부 건물이 완전히 파괴 되었다. 작은 건물들이 뒤집히거나 날아가 버렸다. 이동주택이 완전히 파괴되었다. 해안으로부터 500야드 이내의 해발 15피트 이하의 모든 구조물의 저층에 대한 중대한 손상이 발생했다. 저지대의 내륙 탈출로는 허리케인 중심지가 도착하기 3-5시간 전에 물이 불어나면서 차단되었다. 해안에서 5 ~ 10마일 이내의 낮은 지대의 주택지에 대한 대규모 대피가 필요할 수 있다.	Camille (1969)

3.2.4 상륙

허리케인은 해안선을 넘어 "상륙(landfall)"이라 불리는 지점에 도달하면서 피해를 입힐 가능성이 가장 크다. 허리케인은 따뜻한 바닷물에서 힘을 얻기 때문에, 그들은 상륙하면 일반적으로 약화된다. 이것은 비록 폭우가 내륙 멀리까지 지속될 수 있을지라도 특히 풍속과 관련하여 사실이다. 허리케인의 전진 속도는 단지 시간당 몇 마일에서 40 마일까지 다양할 수 있다. 이 전진 운동은 반시계 방향 표면 흐름과 결합하여 허리케인의 오른쪽 전방 사분면을 잠재적으로 가장 피해를 주는 바람의 위치로 만든다. 느리게 움직이는 허리케인은 한 장소에서 더 많은 시간을 보내고, 더 많은 비를 뿌리고, 더 많은 폭풍해일을 일으키고, 그 지역에서 장기화된 강풍을 일으키기 때문에 실제로 더 빠른 허리케인보다 더 많은 피해를 줄 수 있다. 최악의 시나리오는 해안을 따라 정체되어 그 지역을 몇 시간 또는 심지어 며칠 동안 강타하는 허리케인이다.

참조 느린 폭풍의 위험성

2017년 허리케인 하비(Harvey)는 느리게 움직이는 허리케인의 피해를 단적으로 보여주는 사례이다. 4등급 허리케인은 동부 텍사스에 상륙한 후 빠르게 열대폭풍으로 약화되었으나, 점차 느려진 후 많은 지역에서 며칠 동안 계속해서 영향을 주었다. 4일째가 지난 후, 일부 지역에는 40인치 이상의 비가 내렸는데, 이는 보통 해의 평균 강우량과 거의 맞먹는다. 허리케인 하비는 여러 가지 이유로 매우 파괴적이었지만, 텍사스 주와 루이지애나 주의 많은 커뮤니티에 미치는 영향의 지속시간이 의심할 여지 없이 많은 생명을 앗아갔고 커뮤니티에 피해를 입힌 중요한 원인이었다.

허리케인의 상륙 현장은 예측이 불가능하기로 악명 높다. 그러나, 열대폭풍과 허리케인의 예측 기술은 기술의 진보와 함께 크게 향상되었다. 1990년에 허리케인 상륙을 72시간 전에 예측한 평균 오차는 거의 300마일이었다. 오늘날 국립허리케인센터(National Hurricane Center)의 72시간 예측의 평균 오차는 100마일이다. 한번 상륙한 허리케인의 궤적 또한 예측하기 어렵다. 대서양 해안의 훨씬 서쪽과 멕시코만 해안의 북쪽에 있는 내륙지역은 열대폭풍과 잔류한 허리케인에 의해 파괴되었다. Figure 3.2에 허리케인의 불규칙한 특성인 1851년부터 2012년까지의 북대서양 허리케인 궤적을 지도로 나타냈다.

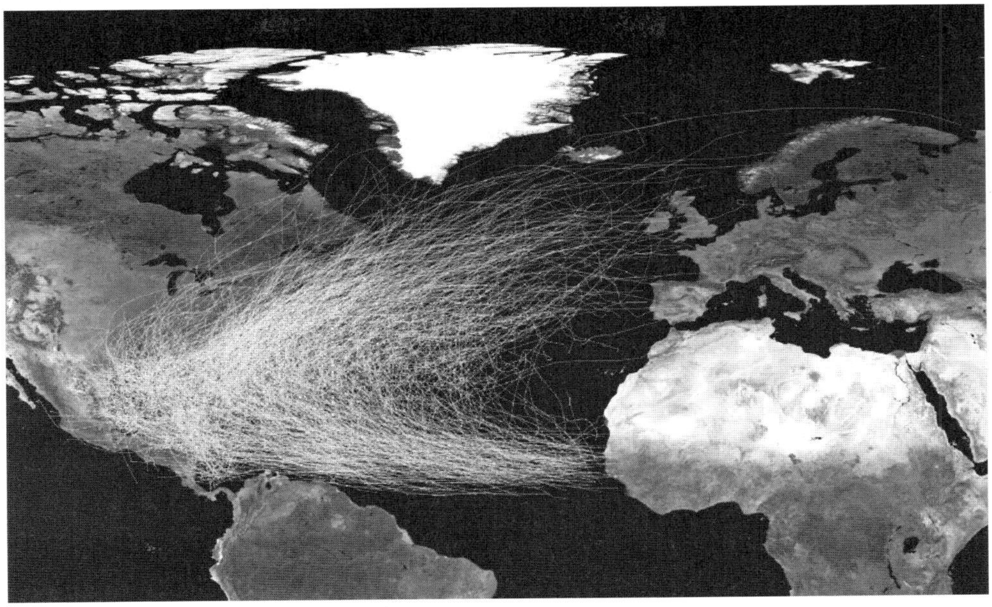

Figure 3.2 국립허리케인센터는 1851년부터 2012년까지 북대서양 분지에 있었던 허리케인의 궤적을 지도로 작성 하였다.

3.2.5 허리케인과 인간 활동의 패턴

과거의 추세는 허리케인 발생빈도가 수십 년 주기로 변동했음을 보여준다. 1970년부터 1994년까지 평균 이하의 허리케인이 활동하던 기간 동안 대서양과 멕시코만(Gulf of Mexico)의 해안선을 따라 집중 발전과 성장이 이루어졌다. 멕시코만과 대서양에 있는 많은 해변과 보초도들(堡礁島; barrier island; 역주: 방파제 구실을 함)은 이 시기 이전에 어느 정도 개발이 이루어졌지만, 해안가의 대부분의 구조물들은 비교적 작은 규모의 단일 가족 오두막들이었고, 해안지역에 사는 사람들의 수는 오늘날보다 훨씬 적었다. 실제로, 상대적으로 넓은 지역은 물이나 공기를 제외하고는 접근이 불가능했고, 넓은 해안 지대가 개발되지 않은 상태였다.

투자자들, 개발자들, 그리고 피서객들이 대서양과 멕시코만을 따라 있는 주들의 깨끗한 해안선을 발견했을 때, 전례 없는 해안 건설 붐이 시작되었다. 특히 1980년대에는 해안의 가장 손상에 취약한 지역의 고층(그리고 값비싼) 건물을 포함한 개발이 빠르게 확장되었다. 허리케인 활동의 우연한 소강상태는 안전하고 수익성 있는 투자 기회라는 해안의 이미지를 강화시키는 역할을 했다. 고요의 주기가 끝날 무렵에는 이미 많은 커뮤니티에서 발전 패턴이 확고하게 확립되어 있었다.

지역 커뮤니티와 해안 주들은 수변(waterfront) 개발이 개인 투자자와 휴가용 주택 소유주뿐만 아니라 공공 부문에도 매우 이익이 된다는 것을 발견했다: 비싼 부동산으로 인한 재산 세수는 지역 및 주 경제에 크게 기여했고, 관광과 관련된 여러 사업들과 다른 해안 산업들은 일자리를 제공했고, 지역 시장을 더욱 강화했다. 그 당시에는 급속한 확장과 성장을 억제할 동기가 거의 없었고, 이것은 오늘날 우리가 경험하고 있는 시나리오를 만들었다: 대규모 개발, 광범위한 사회기반시설, 거대한 인구수, 그리고 더 빈번하고 파괴적인 허리케인 활동과 결합된 값비싼 투자. 우리가 지난 몇 년 동안 경험한 재산피해와 인명 손실의 급격한 증가는 해안가의 강렬한 인간 활동과 교차하는 강력한 허리케인 활동의 결합 때문이다.

3.2.6 기후변화의 영향

허리케인의 활동 경향을 종종 허리케인의 강도, 빈도, 위치의 변화로 설명한다. 기후변화가 앞으로도 더 강한 허리케인으로 이어질 것이라는 징후와 함께 최근의 추세는 더 강한 대서양 허리케인으로 향하고 있다. 동시에, 전체 허리케인의 수는 안정적이거나 약간 감소할 수 있다. 불행히도, 이 두 가지 경향은 피해 측면에서 균형을 이루지 못할 것 같다. 왜냐하면 더 강한 허리케인은 더 작은 폭풍보다 기하급수적으로 더 큰 피해를 유발하기 때문이다. 또한 따뜻한 대기가 더 많은 습기를 머금는 경향이 있기 때문에 허리케인과 관련된 강우량은 시간이 지남에 따라 증가할 가능성이 있다.

기후변화가 허리케인의 위치나 평균 흔적을 북쪽 지역으로 더 옮기고 있는 것 같다. 이것은 허리케인이 대서양 해안을 따라 더 멀리 이동하는 결과를 가져올 것이다. 2011년 허리케인 아이린(Irene)은 북쪽지역인 버몬트까지 큰 홍수를 발생시켰고, 2012년 허리케인 샌디(Sandy)는 뉴욕과 뉴저지에 파괴적인 영향을 끼쳤다. 물론 하나의 사건이 기후변화가 직접적인 원인일 수 있다고 할 수는 없지만, 최근의 대형 열대폭풍 시스템이 미래의 '파도(wave)'가 될 수도 있다.

참조 이름이 뭐죠?

열대폭풍을 식별하고 대양을 가로질러 추적하는 것을 돕기 위해, 세계기상기구(World Meteorological Organization)는 여섯 개의 이름 목록을 번갈아 사용한다. 이 계절의 첫 번째 열대폭풍의 이름은 알파벳 "A"로 시작하고, 이후 폭풍들은 여자와 남자 이름을 번갈아 가면서 알파벳 순서로 명명한다. 알파벳이 고갈되면, 2005년 마지막 열대폭풍이 엡실론(epsilon)으로 명명했던 것과 같이 그리스 알파벳을 사용하여 추가 폭풍의 이름을 붙인다. 허리케인이 특히 재앙적이거나 비용이 많이 들었다면, 그 이름은 사라지고 새로운 이름을 선택하여 6년 주기를 시작한다. 최근 은퇴 허리케인들은 2017년 하비(Harvey), 이르마(Irma), 마리아(Maria), 네이트(Nate), 2018년 플로렌스(Florence)와 마이클(Michael)이 있다.

자기 진단

- "허리케인 눈", "강우대(降雨帶; rain band)", "폭풍해일" 및 "상륙"을 정의하라.
- 허리케인 활동을 측정하는 데 사용되는 척도의 이름을 말하라.
- 재산에 피해를 주고 사람의 생명에 위험을 주는 허리케인의 네 가지 특징을 설명하라.
- 기후변화가 허리케인 활동에 어떤 영향을 미치는지 설명하라.

3.3 해수면 상승

지구의 기후변화에 따라, 따뜻한 바닷물의 열팽창과 만년설과 빙하의 융해로 인해 지구 해수면이 상승하고 있다. 분자들은 따뜻해지면 더 빨리 움직이고 더 많은 공간을 차지한다. 매우 추운 겨울 밤 후에 자동차 타이어가 부풀어 오르지 않는 현상을 경험 했을지도 모른다. 열팽창을 시각화하는 또 다른 쉬운 방법은 부풀어 오른 풍선을 열원 위에 올려놓는 것이다. 내부의 공기 분자가 더 빨리 움직이면서 풍선이 팽창하는 것을 볼 수 있을 것이다. 오늘날, 똑같은 현상이 훨씬 더 큰 규모로 바다에서도 일어나고 있다.

세계의 해수면은 1880년 이래로 약 8인치 상승했고, 그 속도는 최근 몇 년 동안 증가했으며, 현재 10년당 약 1인치 상승하고 있다. 이 해수면 상승 속도는 적어도 지난 2,800년 동안의 다른 어떤 기간보다 더 크다. 해수면 상승의 미래 예측은 부분적으로 온실가스 배출을 줄이기 위해 취한 조치에 달려 있다. 보통 정도의 시나리오는 해수면이 현재보다 약 3피트 더 높게 예측되는 반면, 배출량 감소가 적다고 가정하는 심각 정도의 시나리오는 해수면이 6피트 이상 높게 예측된다.

3.3.1 상대 해수면 상승

특정 커뮤니티가 경험하는 해수면 상승의 양은 지역적 또는 상대적인 해수면 상승에 따라 달라진다. 상대적인 해수면 상승은 평균 해수면 상승과 육지의 수직방향 이동(침하 또는 상승), 조수의 변화, 해안 해류의 변화, 수온 변화를 포함한 여러 국지적 요인의 조합이다. 예를 들어, 노스캐롤라이나 주의 케이프 해터러스에서 뉴저지에 이르는 해안은 미국 대서양 해안의 대부분보다 상대적인 해수면 상승률이 훨씬 높다. 그 결과, 케이프 해터러스 북쪽 해안은 노스캐롤라이나 남부 해안선의 최대 두 배 속도로 해수면 상승을 경험하고 있다.

3.3.2 해수면 상승이 홍수 및 폭풍해일에 미치는 영향

해수면 상승 속도가 빨라지고 있다. 대서양과 멕시코만 해안지역의 수천 평방 마일의 저지대 땅은(홍수사건이 줄어들지 않을 때) 영구적인 홍수와 간헐적인 홍수의 위험이 있다. 전국적으로, 해수면 상승은 100년의 범람원(floodplain)을 금세기 말까지 45%까지 증가시킬 것으로 예상된다.

허리케인으로 인한 폭풍해일과 해안홍수의 영향도 해수면 상승으로 증가하였다. 따뜻한 바다가 팽창하고 빙판을 녹임으로 바다가 계속 상승하기 때문에, 허리케인으로 인한 폭풍해일은 바다에서 더 높이 올라갈 것이고 내륙으로 더 멀리 확장되어 육지에 더 많은 피해를 일으킬 수 있다. 일부 해안 주에서는 해안지역의 고강도 개발 패턴과 맞물려 해수면 상승과 폭풍해일로 이미 도로, 건물, 항만, 에너지 시설 등 사회기반시설에 피해가 발생하고 있다.

3.3.3 해수면 상승 및 염수 침입

해수면 상승의 영향은 침수만이 아니다. 해안 커뮤니티는 염수 침입(saltwater intrusion), 정화조의 고장, 염분에 내성이 없는 식물과 농작물의 광범위한 폐사에도 직면할 것이다. 이러한 영향은 해안 경제, 공중보건, 환경에 심각한 위협을 가한다.

염수 침입은 담수 대수층(aquifer)에 해수가 침투한 결과다. 해양과 해안 대수층 사이의 일부 교환은 염수의 미네랄 함량, 밀도, 수압의 증가로 인해 자연적으로 발생한다. 해안 습지는 해수면 상승과 담수 유입을 줄이는 내륙 가뭄이 복합적으로 작용해 위기에 처해 있다. 이러한 생태계의 손상은 수질, 해안 생물의 다양성, 해안 어업에 심각한 영향을 미친다. 게다가 해수면 상승으로 습지와 염습지(saltmarsh)가 약화되거나 파괴됨에 따라, 습지의 홍수와 폭풍해일을 흡수하는 능력이 감소하여 해안 커뮤니티가 이러한 재해에 더욱 취약해진다.

3.4 홍수

홍수(flooding)는 미국에서 날씨와 관련된 사망의 주요 원인이다. 지리적으로 널리 분포된 하천 계곡과 해안지역, 그리고 이러한 지역에 정착하는 것이 사람의 오랫동안 소망이기에 미국 내에서 가장 흔한 자연재해다. 홍수는 일반적으로 뇌우, 열대 저기압 또는 기타 집중호우 동안 발생할 수 있는 과도한 강수량의 결과이다. 홍수는 댐 파손 또는 제방 붕괴로 인해 발생할 수도 있다.

3.4.1 기후변화의 영향

기후변화는 강우 현상과 그에 따른 홍수에 직접적인 영향을 미친다. 따뜻한 대기가 더 많은 물을 담을 수 있기 때문에, 지구 온난화는 대기 중의 수증기 증가로 이어진다.(뇌우, 비, 눈폭풍, 열대 저기압에 상관없이) 폭풍우는 더 많은 습기를 가지고 있고 따뜻한 기후에서 더 강한 강수량을 만들어내는 경향이 있다. 이것은 홍수의 위험을 증가시킨다. 여기에 눈 대신 비가 내리면서 강수량이 더 늘어날 것으로 예상되고, 내리는 눈은 더 일찍 녹을 가능성이 높아 눈이 녹으면서 초봄 침수 위험도 커질 것으로 보인다.

3.4.2 범람원, 강유역 및 유역

미국의 홍수위험의 특성에 대해 논의하기 전에, 강과 관련된 특징과 강이 자연 생태계의 일부로서 기능하는 방법에 대해 소개할 것이다. 특정한 강우 사건 동안 퇴적된 물의 양이 한 번에 그렇게 많은 양의 물을 담을 수 있는 강 수로의 용량을 초과하기 때문에 홍수는 자주 매우 빠른 속도로 상승한다. 때로는 거의 경고도 없이 강이 둑을 범람하여 인접한 저지대를 침수시킨다. 일반적으로 이러한 홍수를 주기적으로 경험하는 강이나 하천의 양쪽에 위치한 평평하고 낮은 저지대가 수로의 자연 "범람원(floodplain)"을 구성한다.

- 범람로(floodway)
  범람원의 중심부로, 유속이 가장 빠르고 수심이 가장 깊은 지역이다.

- 홍수변(洪水邊; flood fringe)
  수로의 양쪽에 있는 외부 영역으로 구성되며, 일반적으로 깊이가 더 얕고 속도가 더 낮은 영역이다. 홍수 동안 물을 저장하는 지역이기도 하다.

• 강유역(river basin)

물이 강으로 흘러가는 땅이다. 욕조가 옆면에 떨어지는 물을 모두 잡듯이, 강유역은 주변 땅에 떨어지는 물을 모두 중앙 강으로 흘려 보내고, "하구(estuary)"나 바다로 내보낸다. 강유역은 주변의 고지대에서 나오는 물을 잡거나 모으기 때문에 "집수지(catchment)"라고도 한다.

강유역은 주요 강 주변의 모든 땅을 배수(排水)한다. 강유역(basin)는 작은 강, 개울, 호수 주변의 "유역(watershed)"이나 땅으로 나눌 수 있다. 그 풍경은 서로 연결된 많은 강유역이나 유역으로 이루어져 있다. 미시시피 강과 같은 큰 강유역들은 수백 개의 작은 강유역(river basin)과 유역(watershed)으로 이루어져 있다. 각 유역 내에서 모든 물은 가장 낮은 지점까지 흐르며, 종종 개울과 강으로 흘러 들어가 결국 바다로 들어간다. 흐르는 중에 강수처럼 내리는 물은 폭우 "유출(runoff)"과 같이 지표면을 넘고 농경지, 임야, 교외 잔디밭, 도시 거리를 가로질러 이동하거나, 흙 속으로 스며들어 "지하수(groundwater)"처럼 이동한다.

3.4.3 범람의 종류

홍수는 크게 두 가지 범주로 나뉜다.

• 돌발홍수(flash flood)

짧은 시간 동안 특정 위치에서 국지적으로 집중된 강수량의 산물이다.

• 일반홍수(general flood)

긴 시간 동안 특정 강유역에서 강수량에 의해 발생한다.

돌발홍수

돌발홍수는 많은 양의 강우 후에, 댐 또는 제방이 붕괴된 후에, 또는 아이스 잼(ice jam; 빙집; 永集)에 의해 유지된 물이 갑자기 방출된 후에 몇 분 또는 몇 시간 내에 발생한다. 홍수는 매우 빠른 속도로 움직이며 바위를 굴리고, 나무를 잘라내고, 건물을 파괴하고, 다리를 파괴할 수 있다. 실제로 밀도의 차이 때문에, 시속 10마일로 움직이는 물은 270마일/시간의 돌풍과 같은 압력을 구조물에 가한다. 돌발홍수가 나는 동안, 자동차는 단지 몇 피트 깊이의 움직이는 물에 쉽게 휩쓸릴 수 있다. 또한 돌발홍수를 일으키는 폭우는 잠재적으로 위험한 2차 재해인 산사태를 촉발할 수 있다.

대부분의 돌발홍수는 느리게 움직이는 뇌우(thunderstorm), 국지적으로 반복되는 뇌우, 또는 허리케인과 열대폭풍으로 인한 폭우로 인해 발생한다. 돌발홍수는 지형이 가파른 산줄기를 따라 종종 발생하지만, 많은 지반이 "불투수성 지표면(impervious surface)"인 도시지역에서도 흔하다. 불투수성 표면은 지붕 꼭대기나 주차장과 같이 단단하고 포장된 지역으로 빗물이 땅으로 스며들 수 없다. 대신에, 물은 배수구나 저지대에 도달할 때까지 유출(runoff)로 표면 위를 흐른다. 도로와 건물과 같은 건설 지형들은 잔디, 나무, 그리고 다른 식물들과 같은 자연적인 땅 덮개를 가진 땅보다 더 많은 양의 유출을 발생시킨다. 홍수는 상대적으로 작지만 강한 강수 사건에 의해 생성되는 유출을 도시지역의 배수로(drainage channels)가 막을 수 없을 때 발생할 수 있다.

참조 Big Thompson 강의 비극

1976년 7월 31일, 콜로라도 덴버 근처의 빅 톰슨 강이 극도로 심한 뇌우 동안 범람하였다. 빅 톰슨 강이 흐르는 협곡(canyon)은 어떤 곳에서는 매우 높고 가파른 벽을 가지고 있어서 토양이 강수량을 흡수할 기회가 거의 없다. 보통 빅 톰슨 협곡을 둘러싼 산 위의 바람은 폭풍우를 빠르게 날려버릴 만큼 충분히 강하지만 이 폭풍은 예외였다. 태풍은 천천히 움직였고 집중된 장소에서 1시간 만에 8인치의 비를 내렸고 2시간 동안 총 12인치의 비를 뿌렸다. 그 결과, 19피트 높이의 물의 벽이 사람들이 캠핑을 하고, 낚시를 하고, 그 협곡을 탐험하고 있는 빅 톰슨 협곡을 따라 굉음을 냈다. 비극적으로, 협곡 바닥에서 나오는 유일한 출구는 가파른 측면으로 올라가는 것이었다. 그래서 방문객들은 물결이 해협을 따라 밀려 내려오는 동안 갇혔다. 안타깝게도, 이 한 번의 홍수로 140명의 사람들이 목숨을 잃었다.

3.4.4 일반홍수

돌발홍수는 비가 내린 후 몇 시간 이내에 발생하지만, 일반홍수는 며칠 동안 지속될 수 있는 장기적 사건이다. 일반홍수의 주요 유형은 하천 홍수, 해안홍수, 도시홍수다.

- 하천홍수(riverine flooding)
  하천이나 강의 유역 내에서 강수량과 유출량의 함수이다. 담수 강과 하천에 인접한 토지의 주기적인 홍수는 자연스럽고 불가피하며, 인간이 존재하지 않는 경우에 바람직한 현상이다. 하천의 흐름이 범람로(floodway) 또는 정상 수로의 용량을 초과할 경우, 정상 이상의 하천 흐름 중 일부는 범람원 내의 인접 지대로 유출된다.

- 해안홍수(coastal flooding)

  전형적으로 폭풍해일, 바람에 의한 파도, 그리고 폭우의 결과이다. 이러한 조건은 여름과 가을에 허리케인을 포함한 열대폭풍과 겨울과 봄에 발생한 기타 큰 해안폭풍에 의해 발생한다. 폭풍해일이 보초도들(barrier island)을 덮쳐 바닷물을 해안 강과 유입구로 밀어 올려 내륙으로 흘러내리는 하류의 흐름을 막을 수도 있다. 내륙의 수천 에이커가 염수와 담수에 의해 침수될 수 있다. 탈출경로, 특히 보초도들로부터의 탈출 경로는 빠르게 차단되어 침수 지역의 주민들을 꼼짝 못하게 하고 구조 활동을 방해할 수 있다.

- 도시홍수(urban flooding)

  범람원 내에서 개발이 이루어진 곳에서 발생한다. 나라의 많은 지역에서, 물에 의한 운송이 상품과 원료를 옮기는 주요한 형태였을 때, 범람원의 극심한 발전은 수송 목적으로 수로를 사용한 결과이다. 강과 해안의 유입구와 인접한 부지는 상품과 승객들을 싣고 내리기에 편리한 장소였다. 이러한 접근성의 대가는 인근 지역에서 커온 커뮤니티의 홍수를 증가시켰다. 도시화는 불투수성 표면을 증가시키고, 배수 집수 속도를 증가시키며, 토지의 운반 능력을 감소시키며, 때때로 하수 시스템을 압도함으로써 홍수의 크기와 빈도를 증가시킨다.

3.4.5 홍수 매핑

다른 기상재해와는 달리 홍수가 발생하기 쉬운 지역은 수로 자체와 주변 범람원에 대해 수집된 데이터의 범위와 정확도에 따라 상대적으로 정밀하게 매핑할 수 있다. 홍수위험지역을 매핑하는 데 사용되는 요소들은 다음과 같다.

- 강 또는 하천에 대한 근접성(proximity)
- 식물성 피복의 정도
- 토양 수분 상태
- 지역의 역사 강우량 기록
- 해당 지역의 지형적 특징

홍수 잠재력의 평가에는 상대적으로 작은 규모로 이러한 요소들의 지형공간(geospatial) 데이터가 필요하다. 홍수재해는 위치와 유형에 따라 크게 다르기 때문에 이 정도 수준의 세부 정보가 필요하다.

FIRM(Flood Insurance Rate Maps; 홍수보험율지도)

미국의 홍수 매핑의 대부분은 FEMA(연방재난관리청)가 관리하는 NFIP(National Flood Insurance Program; 국가홍수보험프로그램)에 따라 수행된다. NFIP는 NFIP가 제정한 표준에 따라 범람원 개발을 규제함으로써 프로그램에 참여하기로 선택한 커뮤니티의 주민들에게 연방정부 지원 홍수보험을 제공한다(NFIP에 대한 보다 자세한 설명은 재해관리에서의 연방정부의 역할에 관한 제6장을 참조할 것).

NFIP는 지역 홍수위험도를 정의하는 데 도움이 되는 참여 커뮤니티에 FIRM을 제공한다. 이러한 지도의 디지털 버전을 D-FIRM이라고 한다. "FIRM"에 사용되는 용어는 다음과 같다.

- 범람로(floodway)
  수면 고도를 1피트 이상 올리지 않고 기준홍수가 통과할 수 있도록 개방된 상태로 유지해야 하는 하천 수로 및 인접 범람원 부분.

- 100년 범람원(100-year floodplain)
  특정 해에 평균적으로 1%의 홍수가 발생할 수 있는 지역. 이 용어의 정의에도 불구하고, 100년 홍수는 2년 이상 연속으로, 또는 10년에 한 번 발생할 수 있다. 100년 홍수 범람원은 또한 기준홍수(base flood)라고도 불리는데, 이는 경미한 홍수와 특정 지역에서 발생할 가능성이 있는 최대 홍수 사이의 절충을 나타내는 국가 표준이다. 기준홍수는 유용한 벤치마크이다.

- BFE(base flood elevation; 기준홍수위)
  특정 해에 1%의 발생 확률을 갖는 홍수로 인한 수면의 높이. BFE는 1929년의 국립 측지 수직 기준점이나 1988년의 북미 수직 기준점과 같은 특정 기준점과 관련하여, 보통 피트 단위의 기준홍수위이다.

- SFHA(special flood hazard area; 특수홍수재해지역)
  기준홍수의 범람으로 침수된 토지 지역은 NFIP 지도에서 SFHA이다. SFHA는 NFIP의 범람원 관리규제가 시행돼야 하는 지역이자 수해보험 의무 가입이 적용되는 지역이다.

- 500년 홍수 범람원(500-year flood floodplain)
  특정 해에 홍수가 발생할 확률이 0.2%인 지역.

• 해안 고재해지역(coastal high hazard areas)
  속도 재해(파도 작용)의 영향을 받는 해안지역.

FIRMs는 또한 구역 명칭이 다른 다양한 범람원(floodplain)을 보여준다. 이것들의 목적은 주로 보험 등급을 매기기 위한 것이지만, 구역의 차별화는 다른 범람원 계획을 위해서도 도움이 될 수 있다. 예:

• 구역 A: 100년 또는 기본 범람원. 구역 A에는 여섯 가지 유형이 있다.
• 구역 V 및 VE: 속도 재해(예: 파도 작용)의 영향을 받는 해안지역.
• 구역 B 및 X(음영): 보통 100년 홍수와 500년 홍수의 한계 사이의 중간 홍수재해지역.
• 구역 C 또는 X(음영 처리되지 않음): 홍수재해가 최소인 지역.
• 구역 D: 미확정이지만 홍수재해가 있는 지역.

"NSFHA(Non-SFHA)"는 중간에서 낮은 위험도의 홍수 구역에 있는 지역이다. NSFHA는 범람하는 강이나 폭우로 인한 홍수로부터 즉각적인 위험에 처해 있지 않다. 그러나 NSFHA 내의 구조물은 여전히 홍수의 위험에 처할 수 있다. 실제로 네 개의 홍수 중 한 개는 NSFHA에서 발생한다.

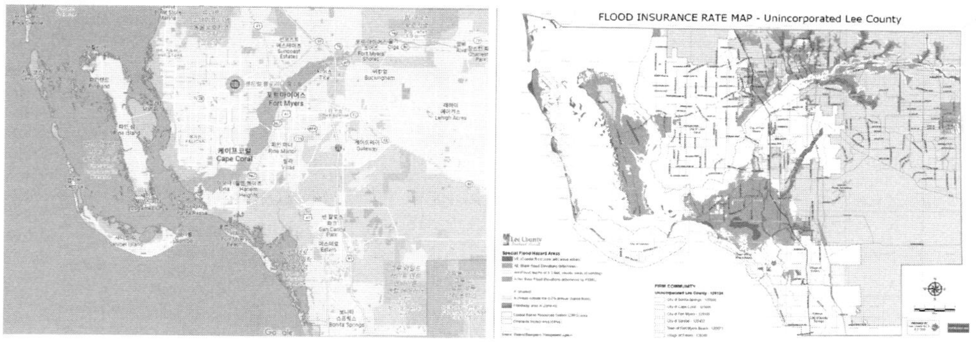

역주: 플로리다 남동부 Lee County 지역에 대한 FEMA의 FIRM 예 (출처: Google map; www.leegov.com)

3.4.6 지역 홍수위험

미국의 대부분의 도시, 마을, 카운티는 하나 이상의 홍수가 발생하기 쉬운 지역을 가지고 있으며, 이 지역은 대개 강, 하천 또는 커뮤니티 FIRM 상에 SFHA로 명기된 다른 큰 수역을 따라 위치해 있다. 이러한 홍수가 발생하기 쉬운 지역은 홍수와 홍수의 영향을 최소화하기 위한 여러 유형의 정부 시책의 대상이다. 이러한 시책(initiative)에는 지도, 범람원 관리 기준, 조례 및 커뮤니티 지원 프로그램이 포함된다. 그러나 수천 개의 커뮤니티는 또한 SFHA 이외에서 발생하는 얕고 국지적인 홍수 문제를 가지고 있는데, 이는 열악한 배수, 부적절한 빗물 하수구, 막힌 암거 또는 하수구 유역, 약한 흐름, 막힌 배수구, 역류하는 하수(sewer backup) 또는 작은 하천으로부터의 둑 범람으로 인해 발생한다. 이러한 종류의 홍수사건은 커뮤니티의 어느 곳에서나 일어날 수 있고 심지어 사소한 강우 사건에서도 발생할 수 있다.

국지 범람(localized flooding)는 커뮤니티의 FIRM에 묘사된 바와 같이 SFHA에 적용되는 기준의 범위를 벗어난 범람을 말한다. 여기에는 B, C 및 X 구역 내부 및 외부 영역이 포함된다. 이러한 홍수는 다음을 가리킬 수 있다.

- 폭우 범람(stormwater flooding)
- 말썽꾸러기 범람(nuisance flooding)
- 배수 불량(poor drainage)
- 호수화(ponding)

만약 이러한 국지 홍수가 드물게 일어난다면, 문제는 경미하다. 그러나 일부 지역에서는 국지 홍수가 만성적일 수 있으므로 수년에 걸쳐 국지 홍수로 인한 누적 피해와 반복적 혼란이 주요 하천과 하천의 일시적 홍수보다 더 심각할 수 있다. 거듭되는 피해의 대상이 되는 건물에 대한 보험료도 합산되고, SFHA 외부의 많은 부동산 소유자들은 홍수보험(flood insurance)에 가입하지 않는다. 지하에 물이 몇 인치나 쌓이거나 건물의 지반 침수가 일어나는 것조차도 카펫, 벽판, 단열재, 매트리스, 천으로 덮인 가구 등을 처분하고 교체해야 하는 비싼 피해를 초래할 수 있다. 물에 잠긴 건물의 스터드, 계단, 바닥판 및 기타 나무 부분은 철저히 청소하고 건조하거나 폐기해야 한다. 전자제품, 가전제품, 종이, 그리고 대체할 수 없는 개인 소지품(사진 포함)은 종종 폐기된다. 최소한의 홍수라도 도로를 막고 교통 패턴을 방해할 수 있으며, 이는 직접 홍수 지역의 밖 지역에도 영향을 미칠 수 있다. 국지 홍수는 또한 집과 건물 내부의 습한 환경에서 자라는 곰팡이(mold)와 흰곰팡이(mildew)로 인한 건강상의 위험을 야기한다.

자기 진단

- "범람원", "특수홍수재해지역(SFHA)" 및 "기준홍수"를 정의하라.
- 일반홍수의 세 가지 유형을 나열하라.
- 홍수위험지역을 매핑하는 데 사용되는 세 가지 요소를 인용하라.
- FIRM을 사용하는 방법을 설명하라.

3.5 가뭄

"가뭄(drought)"은 미국에 영향을 미치는 가장 비용이 많이 드는 자연재해들 중 하나이다. 가뭄은 농작물 피해나 물 공급 부족과 같은 심각한 문제를 일으킬 정도로 오랫동안 지속되는, 비정상적으로 지속적인 건조한 날씨의 기간이다. 가뭄의 심각도는 수분 부족의 정도, 지속시간, 영향을 받는 지역의 크기에 따라 달라진다. 그러나 물 공급에 미치는 이 영향은 종종 자연 사건(예상보다 적은 강수량)과 커뮤니티의 수요가 복합된 결과이다. 이런 식으로, 인간의 활동은 가뭄의 영향을 악화시킬 수 있다.
가뭄은 4가지로 분류할 수 있다.

- 기상 가뭄(meteorological drought)
  강수량이 정상 수준을 벗어나는 것이다. 기후 차이로 인해 한 지역에서 가뭄으로 간주될 수 있는 것이 다른 지역에서는 가뭄이 아닐 수 있다.
- 농업 가뭄(agricultural drought)
  토양 수분의 양이 더 이상 특정 작물의 필요를 충족시키지 못하는 상황을 말한다.
- 수문 가뭄(hydrological drought)
  지표면과 지표면 아래의 물 공급이 그 지역에 대해 정상적인 것으로 간주되는 것보다 낮을 때 발생한다.
- 사회경제적 가뭄(socioeconomic drought)
  물 부족이 사람들에게 영향을 미치기 시작할 때 발생하는 상황을 말한다. 예를 들어, 이것은 물 포획, 저장 및 전달이 커뮤니티의 성장과 발전을 따라가지 못할 때 발생할 수 있다.

3.5.1 기후변화의 영향

기후변화가 가뭄의 가능성과 심각도에 영향을 미치는 많은 메커니즘이 있다. 전 세계적으로 더 건조하고 더 더운 지역이 증가하고 있으며, 특히(텍사스, 뉴멕시코, 애리조나를 포함하여) 지구를 가로지르는 아열대 지역에서 증가하고 있다. 기후변화는 또한 극한 습함과 극한 건조 사이에서 더 넓게 오가고 있다. 더 큰 양동이와 마찬가지로, 따뜻한 대기는 더 많은 물을 저장하고 버릴 수 있지만, 다시 채우는 데에는 더 오랜 시간이 걸린다. 마지막으로, 온난화 기후의 결과로 더 일찍 녹은 눈은 여름과 가을에 물의 가용성을 더욱 감소시킬 수 있다.

3.5.2 가뭄의 영향

가뭄 기간은 광범위한 환경, 농업, 건강, 경제, 그리고 사회적 결과를 낳을 수 있다. 지속적인 수분 부족은 농작물 생산을 감소시키거나 중단시키고 야생 생물 서식지를 손상시킬 수 있다. 오염물질을 희석시킬 수 있는 물이 더 적기 때문에 가뭄 동안 종종 수질 관리에 어려움을 겪는다. 더욱이, 많은 산업 과정과 전기 생산은 물 공급에 크게 의존하고 있으므로, 물 부족으로 인해 그들의 지속적인 운영이 위태로워질 수 있다. 가뭄은 또한 산불의 위험을 크게 증가시킨다(다음 절을 참조할 것).

참조 바람에 날림

극심한 가뭄과 지속 불가능한 농사법이 겹쳐 발생한 1930년대의 더스트볼(Dust Bowl; 황진; 黃塵; 모래 폭풍)은 미국이 직면한 가장 중대한 재난 중 하나였다. 대평원의 농경지를 10년 동안 광범위하게 경작한 후, 1930년대의 가뭄으로 인해 느슨해진 표토가 마르고 바람에 날려갔다. 수백만 에이커의 농지가 피해를 입었고 수십만 명의 사람들이 새로운 경제적 기회를 찾아 집을 떠나야 했다.

토양과 물 보존 지역의 출현과 정부의 훈련 시책들의 합심한 노력으로, 더스트볼에 따른 농업 관행은 적절한 작물 순환을 보장하기 위해 현대화 되었고, 전국적으로 가뭄의 영향을 경감하기 위해 다른 형태의 자원관리가 시행되었다.

농업혁명과 더스트볼 이후 시행된 자원 보존의 진보에도 불구하고, 가뭄은 미국의 농부들과 목장주들에게 계속해서 영향을 미치고 있다. 2012 ~ 2013년 북미 가뭄은 눈이 부족하고 토양으로 흡수되는 눈 녹은 물이 줄어 들어 발생한 가뭄으로, 반세기 만에 미국에 가장 큰 영향을 미친 가뭄이었다. 미국 내 농경지의 약 80%가 영향을 받아 농작물 수확량이 현저히 감소하였고, 국민 총생산이 0.5 ~ 1% 감소하였다.

1935년, 텍사스

1936년, 텍사스

역주: 더스트볼(모래폭풍) 예(출처: Widipedia)

3.5.3 가뭄 모니터링

가뭄 수준을 모니터링하고 전달하기 위해 여러 지표가 사용된다. 이러한 지표는 일반적으로 강수량 및 온도와 같은 변수를 결합한 것이다. 그러나 지표는 기후를 기반으로 하는 경향이 있기 때문에 가뭄의 영향을 더 악화시킬 수 있는 인구밀도 증가나 극심한 농업 생산과 같은 가뭄이 인간의 발달과 상호 작용하는 방식에서의 변화를 반영하지 못한다.

미국 NIDIS(National Integrated Drought Information System; 국가통합가뭄정보시스템)는 사용자에게 가뭄의 잠재적 영향과 관련 위험을 판단할 수 있는 능력을 제공하기 위해 2006년에 설립되었다. NIDIS는 미국 가뭄 포털(www.drought.gov)을 통해 미국 가뭄 감시단과 다양한 지표와 도구를 일반인들이 이용할 수 있도록 하고 있다.

자기 진단

- "기상 가뭄", "농업 가뭄", "수문 가문", "사회경제적 가뭄"의 차이점을 설명하라.
- 기후변화가 가뭄에 어떻게 영향을 미치는지 설명하라.
- 가뭄이 사회나 자연환경에 미칠 수 있는 세 가지 영향을 나열하라.

3.6 산불

산불은 초원, 덤불, 삼림지대와 같은 상대적으로 덜 발달된 지역이나 황무지의 통제되지 않은 화재이다. 산불의 가능성은 다음에 의존한다.

- 최근의 기후 조건(예: 가뭄)
- 현재 기상 조건(고온 및/또는 저습도)
- 울창한 숲 속 덤불과 죽은 목재를 포함한 충분한 연료 부하

평균 또는 평균 이하의 강우량과 광범위한 건조한 식생 지반이 덮인 더운 여름은 산불에 특히 위험한 시기인 가을에 화재에 대한 민감성(susceptibility)을 증가시킨다.

참조 콜로라도에 (화재) 무대를 셋팅한 가뭄

일련의 산불은 2012년 여름에 콜로라도의 여러 지역을 황폐화시켰다. 이전 해 겨울의 건조한 조건이 평년 강수량의 13%와 함께 무대를 셋팅하였다. 그 후 여름 기온은 100(약 38)를 넘어섰고 상대습도는 10%대와 한 자릿수에 머물렀다. 화재의 발화는 뇌우와 방화범들의 소행일 가능성이 높았지만, 화재 진압의 어려움과 피해의 정도는 주로 기상 조건이 우세했기 때문이다. 6월부터 8월까지 계속된 화재 동안 약 34,500명의 주민들이 대피했고 최소 500채의 주택이 파괴되었다.

3.6.1 관리

산불은 수천 년 동안 자연 과정으로 일어났으며, 자연환경의 생태학적 온전성(integrity)에 중요한 역할을 해왔다. 인간의 정착은 인간의 생명과 재산에 관련된 위험뿐만 아니라 산불 발생의 공간적, 시간적 패턴에 있어서 변화에 상당한 영향을 미쳤다. Table 3.3은 북미의 초기 인간 거주 이후 산불에 대한 다양한 접근방식을 보여준다.

자연 산불은 여전히 정기적으로 일어난다. 이 산불은 인간의 부주의, 방화, 또는 낙뢰에 의해 야기될 수 있다. 토네이도와 허리케인과 같은 다른 자연적 장애는 숲의 구조와 연료 분포에 영향을 미칠 수 있으며, 이는 산불의 강도 및 위험도의 변화를 초래할 수 있다. 산불의 발생과 발생빈도는 또한 커뮤니티를 둘러싼 숲의 유형에 크게 의존한다.

Table 3.3 화재 시스템의 시간적 구분

기간	화재 설명
14,000~500년 전	아메리카 인디언들은 화전(火田) 농업, 사냥 가시성, 산불 연료 감소, 산책로 유지 등을 위해 불을 사용했다.
500-100년 전에	유럽 정착민들은 불을 이용하여 많은 양의 영구 농경지를 이전보다 훨씬 더 큰 규모로 유지하였다.
1800년대 후반부터 1900년대 초반까지	삼림이 광범위하게 벌목되어 산불이 자주 발생할 수 있는 환경을 더욱 악화시켰다.
1900년대 ~ 1950년대	산불에 대한 대응은 광범위한 화재 진압이었다.
1950년부터 오늘까지	능동적 관리: 화재의 자연스러운 역할은 사전 연소를 통해 통합되었다.

3.6.2 위험조건

산불 위험도 조건의 한 척도는 "KBDI(Keetch-Byram Drought Index; 키치-바이람 가뭄지수)"로 측정된다. KBDI는 일교차, 일 강수량, 연간 강수량 등을 기준으로 0 ~ 800(극도의 가뭄)의 잠재적 산불 위험도를 추정한다. 이것은 소방관, 계획자, 그리고 시민들이 산불의 위험도를 이해하는 데 유용한 도구이다.

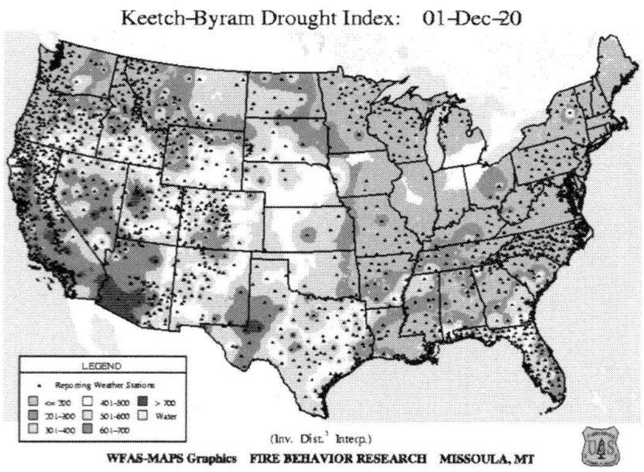

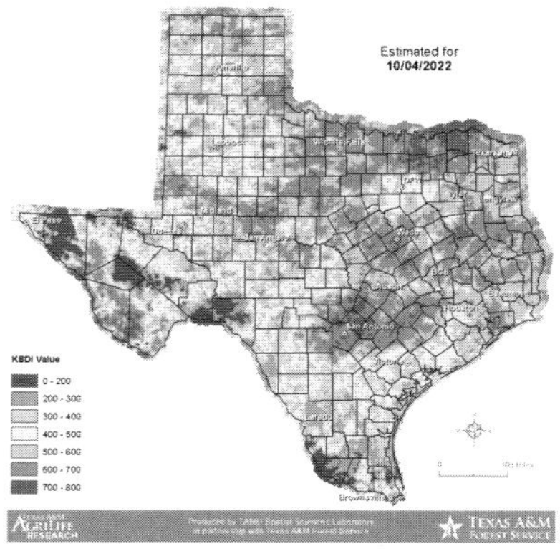

역주: KBDI(Keetch-Byram Drought Index; 키치-바이람 가뭄지수) 예(출처: U.S. Forest Service)

자기 진단

- "산불(wildfire)"을 정의하라.
- "KBDI(Keetch-Byram Drought Index; 키치-바이람 가뭄지수)"는 커뮤니티가 산불에 대비하는 데 어떻게 도움이 되는가?
- 산불의 시작에 기여할 수 있는 세 가지 환경 조건을 나열하라.

3.7 토네이도

"토네이도(tornado)"는 뇌우의 밑부분에서 뻗어나가는 격렬하게 회전하는 공기 기둥이다. 또한 토네이도는 허리케인 동안 형성될 수 있다. 이러한 위험한 바람 사건은 때론 "깔때기 폭풍(funnel storms)" 또는 "깔때기 구름(funnel clouds)"이라고 불리는데, 이는 회전하는 공기 기둥의 모양이 일반적으로 바닥보다 꼭대기에서 더 넓기 때문이다. 일반적인 생각과는 달리, 토네이도 깔때기는 항상 땅에 닿지는 않는다; 뇌우 아래의 잔해 구름은 눈에 보이는 깔때기가 없음에도 불구하고 토네이도의 존재를 확인할 수 있다. 따뜻한 해수 위에서 형성되는 약한 토네이도인 "용오름(waterspouts)"은 가끔 내륙으로 이동하여 토네이도가 될 수 있다.

3.7.1 토네이도 형성

토네이도는 뇌우에 의해 생성되고 차가운 공기가 따뜻한 공기 층을 덮을 때 생성되어 따뜻한 공기가 빠르게 상승하도록 한다. 보통 매우 강한 비와(아마도) 우박이 토네이도에 앞서 온다. 만약 우박이 뇌우로부터 떨어진다면, 그것은 폭풍우가 많은 양의 에너지를 가지고 있고 심할 수 있다는 것을 나타낸다. 일반적으로, 우박을 동반한 폭풍이 클수록, 더 많은 피해를 주는 뇌우 바람 및/또는 토네이도이다.

토네이도가 강력한 만큼, 토네이도는 뇌우에서 에너지의 아주 작은 부분만을 차지한다. 토네이도를 위험하게 만드는 것은 아마도 100야드 정도 되는 좁은 지역에 집중되어 있는 에너지이다. 토네이도의 피해는 높은 "풍속(wind velocity)", 즉 회전하는 바람의 속도 때문이다.

3.7.2 후지타-피어슨 토네이도 규모

토네이도의 강도, 경로 길이, 폭은 1971년 후지타(T. Theodore Fujita)와 피어슨(Allen D. Pearson)에 의해 개발된 척도(Fujita-Pearson Tornado Scale)에 따라 평가된다. 이 척도 시스템에서 F0 ~ F1로 분류되는 토네이도는 약한(weak) 토네이도로 간주되며, F2 ~ F3로 분류되는 토네이도는 강한(strong) 토네이도로 간주된다. 반면 F4 ~ F5로 분류되는 토네이도는 강력한(violent) 토네이도로 간주된다.

토네이도의 크기가 반드시 그 강도를 나타내는 것은 아니다. 큰 토네이도는 약할 수 있는 반면 작은 토네이도는 강력할 수 있다. 토네이도 강도는 사건 발생 기간 동안 변할 수 있다. 작은 토네이도는 더 커질 수도 있고 그 수명 주기의 "수축" 단계에 있을 수도 있다.

과거 토네이도 자료는 토네이도가 가장 격렬한 사건에서 풍속이 시속 300마일에 이를 수 있다는 것을 시사한다. 그 높은 풍속은 자동차를 공중에 띄우고, 집을 갈기갈기 찢고, 깨진 유리와 다른 잔해들을 치명적인 미사일로 바꿀 수 있다. 토네이도로 인해 인간과 다른 생물들에게 가장 심각한 위협은 날아다니는 잔해와 바람에 이리저리 던져지는 것이다.

개량 후지타 척도

F3보다 큰 풍속을 과대평가할 수 있는 초기 후지타 척도의 한계 때문에 기상학자들과 풍력 엔지니어들이 2007년 국립기상국(National Weather Service)에 의해 발표된 "개량 후지타 척도(Enhanced Fujita Scale)"를 개발하기 위해 협력했다. 개량 후지타 척도를 사용하여 28개의 개별 손상 지표(damage indicators)를 기반으로 "EF 번호"를 결정할 수 있다(Table 3.4 참조). 피해 지표는 단독주택부터 다층 호텔까지 대표적인 건축 유형을 나타낸다. 지표 유형에 따라 특정 손상 정도를 식별할 수 있다.

Table 3.4 개량 후지타 척도

후지타 척도		개량 후지타 척도	
F 등급	3초 돌풍(mph)	EF 등급	3초 돌풍(mph)
0	45–78	0	65–85
1	79–117	1	86–110
2	118–161	2	111–135
3	162–209	3	136–165
4	210–261	4	166–200
5	262–317	5	Over 200

3.7.3 미국의 토네이도 활동

미국 전역에서 평균 연간 1,000건 이상의 토네이도가 기록되고 있으며, 이로 인해 80명의 사망자와 1,500명 이상의 부상자가 발생했다. 2011년은 미국에서 확인된 토네이도가

1,692건으로 553명의 사망자와 5,000명 이상의 부상자가 발생한 특히 파괴적이고 재앙적인 해였다. 이 수치는 현장에서 보고되는 토네이도 사건을 기반으로 한다. 인구가 적은 지역에서는 토네이도 발생빈도가 훨씬 높을 수 있지만, 이러한 사건은 관찰되지 않은 채로 남아 있다. 토네이도는 어느 주(州)에서나 발생할 수 있지만, 중서부, 남동부, 남서부에서 더 자주 발생한다. 토네이도는 연중 어느 때라도 발생할 수 있지만, 남부 주에서는 토네이도의 절정기가 3월부터 5월까지 지속되는 반면, 북부 주에서는 여름에 더 자주 토네이도가 발생한다. 용오름(waterspout)은 남부 주와 멕시코만 해안을 따라 늦가을과 겨울에 더 흔하다.

기후변화가 토네이도 생성에 미치는 영향

2011년 4월 말 미국 남부에서 발생한 토네이도는 재앙적이고, 파괴적이며, 기록을 깼다. 요즘, 날씨가 기록을 깨면, 지구 온난화의 탓인지 궁금해 하는 것은 당연하다. 현재로서는 기후변화와 토네이도를 연결하는 뚜렷한 장기적 추세(trend)는 없다. 비록 몇몇 컴퓨터 모델들이 기후변화가 국가의 특정 지역에서 토네이도 형성에 더 유리한 조건을 야기하거나 토네이도의 시기를 바꿀 수 있다고 제안한다. 그러나 토네이도 활동이 기후변화에 의해 영향을 받을 수 있는지 그리고 어떻게 영향을 받을 수 있는지는 아직 잘 모른다.

참조 2011년 미주리 조플린(Joplin) 토네이도

2011년 5월 22일, 미국에서 가장 재앙적이고 가장 비용이 많이 드는 토네이도 중 하나가 미주리 조플린(Joplin)을 지나 뉴턴 카운티와 로렌스 카운티의 일부를 강타했다. 5월 말에 발생한 더 큰 토네이도의 일부인 EF5 등급인 이 토네이도는 폭이 약 0.75마일이었고 22.1마일 길이의 트랙에서 8,400채의 주택, 18,000대의 자동차, 450개 사업장을 평평하게 만들었다. 또한 이 토네이도는 세인트 존 지역 의료 센터와 조플린 고등학교를 완전히 파괴했다. 토네이도와 관련된 부상으로 모두 189명이 목숨을 잃었다. 조플린을 재건하는 데 드는 비용은 30억 달러로 추정된다.

자기 진단

- "토네이도", "풍속" 및 "용오름"을 정의하라.
- 토네이도 발생에 필요한 조건을 토의하라.
- 현재 토네이도를 평가하는 데 사용되는 척도의 명칭을 말하라.
- 토네이도의 크기와 그 강도 사이의 관계를 논의하라.

3.8 혹독한 겨울 날씨

허리케인과 같은 열대폭풍과는 대조적으로, 혹독한 겨울폭풍은 "온대 저기압(extratropical cyclone)"이다. 이 폭풍들은 열대 밖에서 형성되며, 전선(front)으로 특징지어지며, 상층 대기권(upper atmosphere) 내에서 가장 강한 바람을 가진다. 주변의 공기보다 따뜻한 중심을 가진 열대 저기압과는 달리, 온대 폭풍의 중심은 더 차갑다. 강력한 온도 경사(gradients)와 활발한 상층 제트 기류에 의해 추진되는 혹독한 겨울폭풍은 다음과 같은 일련의 위험한 기상 조건을 발생시킨다.

- 어는 비
- 차가운 바람
- 혹한
- 눈폭풍(snowstorm)

이러한 모든 재해의 조합을 수반할 수 있는 눈보라(blizzard)는 대형 눈폭풍을 차갑고, 바람이 불고, 시야가 낮은 사건으로 만든다. 다음 절들에서 이러한 혹독한 겨울 날씨 재해에 대해 간략하게 설명한다.

3.8.1 눈보라

"눈보라(blizzard)"는 최저 기온(보통 화씨 20도 이하)에 시속 35마일 이상의 바람이 동반되는 눈폭풍(snowstorm)이다. 또한, 공기 중에 충분한 강설 및/또는 눈발의 날림이 있어야 한다. 이 공중 강설(airborne snowfall)은 3시간 이상 동안 가시거리가 0.25마일 이하로 줄어들 수 있기 때문에 눈보라에 의해 야기되는 위험에 크게 기여한다. 화씨 10°F 이하의 온도, 시속 45마일 이상의 바람, 그리고 가시거리가 거의 0에 가깝게 감소하는 눈보라를 "심한 눈보라(severe blizzard)"로 간주한다.

눈보라 조건은 종종 강한 폭풍의 북서쪽에서 발생한다. 폭풍의 낮은 기압과 서쪽의 높은 기압의 차이는 단단한 기압 경사를 형성하며, 이는 다시 매우 강한 바람을 일으킨다. 이 바람들은 눈과 불어오는 눈과 결합하여 극한(extreme) 상태를 만들어낸다. 눈보라를 일으킬 만큼 강력한 폭풍계는 제트기류가 남쪽으로 멀리 떨어질 때 형성돼 북쪽의 찬 공기가 남쪽의 따뜻한 공기와 충돌할 수 있다. 더 춥고 더 건조한 극지방의 공기는 눈, 진눈깨비(sleet), 또는 어는 비가 발달하기에 충분히 추운 대기온도가 된다. 미국의 주목할 만한 눈보라 사건 중 일부를 Table 3.5에 나열 하였다.

Table 3.5 주요 눈보라

명칭	날짜	상세
니커보커 폭풍 (The "Knickerbocker" Storm)	1922년 1월	이 눈보라는 워싱턴 DC에서 발생했고 니커보커 극장의 지붕이 무너져 거의 100명이 사망했다.
뉴욕시 폭풍 (The New York City Storm)	1969년 2월	도시에는 눈이 너무 많이 내려 제설기마저 눈에 파묻혀 시는 삽으로 거리를 치우는 노동자 1만 명을 고용해야 했다.
버팔로 폭풍 (The Buffalo Storm)	1977년 2월	뉴욕주 서부와 캐나다 온타리오주 주변 지역은 눈보라가 몰아쳐 28명이 숨지고 버팔로시가 폐쇄됐으며 고속도로에서 수천 명이 차에 탄 채 발이 묶였다.
세기의 블리자드 (The Blizzard of the Century)	1993년 3월	이 폭풍은앨라배마에서 매사추세츠까지 동부의 넓은 지역에 걸쳐 일어났다. 시간당 1인치에서 2인치 사이의 강설량이 많은 지역에서 발생했다.
1996년 블리자드 (The Blizzard of 1996)	1996년 1월	1월 눈보라는 미국 북동부에서 발생했으며 100명 이상의 사망자가 발생했다.
2010년 북미 블리자드 (North American Blizzard of 2010; "Snowmageddon")	2010년 2월 31일	3 북동풍으로 일부 지역에 35인치 이상의 눈이 내렸고 미국과 멕시코 사이에 최소 41명의 사망자가 발생했다.

3.8.2 눈폭풍

눈은 일반적으로 눈송이로 알려진 6면 얼음 결정의 형태로 어는 강수량이다. "눈폭풍(snowstorm)"은 폭설이 동반된 폭풍을 묘사하는 데 사용되는 표현이다.

눈은 지표면에서 구름 높이까지 모든 대기의 또는 대부분 대기의 온도가 영하이여야 생성된다. 눈은 표면 온도가 영상일 때 내릴 수 있고 땅 위에 상대적으로 얇은 층을 형성한다. 이러한 조건에서 눈은 땅에 닿기 전에 녹을 충분한 시간이 없을 것이다; 눈은 상당히 젖어있고 큰 눈송이를 포함하고 있는데, 젖은 눈 결정체가 서로 달라붙어 더 큰 눈송이를 형성하기 때문이다. 일반적으로, 10인치의 눈이 녹으면 1인치의 물로 된다. 때때로 눈과 액체의 비율은 20:1 또는 30:1로 훨씬 더 높을 수 있으며, 이것은 보통 눈이 지상에서 화씨 20도 이하의 매우 차가운 덩어리(mass)로 떨어질 때 발생한다.

미국 북동부 지역에 강한 영향을 미치는 눈폭풍은 날씨 채널의 폴 코친과 국립기상국의 루이스 우첼리니가 개발한 "NESIS(Northeast Snowfall Impact Scale; 북동풍 강설 영향 척도)"에 따라 순위가 매겨진다. NESIS는 5가지 범주의 폭풍으로 구성되어 있다: 극단,

심각, 중대, 유의, 관심. 이 척도는 10인치 이상의 적설량을 가진 넓은 지역을 가진 폭풍을 평가한다. 눈폭풍의 영향을 받는 각 지역에 적설량, 영향 지역, 폭풍의 경로에 있는 사람들의 수에 대한 함수로 점수를 할당한다. 이 점수는 인구 데이터를 포함하기 때문에, 이 지수는 폭풍의 사회적 영향을 나타낸다.

NESS 범주, 해당 NESS 값 및 관련 설명을 Table 3.6에 나타냈다.

Table 3.6 NESS 범주

범주	NESS 값	설명
1	1 ~ 2.499	관심(Notable)
2	2.5 ~ 3.99	유의(Significant)
3	4 ~ 5.99	중대(Major)
4	6 ~ 9.99	심각(Crippling)
5	10.0+	극단(Extreme)

3.8.3 어는 비

"어는 비(freezing rain)" 또는 어는 안개비(freezing drizzle)는 표면 온도가 영하일 때 발생하는 비 또는 이슬비이다. 습기는 액체 형태로 떨어지지만 충돌 시 얼어서 노출된 모든 표면에 얼음이나 얇은 얼음(glaze)으로 코팅이 된다. "진눈깨비(sleet)"는 어는 물로 떨어지거나 땅에 떨어지기 전에 얼게 되는 강수(precipitation)이다.

어는 비는 땅과 구름층 사이의 중간 고도에 따뜻한 공기 덩어리가 있고 표면 근처에 어는 공기 덩어리가 있을 때 발생한다. 강수가 구름에서 떨어질 때, 일반적으로 눈이 될 것이다. 그것은 따뜻한 공기를 만나면 녹아서 비를 만들 것이다. 녹은 눈송이(snowflake)는 다시 얼어서 진눈깨비가 되지 않고 얕은 얼음층을 통해 떨어진다. 강수가 지표면에 도달하면 영하권의 공기로 들어가 빠르게 얼음으로 변한다. 그 결과, 액체 방울이 표면에서 노출된 물체와 만날 때, 접촉하면서 얼게 된다.

(얼음 폭풍을 포함하는) 일부 얼음 사건은 CAD(Cold Air Damming; 한기 축적)의 결과이다. CAD는 애팔래치아 산맥의 동쪽 경사면에 비교적 차갑고 안정적으로 층화된 공기의 얕은 표면층이다. 따뜻한 공기가 위에 있을 때, 눈의 형태로 떨어지는 강수는 녹는다. 이후 과냉각(supercooled; 물의 녹는점 이하의 액체)이 되거나 다시 얼게 된다. 전자의 경우, 과냉각된 물방울은 충격(어는 비)에 의해 얼 수 있으며, 후자의 경우, 다시 어는 물 입자는 얼음 알갱이 또는 진눈개비를 형성한다.

3.8.4 체감온도와 극한

“한파(寒波; cold wave)”는 24시간 내에 16°F를 초과하거나 36시간 내에 20°F를 초과하여 빙점 이하로 온도가 비정상적으로 떨어지는 것을 말한다. 혹한(extreme cold)을 구성하는 것은 미국의 지역마다 다르다. 겨울 날씨에 익숙하지 않은 지역에서는 영하권에 가까운 기온이 혹한으로 간주된다. 대조적으로, 더 북쪽과 산이 많은 주들은 혹한으로 간주되기 위해 훨씬 더 낮은 온도를 요구한다.

- 바람냉각지수(wind chill factor)
  추위와 바람이 결합할 때 인체에 어떤 일이 일어나는지 설명한다. 바람이 불수록 열은 더 빠른 속도로 몸에서 옮겨져 피부 온도를 낮추고(동상을 일으킬 수 있음), 결국 내부 체온을 떨어뜨린다(사망할 수 있음).

- 바람냉각온도(wind chill temperature)
  바람과 외기 온도의 결합 냉각 효과를 측정하는 척도이다. 바람냉각온도는 바람냉각지수를 설명하는 데 사용되는 측정 단위이다.

Figure 3.3은 서로 다른 바람냉각온도에서 인간이 동상(frostbite)에 걸리는 시간을 나타낸 바람냉각 차트이다(동상에 대한 정의는 다음 절을 참조할 것).

Wind Chill Chart

Temperature (•F)

Wind (mph) / Calm	40	35	30	25	20	15	10	5	0	-5	-10	-15	-20	-25	-30	-35	-40	-45
5	36	31	25	19	13	7	1	-5	-11	-16	-22	-28	-34	-40	-46	-52	-57	-63
10	34	27	21	15	9	3	-4	-10	-16	-22	-28	-35	-41	-47	-53	-59	-66	-72
15	32	25	19	13	6	0	-7	-13	-19	-26	-32	-39	-45	-51	-58	-64	-71	-77
20	30	24	17	11	4	-2	-9	-15	-22	-29	-35	-42	-48	-55	-61	-68	-74	-81
25	29	23	16	9	3	-4	-11	-17	-24	-31	-37	-44	-51	-58	-64	-71	-78	-84
30	28	22	15	8	1	-5	-12	-19	-26	-33	-39	-46	-53	-60	-67	-73	-80	-87
35	28	21	14	7	0	-7	-14	-21	-27	-34	-41	-48	-55	-62	-69	-76	-82	-89
40	27	20	13	6	-1	-8	-15	-22	-29	-36	-43	-50	-57	-64	-71	-78	-84	-91
45	26	19	12	5	-2	-9	-16	-23	-30	-37	-44	-51	-58	-65	-72	-79	-86	-93
50	26	19	12	4	-3	-10	-17	-24	-31	-38	-45	-52	-60	-67	-74	-81	-88	-95
55	25	18	11	4	-3	-11	-18	-25	-32	-39	-46	-54	-61	-68	-75	-82	-89	-97
60	25	17	10	3	-4	-11	-19	-26	-33	-40	-48	-55	-62	-69	-76	-84	-91	-98

Frostbite Times: 30 minutes / 10 minutes / 5 minutes

$$\text{Wind Chill } (°F) = 35.74 + 0.6215T - 35.75(V^{0.16}) + 0.4275T(V^{0.16})$$

Where, T= Air Temperatur· (•F) V= Wind Speed (mph)

Effective 11/01/01

Figure 3.3 NOAA는 동상이 발생할 수 있는 시간을 포함하여 풍속과 온도가 어떻게 결합하여 바람냉각 효과를 생성하는지를 보여주기 위해 바람냉각지수를 개발했다. (NOAA 국립기상국)

3.8.5 기후변화의 영향

기후변화는 지역에 따라 상당히 다른 방식으로 겨울 날씨에 영향을 미칠 가능성이 있다. 기온이 상승함에 따라, 대기는 더 많은 습기를 보유할 수 있고, 그 결과 더 강한 강수 현상이 발생한다. 기온이 영하라고 가정한 한겨울에, 이것은 더 많은 눈과 더 혹독한 겨울 날씨로 이어질 수 있다. 그러나, 눈 시즌이 시작되고 끝날 때, 그리고 겨울 기온이 거의 영하로 떨어지는 지역에서는, 기후변화와 관련된 따뜻한 기온이 눈보다 더 많은 강우 사건을 일으킬 가능성이 있다.

지난 세기에 걸쳐, 미국 북동부는 10월부터 3월까지의 추운 계절 동안 하루 강수량이 극적으로 증가했다. 이 관찰된 추세는 혹독한 겨울 날씨에 대한 기후변화의 영향에 대한 예측과 일치한다.

3.8.6 혹독한 겨울 날씨의 위험

혹독한 겨울 날씨로 인한 위험은 일반적으로 세 가지로 나뉜다.

- 차갑고 습한 조건은 장기간 노출된 사람과 동물의 건강에 매우 위험할 수 있다.
- 도로, 다리, 육교에 눈과 얼음이 축적되면 미끄러워지거나 통행할 수 없게 되면서 위험한 운전조건으로 된다.
- 정전(power outage)은 송전선이 얼음으로 덮여 있거나 떨어지는 나뭇가지에 의해 무너질 때 발생할 수 있다.

평균적으로 미국에서는 매년 겨울 날씨로 거의 100명의 목숨을 잃는다; 이러한 사망자의 대부분은 겨울폭풍의 영향 때문이다. 겨울 관련 사망자의 약 70%가 위험 운전조건에 의한 자동차 사고에서 발생하는 반면, 거의 25%는 눈과 추위에 장기간 노출되어 발생한다. 겨울 날씨와 관련된 사망의 상당 부분은 눈을 치우는 동안 과로로 인한 심장마비 때문이다. 또한 정전으로 인해 사람들이 그들의 집을 위해 대체 난방과 취사원을 즉흥적으로 만들려고 할 때 발전기, 프로판 히터, 가스 스토브, 숯 그릴에 의해 방출되는 유독 가스의 결과로 사망자가 발생했다. 밀폐된 공간에서 적절한 환기를 하지 않으면, 이 장치들은 몇 시간 안에 치명적일 수 있다.

혹한 환경에 노출됨으로써 인간의 건강에 미치는 위험에는 동상과 저체온증(hypothermia)이 포함된다.

• 동상(frostbite)

몸의 사지를 영구적으로 손상시킬 수 있는 차가운 노출에 대한 심각한 반응이다. 감각의 손실과 손가락, 발가락, 코, 귓불의 희거나 창백한 모습이 동상의 증상이다.

• 저체온증(hypothermia)

인체 내부 온도가 화씨 95도 이하로 떨어질 때 나타나는 질환이다. 저체온증의 증상으로는 걷잡을 수 없는 떨림, 느린 말, 기억력 감퇴, 잦은 비틀거림, 졸음, 피로감 등이 있다.

참조 농장의 겨울 날씨

얼음이 많이 쌓이면 나무, 전선, 전신주와 선로, 휴대전화 타워가 무너져 며칠 동안 통신과 전력을 방해할 수 있다. 1998년 1월에 발생한 거대한 얼음 폭풍은 단단한 얼음으로 세인트로렌스 강 계곡을 뒤덮었다. 비록 그 파괴적인 폭풍이 혹독한 겨울 날씨에 익숙해진 지역을 강타했지만, 그 지역의 많은 수의 농부들을 포함하여, 400만 명 이상의 사람들을 전기 없이 지내게 만들었다. 당시 농촌의 많은 농장들이 발전기를 갖추고 있지 않았기 때문에 가축들이 피해를 입었다(Photo 3.1 참조). 이 사건을 통해 농촌 비상사태 대비, 계획, 조치에 대한 많은 교훈을 얻었다. 오늘날, 더 많은 농장과 시골 주택 소유자들은 다음 겨울 행사를 준비하기 위해 발전기를 보관하고 있다.

Photo 3.1 소와 가축들은 2007년 캔자스의 혹독한 겨울 날씨 동안 따뜻하게 지내고 음식을 찾는 데 어려움을 겪었다. 농부들은 밭에 있는 동물들에게 건초(hay)를 공수해야 했다. (이미지 제공: 리즈/롤, FEMA)

자기 진단

- "온대 저기압", "눈보라(blizzard)", "심한 눈보라", "눈폭풍(snowstorm)", "바람냉각지수" 및 "저체온증(hypothermia)"을 정의하라.
- 혹독한 겨울폭풍에 의해 만들어진 네 가지 조건을 나열하라.
- 눈폭풍과 눈보라의 차이점을 논의하라.
- 혹독한 겨울 날씨가 야기하는 세 가지 위험들을 말하라.

3.9 폭염

"폭염(extreme heat)" 또는 열파(heat wave)는 고온현상이 장기간 지속되는 것으로, 높은 습도를 동반할 수도 있다. 구체적인 정의는 다양하지만, 일반적으로 최소 3일 연속으로 온도가 화씨 90 ~ 100°F를 초과하는 것이 특징이다.

높은 온도 외에도 상대습도는 일사병(sunstroke)이나 열사병(heat stroke)과 같은 건강 관련 문제의 위험도를 증가시킬 수 있다. "국가기상열지수(National Weather Service Heat Index)"는 공기 온도와 상대습도를 결합하여 "체감온도(apparent temperature)" 또는 인지된 실외 온도를 추정하여, 비상관리자, 공중보건 종사자 및 개인이 폭염으로 인한 잠재적 위험도를 이해하는 데 도움을 준다.

3.9.1 폭염의 영향

폭염의 영향은 심각할 수 있으며, 공중보건 비상사태, 사회기반시설의 손상, 정전, 산불 위험의 증가, 심지어 강력 범죄의 증가로 이어질 수 있다. 매년 수많은 입원·사망자가 폭염과 관련되어 있다. 실제로, 미국에서 매년 평균 400명의 사망자가 열과 직접적으로 관련되어 있는데, 이것은 이 나라의 어떤 자연재해보다도 높은 사망률이다. 노년층, 아주 어린 아이들, 그리고 아프거나 과체중인 사람들은 탈진(heat exhaustion), 열사병(heat stroke), 탈수(dehydration), 땀띠(heat rash)를 포함한 열 관련 질병에 걸릴 위험이 더 높다. 더욱이 공중보건 연구원들은 열이 사망의 원인이 되거나 원인이 된다고 적게 보고하기 때문에 열과 관련된 사망률은 훨씬 더 클 수 있다.

3.9.2 도시열섬

도시지역에 사는 사람들은 시골지역에 사는 사람들보다 더 높은 위험에 처해 있는데, 특히 정체된 따뜻한 공기가 도시지역의 오염물질을 가두어 호흡곤란을 겪는 사람들에게 문제를 일으킬 수 있기 때문이다. 게다가, 아스팔트나 콘크리트와 같은 도시 환경에 있는 재료들은 열을 더 오래 저장할 수 있고 밤새 점차적으로 열을 방출할 수 있기 때문에, 시골지역에서 일반적으로 발생하는 것보다 훨씬 더 높은 야간 온도를 초래한다. 이러한 도시지역이 인간의 활동으로 인해 농촌지역보다 따뜻해지는 현상을 "도시열섬효과(urban heat island effect)"라고 한다.

1995년 시카고 폭염은 미국 역사상 최악의 폭염 중 하나였다. 화씨 125°F까지 측정된 지나치게 높은 열지수(heat index)는 5일 동안 약 750명의 열 관련 사망을 초래했다. 피해자 대부분은 도심 한복판에 사는 가난한 노인들이었는데, 이들 중 상당수는 에어컨이 없거나 에어컨을 켤 여유가 없었다. 범죄에 대한 두려움은 또한 많은 나이든 시민들이 밤에 창문과 문을 여는 것을 거부하게 만들었고, 이것은 비극의 원인이 되었다.

기후변화와 함께, 그 나라의 많은 지역에서 기온이 상승할 것이고, 특히 남동부에서 극심한 더위가 더 널리 퍼질 것으로 예상된다. 심한 폭염은 다음을 의미한다.

- 밤에도 기온이 떨어지지 않는 더 강렬하고 빈번한 폭염이나 계속되는 고온의 날들.
- 일년 내내 매우 더운 날이 늘어났다.
- 계절 평균 기온의 증가. 미래의 기후 예측으로는 서늘한 계절이 짧아지고 따뜻한 계절이 길어지며, 두 계절 모두 평균 기온이 상승한다.

자기 진단

- "폭염(extreme heat)", "열지수(heat index)" 및 "체감온도(apparent temperature)"를 정의하라.
- 도시열섬효과(heat island effect)의 원인을 설명하라.
- 폭염에 가장 취약한 인구와 집단에 대해 논의하라.

요약

이 장에서는 미국에서 가장 일반적이고 파괴적인 기상재해와 수문재해 중 일부를 다룬다. 강력한 허리케인 활동과 해안가의 활발한 인간 활동의 결합은 그 어느 때보다도 더 큰 인명 및 재산 손실을 초래한다. 유사한 관점에서 인간를 위해 선택한 곳이 인간을 종종 하천홍수, 도시홍수, 해안홍수에 더 취약하게 만든다. 이와 대비되게, 비정상적으로 건조하거나 더운 환경은 커뮤니티, 사회기반시설 및 자연환경에 스트레스를 줄 수 있으며 가뭄, 산불 및 폭염으로 인한 다양한 재해로 이어질 수 있다. 또한 이 장에서는 토네이도의 위험한 영향과 혹독한 겨울 날씨 재해도 다루었다. 궁극적으로, 이러한 날씨와 관련된 모든 재해에 대한 더 많은 지식은 재해가 우리의 삶과 사회에 미치는 영향을 줄일 수 있게 해줄 것이다.

용어

- 100년 범람원(100-year floodplain)
  지정된 해에 홍수가 발생할 가능성이 1%인 지역
- 500년 범람원(500-year floodplain)
  지정된 해에 홍수가 발생할 가능성이 0.2%인 지역
- 기준홍수(base flood)
  커뮤니티의 FIRM에 표시된 100년 홍수 범람원
- 기준홍수위(BFE; Base Flood Elevation)
  커뮤니티의 FIRM에 표시된 특정 연도에 1%의 발생 가능성이 있는 홍수로 인해 발생하는 수면의 높이
- 눈보라(blizzard)
  낮은 기온과 시속 35마일(약 56.3 km/h)의 바람을 동반하는 것이 특징인 눈보라.
- 집수지(catchment)
  강유역, 또는 주변의 높은 위치에서 물을 모으는 강 주변의 지역
- 해안침식(海岸浸蝕; coastal erosion)
  해양을 따라 해안선이 닳아 없어지는 것
- 해안홍수(coastal flooding)
  폭풍해일, 바람에 의한 파도, 그리고 폭우의 결과인 홍수사건
- 해안 고위험 재해지역(coastal high hazard area)
  파도와 빠른 유속의 물에 재해를 받기 쉬운 지역
- 한파(cold wave)
  24시간 내에 16°F를 초과하거나 36시간 내에 20°F를 초과하여 온도가 동결점이하로 떨어지는 비정상적인 온도 하강

- 개량 후지타 척도(Enhanced Fujita Scale)
  토네이도 사건 중 토네이도 강도를 보다 명확하게 분류하기 위해 28개의 손상 지표와 손상도 추정치를 통합한 후지타 척도에 기반한 업데이트된 토네이도 지수
- 하구(estuary)
  강의 담수와 바닷물의 염수가 만나는 반밀폐지역
- 온대 저기압(extratropical cyclones)
  열대지방 밖에서 형성되는 폭풍; 혹독한 겨울폭풍
- 눈(eye)
  허리케인의 고요한 중심
- 돌발홍수(flash flood)
  매우 빠른 속도로 수위가 상승하는 곳에서 거의 또는 전혀 경고 없이 발생하는 홍수사건
- 홍수변(洪水邊; flood fringe)
  수심 및 속도가 더 낮은 수로 양쪽의 지역. 홍수가 나는 동안 홍수변은 물을 저장
- 홍수보험율지도(FIRM; Flood Insurance Rate Map)
  SFHA와 커뮤니티에 적용되는 위험 보험료 구역을 모두 보여주는 커뮤니티 지도. D-FIRM은 홍수지도의 디지털 버전. 공식 FIRMs와 D-FIRMs는 FEMA에서 발행
- 범람원(floodplain)
  일반적으로 강이나 개울의 양쪽에 있는 낮고 평평한 지역
- 범람로(floodway)
  범람원의 중심부로 유속이 가장 빠르고 깊이가 가장 깊음
- 어는 비(freezing rain)
  액체 형태로 떨어지는 습기는 표면 온도가 영하일 때 충돌 시 얼어 버림
- 동상(frostbite)
  차가운 노출에 대한 심각한 반응으로 희생자들에게 영구적인 손상을 입힐 수 있다.
- 일반홍수(general flood)
  장기간에 걸친 강우량과 특정 강유역에 걸친 강우로 인해 발생하는 홍수사건
- 지하수(groundwater)
  지표면 아래 모래, 자갈, 바위의 균열과 구멍에서 발견되는 물
- 허리케인(hurricane)
  따뜻한 바닷물 위의 대기에 형성된 강한 열대 저기압으로, 풍속이 시속 74마일(약 119 km/h) 이상에 달하며 비교적 고요한 중심 또는 "눈"을 중심으로 큰 나선형으로 분다.
- 수문재해(hydrological hazard)
  지구의 물 시스템의 일환으로 발생하는 날씨 사건
- 저체온증(hypothermia)
  체온이 95°F(35°C)이하로 떨어질 때 나타나는 증상

- 불투수성 표면(impervious surface)
  물이 땅으로 스며들 수 없는 포장이나 지붕과 같은 단단한 지역
- 내륙홍수(inland flooding)
  허리케인 또는 폭풍 시스템이 육지를 가로질러 이동할 때 강과 개울이 범람하는 재해사건
- 키치-바이람 가뭄지수(KBDI; Keetch-Byram Drought Index)
  0(가뭄 없음) ~ 800(극한 가뭄)의 지수에서 일교차, 일 강수량 및 연간 강수량을 기준으로 산불의 잠재적 위험도를 추정하는 화재 조건의 척도
- 상륙(上陸; landfall)
  허리케인이 해양에서 해안선을 가로지르는 지점
- 대형 허리케인(major hurricane)
  범주 3, 4, 5의 허리케인; 종종 가장 위험할 수 있다.
- 기상재해(meteorological hazard)
  지구 대기 중의 과정으로 인해 발생하는 기상 현상
- 북동풍 강설 영향 척도(NESIS; Northeast Snowfall Impact Scale)
  미국 북동부 지역에서 영향이 큰 눈보라를 특성화하고 순위를 매기기 위해 사용하는 척도.
- 강우대(降雨帶; rain band)
  허리케인의 눈에서 뿜어져 나오는 비의 소용돌이 가지
- 강유역(river basin)
  높은 주변 위치에서 물을 모으는 강 주변 지역; 강의 배수 지역
- 하천홍수(riverine flooding)
  하천이나 강의 유역 내에서 강수량과 유출량의 함수인 홍수사건
- 유출(runoff)
  옥상이나 포장도로와 같은 불투수성 표면을 통해 스며들 수 없는 물
- 심한 눈보라(severe blizzard)
  기온이 화씨 10°F에 가깝거나 그 이하이고, 바람이 시속 45마일(약 72.4 km/h)을 넘으며, 눈으로 인해 가시거리가 거의 0에 가까운 눈보라
- 진눈깨비(sleet)
  얼음 알갱이
- 눈폭풍(snowstorms)
  폭설과 동반된 폭풍
- 특수홍수재해지역(SFHA; Special Flood Hazard Area)
  특정 연도(100년 범람원)에서 홍수 발생 확률이 1% 이상인 범람원 내 지역. 홍수보험율지도에 문자 A 또는 V를 포함하는 구역 명칭으로 어두운 음영으로 표시된다.

- 폭풍해일(storm surge)
  수면에 대한 바람 압력과 대기압의 작용으로 인해 개방 해안의 수면이 정상 수위 이상으로 상승
- 폭풍 조수(storm tide)
  허리케인의 파도와 일반적인 조수의 조합
- 토네이도(tornado)
  뇌우의 밑부분에서 뻗어 나오는 격렬하게 회전하는 공기 기둥.
- 열대 저기압(tropical cyclones)
  열대 지방에서 형성되는 폭풍. 허리케인과 다른 덜 강한 폭풍을 포함
- 도시홍수(urban flooding)
  범람원 내에서 개발이 이루어진 곳에서 발생하는 홍수사건
- 수력(water force)
  허리케인 동안 홍수를 특히 파괴적으로 만드는 물의 파랑 작용
- 유역(watershed)
  강, 개울 또는 호수에 의해 배수되는 모든 육지; 많은 유역들이 큰 강의 유역(basin)을 구성한다.
- 용오름(waterspout)
  따뜻한 바닷물 위에서 형성되는 약한 토네이도
- 산불(wildfire)
  초원, 덤불 또는 삼림 지대의 통제되지 않은 화재
- 풍속(wind velocity)
  바람의 속도
- 풍속(wind velocity)
  바람의 속도
- 바람냉각지수(wind chill factor)
  바람이 불수록 열은 더 빠른 속도로 몸에서 떨어져 나가 기온이 더 차갑게 느껴진다.
- 바람냉각온도(wind chill temperature)
  바람냉각지수를 설명하는 측정 단위

연습문제

요약 질문

1. 날씨와 관련된 자연재해는 기상재해 또는 수문재해로 분류할 수 있다. 참인가 거짓인가?

2. 다음 중 미국에서 만연해 있는 재해가 아닌 것은?
   a. 가뭄 b. 폭풍해일 c. 용오름 d. 쓰나미

3. 허리케인은 다음 중 어느 것으로 시작이 되는가?
   a. 용오름 b. 열대폭풍 c. 열대 저기압 d. 토네이도

4. 허리케인의 강도는 1 ~ 6 등급으로 측정된다. 참인가 거짓인가?

5. 허리케인의 속도는 상륙 후 빨라진다. 참인가 거짓인가?

6. 허리케인의 상륙(landfall)에 따른 추세는?
   a. 안정적 b. 감소 중 c. 증가 중 d. 결정하기 어려움

7. 세계기상기구는 열대폭풍과 허리케인을 식별하기 위해 그리스어 이름에 의존한다. 참인가 거짓인가?

8. 집수지(catchment)는 다음 중 어느 것과 같은가?
   a. 강유역 b. 강바닥 c. 홍수위험 구역 d. 범람원

9. 돌발홍수(flash flooding)는 도시지역에서 흔하다. 참인가 거짓인가?

10. 홍수지도는 다음 중 어느 것을 사용하여 작성되는가?
    a. 토양 수분 상태 b. 지형적 특징 c. 하천에 대한 근접성 d. 위의 모든 것

11. 다음 중 토네이도의 가장 큰 해로운 영향은 무엇인가?
    a. 번개 b. 우박 c. 풍속 d. 폭우

12. 작은 토네이도는 큰 토네이도보다 피해를 덜 줄 수 있다. 참인가 거짓인가?

13. 혹독한 겨울폭풍은 열대 저기압이다. 참인가 거짓인가?

14. 눈보라(blizzard)의 상태는 혹한과 바람으로 특징지어진다. 참인가 거짓인가?

15. 바람냉각지수는?
    a. 풍속을 설명하기 위한 측정 단위 b. 한파 중의 바람 온도
    c. 겨울폭풍 중의 공기 온도 d. 추위와 바람의 조합이 인체에 미치는 영향

16. 동상(frosbite)과 저체온증(hypothermia)은 비슷한 증상을 보인다. 참인가 거짓인가?

리뷰 질문

1. 허리케인은 해안지역에만 영향을 미칠 수 있는 것이 아니다. 그 방법을 설명하라.
2. 미국의 허리케인 시즌은 언제인가?
3. 허리케인은 전형적으로 하나 이상의 파괴적인 특징을 포함한다. 허리케인의 여섯 가지 특징적인 위협을 나열하라.
4. 사피어-심슨 척도에 따르면, 허리케인의 범주와 허리케인을 범주를 묘사하기 위해 사용되는 해당 수준은 무엇인가?
5. 강이 범람할 때, 홍수는 먼저 주변의 저지대, 평평한 지역으로 이동한다. 이 지역의 이름은 무엇인가?
6. 돌발홍수는 산이나 도시지역에서 발생할 수 있다. 돌발홍수에서 불투수성 표면의 역할을 설명하라.
7. 해안지역은 종종 홍수의 위협에 직면한다. 폭풍우 동안 해안 커뮤니티가 침수될 수 있는 세 가지 다른 방법을 나열하라.
8. 토네이도를 정의하라. 토네이도는 허리케인과 어떻게 다르고, 그것들은 어떻게 관련이 있는가?
9. 토네이도를 평가하는 데 사용된 척도를 나열하고 분류 범위를 지정하라.
10. 어떻게 기후변화가 우리가 과거에 경험했던 것보다 더 덥고 더 추울 수 있는 계절뿐만 아니라, 더 빈번한 홍수와 더 빈번한 가뭄을 경험하게 할 수 있는지 설명하라.
11. 혹독한 겨울 날씨는 매우 위험할 수 있다. 겨울 날씨 동안 바람의 냉각이 인간의 안전에 어떤 영향을 미치는가?
12. 겨울폭풍 동안 관계자들이 걱정해야 할 세 가지 위험은 무엇인가?

응용

1. 미국에서 가장 보편적인 기상재해와 수문재해의 목록을 사용하여, 당신이 사는 곳에 가장 많이 적용되는 10가지 재해들을 선택하고, 발생할 가능성이 큰 것에서 작은 것의 순서대로 정렬하라.

2. 커뮤니티를 위한 10가지 재해 목록으로 작업하면서, 각 사건이 커뮤니티에 미칠 수 있는 영향을 고려하라.

3. (당신이 허리케인이 발생하기 쉬운 지역에 살고 있든 없든) 시속 125마일(약 202 km/h)의 최대 지속 바람을 가진 허리케인이 당신의 지역을 강타한다고 상상하자. 이웃이 어떤 영향을 받는지 검토하라.

4. 당신이 멕시코만 해안의 보초도에 있는 마을의 관리라고 가정하자. 대형 호텔과 리조트는 부동산 개발 붐과 함께 그 지역에 절실히 필요한 관광을 가져왔다. 허리케인으로 큰 피해를 입은 실제 커뮤니티의 예를 들어, 재해지역에서 개발을 신중하게 규제해야 하는 이유에 대해 발표할 개요의 초안을 작성하라.

5. 당신이 25년 이상 심각한 홍수 피해를 경험하지 않은 지역의 보험 대리인이라고 가정하자. 당신은 어떻게 당신의 고객들에게 그들의 집을 위해 홍수보험에 가입해야 할 필요성을 설득하기 시작할 수 있는가? 당신은 그들에게 어떤 종류의 정보를 제공할 수 있는가?

6. 시속 115마일(약 185 km/h)의 바람을 동반한 토네이도가 당신의 커뮤니티를 강타한다면, 그 토네이도의 수준은 무엇이며, 어떤 종류의 피해가 있을 것 같은가? 어떤 건물들이 특히 취약할 것인가?

7. 눈보라(blizzard)의 잠재적 영향과 EF2 토네이도의 영향을 비교하라. 어떤 요소가 다른가? 어느 것이 같은가?

8. 시속 40마일(약 64.3 km/h)의 풍속과 0°F의 온도에서, 바람의 냉기를 계산하고 폭풍우 속에서 고장난 차를 떠난 사람이 도움을 위해 결정되지 않은 거리를 걷는 것이 어떤 의미인지 설명하라.

자습

• 생태주소 찾기

물가에 살지 않더라도 집 주변 땅은 강이나 하구, 호수로 배수된다. 당신은 어느 강유역에 위치해 있는가? 당신의 땅은 최종적으로 어느 강이나 개울로 배수되는가? 당신의 땅에서 흘러나오는 물은 배수구, 도랑, 또는 넓은 들판으로 들어가는가? 유출(runoff)은 얼마나 빨리 지역 하천으로 유입이 되는가? 도로나 지붕과 같은 딱딱한 표면으로 포장되거나 덮여 있는 지역은 얼마나 되는가?

• 홍수정보

당신이 사는 곳에서 홍수를 경험할 위험도를 평가하라. 어떤 유형의 홍수에 가장 취약한가? 홍수에 대한 자세한 내용은 FEMA 국가홍수보험프로그램(National Flood Insurance Program) Flood Smart 웹사이트(www.floodsmart.gov)에서 확인할 수 있다.

• 재해위협의 전달

당신 커뮤니티의 위협받는 지역이나 인구를 선택하고 잠재적인 자연재해에 대비하는 방법에 대한 아이디어를 생각해내라. 예를 들어, 심각한 바람 사건을 견딜 수 없다고 느끼는 노후화된 이동 주택에 대해 생각해 보라. 당신은 당신 커뮤니티의 구성원들에게 어떤 정보를 제공하고 그것을 어떻게 이용할 수 있게 할 것인가?

• 겨울폭풍: 기만(deceptive) 킬러

당신이 뉴욕 버팔로(Buffalo)에서 겨울을 보내고 있다고 상상해 보라. 이 지역은 호수 영향으로 인한 강한 눈으로 장애를 입을 수 있다. 재난이 닥쳤을 때 당신은 어디에 있을 것인가? 직장, 학교, 아니면 차 안인가? 극한 폭풍우로 인해 집에 갇혀 있거나 대피해야 할 수도 있다. 만약 물, 가스, 전기, 전화와 같은 기본적인 서비스가 중단된다면 어떻게 할 것인가? NOAA 및 FEMA 웹사이트를 사용하여 당신 또는 당신의 가족을 위한 재난 계획을 준비하라. http://www.ready.gov/make-a-plan 및 www.nws.noaa.gov/om/brochures/wntrstm.htm

참고문헌

1. Smith, A., N. Lott, T. Houston, K. Shein, J. Crouch, J. Enloe. 2021. U.S. Billion-Dollar Weather & Climate Disasters 1980-2020. National Oceanic and Atmospheric Administration. http://www.ncdc.noaa.gov/billions/events.pdf.
2. National Oceanic and Atmospheric Administration. 2018. Inland Flooding: A Hidden Danger of Tropical Cyclones. National Oceanic and Atmospheric Administration. https://www.noaa.gov/stories/inland-flooding-hidden-danger-of-tropical-cyclones.

3. Blake, E.S. et al. 2007. NOAA Technical Memorandum NWS TPC5. Miami, FL: National Hurricane Center.
4. National Hurricane Center. Tropical Cyclone Climatology. Miami, FL: National Oceanic and Atmospheric Administration, National Hurricane Center. http://www.nhc.noaa.gov/climo/.
5. Geophysical Flouid Dynamics Laboratory. 2020. Global Warming and Hurricanes. An Overview of Current Research Results. Princeton, NJ: Geophysical Flouid Dynamics Laboratory. https://www.gfdl.noaa.gov/global-warming-and-hurricanes/.
6. USGCRP. 2017. Climate Science Special Report: Fourth National Climate Assessment, Volume I. Washington, DC. U.S. Global Change Research Program https://science2017.globalchange.gov/chapter/12/.
7. Sallenger, A.H., K.S. Doran, and P.A. Howd. 2012. Hotspot of Accelerated Sea-Level Rise on the Atlantic Coast of North America. Nature Climate Change 2(12): 884–888.
8. Neumann, J. et al. 2000. Sea-Level Rise and Global Climate Change. A Review of Impacts to U.S. Coasts. Washington, DC: Pew Center.
9. Denchak, M. 2019. Flooding and Climate Change: Everything You Need to Know. New York, NY: Natural Resources Defense Council.
10. Emergency Management Institute. 2007. Floodplain management: Principles and current prac-tices. Chapter 2: Types of floods and floodplains. Academic Emergency Management and Related Courses for the Higher Education Program. Emmitsburg, MD: Emergency Management Institute.
11. Dai, A. 2010. Drought under Global Warming: A Review. WIREs Climate Change 2(1): 45–65.
12. Basu, R. and J.M. Samet. 2002. Relation between Elevated Ambient Temperature and Mortality: A Review of the Epidemiologic Evidence. Epidemiologic Review 24(2): 190–202.

제4장 지질재해

학습내용과 목표

(1) 학습 내용
- 지질재해유형
- 다양한 지질재해의 원인
- 다양한 지질재해의 영향
- 지진 평가와 측정에 사용되는 척도
- 과도한 지하수 제거의 결과
- 지질재해를 유발하는 인간 활동

(2) 학습 목표
- 지질재해에 적용되는 용어 숙지
- 규모와 진도에 따른 지질사건 비교
- 특정 지질사건들의 연관성 평가
- 커뮤니티에 대한 대형 지질재해의 잠재적 영향 비교
- 커뮤니티에 지질재해를 알리는 방법
- 과거 발생에 대한 지식을 사용한 지질재해 예측
- 지질 연구에 기반한 실제 커뮤니티에 대한 의사 결정 평가

개요

많은 지질재해(geological hazard)들은 시간이 지남에 따라 발생 압력이 증가한다는 한 가지 공통점을 공유한다. 이 장에서는 인간에게 심각한 결과를 초래하는 몇 가지 지질재해에 대해 설명한다. 광범위하고 재앙적인 영향을 미칠 수 있는 지진에 대해 자세히 조사하였다. 또한 쓰나미, 화산 및 산사태와 이러한 재해가 커뮤니티에 미칠 수 있는 잠재적 영향에 대해 다루었다. 해안침식(coastal erosion)의 영향은 건물과 인간 활동의 패턴과 관련하여 논의하였다. 마지막으로 인간의 활동이 일부 유형의 지질사건들(예: 폐수의 지하 주입 외에도 물, 기름, 가스에 의한 광산 붕괴, 균열, 지반침하)로 이어질 수 있는 방법에 대해서도 언급한다.

4.1 지질재해

지구는 핵, 맨틀, 그리고 지각으로 구성되어 있다.

- 지각(crust)
  상대적으로 지표면에 얇은 층으로, 바다 밑으로는 약 5 km(3.1 마일), 대륙 밑으로는 약 30 km(18.6 마일)까지 뻗어 있다.

- 맨틀(mantle)
  약 2,900 km(1,802 마일) 두께의 중간층이다.

- 핵(core)
  지구에서 가장 안쪽의 지역으로, 두께는 3,500 km(2,175 마일) 이상이다.

이 장에서 설명한 지질재해와 관련된 많은 작용은 맨틀에서 발생하지만, 그것은 우리가 살고 있는 가장 취약한 층인 지각에 큰 영향을 미친다. 이 장에서는 시간이 지남에 따라 이러한 이동층(shifting layer)에 의해 발생하여 사람과 재산 모두에 위협을 가하는 지질재해에 대해 설명한다. 우리 커뮤니티를 그들의 영향으로부터 보호하기 위한 조치를 취하기 위해 이러한 재해의 배경 과학에 대한 기본적인 이해를 하는 것이 중요하다.

자기 진단

- "지각", "맨틀" 및 "핵"을 정의하라.
- 지구의 이동층(shifting layer)과 관련된 5가지 지질재해들을 나열하라.

4.2 지진

그리스어 seismos는 지진을 의미한다; "지진학(seismology)"은 지진을 연구하는 학문이다. 지진은 "암석권(lithosphere)"(즉, 지각과 상부 맨틀; 역주: litho-는 stone 또는 rock의 뜻을 가진 그리스어)의 움직임이나 흔들림을 수반하는 지질사건이다. 맨틀의 윗부분은 그 아래의 깊은 맨틀보다 더 차갑고 단단하여, 두 개의 겹쳐 놓인 지각과 유사하게 거동한다. 두 개의 층이 부서지면서 대륙과 바다를 포함하는 판을 움직인다. 지진에 매우 큰 영향을 미치는 것은 이 얇은 "지각판(tectonic plate)"의 움직임이다.

4.2.1 지각판 이동

"지진(earthquake)"은 보통 지각의 "단층면(fault plane)"을 따라 암석권 암석들이 파열된 결과로 축적된 응력을 방출함으로써 발생한다. 이러한 단층면은 일반적으로 지구의 지각판의 경계를 따라 발견된다. 판 테두리는 종종 대륙의 윤곽을 따른다. 북아메리카 판의 가장자리는 서쪽의 태평양과 대륙의 경계에 나란하지만 동쪽에서는 대서양 중앙 해구(trench)를 따른다.

평균적으로 지각판은 일년에 몇 인치만 움직인다. 그러나 전체 대륙과 바다의 거대한 부분을 아우르는 7개의 큰 판이 반대 방향으로 움직일 때, 몇 인치는 매우 중요할 수 있다.

지각 불안정성이 가장 큰 영역은 천천히 움직이는 판의 경계에서 발생하는데, 이 위치에서 반대 방향과 다른 속도로 이동하는 판으로부터 가장 큰 변형(strain)이 발생하기 때문이다. 판 경계선을 따라 변형되면 암석에 변형이 발생되어 축적된 에너지가 증가된다.

지각판 활동은 우리의 발 밑에서 벌어지고 있는 거대한 힘을 가진 양쪽의 지속적인 팔씨름 경기라고 생각할 수 있다. 결국 축적된 응력이 암석의 강도를 초과하게 되고 파괴가 발생한다. 단층 양쪽의 암반이 갑자기 부러지면 "지진파(seismic wave)"를 발생시켜 저장된 에너지를 방출한다. 이 파들이 지진 시 지반운동의 원인이다.

4.2.2 지진동

지진을 특징짓는 변수는 지반운동, 지표단층작용, 지반 붕괴, 지진 활동이다. "지반운동(ground motion)"은 지진이 일어나는 동안 지반이 진동하거나 흔들리는 현상을 말한다. 단층이 파열되면 지진파가 방사되면서 지반이 진동한다. 진동의 심각도는 방출되는 에너지의 양에 따라 증가하고, 원인 단층 또는 "진앙(epicenter)"과의 거리에 따라 감소한다. 따라서(항상 그렇지는 않지만) 일반적으로 진앙 또는 그 근처에서 피해가 가장 심각하다.

- 지표단층작용(surface faulting)
  지반이 갈라지는 지점인 파단지점의 두 면의 서로 다른 운동이다. 지표단층의 특성은 지반의 길이, 폭 및 변위로 나타낸다.

- 액상화(liquefaction)
  지반이 흔들리면서 느슨해진 토양이 힘을 잃고 점성유체처럼 작용하면서 발생하는 현상이다. 액상화는 두 가지 유형의 지반파괴(즉, 측방유동과 지내력 손실)를 유발한다.

• 측방유동(lateral spread)
완만한 경사면에서 발달하며, 기초층이 액상화되면서 많은 양의 흙이 옆으로 이동한다.

• 지내력 손실(loss of bearing strength)
토양이 액상화되면서 건물과 다른 구조물들이 기울어지거나 심지어 넘어질 때 발생한다.

4.2.3 여진

지진은 연차적으로 일어날 수 있다. 일반적으로 첫 번째 충격이 가장 강하지만, "여진(餘震; aftershock)"이나 이후 지진이 뒤따를 수 있다. 여진은 보통 최초 지진 후 2일 이내에 발생하지만 몇 주, 몇 달 또는 심지어 몇 년 동안 지속될 수 있다. 그들의 크기, 힘, 그리고 빈도는 보통 시간이 지남에 따라 줄어든다. 여진이 본진보다 크면 여진은 본진(本震; main shock)으로, 원래 본진은 "전진(前震; foreshock)"으로 재지정된다.

여진은 왜 일어날까? 두 판 사이의 주요 변형은 최초 지진에 의해 방출되지만, 판의 이동으로 인해 축적된 추가 압력을 방출하기 위해 접촉 가장자리는 여전히 새로운 위치로 조정되어야 한다. 가장자리가 서로 부드럽게 통과하지 못할 수 있으며, 이러한 추가적인 정렬로 인해 더 작은 충격이 발생한다.

마침내 지구의 판들이 서로 부딪히는 것을 멈추면, 지진의 중심 주변의 거대한 지역들에 걸쳐 지표면 풍경이 바뀌었을지도 모른다. 이것은 1906년 캘리포니아 샌프란시스코 지진 이후 430 km(267 마일)의 땅이 6 m(20 피트)만큼 북쪽으로 이동했을 때 일어났다. 여진은 매우 파괴적일 수 있다. 그것들은 종종 초기 지구의 움직임으로 인해 약해진 도로, 교량, 그리고 건물을 붕괴시키기에 충분한 진도를 가지고 있다.

4.2.4 평가: 규모, 진도 및 가속도

지진학자들은 지진의 심각성을 측정하기 위해 여러 가지 표준화된 척도를 사용한다. 이 척도에는 모멘트 규모, 수정 메르칼리 진도(MMI; modified Mercalli intensity), 최대지반가속도(PGA) 등이 있다.

규모 측정

규모는 지진의 강도를 측정하는 가장 일반적인 방법이다. 단층 진원에서의 측정이기 때문에 흔들림이 적더라도 거리가 멀어질수록 크기가 달라지지 않는다. 지진파의 진폭을 기록하는 도구인 "지진계(seismograph)"는 지진의 크기를 측정하기 위해 사용된다. 지진 네트워크를 구성하는 여러 개의 지진 관측소는 지진의 크기를 정확하게 측정할 수 있다. 역사적으로 규모는 충격파 진폭을 통한 지진의 에너지 방출을 설명하는 개방형 로그 척도인 "리히터 규모(Richter scale)"를 사용하여 설명되었다. 비록 사람들이 여전히 리히터 규모를 언급하고 있지만, 이것은 지진에서 발생하는 여러 파동 중 하나만을 측정하기 때문에 규모를 측정하는 구식 방법이다.

지진 연구와 측정에 가장 많이 관여하는 과학 기관인 미국지질조사국(USGS; U.S. Geological Survey)에서는 현재 지진의 크기를 측정하기 위해 모멘트 규모를 사용하고 있다. 지진계로 측정할 수도 있는 "모멘트 규모(moment magnitude scale)"는 단층의 미끄러짐에 근거를 두고 있으며, 이 미끄러진 변위(d)에 미끄러진 단층 표면의 면적(A)을 곱한 값으로 지진에서 방출되는 총 에너지를 더 잘 추정할 수 있다.

이러한 규모 측정은 로그 스케일을 사용하기 때문에, 1 단위의 규모 증가는 지진계에 의해 기록된 진폭의 10배의 증가와 맞먹으며, 이는 다시 약 30배의 에너지 증가와 맞먹는다. 이 때문에 규모가 0.1만 증가해도 지진에너지와 그에 따른 피해 측면에서 상당한 영향을 미칠 수 있다.

수정 메르칼리 진도를 이용한 강도 측정

지진 "규모(magnitude)" 측정은 지진사건에서 발생할 수 있는 다양한 수준의 손상을 구체적으로 다루지 않는다. 손상 가능성은 "진도(intensity)"로 측정된다. 지진 진도는 가장 일반적으로 지진 영향의 직접 및 간접 측정에 기초한 12단계 척도인 MMI 척도를 사용하여 측정된다. 척도 수준은 일반적으로 1(감지 불가능)에서 12(재앙)까지의 로마 숫자를 사용하여 표기된다.

지진 진도의 MMI 척도에 대한 자세한 설명은 Table 4.1과 같다. MMI 척도는 다양한 지진 진도로 예상할 수 있는 손상 유형을 포함한다(Table 4.1 참조).

Table 4.1 수정 메르칼리 진도 등급

등급	진도	영향 설명	최대 가속도 (mm/sec)	대응 리히터 규모
I	Instrumental	지진계에서만 감지된다.	< 10	N/A
II	Feeble	소수의 사람들이 감지한다.	< 25	< 4.2
III	Slight	쉬고 있는 사람들이마치 트럭이 지나가는 것처럼 느낀다.	< 50	N/A

IV	Moderate	걸어가는 사람들이 느낀다.	< 100	N/A
V	Slight strong	잠자는 사람을 깨운다. 교회 종을 울린다.	< 250	< 4.8
VI	Strong	나무와 매달린 물건이 흔들리고, 물건이 선반에서 떨어진다.	< 500	< 5.4
VII	Very strong	가벼운 경보. 벽 균열, 회반죽 낙하	< 1,000	< 6.1
VIII	Destructive	움직이는 차량이 제어가 불가능하다. 석조 파괴. 부실시공된 건물의 손상	< 2,500	N/A
IX	Ruinous	어떤 집들은 무너지고, 지반이 갈라지고, 파이프가 터진다.	< 5,000	< 6.9
X	Disastrous	지반 균열. 많은 건물 파괴. 액상화 및 산사태 확산	< 7,500	< 7.3
XI	Very disastrous	대부분의 건물과 다리가 붕괴되고, 도로, 철도, 파이프 및 케이블이 파괴되며, 기타 재해를 일반적으로 발생시킨다.	< 9,800	< 8.1
XII	Catastrophic	완전한 파괴. 나무가 쓰러지고, 땅이 파도처럼 오르내린다.	> 9,800	> 8.1

최대지반가속도

PGA는 주어진 위치에서 지면 이동의 강도를 측정하는 척도이다. 지진에서 방출되는 전체 에너지를 설명하는 규모 측정과는 달리, PGA는 주어진 지점에서 지구가 얼마나 심하게 흔들리는지를 설명한다. 건물과 기반시설의 손상은 수평과 수직방향 모두에서 지반 가속도와 가장 밀접한 관련이 있다. 따라서 PGA는 주어진 양의 지반 가속도를 견딜 수 있는 구조물을 설계할 수 있도록 돕기 위해 공학 분야와 지진 건축법규 개발에 일반적으로 사용된다.

4.2.5 영향

지진의 직접적인 영향에는 건물, 파이프라인, 도로, 교량 등의 구조물과 기반시설의 손상이 포함된다. 지진사건이 커뮤니티에 미치는 영향에는 부상과 사망, 전기, 가스, 통신 시스템을 포함한 중요한 서비스의 손실, 수익 감소와 경제적 피해, 공공안전, 보건 및 비상시설 및 중요한 정부 서비스에 대한 수요 증가가 포함될 수 있다. 2차 충격은 지진 후에 흔히 발생하며 화재, 급수 및 수압 손실, 위험물질 방출, 가스 및 기타 가연성 물질의 폭발 및 관련 사고를 포함한다. 또한 지진은 쓰나미와 산사태를 일으킬 수 있다.

지진으로 인한 대부분의 재산피해뿐만 아니라 대부분의 부상과 사망은 지반 진동에 의해 발생한다. 건물이나 도로와 같이 단단하고 취성(脆性; brittle)인 구조물은 지반운동으로 강제로 움직일 때 균열되고 파괴가 되는 경향이 있다. 예를 들어, 오래된 석조 건물은 큰 조각들이 떨어져 나가 땅에 떨어질 가능성이 더 높다. 대조적으로, 회복탄력성이 있거나 유연한 물체는 파손될 가능성이 적다. 수평 및 수직 흔들림으로 인해 구조물이 파괴될 수 있다. 높은 건물은 건축 재료와 높이, 그리고 진앙으로부터의 거리에 따라 흔들리거나 진동하는 경향이 있다. 서로 가까이 위치한 건물의 꼭대기 층은 큰 지진에 의해 유발되는 진동 중에 충돌할 수도 있다. "팬케이킹(pancaking)"은 쏟아진 콘크리트 바닥재가 모서리 고정장치와 분리돼 바닥이 수직으로 아래로 떨어지기 때문에 고층 건물이 스스로 무너지면서 발생한다.

4.2.6 경험

미국의 지진 위험은 미국의 많은 지역에서 중요하다. 지진 활동이 가장 활발한 지역은 캘리포니아와 알래스카의 태평양 해안에 있지만, 40개 주나 되는 주들이 적어도 중간 정도의 지진 위험을 가지고 있는 것으로 특징지어질 수 있다. 지난 20년 동안, 과학자들은 중부 미시시피 계곡의 강한 지진이 지질학적으로 과거에도 반복적으로 발생했다는 것을 알게 되었다. 뉴마드리드 지진대는 지진이 자주 발생하는 지역이다. 미국 중부와 동부 지역의 지진 발생빈도는 서부 지역보다 낮지만, 이러한 지역은 상당한 지진 위험도를 갖는다(Figure 4.1).

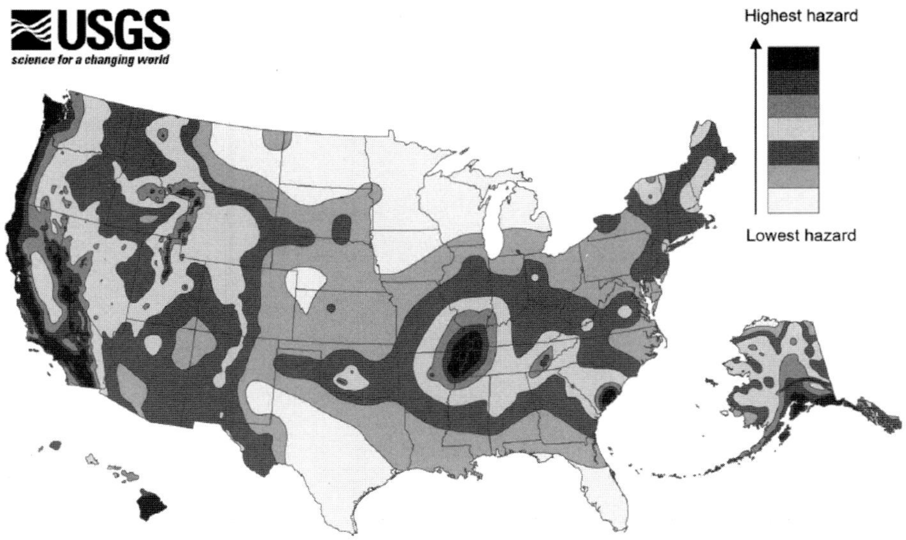

Figure 4.1 USGS는 미국의 지진 위험도를 설명하기 위한 지진 위험도 지도를 제공한다. (USGS 지진재해 프로그램)

주요 지진

미국은 모든 수준의 지진을 경험했고, 그 중 일부는 재앙적 피해와 인명 손실을 초래했다. 미국에서 발생한 가장 큰 지진 10개 중 9개가 규모 8.0 이상으로 알래스카에서 발생했다. 세계에서 두 번째로 큰 규모의 지진인 규모 9.2의 지진이 1964년 알래스카의 프린스 윌리엄 사운드(Prince William Sound)에서 발생했다. 이 사건은 125명의 목숨을 앗아갔고 200 피트 높이에 달하는 쓰나미 파도를 일으켰다. 다른 중요한 지진은 다음과 같다.

- 1906년 샌프란시스코 지진(San Francisco Earthquake of 1906)
  1906년 4월 18일 오전 5시 12분에 일어났다. 진앙은 샌프란시스코 근처였으며, 지진은 약 45 ~ 60초 동안 지속되었다. 지진은 MMI 기준으로 7에서 9 사이였던 것으로 추정된다. 지진을 오리건 남부에서 로스앤젤레스 남부, 네바다 중부까지 느낄 수 있었다. 사망자 보고는 500명에서 700명까지 다양하지만, 이 수치는 과소평가될 수 있다. 지진의 직접적인 결과로 그 도시에 상당한 피해가 발생했지만, 그 사건은 지반이 흔들린 후 도시 전역에서 일어난 파괴적인 화재 때문으로 더 기억되고 있다. 가스관이 끊어지고, 나무와 석탄을 태우는 난로가 뒤집혔다. 수도관이 파열되어 소방관들의 업무가 어려웠다. 불길이 번지는 것을 막기 위해 건물과 동네 전체를 폭파함으로써 도시 전역에 방화대(防火帶; firebreak)가 만들어졌다.

- 로마 프리타 지진(Loma Prieta, California Earthquake)
  1989년 10월 18일 오후 5시 4분에 일어난 지진이다. 지진의 결과로, 63명의 사망자가 발생했고, 3,700명 이상이 부상을 입었다. 재산피해는 거의 60억 달러에서 80억 달러에 달했고, 이것은 그 당시 미국에서 가장 큰 피해를 입힌 재난이 되었다. 1,800채 이상의 집들이 파괴되었고, 2,600개의 사업체들이 피해를 입었으며, 3,000명의 사람들이 집을 잃었다. 2층 교량인 베이 브리지와 니미츠 프리웨이가 모두 붕괴되어, 차량들이 깔렸고, 수백 명의 운전자들이 죽거나 갇혔다. 기반시설과 건물에 대한 화재 피해가 컸고, 주요 도로 대부분에 틈새 균열이 생겼으며, 주변 지역에서는 산사태가 촉발됐다. 캔들스틱 파크에서 열리는 월드시리즈 야구 경기를 보기 위해 기다리던 팬들은 경기장 전체가 흔들리자 운동장으로 달려갔다.

- 노스리지 지진(Northridge Earthquake)
  1994년 1월 17일 월요일 오전 4시 30분에 발생했으며 리히터 규모 6.7로 15초 동안 지속되었다. 진앙은 로스앤젤레스에서 북서쪽으로 20마일 떨어진 샌 페르난도 계곡 아래에 있었다. 57명에서 72명 사이의 사망자와 9,000명 이상의 부상자가 보고되었다. 많은 통근자들이 집에 있던 마틴 루터 킹 주니어의 휴일에 이 사건이 일어나지 않았다면 사망자와 부상자 수는 의심할 여지 없이 훨씬 더 많았을 것이다. 약 440억 달러의 재산피해가 발생했으며, 25,000채의 주택이 사람이 살 수 없게 되었고, 수천 채의 주택이 심각하게 또는 상당히 파손되었다. 피해 규모가 워낙 커 병원 9곳이 폐쇄되고 주차차고 9곳이 붕괴되고 로스앤젤레스로 진입하는 주요 도로 11곳이 폐쇄됐으며 10번 산타모니카 고속도로의 교량 2곳이 무너졌고, 다른 무수한 교량과 고가도로가 파손돼 몇 주 동안 도시를 마비시키고 구조 및 복구 작업을 심각하게 지연시켰다.

4.2.7 교훈

과거의 지진 경험으로부터 무엇을 배울 수 있을까? 수백만 달러의 피해를 입힌 1906년 샌프란시스코 지진은 그 당시에는 단지 불운으로 여겨졌다. 샌프란시스코 시민들은 미래의 지진 가능성을 대수롭지 않게 여겼다. 그 도시는 재해 후에 거의 같은 방식으로 재건되었다. 그러나, 그 지진은 과학자들에게, 그리고 결국, 계획자와 건설자들에게 지진 피해의 본질과 관련된 지질 과정에 대한 풍부한 정보를 제공했다. 실제로 1906년 지진은 과학적으로 얻은 지식 때문에 일부 학자들에 의해 현대 역사에서 가장 중요한 지진들 중 하나로 여겨진다. 1906년 사고에서 나온 손상 보고는 단층의 중요성에 대한 초기 징후를 보여주었지만, 당시 큰 수평 변위와 파단 길이가 충분히 고려되지 않았다. 판구조론 이론은 반세기 동안 발전하지 못했지만 1906년 지진에 대한 보고는 지진학에 대한 이후의 연구를 위한 견고한 기초를 마련하였다.

후속 지진은 지진이 어떻게 발생하는지, 그리고 어떤 유형의 건설 설계, 기술 및 재료가 지진 충격을 견디기에 가장 적합한지에 대한 추가 정보를 배울 수 있는 훨씬 더 많은 기회를 제공했다. 피해 보고에 따르면 이러한 사건들 중 많은 경우에 지진 충격을 다루도록 건설되거나 보수(도로, 고가도로, 교량, 가스 및 파이프라인 등)된 구조물과 기반시설(도로, 교량, 파이프라인 등)이 오래되고 덜 실질적으로 건설된 건물과 시설보다 평균적으로 훨씬 우수했다. 또한 엔지니어와 건축가들은 지진이 잦은 지역의 건물 설계가 수평 및 수직의 진동에 대한 안전을 함께 고려해야 한다는 것을 배웠다. 구조 지지대는 위층이 아래층이나 저층에 위치한 주차 데크와 같은 개방된 공간으로 붕괴되는 것과 같은 잠재적 재난을 방지하도록 주의 깊게 설계되어야 한다. 과거 지진 때 교통망에 발생한 피해의 유형을 발견하기 위해 교통 사회기반시설(도로, 교량, 고가도로, 나들목)에 대한 많은 연구가 수행되었다. 교량 성능은 지지 기둥의 파괴로 인해 고속도로 전 구간이 붕괴될 수 있기 때문에 특히 중요한다. 특히 캘리포니아에서는 1971년 이전에 지어진 교량과 육교가 취약하다. 1971년 샌 페르난도 지진 이후, 내진 관련 설계와 건설에 대한 기준이 상당히 강화되었다.

참조 칠레 vs 아이티: 부유한 나라와 가난한 나라가 재난을 대처하는 방법

2010년, 두 번의 지진이 연이어 발생했는데, 첫 번째 지진은 1월 12일 아이티에서, 두 번째 지진은 2월 27일 칠레에서 발생했다. 칠레의 지진은 아이티를 강타한 규모 8.8과 7.0보다 훨씬 강했지만, 아이티의 사망자와 재산피해는 훨씬 더 컸다. 비극적으로 서로 다른 결과의 이유는 단순하며, 경감 및 대비의 가치와 재난 구조 및 재건을 위한 적절한 역량과 자원의 필요성을 설명한다.

칠레는 지진의 역사를 가진 부유하고 발전된 나라이며, 엄격한 건축법규와 강력한 비상 대응 시스템을 가지고 있어 더 잘 대비되었다. 1960년에 칠레는 역사상 최악의 지진을 겪었는데, 진도 9.5의 지진으로 수천 명이 목숨을 잃었다. 결과적으로, 사람들은 지진이 발생했을 때 무엇을 해야 하는지에 대해 잘 알고 있다. 2010년 지진으로 거의 700명이 사망했지만, 그 숫자는 의심할 여지 없이 칠레에서 몇 년 전에 더 높은 기준이 시행되지 않았더라면 일어났을 것보다 훨씬 적다.

대조적으로, 아이티는 광범위한 빈곤을 가진 나라이다. 서반구에서 국민이 가장 가난하다. 아이티는 국가 건축법규도 없고, 건물 안전을 확인할 수단도 없으며, 국내 재난구호나 복구 계획 서비스도 없다. 이러한 요소들은 비극이 닥쳤을 때 국민이 적절한 주택을 건설할 능력이 없고 재건할 자원이 없도록 만들었다. 아이티의 2010년 지진 사망자 수는 약 23만명으로, 이는 2004년 인도네시아 지진과 1976년 중국 당산(唐山; Tangshen; 역주: 약 24만명 사망) 지진에 이어 1900년 이후 세 번째로 재앙적 지진이 되었다.

또한 과거 지진에 대한 연구는 많은 부상과 사망이 유리 깨짐, 낙하물, 불안정한 가구 때문에 발생한다는 것을 보여주었다. 가구들을 벽에 고정시키고, 책장을 고정시키고, 텔레비전과 컴퓨터와 같은 가전제품을 고정시키는 것과 같이 이러한 위험과 싸우기 위해 건물 내에서 꽤 간단하고 상대적으로 저렴한 보수 활동을 시행할 수 있다. 마찬가지로 건물 외벽의 일부 요소는 적절히 설계되지 않으면 흔들려 지진 시 인도로 추락할 수 있다. 건물 난간과 다른 건축 요소들에 대한 간단한 수정은 지진과 관련된 부상과 죽음을 예방하는 데 큰 도움이 될 수 있다.

또한 우리는 지진이 일어나기 쉬운 지역이 지도에 묘사될 수 있다는 것을 배웠다. 이 지역내에서 지진학자들은 지구의 기초적인 지질 특성에 기초하여 다양한 지진 심각도

구역을 만들 수 있다. 지진 위험 가능성을 찾는 이러한 능력은 재해경감 및 대비 노력에 매우 중요하다. 지진 위험 구역 정보는 향후 개발을 지반 진동으로부터 가장 위험한 지역에서 벗어나게 하고 보수가 필요한 위험 구조물의 목표를 정하는 데 필수적이다.

자기 진단

- "지진학", "암석권", "지각판", "단층면", "지진파", "지반운동", "진앙", "지표단층작용", "액상화", "측방유동", "지내력 손실", "지진계", "진도", "가속도" 및 "팬케이킹"을 정의한다.
- 지진의 심각성을 측정하는 데 사용되는 세 개의 척도를 말하라.
- 레벨 VI 지진의 영향에 대해 설명하라.
- 지리적으로 지진의 영향을 받을 가능성이 있는 미국의 지역을 파악하라.

4.3 쓰나미

쓰나미(tsunami)는 해저에서 발생하는 해일로, 수면을 대체한다. 흔히 "조수파(tidal wave)"라고 불리지만, 이 이름은 매우 오해를 불러일으키는데, 매일 조수가 오르내리는 것은 이러한 파도를 일으키는 것과 관련이 없기 때문이다. 쓰나미는 주로 해양과 해안지역의 지진과 관련이 있다. 흔하지는 않지만, 산사태, 화산 폭발, 핵폭발, 그리고 우주에서 온 물체(운석, 위성, 우주 쓰레기와 같은)의 충돌도 쓰나미를 발생시킬 수 있다.

4.3.1 무섭게 빠름

쓰나미가 깊은 바다를 건널 때, 파봉(波峯; crest)에서 파봉까지의 길이는 100마일 혹은 그 이상이 될 수 있지만, 파봉에서 파곡(波谷; trough)까지의 높이는 겨우 몇 피트 또는 그 이하일 것이다. 결과적으로, 쓰나미는 바다에서 선박을 전복시키지 않는다. 실제로 외양(外洋; open sea)에서는, 이러한 파도는 매우 낮고 넓어서 배 밑을 통과하는 것을 거의 알아차리지 못하고 공중에서도 볼 수 없다.

태평양과 같은 가장 깊은 바다에서는 쓰나미가 제트기의 속도로 대륙의 해안에서 다른 대륙으로, 또는 시속 600 마일(970 km/h)까지 매우 먼 거리를 이동할 수 있다. 쓰나미가 그 경로로 육지의 얕은 물 속으로 들어가면, 파도의 속도는 시속 수십 마일로 줄어들지만, 파도의 높이는 극적으로 증가한다. 얕은 물에서는 대형 쓰나미가 30m를 넘는 높이까지 치솟아 파괴적인 힘으로 덮칠 수 있다. 쓰나미라는 단어는 파도가 항구와 다른 좁은 해안지역에 들어갈 때 미치는 영향 때문에 "항만파도(harbor wave)"를 의미하는 일본어에서 유래되었다.

4.3.2 다중파

쓰나미는 단 한 번의 타격으로 해안선을 강타하지 않는다. 쓰나미가 해변으로 들어오면, 해변을 따라 있는 물은 파도가 치기 전에 보통 해안에서 물러난다. 이 물은 앞바다에서 솟아올라 해안을 강타한 최초의 쓰나미 파도를 형성한다. 연속적인 파도는 훨씬 더 클 수 있고 15분에서 몇 시간 사이의 간격으로 해안을 강타할 수 있다. 육지의 지형에 따라, 쓰나미는 홍수와 해안으로부터 수 마일 앞으로 돌진하는 물의 힘에 의한 피해를 일으키면서 내륙 멀리까지 도달할 수 있다.

바다가 물러갈 때 노출된 해안의 특이한 광경에 흥미를 느낀 해수욕객들이 조개껍데기를 모으거나 바다가 "후퇴(backward)" 하면서 좌초된 물고기들과 다른 바다 생물들을 구조하기 위해 달려간다는 보고가 있었다. 쓰나미가 비교적 잔잔한 기간 사이에 일련의 파도를 동반한다는 사실을 고려할 때 이 현상은 사람들이 임박한 위협의 첫 경고 신호에서 해안선에서 더 높은 지대로 대피했다면 예방되었을 수 있는 많은 사망을 초래했다.

참조

많은 경우에, 해안을 강타한 첫 쓰나미 파도는 가장 크지 않다. 캘리포니아 크레센트시에서는 1964년 알래스카 지진 쓰나미의 첫 두 파도가 지진 발생 약 4시간 후 23분 간격으로 해안을 휩쓸었다. 이 파도들은 약간의 홍수를 일으켰을 뿐이고, 일부 주민들은 그들의 상품을 치우거나 저장하기 위해 그들의 사업장으로 돌아온 일부 주민들에게 잘못된 안정감을 주었다. 그러나 이 사람들 중 일부와 그 당시 마을의 수변 지역의 상당 부분은 나중에 훨씬 더 높은 연속적인 파도에 부딪혔다. 이 파괴적인 파도는 높이가 21피트(6.5미터)에 달했다. 11명이 사망했고 피해액은 750만 달러를 넘었다.

4.3.3 영향

전세계적으로 쓰나미의 영향은 심오하고 광범위하며, 수만 명이 사망했다. 매우 큰 쓰나미가 발생한 국가의 해안지역은 건물과 기반시설의 파괴, 가축, 농작물, 식량 공급의 손실, 하수, 산업 폐기물, 위험물질의 담수원으로의 유출, 그리고 관광업, 어업, 해운, 에너지, 농업, 제조업을 포함한 영향을 받는 산업으로부터 수입의 손실을 포함한 다양한 영향을 경험한다.

쓰나미가 사회에 미치는 다른 영향으로는 노숙자, 실업, 기아, 부상, 질병 발생뿐만 아니라 생존자들의 심리적 외상이 포함될 수 있다. 환경적 영향으로는 삼림 벌채, 서식지 감소, 식생과 야생동물의 멸종, 산불, 토양의 소금물 오염 등이 있다. 쓰나미의 경제적, 환경적, 사회적 영향은 수 세대에 걸쳐 지속될 수 있다.

참조 최근 국제적이고 재앙적인 쓰나미

최근의 두 개의 쓰나미는 이러한 지질재해를 일으킬 수 있는 파괴적인 영향을 보여준다. 2011년 3월 11일, 시속 500 마일(800 km)의 강력한 쓰나미가 일본 동해안을 휩쓸었다. 쓰나미는 진도 9.0의 지진에 의해 발생했으며, 지금까지 기록된 지진 중 4번째로 큰 지진이었다. 홍수와 격렬한 흔들림으로 인해 후쿠시마 제 1 원자력 발전소가 방사능 증기를 누출하기 시작한 원자력 비상사태가 발생했다. 지진, 쓰나미, 그리고 원자력 사고라는 세 가지 재앙은 18,000명 이상의 사람들을 죽이고 거의 50만 명의 난민을 발생시켰다.

2004년 12월 26일 인도양에서 발생한 해저지진은 현대 역사상 가장 큰 자연재해를 일으킨 쓰나미를 발생시켰다. 20만 명이 넘는 사람들이 목숨을 잃은 것으로 알려졌다. 파도는 진앙에서 서쪽으로 2,800 마일(4,500 km) 떨어진 아프리카 동부 해안의 소말리아까지 파괴했다. 관련된 거리 때문에, 쓰나미는 다양한 해안선에 도달하는 데 15분에서 7시간이 걸렸다. 임박한 쓰나미에 대한 경고를 발령할 수 있는 능력은 인구가 많은 해안선과 관련하여 지진의 위치와 직접적인 상관관계가 있다. 대피명령을 내릴 수 있기에는 너무 짧았던 15분이 쓰나미가 상륙하면서 저지대에 갇힌 수천 명의 주민들이 목숨을 잃는 결과를 초래한 이유 중 하나였다.

4.3.4 위험

과학자들은 지진의 잠재력과 결합된 역사적 증거에 기초하여 쓰나미 위험을 평가한다. 우리는 파괴적인 쓰나미가 이전에 북아메리카를 강타한 적이 있다는 것을 알고 있고, 그들이 다시 강타할 가능성은 높다. 특히 하와이, 알래스카, 워싱턴, 오리건, 캘리포니아 등 태평양 5개 주가 취약하다. 이 중 화산활동이 활발하고 지진이 발생하기 쉬운 태평양 "불의 고리(Ring of Fire)"에 둘러싸인 하와이는 쓰나미 충격에 가장 많이 노출돼 있다.

미국령 푸에르토리코와 미국령 버진아일랜드 등 카리브해에서는 쓰나미 위험이 중간 정도에서 매우 높다. 태평양 지역인 괌, 아메리카사모아, 북마리아나에서는 쓰나미가 많이 발생하지만, 역사적으로 쓰나미는 비교적 적었다.

미국 대서양 해안과 멕시코만 해안 주들은 지난 200년 동안 쓰나미를 거의 경험하지 못했다. 실제로 루이지애나, 미시시피, 앨라배마, 플로리다 멕시코만 해안, 조지아, 버지니아, 노스캐롤라이나, 펜실베니아, 그리고 델라웨어에는 역사적인 쓰나미에 대해 알려진 기록이 없다. 대서양 중부의 주에서 보고된 쓰나미 중 하나는 수중 폭발이나 산사태와 관련이 있을 수 있다.

참조 뉴저지의 "기이한 파랑"?

2013년 6월, 미국 국립해양대기청은 뉴저지를 강타한 6피트 높이의 파도가 실제로는 희귀한 쓰나미일 수도 있다고 발표했다. 동해안을 통과하는 기상 시스템은 기압을 충분히 변화시켜 폭풍에 의해 생성된 파도가 쓰나미처럼 행동하게 했을지도 모른다. 이 현상은 지진 활동이 아닌 기상 조건에 의해 발생하는 쓰나미인 "기상 쓰나미(meteotsunami)"로 알려져 있다.

4.3.5 경보시스템

1946년부터 호놀룰루의 태평양 쓰나미 경보 센터에 기반을 둔 태평양 쓰나미 경보시스템은 지진 활동과 해일 파도의 통과를 측정함으로써 태평양 분지의 잠재적 쓰나미 위험에 대한 경고를 제공했다. 하지만, 언제 어디서 지진이 일어날지, 따라서 쓰나미가 올지 예측하는 것은 현재로서는 불가능하다. 쓰나미가 발생하면 모델링 및 측정 기술을 통해 쓰나미의 도착과 영향을 예측할 수 있지만, 특정 해안지역에 대해 이러한 예측을 하는 것은 어렵다. 지진 모니터링은 지진의 크기와 위치를 기준으로 쓰나미 발생 가능성을 충분히 추정하지만 쓰나미 자체에 대한 직접적인 정보는 제공하지 않는다. 항구의 조수계(Tide gauge)는 쓰나미를 직접 측정하지만, 쓰나미는 지역 "수심측량(bathymetry)"(해저 및 호수 바닥의 깊이와 윤곽)에 의해 크게 변화하며, 이는 다른 위치에서 쓰나미 영향을 예측하는 데 사용되는 것을 심각하게 제한한다. 부분적으로 이러한 데이터 한계 때문에 1946년 이후 발령된 쓰나미 경보 20개 중 15개는 도달한 쓰나미가 피해를 입히기엔 너무 약했기 때문에 허위 경보로 간주되었다. 실시간 심해 탐지기를 포함한 최근 쓰나미 감지 기술은 예측 능력을 향상시키고 있으며 따라서 해안 주민들에게 의미 있는 경고를 보내고 있다.

4.3.6 대비

쓰나미는 비교적 드물지만, 재앙적 영향의 가능성은 고위험지역에 있는 개인이 쓰나미가 덮치기 전에 쓰나미에 대해 교육받고 대비하는 것이 매우 중요하다. NOAA Tunami

Ready 프로그램은 지역 커뮤니티가 대중의 인식을 높이고 쓰나미 대비 활동을 할 수 있도록 지원한다. 현재까지, 미국에는 16개의 주(州)와 준주(準州), 192개의 커뮤니티가 쓰나미 대비프로그램에 참여하고 있다. 2001년 NOAA 쓰나미 대비프로그램이 시작된 이후 이들 주, 준주 및 커뮤니티 지역 당국은 쓰나미 비상계획을 수립하고, 사람들에게 다가오는 쓰나미를 경고하기 위해 사이렌과 기타 경보시스템을 설치했으며, 해안과 많은 주(州)에 쓰나미 대피 경로 표지판을 설치했고, 혁신적인 쓰나미 위험 교육 파일럿 프로그램 구현, 쓰나미 대피 훈련 실습을 시행했다.

4.3.7 기후변화의 영향

만조 때 덮치는 쓰나미는 이미 수위가 높아져 더 높은 수위의 해안에서 내륙으로 더 멀리 도달할 수 있기 때문에 썰물 때 덮치는 쓰나미보다 더 위험하다. 저지대의 해안 평야는 특히 파도에 휩쓸리기 쉽다. 기후변화가 바다를 따뜻하게 하면서 해수면 상승은 전 세계 해안선에 영향을 미칠 것으로 예상된다. 또한 이 지역들 중 다수는 지진 활동 지역에 위치해 있으므로 쓰나미의 위협도 있다. 만조가 쓰나미가 해안선에 닿을 때 "달리기 시작(running start)"을 하듯이, 해수면 상승은 쓰나미 물이 이미 높아진 수선에서 내륙으로 범람하게 하여 더 많은 주민을 이동시키고 더 큰 지역에 더 큰 피해를 입히게 할 것이다.

자기 진단

- "수심측량"을 정의한다.
- 쓰나미가 어떻게 발생하는지 설명하라.
- 육지를 덮치는 쓰나미의 영향에 대해 설명하라.
- 지리적으로 미래의 쓰나미에 노출될 가능성이 있는 미국의 지역을 파악하라.

4.4 화산

"화산(volcano)"은 마그마, 가스, 화산재가 분출되는 지구 지표면의 분출구이다. 분출된 물질에 의해 생성되는 구조, 대개 원뿔 형태의 구조를 또한 화산이라고도 한다. 화산이라는 단어는 로마의 대장간 신(神)인 volcano이라는 라틴어 단어에서 유래되었다.

4.4.1 비등점 도달

화산 폭발은 지구 지표면 아래의 과열된 암석이 지표면에서 더 낮은 압력의 영역으로 상승할 때 발생한다. 이 운동 동안, 암석은 고체 암석에서 액체 "마그마(magma)"(녹은 암석)로 상(狀)변화를 겪는다. 화산작용은 물이 끓어 증기로 변할 때 일어나는 작용으로 부피 팽창을 일으킬 수 있다. 밀폐된 유리 용기 안에 물이 끓으면, 그 용기는 추가적인 부피와 쌓인 압력을 포용할 수 있는 공간이 없다. 결국, 온도와 압력이 계속 상승함에 따라, 유리는 압력을 방출하기 위해 폭발할 것이다. 화산 폭발은 같은 원리로 작용하지만, 훨씬 더 크고, 더 무서운 규모로 작용한다. 지표면 아래에 쌓이는 엄청난 양의 압력과 열은 암석을 마그마로 전환시키고, 마그마는 팽창한다. 그 결과 지구 지표면에서 가장 접근하기 쉬운 탈출로를 통한 분출이 일어난다. 지구 지표면에 도달하는 마그마는 "용암(熔岩; lava)"라고 불린다. 용암 온도는 섭씨 1,250도(화씨 2,000도 이상)에 이를 수 있다.

4.4.2 화산 폭발의 종류

화산 폭발에는 6가지 주요 유형이 있다: 아이슬란드, 하와이, 스트롬볼리아, 벌컨, 베수비오, 플리니안(Table 4.2 참조).

어떤 화산은 격렬하게 분출되는 반면, 다른 화산은 더 평화롭게 흐른다. 화산력의 변화는 다음에 기인한다.

- 암석과 마그마의 화학적, 미네랄 함량
- 암석과 마그마의 점도, 온도, 물과 가스 함량
- 지각판 가장자리를 기준으로 한 지리적 위치

Table 4.2 화산 분출의 유형

화산 분출의 유형	설명
아이슬란드 화산(Icelandic)	가스는 쉽게 빠져나가고 용암은 점성이 낮다.
하와이 화산 (Hawaiian)	가스는 쉽게 빠져나가지만 용암은 점성이 약간 더 높아 높은 봉우리를 만든다.
스트롬볼리아 화산 (Strombolian)	더 작고, 더 지속적인 분출; 그것의 중심 용암 웅덩이는 그것의 지각 아래에 빠르게 형성되는 압력 때문에 쉽게 촉발된다.
벌컨 화산 (Vulcanian)	높은 점도의 용암은 화산 꼭대기에서 뿜어져 나온 많은 양의 화산재로 전환된다.

베수비오 화산 (Vesuvian)	더 격렬한 고점도의 용암 분출은 갇힌 가스로 인한 것이다. 이 가스들은 재와 바위를 수직 또는 수평으로 멀리 날려 보낼 수 있다.
플리니안 화산 (Plinian)	마그마의 가스 압력과 점도가 너무 높아서 이 화산들은 용암과 화산재를 측면으로, 혹은 화산의 목구멍의 압력 차단을 경감하기 위해(위로가 아닌) 측면으로 내뿜는다.

참조 세인트헬렌스 산

워싱턴의 세인트헬렌스 산은 플리니안 화산 폭발의 한 예이다. 1980년 5월 18일, 세인트헬렌스 화산이 폭발하여 화산의 꼭대기 1,000피트가 몇 분 안에 사라졌다. 그 폭발은 수천 톤의 화산재를 대기 상층부로 보냈다. 그것은 동시에 용암, 유독 가스, 진흙의 파도를 산의 측면과 아래로 보냈다. 몇 시간 안에, 화산을 둘러싸고 있는 수천 에이커가 치명적인 잔해들로 뒤덮였다. 200평방마일 이상의 숲은 거의 즉시 회색의 생기가 없는 풍경으로 바뀌었다. 화산 활동을 감시하기 위해 근처에 있던 지질학자 한 명과 공식적인 경고에도 불구하고 그 지역에서 대피하는 것을 거부한 한 명의 주민을 포함하여 수 마일 내에 있는 모든 생물들이 죽었다. 벌목꾼, 야영객, 기자, 과학자를 포함하여 57명이 죽었는데, 일부는 산 자체에서 13마일이나 떨어진 곳에 있었다.

4.4.3 화산 열점

화산 활동이 빈번하게 일어나는 지역은 하와이 섬과 같이 "열점(熱點; hot spot)"으로 알려져 있다. 이 지역에서, 화산은 마그마가 지구의 암석권 아래에 있는 정지된 열원, 즉 열점에서 솟아오를 때 형성된다. 마그마는 태평양 판의 갈라진 틈을 통해 위로 이동하며 해저로 밀려나면서 점차 연속적인 용암류의 산을 형성한다. 시간이 지남에 따라 그 질량은 해수면 위로 떠오를 때까지 축적되어 화산섬이 된다.

하와이 제도는 하와이의 열점과 태평양 판의 움직임 사이의 관계를 반영하는 사슬 모양으로 배열되어 있다. 열점은 태평양 판이 북서쪽으로 천천히 이동하는 고정된 열원이다. 햄버거 패티가 달린 컨베이어 벨트가 고정된 가스 불꽃 위를 천천히 움직이며 햄버거를 차례로 요리하는 모습을 상상해 보라. 현재 하와이 섬에 있는 활화산으로는 마우나로아, 킬라우에아, 로이히가 있다.

4.4.4 화산-지진 연결

일부 화산 폭발은 그 지역에서 발생하는 지진과 관련이 있다. 정확한 촉발 메커니즘이 무엇인지는 알려져 있지 않지만, 이후의 화산 활동은 마그마의 압력 변화에 대한 반응일 가능성이 크다. 이것은 지진 지역의 지각에 대한 압력의 변화 또는 지진으로 인한 심각한 지반 흔들림의 결과일 수 있다.

참조 지진과 화산 이중 피해

1975년 11월 하와이 킬라우에아 화산 폭발은 지진과 직접적인 관련이 있다. 규모 7.2의 지진이 많은 여진과 함께 킬라우에아 화산의 칼데라 남동쪽과 남쪽 측면 바로 근처에서 발생했다. 그 때, 그 화산은 16시간 넘게 폭발했다.

4.4.5 화산구조물의 종류

화산 구조에는 다음과 같은 여러 종류가 있다.

- 분석구(噴石丘; cinder cone)

  가장 단순한 형태의 화산으로, 원뿔형 화산은 하나의 분출구를 가지고 있으며, 석탄으로 이루어져 있다. 용암이 공기 중으로 격렬하게 분출할 때, 용암은 작은 조각들로 부서져 굳어지고 분출구 주위로 "분석(噴石; cinders)"처럼 떨어진다. 시간이 지남에 따라, 이 작은 조각들은 원형 원뿔을 형성하기 위해 쌓이다. 분석구는 주변으로부터 1,000피트 이상까지 자랄 수 있고, 정상에는 독특한 그릇 모양의 "분화구(噴火口; crater)"가 있다.

- 방패화산(防牌火山; 순상화산; 楯狀火山; shield volcano)

  이 화산들은 균열 구역에서 많은 분출을 하거나 원뿔의 측면을 따라 위치한 파쇄물들을 가질 수 있다. 용암은 격렬하게 분출하기보다는 방패화산에서 분출구에서 사방으로 흘러나온다. 이 화산들은 얇은 판처럼 차갑고 완만하게 경사진 원뿔 모양의 액체 용암류로 거의 전적으로 지어진다. 세계에서 가장 큰 화산들 중 일부는 방패화산이다. 세계에서 가장 큰 방패화산은 마우나로아 화산이다. 하와이 빅 아일랜드에 있는 이 화산은 해발 13,000피트 이상에 위치하고 있지만, 해저에서 측정한 전체 화산은 28,000피트 이상 솟아 있다.

- 용암돔(종상화산; 鐘狀火山; lava dome)

  용암돔은 분출구에서 멀리 흐르기에는 너무 점성이 있거나 두꺼운 용암 더미에 의해 형성된다. 돔 화산은 용암을 위쪽과 바깥쪽으로 층층이 쌓아올림으로써 성장하는데,

주로 내부로부터의 팽창에 의해 성장한다. 어떤 돔들은 쿨리(coulees)라고 알려진 짧고 가파른 용암류(熔岩流)를 형성한다. 다른 것들은 화산 분출구 위에 가시를 형성한다. 돔은 일반적으로 분화구 안이나 대형 복합화산의 측면에서 발생한다.

• 복합화산(복식화산; composite volcano)

"성층화산(成層火山, stratovolcanos)"이라고도 불리는 이 화산들은 또한 산이기도 한 큰 화산들이다. 세계에서 가장 절경인 산들 중 일부는 일본의 후지산과 워싱턴의 세인트헬렌스산을 포함한 복합화산이다. 대부분은 꼭대기에 중앙 분화구가 있지만 용암은 원뿔의 측면에 있는 균열을 통해 분출되거나 분화구의 틈새에서 흐를 수 있다. 이 화산들은 냉각된 용암이 갈라진 틈을 메우고 경사진 곳에 석탄과 재를 첨가할 때 원뿔의 강화에 의해 시간이 지남에 따라 쌓인다.

4.4.6 영향

• 용암류(熔岩流; lava flow)

화산은 사람과 재산에 심각한 위협이 될 수 있다. 화산 활동과 관련된 가장 흔한 위험 중 하나이다. 비록 용암이 생명을 위협할 정도로 빠르게 이동하는 경우는 드물지만, 그것은 자연과 도시환경(built environment)을 파괴한다. 예를 들어, 하와이 남부의 화산에서 흘러나오는 용암은 수많은 집들을 파괴하고 고속도로를 매몰시켰다. 용암의 과도한 열 때문에, 용암은 나무, 집, 도로, 농작물, 그리고 그 밖의 모든 것을 포함한 그것이 덮는 모든 소모성 물질을 빠르게 태운다. 용암류는 느리게 움직일 수 있지만 막을 수 없는 힘이다. 아이슬란드의 몇몇 커뮤니티는 용암을 녹은 상태에서 고체 상태로 바꾸기 위해 차가운 바닷물을 이용하여 용암의 흐름을 막으려고 노력해왔다. 이 기술의 성공은 널리 인정되지 않는다.

• 화산재(volcanic ash)

식물과 동물의 생명에 극도로 위험할 수 있다. 화산재는 지상에 두꺼운 퇴적물을 형성하여 광범위한 환경 피해를 일으킬 수 있다. 그 화산재는 화산 유리의 조각들을 포함할 수 있고 매우 거칠(abrasive) 수 있다. 격렬한 분출은 전체 커뮤니티를 매장하고, 집을 붕괴시키고, 비행기와 차량의 엔진을 막으며, 인간과 동물들에게 호흡 문제를 일으킬 수 있다. 분출하는 화산의 화산재는 높은 고도의 바람에 의해 먼 거리에 분산될 수 있으며, 폭발 현장에서 멀리 떨어진 지역에도 유사한 문제를 가져올 수 있다.

• 화산쇄설류(火山碎屑流, pyroclastic flow)

이 흐름은 인간에게 또 다른 위험을 야기하며 폭발하는 화산 근처에서 경험된다. 누에 아르덴테(nuee ardente; 프랑스어로 "빛나는 구름"을 뜻함)라고도 불리우는 화산쇄설류는 가스와 화산 파편의 혼합물로 화씨 700 ~ 1,000도(화씨 1,300 ~ 1,800도)의 온도를 가지고 있다. 화산쇄설류의 흐름은 지상에 가깝게 남아있지만, 화산 정상으로부터 시속 150킬로미터까지 매우 빠르게 내려올 수 있으며, 그들이 굉음을 내며 비탈길을 내려올 때 그들의 경로에 있는 모든 것을 소각할 수 있다. 가장 유명한 화산쇄설류 중 하나는 기원후 79년에 이탈리아의 고대 도시 폼페이를 집어삼킨 베수비오 화산쇄설류가 일어났을 때 일어났다. 더 최근에는 1980년 세인트헬렌스 산이 폭발했을 때 열에 의해 측면의 숲이 사라졌다.

• 화산이류(火山泥流; volcanic mudflow)

인간의 거주지에 상당한 위협을 가한다. 물과 화산 파편이 섞인 이류는 빠르게 내리막길을 내려와 내리막길의 모든 물체를 묻을 수 있다. 세인트헨렌스 산의 분화 과정에서 이류가 큰 피해를 입혔다. 이류는 나무, 구조물, 흙을 가지고 아래의 컬럼비아 강으로 계곡을 따라 이동하였다. 미육군공병단(U.S. Army Corps of Engineers; USACE)는 이 사건 이후 강을 항해하는 데 사용할 수 있도록 이류로 인해 강에 퇴적된 엄청난 양의 파편을 준설해야 했다.

• 유독가스

인간과 동물에게도 위험을 초래한다. 화산가스는 주로 수증기로 이루어져 있지만, 존재할 수 있는 다른 원소로는 이산화탄소, 이산화황, 일산화탄소, 황화수소, 황산, 염산, 불산 등이 있다. 이러한 유독 가스는 도시지역과 인근 농작물에 영향을 줄 수 있는데, 이는 하와이 섬에서 꽤 자주 발생하는 것이다. "보그(vog)", 즉 화산연무(火山煙霧; volcanic fog)는 분출지점에서 바람을 타고 가까운 거리에서 발생하며 용암이 바다로 유입되면서 "레이즈(laze; lava haze; 용암 + 연무)"가 생성되고 이 반응으로 염산 가스가 발생한다.

참조 아이슬란드 폭발과 항공 여행 혼란

2010년 아이슬란드 에이야퍄들라이외퀴들(Eyjafjallajökull) 화산 폭발로 인해 약 20개국이 며칠 동안 북유럽 대부분 지역에 남아있던 거대한 화산재 구름 때문에 영공을 폐쇄하면서 항공 여행에 큰 지장을 초래했다. 항공기 결항은 10만 명 이상의 여행객들에게 영향을 미쳐 2차 세계대전 이후 가장 높은 수준의 항공 여행 혼란을 야기했다.

자기 진단

- "화산", "마그마", "용암", "열점", "화산재", "화산쇄설류", "보그", "레이즈", "화산이류", "방패화산", "분석", "분석구", "용암돔", "분화구", "복합화산", "성층화산" 및 "용암류"를 정의하라.
- 화산 폭발의 6가지 다른 유형의 이름을 말하라.
- 미국의 화산 열점을 찾아보라.
- 화산과 관련된 3가지 위험을 나열하라.

4.5 산사태 및 토석류

"산사태(landslide)"는 바위, 흙, 또는 파편 덩어리가 경사면을 내려올 때 발생한다. 산사태의 주요 원동력은 물의 도움을 받는 중력이다. 산사태의 규모는 비교적 작고 고립된 사건에서부터 크고 광범위한 지반 이동에 이르기까지 다양하며, 천천히 서서히 기어들어가는 것에서부터 내리막길을 질주하는 토사와 파편들의 빠른 돌진까지 속도가 다양할 수 있다. 지질재해, 폭풍우, 산불, 그리고 사람이 토지를 개발함으로써 활성화되는 산사태는 그 길에 있는 인공구조물에도 심각한 위협을 가한다. 산사태는 어업, 관광, 목재 수확, 농업, 광업, 에너지 생산, 교통, 지역 생활에 영향을 미칠 수 있다.

4.5.1 토석류

어떤 산사태는 천천히 움직이며 점차적으로 피해를 주는 반면, 다른 산사태는 너무 빠르게 움직여서 재산을 파괴하고 갑작스럽고 예기치 않게 생명을 앗아갈 수 있다. 이러한 유형의 산사태는 "토석류(土石流; debris flow)"라고 불리며, 이사태(泥沙汰; mudslide), 이류(泥流; mudflow) 또는 토석산사태(debris avalanche)로 나타날 수도 있다. 이러한 유형의 빠르게 이동하는 산사태는 일반적으로 물에 포화 된 토양에 강한 비가 내리는 동안 발생한다.

토석류는 보통 "토양 슬럼프(soil slump)"와 같이 경사면을 미끄러지면서 가파른 언덕에서 시작된다. 이물질 흐름은 시속 35마일 이상으로 가속될 수 있다. 그것들은 모래, 진흙, 바위, 그리고 유기 물질들을 더 완만하게 경사진 땅에 침전시키면서 내리막과 수로로 계속 흐른다. 농도(consistency)는 물기가 있는 진흙에서부터 바위와 나무, 자동차를 운반할 수 있을 정도로 밀도가 높은 두껍고 바위가 많은 진흙(젖은 시멘트처럼)에 이르기까지 다양하다. 다양한 발생원으로부터의 토석류는 수로(channel)에서 결합되어 파괴력이 크게 증가할 수 있다.

4.5.2 산사태 도화선

허리케인이나 열대폭풍우 동안 발생하는 것과 같은 집중호우는 일반적으로 산사태의 도화선으로 작용한다. 또한 다음에 예시한 것과 같은 다른 여러 유형의 재해도 산사태를 일으킬 수 있다.

- 세인트헬렌스 산 토석류는 그곳에서 일어난 "화산 폭발(volcanic eruption)"의 즉각적인 결과였다.
- 1971년 캘리포니아 샌 페르난도에서 규모 7.5의 "지진(earthquake)"의 결과로 산사태가 시작되었다.
- 캘리포니아 빅서(Big Sur)에서 4,000에이커 이상의 식생 피복(vegetative cover)를 태운 일련의 "산불(wildfire)"은 일련의 집중 호우 후 1972년 캘리포니아 고속도로 1호선의 산사태를 악화시켰다.
- 1983년 유타 시슬에서 지난 가을 폭우로 인한 "지하수 축적(groundwater buildup)"과 겨울로 인한 깊은 눈덩어리가 녹으면서 토지가 이동하기 시작했다. 몇 주 안에, 산사태는 미국 고속도로 6호선과 덴버와 리오그란데 서부 철도의 주요 노선을 파괴하면서 스페인 포크 강을 댐처럼 막았다. 산사태 댐으로 인해 범람한 물이 불어나면서 주변이 침수됐다. 시슬의 마을은 완전히 없어졌다. 시슬 산사태는 미국에서 발생한 산사태 중 가장 비용이 많이 든 사건이며, 피해액은 4억 달러를 넘어섰다.
- 1995년 2월, 슬리핑 베어 사구 내셔널 레이크쇼어에 있는 1,600피트 길이의 인기 해변이 갑자기 미시간 호수 북동쪽의 물속으로 미끄러져 들어갔다. 미국지질조사국과 국립공원관리국의 과학자들은 슬리핑 베어 포인트에서 반복되는 해안 산사태가 그 지점에서 절벽(bluff)을 구성하는 모래 입자 간극의 "유체 압력 증가(increases in fluid pressure; 간극수압의 증가; increases in pore pressure)"와 관련이 있을 수 있다고 믿는다. 물의 양이 증가했기 때문에 경사가 약해져서 산사태가 일어나기 쉬웠다.

4.5.3 산사태 위험지역

일반적으로 산사태가 발생하기 쉬운 지역은 이전 산사태가 발생한 지역, 급경사지 기초, 배수로 기초, 급경사지가 발달한 구릉지대, 특히 침출장(leach-field) 정화 시스템이 사용되는 지역이다. 일반적으로 산사태로부터 안전하다고 여겨지는 지역은 과거에 이동하지 않은 지역, 갑작스러운 경사 변화로부터 상대적으로 평평한 지역, 꼭대기나 능선을 따라 있는 지역 등이다. 산사태 위험지역은 지도에 표시할 수 있어 비상관리자, 계획자, 건설업자가 공사를 제한하거나 산사태 경감 건물 기법을 활용할 수 있는 위치를 파악할 수 있다.

미국지질조사국에 따르면, 산사태는 50개 주 모두에서 발생하는 주요 지질재해로, 매년 10 ~ 20억 달러의 피해를 일으키고, 연간 25명 이상의 사망자를 발생시킨다. 미국의 대표적인 산사태는 다음과 같다.

- 1974년 9명이 사망한 오리건 캐년빌 산사태
- 1980년 세계에서 가장 큰 산사태인 세인트헬렌스 산 토석류
- 1985년 열대폭풍 이사벨 기간 동안 129명의 사망자를 낸 푸에르토리코 마메예스 산사태.

자기 진단

- "산사태", "토석류" 및 "토양 슬럼프"를 정의하라.
- 산사태를 일으키는 2가지 힘을 식별하라.
- 일반적으로 산사태가 발생하기 쉬운 세 가지 유형의 토지 지역을 나열하라.
- 산사태 위험이 있는 미국의 지역에 대해 토론하라.

4.6 해안침식

"해안침식(海岸浸蝕; coastal erosion)"은 토양과 암석 파편의 탈락과 이동에 의해 육지 표면이 마모되는 것이다. 해안침식은 대서양과 멕시코만 해안의 모래 해안과 보초도, 태평양의 바위 해안과 절벽, 그리고 오대호 해안에서 발생한다. 침식은 홍수나 폭풍 사건 동안 또는 바람, 물 또는 다른 지질 과정의 작용을 통해 수년에 걸쳐 발생할 수 있다. 또한 해수면 상승은 시간이 지남에 따라 해안침식을 가속화할 수 있다.

4.6.1 모래의 이동, 절벽의 침식

바람, 파도, 그리고 긴 해안의 해류는 해안침식의 원동력이다. 모래 해변 지역에서는 모래의 침식과 퇴적이 해변의 구조와 모양을 영구적으로 변화시킨다. 모래는 바다 전체와 해안을 따라 운반되며 육지의 모래언덕, 다른 해변, 해안 둑, 심해저로 운반될 수 있다. 또한 해안침식의 속도는 인간의 활동, 해수면 상승, 계절적 변동에 의해 영향을 받을 수 있다.

해변 시스템은 "동적 평형(dynamic equilibrium)" 상태에 있다. 지속적인 이동은 모래를 한 위치에서 다른 위치로 옮긴다. 겨울폭풍은 해안가를 따라 가파르고 좁은 해변을 만들면서 상당한 양의 모래를 침식할 수 있다. 반면에 여름에는 온화한 파도가 모래를 되돌려주어 해변을 넓히고 완만한 경사를 만든다. 비슷하게, 바다와 해협(sound) 사이의 유입구는 모래가 해안 시스템 주위를 이동하면서 시간이 지남에 따라 자연스럽게 열리고 닫힌다. 태평양 해안의 절벽(bluff와 cliff)은 파도, 바람, 폭풍의 작용으로 시간이 지남에 따라 천천히 그리고 폭풍 사건 동안 더 빠르게 절벽면을 벗겨내는 작업을 하는 그들만의 역동성을 경험한다.

해안침식은 섬의 한쪽 끝에서 일어날 수 있고 다른 쪽 끝에서 일어날 수 없는 매우 국지적인 사건이다. 비록 많은 침식이 시간이 지남에 따라 점차적으로 일어나지만, 허리케인이나 북동풍, 또는 다른 갑작스러운 폭풍 사건들은 단기간에 발생하는 해안침식의 양을 급격하게 증가시킬 수 있다. "일회성 침식(episodic erosion)"은 단일 폭풍 사건에 의해 유발된다. 이러한 유형의 침식으로 인해 해안가에 위치한 구조물들이 갑자기 불안정해지고 무너지기 쉬운데, 이는 기초 지지대 주변에서 쇄굴(scouring)이 일어나 건물을 파괴하기 때문이다. 예를 들어, 매립지 또는 교량 기초는 시간이 지남에 따라 또는 일회성 사건 중에 모래가 침식될 경우 불안정해질 수 있다.

4.6.2 침식률

대서양 해안의 평균 침식률(erosion rate)은 대략 2 ~ 3 피트/년이지만, 멕시코만과 접한 주들, 특히 루이지애나 삼각주에 있는 주들은 연간 6 피트/년으로 미국에서 가장 높은 평균 침식률을 가지고 있다. 태평양 해안의 바위 절벽의 침식은 평균 1년에 1피트 정도이지만, 때때로 큰 침식이 일어난다. 오대호의 연간 침식률은 변동하는 호수 수위와 파도 작용과 같은 수문학적 요인 및 날씨 관련 요인에 따라 0에서 10피트/년 이상으로 매우 다양하다. 남동쪽의 일부 보초도에서는 연간 25피트의 비율이 드물지 않으며, 오대호를 따라 연간 50피트에 달하는 비율도 발생한다.

많은 해안 주들은 해안선을 따라 침식 속도를 기반으로 하는 “후퇴 법규(setback rule)”을 가지고 있다. 침식 후퇴(erosion setback)는 특정 지점에서 육지방향으로 측정된 선이며(예: 안정적 자연 초목의 첫 번째 선), 공사는 반드시 이 선 뒤에서 진행되어야 한다. 후퇴는 해안 근처에서 일어날 수 있는 마모나 갑작스런 붕괴를 피함으로써 건물의 수명을 증가시키기 위해 고안된다. 해안 환경의 구조물을 보호하기 위한 후퇴와 다른 정책들은 이후 장에서 더 자세히 논의된다.

4.6.3 해안 유입구 재해 구역

유입구(inlet)는 바닷물이 하구나 해협(sound)로 흘러드는 해안을 따라 있는 지역이다. 이 수로들은 해양과 내부 해안 수로를 오가는 선박의 출입구 역할을 하기 때문에 남부, 대서양, 태평양 해안선을 따라 항해, 어업, 레크리에이션에 중요하다. 정상적인 조건 하에서, 이 지역들은 매우 역동적이다. 일반적으로 “매일(everyday)” 침식 때문에 유입구의 시작점(mouth)이 해안가를 따라 이동한다. 대재앙이 일어나는 동안, 유입구는 극적으로 움직이거나 완전히 닫힐 수 있으며, 어떤 경우에는 완전히 새로운 유입구가 형성될 수 있다. 폭풍으로 인한 침식이 유입구를 해안 아래로 또는 위로 이동시키면 주택, 호텔, 도로, 교량 및 유입구 근처에 위치한 기타 구조물들이 위험에 처하게 된다. 특히 강한 폭풍우가 몰아치는 동안, 구조물들은 몇 시간 안에 손상되거나 파괴될 수 있다.

4.6.4 기후변화의 영향

전 세계 해안선을 따라 침식 잠재력의 차이에도 불구하고, 지난 20년 동안 해안침식이 극적으로 증가했으며, 해수면이 상승하고 폭풍의 빈도와 강도가 증가함에 따라 이러한 현상은 계속될 것으로 예상된다. 해수면 상승과 같은 시간대에 발생하는 것이 아니라, 해안 절벽의 침식은 파도 높이와 폭풍의 강도의 증가로 인해 폭풍 사건 동안 대규모 폭발로 발생할 것으로 예상된다. 이러한 큰 사건들 때문에, 과학 모델들은 해안선 침식이 해수면 상승의 많은 부분을 능가할 수 있다고 예측한다. 예를 들어, 1938년 로드아일랜드에서 가장 바다 쪽으로 향하는 지점인 사코넷 포인트는 높이가 약 4.6 m(15 피트)에 달하는 큰 모래 언덕을 자랑했다. 오늘날, 이 모래언덕들은 큰 폭풍 피해와 증가된 침식의 영향으로 만조 때 거의 완전히 물에 잠겼다. 이 기간 동안 해수면이 겨우 0.4미터 상승했을 때, 4.6미터 높이의 모래언덕은 만조 때 거의 사라졌다. 이 예는 주요 폭풍 사건과 같은 침식 세력이 해수면 상승 속도를 능가할 가능성을 강조한다.

침식은 해안 서식지에 상당한 영향을 미칠 것이며, 이는 해안 커뮤니티에 사회적, 경제적 영향을 미칠 수 있다. 해안 서식지와 그들이 제공하는 생태적 서비스들의 감소로 인해 해안 커뮤니티는 더 빈번하고 파괴적인 홍수, 훼손된 담수 공급, 그리고 더 작거나 더 적은 해변을 경험할 것이다.

자기 진단

- "해안침식", "동적 평형", "일회성 침식" 및 "후퇴 법규"을 정의한다.
- 해변가 커뮤니티에 대한 일회성 침식의 영향에 대해 논의하라.
- 기후변화가 해안침식에 어떻게 영향을 미칠지 설명하라.

4.7 침하 및 붕괴

"지반침하(Land subsidence)"는 지표면 아래에 있는 물질의 이동과 그로 인한 지반 손실로 인해 발생하는 지표면의 점진적인 침하이다. 보통 몇 주, 몇 달 또는 몇 년의 기간에 걸쳐 발생하며, 종종 거의 인지할 수 없을 정도로 느리게 일어난다. "붕괴(collapse)"는 땅 표면이 열리고 지표면 물질이 아래 공동으로 떨어질 때 더 빨리 일어난다. 붕괴는 단 몇 시간에 걸쳐 일어날 수 있다. 특히 "싱크홀(sinkhole)"은 붕괴 과정의 극적인 예이다. 침하와 붕괴는 재산과 인간의 생명에 위협을 주는 심각한 지질재해이다.

침하는 전 세계의 문제이다. 미국에서는 뉴햄프셔와 버몬트를 합친 면적인 45개 주에서 17,000 평방 마일 이상이 침하의 직접적인 영향을 받았다.

4.7.1 지반침하의 원인

비록 일부 지반침하는 자연적인 과정으로 인한 것이지만, 심각한 지반침하는 "지하수(groundwater; subsurface water)" 제거와 같은 인간의 활동으로 인해 발생하는 경우가 많다. 지반침하의 다른 원인은 다음과 같다.

- 영구동토층(permafrost)의 해동
- 유기질토의 배수
- 지하 석회암의 용해
- 지반의 자연 압밀
- 지하 채광(mining)
- 오일 및 가스 제거

루이지애나 미시시피 강 하구에 있는 제방 건설과 같은 제방 건설은 미시시피와 그 주변 멕시코만 주들에 심각한 침하를 야기했다. 수 만년 동안, 미시시피 강이 정기적으로 범람할 때, 진흙과 모래가 미시시피 강에 의해 퇴적되었다. 그러나 이 지역이 인간에 의해 정착되었을 때, 강을 막기 위해 제방을 만들었다. 제방은 정기적인 홍수를 막고 일부 지역에서는 개발과 농사를 허용했지만, 토지의 자연보충을 중단하여 토지의 순손실을 초래하고 다른 지역에서는 침하를 초래했다.

4.7.2 지하수 제거

미국에서 확인된 침하의 80% 이상은 지하수 제거의 결과이다. 토지 및 수자원의 개발이 증가하고 있다는 것은 가까운 미래에 토지 침하가 악화될 가능성이 높고, 의심할 여지 없이 새로운 문제들이 발생할 것이라는 것을 의미한다. 입자가 고운 퇴적물과 같은 특정 종류의 암석으로부터 많은 양의 지하수가 빠져나갈 때, 그 물은 부분적으로 지반을 지탱하는 역할을 하기 때문에 암석이 압축된다. 물이 빠지면 바위가 저절로 떨어진다. 지반침하는 넓은 지리적 영역에 걸쳐 확장될 수 있고 일정 기간 동안 점진적으로 발생할 수 있기 때문에 알아차리기 어려울 수 있다. 그러나 결국 지반고(地盤高)가 낮아졌기 때문에 집이 기울고 도로가 붕괴되고 홍수가 심해질 정도로 지반이 가라앉는다.

지하수는 농작물을 관개하고, 지방정부에 식수를 공급하며, 제조업과 다양한 산업에 사용된다. 그러나 지하수의 취수(withdrawal)는 중요한 지하수 자원을 고갈시켰고 많은 지역에서 비용이 많이 드는 지역 규모의 침하를 야기했다. 캘리포니아 북부의 산타클라라 계곡에서는 초기 농업용 지하수 사용이 더 큰 산호세 지역의 홍수위험을 영구적으로 증가시키는 침하의 원인이 되었다. 인근 샌 호아킨 계곡에서, 지구의 표면 지형을 가장 크게 변화시킨 것 중 하나는 예외적으로 생산적인 농업 사업을 유지하기 위해 지하수를 과도하게 펌핑(pumping)한 결과였다.

텍사스 휴스턴-갈베스턴 지역의 초기 석유와 가스 생산과 오랜 지하수 펌핑 역사는 심각하고 비용이 많이 드는 해안홍수위험을 야기했고, 귀중한 환경 자원인 갤베스턴 베이 하구에 영향을 미쳤다. 네바다 라스베이거스 밸리에서는 지하수 고갈과 관련 침하가 사막의 오아시스를 목마르고 빠르게 성장하는 대도시로 전환시켰다. 애리조나 중남부의 물 집약적인 농업 관행은 광범위한 침하와 지구 지표면의 균열을 야기했다. 이들 각 지역에서는 수자원이 위험할 정도로 줄어들었을 뿐만 아니라 지상에서 물을 퍼내는 작용으로 인해 위험한 침하 조건도 생겼다.

참조 루이지애나 해안의 침하 우려

침하로 인해 루이지애나는 해안폭풍과 침식에 의한 파괴에 점점 더 취약해지고 있다. 루이지애나의 습지, 인구, 해안 도로 및 산업에 대한 침하의 영향은 주민과 공무원 모두에게 주요 관심사이다.

특히 우려되는 것은 상대적인 해수면 상승으로 인한 홍수의 증가로 인해 심각한 습지 손실이 발생하는 영향이다. 간접적으로, 소금물의 침입은 소금에 내성이 없는 식생을 죽여서, 해안폭풍과 허리케인으로 인한 증가된 파도 작용과 침식에 취약하게 만든다. 루이지애나의 해안 대부분이 습지로 구성되어 있기 때문에, 이 지역은 특히 토지 손실에 취약하다.

루이지애나 인구의 50%는 해발 3피트 이하의 해안지역에 살고 있다. 이 지역의 인구가 증가함에 따라, 해안폭풍과 허리케인에 대한 취약성 또한 증가한다.

4.7.3 광산 붕괴

석탄, 광물, 기타 광물의 채굴은 미국의 많은 지역에서 중요한 경제적 버팀목이다. 그러나 이러한 물질들을 제거하는 과정은 광산 상부의 침하를 일으킬 수 있다. 지표면 근처에서 채굴을 할 때, 암석 위에 있는 지지구조물은 제거된다. 지지물질을 너무 많이 제거하면 지표면이 아래 갱도로 붕괴돼 위험한 "붕괴 구덩이(collapse pit)"가 생긴다. 버려진 탄광으로 인한 침하 위험은 특히 펜실베니아, 웨스트버지니아, 켄터키에서 심각하다.

광석을 제거할 때 생기는 공백을 메움으로써 광산 침하의 위험을 줄일 수 있다. 남은 채굴 자재(광산 폐기물)는 지붕을 지탱하기 위해 채굴 구멍에 버려질 수 있다. 이것이 비실용적일 경우 모래나 시멘트를 접근 구멍을 통해 펌핑할 수 있다.

4.7.4 싱크홀

싱크홀은 지표면 아래의 암석이 석회암, 탄산염암, 염상(salt bed) 또는 지하수가 순환하여 자연적으로 용해될 수 있는 암석으로 이루어져 있는 경우에 흔하다. 암석이 녹으면서 지하에 공간과 동굴이 발달하면서 카르스트 지형(유고슬라비아의 한 지역에서 정기적으로 이런 현상이 일어나는 곳에서 따온 이름)이 만들어진다. 싱크홀은 붕괴의 극적인 에피소드일 수 있는데, 왜냐하면 땅은 보통 지구의 지표면 아래의 공간이 지구의 상층을 지탱하기에 너무 커질 때까지 온전하게 남아있기 때문이다. 그 단계에서, 지표면의 갑작스런 붕괴가 일어날 수 있다. 이 붕괴들은 단지 몇 피트 넓이의 작은 것일 수도 있고, 집 전체를 집어삼킬 정도로 거대할 수도 있다. 미국에서 싱크홀의 가장 큰 피해는 플로리다,

텍사스, 앨라배마, 미주리, 켄터키, 테네시, 그리고 펜실베니아에서 발생하는 경향이 있다. 싱크홀은 흙이 비탈면 아래로 미끄러지면서 생긴 토양의 침하와는 다르다.

새로운 싱크홀은 지하수 펌핑과 건설 및 개발 관행으로 인해 발생할 수 있다. 싱크홀은 자연 배수 패턴이 변화하고 새로운 물 전환 시스템이 개발될 때도 형성될 수 있다. 일부 싱크홀은 산업 및 유출 저장 연못이 만들어질 때와 같이 지표면이 바뀔 때 형성된다. 신소재의 중량은 지지재의 지하붕괴를 유발하여 싱크홀을 유발할 수 있다.

싱크홀이 언제 일어날지 예측하는 것은 매우 어렵다. 주택 소유자와 지역 공무원들이 표면상의 단서에 주목하고 석회암이 존재할 때 특히 주의해야 한다. 지표면의 지반침하 및 균열은 특히 균열이 원형 패턴으로 발생할 때 하부 물질의 공극이 클 수 있음을 나타낸다. 건물의 벽과 기초에 균열이 생기는 것은 하부 지반이 약해지고 있다는 것을 나타낼 수도 있다.

4.8 인적 지질재해

미국 대륙은 매일 작은 지진들을 경험한다. 하지만 지난 몇 년 동안, 그들의 수는 증가하고 있다. 지구 과학자들은 최근의 작은 지진의 파도는 산업 폐수가 지하 저장 우물에 펌핑되는 것을 포함하여 인간의 활동과 관련이 있을 수 있다고 말한다. 두 가지 잠재적인 유발 메커니즘(trigger mechanism)은 폐수지진(wastewater quake)을 촉발할 수 있다: 다른 대형 지진(일부 인도네시아만큼 멀리)과 지열 발전소의 활동.

미국의 이런 작은 지진들 대부분은 너무 작아서 느낄 수 없다. 그들은 "군집(swarm)"으로 일어나는 경향이 있다. 지구 과학자들은 이 무리들 중 일부를 석유와 가스 시추로 인한 폐액으로 채워진 깊은 우물 근처의 지하 단층들로 추적했다. 오일의 압력으로 인해 단층이 미끄러져 지층 이동이 발생할 수 있다. 또한 큰 지진은 단층을 미끄러지게 하여 미세지진을 일으킬 수 있다. 지표면 아래에서 뜨거운 물을 추출하여 증기로 생성된 전기를 생산하는 지열 에너지의 생산은 또한 지진 활동과 관련이 있을 수 있다.

또한 수백만 갤런의 물과 화학물질을 지구 깊숙이 주입하는 천연 가스 추출 방법인 유압 파쇄 과정 또한 작은 지진을 일으킬 수 있다는 증거가 있다. 전국적으로 파쇄, 지열 에너지 생산, 지하 폐수 우물의 사용과 같은 과정이 증가하고 있기 때문에, 지구 과학자들은 특히 알려진 단층선 근처의 인간에 의한 지진의 잠재적 위험을 계속해서 연구하고 있다.

자기 진단

- "지반침하", "붕괴", "싱크홀", "지하수" 및 "붕괴 구덩이"를 정의하라.
- 지반침하의 3가지 이유를 들어라.
- 붕괴 구덩이와 싱크홀의 차이점을 논의하라.
- 인간이 일으킨 지진의 가능한 원인 2가지를 말하라.

요약

시간이 지남에 따라 지구의 층들의 불가피한 이동은 똑같이 불가피한 지질재해를 초래한다. 이 장에서는 지진과 특히 단층선을 따라 있는 지역에서 인간의 생명과 재산에 대한 잠재적으로 파괴적인 영향을 다루었다. 그리고 화산 활동으로 인해 발생할 수 있는 물리 과정과 그에 따른 피해를 탐구했다. 이 장에서는 또한 쓰나미, 산사태, 해안침식, 지반침하의 위험도에 대해 논의했는데, 각각은 사망과 재산피해에 대한 위험과 가능성을 제시한다. 이러한 재해에 대한 정보는 비상관리자와 토지 사용 관리자들이 잠재적 영향으로부터 커뮤니티를 더 잘 보호하기 위해 사용할 수 있다.

용어

- 가속도(acceleration)
  지반운동 속도가 증가하는 비율
- 여진(aftershock)
  큰 지진 이후에 발생하는 작은 지진들. 여진은 본진의 동일한 지역에서 발생하고, 매우 파괴적일 수 있고 처음 지진이 일어난 후 며칠, 몇 주, 심지어 몇 년 동안 지속될 수 있다.
- 수심측량(bathymetry)
  바다, 강, 또는 호수의 수심을 측정하는 것. 수심측량 지도는 지형 지도와 매우 비슷하게 생겼으며, 지형 지형의 모양과 높이를 나타내기 위해 선을 사용한다.
- 분석(噴石; cinders)
  화산에서 분출되어 작은 조각으로 굳어진 용암 부스러기
- 분석구(噴石丘; cinder cone)
  가장 단순한 형태의 화산형태로, 분석으로 만들어졌고, 하나의 분출구를 갖는다.
- 해안침식(coastal erosion)
  토사와 암석 파편의 탈락 및 이동에 의해 해안가의 육지 표면이 마모되는 현상
- 붕괴(collapse)
  지표면이 뚫리고 지표면 물질이 아래의 공동으로 떨어지는 현상

- 붕괴 구덩이(collapse pit)
  채굴 중에 너무 많은 지지 물질이 제거될 때 생기는 구멍. 지표면은 아래의 광산으로 붕괴될 것이다.
- 복합화산(복식화산; composite volcanoes)
  산이기도 한 큰 화산. 성층화산(stratovolcanoes)이라고도 불린다.
- 핵(core)
  지구의 가장 안쪽에 있는 지역
- 분화구(噴火口; crater)
  화산 꼭대기에 있는 사발 모양의 구멍
- 지각(crust)
  지구 표면의 얇은 층
- 토석류(土石流; debris flow)
  물 포화 토양에서 일반적으로 강한 비가 내리는 동안 발생하는 빠르게 움직이는 산사태
- 동적 평형(dynamic equilibrium)
  해안침식의 맥락에서 동적 평형은 모래가 한 위치에서 다른 위치로 이동하지만 시스템을 벗어나지 않는 과정
- 지진(earthquake)
  암석권 암석의 파열로 인해 축적된 응력이 방출되는 지질재해
- 진앙(epicenter)
  지진의 원인이 되는 단층. 일반적으로 진앙 또는 그 근처에서 피해가 가장 심각하다.
- 일회성 침식(episodic erosion)
  단일 폭풍 사건으로 인한 침식
- 단층면(fault planes)
  지각의 파열은 일반적으로 지각판의 경계를 따라 발견된다.
- 전방 충격(foreshock)
  지진은 더 큰 지진사건(본진) 이전에 발생하며 시간과 공간 모두에서 본진과 관련이 있다.
- 지반운동(ground motion)
  지진 시 지반의 진동 또는 흔들림
- 지하수(groundwater; subsurface water)
  지표면 아래의 물
- 열점(熱點; hot spot)
  화산 활동이 일어나기 쉬운 지역
- 유입구(inlet)
  바다와 만, 소리, 석호 또는 기타 폐쇄 또는 후면의 수역 사이의 연결 통로

- 진도(intensity)
  지진의 피해 가능성을 측정하는 방법
- 지반침하(land subsidence)
  지구 표면의 점진적인 침하
- 산사태(landslide)
  바위, 흙, 또는 파편 덩어리가 경사면을 내려옴
- 측방유동(lateral spread)
  완만한 경사면에서 발달하고 기초층이 액상화되면서 많은 양의 토양이 옆으로 이동하는 지진의 지반 붕괴 유형
- 용암(熔岩; lava)
  지구 표면에 도달하는 마그마
- 용암돔(종상화산; 鐘狀火山; lava dome)
  용암이 위쪽과 바깥쪽으로 겹쳐서 자라는 화산의 일종으로, 주로 내부로부터의 팽창에 의해 성장한다.
- 용암류(熔岩流; lava flows)
  움직이는 용암; 과도한 열 때문에 용암은 닿는 모든 소모성 물질을 빠르게 태운다.
- 레이즈(laze)
  용암이 바다로 들어가고 화학 반응이 염산 가스를 만들 때 생기는 용암 연무이다.
- 액상화(liquefaction)
  땅이 흔들리면 느슨해진 토양이 힘을 잃고 점성이 있는 액체처럼 작용한다.
- 암석권(lithosphere)
  지구의 지각과 상부 맨틀이다.
- 지내력 손실(loss of bearing strength)
  토양을 떠받치는 구조물이 액상화 될 때 발생하는 지진의 지반 붕괴 유형
- 마그마(magma)
  녹은 바위
- 맨틀(mantle)
  지구의 중간층
- 미소 지진(microearthquake)
  규모 2.0 미만의 지진이다.
- 팬케이킹(pancaking)
  지진의 흔들림으로 인해 고층 건물이 스스로 무너질 때 팬케이크처럼 됨
- 화산쇄설류(pyroclastic flow)
  가스와 화산 파편의 소각 혼합물로 누에아르덴트(nuee ardente)라고도 한다.

• 리히터 규모(Richter scale)
충격파 진폭 측정을 통한 지진의 에너지 방출을 설명하는 개방형 로그 척도이다.

• 지진파(seismic waves)
단층의 양쪽에 있는 바위가 부러질 때, 그것은 저장된 에너지를 방출한다. 파는 지진이 일어나면 땅이 흔들리게 하는 원인이다.

• 지진계(seismograph)
지진 발생 시 지진파의 진폭을 기록하는 기기이다.

• 지진학(seismology)
지진에 대한 연구

• 후퇴 법규(setback rule)
해안선을 따라 침식 속도를 기반으로 한 규제. 후퇴는 선이고 공사는 이 선 후방에서 진행되어야 한다.

• 방패화산(防牌火山; 순상화산; 楯狀火山; shield volcanoe)
원추형의 옆구리를 따라 균열이나 균열 구역에서 분출이 많이 일어나는 화산의 유형이다.

• 싱크홀(sinkhole)
땅 표면 아래의 암석이 지하수를 순환하면서 지하로 발달하는 공간과 동굴

• 토양 슬럼프(soil slumps)
느슨하거나 부분적으로 또는 완전히 포화 상태인 모래 또는 진흙 또는 모래, 진흙 또는 점토로 구성된 사람이 만든 질긴 충전재

• 성층화산(成層火山; stratovolcanoes)
산이기도 한 큰 화산. 또한 복합화산이라고도 불린다.

• 지표단층작용(surface faulting)
파단된 두 변의 차동 운동. 즉 지반이 갈라지는 위치이다.

• 구조판(tectonic plates)
대륙과 바다를 포함하는 지구 표면의 움직이는 층들

• 보그(vog)
화산 안개; 화산 폭발 현장에서 가까운 바람 아래 방향으로 발생한다.

• 화산재(volcanic ash)
화산 폭발로 인해 생성되며, 지상에 두꺼운 퇴적물을 형성하여 광범위한 환경 피해를 일으킬 수 있다.

• 화산이류(火山泥流; volcanic mudflow)
물과 화산성 잔해들의 혼합물이다.

• 화산(volcano)
마그마와 관련된 가스와 재가 분출되는 지구 표면의 분출구

연습문제

요약 질문

1. 맨틀은 지구의 외층이다. 참인가 거짓인가?

2. 다음 중 지구의 가장 부서지기 쉬운 층은 무엇인가?
   a. 맨틀 b. 암석권 c. 지각 d. 핵

3. 액상화는 토양이 힘을 잃고 액체처럼 작용하게 한다. 참인가 거짓인가?

4. 리히터 규모에서 측정하는 것은?
   a. 충격파 진폭 b. 지표단층작용 c. 진도 d. 지반운동

5. 미소지진은 규모 4.5보다 작다. 참인가 거짓인가?

6. 지진 피해 가능성을 판단하는 데 사용되는 MMI(Modified Mercali Intensity) 척도는 다음 중 무엇을 측정하는가?
   a. 속력 b. 속도 c. 지반운동 d. 진도

7. 리히터 규모는 1에서 8까지의 값을 사용하여 지진을 측정한다. 참인가 거짓인가?

8. 벌컨 화산 폭발은 다음과 같이 특징지어진다.
   a. 저점성 용암
   b. 상단에서 다량의 화산재가 분출됨
   c. 용암 및 화산재가 측면에서 분출됨
   d. 소규모의 연속적 분출

9. 지구 표면에 도달하는 용암은 마그마라고 불린다. 참인가 거짓인가?

10. 화산활동이 일어나기 쉬운 지역이 불리는 명칭은?
    a. 핫 포켓 b. 용암점 c. 열점 d. 용암돔

11. 성층화산은 다음 중 어느 것인가?
    a. 복합화산 b. 쿨리(Coulee)
    c. 미소지진(Microearthquake) d. 방패화산

12. 보그(Vog)는 화산이류의 부산물이다. 참인가 거짓인가?

13. 토석류는 나무와 자동차를 운반할 수 있을 정도로 밀도가 높을 수 있다. 참인가 거짓인가?

14. 산사태는 화산폭발과 지진에 의해 발생할 수 있다. 참인가 거짓인가?

15. 산사태가 발생하기 쉬운 지역이 포함하는 것은?
    a. 배수로의 기반
    b. 능선 상단의 영역
    c. 능선의 가장자리를 따라 있는 영역
    d. 이전에 이동하지 않은 영역

16. 일회성 침식은 수개월 또는 심지어 수년에 걸쳐 일어난다. 참인가 거짓인가?

17. 해안침식은 취약한 지역에 주택과 구조물이 점점 더 많이 지어지면서 위험 요소가 된다. 참인가 거짓인가?

18. 지반침하는 땅이 열리고 표면 물질이 공동으로 떨어질 때 발생한다. 참인가 거짓인가?

19. 미국에서 대부분의 지반침하 현상은 다음 중 어느 것의 결과인가?
    a. 광산 붕괴
    b. 싱크홀
    c. 지하수 제거
    d. 지진

리뷰 질문

1. 지구는 세 개의 층으로 구성되어 있다. 층의 이름을 나열하라.

2. 이 장에서 다루는 지질재해 중 공통적인 인자는 무엇인가?

3. 지진은 지구의 어느 층에서 형성되는가?

4. 지진에서 지진파의 역할을 설명하라.

5. 지진을 특징짓는 네 가지 변수의 이름을 나열하라.

6. 캘리포니아는 전형적으로 지진이 잦은 지역으로 여겨진다. 위협을 공유하는 다른 두 지역의 이름을 말하라.

7. 고체암이 녹은 암석으로 변할 때 일어나는 지질사건의 이름은 무엇인가?

8. 화산들과 지진들 사이에 (만약 있다면) 어떤 연관성이 있는지 설명하라.

9. 용암류와 화산재는 인간의 생명과 재산에 명백한 위험이다. 화산 폭발로 인한 다른 세 가지 위협은 무엇인가?

10. 토석류가 일반적인 산사태와 다른 이유를 설명하라.

11. 허리케인과 열대폭풍 이외의 자연재해가 산사태에 어떻게 영향을 미칠 수 있는지 설명하라.

12. 해안침식은 바람, 파도, 긴 해안 해류에 의해 육지의 표면이 마모되는 것을 말한다. 해안침식의 다른 세 가지 원인을 말하라.

13. 겨울과 여름 사이에 해변의 윤곽이 다르게 나타나게 하는 과정은 무엇인가?

14. 지하수의 제거는 미국에서 침하의 가장 중요한 원인이다. 침하의 원인이 되는 세 가지 다른 행위는 무엇인가?

15. 지하수가 낮아지는 것이 미국의 많은 지역에서 지역 규모의 침하를 어떻게 야기하는지 설명하라.

응용

1. 이 장에서 다루는 지질재해를 사용하여, 당신이 사는 곳에서 발생하는 재해를 선택하고 발생 가능성이 가장 낮은 순서대로 배치하라.

2. 당신이 리히터 규모 6.1의 지진을 경험한 지역에 살고 있다고 상상해 보라. MMI 척도를 사용할 경우, 그 진도는 어느 정도이고 어떤 영향을 경험하게 될 것 같은가?

3. 당신이 있는 건물을 고려하고 리히터 규모 5.4의 지진에 견딜 수 있는 능력을 예측해 보라.

4. 워싱턴 주 세인트헬렌스 산으로부터 100마일 떨어진 마을에서 비상관리인으로 일하고 있다. 당신은 화산과 다른 지질재해의 위험도에 대해 당신 커뮤니티 구성원들에게 어떤 종류의 정보를 제공하고 싶은가?

5. 산사태는 50개 주 모두에서 발생한다. 당신의 지역에서 산사태가 일어날 가능성을 고려해보라. 과거에 한 번이라도 일어난 적이 있는가? 고위험지역이 어디라고 예상하는가?

6. 노스캐롤라이나의 보초도 해안가를 따라 있는 휴양지 한 블록이 지난 10년 동안 해안침식의 영향으로 많은 피서지를 잃었다. 아직 그러한 심각한 침식을 경험하지 않은 이웃 지역의 잠재적 주택 구매자들에게 어떤 정보를 제공해야 하는가? 그들은 새로운 구조물을 짓기 위한 규제에 대해 무엇을 알아야 하는가?

7. 농업이 지하수 제거와 그로 인한 침하의 상당 부분을 담당했지만, 나라의 인구증가와 물의 수요(경관, 식수, 화재 진압, 산업, 제조, 재생 등)가 주요 요인이 되었다. 잠재적으로 위험한 개발 붐을 겪고 있는 한 지역에 대해 설명하라. 커뮤니티의 물 필요량은 무엇인가?

자습

- 당신의 지리를 알아라

  당신의 마을의 비상관리자로서, 당신은 마을의 지질학적 고위험지역의 지도를 만들기 위해 어떤 자원을 사용하겠는가? 커뮤니티의 주택 소유자 또는 사업주에게 위험의 다른 영역을 어떻게 설명하겠는가?

- 지구가 움직이는 걸 느낀다.

  지진은 미국의 많은 지역에서 주요한 걱정거리이다. 당신네 동네의 지진 위험수준은 어느 정도인가? USGS의 지진 웹사이트인 earthquake.usgs.gov를 이용하여 당신의 주에서 언제 마지막으로 지진이 일어났는지 결정하라. 지진 대비가 어떻게 당신 자신의 비상계획에 영향을 미치는지 생각해 보라. 웹사이트를 사용하여 지진 시 무엇을 해야 하는지 결정하라. 예를 들어, 당신은 출입구로 향해야 한가? 옥상? 지하실? 또한, 집의 내용물이 지진 활동을 견딜 수 있는 가능성은 얼마나 되는가?

참고문헌

1. Coch, N.K. 1995. Geohazards: Natural and Human. Englewood Cliffs, NJ: Prentice Hall.
2. Dunbar, P.K. and C.S. Weaver. 2008. U.S. States and Territories National Tsunami Hazard Assessment: Historical Record and Sources for Waves. Prepared for the National Tsunami Mitigation Program by the National Oceanic and Atmospheric Administration National Geophysical Data Center and the U.S. Geological Survey.
3. Morton, R.A., T.L. Miller, and L.J. Moore. 2004. Open File Report 2004-1043, U.S. Geological Survey.
4. Nicholls, R.J., P.P. Wong, V.R. Burkett, J.O. Codignotto, J.E. Hay, R.F. McLean, S. Ragoonaden, and C.D. Woodroffe. 2007. Coastal systems and low-lying areas. In Climate Change 2007: Impacts, Adaptation and Vulnerability. Contribution of Working Group II to the Fourth Assessment Report of the Intergovernmental Panel on Climate Change, M.L. Parry, O.F. Canziani, J.P. Palutikof, P.J. van der Linden, and C.E. Hanson, Eds. Cambridge, UK: Cambridge University Press, 315–356.
5. Williams, J.B. 2007. Proceedings of the 2007 National Conference on Environmental Science and Technology. Greensboro, NC.

제5장 인적재해

학습내용과 목표

(1) 학습 내용

- 인적재해의 범주
- 일반위험물질
- 위험물질이 사람에게 영향을 미칠 수 있는 방법
- 인적재해의 감정적 결과
- 미국 역사상 주목할 만한 인적사건들
- 테러 행위 및 전술의 유형
- 시민소요가 무질서와 혼란을 일으킬 수 있는 방법

(2) 학습 목표

- 인적재해를 평가하기 위한 절차 및 도구 평가
- 주어진 상황에서 인적재해 찾기
- 전재해접근법을 사용한 재해사건에 대한 커뮤니티의 대비 상태 평가
- 커뮤니티에 잠재된 인적재해의 찾기
- 테러재해 및 기술재해에 대한 대중의 위험도 인식 평가

개요

회복탄력적 커뮤니티는 반복되는 자연재해에 대처할 뿐만 아니라, 의도적이거나 인 우발적인 인적재해로부터 스스로를 보호하기 위한 조치를 취해야 한다. 이 장에서는 다양한 유형의 인적재해를 소개하고 미국과 해외에서 발생한 주목할 만한 인적재해 중 일부를 간략하게 열거한다. 다음으로 위험물질 방출, 원자로 사고 및 기름 유출을 포함한 다양한 기술재해를 탐구한다. 이 장에서는 테러, 사이버 공격, 총기난사, 그리고 나라에 대한 중대하고 의도적인 위협에 대해 논의한다. 다음으로 시민소요의 역할과 영향에 대해 설명하고, 대중시위를 통한 자유로운 표현의 중요성을 강조하는 한편, 발생할 수 있는 폭력과 피해의 유형에 대해서도 설명한다. 이 장은 이러한 유형의 재해가 초래할 수 있는 심리적 영향 중 일부에 대한 설명과 이러한 재해와 관련된 위험에 대한 대중의 인식에 대한 논의로 마무리된다.

5.1 미국 경험

과거에 우리 사회에 영향을 준 허리케인, 산불, 홍수, 지진, 토네이도, 얼음 폭풍, 산사태, 그리고 다른 자연의 위업과 같은 자연재해의 수와 비교할 때, 미국은 상대적으로 인적재해를 거의 경험하지 못했다. 우리는 세계에서 가장 안전한 교통시스템 중 하나, 매우 규제가 강한 원전산업, 그리고 화학 물질, 독소, 부식물 및 기타 위험물질의 사용을 제한하는 엄격한 법을 가지고 있다. 그러나 사고는 여전히 일어난다. 예를 들어, 화물 열차는 탈선하여 주위에 화학물질을 흘릴 수 있다. 유정(油井)은 누출을 일으켜 환경과 주변 커뮤니티에 큰 피해를 줄 수 있다. 우리는 이것들과 다른 우연한 인적재해들을 "기술재해(technological hazard)"라고 부른다. 이 장에서는 다양한 유형의 기술재해와 그것들이 커뮤니티에 미치는 영향에 대해 논의한다.

또한 이 장에서는 의도적인 인적재해에 대해서도 논의한다. 이 인적재해의 범주에는 "테러(terrorism)"가 포함되는데, 테러는 협박이나 강요의 목적으로 행해지는 고의적인 범죄 행위를 말한다. 이 범주에는 시위와 같은 "시민소요(civil unrest)" 사건도 포함되는데, 이는 민주주의 사회의 중요한 부분이 될 수 있음에도 불구하고 사람들의 부상과 재산 파괴를 포함한 위험을 초래한다.

5.1.1 전재해접근법

우리가 테러의 위협을 고려할 때 가지는 긴박감에도 불구하고, 기술적 사고와 시민소요의 위험과 함께, 우리는 확실히 이 나라에서 일어날 수 있는 일련의 자연재해들을 명심해야 한다. 우리는 허리케인이 계속해서 우리 해안을 파괴할 것이라는 것을 알고 있다. 우리는 토네이도가 중서부에 큰 피해를 줄 것이라는 것을 알고 있다. 우리는 커뮤니티가 계속해서 물에 잠길 것이라는 것을 알고 있다. 우리는 서부 주들이 계속해서 파괴적인 산불들을 경험할 것이라는 것을 알고 있다. 우리는 의심할 여지 없이 이러한 위험들이 이 지역에서 발생할 것이라는 것을 알고 있다. 인적재해에 의해 야기되는 위험을 줄이기 위한 우리의 노력에서, 우리는 자연재해가 확실하다는 사실을 잊어서는 안 된다. 우리는 국토 안보에 헌신하는 자원이 경감 및 대비를 통해 자연재해의 영향을 줄이려는 우리의 노력에서 벗어나지 않도록 주의해야 한다. 우리의 우선순위 결정 과정은 위험도 감소 정책과 전략을 개발할 때 모든 유형의 위험을 고려해야 한다. 자연재해와 인적재해를 동시에 다루는 이러한 접근방식을 "전재해접근법(全災害接近法; all-hazards approach)"이라고 한다.

전재해접근법은 모든 커뮤니티가 여러 출처에서 위험을 식별하고 평가하는 경감 및 비상운영계획을 채택하도록 권장하는 FEMA(Federal Emergency Management Agency; 연방재난관리청)에 의해 완전히 승인되었다. 많은 경우에 한 유형의 재해로 인한 위험을 줄이기 위해 취한 조치는 실제로 다른 재해로 인한 위험을 감소시키는 측면에서 유익한 결과를 가져올 수 있으며, 전재해계획(all-hazards planning)을 통해 커뮤니티는 이러한 공동 편익을 통해 고려할 수 있다.

각 커뮤니티는 고유한 특성을 바탕으로 자연재해 및 인적재해의 중요성에 순위를 매겨야 한다. 일부 커뮤니티에서는 테러공격이나 기술 사고에 대한 민감도가 상당히 낮다. 이러한 커뮤니티는 주로 지역에서 흔히 볼 수 있는 자연재해에 초점을 맞출 것이다. 그러나 다른 커뮤니티는 인적재해에 대한 취약성이 훨씬 더 높다는 것을 알게 될 것이다. 아마도 테러공격의 매력적인 표적을 제공하거나 기술 사고가 발생할 수 있는 여러 장소나 상황이 있기 때문일 것이다. 어느 쪽이든, 각 커뮤니티는 커뮤니티에서 발생하는 각 재해 유형의 확률을 평가하고 가장 가능성이 높은 결과를 고려함으로써 인적재해와 자연재해의 위험을 줄이는 데 어떤 우선순위를 두어야 하는지를 스스로 평가할 필요가 있다.

5.1.2 주요 인적재해

Table 5.1은 미국 역사에서 일어났던 몇 가지 극적인 사건들을 나열한다. 순전히 숫자로 측정하면, 금전적인 영향과 사망과 부상자의 수는 수년간 자연재해에 의해 야기된 피해의 양에 미치지 못한다. 그러나 이러한 유형의 재해는 자연재해의 여파와 관련된 것과는 구별되는 감정적 요소가 있다. 흥미로운 연습으로, 여기 나열된 짧은 사실들을 읽을 때 당신의 감정을 확인해 보라. 만약 이러한 사건들이 동료 인간들에 의해 야기된 것이 아니라 자연에 의해 야기된 사건이라면, 당신의 대응 방식은 달라지는가?

Table 5.1 주요 인적재해

사건	위치	재해 유형	설명과 영향
2018년 10월 27일 피츠버그 시나고그 총격 사건	펜실베이니아 피츠버그	총기난사/국내 테러	유대교 회당에서 예배를 드리던 중 격렬한 공격을 받아 11명이 사망하고 7명이 부상을 입었다. 가해자는 반유대주의 신앙의 이력이 있었고 의도적으로 유대인 커뮤니티를 겨냥하고 있었다.

2017년 10월 1일 라스베이거스 총격 사건	파라다이스	총기난사	라스베이거스 스트립에서 열린 음악제에 참석한 군중을 향해 32층 호텔 스위트룸에서 총격 사건이 발생해 60명이 숨지고 411명이 다쳤다. 이 사건은 현대 미국 역사상 개인이 저지른 가장 재앙적 총기난사 사건이다.
2015년 6월 17일 찰스턴 처치 총격 사건	사우스캐롤라이나 찰스턴	총기난사	백인 우월주의자가 아프리카계 미국인 교회 신도들을 목표로 한 인종적 동기에 의한 폭력적인 공격으로 9명이 사망했다. 그 공격은 미국 예배 장소에서 일어난 가장 재앙적 총기난사 사건들 중 하나이다.
2013년 4월 17일 비료공장 폭발 사고	텍사스 서부	기술 사고	보스턴 마라톤 결승선 부근에서 압력솥 폭탄 2개가 터져 3명이 숨지고 264명이 다쳤다. 3일 후, 두 명의 용의자가 법 집행 기관과 총격전을 벌였고, 그 결과 추가 사망자가 발생했고, 전례 없는 20개 블록의 봉쇄가 있었다.
2010년 Deepwater Horizon 오일 유출 사고	미시시피 강 삼각주 근처의 멕시코만	기술 사고	지난 4월 20일 BP사의 석유 굴착기 Deepwater Horizon이 폭발해 침몰해 석유 노동자 11명이 사망했고, 그 결과 세계에서 가장 큰 사고로 여겨지는 해상 기름 유출 사고가 발생했다. 총 배출량은 490만 배럴로 추정되며 심각한 환경, 건강, 경제적 영향을 계속 미치고 있다.
2001년 10월 탄저균 공격	워싱턴 D.C. New York City플로리다 Boca Raton	원천을 알 수 없는 테러	탄저균이 포함된 편지들이 뉴스 미디어 사무실과 2명의 미 상원의원에게 우편으로 보내졌다; 5명의 사망자와 22명의 장기 질병에 감염된 사람들; 정부의 우편 서비스를 중단했다; 수십 개의 건물들이 10억 달러 이상의 비용으로 오염을 제거했다.
2001년 9월 11일 테러공격	국방부 워싱턴 D.C., 뉴욕시 세계무역센터, 펜실베니아 샹크스빌	국제 테러	납치된 항공기를 이용한 일련의 자살 공격, 2986명 사망, 수천명 부상, 맨해튼의 25개 건물 파괴, 뉴욕시의 150만톤의 잔해, 펜타곤의 일부 손상, 수십억 달러의 정화, 재건 및 경제적 손실, 전 세계 주식시장 하락, 항공 산업 심각한 영향, 대규모 보험그래서 항공사와 다른 사람들을 상대로 한 주장; 대규모 "테러와의 전쟁"에 대한 자극제.
1996년 7월 27일 올림픽 폭파 사건	애틀랜타 올림픽 100주년 기념 공원	국내 테러	정치적 동기로 인한 폭탄 공격, 직접 사망 1명, 치명적 심장마비 1명, 부상 111명, 가해자 에릭 루돌프가 붙잡혀 다른 폭탄테러 혐의로 기소되어 종신형을 선고받았다.

1995년 4월 19일 오클라호마시 폭탄테러	오클라호마시무라연방청사	국내 테러	비료와 기타 쉽게 구할 수 있는 재료로 만들어진 폭탄은 대여 트럭에서 폭발했고, 168명이 사망하고, 500명 이상이 부상을 입었으며, 범인 티모시 맥베이와 테리 니콜스는 체포되어 재판을 받고 형을 선고 받았다.
1993년 2월 26일 세계무역센터 폭파 사건	뉴욕시	국제 테러	폭탄이 든 밴이 지하 주차장에 진입해 원격으로 폭발했고, 6명이 사망하고 1000명이 부상했으며, 3억 달러의 재산피해를 입었다.
1992년 4월 29일 L.A.	캘리포니아 로스앤젤레스	시민소요/인종 폭동	대부분 백인 배심원들이 아프리카계 미국인 운전자인 로드니 킹을 때리는 비디오로 기소된 경찰관 4명에게 무죄를 선고하면서 6일간의 폭동이 촉발되었다. 수천 명의 주민들이 집단법 위반, 약탈, 방화, 살인 등 인종 폭동에 가담했다. 50-60명의 사망, 2000명 이상의 부상, 10,000명의 체포, 8억-10억 달러의 재산피해.
1989년 엑손 발데스 기름 유출 사고	알래스카프린스 윌리엄 사운드	기술사고	엑손 유조선은 선박 선장의 부주의로 좌초되었다; 4만 톤의 원유가 바다로 유출되어 수백 마일의 해안선을 따라 퍼져나갔다; 심각한 환경 파괴와 해양과 해안 야생 및 식물의 죽음을 야기했다; 유출의 영향은 오늘날에도 여전히 명백하다; 법원은 엑손에게 10억 달러를 지불하라고 명령했다. 청소와 복구; 재난은 연방 석유 오염법의 통과로 이어졌고; 선장은 벌금을 부과하고 사회 봉사를 선고받았다.
1979년 3월 28일 스리마일 섬 원자력 사고	펜실베니아 미들타운 근처	원자력 발전소 사고	장비 오작동, 설계 문제 및 작업자 오류로 인해 원자로 노심의 부분 용융. 방사능의 소규모 외부 방출. 사망 없음. 대응 훈련, 엔지니어링, 방사선 보호의 전면적인 변화를 가져옴. 미국 원자력 규제 기관의 규제 감독 강화로 이어졌다. 오늘날 원자로는 영구적으로 정지되고 연료 공급이 중단되었다.
1963년 16번가 침례교회에 대한 백인 우월주의자의 공격	앨라배마버밍엄	국내 테러/시민소요/인종 폭동	교회 폭탄 공격으로 4명의 아프리카계 미국인 소녀들이 죽었고, 23명이 부상을 입었으며, 폭동과 화재가 뒤따랐으며, 1963년 살인 혐의로 무죄 판결을 받은 용의자 1명이 1977년 재심되어 종신형을 선고받았으며, 2000년에는 2명의 용의자가 재판을 받았고, 1명은 유죄 판결을 받았다.

1871년 10월 시카고 대화재	시카고	사고 화재	작은 헛간 화재는 맹렬한 대화재로 변했고, 300명이 사망했으며, 18,000개의 건물이 파괴되었으며, 인구의 3분의 1이 집을 잃었으며, 도시는 2년 만에 재건되었다.

자기 진단

- “기술재해”, “시민소요” 및 “전재해접근법”을 정의한다.
- 인적재해와 자연재해의 차이점을 설명하라.
- 인적재해의 세 가지 예를 들어라.

5.2 기술재해

산업 화학 물질과 핵 물질에서 가정용 세제 및 방향제에 이르기까지 위험물질은 현대 세계의 일부이다. 이 물질들은 물을 마시기에 안전하게 만들고, 에너지를 생성하고, 차량과 기계에 연료를 공급하고, 농장 생산을 늘리고, 집안일을 단순화하고, 의료와 연구를 돕고, 매일 사용하는 많은 제품에서 핵심 요소로 작용하기 위해 사용된다. 물리적 재해 또는 건강상 재해를 내포하고 있으며 “위험(hazardous)”하다고 정의될 수 있는 제품은 80,000개에 달한다. 매년, 700개 이상의 새로운 합성 화학물질이 미국에서 소개된다. 기술재해 사고는 위험물질을 사용, 운송 또는 부적절하게 폐기할 때 발생하며, 잠재적으로 커뮤니티를 유해한 결과에 노출시킨다.

위험물질 방출의 유형은 종종 CBRN 약자를 사용하여 화학(chemical), 생물학적(biological), 방사선(radiological) 또는 핵(nuclear) 방출로 분류된다. 어떤 경우에는 폭발물(explosives)이 목록에 추가되며, 커뮤니티는 이러한 유형의 위협을 CBRNE이라고 지칭할 것이다. 비록 기술재해 절에서 논의하고 있지만, CBRN은 우발적 방출의 결과이거나 테러와 같은 의도적 방출의 결과일 수 있다는 것을 유의해야 한다. 많은 경우, 위험을 경감하고 위험물질 방출에 대비하는 단계는 기술적 실패, 인적 오류 또는 범죄 행위의 결과인지를 아는 것이 유사하다.

5.2.1 기술재해로 인한 커뮤니티 영향

기술재해는 경고 없이 언제든지 발생할 수 있다. 위험물질은 생산, 저장, 운송, 사용 및 폐기를 포함하여 물질의 수명 주기의 모든 단계에서 커뮤니티에 유입될 수 있다. 위험물질을 안전하게 취급하더라도 화재나 홍수 등 갑작스런 사건(precipitating event)이 발생할 경우 우려의 대상이 될 수 있다. 위험물질 사고(Hazmat incident)는 정전, 통신 중단 및 중요 사회기반시설 손상과 같은 커뮤니티 전체에 광범위한 영향을 미칠 수 있다. 물이나 공기를 통해 위험 화학물질의 광범위한 확산을 수반하는 극단 사건의 경우, 영향을 받는 인구의 대피가 필요할 수 있다. 지역 지하수, 지표수, 토양의 심각한 장기 오염이 발생할 경우 주민들은 이주할 수 밖에 없거나 심지어 집과 사업을 포기하게 될 수도 있다.

참조 멕시코만 원유 유출

2010년 4월 20일부터 7월 15일까지 11명의 목숨을 앗아간 BP 딥워터 호라이즌 석유 굴착기(rig) 폭발과 침몰 이후 약 2억1000만 갤런의 기름이 멕시코만으로 유입되었다. 석유 산업 역사상 가장 큰 사고로 여겨지는 해양 기름 유출 사고로, 해변, 습지, 하구, 해양과 야생 동물 서식지, 그리고 멕시코만의 어업과 관광 산업을 보호하기 위한 시도로 대규모 대응이 이루어졌다. 연구들을 통해 재난의 환경, 경제, 건강의 결과를 계속 조사하고 있지만, 유출이 수천 종의 해양 생물들에게 영향을 미쳤고, 멕시코만 해안의 거주자들에게 신체적, 정신적 건강 문제를 초래했으며, 상업적인 어업 산업과 관광업에 각각 대략 25억 달러와 230억 달러의 손실을 입혔다.

5.2.2 무엇이 위험물질을 위험하게 하는가?

"위험물질(hazardous material)"은 화학적 성질이나 독성 때문에 생명이나 건강에 잠재적 위험을 주는 물질이다. 물에 있는 위험한 유기체를 죽이고 농작물에 해충을 죽이는 능력과 같이 그들을 가치 있게 만드는 많은 화학물질의 특성들은 만약 화학물질을 잘못 다루면 인간과 환경에 재해를 초래한다. 위험물질은 폭발물, 인화성(combustible) 및 가연성(flammable) 물질, 독성 물질 및 방사성 물질의 형태로 제공되며 사망, 중상, 암 및 기타 오래 지속되는 건강상의 영향을 초래할 수 있다.

"위험물질(hazardous material)"이라는 용어에 사용되는 많은 정의와 설명이 있으며, 각각은 설명될 문제의 성격에 따라 다르다. 다음 목록은 위험물질 규제를 담당하는 연방 기관이 사용하는 정의의 일부이다.

• 위험물질(*危險物質*; hazardous material)

미국 DOT(Department of Transportation; 교통부)는 "위험물질"이라는 용어를 사용하여 8개의 개별 위험 등급을 다루며, 그 중 일부는 하위 범주 또는 분류를 가지고 있다. 그 종류에는 폭발물, 가스, 가연성 액체, 가연성 고체, 산화제 및 유기 과산화물, 독성 및 전염성 물질, 방사성 물질 및 부식성 물질이 포함된다. 아홉 번째 등급은 ORM(Other Regulated Material; 기타규제물질)를 다룬다.

• 유해물질(hazardous substance)

EPA(Environmental Protection Agency; 환경부)은 특정 양 이상의 환경에서 방출될 경우 보고해야 하는 화학물질에 대해 유해물질이라는 용어를 사용하며, 환경에 대한 위협에 따라 사고 처리에 대한 연방정부의 개입을 승인할 수 있다.

• 극단유해물질(extremely hazardous substances)

EPA는 임계 보고 수량 이상으로 방출될 경우 해당 당국에 보고해야 하는 화학물질에 대해 극단유해물질이라는 용어를 사용한다. 각 물질은 임계 보고량을 갖는다.

• 독성화학물질(toxic chemical)

EPA는 독성화학물질을 제조, 처리 또는 사용하는 특정 시설의 소유자와 운영자가 매년 총 배출량 또는 배출량을 보고해야 하는 화학물질에 대해 독성화학물질이라는 용어를 사용한다.

• 유해폐기물(hazardous waste)

EPA는 자원, 보존 및 회수법에 따라 규제되는 화학물질에 대해 유해폐기물이라는 용어를 사용한다. 운송 중의 유해폐기물은 DOT에 의해 규제된다.

• 유해화학물질(hazardous chemical)

미국 노동부 산하 OSHA(Occupational Safety and Health Administration; 산업안전보건국)은 유해화학물질이라는 용어를 작업장에서 노출될 경우 근로자에게 위험이 될 수 있는 화학물질을 나타내기 위해 사용한다. 유해화학물질은 다른 화학물질 목록보다 광범위한 화학물질 그룹을 포함한다.

• 유해물질(hazardous substance)

OSHA는 비상 대응을 다루는 규정에서 유해물질이라는 용어를 사용한다. OSHA가 사용하는 유해물질은 DOT와 EPA가 규제하는 모든 화학물질을 포함한다.

5.2.3 중독 증상

특정 위험물질에 노출된 후 나타날 수 있는 증상은 다음과 같다.

- 호흡곤란
- 눈, 피부, 목의 자극
- 호흡기의 자극
- 피부색 변화
- 두통 또는 시야 흐림
- 어지럼증
- 어색한 행동(clumsiness) 또는 보행 곤란(lack of coordination)
- 경련 또는 설사
- 메스꺼움 또는 구토

5.2.4 위험물질 발생원

미국 전역의 많은 사업체와 시설은 위험물질을 사용하고 보관한다. 화학 제조업체와 정유업체는 위험물질 부지로 잘 알려진 산업 중 하나이다. 그러나 위험물질은 우리 커뮤니티의 다른 많은 곳에도 존재한다. 예를 들어, 식품 가공산업은 공장, 창고, 물류 센터 및 화물 운송 회사의 냉동시스템에 암모니아와 같은 위험물질을 대량으로 포함할 수 있다. 지역 식수시스템, 하수처리장, 공공수영장 등에도 물 속 위험한 박테리아를 죽이기 위해 사용되지만 부적절하게 취급할 경우 독성이 생길 수 있는 화학물질을 보관하고 있다.

많은 소매 상업부지들도 화학 물질과 독성 물질을 사용하고, 저장하고, 판매한다. 위험물질은 철물점, 농업용품센터, 가든샵(garden shop), 해충방제사업장에서 발견될 수 있다. 주유소, 세탁소, 차고 등을 포함한 많은 소규모 사업장도 일상 업무에 위험물질을 일상적으로 사용한다. 병원, 진료소 및 연구 대학은 다양한 생물학적, 방사성, 가연성 및 인화성 위험물질을 저장하고 사용한다. 미국 내 약 450만 개의 시설에서 다양한 양의 위험물질이 제조, 사용 또는 저장된다. 더욱이 전역에 약 30,000개의 위험물질 폐기 장소가 있다.

5.2.5 OSHA 안전보건자료

OSHA는 작업 중 위험물질과 접촉할 수 있는 근로자에 대해 많은 화학물질의 허용 노출

수준을 설정한다. 2012년, OSHA는 "고용인의 알 권리(employee right to know)" 규칙을 시행하기 위해 개정된 조항을 발표했다. 개정된 재해 통신규정(HazCom)에서는 작업장에서 취급되는 잠재적 유해물질에 대해 직원이 "SDS(안전보건자료; Safety Data Sheet)"를 사용할 수 있도록 요구하고 있다. HazCom 2012는 화학 제조자와 수입업자가 각 위험 등급과 범주에 대해 통합된 제품 식별자, 그림 문자, 신호 단어 및 위험 문구를 포함하는 라벨(label)을 제공하도록 요구하고 있다. 또한 예방 문구가 제공되어야 한다.

안전보건자료는 작업자와 응급 의료진에게 해당 물질을 안전하게 취급하거나 취급하기 위한 절차를 제공하며 물리적 데이터(녹는점, 끓는점, 섬광점 등), 독성, 건강 영향, 응급 처치, 반응성, 저장, 폐기, 보호 장비 및 유출 처리 사전 등의 정보를 포함한다. 이 정보는 유해물질 사고 현장에 호출될 수 있는 응급구조요원들에게 생명을 구할 수 있다.

참조 Pictogram(픽토그램; 그림문자)으로 위험 전달

2015년 6월 1일자로 OSHA가 발행한 위험통신표준(Hazard Communication Standard)은 사용자에게 노출될 수 있는 화학적 위험에 대해 경고하기 위해 라벨에 그림문자를 요구한다. 각 픽토그램은 빨간색 테두리 안에 테두리를 두른 흰색 배경에 기호로 구성되며 건강, 물리적 및 환경과 같은 고유한 위험 또는 위험의 조합을 나타낸다. 라벨의 픽토그램은 화학적 위험 분류에 의해 결정된다. 예를 들어, 해골과 십자가 뼈는 사망이나 심각한 건강 상해를 초래할 수 있는 가장 심각한 독성 화학 물질에 나타나야 하며, 환경 기호는 물고기, 갑각류 또는 수생 식물에게 매우 위험한 화학 물질에 나타내야 한다.

자기 진단

- "위험물질"을 정의한다.
- 위험물질이 어떻게 기술재해가 되는지 설명한다.
- 화학 물질에 노출된 근로자에 대한 안전 규정을 정하는 연방기관의 이름을 대라.
- 일반적인 커뮤니티에서 다양한 위험물질 발생원에 대해 논의하라.

5.2.6 위험물질 운송 사고

위험물질을 취급하는 시설 근처에 위치한 커뮤니티와 주거지는 추가로 제거된 지역보다 위험물질 사고를 경험할 위험이 더 높은 것으로 간주된다. 하지만, 어떤 커뮤니티도 완전히 안전하지 않는 것은 위험물질들이 고속도로, 물, 파이프라인, 철도를 통해 정기적으로 운반되기 때문이다. 연간 31억 톤이 넘는 위험물질이 선적되는데, 교통, 기차, 파

이프라인 사고 때 이들 물질 중 하나가 유출되면 빠르게 확산돼 넓은 지역에 영향을 미칠 수 있다.

연방 위험물질 운송법은 미국의 위험물질 운송을 규제하는 기본 법령이다. 미국 DOT 내의 PHMSA(Pipeline and Hazardous Materials Safety Administration; 파이프라인 및 위험물질 안전국)는 파이프라인을 포함한 모든 운송수단에 의한 위험물질 운송에 내재된 위험으로부터 사람과 환경을 보호할 책임이 있다. PHMSA 이슈는 법 조항의 준수를 허용하고 보장한다. PHMSA의 임무는 또한 대비와 대응을 포함하고 있으며 계획, 연습 및 역량 강화와 함께 운송에 관련된 모든 위험물질 직원 교육에 초점을 맞추고 있다.

위험물질의 알려진 운송 경로에 위치한 커뮤니티는 운송 중 실수로 화학물질이 유출되거나 누출될 경우 신속하게 대응할 수 있도록 각별한 주의를 기울여야 한다. 사고는 훈련된 위험물질 대응자를 파견하는 24시간 국가대응센터(24-hour National Response Center)에 직접 보고된다. 또한 미국 DOT는 24시간 위기관리센터(24-hour Crisis Management Center)를 운영하고 있으며, 많은 주(州) 기관들도 운송사고를 경계하고 있다.

참조 운송 중 인적과오

인적과오(human error)는 위험물질의 방출과 관련된 많은 운송사고의 원인이다. 1989년 미국 알래스카주 프린스윌리엄사운드 암초에 유조선이 추락한 원인이 조작자 과실로 추정되는 엑손발데스 기름 유출 사고도 그랬다. 거의 110억 갤런의 원유가 만으로 유출되어 수백만 마리의 물고기와 다른 수중 동물들이 죽었고 수 년 동안 만의 물과 해변을 오염시켰다. 발데스 기름 유출은 인간이 일으킨 가장 파괴적인 환경 재앙 중 하나로 여겨지며, 2010년 딥워터 호라이즌 기름 유출이 일어나기 전까지 미국 해역에서 가장 큰 규모였다.

5.2.7 보관 및 폐기 시 누출

유해화학물질 및 위험물질의 안전하고 적절한 보관을 위해 충족해야 하는 많은 연방 및 주 규정이 있다. 화학물질 보관 건물은 시설 또는 환경에 대한 작업자의 위험을 최소화하기 위해 액체 유출, 누출, 증기 및 폭발을 포함하도록 설계되어야 한다. 특히 화학물질 저장 건물은 환경으로의 액체 누출을 방지하도록 설계되어야 한다. 화학물질 저장 건물은 유출된 유해화학물질을 수집하고 억제하기 위해 건물 바닥에 강철 격자와 움푹 패인 상태로 건설되는 경우가 많다. 또한 건물은 다른 물질들을 분리하기 위한 칸막이를 가지고 있을 수도 있다.

EPA, DOT, OSHA 및 수많은 국가 기관이 부과하는 법규와 규정에도 불구하고, 저장 시설로부터의 누출, 유출 및 기타 우발적인 누출이 발생한다. 특히 저장 컨테이너가 지하에 묻힐 경우 몇 주, 몇 달, 심지어 몇 년 동안 누출 및 유출이 탐지되지 않을 가능성이 있다. 감지되지 않은 누출은 이 물질들이 흙 속으로 더 침출되거나 지하수로 들어가 수 마일 떨어진 곳의 주민들을 위험에 빠뜨릴 수 있다.

또한 위험 폐기물 처리장은 지방, 주 및 연방 당국에 의해 엄격하게 규제된다. 대부분의 처리장은 사람이 거주하는 곳과 거리가 먼 지역에 위치하지만 위험물질이 퇴적된 지역으로 커뮤니티 성장과 개발이 확산될 때 문제가 발생할 수 있다. 대부분의 처리장에는 주변 환경으로의 침출을 방지하기 위해 그곳에 저장된 위험 폐기물을 수용하기에 적합한 재료를 사용하여야 한다. 그러나 많은 커뮤니티는 폐기 또는 부적절하게 유지 관리 및 모니터링되는 처리장에서 누출 문제가 발생했다.

저장 및 폐기시설의 위치, 규모, 내용 등을 파악하는 것이 우발적이거나 고의적인 방출 또는 유출의 영향을 대비하고 경감하는 첫 단계다. 그러나 종종 보안 문제로 인해 위험물질 시설의 위치 및 기타 식별 기능이 파괴 또는 테러공격의 위험으로 인해 공개적으로 공개되지 않는다. 이러한 우려는 커뮤니티의 매핑 및 대비 훈련의 작업을 더 어렵게 만든다. 또한 이러한 우려는 모든 정부 수준에서 비상관리에 대한 전재해접근법의 중요성을 강조한다.

참조 가정에 잠복해 있는 위험

화학물질 누출과 운송, 보관, 처분 중 사고의 위험에도 불구하고 대부분의 화학사고 피해자들은 집에서 부상을 당한다. 이러한 사고는 대개 인화성 또는 가연성 물질을 사용할 때의 인식 부족이나 부주의로 인해 발생한다. 지역 독극물 통제 센터는 많은 종류의 위험물질의 우발적인 섭취나 유출에 대처하기 위해 전국에 설치되어 있다. 이러한 센터에서 받는 많은 전화는 부적절하게 저장된 위험물질(예: 청소 용액, 부동액 및 접촉하거나 삼킬 경우 치명적일 수 있는 다른 물질)에 접근한 어린 아이들에 관한 것이다.

일상적인 집안일 중에도 위험물질이 방출될 수 있다. 주민들은 세정제와 다른 가정용 물질을 변기 아래로 씻어내거나 싱크대 아래로 씻어내면 이러한 위험한 요소들이 우리 환경으로 직접 유입된다는 사실을 깨닫지 못할 수도 있다. 진입로에 호스를 뿌리는 간단한 행동은 기름, 가솔린, 그리고 다른 유해 물질들을 지역 우수와 배수시스템으로 흘러 들게 할 수 있고, 결국 강과 개울로 흘러 들어가 식수 공급원으로 들어갈 수 있다.

5.2.8 생물학적 재해

생물학적 재해(biological hazard)는 박테리아, 바이러스 또는 다른 생물학적 작용제(biological agent)의 형태일 수 있다. 일반적으로, 사람들은 생물학적 물질(biological material)의 종류에 따라 몇 가지 방법으로 생물학적 재해에 의해 영향을 받을 수 있다.

- 공기 노출(airborne exposure)
  일부 생물학적 물질을 흡입하는 것은 탄저균을 일으키는 포자에 노출되는 것과 같이 사람들의 건강에 해롭거나 심지어 재앙적일 수 있다.
- 오염된 음식이나 물 섭취(ingesting contaminated food or water)
  위장 감염은 음식이나 물을 통해 일부 생물학적 물질에 노출되어 발생할 수 있다. 예를 들어, 음식에 있는 박테리아 대장균은 감염된 음식을 먹는 사람들 사이에 널리 퍼진 질병을 초래할 수 있다.
- 직접 접촉(direct contact)
  많은 생물학적 질병은 감염된 개인과 직접 접촉하거나 오염된 표면을 만짐으로써 전파된다. 독감을 일으키는 바이러스는 이런 식으로 퍼진다.

생물학적 재해유형에 따라 비상관리자는 지역 및 주 공중보건 부서 및 심지어 연방 질병통제 및 예방센터(Centers for Disease Control and Prevention)와 협력할 수 있다. 많은 재해와 위협과 마찬가지로 비상관리자는 사건 발생 전, 발생 중, 발생 후 기관 및 분야 간 조정에 중요한 역할을 한다. 여기에는 훈련을 조직하고, 커뮤니티가 생물학적 재해를 억제하기 위한 충분한 의약품과 기타 장비를 보유하도록 보장하며, 대중과의 명확한 의사소통을 촉진하는 것이 포함될 수 있다.

참조 COVID-19: 모든 인력 투입

이 텍스트가 작성될 때 새로운 코로나바이러스가 전 세계에 퍼지고 있는 COVID-19 대유행(pandemic; 팬데믹)으로 이어지고 있다. 이것은 현대 역사에서 가장 중요하고 파괴적인 생물학적 재난 중 하나이며, 수백만 명의 사람들을 감염시키고 전 세계의 거의 모든 나라에 영향을 미친다. 많은 전문직과 직업들이 바이러스의 확산을 늦추고, 영향을 받는 커뮤니티를 지원하고, 치료제나 백신을 찾는 데 중요한 역할을 하고 있다. 경감 및 대비에 관련된 비상관리자와 계획자는 발생 관리의 모든 측면에서 중요한 역할을 수행하고 있다.

COVID-19 대유행 기간 동안 커뮤니티가 지속적으로 대비하고 영향을 최소화하는 데 도움이 되도록 비상관리자가 취할 수 있는 조치의 몇 가지 예는 다음과 같다.

- 마스크를 착용하고 사회적 거리를 두는 것을 포함하여 개인이 코로나 바이러스의 확산을 줄이기 위해 취할 수 있는 행동에 대해 대중에게 전달하는 것이다.
- 지원이 필요할 수 있는 커뮤니티 구성원에게 음식과 물을 배급할 수 있는 임시시설의 설치를 돕는다.
- 공공보건 및 병원 시스템과 조정하여 임시진료소, 병원 및 바이러스에 감염된 환자를 치료하는 데 필요한 기타 시설을 설립한다.
- 대피소 내 규제, 여행 제한 또는 바이러스의 확산을 제한하고 사람들을 안전하게 보호하기 위한 기타 노력을 포함한 규칙 및 지침의 변경에 대한 긴급 통보를 제공한다.
- 기존 행동수칙(protocol)을 수정하여 코로나로 인한 공중보건 문제에 적응하도록 한다. 예를 들어, 허리케인, 산불 또는 사회적 거리두기(social distancing)를 수용하는 기타 재해에 대한 임시 대피소에 대한 지침을 제공한다.

5.2.9 원자력 사고

원자력 발전소(이하 원전)는 원자로에서 핵분열로 인해 발생한 열을 이용하여 물을 증기로 변환하고, 이를 통해 발전한다. 원전은 미국 대부분의 주에서 가동되며 국가 전력의 약 20%를 생산한다. 약 1,700만 명의 미국인들이 운영 원전에서 10마일 이내에 살고 있고, 거의 1억2천만 명의 미국인들이 원전에서 50마일 이내에 살고 있다.

이들 시설의 건설과 운영은 미국 원자력규제위원회(NRC; Nuclear Regulatory Commission)가 면밀히 감시하고 규제하고 있지만 사고가 발생할 수 있다. 사고로 인해 인근 주민의 건강과 안전에 영향을 미칠 수 있는 위험한 수준의 방사능이 발생할 수 있다. 방사선에 대한 노출은 방사성 물질들이 발전소에서 환경으로 방출되면서 발생하며, 방사성 가스와 입자의 플룸(plume; 구름과 같은 형성)이 특징이다. 풍속, 풍향, 강수량, 발전소에서 방출되는 방사선량은 모두 영향을 받을 수 있는 지역을 결정하는 요인이다. 플룸 주변 사람들에게 미치는 주요 위험은 구름과 지상에 쌓인 입자로부터 신체에 대한 방사선 피폭, 방사성 물질의 흡입 또는 섭취이다. 주 및 지역 비상관리 공무원은 방사선 방출 시 비상대응계획 및 활동을 조정하기 위해 상시 협력한다.

5.2.10 비상계획구역

원전 소유자인 전기사업자는 잠재적 원전사고에 대처하기 위한 비상대응계획을 수립,

갱신 그리고 실천해야 한다. 그 계획들은 두 개의 "비상계획구역(emergency planning zones)"을 정의한다. 한 구역은 원자력 발전소의 반경 10마일 내에 있는 지역으로, 직접적인 방사능 피폭에 의해 사람들이 피해를 입을 수 있다. 두 번째 구역은 방사성 물질이 물 공급, 식량 작물, 가축을 오염시킬 수 있는 발전소로부터 보통 50마일 반경까지 더 넓은 지역이다. 연방법에 따르면, 미국 커뮤니티는 원전을 둘러싼 10마일 구역 내에서만 주민들의 대피 또는 기타 보호조치를 계획하고 실행한다. 다만 미국에서는 대형 원전사고가 발생하지 않았기 때문에 50마일 계획구역 내 주민들의 대응은 알려지지 않았다. 공식 10마일 대피구역 너머에 사는 사람들이 방사능을 퍼뜨리고 도로를 막고 다른 사람들의 탈출을 지연시킬 것이라는 전망에 너무 겁을 먹을 수도 있다. 원자력 사고 계획을 수립하는 임무를 맡은 비상관리자들은 대피 경로와 절차를 개발할 때 대피자(evacuees) 수의 증가를 고려할 필요가 있을 수 있다.

참조 스리마일 섬 원자로 사고

1979년 3월 28일 미국 펜실베이니아 미들타운 인근 스리마일 섬(Three Mile Island) 2호기 원전사고는 미국 상업용 원전 운영 역사상 가장 심각했으며 1986년 소련 체르노빌 원전사고까지 세계 최악의 민간 원전사고로 꼽혔다. 비록 이 사건이 발전소 근로자나 인근 커뮤니티 구성원들에게 사망이나 부상을 초래하지는 않았지만, 이 사건은 비상대응계획, 원자로 운영자 훈련, 인간공학(human factors engineering), 방사선 방호, 그리고 많은 다른 원전 운영 분야와 관련된 광범위한 변화를 가져왔다. 그것은 또한 미국 NRC가 규제 감독을 더 엄격하게 강화했다.

지난 2011년 일본 앞바다에서 발생한 지진으로 촉발된 대규모 쓰나미로 큰 피해를 입은 일본 후쿠시마 제1원자력단지(Fukushima Dai-ichi nuclear complex)의 용융(鎔融; 멜트다운; meltdown)사건으로 원전 사고에 대한 미국인들의 감수성이 고조됐다. 미국에서 가동되고 있는 65개의 상업용 원전 중 몇몇은 지진 지역 또는 그 근처에 위치해 있고, 다른 몇몇은 해수면 상승, 폭풍해일, 그리고 홍수가 발생하기 쉬운 해안지역에 위치해 있다. 알려진 재해지역에 대한 이러한 근접성은 원전사고의 위험과 잠재적 영향을 계산하기 위해 이러한 지역의 비상관리자들이 엄격한 접근법을 사용할 것을 요구한다. 미국 내 발전용 원자로 현장의 지도와 목록은 NRC 웹사이트(www.nrc.gov)를 참조하라.

5.2.11 자연재해 중 유해물질 배출

허리케인, 토네이도, 홍수 및 지진을 포함한 자연재해는 종종 기술재해를 유발한다. 자연재해는 파이프라인 파열, 화재, 탱크 및 저장 컨테이너의 이탈 및 안전 조치의 오작동을 야기할 수 있다. 자연재해사건 중 기술재해의 발생은 일차 자연사건의 결과로 발생하기 때문에 종종 "2차 재해(secondary hazard)"라고 불린다. 때로는 홍수나 기타 자연재해 중에 위험물질을 방출하면 원래 사건 자체보다 환경과 주변 커뮤니티에 더 큰 피해를 입힐 수 있다. 강수 자연현상에 의해 야기된 2차 재해의 가장 두드러진 예 중 하나는 최고 133피트 높이의 재앙적인 쓰나미를 야기한 2011년 일본을 강타한 지진이다. 쓰나미는 후쿠시마 제1원전의 원자로 중 하나에서 용융(鎔融; 멜트다운; meltdown)이 발생했을 때 상당한 2차 재해를 초래했다. 방사능 오염의 위협 때문에 수천 명의 주민들이 대피했다. 이 피난민들은 지진과 쓰나미에서 살아남은 주민들과 합쳐져서, 다중재난(multiple disasters)으로부터 피난처를 찾고 있는 개인들과 가족들이 수십만 명에 이르렀다.

자기 진단

- "2차 재해"를 정의하고 발생할 수 있는 2차 재해의 예를 제시하라.
- 운송 중 발생할 수 있는 위험 사고에 대해 설명하라.
- 원전 주변 비상계획구역(emergency planning zone)이 어떻게 결정되는지 설명하라.

5.3 테러

미국에서 테러에 대한 공식적인 정의는 다음과 같다.

> **"정치적, 사회적 목적의 증진을 목적으로 정부, 시민 또는 그 어떤 부문을 위협하거나 강요하기 위해 개인 또는 재산에 대해 무력과 폭력을 불법적으로 사용하는 것"**

테러리스트들은 종종 대중들 사이에 공포를 조성하고, 그들의 정부가 테러를 예방할 힘이 없다는 것을 시민들에게 납득시키기 위해 그리고 그들의 대의(cause)에 대한 즉각적인 홍보를 얻기 위해 위협을 사용한다.

5.3.1 테러의 요소

테러라는 용어는 그 맥락에 따라 다양한 방식으로 해석되지만, 대부분의 테러 행위를 특징짓는 핵심 요소가 있다.

- 폭력(violence)
  테러는 일반적으로 폭력 및/또는 폭력의 위협을 포함한다.

- 대상(target)
  테러는 보통 민간인을 직접 대상으로 계획적이고 구체적으로 선정하는 것을 포함한다.

- 목적(objective)
  테러는 보통 주요 대상 청중들에게 공포와 위협을 유발하고, 광범위한 대중적 관심을 끌며, 대중의 충격과 분노를 야기하기 위한 시도이다.

- 동기(motive)
  테러 활동은 정치적 또는 종교적 목적을 달성하기 위한 것일 수 있으며, 용병 역할을 하는 테러리스트들은 개인적 이익에 의해 동기부여를 받을 수도 있다. 역사적 고충, 과거 행위에 대한 보복, 몸값이나 정책 변경 등 구체적인 요구도 동기 부여 요인이 될 수 있다.

- 가해자(perpetrator)
  전쟁 범죄와 반인륜적 범죄는 보통 테러의 정의에 포함되지 않는다. 마찬가지로, 자국 민간인에 대한 정부의 노골적인 탄압(예: 2013년 시리아 내 민간인에 대한 화학 공격)은 보통 테러로 간주되지 않는다. 그러나, 국가가 지원하는 테러는 다른 나라에서 행해지는 테러에 대한 정부의 지원을 포함할 수 있다.

- 적법성(legitimacy)
  테러에 대한 대부분의 정의는 그 행위가 불법일 것을 요구한다.

참조 공격성 테러를 구성하는 요인

다음 예를 고려하라. 조직된 그룹이 은행에 들어가 은행 지배인을 죽이고 금고를 폭파하고 수백만 달러를 가지고 탈출한다. 이것은 테러로 분류되지 않을 것이다. 그러나 이 단체가 은행 시스템에 대한 공신력 위기를 초래하고 경제를 불안정하게 만들려는 의도로 같은 일을 했다면 그 공격은 테러로 간주될 가능성이 높다. 이 경우 동기와 장기 결과가 사익을 노리는 은행강도들과 정치적 발언을 하여 행동을 통해 광범위하고 여운을 남기는 영향을 노리는 은행강도들을 구분하는 요인이 된다.

5.3.2 테러의 유형

FBI(Federal Bureau of Investigation; 미국 연방수사국)은 테러 행위자의 기원, 근거, 목적에 따라 테러를 국내 또는 국제로 규정한다.

- 국내 테러(domestic terrorism)
  외국의 지휘가 없이 국내 정부나 인구의 요소를 대상으로 하는 단체나 개인들의 테러 활동

- 국제 테러(international terrorism)
  미국 이외의 국가나 단체에 의해 지휘되거나 국제 경계를 넘는 단체나 개인들의 테러 활동

1995년 오클라호마시의 무라연방빌딩(Murrah Federal Building) 폭탄테러는 국내 테러였으며, 2001년 9월 11일의 공격은 국제 테러였다.

이 넓은 범주 안에, 많은 다른 형태의 테러 활동이 있다. 미국에서, 대부분의 테러 사건들은 테러를 특정한 의제를 수행하기 위해 사용하는 소규모 극단주의 단체들과 관련이 있다. 이러한 다양한 유형의 테러에 대한 다양한 동기와 방법 사이에는 종종 중복이 존재하며, 어떤 종류의 테러는 쉽게 하나의 집단으로 분류될 수 없다. 다음 목록에는 다양한 테러 유형의 일부를 타냈다.

- 민족주의(nationalist)
  점령군이나 제국군에 대항하여 독립 국가를 형성하려는 행위자들을 포함하는 테러의 한 유형이다. 예를 들어 레바논, 팔레스타인 및 북아일랜드의 테러 활동이다.

- 종교(religious)
  행위자들이 신성하게 명령 받은 목적이나 목적이라고 보는 것을 더 진전시키기 위한 폭력의 사용이다. 예를 들어 기독교, 유대인, 힌두교, 이슬람교, 그리고 다른 세계 종교 테러 단체들은 종종 광신적이다.

- 좌익(left-wing)
  좌파의 사회 운동에서 비롯되었다. 예: 1970년대의 심비오네즈 해방군(Symbionese Liberation Army).

- 우익(right-wing)
  전통적인 가치나 정치적으로 우파적인 권력 구조에 대한 위협을 제거하기 위한 테러 전술의 사용이다. 예: 신나치(Neo-Nazi), 백인우월주의, 반공산주의 단체들.

- 주(state)
  국가 정부 또는 그 대리인에 의해 수행, 보조 또는 승인되는 테러리스트 활동을 포함할 수 있다.

- 인종차별(racist)
  인종이나 민족 문제와 관련된 테러이다. 인종주의, 외국인 혐오, 파시스트 집단에 의해 수행될 수 있다. 예: 쿠 클럭스 클랜(Ku Klux Klan; 역주: KKK), 신나치, 백인우월주의 단체들

- 마약(narco-terrorism)
  마약 밀매자들이 정부 정책, 법 집행 기관 또는 사법 시스템에 영향을 미치거나 위협하려는 시도이다.

- 무정부주의(anarchist)
  무정부주의 집단의 목표를 수행하거나 모든 형태의 정부를 제거하는 것을 의도한다.

- 정치(political)
  사회정치적 사건, 이슈 또는 정책에 영향을 미치는데 사용된다.

- 환경(ecoterrorism)
  환경보호를 명분으로 파괴, 파괴, 재산 훼손 또는 협박 행위이다. 종종 천연자원을 착취하거나 훼손하는 것으로 보이는 대기업을 목표로 한다. 예: 어스퍼스트(EarthFirst; 지구가 먼저다!), 동물해방전선, 지구해방전선.

5.3.3 테러 전술 및 무기

테러공격은 다양한 수단을 통해 이루어진다. 테러리스트 그룹의 조직 수준, 기술적 전문

지식 및 재정적 지원에 따라 사용되는 기술의 유형이 결정된다. 테러 목표의 취약성 외에도 테러공격의 동기가 되는 정치적, 사회적, 종교적 문제의 본질이 전술의 유형에 영향을 미친다. 미국에서 가장 빈번한 테러 기술은 총격과 폭탄이었으며, 지난 수십 년간 우익 극단주의 단체들의 총격은 빈도가 증가했다.

다음의 전술과 무기는 미국에서 테러 행위에 사용된 것들에 속한다.

- 재래식 폭탄
- 급조폭발장치
- 생물작용제
- 화학작용제
- 핵폭탄
- 방사선제
- 방화/소화 공격
- 무장 공격
- 사이버 테러
- 농업 테러(Agro terrorism)
- 납치
- 자동차 폭탄
- 자살 폭탄
- 유괴
- 암살
- 고의적 파괴행위(sabotage)

5.3.4 생화학 무기

- 생물작용제(biological agent)
  사람, 가축, 농작물에 질병이나 죽음을 일으키는 전염성 유기체 또는 독소이다.

- 화학작용제(chemical agent)
  사람, 식물, 동물에게 독성 영향을 미치는 유독 가스, 액체 또는 고체이다. 어떤 화학 물질들은 냄새가 없고 맛이 없어서 발견하기 어렵다.

생물작용제는 에어로졸이나 공기 중의 입자로 분산될 수 있으며 테러리스트들이 음식이나 물 공급을 오염시키기 위해 사용할 수 있다. 사용되는 물질(agent)의 유형에 따라 바람 및/또는 물을 통해 오염이 확산될 수 있다. 가벼운 바람에서 중간 정도의 바람은 생물작용제를 방출하지만, 강한 바람은 분무 구름(aerosol cloud)을 분해할 수 있다. 감염은 사람이나 동물의 접촉을 통해서도 퍼질 수 있다. 햇빛은 전부는 아니지만 많은 형태의 박테리아와 바이러스를 파괴할 수 있다.

화학작용제에 의한 부상의 심각도는 노출 기간뿐만 아니라 사용된 작용제의 유형과 양에 따라 달라진다. 공기 온도는 화학 분무(aerosol)의 증발에 영향을 줄 수 있고, 지면 온도는 액체의 증발에 영향을 줄 수 있다. 강우는 화학 물질을 희석시키고 분산시킬 수 있지만 오염을 확산시킬 수도 있다. 바람은 증기를 분산시킬 수 있지만 대상 영역(target area)을 동적으로 만들 수도 있다.

생물 및 화학작용제의 효과는 순간적이거나 최대 몇 시간 또는 며칠까지 지연될 수 있다. 어떤 생물작용제는 상태에 따라 수년간 위협을 가할 수 있다. 생화학 무기는 주로 다른 나라의 비보호 민간인들을 테러하기 위해 사용되었지만 미국 내에서는 대규모로 사용되지 않았다.

5.3.5 사이버 위협 및 테러

인터넷이 우리 삶의 필수적인 부분이 되면서, 컴퓨터 시스템과 네트워크에 대한 공격은 마찬가지로 개인, 기업, 정부, 그리고 우리 사회에 큰 위협이 되었다. 사이버 사고는 정보의 도난 또는 수정 또는 필수 서비스를 중단시킬 수 있는 잠재적 시스템 손상을 수반할 수 있다.

사이버 공격의 동기는 크게 다를 수 있으며, 많은 사이버 공격은 사이버 테러로 간주되지 않는다. 예를 들어, 많은 사건들이 은행 정보를 훔치는 것과 같은 금전적 이익을 위해 수행된다. 이러한 공격은 개인과 기업에 상당한 영향을 미칠 수 있지만, 사이버 테러를 구성하지는 않을 것이며 일반적으로 "사이버 범죄(cyber crime)"로 지칭된다. 다른 것들은 정치적 선거를 흔들거나 대중에게 잘못된 정보를 퍼뜨리기 위한 공격과 같은 정치적 또는 사회적 목적을 위한 것이라는 점에서 실제로 사이버 테러(cyberterrorism)이다.

사이버 사고는 시스템의 다음 요소에 영향을 미칠 수 있다.

- 기밀성(confidentiality)
  사용자의 개인정보 보호하는 것
- 무결성(integrity)
  데이터가 보호되고 권한이 없는 그룹이 변경할 수 없도록 보장하는 것
- 가용성(availability)
  서비스를 계속 실행하고 관리자에게 주요 네트워크 및 제어에 대한 액세스 권한을 부여하는 것

미국 DHS(Department of Homeland Security; 국토안보부)는 국가사이버보안 및 통신통합센터(National Cybersecurity and Communications Integration Center)는 사이버 공격의

위험 심각도와 사고 우선순위를 평가하기 위해 NCISS(Cyber Incident Scoring System; 사이버 사고 점수시스템)을 개발했다. 이는 공중보건이나 안전, 국가 안보, 경제 안보, 대외관계, 시민의 자유 또는 공신력에 영향을 미칠 가능성에 따라 우선순위를 경미, 중간, 높음, 심각 또는 비상의 범위로 구분한다. "비상(emergency)" 사이버 공격으로 분류될 수 있는 사고의 예는 광범위한 중요 기반시설, 국가 정부 안정성 또는 미국 국민의 삶에 임박한 위협을 가하는 사건들이다.

비상관리자는 사이버 공격을 방지하고 그러한 공격으로 인한 영향을 경감하는 데 있어 점점 더 중요한 역할을 수행하고 있다. 여기에는 동향과 새로운 전략을 이해하기 위한 공격 및 데이터 침해 모니터링, 컴퓨터 네트워크의 취약성을 줄이는 방법에 대한 기업 및 대중 교육, 그리고(전기 시스템, 수도 시스템 및 발전소와 같은) 중요 사회기반시설 운영자가 사이버 위협으로부터 방지, 탐지, 대응 및 복구를 하기 위한 행동수칙(protocol)의 확보가 포함된다.

5.3.6 테러의 영향

테러의 영향은 부상과 인명 손실에서부터 재산피해와 서비스 중단에 이르기까지 크게 다를 수 있다. 테러범들은 종종 국제 공항, 대도시, 주요 국제 행사, 휴양지, 유명 랜드마크와 같이 그들이 공격 전후에 발각되는 것을 피할 수 있는 가시적인 목표물을 찾는다.

테러공격은 종종 정부 기능과 사회의 다른 기본 요소를 무력화하거나 파괴하는 목적으로 수행된다. 광범위한 영향을 미치는 대상에는 교통 사회기반시설, 통신 네트워크, 은행 및 금융 부문, 전력망, 해운 산업, 공공 물 공급, 식품 산업 및 여러 정부 구조 및 서비스에 대한 공격이 포함된다.

5.3.7 FEMA의 역할

테러가 발생하면 커뮤니티는 기존의 IEMS(Integrated Emergency Management Systems; 통합비상관리시스템) 내에서 운영되는 주 및 연방기관의 지원을 받을 수 있다. FEMA는 테러공격의 결과에 대한 주 및 지역 대응을 지원하는 선도적인 연방기관이다.

테러를 관리하는 FEMA의 역할은 대테러 활동과 역테러 활동을 모두 포함한다.

- 대테러(antiterrorism)
  테러 행위에 대한 사람과 재산의 취약성을 줄이기 위해 사용되는 방어 수단을 말한다.

• 역테러(counterterrorism)
테러를 예방하고 억제하고 대응하기 위해 취한 공격적 조치를 포함한다.

EMAC(Emergency Management Assistance Compact; 비상관리지원협약)은 국가간 상호원조를 위한 형태와 구조를 제공하는 의회 비준 기관이다. 재난에 영향을 받은 국가는 EMAC를 통해 신속하고 효율적으로 다른 회원국의 지원을 요청하고 받을 수 있다.

자기 진단

- "국내 테러", "국제 테러", "화학작용제", "생물작용제", "대테러", "역테러" 등을 정의한다.
- 대부분의 테러행위에 공통적인 6가지 요소를 말하라.
- 테러의 종류를 나열하라.
- 생물작용제와 화학작용제를 비교하라.

5.4 총기난사

"총기난사(mass shooting)"는 총기 폭력 사건이며, 일반적으로 4명 이상의 사망자를 포함하는 것으로 정의한다. 일부 총기난사 사건은 정치적 목적을 향해 사람들을 위협하거나 강요하기 위한 테러 행위가 될 수 있지만, 총기난사 자체는 테러 행위가 아니다.

미국은 그 어느 나라보다 가장 많은 총기난사 사건을 겪었다. 실제로 2017년의 한 연구는 미국이 세계 인구의 5%만을 차지하고 있음에도 불구하고, 공공 총기난사 사건의 31%가 미국에서 일어난다고 추정했다. 미국에서 이러한 공격의 불균형적인 비율은 종종 총기 소유에 관한 더 높은 접근성과 소유 비율, 정신 질환의 비율과 지원 치료 부족, 그리고 저격수를 미화하는 인터넷 포럼과 커뮤니티의 확산에 기여한다. 최근 몇 년 동안, 미국에서 총기난사의 빈도가 증가하고 있고, 미국 역사상 가장 재앙적 총기난사 공격이 지난 몇 년 동안 발생했다.

이러한 총격은 일반적으로 조직이나 신원이 확인된 그룹의 일부로서 행동하지 않는 단독 총잡이에 의해 수행된다. 가해자의 대다수는 백인 남성이다. 지난 수십 년 동안 수많은 장소에서 총기난사 사건이 발생했지만, 그 중 절반 이상이 학교나 직장에서의 총격 사건이었고, 나머지 사건들은 쇼핑몰, 식당, 종교 및 정부 청사를 포함한 다른 공공 장소에서 일어났다.

5.4.1 주요 총기난사

대규모 총기난사는 미국 전역의 대도시, 소도시, 교육 캠퍼스의 법 집행에 그리고 비상관리자에게 심각한 문제이다. 가장 널리 알려진 총기난사 사건은 다음과 같다.

- 피츠버그 유대교 회당 총격 사건(Pittsburgh Synagogue Shooting)
  2018년 10월 27일 미국 펜실베이니아주 피츠버그의 생명의 나무 유대교 회당(Tree of Life Synagogue)에서 총격 사건이 발생했다. 이 총격은 11명의 사망자와 6명의 부상자를 낸 미국 유대인 커뮤니티에 대한 가장 재앙적 공격이었다. 그것은 국내 테러로 간주되었고 반유대주의 신념을 표명한 가해자에 의해 수행되었다.

- 라스베가스 총격 사건(Las Vegas Shooting)
  2017년 10월 1일, 64세의 한 남성이 네바다주 라스베이거스 스트립(Las Vegas Strip)에서 열린 음악 축제에 참석한 군중에게 총격을 가했다. 32층 방에서, 범인은 군중을 향해 1000발 이상의 탄약을 발사했고, 60명이 사망하고 411명이 부상을 입었으며, 867명이 부상당했다. 이 사건은 현대 미국 역사상 가장 재앙적 총기난사 사건이었으며, 미국 법무부(U.S. Justice Department)가 연속해서 총을 발사할 수 있는 무기용 범프 스톡(bump stocks; 역주: 반자동 소총을 자동소총으로 만들어주는 악세서리)에 대한 금지령을 내리는 데 도움을 주었다.

- 스톤맨 더글러스 고등학교 총격 사건(Stoneman Douglas High School Shooting)
  2018년 2월 14일 미국 플로리다주 파크랜드(Parkland)의 한 고등학교에서 총기난사 사건이 발생해 17명이 숨지고 17명이 다쳤다. 총기난사 사건 이후 살아남은 학생들은 총기 폭력에 대한 입법 개혁을 위해 로비를 하기 위한 옹호 단체를 만들었고, 그 결과 플로리다의 총기법과 전미 소총 협회에 대한 보이콧으로 바뀌었다.

- 올랜도 나이트클럽 총기 사건(Orlando Nightclub Shooting)
  2016년 6월 12일 미국 플로리다주 올랜도의 게이 나이트클럽에서 총기난사 사건이 발생, 총 49명이 사망하고 53명 이상이 부상을 입었다. 이 총격은 FBI 수사관들에 의한 테러로 간주되었는데, 가해자는 이번 공격이 이라크와 시리아에 대한 미국 주도의 개입에 대한 대응이었다고 주장했다. 이 사건은 미국에서 성소수자(LGBT; 역주: Lesbian, Gay, Bisexual and Transgendered)에 대한 폭력 역사상 가장 재앙적 사건이기도 하다.

- 샌디 훅 초등학교 총기 사건(Sandy Hook Elementary School Shooting)
  2012년 12월 14일, 20세의 아담 란자(Adam Lanza)는 코네티컷주 뉴타운의 샌디훅 초등학교에서 20명의 아이들과 6명의 성인 직원들을 총으로 쏴 죽였다. 학교로 차를 몰고 가기 전, 란자는 뉴타운의 집에서 어머니를 총으로 쏴 죽였다. 응급구조대가 도착하자 그는 자살했다.

- 오로라 극장 총기 사건(Aurora Theater Shooting)
  2012년 7월 20일, 콜로라도주 오로라의 한 영화관에서 영화 다크나이트 라이즈의 자정 상영 중 총기난사 사건이 발생했다. 전술복 차림의 괴한이 최루탄 수류탄을 발사한 뒤 다수의 총기로 객석을 향해 총을 쏴 12명이 숨지고 70명이 다쳤다. 유일한 용의자인 제임스 이건 홈즈(James Eagan Holmes)는 몇 분 후에 영화관 밖에서 체포되었다.

- 버지니아 공대 총격 사건(Virginia Tech Shooting)
  2007년 4월 16일, 버지니아주 블랙스버그(Blacksburg)에서 한 학생이 2시간 간격으로 총격을 가해 32명을 죽이고 17명을 다치게 한 후 자살했다. 총격범은 이전에 심각한 불안장애 진단을 받은 바 있다.

- 콜럼바인 스쿨 총격 사건(Columbine School Shooting)
  1999년 4월 20일 콜로라도주 콜럼바인에 있는 콜럼바인 고등학교에서. 총격 외에도 소방관들의 주의를 돌리기 위한 화염병, 카페테리아에 설치된 폭탄으로 보수된 프로판 탱크, 99개의 폭발물 장치, 자동차에 설치된 폭탄 등이 공격 대상이 되었다. 4학년 학생 2명인 에릭 해리스(Eric Harris)와 딜런 클레볼드(Dylan Klebold)가 총 12명의 학생과 교사 1명을 살해했다. 이 사고로 24명의 학생이 추가로 다쳤고, 3명이 학교를 탈출하려다 다쳤다. 그 후 두 사람은 자살했다.

5.4.2 교훈

총기난사 사건 때마다 비상관리자들은 대비와 대응, 진행 중인 총기난사를 막기 위한 다양한 전술 활용에 대해 더 많은 것을 배웠다. 학습된 교훈 중, 잡히지 않고 활동 중인 사격수에 대한 통신 경보는 잠재적 목표물의 생존에 대한 핵심이다. 예를 들어, 버지니아 공대 총기난사 사건 동안, 캠퍼스의 학생들과 다른 학생들은 두 시간의 시련 동안 서로 메시지를 보내기 위해 소셜 미디어를 사용했다. 콜럼바인 행사 이후, 미국 사회에서 폭력적인 영화와 비디오 게임의 영향 외에도 고등학교 집단, 하위 문화, 왕따 문제에 대한 관심이 증가했다. 그 충격은 전국적인 괴롭힘 반대 운동뿐만 아니라 학교 보안에 대한 강조를 증가시키는 결과를 낳았다. 샌디 훅 총기난사 사건은 어린 아이들을 포함한 모든 종류의 비상사태에 대비하기 위해 학생과 직원들을 위한 훈련과 훈련이 필요함을 강조했다.

각 사건마다 독특한 특징이 있지만, 총기난사 사건의 대부분은 총잡이에 의해 수행되며, 총잡이는 종종 정신질환을 앓고 있는 것으로 판단된다. 이는 자신과 타인을 해칠 의도로 행동하고 비규칙적으로 행동할 수 있는 사람에 대한 대처법에 대해 심리전문가로부터 정보를 받는 비상관리, 법집행, 치안부대(security force; 역주: 테러 등에 대비하는 경찰·군대)의 필요성을 강조한다.

자기 진단

- "총기난사"를 정의한다.
- 총기난사 사건의 여파로 배운 2가지 교훈은 무엇인가?

5.5 시민소요

"시민소요(Civil unrest)"은 커뮤니티의 정상적인 기능에 무질서와 혼란을 일으킬 수 있는 다양한 사건들을 묘사하기 위해 사용되는 용어이다. 시민소요 사건에는 폭력, 약탈, 공공기물 파손(vandalism), 방해를 위한 파괴행위(sabotage), 재산 파괴, 위협, 기타 형태의 반사회적 행동이 포함될 수 있다. 그러나, 대중들의 불만 시위는 조직적으로 차분하고 합법적인 방법으로 수행된다. 시민소요는 계획된 사건(예: 갑자기 성격을 바꾸는 퍼레이드나 집회)의 결과로 발생하거나 목격자나 방관자가 스스로 대응하거나 반대 시위를 벌일 때 발생할 수 있다. 또한 시민소요는 부당한 죽음과 같은 외부 촉매에 대한 자발적인 반응으로 발생할 수 있다. 시민소요를 관리하는 것은 공공 당국이 취한 행동이 대중이 시위를 조직하는 능력을 비합리적으로 제한하지 않도록 하는 동시에 폭력, 부상, 재산피해의 가능성을 줄이려는 시도도 포함한다. 비상관리자와 법 집행기관은 또한 긴장 경감과는 반대로 시민소요를 잠재우기 위해 취한 행동이 어떻게 더 큰 불안을 야기시킬 수 있는지를 고려하는 것이 중요하다.

참조 세계무역기구(WTO)에 항의하기

1999년 11월 30일, 4만 명의 군중이 세계무역기구의 회의에 항의하기 위해 워싱턴 시애틀 거리로 나왔다. 많은 시위자들은 비폭력적인 시위 방식을 취하려 했지만, 분열된 단체들은 재산 파괴와 공공기물 파손(vandalism)에 관여했다. 시위자들은 경찰이 군중을 향해 최루탄, 고무탄, 후추 스프레이를 발사하는 동안 함께 쇠사슬에 묶였다. 시애틀 시장은 통행금지령을 내리고 50개 블록의 "시위금지구역(No-Protest Zone)"을 만들었다. 이 시위로 인해 2 ~ 3백만 달러의 재산피해가 발생했고, 도시 상인들은 약 9 ~ 18백만 달러의 매출 손실을 입었으며, 이 사건 이후 몇 달 동안 관광 및 여행 산업의 추가 손실이 보고되었다.

5.5.1 대학 및 대학 캠퍼스의 공공질서 행사

대학 캠퍼스는 오랫동안 모든 형태의 시위, 시위, 공공 질서 행사를 위한 중심점이 되어왔다. "점령운동(Occupy Movement)"에서 "흑인의 목숨도 중요하다(Black Lives Matter)" 운동에 이르기까지 캠퍼스는 활동주의의 온상이 될 수 있다. 캠퍼스 비상관리자들은 대학 캠퍼스의 독특한 환경에 직면한다. 주제 문제, 학문의 자유에 대한 기본 철학, 관용과 포용이라는 일반적인 분위기에 대해 공개적으로 옹호할 대비가 되어 있는 젊은 학생들의 큰 커뮤니티는 전국 많은 대학 캠퍼스에서 빈번한 시위를 위한 토대를 형성한다.

전문대학과 대학의 특성이 다르기 때문에 캠퍼스에 대한 위협 평가를 바탕으로 보안 및 사고 대응 계획을 수립해야 한다. 비상사태관리자와 법 집행관들의 주요 과제는 시위자와 구경꾼(bystander) 모두의 생명과 안전을 보호하는 동시에 언론과 집회의 헌법적 권리를 존중하고 보호하는 통제권을 유지하는 것이다. 예를 들어, 시위나 시위 근처에 "자유연설구역(Free Speech Zone)"을 설립하는 것은 반대 시위대, 선동가, 또는 캠퍼스 커뮤니티 외부의 단체들의 긴장을 낮추는 데 도움이 될 수 있다. 마찬가지로, 도로를 통행 금지시키는 것과 같이 시위 조직자들과 함께 행진을 용이하게 하는 것은 부상을 줄이고 사회 운동이 폭력적으로 되는 것을 막는 데 도움이 되는 중요한 요소가 될 수 있다.

참조 시민소요 관리에 대한 자제의 필요성

캠퍼스 시위 중 법 집행부의 지나친 행위의 예로 자주 인용되는 사건은 1970년 5월 4일 발생한 켄트 주 총기난사(Kent State shooting) 사건이다. 켄트 주 대학살(Kent State Massacre)이라고도 불리는 이 사건은 베트남 전쟁 당시 캄보디아 침공에 항의하는 학생들의 시위에 대응하여 켄트 주립대학교 캠퍼스에 파견된 국가방위군에 의해 학생 4명이 사망하고 9명이 부상을 입었다. 이 사건 후, 불안은 전국적으로 악화되어, 거의 500개의 대학들이 격렬하고 때로는 불안한 시위로 인해 문을 닫거나 혼란에 빠질 정도로 되었다.

5.5.2 인종적 불의와 인종적 동기에 의한 폭력에 대한 항의

역사적으로, "인종 폭동(race riot)"이라는 용어는 미국과 해외 모두에서 인종 차별에 대항하는 시위운동으로 촉발된 일련의 시민소요를 묘사하기 위해 사용되어 왔다. 그러한 사건들은 종종 소수 민족을 부당하게 대상으로 하는 것으로 보이는 인종 또는 민족 집단과 법 집행기관 사이의 긴장을 포함한다. 인종 프로파일링, 경찰의 잔혹성, 제도적 인종차별, 인종적으로 결정된 정책과 정치, 그리고 불평등한 경제 시스템은 종종 시민소요를 일으키는 일반적인 요소들이다. 또한 도시재생과 커뮤니티가 젠트리피케이션(gentrification; 역주: 주택가의 고급 주택화)의 결과로 보는 정책들은 인종적 부당함에 의해 촉발된 불안의 한 원인으로 언급되어 왔다.

과거 미국에서 인종 폭동이나 유사한 시민소요의 사건들은 19세기 아일랜드 가톨릭 교도와 다른 이민자들에 대한 공격, 재건(Reconstruction; 역주: 남북전쟁 이후 재건시대) 이후 그 기간의 흑인 학살, 그리고 마틴 루터 킹(Martin Luther King, Jr.)의 암살 이후 1968년 폭동과 같은 아프리카계 미국인 커뮤니티에서의 봉기를 포함한다. 로스엔젤레스에서 일어난 로드니 킹 폭동(Rodney King riot)은 1960년대 민권 시대 이후 미국에서 일어난 가장 큰 사건들 중 하나였다. LA 폭동은 1992년 비디오에 찍힌 경찰의 잔혹행위로 기소된 백인 경찰관들이 무죄 판결을 받은 후 4일 동안 지속되었다.

지난 몇 년 동안 경찰의 잔혹성과 인종적 동기에 따른 폭력에 대한 "흑인의 목숨도 중요하다(Black Lives Matter)" 운동과 관련 시위는 미국 전역에서 시민소요를 초래했다. 2020년 5월 25일 미니애폴리스(Minneapolis) 경찰관에 의해 조지 플로이드(George Floyd)가 살해된 이후, 미국 전역의 수백 개 도시에서 시위가 일어났다. 대부분의 행사는 평화적인 집회와 행진이었지만, 많은 도시에서 경찰관 및 법 집행관과의 격렬한 대립이 일어났고, 약탈, 재산피해, 경찰 차량 파괴 등의 사건이 보고되었다. 여러 주들은 국가방위군(National Guard)을 불러 소요사태를 관리하도록 했으며, 몇몇 주요 도시에서는 야간 통행금지령(curfews)이 내려졌다. 운동이 진행되는 동안, 이 운동은 법 집행의 적절한 역할, 경찰 부서 간의 무력 사용, 그리고 미국 전역의 커뮤니티에 대한 경찰의 인종적 영향에 대한 중요한 대중적 대화로 귀결되었다.

자기 진단

- "시민소요"를 정의한다.
- 미국 역사에서 시민소요의 2가지 예를 들어보자.
- 비상관리자가 반드시 시민소요가 발생하지 않도록 노력해야 하는 이유를 설명하라.

5.6 인적재해에 대한 대중 인식

자연재난과 대조적으로 인적재난을 다루는 데 있어 주요한 차이점 중 하나는 대다수의 사람들이 인적사건을 개인적으로 경험을 하지 않았다는 것이다. 미국에 대한 테러활동이 증가하고 인구중심지 인근에 위치한 산업재해 발생 건수에 대해서는 어느 정도 알고 있지만 테러와 기술적 사고로 인한 실제 위험에 대한 대중의 인식은 천차만별이다.

대중이 커뮤니티에서 인적재해의 가능성과 결과를 어떻게 보는가에 영향을 미치는 많은 요소들이 있다. 이러한 요인에 대한 지식은 재해에 대한 인간의 대응에 대해 온전하게 이해하기 위해 매우 중요하고, 이 지식은 비상관리자가 커뮤니티에서 대비와 경감에 대한 전재해접근법에 필수적이다.

5.6.1 미디어 보도

미디어는 다른 인적재해뿐만 아니라 테러에 대한 우리의 태도와 인식을 형성하는데 중요한 역할을 한다. 우리는 거의 즉각적인 의사소통의 시대에 살고 있다. 우리는 TV에서 (종종 생방송으로) 본 적이 있기 때문에, 그리고 트위터, 페이스북, 인스타그램, 그리고 다른 형태의 소셜 미디어를 통해 일어나는 사건들을 점점 더 따라 잡을 수 있기 때문에 우리의 마음 속에 가장 극적인 사건들 중 일부를 기억할 수 있다. 언론이 대중에게 보여주기 위해 선택하는 이미지뿐만 아니라, 그러한 이미지에 수반되는 뉴스 보도는 인적재해에 대한 우리의 사고방식에 직접적인 영향을 미친다. 종종, 가장 놀랍고 생생한 이미지는 가장 많은 보는 뉴스이며, 영리를 추구하는 뉴스 산업은 가장 생생한 이미지에 집착할 수 있다. 이것이 뉴스 가치가 있는 이미지가 아니라는 것은 아니지만, 대중들의 지식은 종종 미디어가 방송하기 위해 선택하는 것에 한정된다는 것을 기억해야 한다. 예를 들어, 시민소요의 많은 사건들이 대부분 평화적인 시위임에도 불구하고, 뉴스 매체는 폭력적이거나 파괴적인 행위에 불균형적으로 초점을 맞출 수 있으며, 시민들에게 그러한 사건과 관련된 위험수준에 대한 왜곡된 인식을 줄 수 있다.

5.6.2 개별 경험

위험에 대한 대중의 인식을 고려하는 두 번째 요소는 다양한 재해사건에 대한 개인의 경험을 포함한다. 미국에서 의도적이든 우연적이든 인적재해사건을 통해 실제로 살아온 사람은 비교적 적다. 이것은 수백만의 사람들이 홍수, 지진, 심한 겨울폭풍, 토네이도, 허리케인 또는 다른 유형의 자연재해를 한 번 또는 다른 개인적으로 경험한 자연재해사건과는 큰 대조를 이룬다. 미국의 자연재해는 세계의 다른 지역보다 더 적은 사망이나 심각한 부상을 초래한다. 그러나 자연재해로 인한 재산피해는 매우 흔하며, 자연재해로 인한 재해 비용은 지난 수십 년 동안 극적으로 증가했다. 대조적으로, 인적재해의 영향을 받은 부동산 소유자들은 훨씬 더 적다. 흥미롭게도, 이러한 현실이 많은 사람들이 인적재해를 위험하다고 인식하지 않도록 한다.

5.6.3 강력 대응의 범위

미국은 인적재해의 역사가 비교적 짧기 때문에, 이 주제에 대한 논의는 불확실성과 심지어 두려움의 요소들로 특징지어질 수 있다. 대중과 함께 일하는 기획자들과 비상관리자들은 사람들이 테러공격이나 기술재해의 가능성에 대해 고심하려고 할 때 강력한 개인적 대응이 있을 수 있다는 것을 깨달아야 한다. 보안, 정보 접근 및 시민의 자유에 대한 우려와 같은 자연재해에 대처할 때 나타나지 않는 새로운 문제가 발생할 수 있다.

인적재해를 경감하고 대비하기 위한 노력에 대해 대중의 지지를 얻기 위해서는 비상관리자 및 계획자가 공무원, 시민 및 민간부문에 커뮤니티에 영향을 미칠 수 있는 재해와 이를 해결하는 데 도움이 될 수 있는 예방 및 경감 활동에 대해 교육할 대비가 되어 있어야 한다. 위험을 과장하거나 부풀리거나 가능성을 과소평가하거나 평가절하하지 않고 재해 가능성에 대한 현실적이고 포괄적인 그림을 그리는 것이 필수적이다.

자기 진단

- 인적재난에 대한 대중의 인식에서 미디어의 역할을 설명하라.
- 허리케인과 테러공격 사이에 위험에 대한 대중의 인식이 어떻게 다를 수 있는지 비교하라.

요약

비상관리자와 계획자는 커뮤니티가 우발적이고 의도적인 인적 위협의 영향을 대비하고 줄일 수 있도록 도와야 한다. 이 장에서는 자연재해와 인적재해의 방법상 다름을 설명한다. 위험물질은 오늘날 삶의 필수적인 부분이지만, 우리의 목표는 신중한 계획과 고급 대비 훈련과 연습을 통해 기술재해가 우리 커뮤니티에 해로운 영향을 미칠 가능성을 최소화하는 것이다. 대테러(antiterrorism)와 역테러(counterterrorism) 활동은 테러가 국가와 커뮤니티에 미치는 영향을 줄이기 위한 노력이며, 총기난사 등 다른 폭력적인 공격으로 인한 손실을 예방하거나 줄이기 위한 노력은 비상관리자들에게 필수적인 역할이다. 이 장에서는 비상관리 시스템의 맥락에서 시위와 폭동과 같은 시민소요 행위에 대해 논의한다. 마지막으로, 이 장은 인적재해에 대한 대중의 변화하는 인식과 사람들의 두려움과 우려를 능동적으로 다루고 관리하기 위해 무엇을 할 수 있는지 검토한다.

용어

- 전재해접근법(all-hazards approach)
  자연재해 및 인적재해를 모두 처리하는 방법
- 대테러(antiterrorism)
  방어적 조치는 테러 행위에 대한 사람과 재산의 취약성을 감소시키기 위해 사용되었다.
- 생물작용제(biological agent)
  사람에게 질병이나 죽음을 일으키는 데 사용되는 전염성 유기체 또는 독소
- 화학작용제(chemical agent)
  사람, 식물, 동물에 독성 영향을 미치는 유독 가스, 액체 또는 고체
- 시민소요(civil unrest)
  커뮤니티에 무질서와 혼란을 초래할 수 있는 예상치 못한 또는 계획된 이벤트이다.
- 역테러(counterterrorism)
  테러를 예방, 저지 및 대응하기 위해 취한 공격적 조치이다.
- 국내 테러(domestic terrorism)
  외국의 지휘가 없이 국내 정부나 인구의 요소를 대상으로 하는 단체나 개인들의 테러 활동
- 비상관리지원협약(EMAC; Emergency Management Assistance Compact)
  국가간 상호원조에 형태와 구조를 제공하는 의회 비준 기관
- 위험물질(hazardous material)
  생명 또는 건강에 잠재적 위협이나 위험을 주는 화학 물질 또는 독성 물질
- 국제 테러(international terrorism)
  미국 외의 국가나 단체에 의해 지휘되거나 국제 경계를 넘는 단체나 개인들의 테러 활동

- 총기난사(mass shooting)
  한 명의 총잡이가 관련된 총격 사건 또는 때때로 두 명의 총잡이가 관련되어 4명 이상의 사망자가 발생한 사건
- 안전보건자료(SDS; Safety Data Sheet)
  특정 물질의 특성, 화학물질의 위험, 안전 및 환경에 미치는 영향에 관한 데이터를 포함하여 허용수준의 독소 노출에 관한 유용한 정보를 제공한다. OSHA(산업안전보건국)는 직원이 직장에서 취급하는 잠재적으로 유해한 물질에 대해 SDS를 사용할 수 있도록 요구한다.
- 2차 재해(secondary hazard)
  1차 자연 현상의 결과로 발생하는 기술재해
- 기술재해(technological hazard)
  유해물질을 부적절하게 사용, 운반 또는 폐기, 방출할 때 발생하는 사고
- 테러(terrorism)
  정치적 또는 사회적 목적의 증진을 위해 정부, 민간인 또는 그 일부를 위협하거나 강요하기 위해 개인 또는 재산에 대한 불법적인 무력 및 폭력의 사용

연습문제

요약 질문

1. 미국은 인적재해보다 더 많은 자연재해를 경험했다. 참인가 거짓인가?

2. 다음 중 의도적인 인적재해가 될 수 있는 것은?
   a. 기름 유출 b. 열차 탈선 c. 탄저균 공격 d. 화재

3. 전재해접근법은 연방, 주(州) 및 지역 기관이 인적재해와 자연재해 모두를 다루는 방법이다. 참인가 거짓인가?

4. 1996년 조지아 애틀랜타 올림픽 폭탄테러는 국제 테러 행위였다. 참인가 거짓인가?

5. "흑인의 목숨도 중요하다(Black Lives Matter)" 운동과 관련된 시위는 다음 중 어느 분류에 속할 것인가?
   a. 사고 b. 국내 테러 c. 2차 재해 d. 시민소요

6. 테러 행위는 폭력, 동기, 그리고 대상을 결합한다. 참인가 거짓인가?

7. 생물작용제에 의한 오염은 바람과 물에 의해 퍼질 수 있다. 참인가 거짓인가?

8. 대테러(Antiterrorism)에는 테러를 막기 위한 공격적인 조치들이 포함된다. 참인가 거짓인가?

9. 시민소요는 다음 중 어떤 형태로 일어날 수 있는가?
   a. 데모 b. 집회(Rally) c. 모임(Assembly) d. 위의 모든 것

10. 현기증과 피부색 변화는 유해물질 노출의 가능한 증상이다. 참인가 거짓인가?

11. 다음 중 기술재해인 것은?
   a. 드라이클리너 b. 전복된 석유 유조선 트럭
   c. 열차 충돌 사고 d. 염소 소독된 수영장

12. EPA(Environmental Protection Agency; 환경부)는 화학적 사용에 대한 표준을 제공한다. 참인가 거짓인가?

13. 대부분의 운송 관련 기술재해의 가능한 원인은?
   a. 날씨 b. 컴퓨터 고장 c. 인간의 실수 d. 누수

14. 자연재해의 결과로 유발되는 기술재해는?
   a. 2차 재해 b. 열차 탈선 c. 1차 위험 d. 재난

15. 원자력 사고 발생 시 비상대응계획은 두 가지 다른 비상계획구역을 정의한다. 참인가 거짓인가?

16. 플룸(plume)이란?
   a. 방사능 측정 b. 원자력 발전소에서 생산되는 원자력
   c. 원자력발전소 주변 비상지역 d. 방사성 가스와 입자의 구름 모양 형성(formation)

17. 자연재해보다 인적재해를 경험한 미국 거주자가 더 많다. 참인가 거짓인가?

18. 인적재해는 자연재해보다 더 감정적인 대응을 일으킬 가능성이 있다. 참인가 거짓인가?

리뷰 질문

1. 우발적 인적재해의 예를 세 가지 나열하라.

2. 인적재해에 관한 정보를 위한 자료로 사용될 수 있는 3개의 기관을 명명하라.

3. 왜 FEMA(Federal Emergency Management Agency; 연방재난관리청)는 커뮤니티가 전재해접근법을 채택하도록 장려하는가?

4. 테러 행위를 정의하기 위해 사용되는 기준들은 무엇인가?

5. 테러에 대한 미국의 공식적인 정의는 무엇인가.

6. 미국에서 국제 테러공격이 일어나는 것이 가능한지 설명하라.
7. 테러리스트들이 사용하는 전술의 세 가지 예를 들어라.
8. 인종 폭동을 포함한 시민소요의 근본적인 원인 몇 가지를 설명하라.
9. 병원 및 연구소와 같은 의료 시설이 위험물질과 어떻게 접촉하는지 설명한다.
10. 위험물질이 커뮤니티로 유입될 수 있는 5가지 방법을 파악하라.
11. 유해물질이 가정환경에 어떤 영향을 미치는가?
12. 24시간 뉴스 주기가 인적재해에 대한 대중의 인식에 어떻게 영향을 미치는가?

응용

1. 인적재해는 일부 자연재해만큼 예측 가능하지 않다. 그러나 우리는 과거의 재해로 어느 정도 위험한지를 판단할 수 있다. 당신 지역에서 인적재해가 발생한 적이 있는가?
2. 뉴욕시와 토네이도가 잦은 인디애나에서 전재해접근법이 어떻게 다르게 사용될 것인가?
3. 언론은 몇몇 대도시들이 테러에 대항하여 취한 특정한 조치(뉴욕 지하철의 백팩 검색, 워싱턴 DC의 거리 폐쇄)를 다루었다. 미국의 도시를 선택하고 테러 활동 잠재력과 위협으로부터 보호하기 위해 취한 조치들을 나열하라.
4. 당신의 커뮤니티에서 제안된 유해 매립지 건설에 대한 주요 공개회의가 예정되어 있다고 상상하자. 당신은 그 회의가 특히 논쟁적일 것으로 예상한다. 회의 주최자는 평화적인 모임을 위해 어떤 조치를 취해야 하는가?
5. 당신의 집에 있는 청소 세제들과 다른 화학 물질들을 고려하자. 일상적인 제품이 당신의 가정이나 건강에 해로운 영향을 미칠 수 있는 방법의 세 가지 예를 들어보라.
6. 당신의 삶은 어떤 면에서 인적재해의 영향을 받았는가? 직접 영향과 간접 영향을 모두 고려하라.
7. 인적재해로부터 우리가 직면하는 위험수준에 대한 대중의 인식에 영향을 미치는 요소들은 무엇인가? 이러한 대중의 인식은 비상관리자 및 기타 전문가가 경감 및 대비 활동을 수행하는 방법에 어떤 영향을 미칠 수 있는가?

자습

- 위험도평가

  중간 규모의 커뮤니티에서 비상관리자로서, 자연재해로부터 오는 위험과 비교하여 인적재해로부터 오는 위험수준을 어떻게 결정할 것인가? 결정을 내리기 위해 어떤 지역적 요소를 평가하겠는가?

- 운송 및 기술재해

  위험물질을 운반할 수 있는 운송 경로(철도, 운송 경로, 트럭 운송 경로 등)를 기준으로 지역 내 기술재해의 위험을 예측한다.

- 가정에 닥친 2차 재해

  자연재해가 커뮤니티에서 2차 재해를 촉발할 수 있는 가능성을 평가하라. 지리적, 역사적 및 기타 데이터를 기준으로 평가한다.

참고문헌

1. Stephenson, J. 2009. Chemical Regulation: Options for Enhancing the Effectiveness of the Toxic Substances Control Act. Testimony Before the Subcommittee on Commerce, Trade, and Consumer Protection, Committee on Energy and commerce, House of Representatives.
2. Code of Federal Regulations. Title 28, Part 0.85.
3. Basu, T. 2015. Why the U.S. Has 31% of the World's Mass Shootings. New York, NY: Time Magazine.

제 II 편

재난관리에 대한 공공과 민간의 역할

이 절에서는 연방 시스템에서 운영되는 다양한 정부 수준에 초점을 맞추어 모든 경감 및 대비 활동이 이루어지는 제도적 체계를 소개한다. 제6장에서는 시간이 지남에 따라 연방 정부의 역할이 어떻게 변했는지를 논의하고 재해관리를 통제하는 연방법과 프로그램을 검토한다. 제7장은 주(州)가 재해를 관리해야 하는 권한과 재해에 대비하고 이를 경감하기 위해 사용하는 도구의 범위에 초점을 맞추고 있다. 제8장에서는 지방정부가 사유재산을 규제하고 토지사용을 관리하기 위해 사용하는 방법을 포함하여 지역 차원에서 재해관리를 검토한다. 제9장에서는 민간부문과 비영리 단체가 재해 관련 위험을 줄이고 커뮤니티가 더 회복탄력적으로 되도록 도울 수 있는 방법에 대한 개요를 제공한다.

미국의 연방정부 시스템과 각 수준 내의 권력 분립으로 인해, 정부 간 관계는 공공정책이 수립되고 공공 프로그램이 수행되는 방식을 결정하는 중요한 요소이다. 국가에서 중앙집권화의 부족과 높은 수준의 다원화는 한 주에서 다음 주로, 또는 한 공동체에서 다른 공동체로 완전히 통일되지 않은 패치워크(patchwork) 방식의 통제체제를 만든다. 특히 이 시스템의 난잡한 특성은 재해지역을 관리하고 개인 토지소유자의 재산 사용 허가 방법에 영향을 미치는 연방, 주 및 지방 프로그램 및 정책에서 분명하게 드러난다. 미국 내 재해가 발생하기 쉬운 지역의 토지 사용과 개발을 관리하기 위한 종합적이고 일관된 정책이 없기 때문에 다양한 기관이 관리하는 프로그램과 정책은 종종 중복되거나 때로는 교차 목적(cross-purpose)에 의해 작동할 수 있다.

이 절을 통해 우리 사회가 재해 토지의 관리와 관련하여 상반되는 공공 정책 목표를 어떻게 가지고 있는지 탐구한다. 한편으로는, 우리는 사유재산의 경제적으로 유익한 사용을 장려한다. 예를 들어, 해안을 따라 위치한 부동산은 반복되는 허리케인, 침식, 홍수 및 기타 해안재해에도 불구하고 주거용 또는 투자용 부동산으로서 상당한 가치를 가질 수 있다. 게다가, 미국의 많은 토지는 이미 경제적으로 유익한 방식으로 개발되었고, 그러한 규제가 미래의 재해로부터 재산피해를 예방할 수 있을지라도, 이러한 개발된 지역의 토지 사용을 제한하거나 금지하기를 꺼린다.

반면에, 우리는 또한 정부의 개입을 통해 공공안전을 보호하는 강한 전통을 가지고 있다. 무분별한 토지이용 결정은 부동산 소유자를 위협하고 긴급구조와 대응, 임시주택, 사회간접시설 수리, 재난지원금 지급 등을 위한 정부 지출 등 공공자원의 낭비가 될 수 있다. 사유재산권, 공공보건 및 안전 보호, 정부 지출 제한 사이의 이러한 긴장이 야기되며 위험 감소 및 재난 예방과 관련하여 비상관리자가 직무와 책임을 수행하는 패치워크(patchwork) 시스템에 기여한다.

미국 내 재해와 기후변화에 대한 취약성을 줄이기 위한 전략을 완전히 파악하려면 민간부문과 비정부기구는 물론 다양한 수준의 정부가 독특하지만 서로 얽힌 역할을 어떻게 수행하는지 이해하는 것이 필수적이다. 다음 장에서는 재해관리체계에 대해 설명하고, 당국, 고유한 이해 관계 및 국가를 보다 회복탄력적으로 만들 수 있는 기회를 상세히 설명한다.

제 6 장
연방정부

학습내용과 목표

(1) 학습 내용

- 비상관리에서 연방정부의 역할이 시간이 지남에 따라 어떻게 발전해 왔는가?
- 커뮤니티의 재해경감을 지원하는 연방정부 프로그램
- FEMA(Federal Emergency Management Agency; 연방재난관리청)의 임무
- 기후변화에 대한 적응을 지원하는 연방프로그램
- 다양한 연방 경감 정책의 장단점

(2) 학습 목표

- 용어를 숙지하고, 연방의 경감, 대비 정책과 프로그램의 이해
- 연방정부의 재해 위험 관련 보조금 지원 방법의 이해
- 재난지원의 연방 부담을 제한하는 방법의 고려
- 취약성 감소를 위한 연방 경감 프로그램의 효율성 평가

개요

재앙적인 재난의 고난과 심적 고통을 겪은 사람들에게 구호를 제공하는 것은 일반적으로 가치 있는 노력, 심지어 도덕적 의무로 여겨진다. 이 장에서는 연방정부가 예산 지출과 연방 토지소유권(landownership)을 통해 직접 재해관리에 어떻게 영향을 미치는지 요약한다. 다음으로 비상관리에 대한 연방정부의 개입이 시간이 지남에 따라 어떻게 발전해 왔는지를 논의한다. 그런 다음 재해관리와 직접 관련된 몇 가지 연방프로그램과 경감 자체에 초점을 맞추지 않았지만 재해관리와 어느 정도 관련이 있는 다른 연방 활동을 개략적으로 설명한다. 또한 개인, 커뮤니티 및 기업이 기후 관련 위험에 대비하고 경감하는 데 도움이 되는 연방 기후변화적응 및 회복탄력성 노력을 알아본다. 또한 연방정부 프로그램이 국가의 특정 지역에서 취약성을 증가시키는 의도하지 않은 결과와 함께 재해지역 개발에 대한 인센티브를 제공하는 방법을 검토한다. 이 장은 "도덕적 위험(moral hazard)"으로서의 연방 재난지원 문제와 연방 차원에서 재해관리에 대한 현재의 접근방식을 변경하기 위한 몇 가지 제안을 검토하는 것으로 결론을 맺는다.

6.1 재해관리에 대한 연방정부의 참여

연방정부의 국내활동의 대부분은 정부간 프로그램을 통해(특히 의회가 결정한 예산 책정과 연방기관이 주정부 및 지방정부에 집행하는 자금의 운영을 통해) 달성된다. 또한 연방정부는 상당한 토지소유자로서 재해관리에 관여하고 있다. 이 절은 연방정부가 소유한 토지에 대한 지출 및 조치의 사용을 통한 재해관리에서 연방정부의 역할을 탐구한다.

6.1.1 연방 지출

주정부 및 지방정부의 업무에 대한 국가정부의 개입은 다양한 종류의 지출을 통해 자주 발생하며, 그 중 많은 부분이 공공보건 및 안전 및 국토 안보 프로그램을 지향한다. 연방기관들은 매년 보조금, 계약, 대출 및 다른 종류의 지원의 형태로 수십억 달러를 분배한다. 일부 기금은 지방정부에 직접 지급되며, 다른 연방기금은 주정부에 의해 관리되고 커뮤니티로 유입된다. 연방 보조금 및 기타 지원 패키지는 종종 기금 사용에 적용되는 규칙과 기준을 부과하여 주 및 지방정부의 협력을 확보하는 데 사용된다. 워싱턴 DC의 예산책정에 딸린 “줄(string)”은 연방정부가 주정부 및 지방정부의 영역 내에 완전히 속할 수 있는 활동들에 대한 레버리지(지렛대)를 갖는 우회적이지만 효과적인 방법이다.

또한 연방정부는 재해 후 지원을 위해 주정부와 지방정부에 막대한 자금을 전용한다. 허리케인 샌디의 여파로 통과된 거의 600억 달러 규모의 구호 법안이 증명하듯이, 가장 큰 보조금과 지원책의 대부분은 폭풍 후 재건을 위한 것이다. 그러나 일부 비평가들은 긴급 추가 지출을 통해 구호 기금을 제공하는 것이 다음과 같은(일반적인 예산 절차에서 살아남아야 하는) 경감 지출을 통해 장기적인 위험을 줄이는 것보다 종종 더 쉽기 때문에 재난지원을 위한 의회 지출 절차의 성격이 미래 위험 손실을 줄이는 주요 장애물 중 하나라고 주장한다.

대부분의 연방 보조금과 다른 형태의 원조는 비용 분담 기준으로 분배되며, 연방정부는 대부분의 자금을 제공하고 주 및 지방정부는 그에 상응하는 자금을 제공한다. 미육군공병단(U.S. Army Corps of Engineers; USACE)이 수행하는 것과 같은 주요 개발 프로젝트의 경우, 현재 비용 분담 공식은 일반적으로 연방 65%, 국지 35%이다. 더 큰 지역 공헌을 포함하는 비용 분담은 프로젝트에서 더 큰 지역 소유의식을 제공할 수 있으므로, 지역 커뮤니티 측면에서 더 큰 수준의 책임감을 제공할 수 있다. 그러나 많은 커뮤니티에서 지방정부 예산이 심각하게 제한됨에 따라, 비용 분담 모델은 종종 재해 위험을 줄이는 대규모 사회기반시설 프로젝트 또는 자본개선에 자금을 대는 데 필요하다.

6.1.2 연방 재산 관리

연방 토지

미국 내 22억 7천만 에이커의 토지 중 28%인 약 6억 4천만 에이커가 연방정부의 소유이다. 예를 들어 네바다 주에서는 토지의 80.1%가 연방정부 소유이고, 알래스카 주에서는 토지의 60.9%가 연방정부 소유이다.

내무부(Department of the Interior)는 연방정부가 소유한 면적(68%)의 대부분을 통제하며 토지 취득에 가장 많은 투자를 했다. 농무부(Department of Agriculture)는 28%, 나머지 4%는 24개 기관이 관할한다. 미국 내 토지 중 30%는 산림과 야생동물로, 22%는 방목용으로, 16%는 공원과 유적지로, 2%는 군사용으로, 나머지 32%는 다른 용도로 사용된다.

참조 곰에서 올빼미로

미국 산림청(Forest Service)의 주요 임무는 1억9300만 에이커에 달하는 154개의 국유림과 20개의 국유 초원을 관리하는 것이다. 이 임무의 일부에는 지난 100년 동안 전면 진압 전략(strategy of total suppression; 가능한 한 빨리 불을 끄는 것)에서 많은 생태계의 건강에서 자연 화재의 역할을 인식하는 접근방식으로 발전해 온 산불 관리가 포함된다. 1944년 산불 예방을 위한 국가 상징(symbol)으로 처음 소개된 상징인 '스모키 베어(Smokey Bear)'와 1970년대 이후 자연보호운동 촉진을 위한 국가 상징인 '우드시 올빼미(Woodsy Owl)'는 수십 년 동안 미국 산림청의 토지 관리 초점이 바뀌고 있음을 잘 보여준다.

역주: 미국 농림부 산림청의 캠페인 상징

연방 건물

연방정부는 미국 전역에 걸쳐 수천 채의 건물을 소유하고 임대한다. 소유 및 임대된 모든 연방 건물 중 거의 5분의 1이 주택 용도로 사용된다(관공서 다음으로 높은 범주). 다른 주요 용도로는 우체국, 서비스, 창고, 연구 개발, 기관 건물 등이 있다.

참조 테러 대상이 된 연방 건물

1995년 4월 19일 오클라호마주 오클라호마시에 위치한 알프레드 P. 무라 연방 빌딩에서 외곽에서 트럭 폭탄이 폭팔하였다. 168명이 사망하고 수백명이 부상을 입었다. 반정부 무장단체인 티모시 맥베이와 테리 니콜스가 폭탄테러를 계획하고 실행했다. 그 남자들은 총을 좋아하는 급진 우파 생존주의 단체의 일원이었다. 폭탄테러의 여파로, 미국 의회는 미래의 테러공격을 막기 위해 연방 건물 주변의 보호를 강화하기 위한 법안을 통과시켰다. 1995년 5월, 무라 빌딩은 안전상의 이유로 철거되었고, 현재 국립 기념관과 박물관이 그 자리에 있다.

연방 사회기반시설

연방정부는 토지 및 건물 외에도 전력 개발 및 분배, 홍수 방지 및 네비게이션, 유틸리티 시스템, 도로 및 교량 등 국가의 민간 기반시설의 많은 부분을 소유하고 운영한다. 연방정부 소유 기반시설의 약 17%(비용 기준)는 홍수 방지 및 네비게이션을 위한 것이며, 이 중 대부분은 미육군공병단에 귀속된다.

토지, 건물 및 기반시설에 대한 연방 소유권의 직접적인 결과로서, 연방정부는 이러한 자산에 대해 상당한 양의 통제권을 갖는다. 목재와 방목지로 사용되는 지역은 대개 미개발 지역이며, 상대적으로 소수의 구조물(민간 또는 정부 소유)이 이러한 토지에 대한 재해영향에 노출되어 있다. DoD(Department of Defense; 국방부)가 소유하고 운영하는 군사 기지 같은 다른 연방 토지가 많이 사용되고 있으며, 이들 중 많은 부분이 해안 지대 같은 고재해지역에 위치해 있다. 많은 기관들은 공공 재산의 관리인으로서 건물과 기반시설을 인적재해 및 자연재해에 직면하여 더 회복탄력적으로 만드는 것을 포함하여 연방투자를 보호할 의무가 있다는 것을 인식했다. 이 장 뒷부분의 다양한 연방기관에 의해 구현되고 있는 재해경감 및 기후변화적응 이니셔티브에 대해 설명하였다.

6.1.3 범람원 관리를 위한 행정명령

1977년 카터 대통령은 EO(Executive Order; 행정명령) 11988호 "범람원 관리(Floodplain

Management)"에 서명했는데, 이 조항은 모든 연방기관이 홍수 유실 위험을 줄이고, 홍수가 인간의 안전, 보건 및 복지에 미치는 영향을 최소화하며, 기관들이 건물을 지을 때마다 범람원의 자연적이고 유익한 가치를 복원하고 보존하도록 요구하는 것이었다. 연방기금으로 사회기반시설을 구축하거나 연방프로그램을 수행한다.

2015년 1월 30일, 오바마 대통령은 EO 13690호(행정명령 11988호의 수정)에 서명했고, "연방 홍수위험관리 표준(Federal Flood Risk Management Standard)"을 확립하였다. 이 명령에 따르면, 기후변화가 홍수를 더 흔하고 훨씬 더 파괴적으로 만들 것이라는 전제하에, 연방정부 자금으로 지불된 모든 도로, 건물 및 기타 기반시설은 홍수의 위험이 적은 지역에 건설되어야 한다.

"이러한 영향은 기후변화와 다른 위협의 영향으로 시간이 지남에 따라 증가할 것으로 예상된다. 홍수로 인한 손실은 환경, 경제적 번영, 그리고 국가 안보에 영향을 미친다. "연방정부는 홍수에 대한 국가의 대비와 회복탄력성을 향상시키기 위해 최선의 가용성과 실행 가능한 과학으로부터 정보를 얻어 조치를 취해야 한다."

새로운 표준은 모든 연방기관과 부처가 "가장 가용성이 높고 실행 가능한 기후 과학에서 제공한 데이터와 방법을 사용하여" 100년 홍수 고도보다 2피트 높거나 500년 홍수 고도까지 건설해야 한다고 규정하고 있다. 병원과 대피소와 같은 모든 중요한 건물들은 100년 홍수 고도에서 최소 3피트 위에 지어져야 한다.

6.2 연방 차원의 비상관리의 진화

비상관리에 있어 연방정부의 역할은 원격 관찰자에서 재해 비용의 주요 자금 조달자, 그리고 최근에는 재해경감 옹호자로 수년간 발전해 왔다. 재해경감 및 대비에 대한 연방 역할을 도입하는 방법으로서, 이 절에서는 1800년대부터 현재까지 발생한 비상관리에 대한 연방 접근법의 주목할 만한 변화 중 일부를 논의한다. 이 간략한 역사는 오늘날 시행되고 있는 일부 정책과 프로그램을 설명하는 데 도움이 될 수 있으며 비상관리자가 직면한 재해경감 및 기후변화적응에 대한 일부 장애물과 기회에 대한 배경을 제공할 수 있다.

6.2.1 초기 연방 참여: 제한적이며 임시방편적인 참여

미국 헌법에 따르면 공중보건과 안전을 보호하는 기능은 주로 각 주(州)에 있다. 연방정부의 역할은 주정부와 지방정부가 압도되거나 시민이 필요로 하는 서비스를 제공할 수 없을 때 개입하여 원조를 제공하는 것이다. 그러나 수년 동안, 이 원칙은 완전히 잠식되지는 않았지만, 연방정부가 정기적으로 개입하는 것을 의미하게 되었고, 그 어느 때보다 연방기관과 프로그램에 대한 기대가 높아졌다.

1800년과 1950년 사이에 비상관리 기능에 대한 연방정부의 개입이 느렸지만, 자연재난이나 인적재난에 대응하기 위한 국가 정책도 없었다. 다음과 같은 주목할 만한 재난을 포함한 재앙은 주기적으로 국가의 일부를 황폐화시켰다.

- 1811년-1812년 미주리 뉴마드리드 지진
- 1873년 시카고 화재
- 1889년 펜실베이니아 존스타운 댐 붕괴
- 1900년 갤버스턴 허리케인
- 1906년 샌프란시스코 지진과 화재
- 1926년 마이애미 허리케인
- 1927년 미시시피강 홍수
- 1938년 뉴잉글랜드 허리케인

이런 재난으로 인한 사망자는 수백 명에서 수천 명에 달했다. 비용은 현재 가치로 수십억 달러에 달했다. 재난에 대한 대응은 지역 단체들이 조직하고 주로 자선단체와 일부 지역 및 주정부 자금에 의해 자금을 지원받은 것처럼 임시방편(ad hoc)이었다. 시행된 모든 경감조치는 개별 부동산 소유주나 지방정부에 의해 단편적인 방식이었다. 어떤 수준에서든 위험 감소를 추진하기 위한 공동의 노력이 없었다.

1930년대: 홍수 조절에 미육군공병단의 적극적인 참여

1934년의 홍수통제법(Flood Control Act)은 미육군공병단이 홍수 방지 프로젝트를 설계하고 건설할 수 있는 권한을 증가시켰다. 이 법은 인간이 자연을 통제하고 홍수의 위험을 제거할 수 있다는 철학을 반영하여 향후 수십 년 동안 대부분의 자연재해의 영향을 경감하기 위한 기본적 접근의 기조를 설정했다. 공병단 프로그램은 전국적으로 수백 개의 댐, 제방, 홍수 방지, 그리고 다른 구조적 홍수 방지 프로젝트들이 건설되었다는 점에서 매우 성공적이었다. 비록 공병단 프로그램이 국가의 강과 해안선을 따라 경제 발전과 인구 증가를 촉진시켰지만, 역사는 비상관리를 하려는 이러한 시도가 때때로 근시안적이고 비용이 많이 들며 의도하지 않은 결과를 가져왔다는 것을 증명했다.

냉전시대의 비상관리

1950년대는 대규모 자연재해로 조용한 시기였지만, 세 가지 중요한 허리케인이 발생했다. 4등급인 허리케인 헤이즐은 1954년 버지니아와 노스캐롤라이나에서 상당한 피해를 입혔고, 1955년 허리케인 다이앤은 대서양 중부와 북동부 여러 주를 강타했으며, 1957년 루이지애나주와 노스텍사스를 강타했다.

1950년 새로 통과된 재난지원법(Disaster Assistance Act)은 이러한 재난의 비용 중 일부를 부담하여 미국민들에게 연방 재난지원 개념을 도입했지만, 이후 원조 분배에 비해 그 액수가 미미했다. 당시 국가의 초점은 자연이 초래하는 재해가 아니라 핵전쟁과 낙진의 잠재력에 맞춰져 있었다. 1950년대에 시작된 냉전시대는 재난관리가 위험지역을 개발로부터 보호하기 위한 토지이용 규제에 초점을 맞추지 않고 외국 침략의 위협에 더 집중했다는 것을 의미했다. 민간 주택과 공공 건물에 폭탄 대피소를 건설하는 것은 널리 퍼졌고, 이것은 우연히 토네이도와 다른 자연재해로부터 보호를 제공했지만, 핵 공격의 위협과 싸우기 위한 더 시급한 필요성의 부산물일 뿐이었다.

국가홍수보험법

1961년 자연재해에 대처하기 위해 비상대책본부가 만들어졌다. 1960년대에 들어서면서, 미국은 일련의 대형 자연재해에 타격을 받았다. 대서양 해안에 상당한 피해를 입힌 북동풍 애쉬 웬즈데이 스톰, 태평양 해안에 쓰나미를 일으킨 프린스 윌리엄 사운드 지진, 그리고 대서양과 멕시코만 해안을 따라 수백 명의 사상자과 수백만 달러의 피해를 낸 허리케인 베시와 카밀이 있었다.

이러한 대규모 재해에 대한 보험의 부족은 1968년 국가홍수보험법(National Flood Insurance Act)의 통과를 촉진하여 홍수위험지역의 주택 소유자들을 위해 연방정부 지원을 제공하는 국가홍수보험프로그램(NFIP)을 만들었다. NFIP(National Flood Insurance Program)는 홍수위험을 줄이기 위해 지방정부들에게 커뮤니티 기반 경감 활동을 할 것을 요구했기 때문에 당시로서는 독특했다. 이 장의 뒷부분에서 NFIP에 대해 자세히 설명한다.

1970년대 연방 재난 활동: FEMA의 창설

1969년과 1970년의 연방 재난구호법(Disaster Relief Acts)은 재난 자금의 주요 원천으로서 연방정부의 역할을 더욱 강조했다. 이때까지 100개 이상의 연방기관이 위험과 재난을 관리할 책임을 지고 있었다. 이들 기관은 각각 자체 영역과 자체 의제를 가지고 운영되는 민방위 부서에 분산되어 있었지만, 이들 기관 중 어느 기관도 재해 위험을 줄이기 위한 실행 가능한 방법으로 주로 경감에 초점을 맞추지 않았다.

1979년 지미 카터 대통령은 FEMA(Federal Emergency Management Agency; 연방재난관리청)을 창설했다. 다른 기관들의 많은 책임들은 곧 이 기관으로 넘어갔다. 다양한 프로그램, 운영, 정책 및 사람들을 하나로 묶는 작업은 정치, 철학 및 물류 문제로 가득 찬 거대한 작업이었다. 이 시점에서, 경감은 여전히 FEMA 자체 내에서 어떠한 주요 방법으로도 촉진되거나 자금 지원을 받지 못했다. 이 시기에는 자연재해가 비교적 적었기 때문에, 비효율적이고 번거롭기는 하지만, 기관의 연속적이지 못한 특성이 크게 눈에 띄지 않았다.

6.2.2 1980년대와 1990년대: 연방 원조의 폭발

1988년 로버트 T. 스태포드 재난구호 및 긴급원조법(Stafford Disaster Relief and Emergency Assistance Act)의 통과를 통해 풍부한 연방 재난지원이 가능해졌다. 1980년대와 1990년대 동안 재난구호를 위한 연방 지출은 비약적으로 증가했다. 더 많은 재난, 더 큰 달러 손실, 그리고 무엇이 "재난(disaster)"으로 분류되는지를 정의하는 일관성 없는 방법이 매년 수백만, 심지어 수십억 달러의 지출에 기여했다.

스태포드법의 목적은 재난이 그들의 대응능력을 압도할 때 주, 지방정부, 그리고 그 시민들을 지원하는 것이었다. 스태포드법에 따라 FEMA로부터 광범위한 재난지원을 받을 수 있다. 이러한 지원은 일반적으로 두 가지 범주로 분류된다.

1. 개인 및 가족 지원(IA; Individual and Family Assistance)
   보조금은 보험, 대출 또는 자선 단체와 같은 다른 방법을 통해 충족되지 않는 재난 피해자들의 심각한 요구와 필요한 비용을 충족하도록 돕기 위한 기금을 제공한다. 대상 비용에는 주택, 개인 재산, 의료 및 치과 비용, 장례 및 교통비가 포함된다.

2. 공공지원(PA; Public Assistance)
   보조금은 재난 발생 후 커뮤니티가 손상된 시설을 재건할 수 있도록 지원을 제공한다. 보조금은 주 또는 지방정부 및 일부 비영리단체가 소유한 시설의 수리 또는 교체와 관련된 적절 비용을 포함한다. 기금은 물과 폐수 서비스를 복구하고, 긴급 대중 교통을 설립하고, 커뮤니티를 재난 전 상태로 되돌리기 위한 잔해 제거 및 기타 활동에 사용된다. 경감은 PA 기금을 사용하여 공공시설을 재건하는 요소가 될 수 있지만, 경감보다는 복원이 공공지원 프로그램의 주요 목표이다.

스태포드법은 "HMGP(Hazard Mitigation Grant Program; 재해경감 보조금 프로그램)"을 만들었다. HMGP의 목적은 국가와 지방정부가 재난선언에 따라 받는 재난지원 패키지의 일환으로 경감비를 지원함으로써 위험으로 인한 인명 및 재산 손실을 줄이는 것이다. HMGP 기금을 활용한 경감사업은 재난 후 커뮤니티가 재건될 때 열리는 기회의 시간 동안 시행된다.

FEMA 외에도, 다른 연방기관들도 1980년대와 1990년대에 더 많은 재난지원 및 대출 패키지를 지출하기 시작했다. 예를 들어, 중소기업청은 지역 사업체들이 재난사건 후에 그들의 운영을 회복할 수 있도록 돕기 위해 저리 대출을 발행한다. 주택도시개발부는 재난에 영향을 받는 지방정부에 재난관련 CDBG(Community Development Block Grants; 커뮤니티 개발 블록 지원금)을 집행하고 있으며, 재난 및 비상사태를 위한 공공주택현대화준비금, 주택투자동반자사업, 108조 대출보증 프로그램 등 기타 프로그램도 운영하고 있다. USDA(U.S. Department of Agriculture; 미국 농무부)의 농업서비스청은 자연재난에 따른 농부들에게 대출, 보조금, 기술지원, 재난위험 작물보험 등 다양한 형태의 지원을 제공한다.

대형 재난에 대처하기 위해 고군분투하는 FEMA

1980년대 후반까지, FEMA는 운영되었고 스태포드법은 피해를 입은 커뮤니티에 재난지원을 꽤 빨리 보낼 수 있는 절차를 제공했다. 그러나 1989년과 1993년 사이에 발생한 일련의 대형 재난은 FEMA의 재난 대응능력의 결함을 부각시켰다. 1989년 허리케인 휴고는 노스캐롤라이나와 사우스캐롤라이나와 미국령 버진아일랜드를 강타했다. 150억 달러 이상의 피해와 85명의 사망자를 낸 10년 만의 최악의 허리케인이었다. FEMA의 대응이 느린 것으로 인식되었다. 휴고 직후, 로마 프리타 지진은 캘리포니아를 뒤흔들었고, 막대한 재산과 기반시설 피해를 일으켰다. 1991년, 캘리포니아 오클랜드에서 발생한 맹렬한 산불은 집과 사업체를 불태웠다. 1992년 허리케인 앤드류가 매우 큰 피해를 입히면서 플로리다와 루이지애나 주를 황폐화시켰다. 곧이어 허리케인 이니키가 하와이에 큰 피해를 입혔다.

많은 사람들이 볼 때, FEMA와 전체 비상관리 시스템은 이러한 사건 동안 실패했다. 대중들은 정부가 어려움에 처했을 때 도움을 주기 위해 그곳에 있기를 원하고 기대했다.

이러한 정서는 허리케인 앤드류가 발생한 지 며칠 후 데이드 카운티 비상관리 조정관 캐슬린 헤일의 기자회견에서 연방정부에 "기병은 어디에 있는가?(Where are the cavalry?)"라는 유명한 탄원서에 의해 강조되었다. FEMA는 재난지원이라는 필수적인 정부 기능을 수행할 수 없는 것처럼 보였다. 이러한 재난이 발생하는 동안 발생한 손해의 정도는 미래의 재난 위험을 줄일 필요성을 강조했다. 즉, 경감은 명백한 선택으로 보였다.

1993년 중서부 홍수: FEMA에 대한 시험

빌 클린턴 대통령은 제임스 리 위트를 FEMA 국장으로 임명했는데, 그는 FEMA 내에 경감 국장을 설립하는 것을 포함하여, FEMA 안팎의 전면적인 개혁을 시작했다. FEMA와 주 및 지역 비상관리자 간의 강력한 관계의 필요성도 인식되어 재해사건 전, 중 및 직후에 조정과 소통을 개선할 수 있었다.

위트의 개혁은 1993년 중서부 홍수 동안에 곧 시험되었다. 9개 주의 525개 카운티에 걸쳐 있는 지역에서 엄청난 홍수가 발생했으며, 그 중 상당수는 수년 전에 육군 공병대가 건설한 댐과 제방의 붕괴로 인해 발생했다. 이제 엔지니어링된 구조물에 대한 의존이 잠재적으로 위험한 홍수 방지 접근방식이라는 것이 명백해졌고, 재난복구의 초점을 바꿀 수 있는 기회가 실현되었다. FEMA는 중서부 홍수에 이어 대담하고 새로운 경감 방법을 시작했는데, 당시로서는 가장 큰 프로그램이었던 민간 주택을 구입하고 거주자 이전을 돕는 대규모 프로그램에 자금을 지원했다. 처음으로, 대규모로 사람과 재산을 범람원에서 옮기는 것이 미래의 재해를 피하기 위한 오래 지속되고 비용 효율적인 방법으로 받아들여졌다. 중서부의 매수는 여러 가지 이유로 독특했는데, 그 중에서도 가장 중요한 것은 대규모 프로젝트였다는 것이다. 마을 전체와 심지어 마을 전체가 공적 자금으로 인수되어 건물, 시설, 사람, 애완동물, 그리고 모든 것들로 옮겨졌고 더 높은 지대에 재건되었다. 취득 및 이전에 대한 자세한 내용은 12장에서 장기적인 경감전략으로 확인할 수 있다.

클린턴 대통령이 FEMA의 이사직을 각료급으로 격상했을 때, 재난에 대한 비상관리와 연방정부의 역할의 가치와 중요성을 인식했다. 1995년, FEMA는 비상관리의 "초석"으로 경감을 선언한 첫 번째 국가 경감전략을 발표했는데, 두 가지 주요 목표는 재해에 대한 대중의 인식을 높이고 생명 및 부상자 관련 손실을 줄이는 것이다.

참조 연방 경감 자금으로 더 지속가능해진 패튼스버그

1993년의 대홍수 이전에 패튼스버그는 미주리 주의 시골 한가운데에 있는 몇 십 평방 블록을 차지하는 400명의 중서부의 전형적인 농장 커뮤니티였다. 그러나 패튼스버그는 지속가능하지 않은 커뮤니티였다. 빅 크릭과 그랜트 강(미주리 강의 지류)의 합류점에 위치한 이 마을은 33번이나 침수되었다. 1909년 7월 6일 커뮤니티의 첫 번째 대홍수 재난 이후, 정확히 84년 후 1993년 7월 6일 대홍수가 패트슨버그를 휩쓸었다. 리허설이 잘되어 있던 마을 사람들은 집과 가게를 정리하고 다시 범람원으로 이사했다. 그리고 나서 대홍수가 두 번째로 돌아왔다. 또 다시 7월 23일, 그랜트 강은 구역질나는 진흙과 파편들을 커뮤니티를 통해 보냈다. 이 최근의 홍수는 패튼스버그가 강과의 분쟁에서 살아남을 수 없다는 것을 깨닫게 해주었다. 1993년 가을, 주민의 90% 이상이 마을을 이전하고 더 높은 곳에 재건하는 것에 찬성하였다. 1994년 봄, 패튼스버그는 연방 재난지원금으로 1,200만 달러를 받을 것이라는 소식을 들었다. 뉴타운은 범람원 밖에서 3마일 떨어진 곳에 설계 및 건설되었으며, 에너지 효율성, 태양광 접근, 건물 방향 등에 대한 코드, 폐기물 최소화 및 지속가능한 경제 개발을 위한 가이드라인을 포함한 추가적인 지속가능한 방법을 재건 과정에 통합했다.

6.2.3 프로젝트 영향

중서부 대홍수 이후 몇 년 동안, FEMA는 재해경감에 대한 강조를 꾸준히 증가시켜, 기존의 파괴와 재건 주기를 깨뜨렸다. FEMA는 재난에 안전한 커뮤니티를 장려하여 커뮤니티가 지속가능한 경제 개발을 촉진하고, 자연 자원을 보호 및 강화하며, 시민들을 위한 더 나은 삶의 질을 보장할 수 있도록 하였다. FEMA가 1997년에 시작한 비상관리 및 경감 활동에 커뮤니티의 모든 부문이 참여하도록 장려한 프로그램인 "임팩트 프로젝트(Project Impact)"는 커뮤니티 전반의 경감계획을 위한 민관 협력을 촉진하기 위한 시도였다. 임팩트 프로젝트 커뮤니티는 모든 50개 주, 버진 아일랜드, 푸에르토리코에 지정되었다.

임팩트 프로젝트 펀딩으로 여러 가지 가치 있는 경감사업이 진행되었지만, 일부 관측통들은 야구 모자와 토트백(tote bag; 대형 쇼핑백)에 로고가 새겨진 기업형 마케팅 캠페인을 시작하는 것에 중점을 두고 뚜렷한 정치적 자질을 가졌다고 비판해왔다. 다른 분석가들은 임팩트 프로젝트가 커뮤니티 기반 경감계획에 참여 했어야 하는 모든 관련 이해당사자를 포함하지 않았다고 지적했다. 이러한 비판에도 불구하고, 임팩트 프로젝트는 일부 커뮤니티에서 특히 선별된 기업과 산업 중 민간부문에서 경감에 대한 인식을 높임으로써 성공적인 것으로 입증되었다. 어쨌든, 임팩트 프로젝트 기금은 이후 삭감되었고,

이니셔티브(initiative; 주도권)는 2000년 DMA(Disaster Mitigation Act; 재난경감법)의 통과로 대체되었다.

6.2.4 2000년 재난경감법(DMA)

2000년 10월 30일, 클린턴 대통령은 1988년 로버트 T. 스태포드 재난구호 및 긴급원조법을 개정하기 위해 2000년 "DMA(Disaster Mitigation Act; 재난경감법)"에 서명했다. 이 법률은 주로 연방 재난구호 및 경감 프로그램의 관리를 제어하고 능률화하는 것을 목표로 하며 국가의 재난손실을 줄이기 위한 사전 재해경감계획에 중점을 둔다. 사실, DMA는 특정 재난지원을 위한 전제조건으로 주 및 지방 경감계획을 요구하고 있으며, 사실상 주 및 지방정부가 그들의 경감 자금을 위해 일하도록 하고 있다.

6.2.5 테러 위협으로 주요 기관 조직 개편 시작

2001년 9월 11일 미국에 대한 테러공격의 여파로, 조지 W. 부시 대통령은 모든 종류의 위협으로부터 국가를 보호하기 위해 이전에 서로 다른 22개의 국내 기관들을 하나의 부서로 조정할 필요가 있다고 결정했다. "DHS(Department of Homeland Security; 국토안보부)"는 이 역할을 수행하기 위해 만들어졌다. FEMA는 현재 DHS 내에 있으며, DHS는 재난지원 및 경감 프로그램이라는 오랜 역할을 수행하고 있다.

DHS가 창설된 이후 몇 년 동안, 비상관리의 주요 초점은 테러와 보안 위협 그리고 자연재해로부터 멀어지는 것으로 바뀌었다. 주 및 지역 비상관리 기관은 자연재해경감 프로그램을 희생하여 보안 및 테러 방지 능력을 강화하기 위한 보조금과 대출을 받았다. 그러나 2004년 12월 26일 인도양 쓰나미, 2005년 파키스탄 지진, 2004-2005년 허리케인 시즌 등 국내외 주요 재난의 재발은 정치인들과 대중들에게 자연재해가 나라와 세계에 매우 현실적인 위협으로 남아있다는 것을 일깨워주었다.

6.2.6 허리케인 카트리나: 연방정부 내 변화의 원동력

2005년 허리케인 카트리나 이후 멕시코만 해안을 따라 있는 커뮤니티의 황폐화는 다시 한번 FEMA를 불리하게 묘사했다. 조정의 부족, 의사소통의 실패, 그리고 강한 지도력의 결핍은 일련의 실수들과 잘못된 방향을 만들어냈고, 이 나라에서 전에 볼 수 없었던 규모의 재앙으로 절정에 이르렀다. 물론, 허리케인이 멕시코만 해안을 따라 상륙하면서 바람, 파도, 폭풍해일이 거의 기록적인 높이에 도달하는 등 허리케인 자체가 주요한 자연재해였다. 그러나, 태풍의 여파로 발생한 비참한 상황을 초래한 것은 시기적절한 대응의 부족과 부실한 재난 계획과 대비였다.

수천 명의 카트리나 생존자들이 견뎌낸 고난과 가슴앓이와 함께, 그 재난의 또 다른 희생자는 연방, 주, 그리고 지방정부의 비상관리 기관과 그 직원들의 평판이었다. 참사의 상당 부분은 당파적 정치적 논쟁에 젖어 있었는데, 이것은 과거의 잘못을 바로잡고 복구와 재건 계획을 추진하는데 헌신한 사람들의 진정한 노력의 많은 부분을 방해했다.

허리케인 카트리나의 결과 중 하나는 2006년 후-카트리나 비상관리 개혁법(PKEMRA; Post-Katrina Emergency Management Reform Act of 2006)의 통과였다. 이 법은 허리케인 카트리나에 대한 대응으로 강조된 부족분을 시정하기 위해 FEMA의 일부 요소를 재정비하고 DHS와 기관의 관계를 재정비하였다. 특히, 이 법은 FEMA 내에 새로운 지도적 지위를 창출하고, 그 기관에 추가적인 책임을 부여하며, 재난이 발생했을 때 FEMA의 이사에게 직접 대통령과 연락할 수 있는 경로를 부여하였다.

6.2.7 대통령 정책지침 8: 국가 대비

대비가 공동 책임임을 인식하고 대통령 정책지침(PPD-8: 국가 대비; Presidential Policy Directive)이 2011년 3월 30일에 서명되었다. PPD-8의 핵심은 자연재해, 테러 행위, 전염병과 같은 위험으로부터 국가를 위험으로부터 보호하고 회복탄력성을 유지하기 위한 체계적인 노력에 정부뿐만 아니라 전체 커뮤니티가 참여해야 한다는 것이다. 이 정책 지시는 국가 대비 목표를 통해 “가장 큰 위험을 초래하는 위협과 재해를 예방, 보호, 경감, 대응 및 복구하기 위해 전체 커뮤니티에 걸쳐 필요한 역량을 갖춘 안전하고 회복탄력적인 국가”라고 명시되어 있다.

목표 달성과 관련된 일련의 체계와 계획이 개발되었으며, 각 체계는 5가지 대비 임무 영역 중 하나에 해당한다. 예방, 보호, 경감, 대응 및 복구. 각 체계에는 목표 달성에 필요한 핵심 기능 또는 별개의 중요 요소가 포함되어 있다. 예를 들어, 국가경감체계는 다음과 같은 7가지 핵심 기능으로 구성된다.

- 위협 및 재해식별
- 위험 및 재난 회복탄력성 평가
- 계획
- 커뮤니티 회복탄력성
- 공공정보 및 경고
- 장기 취약성 감소
- 운영 조정

체계는 모든 사람이 국가 대비 노력에 기여하고 혜택을 받을 수 있다는 것을 인식하는 대비에 대한 전체 커뮤니티 접근방식을 따른다. 여기에는 개인과 가족, 기업, 커뮤니티 및 신앙에 기반을 둔 그룹, 비영리 단체 및 모든 정부 수준이 포함된다.

자기 진단

- 1934년의 홍수통제법이 미육군공병단에 미치는 영향을 설명하라.
- 국토안보부 창설의 기원을 논하라.
- 국가 대비 목표는 무엇이며 어떻게 시행되는가?

6.3 연방 재해경감 프로그램

비상관리에 대한 연방정부 참여의 변천을 이전 설명에서 주로 재해경감에 초점을 맞춘 몇 가지 프로그램을 간략히 언급했다. 이 절에서는 다음 프로그램을 자세히 설명한다.

- NFIP(National Flood Insurance Program; 국가홍수보험프로그램)
- 커뮤니티 등급시스템(CRS; Community Rating System)
- 2000년 재난경감법(DMA; Disaster Mitigation Act of 2000)
- 재해경감 보조금 프로그램(HMGP; Hazard Mitigation Grant Program)
- 회복탄력적 사회기반시설 및 커뮤니티 건설(BRIC; Building Resilient Infrastructure and Communities) 프로그램
- 홍수경감지원(FMA) 프로그램
- 국가허리케인프로그램
- 국가지진재해저감프로그램(NEHRP)
- 커뮤니티개발블록보조금(CDBG)
- 해안장벽자원법(CBRA; Coastal Barrier Resources Act)

이 프로그램들은 비상관리 및 재해경감에 직접적으로 초점을 맞추고 있기 때문에 이 프로그램들을 명시적 비상관리 프로그램이라고 부른다. CDBG와 CBRA를 제외한 대부분의 프로그램은 FEMA에 의해 수행된다.

6.3.1 FEMA의 역할

FEMA에 대한 간략한 검토로 연방 경감 및 대비 기능에 대한 논의를 시작하자. 우리는 FEMA가 재해관리의 많은 측면을 위한 주도 기관 역할을 하기 위해 1970년대 말에 만들어졌으며, 인정된 분야로서의 경감은 1990년대에 기관의 주요 초점이 되었다는 것을 알고 있다. 또한 FEMA가 현재 모든 종류의 재해로부터 미국을 보호할 책임이 있는 많은 다른 요소 기관 중 하나인 더 큰 DHS(국가안보부) 내에 수용되어 있다고 알고 있다.

FEMA의 공식 임무는 국민으로서 모든 재해에 대비, 보호, 대응, 복구 및 경감을 위한 역량을 구축, 유지 및 개선하기 위해 협력하도록 시민과 응급구조요원을 지원하는 것이다. 이것은 비상관리 시스템의 모든 수준에서 재난에 대한 대비 태세를 기르는 것을 포함한다. 경감 부서는 FEMA의 대비 및 예방 기술의 포괄적이고 위험 기반 비상관리 프로그램을 통해 생명과 재산 손실을 줄이고 모든 유형의 재해로부터 국가 기관들을 보호하기 위한 노력을 주도하고 있다. 경감 부서는 이 절에서 논의되는 전국적인 위험 감소 프로그램 및 의회가 승인한 것들을 관리한다.

6.3.2 NFIP(국가홍수보험프로그램)

객관적인 관찰자들은 보험이 직접적으로 위험을 줄이는 대신 주로 재산 소유주로부터 보험회사에 재난의 재정적 위험을 이전하기 때문에 보험만이 경감도구로 완전히 적합한지에 대해 의문을 제기할 수 있다. 그러나 NFIP의 경우, 홍수보험의 이용가능성은 보험료 지불을 통해서만 이용 가능한 것이 아니라 홍수위험을 줄이기 위한 커뮤니티 전체의 노력을 통해 이용 가능하게 되기 때문에 경감기법으로 간주되는 경우가 많다.

의회는 증가하는 연방 재난구호 비용을 통제하는 것을 돕기 위해 국가홍수보험법을 통해 1968년 “NFIP(National Flood Insurance Program; 국가홍수보험프로그램)”을 설립했다. NFIP는 주민들이 연방정부 지원을 받는 홍수보험에 가입할 수 있는 기회를 제공하고자 하는 지역 커뮤니티를 위한 자발적인 프로그램으로 시작되었다. 그 대가로, 지방정부는 범람원의 개발을 규제하기 위한 “조례(ordinance)”를 제정하도록 요구되었다. 이 법안은 1972년 홍수보험법을 통해 강화되었는데, 이 법은 모든 연방 지원 주택담보대출(예: 퇴역군인 행정기관 대출)과 연방 규제 또는 보험에 가입된 대출기관에서 발행한 모든 주택담보대출에 대한 홍수보험의 구입을 요구했다.

NFIP는 평균 과거 손실 연도에 대한 청구 또는 운영 비용을 지불하기 위해 납세자 기금을 필요로 하지 않는 자체 지원 프로그램이다. 비용은 수해보험을 위해 징수된 보험료로 충당된다. 이 프로그램은 손실이 큰 시기에 대해 미 재무부로부터 차입 권한을 갖는다. 이 대출금은 이자로 갚아야 한다. NFIP는 미국에서 가장 큰 한 줄의 재산보험 작가이다. 2017년 기준으로 NFIP는 약 5백만 가구에 보험을 들었다.

NFIP에 따른 범람원 관리

NFIP에 등록할 때, 커뮤니티는 FEMA가 제정한 기준을 충족하는 범람원 조례를 채택해야 한다. 그 조례들은 커뮤니티의 범람원 지역의 모든 개발에 대한 건설 기준을 포함해야 한다. 이 건축기준은 침수사고 시 '실질적 피해'를 입는 주택 및 기타 건축물의 신규 개발 및 재건축에 모두 적용되며, 이는 사건 발생 후 수리 또는 재건축 비용이 구조물 가치의 50% 이상임을 의미한다. NFIP의 기준은 커뮤니티가 지정된 범람원에 대한 개발 허가를 발급하도록 요구하고, 100년 홍수 구역에 위치한 모든 새로운 구조물은 예상 홍수위 이상으로 높여야 하며, 배수로와 암굴은 적절한 크기와 유지되어야 하며, 모든 지역 상하수도 시스템은 침투를 최소화하기 위해 보호되어야 한다.

FIRM(Flood Insurance Rate Map; 홍수보험율지도)

지역 범람원 조례를 시행하기 위해서는 커뮤니티가 관내 범람원 위치에 대한 정확한 정보를 확보해야 한다. NFIP의 일부로서, FEMA는 각 참여 커뮤니티에 대한 FIRM을 개발한다. FIRM은 커뮤니티의 홍수위험의 전체 범위를 나타내는 종이 또는 디지털 지도이다. 각 기업은 커뮤니티가 개발 규정을 준비하고 이러한 규정이 적용될 위치를 확인하는 데 도움이 되는 특수 지정을 사용하여 특정 지역을 나타냅니다. FIRM에 대한 설명은 3장을 참조한다.

FIRM의 현행화

개발 허가, 조례 조항, 그리고 상승과 같은 구조적 요건은 지역기업들에 표시된 대로 재산의 위치에 따라 결정된다. 또한 지도는 보험 적용 재산에 대한 다양한 보험료율도 결정한다. 완벽한 지도는 없으며, 개발 패턴과 기후변화 등 여러 요인으로 인해 범람원은 시간이 지남에 따라 변화한다. 때때로 FEMA, 커뮤니티 또는 개인은 FIRM이 업데이트, 수정 또는 변경되어야 한다고 생각할 수 있다. 지역 FIRM의 수정을 보장할 수 있는 조건은 다음과 같다.

• 이미 확인된 FIRM의 범람원 내에서 중요한 건설의 발생
• FIRM이 발행된 후 커뮤니티 상류에서 상당한 발전이 발생
• FIRM 경계가 더 이상 정확하지 않음을 나타내는 침수 패턴의 홍수 발생
• 커뮤니티 내 또는 커뮤니티 상류에 있는 주요 홍수 통제(control) 사업의 완료
• 매핑된 기존 범람원 내부 또는 인접 지형의 변화

1997년, FEMA는 미국의 전체 범람원 지도 목록을 업데이트하고 디지털화하기 위해 지도 현대화 프로그램을 개발했다. 홍수지도 목록을 업데이트하고 디지털화하기 위한 완성된 다년간의 노력은 약 10억 달러의 비용이 들지만 향후 50년 동안 450억 달러의 홍수 손실을 막을 것으로 예상된다. 불행하게도, 그 기간은 많은 커뮤니티가 그들의 범람원에서의 미래 개발을 위한 표준을 결정할 때 여전히 구식 홍수지도를 사용할 것이라는 것을 의미한다. 이러한 많은 커뮤니티에서 개발, 지형 및 침수 패턴의 변화가 너무 빠르게 발생하여 홍수위험이 있는 지역, 심지어 그들의 범람원 규제를 충실히 시행하는 커뮤니티에서도 무의식적으로 주택과 기업의 신규 건설이 허용될 수 있다.

참조 지도 현행화 속도를 높이기 위한 주의 노력

일부 주에서는 자체 홍수지도 현대화 프로그램을 진행했다. 예를 들어, 노스캐롤라이나는 대규모 홍수 매핑 프로젝트를 수행했다. 1999년 허리케인 플로이드는 홍수위험 데이터와 지도가 심각하게 제한적 임을 밝혔다. 당시 노스캐롤라이나 FIRM의 약 75%가 5년 이상이었고, 노스캐롤라이나 FIRM의 약 55%가 10년 이상이었다. 허리케인 플로이드가 발생한 동안 및 이후에 발생한 홍수는 FIRM에 묘사된 홍수 경계를 훨씬 초과했다. 당시 지도에서 홍수위험지역으로 나타나지 않았던 위치에 많은 구조물들이 침수되었다. FEMA가 전국적으로 FIRM를 개선하는 과정을 시작했지만, 연방 지도 예산은 한정되어 있었다. 평균적으로 노스캐롤라이나는 카운티당 매년 하나의 업데이트된 홍수 연구를 받았다. 100개의 카운티가 있는 주에서, 연방의 프로세스는 미래의 홍수사건으로부터 커뮤니티를 보호하기에 불충분하다고 간주되었기에 지도 현행화를 위한 주 차원의 패스트 트랙(fast track)으로 개시했다.

파산을 막기 위한 재무부로부터 차입

NFIP는 설계와 적용의 결함 때문에 수년간 비판을 받아왔다. 이러한 비판들 중 가장 중요한 것은 NFIP가 실제로 건전하지 않다는 현실인데, 이는 프로그램이 장기적인 미래 홍수 손실을 충족시킬 수 있는 보호구역을 건설하기 위해 보험료로부터 충분한 수입을 거두지 못한다는 것을 의미한다. 이것은 부분적으로 의회가 일부 부동산에 대한 보험료를

보조하는 것을 승인했기 때문에 발생했다. 역사적으로, FEMA는 NFIP를 건전한 재정 기반 위에 유지하는 데 비교적 성공적이었다. 사실, 그 프로그램은 1986년부터 2005년까지 자급제(self-supporting)였다. 그러나 2005년 허리케인 카트리나, 리타, 윌마 이후 FEMA는 190억 달러 이상의 보험금을 지급했는데, 이는 연간 보험료 22억 달러와 미국 재무부로부터 15억 달러의 차입 권한을 훨씬 능가한다. 그 결과, 의회는 NFIP 차입 권한을 처음에는 35억 달러, 2006년에는 200억 달러 이상으로, 2013년에는 허리케인 샌디 이후 300억 달러 이상으로 늘리는 법안을 통과시켰다.

이러한 차입금의 증가는 프로그램이 요구(claim)에 대해 계속 지불하기 위해 필요했다. 이러한 수치는 NFIP가 최근 몇 년 동안 고위험지역의 부동산에 많은 보조금을 지급해왔고, 재난의 비용 상승으로 인해 원래 구상했던 것처럼 프로그램이 자급자족하는 것을 어렵게 만들었다는 것을 시사한다.

반복손실의 문제

NFIP의 가장 열렬한 지지자들조차 이 프로그램이 역사적으로(손실 감소를 주요 목표로 하는) 민간 보험사처럼 운영되지 않았음을 인정한다. 이 문제는 정기적으로 발생하는 반복손실(repetitive loss)과 관련하여 가장 명백하며, NFIP 자원에 상당한 손실을 초래한다. “RLP (Repetitive Loss Properties; 반복손실재산)”과(홍수에 대한 클레임이 여러 개 있는 경우와 같이) 심각한 RLP는 NFIP에 의해 보장되는 속성 중 작은 부분을 나타내지만, 평균 손실 연도에서는 NFIP 홍수 클레임 금액의 훨씬 큰 부분을 차지한다.

대부분의 RLP는 NFIP가 처음 시작되었을 때 NFIP로 증축된 오래되고 덜 안전한 주택이다. 이러한 특성들은 일반적으로 NFIP 건설 표준이 만들어지기 전 그리고 FIRMs가 발행되기 전에 건설되었다. 다시 말해, Pre-FIRM 구조라고 알려진 많은 RLP는 국지적 홍수 재해 위험이 완전히 알려지기 전에 건설되었기 때문에 물 피해에 견딜 수 있도록 건설되지 않았다. 대부분의 RLP는 휴가용이나 투자용 부동산이 아닌 주거용 구조물이며, 여러 번 수리한 곳도 많다. 이러한 손실의 순전한 수와 누적 금액은 반복손실 보상 문제를 야기했다.

반복손실 조항을 통해 NFIP는 사람들이 반복적으로 침수된 지역에 머물 수 있도록 돕는 의도하지 않은 효과를 가져왔다. 이 당시 부동산의 홍수 취약성을 경감하거나 홍수가 더 발생하는 다른 곳으로 이동하는 것이 부동산 소유자와 커뮤니티의 장기적 이익에 부합했다.

NFIP 개선 시도

모든 홍수사건에서 반복되는 NFIP 지급의 문제를 인식하여, FEMA는 심각한 RLP를 경감을 목표로 하는 전략을 구현했다. "2004년 홍수보험개혁법(Flood Insurance Reform Act of 2004)"은 주택 소유자에게 주택의 상승, 이전, 철거를 의무화하는 시범 프로그램을 제정했고, NFIP는 그러한 비용의 일부를 부담했다. FMA(Flood Mitigation Assistance; 홍수경감지원) 프로그램의 기금(아래 설명)도 이러한 활동을 지원하는 데 사용할 수 있다.

또한 NFIP의 장기적인 생존 가능성과 커뮤니티에 대한 홍수의 영향을 경감할 수 있는 프로그램의 능력에 대한 우려를 해결하기 위해 의회는 "2012년 비거트-워터스 홍수보험개혁법(Biggert-Waters Flood Insurance Reform Act of 2012)"을 통과시켰다. 비거트-워터즈 법은 NFIP를 5년 동안 재허가했고 프로그램에 상당한 변화가 필요했다. 이러한 변화들 중 가장 큰 영향을 미친 것 중 하나는 보험료가 부동산에 대한 홍수의 현재 위험을 보다 정확하게 반영할 수 있도록 NFIP를 보다 실질적으로 건전하게 만들기 위한 보험료율의 구조조정이었다. 그 법은 또한 2차 주택, 사업 재산, 중대 반복손실재산에 대한 보조금을 단계적으로 폐지하도록 하였다. 또한 이 법은 FEMA가 10년 이내에 부채를 없애기 위해 상환 일정을 만들도록 하였다. NFIP에 대한 이러한 변경, 특히 구조물의 위험수준과 일치하는 보험료 부과 요건은 변경으로 위험지역에서 개발하려는 기존 인센티브가 제거되기 때문에 효과적인 경감을 위한 중요한 단계로 권장되어 왔다.

그러나 비거트-워터법으로 인한 부담스러운 보험료 인상에 대한 우려로 의회는 "2014년 주택소유자 홍수보험 부담법(Homeowner Flood Insurance Affordability Act of 2014)"을 통과시켜 비거트-워터법의 특정 조항을 폐지하고 수정하였다. 주요 변경사항은 일부 정책의 요금 인상을 낮추고 다른 보험 계약자(예: 세컨드 주택 소유주)에게 추가 요금을 부과하는 것이었다. 주택소유자 홍수보험 부담법의 취지는 NFIP가 실질적으로 건전하도록 구조화하는 데 힘쓰겠다는 것이지만, 요금 인상과 특정 보조금 복원에 대한 제한이 NFIP를 통한 안전하지 못한 개발을 계속 장려할지는 미지수다.

6.3.3 커뮤니티 등급제

CRS(Community Rating System; 커뮤니티 등급시스템)은 NFIP의 일부로 FEMA에 의해 관리된다. CRS는 최소 NFIP 요건 이상의 범람원 경감 활동을 수행하는 커뮤니티 거주자에게 홍수보험료 할인을 제공한다. 주민을 위한 보험료 절감으로 현명한 범람원 관리에 보상을 함으로써, CRS 프로그램은 홍수 손실 감소, 정확한 보험 등급, 홍수 및 홍수보험에 대한 인식 향상이라는 목표를 향해 노력한다. 2020년 10월 기준으로 미국 전역에 1,700개 이상의 커뮤니티가 퍼져 있으며, 수백만 명의 보험 가입자의 보험료가 절감되었다. CRS를 통해 보험료 할인을 받는 커뮤니티는 작은 마을부터 대도시지역까지 모든 범위의 인구뿐만 아니라 해안과 하천을 포함한 다양한 유형의 홍수위험을 커버한다.

CRS 분류

보험료 인하는 CRS 분류 형태이다. 이 시스템에는 10개의 분류가 있으며, 각 분류는 커뮤니티의 매핑된 범람원에 있는 자산에 대해 5%의 추가 보험료율 인하를 제공한다. 커뮤니티의 분류는 범람원 관리 활동에 대해 받는 신용점수(credit point)를 기준으로 한다. 분류 1은 가장 많은 신용점수를 요구하며 가장 큰 보험료 감면을 제공한다. 클래스 10은 보험료 감면을 받지 않는다. CRS를 신청하지 않거나 최소 신용점수를 얻지 못하는 커뮤니티는 분류 10의 커뮤니티에 해당한다.

참조 최고 등급인 캘리포니아 로즈빌

1995년 캘리포니아 로즈빌에서 홍수가 발생한 후, 커뮤니티는 범람원 관리 프로그램을 강화하고 확장했으며, CRS(Community Rating System; 커뮤니티 등급시스템)를 받은 최초의 커뮤니티가 되었다. 분류 1등급으로 매우 높은 등급을 받았기에 100년 범람원 내 거주자는 수해보험료를 45% 할인받을 수 있고, 범람원 외 거주자는 10% 할인받을 수 있다. 로즈빌 주민들은 홍수보험료 인하 혜택을 받았을 뿐만 아니라 CRS등급 1위를 획득하는 성공적인 경감 활동을 이어갈 수 있도록 마을이 활기를 띠었고, 주민들은 지속적으로 커뮤니티를 더 안전하게 만드는 사업을 적극적으로 유지하고 있다. 2020년 기준으로 로즈빌은 미국에서 유일한 분류 1의 커뮤니티이다.

CRS 범람원 관리 활동

CRS 스케줄은 네 가지 범주 또는 "시리즈"로 구성된 18개의 신용할 수 있는 활동을 식별한다. 일정표는 활동이 CRS의 목표를 진전시키는 정도에 따라 신용점수를 할당한다. 다음 목록은 CRS 스케줄의 4개 시리즈를 설명한다.

1. 공공정보활동(public information activity)
   이 시리즈는 지역 홍수위험, 홍수보험, 홍수 피해 감소 방법에 대해 주민들에게 조언하는 프로그램을 신용점수를 부여한다. 이러한 활동은 또한 정확한 홍수보험 등급을 위해 보험 대리점이 필요로 하는 데이터를 제공한다. 공공정보 시리즈의 활동에는 고도 인증, 지도 정보, 공공 봉사 프로젝트, 재해 공개, 홍수 방지 정보 및 홍수 방지 지원이 포함된다.

2. 지도제작 및 규제 활동(mapping and regulatory activity)
   이 시리즈는 추가 홍수 데이터, 개방형 공간 보존, 더 높은 규제 표준, 홍수 데이터 유지 및 빗물 관리를 포함하여 새로운 개발에 대한 보호를 강화하는 프로그램에 신용점수를 부여한다.

3. 홍수예방활동(flood protection activity)
   이 시리즈는 범람원 관리 계획, 취득 및 이전, 홍수 방지(보수), 배수시스템 유지 관리 등 기존 개발에 홍수위험을 줄이는 프로그램에 신용점수를 부여한다.

4. 홍수대비활동(flood preparedness activity)
   이 시리즈는 홍수 경고 프로그램, 제방 안전 및 댐 안전에 대해 신용점수를 부여한다.

범람원에서 구조물을 제거하기 위한 취득(acquisition) 및 이전(relocation) 프로젝트에 대해 가장 가능한 신용점수가 부여된다.

2011년, NFIP는 CRS 프로그램에 대한 포괄적인 검토를 완료했다. 이 검토 결과를 바탕으로 다음 6가지 핵심 영역에서 새로운 성과를 창출하도록 변경했다.

1. NFIP 기금에 대한 부채(liability) 감소
2. 커뮤니티의 재난 회복탄력성 및 지속가능성 향상
3. 비상관리 문제를 해결하기 위한 전체 커뮤니티 접근방식 통합
4. 범람원의 자연적이고 유익한 기능 증진
5. 위험에 대한 이해도 제고
6. 재난 방지 건축법규의 채택 및 시행 강화

6.3.4 주 및 지역 경감계획에 대한 인센티브

2000년의 DMA는 1988년 로버트 T. 스태포드 재난구호 및 긴급원조법을 개정하고, 주정부와 지방당국 간의 협력을 촉진하여 이들이 함께 일하도록 유도하도록 한다. DMA는 지역 및 주의 사전 재해 계획을 장려하고 보상하며 재해 방지를 위한 전략으로 지속가능

성을 촉진한다. 그 의도는 지방정부와 주정부가 경감에 대한 필요성을 보다 정확하게 표현함으로써 자금의 더 빠른 할당과 더 효과적인 위험 감소 프로젝트를 만드는 것이다.

DMA 제정을 통해 초래된 중요한 변화에는 지방정부가 HMGP에 따른 재난지원금(벽돌 및 모르터 보조금)과 대형 재난에 따른 공공 기반시설 재건을 위한 지원을 포함하여 특정 재난지원금을 받기 위해 경감계획을 수립하고 채택하도록 요구하는 것이 포함된다.

DMA에 수반되는 규정들은 주, 지방정부, 그리고 아메리카 원주민 부족들이 따라야 하는 엄격한 계획 과정을 보여준다. FEMA는 승인을 위해 제출된 모든 주 및 지방 계획을 검토하는 일을 담당하며, 계획이 FEMA의 지침을 충족하려면 특정 규정을 충족해야 한다.

이 계획은 커뮤니티를 위협하는 모든 재해를 식별해야 하며 각 재해에 대한 철저한 위험 분석을 포함해야 한다. 이 계획은 식별된 재해에 대한 커뮤니티의 취약성을 감소시키는 전략과 조치뿐만 아니라 경감 목표와 목표를 제시한다. 또한 계획은 경감조치를 이행하는 메커니즘과 시간이 지남에 따라 계획을 유지, 평가 및 업데이트하는 과정을 논의해야 한다. 이러한 작업은 달성하기 쉽지 않으며, 효과적인 경감계획은 FEMA 표준을 충족하기 위해 많은 직원 시간과 커뮤니티 네트워킹을 필요로 한다. 그러나 건전하고 사려 깊은 경감계획을 개발하고 이행함으로써 얻는 이득은 셀 수 없이 많으며, 이러한 노력을 기울이는 커뮤니티는 향후 연방 경감 자금을 받을 자격보다 훨씬 더 많은 보상을 받는다. 7장과 8장은 DMA가 주 및 지역 재해경감계획 및 경감계획을 준비하지 않은 경우의 결과에 대해 논의한다.

6.3.5 재난경감지원 보조금 프로그램

FEMA의 HMA(Hazard Mitigation Assistance; 재해경감지원) 보조금 프로그램은 재해 손실을 줄이고 미래의 피해로부터 생명과 재산을 보호하는 적격 경감 활동에 대한 자금을 제공한다. 2013년 HMA 통합 지침에 포함된 프로그램에는 HMGP(Hazard Mitigation Grant Program), BRIC(Building Resilient Infrastructure and Community) 프로그램, FMA(Flood Mitigation Assistance; 홍수경감지원) 프로그램이 포함된다. 이 지침은 모든 HMA 프로그램에 대한 공통 요구사항을 통합하고 개별 섹션에서 프로그램의 고유한 요소를 설명한다. 또한 연방, 주, 부족 및 지방 공무원에게 제안된 경감 활동에 대한 HMA 기금 신청 방법에 대한 정보를 제공한다.

HMGP(재해경감 보조금 프로그램)

HMGP는 주 및 지역 경감 활동을 위한 연방 자금의 가장 큰 원천이다. HMGP 기금은 대통령이 재난을 선포한 후에만 커뮤니티에 사용할 수 있으며, 경감기금의 금액은 피해 손실 추정치로 계산한 총 재난지원 패키지의 백분율에 기초한다. 이에 따라 재난 규모가 클수록 더 많은 경감기금을 사용할 수 있게 됐다.

계획의 중요성을 인식하여, 주요 재해가 선포될 때 유효한 승인된 주 경감계획이 있는 주는 추가 HMGP 기금을 받을 수 있다. 각 주는 지역 투입을 통해 재해경감사업을 식별하고 선택할 책임이 있다.

HMGP가 자금을 지원하는 프로젝트는 비용 효율적이고, 환경적으로 건전해야 하며, 적용 가능한 환경 규정을 준수해야 하며, 대형 재해로 인한 향후 피해, 어려움, 손실 또는 고통의 위험을 상당히 줄여야 한다. HMGP 자금을 사용할 수 있는 프로젝트 유형은 다음과 같다.

- 재해로부터 보호하는 결과를 가져올 건설 활동
- 시설, 구조물 및 라이프라인의 보수
- 판매 의사가 있는 자가 소유한 구조물의 취득/이전
- 홍수에 취약한 구조물의 고도화
- 주 또는 지역 경감 표준 개발
- 종합적인 재해경감 프로그램 개발
- 대비/대응 장비 및 서비스
- 건축법규 시행
- 인식 향상을 위한 공공 캠페인

BRIC(회복탄력적 사회기반시설 및 커뮤니티 건설) 프로그램

2018년 재난복구개혁법(Disaster Recovery Reform Act of 2018)에는 재난 전 경감에 대한 자금 지원을 위해 보다 일관된 수단을 갖도록 하는 조항이 포함되어 있다. 이 법에 따르면, 재난 보조금 지출의 약 6%가 커뮤니티 회복탄력성에 대한 적극적인 투자를 위해 적립되어야 한다. BRIC(Building Resilient Infrastructure and Communities; 회복탄력적 사회기반시설 및 커뮤니티 건설)이라고 불리는 이 프로그램은 공공 부문과 민간부문 간의 공유 자금 조달 메커니즘과 같은 파트너십에 대한 혁신적인 접근방식을 보여주는 자금 지원 프로젝트를 기대한다.

BRIC은 주, 지역 커뮤니티, 부족 및 지역이 다양한 재해로부터 위험을 줄이는 재해경감사업을 수행할 수 있도록 연방 보조금 출처로 이전의 사전 재난경감 프로그램을 대체하는 새로운 FEMA 프로그램이다.

FMA(홍수경감지원) 프로그램

FMA 프로그램은 건설된 환경과 부동산에 대한 장기적인 홍수 피해 위험을 줄이거나 제거하기 위한 비용 효율적인 조치에 대한 보조금을 제공함으로써 주, 커뮤니티 및 개인에 대한 FEMA의 경감 지원을 확대한다. FMA의 우선 목표는 NFIP에 대한 반복적인 손실을 줄이는 것이다.

대통령이 재난을 선포한 후에만 이용할 수 있는 HMGP와 달리, FMA 기금은 매년 적격 커뮤니티에 제공된다. FMA 보조금을 받을 자격이 있으려면 커뮤니티가 NFIP의 참여자여야 하며 특수홍수재해지역에 대한 관할권이 있어야 한다.

FMA 프로그램은 계획, 프로젝트 및 기술 지원의 세 가지 유형의 보조금을 제공한다. 계획 보조금을 통해 주 및 커뮤니티는 홍수위험을 결정하고 이러한 위험을 줄이기 위한 조치를 식별할 수 있다. 홍수 경감계획의 작성과 승인은 FMA 사업 보조금을 받기 위한 전제 조건이다. 규제들은 경감계획의 홍수 부분에 대해서만 자금이 제공되기는 하지만 FMA 계획을 홍수위험으로 제한하도록 의무화하지는 않는다.

FEMA에 의해 승인된 홍수 경감계획을 가진 커뮤니티는 FMA로부터 홍수 경감사업 보조금을 받을 자격이 있다. FMA를 통해 자금을 조달할 수 있는 프로젝트의 유형에는 고도화, 취득 및 이전 프로젝트, 소규모 구조 프로젝트(홍수 유지 연못, 홍수 방지 하수구, 암굴 보수 등) 및 양빈(養濱; beach nourishment) 활동이 포함된다.

6.3.6 국가허리케인프로그램

국가허리케인프로그램(National Hurricane Program)은 FEMA, 미국 공병대, 그리고 NOAA(National Oceanic and Atmospheric Administration; 국립해양대기청) 국립허리케인센터(National Hurricane Center)가 협력하여 주, 지역, 부족, 영토 정부에 허리케인 대피 계획 및 대응을 위한 데이터, 자원, 기술 지원을 제공하는 프로그램이다. 이 프로그램은 주로 대피 모델링 도구와 의사결정 지원 도구를 사용하여 허리케인 예측과 정부 대응을 연결하는 지침을 제공하는 것을 포함하여 대피 연구와 계획을 지원한다. 또한 이 프로그램에는 부분적으로 경감조치 및 대응 활동의 효과를 평가하는 데 사용할 수 있는 폭풍

후 평가도 있다.

6.3.7 국가지진재해저감프로그램(NEHRP)

NEHRP(National Earthquake Hazards Reduction Program; 국가지진재해저감프로그램)은 연방 차원의 4개 기관(FEMA, USGS(U.S. Geological Survey; 미국지질조사국), NSF (National Science Foundation; 국립과학재단), NIST(National Institute of Standards and Technology; 국립표준기술연구소)가 참여한다. NEHRP의 근본적인 목표는 지진과 그에 따른 인명 손실, 재산피해, 경제적 손실의 영향을 줄이는 것이다. 이를 위해 NEHRP는 지진 재해경감조치를 이행하기 위해 모든 정부 및 민간부문에 재정적, 기술적 지원을 제공한다. NEHRP는 내진설계 및 건설기준과 기술의 개발 및 구현, 손실 추정 연구의 촉진, 위험 감소 활동의 교육 및 정보 보급을 촉진했다. 이 프로그램의 등장 이후, 지진 위험이 존재하는 많은 주의 건축법규는 새로운 건설을 위한 내진기준을 포함하도록 변경되었다.

6.3.8 커뮤니티개발블록보조금(CDBG)

미국 주택도시개발부(U.S. Department of Housing and Urban Development)가 관리하는 CDBG(Community Development Block Grants; 커뮤니티개발블록보조금) 프로그램은 커뮤니티에 광범위한 커뮤니티 개발 요구를 해결할 수 있는 자원을 제공한다. CDBG 기금은 대통령이 선포한 재난을 경험한 시, 군 및 주에 대한 재해복구 지원의 중요한 원천으로 작용할 수 있다. 안전하고 지속가능한 재개발을 우선하는 방식으로 자금을 적용한다면 CDGB 활동도 중요한 경감 수단이 될 수 있다.

2014년, 오바마 대통령은 최근 재난을 경험한 커뮤니티가 재건하고 미래의 재난에 대한 회복탄력성을 높이는 것을 돕기 위해 사용할 수 있는 거의 10억 달러의 기금을 적립하는 국가 재난 회복탄력성 대회를 발표했다. CDBG 프로그램을 통해 할당된 기금은 재해경감을 통합한 방식으로 재개발하고 극단적인 날씨와 기후변화의 영향을 더 잘 계획하기 위한 정책 변경을 채택함으로써 커뮤니티가 회복탄력성을 강화하도록 장려한다.

2018년, HUD는 CDBG-MIT(CDBG Mitigation Program; CDBG 경감 프로그램)을 만들어 최근 주요 재해의 영향을 받은 커뮤니티에 거의 160억 달러를 할당하여 재해 위험을 경감하고 미래의 손실을 줄이기 위한 전략적이고 영향력이 큰 활동을 수행한다. 이 프로그램에 대한 수혜자는 CDBG-MIT 기금을 사용하여 이루어져야 하는 목표 요구와 투자를 식별하기 위해 기존의 재해경감계획을 기반으로 하는 실행 계획을 개발해야 한다.

6.3.9 해안장벽자원법(CBRA)

의회는 1982년 해안 장벽섬의 극히 취약한 환경에서의 개발의 결과로 연방정부에 대한 비용을 줄이기 위한 시도로 CBRA(Coastal Barrier Resources Act; 해안장벽자원법)을 통과시켰다. 폭풍과 심각한 침식의 영향을 받는 것 외에도, 대부분의 해안 장벽은 모래와 자갈과 같은 굳지 않은 퇴적물로 만들어진다. 이 지질학적 구성만으로도 그것들은 건설될 수 있는 매우 불안정한 지역을 만든다. CBRA는 도로, 교량, 폐수 시스템, 식수 공급, CBRS(Coastal Barrier Resources System; 해안장벽자원시스템) 내에 있는 지역의 방조제와 돌제를 포함한 보호 공사와 같은 성장을 유도하는 기반시설에 연방 자금을 지출하는 것을 금지한다. CBRS는 법안이 통과될 당시 미개발된 585개의 "단위"의 토지로 구성되어 있으며 미국 어류 및 야생동물 관리국이 개발한 기준에 따라 지도화되어 있다. CBRA는 또한 새로운 개발이 이러한 지역에서 연방 홍수보험에 적합하지 않다고 규정한다.

보수적인 정치 시대의 산물인 CBRA는 비용 절감 조치로 사람과 재산에 대한 위협을 줄이기 위한 것이었다. 홍수보험(NFIP를 통한) 및 사회기반시설과 같은 연방프로그램이 홍수, 허리케인, 침식 및 해안폭풍을 포함하여 반복되는 자연재해가 발생하기 쉬운 지역의 건설을 장려하고 있으며, 연방정부가 파괴와 재건의 순환에 있는 손상된 주택과 사업에 대한 비용을 지속적으로 부담할 것이라는 것이 널리 인식되었다. CBRA는 보존에 대한 자유 시장 접근법이다. 이 지역들은 개발될 수 있지만 연방 납세자들은 투자를 승인하지 않는다.

CBRA의 효과

CBRA의 목적은 단지 연방기금이 시스템에 포함된 섬에 사용되는 것을 방지하기 위한 것임을 인식하는 것이 중요하다. 이 법은 이러한 특정 지도 영역에만 적용되며 CBRS 내의 민간부문이나 주 또는 지방정부의 활동을 제한하지 않는다.

많은 지역 해안 커뮤니티들은 개발을 장려함으로써 일자리 기회를 늘리고 그들의 과세 기반을 확대하기를 희망한다. 또한 많은 주들은 이러한 경제적 이익을 열망하고 있으며, 교량과 같은 대규모 사회기반시설 프로젝트와 멀리 떨어진 장벽섬들을 본토와 연결하는 방법들에 기꺼이 투자하고 있다. 게다가, 일부 민간 개발자들은 그들이 도로, 물, 그리고 하수도와 같은 그들 자신의 기반시설을 건설할 수 있도록 재정 지원을 확보할 수 있다. 실제로 일부 CBRA 지역은 이 법에도 불구하고 다층 콘도 등 고부가가치 사업으로 개발되고 있다. 그러나 연구에 따르면 해안 개발을 촉진하기 위해 지방정부와 주정부가 개입할 수 있지만 연방정부 부가 가치 프로그램을 받을 자격이 없는 지역은 다른 지역보다 더 느리게 개발되고 있으며, CBRA의 일부 장벽섬은 개발되지 않은 상태로 남아 있다.

자기 진단

- FEMA의 임무에 대해 설명하라.
- "국가홍수보험프로그램(National Flood Insurance Program; NFIP)"이 홍수위험을 경감하는 방법과 비거트-워터스법(Biggert-Waters Act)으로 인한 수정에 대해 논의하라.
- 재해경감사업에 사용할 수 있는 연방 자금의 3가지 출처를 열거하라.

6.4 재해영향을 간접 관리하는 연방프로그램

이 절에서는 CWA(Clean Water Act; 청정수법), NEPA(National Environmental Policy Act; 국가환경정책법), CZMA(Coastal Zone Management Act; 해안지역관리법) 등 자연환경의 질과 자원을 보호하는 데 초점을 맞춘 몇 가지 연방프로그램에 대해 논의한다. 이러한 프로그램을 "간접적" 재해 관리 프로그램이라고 하는데, 이는 재해 취약성 자체에 초점을 두지 않지만 주요 목표의 부산물로서 위험 감소를 초래할 수 있기 때문이다. 우리는 또한 이 장 뒷부분의 위험지역에서 개발을 촉진하는 자본개선프로그램 및 조세 정책을 포함하여 이 프로그램과 명시적 위험 관리 프로그램을 덜 효과적으로 만들 수 있는 다른 연방 활동을 고려할 것이다.

6.4.1 청정수법(CWA)

연방 CWA의 주요 목적은 수역으로 배출되는 오염물질을 줄임으로써 미국의 수질을 개선하는 것이다. CWA는 주로 EPA(Environmental Protection Agency; 환경부)이 관리하는 여러 오염 통제 프로그램으로 구성되는데, 여기에는 점오염원(파이프와 같은 특정 정의 가능한 소스로부터 배출되는 오염), 국지 빗물 관리 및 비점오염원(농업과 같은 특정 소스로부터 배출되지 않는 오염)가 포함된다. 수질 및 홍수 경감이 상호 연결된 목표인 한, 이러한 CWA 프로그램은 커뮤니티의 홍수의 영향을 경감하는 데 도움이 될 수 있다. 또한, CWA 404조는 홍수 경감 및 폭풍해일 피해 감소에 기여할 수 있는 민감한 환경 지역인 국각 습지의 보호에 도움이 되는 조항들을 포함하고 있다.

CWA 404조

CWA 404조는 "미국의 수역"에 "준설 및 매립 물질"을 배출하기 위해 미육군공병단의 허가를 요구한다. 복잡한 일련의 규정과 지침을 통해, "미국의 수역(waters of the United States)"이라는 용어는 많은 종류의 습지를 포괄한다. "준설과 매립의 방류(discharge of dredge and fill)"는 건설에 적합한 건조한 지역을 만들지 않고 습지에서 건설하는 것이 매우 어렵기 때문에 많은 종류의 개발을 포괄할 수 있다. 결과적으로, 수질 보호 과정에서, 404조는 해안과 많은 담수 습지를 포함한 습지의 개발 활동을 제한한다. 공병단은 제안된 활동에 대해 실행 가능한 대체 장소가 없다고 판단될 경우에만 허가를 발급할 것이다. 허가증 외에도, 404조는 준설 및 매립 활동의 영향을 복구 프로젝트나 다른 곳에 새로운 습지를 조성함으로써 상쇄할 것을 요구하고 있는데, 이는 "보상 습지경감(compensatory wetland mitigation)"이라고 알려진 관행이다.

국가 습지 보호는 자연 상태에서 습지가 수세미처럼 작용하여 홍수 물을 흡수할 수 있고, 건조 기간 동안 여분의 물을 천천히 방출하여 홍수 피해를 줄일 수 있기 때문에 홍수 경감에 매우 중요하다. 또한 해안 습지와 하구 습지는 해안폭풍에 의해 발생하는 에너지를 분산시킴으로써 폭풍해일에 대해 자연 장벽의 역할을 한다.

404조의 결함

404조에 의해 제공된 보호가 없었다면, 국가 습지의 상당 부분은 의심할 여지 없이 개발로 사라졌을 것이다. 그러나 보존 도구로서의 프로그램에는 몇 가지 고유한 한계가 있다. 첫째, 404조 허가는 준설 및 매립 물질의 배출에만 적용된다. 습지를 훼손하거나 파괴하는 다른 방법을 금지하지 않으며, 전국의 많은 에이커의 습지가 '준설과 매립의 배출'이 이뤄지지 않은 채 사라졌다. 둘째, 허가자가 프로젝트를 위한 실행 가능한 대체 부지가 없다고 입증할 경우, 공병단은 준설 및 매립 허가를 발급해야 한다. 그리고 마지막으로, 습지 적합성에 관한 정의는 문제가 될 수 있다. 예를 들어, 고립된 습지(항해 가능한 수로에 인접하지 않은 습지)는 공병단의 허가 하에 있지 않기 때문에 많은 습지 지역이 보호되지 않는다.

참조 뉴올리언스를 취약지역으로 만든 습지 유실

미국 남부 해안선을 따라 있는 습지는 따뜻한 바닷물을 굶기고 밀려오는 홍수에 물리적 장벽을 만들어 접근하는 허리케인에 자연적인 과속방지턱 역할을 한다. 하지만, 지난 100년 동안, 제방과 운하의 건설은 수천 평방 마일의 습지 서식지를 개방된 물로 바꾸면서, 퇴적물의 범람원과 그에 수반되는 영양소를 굶주리게 했다. 이러한 관행은 습지의 농업과 도시 개발로의 전환, 석유와 가스 파이프라인 운하, 지반침하, 허리케인 폭풍해일 등 인간과 자연의 추가적인 힘과 결합하여 지난 수세기 동안 습지에 의해 제공되는 자연 보호를 약화시키는 역할을 해왔다. 기후변화에 따라 해수면 상승은 이러한 민감한 지역을 바닷물로 익사시키고 담수와 소금물의 미묘한 균형을 깨뜨리거나 침식을 통해 습지에 더 큰 피해를 입힐 가능성이 있다.

습지의 파괴에 역할을 한 다양한 세력들 중에는 때때로 파괴적인 결과를 초래하는 미육군공병단 자체의 활동도 있다. 루이지애나의 해안 습지를 예로 들 수 있다. 1956년과 2000년 사이에 해안 습지의 70% 이상을 잃었고, 매년 더 많은 해안 습지 면적을 잃고 있다.

뉴올리언스의 홍수위험 증가에 대한 노출은 반세기 전, 45년 전 미육군공병단이 멕시코만에서 도시까지 76마일의 운하인 MRGO(Mississippi River-Gulf Outlet; 미시시피 강-멕시코만 출구)를 완성했을 때 시작되었다. 이 인공수로는 소금물을 습지로 끌어들여 염도를 높이고 도시의 프랑스 거리(French Quarter)에서 불과 15분 거리에 있는 3만 에이커의 중앙 습지를 포함한 무성한 담수성 편백나무 늪지대를 파괴했다. 만약 그들이 좀 더 원래의, MRGO 이전의 상태인 중앙 습지, 그리고 다른 늪지대에 있었다면 2005년 허리케인 카트리나로 인한 폭풍해일을 약화시켰을 수도 있다. 허리케인 카트리나 이후, 공병단은 MRGO를 막고 생태계의 자연적인 특징들을 복원하기 위한 계획을 수립하고 있는데, 여기에는 중요한 담수들을 습지로 다시 돌려 그들의 중요한 초목들을 되살리기 위한 계획이 포함되어 있다.

6.4.2 해안지역관리법(CZMA)

1972년 CZMA(Coastal Zone Management Act; 해안지역관리법)를 통과했을 때, 의회는 미국의 해안 지대가 개별 해안 주(州)뿐만 아니라 나라 전체에 매우 중요하고, 기존의 관리 프로그램(대부분의 주 프로그램)이 해안을 적절하게 관리하고 있지 않다고 선언하였다. 이 법은 "국가의 해안지대의 자원을 보존, 보호, 개발, 그리고 가능한 경우 이를 위해 복원 또는 강화"하는 국가 정책을 수립한다. CZMA는 미국 상무부(Department of Commerce)가 NOAA 해안관리사무소를 통해 관리하고 대서양과 태평양, 멕시코만코스트, 오대호와 경계를 이루는 35개 주에 적용된다.

CZMA: 유연한 프로그램

해안지역관리프로그램에 참여하기 위해, 각 주는 법의 모든 요건에 대응해야 하지만, 그들 자신의 해안 프로그램의 실질적인 내용을 결정할 수 있다. 이러한 유연한 접근방식은 주별로 해안선을 따라 변동성을 인식하여 확립되었다. 예를 들어, 수많은 만과 만이 있는 바위 해변이 특징인 메인 주는 모래 해변과 일련의 장벽섬들로 구성된 조지아와는 매우 다른 해안선을 가지고 있다. 그리고 이 두 해안은 오대호와 경계를 이루는 해안선과는 매우 다르다. 이러한 유연한 접근방식은 해안선의 물리적 차이뿐만 아니라 한 주(州)마다 많은 사회적, 경제적, 정치적 차이가 존재한다는 것을 인식한다.

주(州) 참여를 위한 CZMA 인센티브

참여는 자발적이지만, CZMA는 해안 프로그램을 수립하기 위해 각 주에 두 가지 강력한 인센티브를 제공한다. 첫째는 보조금이다. 305조에 따른 보조금은 주정부가 해안지역관리프로그램을 준비하는 것을 돕고, 306조는 승인된 프로그램을 관리하기 위한 자금을 제공한다. 보조금 배분은 주의 해안선과 인구의 범위와 특성에 기초한다. 해안지역관리프로그램에 참가하도록 각 주들을 장려하는 두 번째 동기는 CZMA 307절에 나와 있는 "일관성 원칙(consistency doctrine)"이다.

일관성 원칙 하에서, 주의 해안지역에 있는 연방기관의 조치는 주의 해안 관리 정책과 일치해야 하며, 주정부는 연방정부의 활동에 대한 어느 정도의 통제권을 부여해야 한다. 일관성 조항은 연방기관이 직접 수행하는 활동과 프로젝트(예: 미국 교통부[DOT; Department of Transportation]의 고속도로 건설)뿐만 아니라 연방 허가 또는 기타 형태의 승인이 필요한 활동과 프로젝트(예: 미육군공병단에서 발급한 404 허가)를 포함한다. 주 해안관리프로그램과 일관되어야 하는 기타 연방 조치의 예로는 항법 및 홍수 통제 프로젝트, 폐수처리시설 기금, 군사 활동 및 연방 어업 관리가 있다.

주(州) 해안관리프로그램을 통한 재해경감

1990년, 의회는 CZMA를 개정하고 각 주가 CZMA 보조금 기금을 사용할 수 있는 몇 가지 추가 활동을 추가했다. 이러한 활동에는 고위험지역의 개발 및 재개발을 없애고, 다른 위험지역의 개발을 관리하며, 해수면 상승의 영향을 예측·관리함으로써 생명·재산 파괴에 대한 위협을 예방하거나 현저하게 감소시키는 조치가 포함된다. 이 개정으로 의회는 주 해안관리프로그램의 일부로서 자연재해의 영향을 경감할 필요성을 분명히 했다.

일부 주는 자연재해의 영향을 경감하는 데 효과적인 해안관리프로그램에 따라 정책과 전략을 수립했다. 여기에는 다음과 같은 활동이 포함된다.

- 해안선 관리 및 후퇴(예: 후퇴 법규 작성, 해안선 개발 규제, 해안선 안정화)
- 해안경화구조물 규제(예: 방조제, 호안, 돌제 및 기타 해안경화구조물 금지 또는 제한)
- 위험 후 재건 관리(예: 해안 재해로 인해 손상된 건물의 수리 및 재건 규제)
- 건설 불가능한 부지 관리(예: 위험지역과의 근접성 때문에 개발해서는 안 되는 부지에 대한 공사 규제)
- 건축법규 및 시공기준 공표(예: 규칙, 점검, 시행을 통한 시공규제)
- 해안 습지 보호
- 해수면 상승을 해결하기 위한 정책 수립
- 토지취득 프로그램 시행(위험지역 내 사유지 매입)
- 지방토지이용계획 추진(지방정부의 토지이용계획에 재해경감을 포함하도록 권장 또는 의무화)
- 특별지역관리계획 수립(해안지구 지정지역의 해안재해대응계획 수립)

6.4.3 국가환경정책법(NEPA)

NEPA(National Environmental Policy Act; 국가환경정책법)의 주요 목적은 연방기관이 중요한 결정을 내릴 때 환경 문제를 고려하도록 요구하는 것이다. 이 법은 연방기관이 기관 결정의 환경적 영향에 대한 상세한 설명을 준비하고, 다음 사항들을 포함한 다양한 유형의 공개 문서를 통해 다른 기관과 대중에게 그 영향을 알리도록 요구한다.

- **환경평가**(EA; Environmental Assessments)
  보다 상세한 연구가 필요한지 여부를 기관이 결정하는 데 도움을 주기 위해 작성됨

- **환경영향연구**(EIS; Environmental Impact Studies)
  어떤 조치가 환경에 상당한 영향을 미칠 가능성이 있다고 판단될 경우 작성됨

- **중요영향 없음**(FONSI; Findings of No Significant Impact)
  조사 결과, EIS가 필요하지 않은 경우 작성됨

NEPA: 이빨이 없는 괴물(Ogre)?

NEPA는 잠재적 환경 영향에 관한 정보의 공개를 요구하지만, 청정공기법(Clean Air Act) 및 CWA와 같은 다른 연방 환경 법령의 규제력이 부족하다. NEPA는 조치의 영향과 관계없이 기관이 결정을 이행하는 것을 막지 않기 때문에, 일부에서는 NEPA를 "이빨 없는 괴물"로 규정했다. 그러나 의식 고양 장치로서 NEPA는 해안 지대, 범람원 및 습지를 포함하여 환경적으로 민감한 지역에서 이루어지는 활동에 대해 더 큰 협력과 투명성을 요구할 수 있는 잠재력을 가지고 있다. 최소한, NEPA에 따른 요구사항은 환경을 해칠 수 있는 활동의 진행을 현저히 늦춰 시민과 영향을 받는 커뮤니티가 대응할 수 있도록 할 수 있다.

NEPA의 최근 변화

2014년 환경품질위원회(CEQ; Council on Environmental Quality)는 연방기관들이 NEPA가 요구하는 검토를 수행할 때 온실가스 배출과 기후변화의 영향을 고려하도록 개정된 지침 초안을 발표했다. 그러나 2020년 트럼프 행정부는 이 프로그램을 정비하고 크게 약화시켰다. 트럼프 대통령은 파이프라인, 발전소, 고속도로 및 기타 주요 사회기반시설 프로젝트의 건설을 가속화하고 장벽을 제거하기 위한 노력으로 규제 재해석을 발표하여 NEPA가 요구하는 공공 검토를 크게 제한했다.

6.4.4 사이버 보안: 새로운 연방기관

사이버보안 및 사회기반시설 보안국(CISA; Cybersecurity and Infrastructure Security Agency)은 공공 및 민간부문뿐만 아니라 정부 모든 수준의 사이버 보안을 개선하기 위해 국토안보부(DHS; Department of Homeland Security) 내의 독립 기관으로 2018년에 만들어졌다. 이 기관은 민간 및 국가 해커에 대한 정부의 사이버 보안 보호를 개선하기 위한 것이다. 지방정부 및 기타 단체는 훈련, 연습 및 취약성 스캐닝을 포함하여 사이버 공격의 위험을 경감하기 위해 CISA가 제공하는 다양한 서비스를 활용하여 컴퓨터 네트워크의 잠재적 약점을 이해하고 수정할 수 있다.

이름에서 알 수 있듯이, CISA는 또한 사회기반시설의 소유자와 운영자뿐만 아니라 지방정부와 주정부에 제공되는 많은 서비스를 포함하는 국가의 사회기반시설을 보호하기 위한 선도적인 노력을 담당하고 있다. 무기화되고 있는 화학물질이나 폭발물의 변화를 줄이기 위한 유해화학물질 확보 방법 등 안내문서를 발급하고, 사람들의 직장 및 학교폭력 예방과 대비에 도움이 되는 '액티브슈터(active shooter; 역주: 제한된 공간이나 인구 밀집지역에서 사람을 죽이기 위해 총기를 사용하는 개별 범행자)' 워크숍 등 교육 및 워크숍을 선도하는 서비스다.

자기 진단

- 홍수 경감을 위한 습지의 중요성을 설명하라.
- 해안지역관리법(CZMA; Coastal Zone Management Act)의 취지를 논의한다.
- 국가환경정책법(NEPA; National Environmental Policy Act)의 한계점에 대해 설명하라.

6.5 기후변화의 이해와 적응을 통한 위험도 감소

기후변화의 영향을 더 잘 이해하고 더 널리 수용됨에 따라, 많은 연방기관들은 새로운 프로그램을 개발하거나 기후변화로 인한 위험을 줄이기 위해 기존 프로그램을 수정하고 있다. IPCC (Intergovernmental Panel on Climate Change; 기후변화에 관한 정부간 패널)에 의해 확인된 바와 같이, "기후변화적응(climate change adaptation)"이라는 문구는 피해를 경감하거나 유익한 기회를 이용하기 위해 우리의 기후와 그 영향에 적응하는 과정을 의미한다. 많은 기후변화적응 프로그램은 자연재해에 의해 야기되는 위험을 줄이기 위해 작동하며, 궁극적으로 재해경감 및 대비 목표도 달성한다.

연방기관 내의 무수한 보조금 프로그램도 기후변화적응에 초점을 맞춘 연구, 계획 및 프로젝트를 포함하도록 확장되었다. 예를 들어, 미국 어류 및 야생 동물국에 의해 관리되는 국립 해안 습지 보존 보조금 프로그램은 재해경감뿐만 아니라 기후변화적응 목표를 더 높일 수 있는 프로젝트인 해안 습지의 취득, 복원, 관리 또는 개선을 위해 재정적으로 지원한다.

활발한 기후변화 프로그램을 가진 다른 연방기관으로는 질병 발생 가능성 및 기후변화로 인해 빈도가 증가할 수 있는 공중보건 위협에 직면하여 도시와 주가 "기후 준비(climate ready)"가 되도록 돕는 이니셔티브(initiative; 주도권)를 수행하는 CDC(Centers for Disease Control; 질병통제센터)가 있다. DOI(Department of Interior; 내무부)는 기후변화가 인디언 부족과 공공 토지, 물, 해양, 어류 및 야생 동물, 그리고 DOI가 관리하는 문화 유산 자원에 미치는 영향에 대응하기 위해 부처의 기관 및 부서에 걸쳐 통합된 전략을 개발했다. 2014년, DOT(교통부)는 기후변화가 국가의 교통 사회기반시설에 미치는 잠재적 영향을 설명하는 업데이트된 기후적응계획을 발표했다. 이 계획은 해수면 상승과 광대한 도로와 철도 네트워크에 영향을 미칠 수 있는 지역 온도 변화와 같은 문제들을 다루기 위해 기후변화와 DOT 정책, 프로그램 및 운영의 변동성에 대한 고려사항을 완전히 통합하기 위해 부처가 취할 구체적인 조치들을 명시한다.

앞서 언급한 활동 외에도, 다음 절에서는 연방 차원에서 구현되고 있는 많은 기후변화 적응 이니셔티브 중 몇몇을 강조하여 설명하였다.

6.5.1 미국 글로벌 변화 연구프로그램(USGCRP)

연방정부는 기후변화가 국가와 세계에 미치는 영향을 더 잘 이해하기 위해 과학적 연구와 평가를 조정하는 데 매우 중요한 역할을 한다. 1989년 대통령 이니셔티브(Presidential Initiative)에 의해 설립된 USGCRP(U.S. Global Change Research Program; 미국 글로벌 변화 연구프로그램) 인간에 의해 유발되고 자연적인 지구 변화의 과정을 평가하고 예측하고 대응하는 것을 돕는 연구프로그램이다. 이 프로그램의 주요 결과는 기후변화가 미국에 미치는 영향을 요약한 국가기후평가다. 이 평가는 역사적으로 몇 년마다 업데이트 되었지만, USGCRP는 궁극적으로 과학자와 이해관계자의 지속적인 참여를 촉진하여 국가기후평가의 정보를 이용할 수 있게 될 것이다.

2018년 국가기후평가는 https://nca2018.globalchange.gov/에서 확인할 수 있다.

6.5.2 대통령 기후실행계획

2009년 행정명령을 통해, 오바마 대통령은 기관 간 기후변화적응 특별 위원회를 소집했다. 이것은 어떻게 연방정부가 기후변화의 영향에 더 잘 적응할 수 있도록 정책과 프로그램을 강화할 수 있는지에 대한 권고안을 담은 보고서를 개발하기 위함이었다. Task Force는 20개 이상의 연방기관을 대표하며, 각 기관은 기후적응 전략을 개발하고 매년 업데이트하는 임무를 맡고 있다.

2013년 6월 25일, 백악관은 탄소 오염을 줄이고, 미국 경제를 깨끗한 에너지원으로 이동시키고, 기후변화의 영향을 다루기 시작하는 "대통령 기후실행계획(Presidential Climate Action Plan)"을 발표했다. 이 계획은 탄소 오염을 줄이기 위한 조치를 취하더라도 해수면 상승에 따른 홍수 증가, 가뭄 장기화, 위험한 폭풍해일 등 기후변화의 불가피한 영향에도 대비해야 한다는 것을 인정한다.

대통령 기후실행계획에는 기후변화 대비 지원을 위한 혁신과 민간부문 기업가 정신을 자극하기 위해 연방 기후 관련 데이터에 대한 액세스를 제공하는 "기후 데이터 이니셔티브(Climate Data Initiative)"의 출범이 포함되었다. 관련 웹사이트(data.climate.gov)는 정부 정보를 사용하여 연구, 응용 프로그램 구축 및 기타 부가가치 도구를 설계하기 위한 연방, 주 및 지역 데이터, 도구 및 리소스를 제공한다.

또한 대통령 기후실행계획은 데이터 기반 회복탄성력 도구, 서비스 및 모범 사례에 대한 접근을 중심으로 하는 기후 회복탄성력 툴키트(toolkit) 개발을 연방정부에 위임했다. 2014년 11월에 출시된 "기후 회복탄성력 툴키트(Climate Resilience Toolkit)"(toolkit.climate.gov)은 사람들이 기후 관련 위험과 기회를 관리하고 극한 사건에 대한 회복탄력성을 향상시킬 수 있도록 과학적인 도구, 정보 및 전문 지식을 제공한다. 기후 데이터 이니셔티브는 더 많은 원시 데이터를 제공하는 반면, 기후 회복탄성력 툴키트는 관심 있는 시민, 커뮤니티, 기업, 리소스 관리자, 계획자 및 정부 모든 수준의 정책 리더에게 서비스를 제공하도록 설계되었다.

2018년 트럼프 행정부의 행정명령은 연방정부 건물과 운영에 대한 에너지와 물 효율 기준을 장려하기 위해 기후실행계획의 개발을 이끄는 오바마 시대의 정책을 철회했다.

6.5.3 국방부 기후변화적응 로드맵

국방부는 기후변화를 국가 안보에 대한 긴급한 위협으로 인식하고 있으며, 기후변화를 펜타곤 계획의 필수적인 부분으로 만들었다. 2014년 10월, 국방부 장관은 가혹한 날씨 사건과 기온 상승이 군사 훈련, 작전, 취득, 그리고 기반시설에 미치는 영향을 설명하는 16페이지 분량의 문서인 펜타곤의 기후변화적응 로드맵을 발표했다. 또한 로드맵에는 기후변화 위협에 어떻게 적응하고 경감할 것인지 상세히 기술되어 있다.

국방부의 2010년 4년주기 국방검토보고서(QDR; Quadrennial Defense Review)에서, 장관은 군이 빈번하고 심한 자연재해에 직면했을 때 민간 당국을 지원하고 인도주의적 지원과 재난구호를 제공하도록 자주 요청될 수 있다고 말했다. 해수면 상승과 홍수의 증가는 해안 시설을 취약하게 하는 하고, 가뭄, 산불, 그리고 잦은 폭염은 국방부의 많은 훈련 활동을 위협할 수 있다. 공급망이 영향을 받을 수 있으며, 국방부는 중요한 장비가 보다 극한의 날씨 조건에서 작동하도록 보장해야 한다. 보고서는 날씨가 항상 군사 작전에 영향을 미쳤으며, 기후변화에 따라 작전 수행 방식이 변경되거나 제약될 수 있다고 지적한다.

6.5.4 환경부 기후변화적응 프로그램

EPA(환경부)의 임무는 인간의 건강과 환경을 보호하는 것이다. 그 임무의 주요 요소는 기후변화에 대처하는 것이고, EPA는 의사 결정자들이 기후변화에 의해 야기되는 위험을 더 잘 이해하고 해결할 수 있도록 돕기 위해 고안된 다양한 프로그램을 통해 이를 수행한다. EPA의 지역적응 프로그램은 전국적으로 기후변화 대비와 회복탄력성에 대한 정보, 도구, 훈련 및 기술 지원을 제공하고, 기후변화와 그 원인과 영향에 대한 최신 과학적 데이터를 제공한다. 또한, EPA는 CWA(청정수법)를 관리하는 권한을 갖고 습지 규제에 중요한 역할을 한다.

6.5.5 국립해양대기청(NOAA)

NOAA(National Oceanic and Atmospheric Administration)의 뿌리는 1807년으로 국가의 첫 번째 과학 기관인 해안조사국(Survey of the Coast)이 설립된 때로 거슬러 올라간다. 오늘날 NOAA는 기후와 날씨의 극한과 장기적인 변화에 회복탄력적인 “기후 스마트 국가(climate-smart nation)”를 건설하는 목표를 가지고 모든 주에서 입지를 유지하고 있다. NOAA의 목표는 다음과 같다.

- 극한 기후 및 날씨 사건에 대한 취약성 감소
- 가뭄 및 장기적인 수자원 과제에 대비
- 해안 및 해안 사회기반시설 보호 및 보존
- 해양 생태계 및 해양 생태계가 제공하는 서비스에 대한 위험의 식별 및 관리
- 기후 영향 경감 및 적응

NOAA는 다음과 같은 다양한 프로그램과 서비스를 통해 기후에 대한 데이터와 정보를 제공함으로써 이러한 목표를 달성한다.

- 해안관리사무소(Office for Coastal Management)
  2014년 NOAA가 해안서비스센터와 해양 및 해안자원관리사무소를 통합하면서 설립되었다. 사무소의 최우선 과제는 커뮤니티를 더 회복탄력적으로 만들기 위한 노력을 통합하는 것이다. 사무소는 멸종위기종 보호부터 침식, 폭풍에 강한 건물에 대한 더 나은 건축법규 생성에 이르기까지 다양한 문제에 대해 커뮤니티 내에서 협력할 수 있는 기회와 함께 NOAA 데이터와 도구를 제공한다.

- 디지털 코스트(Digital Coast)

  토지이용, 해안 보존, 위험, 기후변화 등을 포함한 적시(適時)에 해안 문제를 해결하기 위해 사용된다. 이 웹사이트에는 사용자가 기후 데이터를 해안 관리 결정에 통합하는 데 도움이 되는 도구, 교육, 사례 연구 및 정보가 포함되어 있다. 예를 들어 "디지털 코스트의 해수면 상승 뷰어(Digital Coast's Sea Level Rise Viewer)"는 잠재적인 습지 이동과 해수면 상승에 따라 조수가 어떻게 더 빈번해지는지를 보여주는 모델을 제공한다.

- NOAA 국립기상국(NWS) 기후 서비스

  NWS CPC(Climate Prediction Center; 기후예측센터)는 짧은 기후기간(주, 월, 계절)에 대한 주요 운영 책임을 지고 있다. NWS 대비 및 대응 임무를 지원하기 위해, 센터는 대비와 대응이 만나거나 겹치는 중간 시간표(예: 계절, 연도, 수십 년)에 대한 기후 정보를 제공할 수 있는 기능도 가지고 있다. 여기에는 계절적, 10년적 모델링 및 예측(예: 가뭄과 홍수의 빈도 및 강도)을 연결하는 활동 및 시간 규모에 걸쳐 지역 기후 정보에 대한 예측 기법을 개발하기 위한 노력이 포함된다.

- NOAA의 CPO(Climate Program Office)

  다음 사항에 초점을 맞춘 기후 연구 기업에 관련 정보를 제공한다.
  - 연구 역량을 향상시키고 확장하는 경쟁 연구비 프로그램
  - 학계, 기업 및 기타 기관과의 파트너십을 통해 대상 연구 및 데이터 제품 개발 및 제공
  - 회복탄력적 경제 및 환경 서비스를 유지하는 데 필요한 공공 기후 활용 능력 및 의사결정을 개선하기 위한 지식 및 정보

6.5.6 농무부 지역기후허브

2013년 6월, 미국 농무부(DOA)는 기후변화에 대한 위험 적응 및 경감을 위한 7개의 지역허브의 개설을 발표했다. 지역기후허브(Regional Climate Hubs)는 기후 회복탄력성을 지원하기 위해 농부, 목장주, 산림 소유자에게 과학 기반 지역별 정보와 기술을 제공한다. 이러한 허브는 대학 및 기타 파트너와 협력하여 실행 가능한 정보를 제공할 뿐만 아니라, 가뭄과 장기적인 기후변화에 직면한 보다 효율적인 관행을 위해 농업 용수 사용에 대한 보조금 및 기술 지원을 제공한다. 또한 허브는 기후변화에 대한 회복탄력성을 향상시키는 정보와 모범 사례를 더욱 보급하기 위해 농업 관련 조직과 협력하도록 설계되었다.

지역기후허브는 기후변화 예측을 농업과 임업 부문에 대한 잠재적 영향으로 변환하는 것을 돕는다. 농부들과 산림가들이 기후 영향을 더 잘 예상할 수 있도록 도울 뿐만 아니라, 허브는 위험을 잘 관리하고, 위험을 경감하고, 궁극적으로 기후 회복탄력성을 더 높일 수 있는 정보와 도구를 제공한다. 예를 들어, 허브는 기후 데이터를 농민과 농지 관리에 관여하는 다른 사람들에게 유용하고 실행 가능한 상태로 만들기 위해 미국 가뭄 모니터와 같은 프로그램에서 게시된 정보를 사용한다.

자기 진단

- 미국 글로벌 변화 연구프로그램에 의해 만들어진 주요 결과물은 무엇인가?
- 국방부가 기후변화적응에 관심을 갖는 이유를 설명하라.
- 농무부는 미국의 농부들 사이에서 어떻게 적응을 적용하는가?

요약

연방정부는 국가의 모든 중대한 재난이 발생한 후에 구호(relief)를 제공하기 위해 개입한다. 이러한 재난 자금은 어떤 방식으로 미래의 재난 위험을 줄이고, 언제 실제로 미래의 재난 위험도에 기여할 수 있을까? 이 장에서는 몇 년 동안 비상관리에 대한 연방정부의 개입이 어떻게 증가했는지에 대해 논의하였다. FEMA 및 기타 연방프로그램은 국가의 재해관리 활동에 직접적인 역할을 한다. CWA와 CZMA와 같은 다른 프로그램들은 좀더 간접적인 역할을 한다. 연방정부는 연구, 기술 지원 및 커뮤니티 보조금과 같은 기후변화적응 및 복원 노력에 대한 투자를 통해 경감을 점점 더 지원하고 있다.

용어

- 2000년 재난경감법(Disaster Mitigation Act of 2000; DMA of 2000)
  1988년 Robert T. 스태포드 재난구호 및 긴급원조법의 개정. 연방 재난구호 및 경감 프로그램의 관리를 간소화하고 국가의 재난손실을 줄이기 위한 사전 재난 경감계획에 중점을 둔다.
- 재해경감 보조금 프로그램(HMGP; Hazard Mitigation Grant Program)
  FEMA가 관리하는 자금 지원 프로그램. HMGP의 목적은 재난 선언에 따른 주정부와 지방정부에 경감 자금을 제공함으로써 자연재해로 인한 인명 및 재산 손실을 줄이는 것이다.
- 국가홍수보험프로그램(NFIP; National Flood Insurance Program)
  주민들이 연방정부 지원 수해보험에 가입할 수 있는 기회를 제공하고자 하는 커뮤니티를 위한 자발적인 참여 프로그램. 그 대가로 지방정부는 범람원 개발을 규제하는 조례를 제정한다.

- 조례(ordinance)
  집행권을 가진 지방정부가 제정한 법률의 한 부분
- 반복손실재산(RLP; Repetitive Loss Property)
  10년 이내에 두 개 이상의 국가홍수보험프로그램(NFIP) 청구액이 각각 1,000달러 이상인 재산
- 습지경감(wetland mitigation)
  보상 경감(Compensatory mitigation)이란 청정수법 제404조에 따라 허가된 활동의 불가피한 악영향을 상쇄하기 위하여 습지를 복원·설치·개선 또는 보존하는 것을 말한다.

연습문제

요약 질문

1. 지난 수십 년 동안, 비상관리에 대한 연방정부의 개입은?
   a. 증가되었다.　　b. 감소되었다.
   c. 그대로 유지되었다.　　d. 무시할 수준이었다.

2. FEMA는 카터 대통령이 비상관리의 많은 측면을 위한 선도기관 역할을 하기 위해 만들었다. 참인가 거짓인가?

3. 중소기업청(Small Business Administration)의 재해관리 역할은?
   a. 농업인에게 기술 지원 제공
   b. 생명과 재산의 손실을 줄임
   c. 저금리 대출 발행
   d. 커뮤니티 보조금 관리

4. FEMA는 클린턴 행정부 시절 경감 이사직을 맡았다. 참인가 거짓인가?

5. 2001년 9월 11일 테러공격 이후에 만들어진 연방기관은 어디인가?
   a. FEMA
   b. 비상대비실(Office of Emergency Preparedness)
   c. 프로젝트 영향
   d. 국토안보부(Department of Homeland Security)

6. 국가홍수보험프로그램은 연방 세금으로 지원된다. 참인가 거짓인가?

7. 국가 홍수보험은 높은 보험료를 감당할 수 있는 사람이라면 누구나 이용할 수 있다. 참인가 거짓인가?

8. 홍수보험율지도(FIRM)는 홍수 발생 후 FIRM 경계가 더 이상 정확하지 않다는 것을 증명한 후에 변경되어야 한다. 참인가 거짓인가?

9. 커뮤니티 등급시스템이 보상하는 대상인 것은?
   a. 특정 기간 동안 홍수를 경험하지 않은 커뮤니티
   b. 직원에게 보험을 제공하는 회사
   c. 특별한 범람원 경감조치를 취한 커뮤니티
   d. 구조물을 이전하는 주택 소유자

10. 해안장벽자원법은 해안지역의 개발을 돕기 위해 연방기금을 지원한다. 참인가 거짓인가?

11. 청정수법 404조의 목표는 개발로부터 습지를 보호하는 것이다. 참인가 거짓인가?

12. 국가환경정책법의 주요 목적은?
   a. 연방기관의 허가 취득의 요구
   b. 특별지역 관리계획의 작성
   c. 의사 결정 과정에서 환경 문제를 고려하도록 연방기관에 요구
   d. 토지개발의 억제

리뷰 질문

1. 비상관리 기능에 대한 연방정부의 참여는 최근 수십 년 동안 증가했다. 재해경감 또는 비상관리 기능과 직접 관련된 연방프로그램 5개를 열거하라.

2. 냉전시대에는 자연재해가 미국 시민들에게 주된 관심사가 아니었다. 미국인에게 연방 재난지원 개념을 도입한 법은 무엇인가?

3. 1968년 국가홍수보험법의 독특한 점을 설명하라.

4. 홍수보험은 많은 미국 거주자들의 주요 관심사다. 국가홍수보험프로그램(NFIP)의 목적과 주요 조항을 설명하라.

5. 토지로 생계를 유지하는 사람들은 특히 자연재해에 영향을 받을 수 있다. 농업 서비스 기관(Farm Service Agency)은 어떤 방식으로 재해 구호에 관여하는가?

6. 허리케인 카트리나는 비상관리에서 연방정부의 역할에 새로운 장을 열었다. 최근 재난에 대한 FEMA의 대응에 대한 몇 가지 반응을 설명하라.

7. 어떻게 홍수보험율지도를 홍수 경감과 매핑하는지를 설명하라.

8. 반복손실은 국가홍수보험프로그램에 상당한 손실을 초래한다. 반복손실재산을 정의하라.

9. 사전재해경감(PDM; Pre-Disaster Mitigation) 프로그램은 재해에 의존하지 않는 경감기금을 제공한다. PDM에 따른 적격 경감사업의 예를 세 가지 제시하라.

10. "간접경감프로그램(indirect mitigation program)"이 무엇인지 설명하고, 연방 차원에서 그러한 프로그램을 세 개 나열하라.

11. 어떻게 유연하게 해안지역관리법(Coastal Zone Management Act)을 적용하는지 설명하라.

12. 해안지역관리법으로부터 각 주는 어떻게 이익을 얻는가?

13. 홍수가 발생하기 쉬운 지역에 사는 진짜 위험을 반영하기 위해 국가홍수보험료 할증을 인상하면 어떤 이점이 있는가?

응용

1. 당신의 소규모 승마사업이 토네이도에 의해 큰 타격을 받았다. 말 15마리 중 3마리는 잃었고 건물 3분의 1은 수리할 수 없을 정도로 망가졌다. 더욱이, 직원 세 명 중 두 명은 폭풍으로 집을 잃었기 때문에 그만두고 이전해야 했다. 소규모 사업의 소유주로서, 당신은 어떤 연방프로그램으로부터 도움을 받을 수 있다고 예상할 수 있는가?

2. 약 2만개의 커뮤니티가 국가홍수보험프로그램에 참여하고 있다. 30년이 넘도록 큰 홍수가 나지 않은 당신 커뮤니티는 그 프로그램에 참여하는 것을 고려하고 있다. 시의회에 제출한 프로그램의 이점을 설명하는 제안서(안)을 작성하라. 프로그램에 참여하기 위해 커뮤니티가 취해야 할 조치가 있다면 반드시 포함하라.

3. 개발업자가 당신 마을의 오랫동안 방치되어 온 지역에 소매 쇼핑몰을 짓자고 제안했다. 대부분의 마을 사람들은 그 지역에 사업과 관심을 가져다 줄 것이기 때문에 그 움직임을 지지한다. 그러나 제안된 부지의 일부는 습지로 추정된다. 지역보존단체 회장으로서 그 제안을 반대하기 위해 청정수법을 어떻게 사용할 것인가? 반대로 개발자로서, 청정수법의 요건을 충족하고 업무를 수행하기 위해 무엇을 하겠는가?

4. 일부 비평가들은 자연재해재난에서 복구하는 과정에서 명백히 드러난 해안장벽자원법(CBRA)의 주요 결함을 지적했다. 이 장에서 논의된 예외에 관한 CBRA의 규정에 기초하여, 의회가 이 법안을 통과시켰을 때 의회의 명확한 의도에도 불구하고, 이 법은 연방기금을 사용하여 장벽섬의 개발을 확장하는 문을 여는가? 다음과 같은 가상 시나리오를 고려하여 답을 도출해 보라.

   > 18인치 급수선(water line)이 CBRA 장치를 통과한다고 가정하자. 이 파이프는 장치의 한 쪽 끝의 생산 장치에서 다른 쪽 끝의 공급 장치에 연결한다. 이제 해안폭풍으로 파이프가 손상되었다고 가정해보자. CBRA는 18인치 파이프 교체 비용을 지불하기 위해 연방기금을 사용할 수 있도록 허용하는가? 민간 금융이나 주정부 및 지방정부 자금과 같은 다른 자금은 파이프를 18인치에서 24인치로 확장하는 데 사용될 수 있는가? 24인치 파이프의 물 용량 증가로 인해 더 강력한 개발이 가능해질 수 있는 가능성은 있는가?

5. 당신이 미국의 허리케인이 발생하기 쉬운 지역에 살고 있다고 가정해 보라. 많은 사람들은 연방정부가 해안 커뮤니티에서 살 수 있는 특권을 보조하고 있고, 다른 납세자들은 부당하게 그들의 세금으로 보조금을 지원하도록 요청 받고 있다고 말한다. 어떻게 대응하겠는가?

자습

• 경감권

당신이 미국 대통령으로부터 "경감의 황제(Mitigation Czar)"로 임명되었다고 상상해 보라. 자연재해에 대한 국가의 취약성을 줄이는 데 있어 연방정부의 역할을 강화하기 위해 무엇을 할 것인가?

• 홍수대비 방법

비록 당신의 100년 된 집이 메릴랜드 범람원에 있지만, 그것은 1900년대 초반 이후로 단지 두 번 침수되었을 뿐이다. 불행하게도, 그것이 다시는 그런 일이 일어나지 않을 것이라는 보장은 없다. 국가홍수보험프로그램(National Flood Insurance Program)의 웹사이트(www.floodsmart.gov)를 사용하여 당신의 집과 그 집기에 대한 홍수보험료를 추정하라(참고로 당신의 거주지는 A구역이다). 그런 다음, 사이트를 사용하여 보험 가입 외에도 잠재적 손실을 최소화하기 위해 할 수 있는 일을 생각하라.

참고문헌

1. Singer, P.A. 2006. Hurricane season: A port in the storm. National Journal, 38(21): 1422–1426; Czerwinski, testimony.
2. Congressional Research Service. 2020. Federal Land Ownership: Overview and Data. CRS Report: R42346.
3. Obama, B. 2015. Executive Order 13690 – Establishing a Federal Flood Risk Management Standard and a Process for Further Soliciting and Considering Stakeholder Input. The White House.
4. Platt, R.H. 1999. Disasters and Democracy: the Politics of Extreme Natural Events. Washington, DC: Island Press.
5. Haddow, G.D., J.A. Bullock, and D.P. Coppola. 2014. Introduction to Emergency Management, Fifth Edition. Burlington, MA: Butterworth-Heinemann.
6. The H. John Heinz III Center for Science, Economics and the Environment. 2002. Human Links to Coastal Disasters. Washington, DC: The Heinz Center.
7. Federal Emergency Management Agency. 2011. Presidential Policy Directive-8: National Prepared-ness. Washington, DC: The White House.
8. Flourney, A.C. and A. Fischman. 2013. Wetlands Regulation in an Era of Climate Change: Can Section 404 Meet the Challenge?. George Washington Journal of Energy and Environmental Law, Summer 2013, at 67. Available at: http://scholarship.law.ufl.edu/facultypub/368.
9. Beatley, T. et al. 2000. An Introduction to Coastal Zone Management. Washington DC: Island Press.
10. Kalo, J.J. 1990. Coastal and Ocean Law. Houston, TX: The John Marshall Publishing Co.

제7장 주정부

학습내용과 목표

(1) 학습 내용

- 재해관리 및 기후변화적응에 대한 주정부 접근방식의 차이
- 주정부 비상관리소의 책임
- 주정부 경감 프로그램을 위한 자금원
- 주(州) 건축법규의 응용
- 재해보험에 관한 주정부 규정
- 주정부의 경감 기능 향상을 위한 아이디어

(2) 학습 목표

- 지역 토지이용계획에서 주(州)가 수행하는 역할에 대한 논의
- 환경적으로 민감한 지역에서 주(州) 규제의 설명
- 주(州) 건축법규의 지역 집행의 역할 이해
- 재앙적 손실에 대한 보험 보장과 관련된 몇 가지 문제 식별

개요

각 주(州)는 다양한 기법을 사용하여 관할 커뮤니티 내의 재해를 설명하고 위험도를 줄인다. 이 장은 재해관리에 대한 다양한 접근법의 개요로 시작하여, 주 전체에 걸쳐 이러한 다양성에 대한 몇 가지 이유를 제시한다. 다음으로 주 비상관리소의 권한, 기능 및 책임을 논의하고, 주 수준에서 재해경감계획의 중요성뿐만 아니라 주가 적응계획을 통해 기후변화를 다루고 있는 정도를 살펴본다. 그런 다음 지역 토지이용계획에 대한 주정부의 명령이 재해관리에 대한 커뮤니티 접근법에 어떻게 영향을 미치는지 다룬다. 다음으로 특히 해안 지대와 습지와 같은 환경적으로 민감한 지역의 토지이용 의사결정에 주정부가 직접 개입하는 몇 가지 방법을 검토한다. 또한 주 건축법규와 보험법을 살펴본다. 이 장은 주(州)가 커뮤니티와 주 전체의 회복탄력성을 높일 수 있는 기회에 대한 논의로 마무리된다.

7.1 재해관리에 대한 분기적 접근법 개요

미국 수정 헌법 제10조에 따라, 모든 주정부는 공공의 건강, 안전 및 일반 복지를 보호하기 위한 합리적인 법률을 제정할 수 있는 고유 권한인 "경찰권(police power)"을 가지고 있다. 자연재해 및 인적재해에 대비하고 경감하는 방법에 관한 의무적인 공공 정책이 없는 상태에서, 각 주는 재해의 영향으로부터 공공보건과 안전을 보호하는 자체적인 다양한 방법을 개발했다. 일부 주는 직접적인 접근을 취하는 반면, 다른 주는 간접적인 접근으로, 지방정부에 많은 책임을 위임하거나 시장 세력이 위험지역의 토지 사용하도록 허용한다. 여전히 일부 주들은 지방정부의 특정 조치를 의무화하지만, 커뮤니티 차원에서 시행 결정을 내릴 수 있도록 허용한다.

도시환경의 재해 관리 및 규제에 대한 국가 간의 접근방식 중 적어도 일부는 정치적 기후와 자연재해에 대한 직접 경험의 정도에 의해 설명될 수 있다. 허리케인이 자주 발생하고 광범위하고 매우 가시적인 피해를 초래하는 플로리다와 같은 주의 많은 정책 입안자들은 자연재해가 불가피하다는 것을 받아들였다. 이러한 지역에서 주 입법자들은 역사적으로 허리케인 영향을 경감하기 위해 주 자원과 정치적 자본을 기꺼이 지출해 왔다. 다른 주들은 안일하게도 민간 개발 시장에 개입하지 않았다. 이는 자연재해가 적고 재해관리를 위한 공공지출이 덜 중요한 경우 적절한 대응일 수 있다. 그러나 이러한 주들 중 일부는 매우 강력한 건설 및 개발 로비 또는 다른 특수 이익의 본거지일 수 있으며, 이는 때때로 위험지역의 개발을 규제하려는 주의 노력에 대항하기 위해 충분한 정치적 압력을 행사할 수 있다.

기후변화에 접근하는 방식에 있어서 주들 사이에 큰 차이가 있다. 메릴랜드주와 캘리포니아주와 같은 몇몇 선두주자들은 수년간 이 문제에 적극적으로 대처해 왔다. 다른 주들은 정치적 급변사태로 인식되는 것에 맞서기 위해 말을 아끼고 기후변화 영향에 적응하기 위한 강력한 정책을 개발하지 않았다.

참조 하와이 정책도구키트

주에서 사용할 수 있는 광범위한 조치의 예는 해수면 상승 문제를 해결하기 위해 하와이 주에 권장한 "정책도구키드(Policy Tool Kit)에서 찾을 수 있다. 도구키트는 토지이용 의사결정에 해수면 상승을 위한 과학 기반 예측 통합, 위험으로부터 보호되는 해안 개발 위치 파악, 구조물 홍수 및 기타 해안재해에 대한 회복탄력성 보장 등 주 및 지방정부 기관 및 공무원을 위한 주요 토지이용 정책 도구를 식별하고 설명한다. 해수면 상승과 기후변화가 기존의 해안 재해를 악화시키기 때문에, 진보적인 정책을 채택하는 것은 궁극적으로 하와이의 취약한 해안선을 따라 상승하는 해수면으로 인한 미래의 경제적, 사회적, 그리고 환경적 영향을 줄일 것이다.

7.1.1 위험 관리에 대한 국가 기관의 역할

이 장의 나머지 부분에서는 위험요소를 감소(또는 증가)시키는 역할을 할 수 있는 수많은 주 수준 기관을 간략하게 살펴보는 것으로 시작하여 위험 관리에 대한 다양한 주 접근법의 일부를 더 자세히 논의할 것이다. Table 7.1에는 재해경감 및/또는 기후변화적응에 대한 역할과 함께 많은 주에 공통적인 기관의 몇 가지 예를 수록하였다. 이러한 기관들 중 상당수는 위험관리 또는 기후변화를 주요 부서 임무로 포함하지 않지만 그럼에도 불구하고 재해 회복탄력성에 영향을 미칠 수 있는 정책을 구현하고 프로그램을 수행하며 규제를 시행한다. 이것은 특히 기관이 협력하여 취약성의 감소를 가져올 때 효과적이다.

Table 7.1에서 주의 비상관리소의 역할부터 시작하여 이러한 주 기관 중 몇 개를 더 자세히 살펴본 후 토지 사용 문제와 주정부가 재해지역에서 건설된 환경을 통제하는 다양한 방법에 초점을 맞출 것이다. 이 논의에 주 건축법규를 관리하고 재해보험을 규제하는 책임을 지는 주 보험 부서와 사회기반시설 제공을 통해 개발이 이루어지는 곳에 영향을 미칠 수 있는 주 교통 부서를 포함한다.

Table 7.1 재해관리 및 기후변화적응에 대한 국가 기관의 역할

국가 기관	프로그램 및 정책
주지사 사무실	재해 회복탄력성 및 기후변화적응력을 높이기 위한 정책 추진, 대규모 재해에 대한 연방 지원 요청 발행
기획실	정책을 수립하고 토지이용 및 개발, 자본개선프로그램 및 예산, 환경보호, 교통, 저렴한 주택, 기후변화 등에 대한 계획을 수립한다.
비상관리과	재해경감계획 및 프로그램 감독, 재해 보조금 관리, 지역 비상관리 조정자를 위한 재해 대비 교육 및 연습 실시, NFIP 및 범람원 규정 관리
교통부	재해 발생 후 손상된 도로 및 교량의 건설 및 수리, 홍수위험을 줄이기 위한 사회기반시설 설계 표준 발표, 혹독한 겨울 날씨에 대비한 도로 대비
보험부	주 건축법규를 공포하고 재해보험을 규제한다.
천연자원부	물, 공기, 토지를 포함한 국가 환경 자산의 규제, 관리 및 보호를 감독한다.

해안관리과	해안 구역에서 개발 허가 발급, 후퇴/침식 규제 시행, 환경 문제 지역 식별, 유입구, 해변, 사구 및 침식 구역을 포함한 해안 재해지역 지도 및 규제
댐안전실	댐의 허가, 검사 및 재고 관리
지질학자	지진 및 산사태 위험지역 식별 및 지도 작성
농업부	농부들이 홍수, 우박, 혹독한 겨울 날씨, 토네이도, 가축 및 식물 질병, 식량 생산에 대한 테러공격으로부터 위험을 줄일 수 있도록 지원
임업과	산불 예방 및 진압, 질병 및 병해충 방제, 산불 위험 및 경감 옵션에 대한 인식 촉진
수자원국	급수 및 수질 규제, 빗물 관리 허가 관리, 가뭄 경감 및 대응 프로그램 관리, 하천 계측 모니터링
보건복지부; 노령화과	악천후 발생 시 취약계층을 보호하기 위한 프로그램 관리
공중보건과	생물 테러의 위협에 대비하고, 질병 전염병에 대한 예방 조치를 감독하며, 기후변화가 인간의 건강에 미치는 영향(폭염, 가뭄, 질병 벡터 등)을 위한 계획을 개발한다.
공공사업위원회	공공시설을 규제하고, 공급자와 협력하여 정전 및 위험 발생 시 서비스 복구에 대한 비상계획을 수립한다.
국가기후소	날씨 및 기후 데이터 수집, 분석, 배포 및 보관, 지역 기상국 및 국립기상국과 협력하여 재해사건을 예측, 주 및 지역 정책 입안자에게 기후변화에 대한 과학적 정보 제공

자기 진단

- 각 주가 재해경감 규정을 통과시킬 수 있는 헌법적 권한을 식별한다.
- 5개의 공통 국가기관과 재해 관리에서 그들이 수행하는 역할을 나열하라.

7.2 비상관리

주법(州法)은 비상사태와 재난에 대한 주정부의 책임을 규정하며, 주지사와 주 기관이 재난에 대응, 복구, 대비, 경감을 위한 계획을 수행하고 정책을 시행할 수 있도록 권한을 부여한다. 이 중추적인 위치에 있는 주(州)는 커뮤니티와 연방기관 및 자원 사이의 핵심 연결 고리 역할을 한다. 주에서 다루는 주요 연방기관 중 하나는 FEMA(Federal Emergency Management Agency; 연방재난관리청)이다. FEMA와의 직접적인 상호작용은 일반적으로 FEMA의 10개 지역 사무소를 통해 수행되며, FEMA의 사무소는 전반적인 정책지침과 감독을 제공한다.

50개 주, 미국 영토, 콜롬비아 특별구는 비상관리소를 운영하고 있다. 그러나 주 비상관리소의 조직 구조는 주마다 크게 다르다. 캘리포니아와 같은 일부 주에서는 비상관리국이 주지사실에 있다. 테네시주에서는 비상관리국이 부관에게 보고하고, 플로리다주에서는 비상관리 기능이 커뮤니티 사무국에서 수행된다. 노스캐롤라이나에서는 공공안전부서가 비상관리를 담당한다. 국가방위군 부사령관은 주 및 준주의 절반 이상에 있는 주 비상관리소를 관리한다. 나머지 주 비상관리사무소는 민간 직원이 주도한다.

주 비상관리소는 모든 범위의 비상관리 기능을 수행한다. 일반적으로 주 비상관리에 속하는 책임 중 일부는 공공 인식캠페인, 비상경보시스템, 가족 및 사업 대비 이니셔티브, 위험물질 관리, 화학 안전 및 보고, 원자력 발전소 안전 훈련, 심각 기상 대비, 대피 계획 및 조정 및 수행을 포함한다. 지역 비상관리자를 위한 광범위한 훈련 및 연습. 또한 비상관리소는 주로 SHMO(State Hazard Mitigation Officer; 주 재해경감 담당자)가 조정한 주 재해경감 정책을 담당한다.

7.2.1 재해경감 담당자(SHMO)

각 주와 미국 영토에는 자연재해 및 인적재해에 대한 위험을 줄이기 위한 지속적인 노력에서 연방정부와 주 사이의 주요 접촉 역할을 하는 SHMO가 있다. SHMO는 2000년의 재난경감법(DMA)에 따라 요구되는 주 재해경감계획 과정을 안내하는 것 외에 다수의 업무를 담당한다(주 재해경감계획에 대한 자세한 내용은 후술한 내용을 참조). SHMO는 다양한 수준의 정부 사이에서 조정자 역할을 할 뿐만 아니라 주 전체의 법과 경감 프로그램을 구현하고 자체 계획 노력과 지역 재해경감 활동 구현에서 지방정부를 지원하기 위한 인력 및 자원을 제공하는 역할도 맡고 있다.

SHMO가 직면하고 있는 벅찬 과제에도 불구하고, 전국의 많은 SHMO들은 그들의 임무를 수행하기에 충분한 직원 지원이나 자원이 부족하다. 그러나 주정부와 FEMA 지역사무소 사이의 좋은 업무 관계는 종종 재해경감에 대한 SHMO의 책무를 증가시킨다. 또한 많은 SHMO는 재해경감 자문그룹, 주지사가 임명한 태스크포스 및 경감 이니셔티브를 위한 조언과 지원을 제공할 수 있는 유사한 작업 그룹과 같은 주 차원의 기관 간 팀 및 위원회를 통해 조정 노력을 지원한다.

7.2.2 재해경감 및 대비 활동을 위한 자금 지원

대부분의 주는 경감 프로그램을 개발하고 구현하기 위해 특히 FEMA의 연방기금에 크게 의존하고 있다. 재해경감 보조금 프로그램(HMGP; Hazard Mitigation Grant Program), 공공지원(PA; Public Assistance) 프로그램의 경감 부분, 홍수 경감 지원(FMA; Flood Mitigation Assistance) 프로그램 및 BRIC(Building Resilient Infrastructure and Community; 회복탄력적 사회기반시설 및 커뮤니티 건설) 프로그램과 같은 보조금 형태로 각 주에 상당한 지원이 제공된다. 다른 연방기관들도 미국 주택도시개발부, 중소기업청, 농무부 농민 지원 등 보조금과 대출 형태로 재난지원을 제공하고 있다. 이러한 연방 재난 관련 보조금의 대부분은 주(州)가 관리하며, 주(州)는 자금을 커뮤니티에 전달한다.

연방 경감 지원 프로그램은 주 차원에서 주요 경감 이니셔티브를 수행하고 경감 활동을 위한 지방정부에 지원을 제공할 수 있는 주 기관의 능력을 크게 증가시킬 수 있다. 특히 주요 홍수, 피해 허리케인, 심각한 얼음 및 겨울폭풍, 파괴적인 지진과 같은 반복적인 재해가 발생하는 주는 경감사업에 대해 연방정부로부터 상당한 수준의 재정적 지원을 받을 수 있다. 그러나 이러한 연방 자금의 대부분은 재난이 선포된 후에만 이용할 수 있다(경쟁적 보조금 절차를 통해 반복적으로 이용할 수 있는 FMA 및 BRIC 프로그램은 제외).

많은 주들이 경감 예산의 상당 부분을 재난 기반 기금에 의존하기 때문에 재해경감에 초점을 맞춘 많은 주 비상관리직은 시간이 제한되어 있다. 일부 주에서는 국가홍수보험프로그램(NFIP; National Flood Insurance Program)을 관리하기 위한 범람원 관리 조정자와 함께 SHMO와 같은 단일 직책에 자금을 댈 수 있는 충분한 자금만 있다. 몇몇 주에서는 자연재해경감에 전념하는 전임 직원이 전혀 없다. 경감 이니셔티브를 수행하는 데 필요한 나머지 직원 자리는 주어진 시간에 사용 가능한 재해 자금 수준에 따라 변동될 수 있다. 미래 재해의 발생은 불가피하지만, 연방 재난지원에 대한 의존은 장기적으로 취약성 감소를 지원하는 진행 중인 경감 활동을 위해서는 불안정하고 예측할 수 없는 자금원이다. 그러나 좋은 소식은 각 주가 경감 기능을 개선하기 위한 추가 방법을 모색하고, 다음 재해사건이 발생하기 전에 재난 의존성을 줄이고 보다 사전 예방적으로 되기 위해, 보다 영구적인 정규직 자리를 확보하는 데 점점 더 익숙해지고 있다는 것이다.

7.2.3 재해 관리의 효과

구체적인 기능을 수행하기 위한 비상관리소의 효과는 주마다 천차만별이다. 일반적으로 정책 중심의 사무소(예: 국가 계획)는 재해경감 및 복구 프로그램과 같은 장기적 활동을 유지하는 데 적합하며 전술 및 운영 중심의 사무소(예: 주 경찰)는 대비 및 대응 관리에 중점을 둔다. 그러나 사무소의 방향과 중요성은 경감 정책을 촉진하는 비상관리자의 능력을 어느 정도 좌우할 수 있지만, 재해 관리의 전반적인 효과에서 더 중요한 요소는 주지사실과의 관계와 장기 회복탄력성을 촉진하려는 주 최고경영자의 의지이다.

자기 진단

- 주 비상관리소의 역할을 설명하라.
- 주 재해경감 담당자(SHMO; state hazard mitigation officer)의 직무에 대해 설명하라.
- 주 수준 재해경감 프로그램을 위한 자금원을 열거하라.

7.3 재해경감계획

재해경감계획은 성공적인 주 전체 경감 프로그램의 중요한 측면이다. 계획 개발에 대한 책임은 일반적으로 주 비상관리소에 귀속되지만 다른 주 주정부 기관도 관여할 수 있다. 주 및 커뮤니티는 재해경감계획 과정을 사용하여 단기 및 장기 경감 목표와 목표를 설정한다. 재해경감계획은 주에 영향을 미치는 위험을 식별하고, 재해에 대한 취약성을 평가하고, 커뮤니티와 주 전체에 대한 재해의 영향을 최소화하거나 제거하는 방법에 대한 합의를 도출하는 협업 과정이다.

7.3.1 2000년도 재난경감법(DMA)에 따른 경감계획

"2000년의 DMA"는 국가의 재해 손실을 줄이기 위해 재난 전 경감계획의 중요성을 강화하며, 주로 연방 재난구호 및 경감 프로그램의 관리를 통제하고 능률화하는 것을 목표로 한다. 주, 부족 정부 및 커뮤니티는 FEMA가 관리하는 비긴급 지원 프로그램 중 몇 개에서 재난 후 자금을 지원받을 수 있도록 승인된 경감계획을 수립해야 한다.

특히 DMA 322조는 주 및 지방 수준에서 경감계획을 다룬다. 322조를 구현하는 연방 규정은 44 CFR Part 201의 연방규정강령(CFR; Code of Federal Regulations)에서 찾을 수 있으며, 이 강령은 FEMA의 계획 승인을 요구하는 주에 의해 반드시 충족되어야 하는 특정 기준과 따라야 하는 계획 과정을 규정한다. 주 재해경감계획에 적용되는 많은 기준은 다음 것들을 포함하여 지방정부에 필요한 기준과 유사하거나 동일하다.

- 재해식별 및 프로파일, 취약성평가 및 손실 추정으로 구성된 위험도평가
- 경감을 위한 역량 평가

- 목표 조항의 공식화
- 경감전략 개발과 확인된 또는 잠재적 자금 지원을 사용한 조치

이러한 특정 기준과 재해경감계획 과정은 12장에 자세히 설명하였다.

각 주는 DMA 기준을 충족하는 지역 재해경감계획 개발에 있어 지역 커뮤니티에 지침과 지원을 제공해야 한다. 일부 주에서 해당 지방정부에 제공하는 서비스에는 위험도평가 및 재해경감계획 원칙에 대한 교육 워크샵 및 정보 세션, 지침서 및 워크시트 같은 계획 지원 자료, 커뮤니티 지원 활동 등이 포함된다. 또한 일부 주는 인구 통계, 토양, 습지, 재해 이력, 업데이트된 범람원 지도 및 커뮤니티가 재해경감계획을 준비하는 데 도움이 되는 기타 자원을 포함하여 지방정부를 위한 데이터 세트를 제공한다.

국가계획의 두 가지 수준: 표준 및 강화

DMA에는 표준(standard) 및 강화(enhanced)라는 두 가지 수준의 주 재해경감계획이 있다. 승인된 "표준 계획(Standard Plan)"을 통해 각 주는 FEMA로부터 총 재해 지원 금액의 7.5%를 지원받아 경감 목적으로만 사용할 수 있다. 예를 들어, 한 주가 FEMA로부터 1억 달러의 재난지원을 받을 자격이 있는 경우, 750만 달러가 범람원의 주택을 매입하거나 도로 아래의 암거(culver)를 업그레이드하는 것과 같은 재해경감 목적으로 사용될 수 있다.

주의 재해경감계획이 FEMA에 의해 "강화된 계획(Enhanced Plan)"으로 승인된 경우, 주는 총 재난지원 금액의 더 큰 비율을 경감사업에 사용할 수 있는 자격을 얻을 수 있다. 강화된 계획은 표준 계획의 요건을 충족하는 것 외에도, 국가가 체계적이고 효과적인 접근법으로 기존의 경감 프로그램을 어떻게 관리하고 이행할 것인지를 입증해야 한다. 강화된 수준은 국가가 손실을 줄이고, 자원을 보호하며, 더 안전한 커뮤니티를 만들기 위해 추가 노력을 기울인 것을 인정한다. 2020년 기준으로 강화된 경감계획을 가진 주로는 캘리포니아, 콜로라도, 플로리다, 조지아, 아이오와, 켄터키, 미주리, 네바다, 노스캐롤라이나, 노스다코타, 오하이오, 사우스다코타, 워싱턴, 위스콘신 등이 있다.

7.3.2 국가 재해경감계획 미작성 결과

FEMA가 승인한 재해경감계획을 준비하고 채택하지 않은 결과는 상당히 중요할 수 있다. 재해가 발생했을 때 국가가 승인된 계획을 수립하지 않은 경우, FEMA는 "긴급 지원"

만 제공하는 것으로 제한된다. 예를 들어, PA 프로그램에 따라 비상사태로 간주되는 유일한 지원 범주는 잔해 제거와 인간의 생명과 안전을 보호하기 위한 즉각적인 조치이다. 나머지 PA 프로젝트 범주는 영구 복구 작업으로 간주되며 해당 주에서는 자금을 지원하지 않을 것이다. 이는 도로와 교량, 물 통제 시설, 공공 건물, 공공시설 및 위험 상황에서 손상된 기타 시설을 복구하기 위한 연방 지원이 불가능함을 의미한다. 또한 승인된 주 재해경감계획이 없으면 주는 재해에 영향을 받는 커뮤니티와 개인 및 가족 모두에게 상당한 재정적 지원을 제공하는 개인 및 가족 보조금(IFG; Individual and Family Grant) 프로그램, HMGP 및 화재 진압 지원 프로그램의 기금을 받을 자격이 없다. 각 주는 이 DMA 조항을 매우 심각하게 받아들였고, 50개 주, 콜롬비아 특별구와 5개 준주(CNMI, 괌, 아메리칸사모아, 푸에르토리코, 미국령 버진아일랜드)는 FEMA가 승인한 주 재해경감계획을 채택했다.

자기 진단

- 2000년 재난경감법(DMA)의 이면에 있는 목적을 설명하라.
- 두 가지 수준의 주 경감계획을 확인하라.
- 재난이 발생했을 때 주 재해경감계획을 수립하지 않은 경우의 결과를 설명하라.

7.4 기후변화적응계획

많은 주들이 기후변화와 관련된 위험을 줄이기 위한 조치를 계획하고 시행하기 시작했다. 주(州)가 취할 수 있는 첫 단계 중 하나는 기후적응계획을 개발하는 것인데, 이 계획은 주가 직면할 가능성이 있는 기후 관련 위험과 기후변화에 더 회복탄력적으로 대처하기 위해 취할 수 있는 조치를 제시하는 것이다. 2020년 현재, 17개 주와 DC(콜롬비아특별구)는 적응계획을 완료했고, 다른 몇몇 주들은 계획을 개발하는 과정에 있다.

한 가지 주목할 만한 예는 캘리포니아 기후적응 전략이다. 2009년에 처음 개발되었고 2014년과 2018년에 업데이트 된 이 전략은 다음 범주를 설명하기 위한 영향, 위험 및 적응 전략을 포함하고 있다.

- 공중보건
- 생물 다양성과 서식지
- 해양과 해안 자원
- 물 관리
- 농업과 임업
- 에너지와 교통 사회기반시설

이 주의 기후변화 웹사이트(www.climatechange.ca.gov)는 기후변화적응을 촉진하기 위한 그들의 전략과 다양한 다른 정보와 자원들에 대한 링크를 포함하고 있다.

여러 면에서 기후적응계획은 재해경감계획과 밀접한 관련이 있으며, 각 주는 이러한 노력이 연결되고 상호 강화되도록 보장해야 한다. 현재 각 주는 재해경감계획에서 기후변화 영향을 다루어야 하는 요구사항이 없으며, 많은 주는 적응과 재해경감계획을 연계하기 위한 조치를 아직 취하지 않았다.

7.5 지역 토지이용계획을 위한 강제 사항

주 재해경감계획은 다양한 주 차원의 경감 프로그램 및 전략 추진을 통해 취약성을 줄이는 데 매우 효과적일 수 있지만, 재난관리법에 따라 작성된 경감계획은 일반적으로 지역 토지이용 의사결정에 직접 초점을 맞추지 않는다. 그러나 재해경감에 대한 전체론적 접근방식을 옹호하는 사람들은 "개발을 범람원 및 화재가 발생하기 쉬운 지역과 같은 재해지역에서 벗어나 보다 적절한 지역으로 조정하면 향후 재해의 영향에 대한 취약성을 줄이는 데 도움이 된다"는 가정 하에 토지 사용 기반 접근방식을 사용하는 것의 가치를 옹호한다. 토지이용 규제는 성장과 개발 관리에 수반되는 수많은 요소를 고려한 신중한 커뮤니티 차원의 계획 과정을 통해 수행될 때 가장 효과적이다. 대규모로, 토지이용계획 접근방식은 이미 개발된 토지에도 적용될 수 있지만, 이 접근방식은 미개발 토지에 가장 적합하다.

토지이용계획과 이를 수행하기 위해 필요한 규제를 만들 책임은 주로 지방정부에 있다. 사유재산에 대한 공정하고 포괄적인 규제를 위해 계획이 매우 필수적이기 때문에, 일부 주에서는 지방정부가 종합적인 토지이용계획을 마련하도록 요구하는 법안을 통과시켰다. 이 중 일부 주는 주의 특정 지역의 지방정부에만 계획 권한을 부과하고, 나머지 커뮤니티는 명시적인 계획 권한에서 면제된다. 예를 들어 노스캐롤라이나의 경우 해안지대를 구성하는 20개 카운티는 지역 토지이용계획을 마련해야 하고, 주의 나머지 80개 카운티는 그렇지 않다.

지역계획을 의무화하는 일부 주에서는 정책목표를 상당히 명확히 하고, 지역 토지이용계획과정을 통해 국가목표를 달성하는 방법에 대한 지침과 함께 이를 지방정부에 전달했다. 일반적으로 주(州)는 커뮤니티가 준수해야 하는 기준을 제시하고 지역 토지이용계획이 다루어야 하는 문제의 유형을 명시한다. 각 주는 정책 목표와 목표를 명시하고 있지만, 정도는 다르더라도 계획의 내용과 이행에 대한 구체적인 세부사항은 지방정부에 맡긴다. 몇몇 주는 자연재해와 위험지역 개발에 의해 제기된 문제를 지방정부가 그들의 계획에 반드시 고려해야 할 주제로 포함시켰다. 캘리포니아, 플로리다, 워싱턴, 오레곤 및 기타 몇몇 주는 다양한 수준의 인센티브와 함께 지방정부가 종합적인 계획 과정의 일부로 자연재해에 대해 고려하도록 장려하기 위해 계획 권한을 설정했다.

참조 오리건 계획으로 수백만 달러 절감

1996년, FEMA는 오리건이 자연재해에 대한 강력한 토지이용계획 때문에 연간 약 1,000만 달러의 홍수 손실을 피했다고 추정했다. 이것은 우연히 이루어진 것이 아니라, 20년이 넘는 기간 동안 정부 관리들의 선견지명을 통해 이루어졌는데, 이는 지방 계획이 지정된 재해가 발생하기 쉬운 지역의 개발을 지도하기 위한 목록, 정책 및 조례를 포함하도록 요구되었다. 계획에 대한 포괄적인 접근방식을 사용하는 것은 오리건 전역의 커뮤니티에서 홍수, 산사태 및 지진의 손실을 줄이는 결과를 낳았다.

자기 진단

- 재해경감에서 지역 토지이용계획의 역할을 설명하라.
- 주정부가 지역 토지이용계획에 어떻게 영향을 미칠 수 있는지 설명하라.

7.6 환경민감지역의 규제

앞 절에서 논의한 바와 같이, 대부분의 주에서는 토지 사용 의사결정의 대부분을 지방정부에 맡긴다. 자치체와 군은 대개 관할구역 내에서 개발과 성장에 대한 직접적인 통제권을 가지고 있으며, 일부 주는 주 전체의 계획 정책을 통해 지침과 방향을 제공한다. 다른 주들은 토지이용규제에 대한 책임을 전적으로 지방에 맡긴다. 이러한 대부분 손쉬운 접근법의 한 가지 예외는 환경에 민감한 지역이고, 많은 주들이 이러한 지역의 사용 방법을 통제하는 데 직접적인 역할을 한다.

이러한 소위 특별한 관심 지역은 다양한 방식으로 주에 의해 정의된다. 대부분은 특별 지역이 주에 어떤 중요성을 가진다. 관심 지역은 지리적 경계, 자연 자원 가치 또는 특정 자연적 특징에 의해 수행되는 기능에 의해 정의될 수 있다. 특별 지역은 중요한 강변길,

멸종위기종 서식지, 문화·고고학적 자원, 주의 특별한 관리가 필요하다고 평가되는 독특한 경관 등이 있다.

특히 자연재해에 취약하거나 자연 경감 기능을 제공하는 지역은 주의 감독을 필요로 하는 지역으로 지정될 수도 있다. 여기에는 침식성 해안선, 범람하기 쉬운 지역, 유입구 재해 구역 및 기타 고위험지역이 포함된다. 주는 개발을 위한 주 차원의 허가증을 발급하고, 건설을 위한 후퇴 요건을 확립하고, 폭풍 후 재건을 제한하는 등 다양한 방식으로 이러한 지역을 규제한다.

참조 노스캐롤라이나의 환경관심지역(AEC)

노스캐롤라이나(NC)에서 환경관심지역(AEC; Areas of Environmental Concern)은 NC 해안지역 관리법(CAMA)에 규정된 해안 개발을 위한 해안 자원 위원회 허가 프로그램의 기초이다. AEC는 자연적으로 중요한 영역이다. 이 지역은 침식이나 홍수에 의해 쉽게 파괴될 수도 있고, 주에 가치 있는 환경, 사회, 경제, 또는 미적 특성을 가질 수도 있다. 노스캐롤라이나 해안자원위원회는 (재산, 공중보건, 환경에 돌이킬 수 없는 피해를 줄 수 있는) 통제되지 않는 개발로부터 지역을 보호하기 위해 지역을 AEC로 지정했다. 예를 들어, 해양재해시스템 AEC는 주의 동쪽 경계를 형성하는 좁은 장벽섬들의 밴드를 포함한다. 해양재해시스템은 해양 침식 가능 지역, 고위험 홍수 지역, 그리고 유입 재해지역을 포함하여 해양 앞 땅과 바다를 해협(sound)와 연결하는 유입구(inlet)로 구성되어 있다. 해양재해시스템 AEC의 모든 개발은 폭풍과 침식으로부터 인간의 생명과 재산을 보호하고, 영구적 구조물이 공공 해변을 침범하는 것을 방지하고, 잘못 배치된 곳에서의 개발로 인해 발생할 수 있는 공공 비용(재난구호 지원 등)을 줄이기 위해 배치되고 설계되어야 한다.

7.6.1 규제 차질

대부분의 해안 주들은 해안가를 따라 발생하는 개발에 일종의 "후퇴(setback)" 규제요건을 부과한다. 구체적인 내용은 해안 주마다 다르지만, 일반적으로 해상이나 오대호로부터 특정 거리 내에 건축물을 세우는 것을 금지하거나 제한하는 것으로 적용한다. 이러한 "전략적 후퇴(strategic retreat)" 방법은 해안 재해로부터 생명과 재산에 대한 위험을 줄이고 건물의 수명을 연장하는 데 도움이 될 수 있다. 후퇴는 또한 공공 해변을 보호하는 데 도움을 주는데, 많은 해변들이 주와 지역 관광 산업에 필수적이다. 허리케인과 다른 해안 폭풍은 적절한 곳에서 개발이 되지 않았을 때 더 많은 피해를 입힐 수 있기 때문에, 후퇴는 재난에 대응하는 데 쓰이는 세금 액수를 줄이는데도 도움이 된다. 또한 개발 및 해수면 상승에 대한 완충지를 제공함으로써 해수면 상승에 대처하는 중요한 도구가 될 수 있다.

후퇴는 바다에서 육지 쪽으로 일정 거리 떨어진 지역이나 하천이나 습지와 같은 다른 환경적 특징에 대한 건축을 규제한다. 후퇴선(setback line)을 결정하는 방법에는 안정적인 자연 초목의 첫 번째 선, 평균 고조선, 국소 침식률 또는 기타 다양한 표식 방법이 포함된다. 대부분의 주에서 개발은 이 노선의 육지 쪽으로 진행되어야 하며 건설에 대한 엄격한 지침을 따라야 한다.

해안 주들이 건설 후퇴를 확립하기 위해 사용하는 많은 측정 방법의 문제점은 거리가 일반적으로 약 40 ~ 100피트 정도로 상대적으로 임의적일 수 있다는 것이다. 해변과 모래언덕 공정에 대한 이해도가 높아지고 해안 공법이 정교해지면서 후퇴선 묘사는 고도로 전문화 되었다. 계절적 변동에 기초한 후퇴, 폭풍과 폭풍해일에 대한 취약성, 해안선 침식의 위협은 과학적으로 더 타당하지만, 국가 규제당국과 토지소유자들이 이해하기에 더 어렵고 비용이 많이 든다.

참조 하와이의 해안선에서 후퇴 설정

하와이주는 해안선으로부터 40피트 내륙의 개발을 금지하는 장애물을 사용한다. 해안선은 해안에서 볼 수 있는 파편 또는 초목선으로 정의된다. 이 선은 정기적으로 변동될 수 있으며, 이는 부동산 소유자와 주 규제당국의 불확실성으로 이어질 수 있다. 해안선 건설 차질에 대한 변경에 대한 최근 권고안은 하와이의 각 카운티에 대한 구조물의 수명을 설명하고 최상의 해수면 상승 데이터에 기초한 조정을 허용하는 침식 기반 후퇴의 적용을 제안한다.

7.6.2 폭풍 후 재구성

많은 주에서는 허리케인 및 기타 재해사건 후 재건 및 재건을 안내하는 규정을 마련하고 있다. 일반적으로 "상당히 손상된(substantially damaged)" 구조물을 재건하기 위해서는 허가가 필요하다. 여기서 상당히 손상된 구조물이란 일반적으로 복구비용이 손상 전 구조물의 시장 가치의 50%와 같거나 초과하는 구조물로 정의된다. 허리케인 샌디 이후, 뉴저지 환경보호부는 폭풍 후 재건과 관련된 홍수재해지역 규칙에 대한 긴급 수정안을 채택했다. 변경 사항 중, 새로운 규정에 따라 신축 또는 손상을 입은 구조물은 FEMA 또는 주에서 설정한 가장 높은 고도 수준까지 건설하여야 한다. 또한 홍수재해지역법(Flood Hazard Area Act) 규정에 따르면 홍수재해지역의 각 건물의 최저 층은 이 높이에서 최소 1피트 이상 높이로 건설되어야 한다.

7.6.3 국가 습지 보호

많은 주들이 습지에 대해 어느 정도의 규제적 보호를 제공한다. 습지는 수질을 보호하는 능력으로 잘 알려져 있고 수문 시스템을 통과하면서 지표수로부터 불순물을 걸러내는 능력 때문에 자연의 신장(kidney)으로 불리기도 한다. 습지는 또한 해안 지대와 내륙의 강 범람원에서도 중요한 기능을 수행하는데, 물을 저장하고 빠르게 흘러가는 것을 방지하여 하천, 하구, 범람원의 수위를 일정하게 유지하는데 도움을 준다. 습지는 또한 해안선의 침식으로부터 보호한다. 습지의 식생은 종종 땅 위나 아래에 매우 밀집되어 있다. 식물 덮개와 뿌리 시스템은 홍수와 파도 작용으로부터 에너지를 흡수할 수 있다. 에너지를 분산시키고, 토양을 묶고, 퇴적물 퇴적을 장려함으로써, 습지는 해안의 개울, 호수, 소리를 따라 해안선을 안정화 시킨다.

제6장에서 논의한 바와 같이, 연방 청정수법 404조는 습지에서 수행되는 활동에 제한을 가하고 습지에 준설 및 충전재를 퇴적시키기 위해 미육군공병단의 허가를 요구한다. 몇몇 주는 주 수준에서 404조 프로그램을 관리하는 책임을 떠맡았다. 404조 규정 외에도 일부 주에서는 조수 또는 해수 습지 개발에 대한 주 차원의 제한을 두어 습지 부지의 배수, 도랑 또는 매립을 금지하고 있다. 몇몇 주에서는 비조수 습지나 담수 습지에도 제한을 두고 있다.

일부 주에서는 "습지경감(wetland mitigation)"을 요구하기도 하는데, 이는 개발 활동에서 떨어진 곳에 위치한 다른 습지의 외부 보존이나 손상되거나 파괴된 습지를 대체하기 위해 새로운 습지를 만드는 것을 포함한다. 주정부는 때때로 2:1에서 7:1까지의 상당히 엄격한 경감 비율을 부과한다(즉, 각 에이커의 자연 습지에 필요한 생성, 복원 또는 강화된 습지 면적의 양이다. 다만 습지복원에 대한 과학과 적용은 여전히 진화하고 있으며, 기존 습지를 보존하는 것은 습지의 생태복잡성 재건을 시도하는 것보다 더 많은 환경 및 홍수방지 혜택을 제공할 가능성이 높다.

자기 진단

- "환경관심지역(AEC)", "후퇴(setback)" 및 "습지경감(wetland mitigatiion)" 영역을 정의한다.
- 주가 토지이용규제에 직접적인 역할을 하는 상황을 논의하라.
- 후퇴 규제를 결정하는 방법에 대해 설명하라.
- 허리케인이나 다른 해안폭풍 동안 해안의 구조물들이 50% 이상 손상을 입었을 때 어떤 일이 일어나는지 설명하라.

7.7 사회기반시설에 대한 규정

주가 재해지역에서 토지 사용을 통제하기 위해 가져야 하는 가장 강력한 도구 중 하나는 사회기반시설에 대한 규정을 통해서이다. 연방정부와 함께, 그리고 종종 연방기관과의 파트너십을 통해, 주들은 전국적으로 중요한 토목 사회기반시설의 상당한 부분을 제공한다. 주 차원에서는 이러한 사회기반시설의 많은 부분이 주 교통부를 통해 구축되고 유지된다. 해안 지대와 같이 매우 위험 지역에 위치한 사유재산에 대한 투자를 포함한 많은 민간 투자는 도로, 교량, 상하수도 및 개발을 촉진하는 다른 시설의 건설과 유지보수에 자금을 대거나 보조하는 주 및 연방 달러를 통해 재정적으로 실현된다. 주 및 연방기금은 또한 폭풍이 심각한 피해를 일으킨 후 공공시설을 수리하는 데 사용된다. 이러한 사회기반시설은 경제성장을 장려하고 유지하기 위해 필요하지만 때로는 위험 장소에 위치한 개발로 인한 취약성 증가에 대해 상대적으로 거의 적게 고려한다.

반면에 강력한 홍수 방지 및 기타 재해 위험 감소 조치를 주의 사회기반시설에 통합하는 주 정책은 재해사건 후 비용이 많이 드는 재건의 필요성을 줄이는 데 큰 역할을 할 수 있다. 주 는 또한 커뮤니티가 홍수 및 기타 재해영향을 견딜 수 있는 사회기반시설을 설계하고 구축하도록 장려하는 인센티브 프로그램을 제정할 수 있다.

참조 홍수에 준비된 버몬트

2011년 8월 허리케인 아이린으로 인한 비는 버몬트주 전역의 강을 따라 거대한 홍수 피해를 일으켰다. 홍수가 주에서 반복되는 문제라는 것을 깨닫고, 정책 입안자들은 "우리가 어떻게 파괴된 하수구, 도로 유실, 그리고 손상된 건물을 피할 수 있을까?"라고 물었다. 주는 홍수 대비프로그램을 통해 버몬트 커뮤니티가 홍수 대비 태세를 염두에 두고 사회기반시설을 구축하고 확장하도록 사전에 계획할 것을 촉구한다. 이상적으로 "홍수 준비(flood ready)"는 위험한 범람원 지역으로부터 떨어진 안전한 장소에 건설되는 것을 의미한다. 이미 범람원에 위치한 기존 사회기반시설의 경우 하천이 불어나면 향후 피해를 최소화하기 위해 스마트한 투자를 하는 것을 의미한다.

버몬트 교통국(VTrans; Vermont Agency of Transportation)은 안전을 개선하고, 생애주기비용을 줄이고, 환경 영향을 줄이기 위해 도로와 교량 표준을 통합했다. VTrans가 제시한 표준을 충족하거나 초과하는 표준을 채택한 커뮤니티는 홍수 발생 전에 사회기반시설 개선을 위한 자금을 지원받을 수 있으며, 재해가 발생할 경우 복구비용을 충족하기 위해 더 많은 주 기금에 접근할 수 있다.

7.8 주 건축법규

지금까지 이 장에서 재해지역에서 토지가 어떻게 사용되는지에 대해 주가 역할을 하는 몇 가지 방법을 살펴보았다. 이 절에서는 주로 주 의회가 제정한 건축법규를 통해 주가 건물 건설에 어떻게 관여하는지에 초점을 맞출 것이다.

"건축법규(building code)"는 건축물의 물리적 구조를 통제하는 정부에 의해 채택된 법률, 규정, 조례 또는 기타 법적 요구 사항의 모음이다. 건축법규의 목적은 공공보건, 안전 및 복지를 보존하고 건축 환경을 보호하기 위해 필요한 최소한의 허용건축기준을 설정하는 것이다. 이러한 최소 요건은 공학의 원칙, 재료의 특성, 그리고 기후, 지질학, 구조물의 사용에 내재된 위험에 기초한다. 건축법규를 통해 해결되는 자연재해에는 지진, 산불, 눈폭풍, 강풍, 폭풍해일, 홍수, 파도 작용 등이 포함된다. 건축법규에는 일반적으로 다양한 풍수 및 지진구역을 나타내는 지도가 포함되어 있으며, 재해 위험에 따라 다양한 수준의 설계 표준이 적용된다. 건축법규는 주로 신규 또는 제안 건축물을 규제한다. 기존 구조물에 대한 적용은 건물이 재건축·재활·개축 중이거나 건물의 입주범위가 변경되는 경우를 제외하고는 거의 없다.

최근의 B/C(유익성/비용) 연구에 따르면 자연재해 취약성 감소를 위한 더 강력한 최소 코드 조항은 3에서 16 사이의 +B/C를 갖는다. 즉, 건설 비용이 1달러 증가할 때마다 3 ~ 16달러의 장기 절감 효과가 있다. 이 개념은 소비자들이 처음에는 약간 더 비싸지만 건물의 수명 동안 또는 그 이전에 스스로 비용을 지불하는 더 높은 효율의 냉난방 시스템에 투자할 때 환경 및 에너지 이익과 유사하다. 지진, 홍수 또는 강풍으로 인한 건물의 손상을 최소화하는 건설 기술에 투자하는 것은 때때로 하나의 재해사건으로 성과를 거둘 수 있다!

7.8.1 여유고

많은 주 건축법규는 홍수로 인한 피해의 가능성을 더욱 줄이기 위해 100년 범람원보다 몇 피트 위에 구조물을 건설할 것을 요구한다. FEMA는 "여유고(餘裕高; freeboard)"라는 용어를 안전 요소로 정의하며, 일반적으로 범람원 관리를 위해 기준홍수 수준 이상의 피트 단위로 표현한다. 예를 들어 로드아일랜드의 경우 주 전체의 건축법규에 따라 새로 건설되거나 실질적으로 개선된 구조물에는 1피트의 여유고가 포함되어 있어야 한다. 즉, 구조물은 100년 홍수 수위보다 적어도 1피트 위에 건설되어야 한다. 많은 지역에서, 다양한 유형의 건물 홍수의 상대적 위험을 고려하기 위해 구조물의 유형에 따라 요구되는 여유고가 다르다. 예를 들어, 주 건축법규는 병원, 요양원 또는 위험물질을 저장하는 시설에 3피트의 여유고를 포함하도록 요구할 수 있는 반면, 단독 주택과 같은 작은 구조물은 1피트 또는 2피트만 여유고를 필요로 할 수 있다.

여유고는 또한 해수면 상승으로 인한 홍수의 영향을 경감하는 데 도움이 될 수 있다. 예를 들어, 지역적인 육지 침하와 지구 기후변화의 영향으로 인해 메릴랜드 해안의 일부는 다음 세기에 걸쳐 3 ~ 4피트 해수면 상승이 발생할 수 있다. 여유고는 폭풍해일의 높이가 증가할 때 홍수 위로 구조물을 유지하는 데 도움이 될 수 있다. 이러한 이유로, 메릴랜드 기후변화위원회는 조석 영향을 받은 범람원에 위치한 구조물에 대해 2피트 이상의 여유고를 권장하고 있다.

7.8.2 주(州) 접근법

1970년대와 그 이전에는, 상대적으로 소수의 주에서만 건축법규를 가지고 있었다. 그들이 실제로 존재하는 곳에서는 지방정부에 의해 법령이 제정되고 시행되었다. 그 결과, 건축기준은 주마다 매우 다양했으며, 주 내에서도 서로 다른 법규와 규제 수준이 있었다. 그 이후로 많은 주들이 지방정부에 대한 이 완전한 권력 위임을 철회하고 주 전체에 적용되는 건축법규를 제정했으며, 1차 집행은 지방 수준에서 유지되었다. 많은 주에서 건축법규는 주 보험부를 통해 관리된다.

많은 주의 법규(code)는 IBC(International Building Code; 국제건축법규)와 ICC(International Code Council; 국제법규위원회)가 개발한 IRC(International Residential Code; 국제주거법규)를 포함하여 전국적으로 인정된 모델 법규를 기반으로 한다. 주(州)는 공식적으로 채택된 모델 법규의 버전에 따라 매우 다양하며, 많은 주(州)는 모델 법규를 수정하였다. 일부 주에서는 지방정부가 주 법규에서 벗어나는 것을 허용하는 반면, 몇몇 다른 주에서는 주 전체에 적용하지 않고 있다. 일부 농촌이나 반농촌지역에서는 적절한 건축법규가 마련돼 있지 않거나, 단독가구나 두 가구 주택 구조물에 적용되는 법규가 없다.

7.8.3 업데이트 및 시행

건축법규가 인구, 개발, 재해의 빈도 및 강도 측면에서 변화하는 조건을 반영하도록 보장하기 위해 정기적인 업데이트가 필수적이다. 건축법규 또한 건축 기술에 대한 최신 정보를 통합하기 위해 업데이트된다. 그러나 일부 주에서는 건축법규의 갱신이 (예를 들어 "열악한 경제 조건 및 자원 부족"과 같이) 최소 건설기준을 약화시킬 수 있다. 변경은 건축 및 개발 로비에 유리할 수 있다.

주 전체에 법규가 시행되고 있는 곳에서도 건축법규의 관리와 집행은 일반적으로 지방정부에 달려 있다. 지방정부는 법규 시행과정을 위해 조직을 만들고, 집행책임자를 지정하며, 법규행정에 필요한 자원을 제공할 책임이 있다.

건축법규의 시행은 일반적으로 건설 과정의 몇 가지 단계에서 이루어진다. 첫째, 시 또는 군 직원은 지역 관할구역에서 어떠한 형태의 구조물을 건설할 것을 제안하는 토지 소유주, 건설업자 및 개발업자가 제출한 모든 계획과 제안을 검토해야 한다. 건축허가를 받으려면 설계도가 현재 건축법규와 일치해야 한다. 계획이 제안된 법규를 충족하지 못할 경우, 지역 계획 검토 사무소는 수정, 추가 또는 수정을 요구하거나 제안을 거부할 수 있다. 계획이 법규 기준을 충족하면 허가증이 발급되고 건축 절차가 시작될 수 있다. 공사 기간 중 지방정부는 건축물이 공사 중인 만큼 현장점검을 실시해 건축법규를 강제할 수 있는 두 번째 기회를 갖는다. 발급된 허가서 또는 법규 자체와 일치하지 않는 계획 또는 기타 활동은 지역 건물 감리의 작업 중지 명령의 근거가 된다. 공사를 재개하기 전에 반드시 수정을 해야 한다. 건축공정이 끝나면 현지 건물 감리가 건물을 검토해야 하며, 모든 조건을 충족한 경우에만 입주증명서가 발급된다.

이번 건축법 시행 논의에서 지방정부는 법규가 준수되고 있고, 관할 지역에서 진행되는 모든 공사가 공정상 모든 단계에서 법규 기준을 충족시킬 수 있도록 하는 데 큰 부담을 지고 있는 것은 분명하다. 계획 검토 및 현장 감리는 시간이 많이 걸리고 복잡한다. 지식이 풍부하고 잘 훈련된 건물 관리자와 감리는 매우 중요하며, 지역 집행기관이 직무를 수행하기 위해서는 적절한 자원이 필수적이다. 또한, 감리들은 각 구조물에 대한 철저한 검토를 할 수 없을 정도로 많은 일일(daily) 검사로 과중한 부담을 느껴서는 안 된다. 이것은 특히 재해의 여파로 특히 중요한데, 지역 건물 감리 사무실에는 손상된 구조물을 빨리 복구하기를 원하는 주택 소유자와 사업체들의 허가 요청이 쇄도하고 있다.

참조 허리케인 카트리나와 리타 이후 국제건축법규를 채택한 루이지애나

2005년 12월 루이지애나 주지사 캐슬린 블랑코는 주정부에게 IBC(International Building Code; 국제건축법규), IRC(International Residential Code; 국제주거법규) 및 ICC(International Code Council; 국제법규위원회)가 개발한 다른 모델 법규를 채택할 것을 요구하는 법안에 서

명했다. 이 법안은 허리케인 카트리나와 리타 이후 재건되어야 했던 건물들과 2007년부터 주 전역에 건설된 모든 건물들에 적용되었다. 이 법안에 따르면, 허리케인으로 가장 큰 피해를 입은 11개 행정구역(parish)은 (만약 그 구역에 이미 감리가 있다면, 또는 90일 이내에 감리를 고용해야 한다면) 30일 이내에 새로운 규정을 시행하도록 요구되었다. 이 법안은 또한 지방정부의 법 집행을 감독하기 위해 19명으로 구성된 위원회를 설립하였다.

7.8.4 시행을 위한 주(州) 지원

시행의 질은 지역 건축법규 공무원의 능력에 크게 좌우되기 때문에, 일부 주에서는 모든 건축 공무원의 시험과 면허를 요구한다. 이러한 주들 중 많은 주들은 또한 지역 건물 감리들을 위한 훈련과 자격 인증을 제공한다. 그러나 이 중 일부 주에서만 면허를 가진 감리가 건축법규 변경에 대한 전문 지식을 최신 상태로 유지하기 위해 지속적인 교육을 받도록 요구하고 있다. 또한 일부 주에서는 특정 달러 가치를 초과하는 프로젝트의 일반 계약자에게 주 위원회 또는 위원회에 의해 면허를 받도록 요구하고 있다. 다른 면허에는 전기, 기계 및 배관 계약이 포함될 수 있다.

남플로리다는 오랫동안 강력한 해안 건축법규를 가지고 있는 것으로 유명하다. 그러나 1992년 허리케인 앤드류가 이 주를 강타했을 때, 이 폭풍과 그 여파는 건축법규와 건축기준에 대한 당시 가설의 심각한 결함을 부각시켰다. 허리케인 앤드류 이후 사우스 플로리다의 건축법규에서 발견된 문제들은 무면허 계약자, 인원이 부족한 감리 사무실, 비효율적인 건물 감리 과정, 훈련이 부족한 건물 감리, 부적절한 내풍설계기준, 제조 및 이동식 주택에 대한 부적절한 기준, 그리고 건축 전문가가 안전한 시공에 대한 책임을 지도록 하는 것에 대한 심각한 실패를 포함한다. 아이러니하게도, 앤드류의 바람으로 많은 오래된 건물들이 새로운 건물들보다 더 잘 보상을 받았다.

자기 진단

- "건축법규(building code)" 및 "여유고(freeboard)"를 정의한다.
- 건축법규를 통해 해결할 수 있는 자연재해의 목록을 작성하라.
- 미국에서 사용되는 두 가지 모델 건축법규를 말하라.
- 건축법규를 시행하는 데 책임이 있는 정부의 수준을 언급하라.

7.9 재해보험 규정

환경적으로 민감한 지역을 관리하고 건설 표준을 설정하기 위해 건축법규를 채택하는 것 외에도, 주정부는 보험 상품의 가용성과 가격을 규제하는 데 중요한 역할을 한다. 보험은 여러 요금 납부자에게 손실 비용을 배분함으로써 재해의 경제적 영향을 줄일 수 있기 때문에 재해경감도구로 분류되는 경우가 많다. 보험사는 보험료 인하 대가로 재산 소유자를 유인해 구조적 재해경감조치를 시행하도록 유도하는 등 재해경감을 추진할 수도 있다. 이 감소는 소유자가 산불 동안 발화되기 쉬운 지붕 판자를 설치하거나 범람원의 건물을 예상 홍수위 이상으로 높이는 등 재산에 제공되는 추가적인 보호를 반영한다. 이렇게 추가된 기능들은 피해를 줄일 수 있고, 따라서 재해 후 보험금 지급을 줄일 수 있으며, 이는 부동산 소유자와 보험회사 모두에게 윈-윈이다.

대부분의 형태의 보험은 자발적이고 계약적인 민간 협약으로 구조화되어 있지만, 많은 주들이 보험 산업에 개입하고 규제한다. 전국 대부분의 주에서 주 보험법은 보험료가 과도하거나, 부적절하거나, 부당하게 차별적이지 않도록 요구한다. 주정부들은 민간 보험료율을 감시하여 회사의 상환능력을 유지하기 위해 보험료가 충분히 높은지 확인하지만, 너무 과도하지 않아 회사가 고객의 희생을 감수하면서 터무니없는 이익을 얻는다. 또한 주 규정은 커버리지가 소비자 사이에서 차별적이지 않도록 보장한다. 요율은 예상 청구 및 비용의 차이를 이상적으로 반영해야 한다.

7.9.1 재앙적 손실에 대한 보험

보험은 일반적으로 일부 자연재해에 대해 이용할 수 있지만 전부는 아니다. 겨울폭풍, 화산, 토네이도, 번개 및 우박에 대해 거의 보편적으로 보험 적용이 가능하다. 이러한 위험은 대부분의 표준 손해보험 계약에 따라 보상된다. 일반적으로, 이러한 사건들은 민간 보험 메커니즘이 효과적으로 운영될 수 있을 만큼 매우 널리 퍼져 있다.

그러나 보험업계는 허리케인이나 지진과 같은 재앙적 손실의 영향을 받는 지역에 위치한 부동산에 대해 보험을 제공하는데 있어 심각한 문제에 직면해 있다. 서해안을 따라 갈수록 재앙적 산불로 인해, 일부 민간 보험사들은 최근 몇 년 동안 표준 손해보험에서 산불 보험 혜택을 줄이려고 시도하고 있다. 이러한 문제는 근본적으로 많은 보험사들이 그러한 고위험지역에서 최악의 경우에 대해 지불할 재원이 없다는 사실에서 비롯된다.

미래 손실이 과거 사건의 범위를 모방하지 않을 수 있기 때문에 이러한 위험은 기후변화에 의해 악화될 수 있다. 이러한 이유로 허리케인으로 인한 홍수 피해는 일반적으로 대부분의 손해보험에 포함되지 않으며 프로그램에 참여하는 커뮤니티에서 NFIP(국가홍수보험프로그램)에 따라 주택 소유자가 별도로 구입해야 한다.

재앙적인 자연재해에 노출된 재산을 보험에 들라고 하는 도전은 1992년 허리케인 앤드류가 한 예이다. 허리케인으로 인한 막대한 재산피해는 150억 달러 이상의 보험금이 지급된 사우스 플로리다의 주요 보험 위기를 촉발시켰다. 앤드류 이후 수많은 작은 보험회사들이 도산했고, 많은 다른 회사들이 사우스 플로리다를 위한 보험 증서를 쓰는 것을 중단했다. 앤드류 이후 약 16,000명의 주민들이 주택 소유자의 보험에 가입하지 않은 채 남겨졌다. 허리케인 앤드류 이전에 플로리다 남부에서 발생한 허리케인으로 인한 최대 보험 손실은 100억 달러로 앤드류의 실제 비용보다 훨씬 낮았다. 폭풍 이후, 이러한 추정치는 500억 달러로 증가했는데, 이것은 대형 허리케인이 도시지역을 강타했을 때 보험회사가 책임질 수 있는 손실의 규모를 예측하는 데 어려움을 보여준다.

파국적 손실 상황에 직면한 보험사들은 특정 주나 지역에 과도하게 집중되지 않도록 보험 자산 포트폴리오를 다각화하고, 위험을 보다 광범위하게 분산하기 위해 재보험에 가입하고, 파국적 손실을 메우기 위해 고위험지역에서 더 높은 보험료를 부과하는 등 다양한 방법으로 대처하려고 노력해 왔다. 일부 기업은 그 결과로 발생하는 부실 위험을 받아 들일 수 없다고 결론을 내리고 그러한 주에서 완전히 철수하려고 시도했다. 다른 기업들은 위험 노출을 줄일 수 있을 때까지 새로운 정책을 제공하는 것을 중단했다.

7.9.2 보험 규정

주(州) 보험 규제기관은 보험료가 과도하거나 부적절하거나 부당하게 차별되는 것을 방지하려고 노력하기 때문에, 많은 보험사들이 재난 노출을 줄이고 위험의 재앙적 구성요소에 대한 보험료를 인상하려고 하는 상황에서 적절한 보험 보장 범위를 보장해야 하는 과제에 직면해 있다.

이론적으로 주 규제기관의 일은 보험회사의 지급능력을 위협하는 사기 및 경솔한 관행으로부터 국민을 보호하고 공정한 시장 관행을 보장하는 것이다. 그러나 공공 정책은 정치적 공백 속에서 만들어지지 않으며, 규제는 위험 비용을 서로 다른 그룹 간에 어떻게 분담해야 하는지에 대한 유권자들의 인식과 선호에 점점 더 영향을 받고 있다. 이 과정에서 보험사들은 구조물의 손실 가능성에 따라 보험료를 부과할 수 있는 자유를 대부분 상실했다.

각 주는 보험을 규제하기 위한 다양한 정치적 메커니즘을 만들어냈다. 주요 메커니즘은 주요 재해의 손실을 보상하기 위해 주 내의 모든 보험 계약에 부과되는 추가 수수료에 의존하여 고위험 자산에 보조금을 지급하는 주-의무보험풀(state-mandated insurance pool)이다. 1968년 이후, 바람, 해변 및/또는 해안 보험풀의 다양한 형태가 모든 대서양에 설립되었다. 버지니아 남쪽의 동쪽 주와 멕시코만 해안의 모든 주. 캘리포니아는 또한 지진에 대한 보험을 보유하고 있다. 보험풀은 일반적으로 관련된 자산의 재앙적 손실 가능성을 커버할 만큼 높은 보험료를 부과하지 않기 때문에, 고위험지역에 사는 사람들에게 보조금을 지급하고 다른 곳에 거주하는 사람들에게 초과 비용을 부과한다. 또한 이러한 주(州) 풀은 재앙적 손실 문제를 제거하지 못한다. 이러한 주의 민간 보험사는 시장 점유율 기준으로 주 풀에서 발생하는 순손실에 대해 계속 책임을 진다. 따라서 임의 사업의 증가는 연결실체의 불리한 결과에 대한 보험자의 몫의 증가를 수반한다. 이로 인해 기존 보험자가 그러한 주에 머무르거나 새로운 회사가 그곳에서 사업을 설립하는 것에 대한 의욕을 꺾게 된다.

주가 채택하는 또 다른 규제 도구는 보증기금(guaranty fund)이다. 보증기금은 개별 고위험 부동산에 보조금을 지급하는 것이 아니라 부실보험사의 보험금 청구권을 지급하도록 설계됐다. 이 메커니즘을 통해 각 주는 재앙적 재해가 발생했을 때 민간 보험사가 보험금 지급(benefit payment)하도록 돕는 데 사용할 수 있는 자금을 증가시킨다. 보증기금은 소비자들이 재정적으로 건전한 보험사를 선택할 수 있도록 유인하는 것을 줄일 수 있다는 점에서 비판을 받아왔다.

고위험지역에 보험 보장을 지원하는 주정부 프로그램을 정당화하기 위해 사용되는 몇 가지 주장이 있다. 한 가지 주장은 형평성에 초점을 맞춘다: 일부 저소득 주택 소유자들은 고재해지역에 거주하며, 정부는 이러한 주택 소유자들이 보험에 가입할 수 있도록 지원할 의무가 있다. 또 다른 주장은 본질적으로 경제적인 것이다: 해안 해변과 같은 고위험지역의 특정 개발은 보험 보조금을 능가하고 정당화할 수 있는 경제적 이익을 제공한다.

주(州) 보조금 또는 보험 시장 지원에 찬성하는 이러한 주장에도 불구하고, 이러한 프로그램이 궁극적으로 더 큰 재난손실로 이어질 수 있는 상당한 위험도 있다. 주 보험 프로그램의 설계에는 재앙적 위험에 대해 누가 지불해야 하는지, 그리고 이러한 프로그램이 개발 비용과 궁극적으로 자연재해에 대한 노출을 어떻게 변화시킬 수 있는지 물어봐야 한다.

자기 진단

- 일반적으로 보험이 가능한 자연재해를 열거하라.
- 왜 허리케인과 지진 위험을 보장하기가 더 어려운지 설명하라.
- 주-의무보험풀의 이점과 단점에 대해 설명하라.

7.10 경감역량 향상

대부분의 주에서는 재해경감을 위한 그들의 능력을 꾸준히 증가시키고 있으며, 경감 개념이 많은 주정부 기관에 어색했던 시대를 훨씬 뛰어넘어 발전했다. 이러한 주들은 프로그램을 계속 구현하고, 정책을 수행하고, 회복탄력성을 높이기 위한 새로운 전략을 수립한다. 주 차원에서 수행되는 공공봉사(outreach)과 교육 프로그램은 주민들이 커뮤니티나 이웃이 직면하는 특정 위험에 대해 알지 못하는 경우가 많음에도 불구하고, 홍수, 산불, 허리케인, 지진, 해안침식 및 기타 위험의 위협에 대해 대중을 더욱 교육했다.

7.10.1 관련 기관과 파트너십 개발

재해경감을 위한 성공적인 협력의 여러 사례에도 불구하고, 많은 주에서는 재해경감계획 및 정책 구현을 위한 지원 기반을 넓힐 필요가 있다. 각 주는 모든 관련 이해 당사자가 대표되고 주의 경감계획 과정에 기여하는지 확인해야 한다. 대부분의 주 경감계획은 주 비상관리 기관 또는 그와 동등한 기관이 개발하지만, 많은 다른 주 부서는 계획 과정 중에 자리를 잡아야 한다. 예를 들어, 주 교육 부서(안전한 학교 건설 및 배치를 보장하기 위해), 관광 부서(방문자를 보호하는 정책을 다루기 위해), 보험 부서(건축법규 정책이 자주 수립되는 곳), 주 사회기반시설 및 교통 부서(위험 부지의 개발 문제를 다루기 위해)가 있다. 기타 많은 주정부 부처 및 기관이 국가의 전반적인 회복탄력성에 기여할 수 있고 기여해야 한다.

주 경감 정책 형성에 대한 참여를 확대해야 할 필요성은 민간부문과 비영리 커뮤니티에도 파급된다. 몇몇 주는 더 넓은 범위의 이해관계자들과 상호 이익이 되는 파트너십을 맺기 위한 노력을 개선하고 있다. 주요 고용주, 대학, 기업 및 기업 모두 회복탄력성 강화에 이해관계가 있으며 재해경감 및 기후변화적응에 대한 새로운 접근방식을 가져올 수 있다. 주 차원의 자연 보전, 토지 신탁, 시에라 클럽(Sierra Club; 역주: 자연환경보호 단체)과 같은 비영리 보존 단체는 자연 자원 보호의 목표와 일치하는 경감 노력을 쉽게 지원할 수 있다. 해비타트운동(Habitat for Humanity; 역주: 무주택 서민의 주거 해결을 위한 단체)와 다른 주택 옹호 단체들은 가격이 저렴하고 범람원과 같은 위험한 지역 밖에 위치한 주택을 제공하려는 주정부의 노력에 기여할 수 있다. 신앙에 기반을 둔 단체, 구세군, 미국 적십자사와 그 주 수준 지부와 같은 자선 단체들은 특히 재난관리에 직접 종사하는 중요한 재난 후 기간 동안 재해경감 정책을 시행하는데 더 큰 역할을 할 수 있다.

7.10.2 재해경감 적용범위의 확대

일부 주는 경감계획에 대해 단일재해접근방식(single-hazard approach)을 채택하고 대중의 관심이 가장 큰 재해에 집중하는 경향이 있는 반면, 다른 주는 전재해접근법(all-hazards approach)을 더 강조하고 있다. 많은 주에서 재해식별 및 위험도평가는 현재 감염병, 지하수 오염, 곤충 감염 및 생물 테러와 같이 주 내에 존재할 수 있는 덜 가시적이거나 뚜렷한 위험 중 일부를 통합하고 있다. 코로나19 범유행(pandemic)은 빈도가 낮지만 결과를 악화시킬 가능성이 있는 재해와 위협을 포함하여 광범위한 재해와 위협에 대비하기 위한 주 비상관리 수단의 필요성을 강조했다.

연방정부로부터 주에 제공된 재난 지원은 다중 재난에 대응, 대비 및 복구 능력에 크게 기여했다. 하지만 더 중요한 것은, 많은 주들이 그들의 경험으로부터 배우고 있고 그 지식을 유용하게 사용하고 있다는 것이다. 각 재난은 전력 고객에게 전력을 신속하게 복구하고, 위험지역에서 인력과 구조물을 제거하고, 영향을 받은 사업을 되살리고, 사라지기 쉬운 데이터를 신속하고 효율적으로 수집하고, 기관 간 노력을 조정하고, 민간 및 비영리 부문을 참여시키고, 더 중요한 것은 어떻게 하면 사람들의 생명을 구할 수 있는지에 대한 더 많은 지식을 제공한다. 이러한 교훈을 얻었음에도 불구하고, 많은 주들은 재난 후에 발생하는 짧은 시간의 기회의 창(fleeting window of opportunity)을 더 완전하게 활용해야 한다. 다음 재해사건 동안, 각 주는 미래 재해사건에 대한 취약성을 더욱 줄이기 위해 시행한 많은 전략과 조치를 이행하면서 그 어느 때보다 더 빠르고 광범위하게 경감 역량을 동원해야 한다.

자기 진단

- 기관 간 조정(interagency coordination)의 역할에 대해 논의한다.
- 경감 노력에 대한 참여 증가에 대한 민간부문과 비영리 커뮤니티의 책임을 설명한다.

요약

국가가 재난 예방에 접근하는 방법은 과거의 재해 경험, 사용 가능한 자원 및 취약성을 줄이려는 정치적 의지(commitment)에 따라 크게 달라진다. 이 장에서는 주 비상관리 기관의 권한과 책임 및 주 차원에서의 경감계획의 역할을 탐구했다. 또한 커뮤니티 수준에서 재해 문제를 해결하기 위해 지방정부 토지이용계획에 대한 국가 명령의 영향을 조사했다. 또한 이 장에서는 일부 국가가 특히 환경 민감지역에서 토지 사용 의사결정에 직접 개입하는 방법에 대해서도 논의하였다. 이 장에서는 여러 주가 재해지역의 건설 규제에 어떻게 접근하고 재해 손실에 대한 보험에 접근하는지를 이해하기 위해 주 건축법규와 주 보험법을 검토했다. 이 장은 각 주가 재해의 영향을 경감하고 커뮤니티 회복탄력성을 높일 수 있는 역량을 강화할 수 있는 몇 가지 기회를 간략하게 요약했다.

용어

- 환경관심지역(area of environmental concern)
  주(州) 보호를 위해 지정된 토지. 지리적 경계, 서식지 또는 천연자원에 의해 정의된다.
- 건축법규(building code)
  건물의 물리적 구조를 통제하는 정부에 의해 채택된 법률, 규정, 조례 또는 기타 법적 요구사항의 모음
- 여유고(餘裕高; freeboard)
  건물의 가장 낮은 층을 예측된 홍수 고도 이상으로 높이는 것. 일반적으로 국가홍수보험프로그램에 의해 설정된 최소 높이보다 1 ~ 3 피트 높은 추가 높이이다.
- 후퇴(setback)
  해양 또는 기타 재해지역으로부터 지정된 거리 내에 구조물의 설치를 금지하거나 제한하는 규정
- 습지경감(wetland mitigation)
  개발 활동에서 떨어진 곳에 위치한 다른 습지의 외부 보존 또는 훼손되거나 파괴된 습지를 대체하기 위한 새로운 습지를 만드는 것

연습문제

요약 질문

1. 각 주는 토지이용계획 및 경감에 대한 연방 규정을 준수한다. 참인가 거짓인가?

2. 지방정부는 토지이용과 개발을 규제할 권한이 없다. 참인가 거짓인가?

3. 주(州)는 지역 토지이용계획에 어떤 영향을 미치는가?
   a. 영향 없음　b. 모든 통제권　c. 다양한 영향　d. 자문 역량만 해당

4. 각 주는 지역 FEMA 사무소를 운영하고 있다. 참인가 거짓인가?

5. 주 비상관리소에 대한 자금 지원은 주의 유일한 책임이다. 참인가 거짓인가?

6. 재난 전 경감 프로그램(Pre-Disaster Mitigation Program)은 각 주가 경감 노력을 개발하고 이행하기 위해 사용할 수 있는 연방 자금 지원 프로그램 중 하나이다. 참인가 거짓인가?

7. 재해경감계획은 재해의 취약성을 평가한다. 참인가 거짓인가?

8. 2000년 재난경감법(DMA) 322조는 다음을 요구한다.
   a. 주, 지방 및 부족 정부가 자연재해에 대한 경감계획을 제출한다.
   b. 주(州)가 정수법(Clean Water Act) 준수 증명서를 제출한다.
   c. 지방정부는 연방기금을 신청한다.
   d. 지방정부 및 주정부는 연방 건축법규를 준수한다.

9. 건축법규는 건축의 최소 허용기준을 설정한다. 참인가 거짓인가?

10. 다음 중 건축법규의 시행을 책임지는 것은?
    a. 지방정부　b. 지역 기관　c. 주 관리사무소　d. 연방 공무원

11. 연방정부는 모든 건물 관리자에 대한 면허를 요구함으로써 지역 법규 집행을 지원한다. 참인가 거짓인가?

12. 주택 소유자 보험이 일반적으로 포함하지 않는 자연재해는 무엇인가?
    a. 쓰나미　b. 지진　c. 홍수　d. 토네이도

13. 주-의무보험풀은 자연재해로 인한 재앙적 손실 문제를 제거한다. 참인가 거짓인가?

14. 직접적인 주 규제의 시행이 가장 빈번하게 일어나는 곳은?
    a. 반복 보험금 청구 지역　b. 환경 민감 지역
    c. 지진구역　d. 도시지역

15. 침식을 막기 위해 해안선을 확고하게 만드는 데 후퇴가 사용된다. 참인가 거짓인가?

16. 다음 중 해안 건설의 후퇴 거리를 설정하기 위해 사용되지 않는 것은?
    a. 수역에서 가장 가까운 곳에 위치한 노반　b. 자연 초목의 첫 번째 선
    c. 국지 침식률　d. 평균 고수위 표시

17. 폭풍으로 피해를 입은 재산의 소유자는 재건을 할 권리가 보장되지 않는다. 참인가 거짓인가?

18. 특별관심지역(Area of Particular Concern)은 누가 결정하는가?
a. 지방정부 b. 지역 기관 c. 주정부 d. 연방기관

리뷰 질문

1. 비록 주들이 어느 정도의 규제에 책임이 있지만, 지방정부는 토지 사용에 대한 가장 높은 수준의 통제권을 가지고 있다. 방법을 설명하라.

2. 토지이용계획은 가치 있는 경감도구로 선전되어 왔다. 이유를 설명하라.

3. 재해지역의 개발 문제를 다루는 책임 있는 계획 지침을 수립하기 위해 이니셔티브를 시행한 주들의 예를 제시하라.

4. 주정부는 연방기관과 커뮤니티 사이의 핵심 연결 고리 역할을 한다. 세 수준 간의 상호작용 흐름을 설명하라.

5. 주 재해경감 담당자(State Hazard Mitigation Officer)의 역할을 설명하고 SHMO가 책임져야 할 사항 몇 가지를 열거하라.

6. 주 비상관리소에 대한 자금의 대부분은 FEMA에서 조달한다. 주에 지원을 제공하는 보조금 프로그램의 유형을 나열하라.

7. 성공적인 경감 프로그램의 중요한 측면인 재해경감계획의 역할을 설명하라.

8. 2000년의 재난경감법(Disaster Mitigation Act of 2000)은 국가 계획의 중요한 요소이다. DMA의 목표를 설명하라.

9. 주 재해경감계획은 연방정부에 있어 심각한 사업이다. 계획을 준비하지 않았을 때의 결과에 대해 설명하라.

10. 건축법규는 정부가 건물의 물리적 특성을 통제하기 위해 사용한다. 건축법규의 네 가지 요소를 나열하라.

11. 건축법규를 통해 해결할 수 있는 자연재해의 예를 제시하라.

12. 엄격한 건축법규가 장기적으로 비용 효율적일 수 있는 지를 설명하라.

13. 보험업계는 재앙적 손실의 영향을 받는 분야와 관련하여 큰 도전에 직면해 있다. 보험사들은 어떻게 대처하고 있는가?

14. 주-의무보험풀의 목적은 무엇인가?

15. 해안지역은 특히 자연재해의 영향에 취약하다. 주가 해안을 규제할 수 있는 세 가지 방법을 나열하라.

16. 후퇴는 취약한 해안지역을 개발로부터 보호하기 위한 중요한 도구이다. 후퇴선이 어떻게 결정되는지 설명하라.

17. 많은 주들이 습지를 어느 정도 보호한다. 습지경감을 정의하라.

응용

1. 예전 농업지역에 소규모 주택개발을 하려는 개발자로서, 당신은 새로운 주택들을 수용하기 위해 사회기반시설을 업그레이드 할 것이라는 전망에 직면해 있다. 현재 그 부동산에 존재하는 모든 것은 좁은 시골길, 우물물, 그리고 공공 전기선이다. 계획을 더 진행하기 위해 필요한 사회기반시설 프로젝트의 개요를 설명하라.

2. 위스콘신의 낙후된 호숫가 부동산을 위해 어떤 종류의 지역 토지이용계획이 필요할까? 주정부 및 연방정부로부터 어떤 지원이 가능한가?

3. 작년에 작은 산불이 발생한 텍사스의 한 작은 마을의 공보 담당자로서, 당신의 커뮤니티를 지원하는 다양한 비상관리 시스템을 개략적으로 설명하라. 주 재해경감 담당자의 이름을 지정하고 그의 사무실 위치를 결정하라.

4. 위험도평가의 첫 번째 단계는 위험을 식별하는 것이고, 두 번째 단계는 재해사건을 프로파일링하는 것이다. 이 두 단계를 사용하여 뉴올리언스의 위험도평가를 샌프란시스코와 비교하라.

5. 토네이도로 파괴된 인디애나 주의 보험사로서, 최근 보험금 청구의 급격한 증가로 인해 보험료를 인상해야 했다. 당신의 이유를 정당화하는 당신의 고객에게 보낼 편지를 작성하라.

6. 당신이 살고 있는 주의 다른 유형의 토지 지역을 고려해보라. 어떤 것이 특별관심지역으로 분류되고 어떤 보호를 제공해야 한가?

7. 만약 당신이 콜로라도 공무원이라면, 당신의 경감계획에 대해 전재해접근법을 어떻게 적용하겠는가?

자습

- 최악에 대비한 계획
  해당 주에서 발생할 수 있는 자연재해유형을 나열한다. 최악의 경우를 예측하라. 주 전체의 커뮤니티를 보호하기 위해 어떤 주 차원의 경감 노력이 적절한가?

- 주(州) 재난
  미국 국립해양대기청의 '10억 달러 날씨/기후 재난' 웹사이트(http://www.ncdc.noaa.gov/billion billion)를 통해 최근 역사상 피해액이 10억 달러를 넘은 재난이 발생한 적이 있는가? 만약 그렇다면, 국가는 미래에 유사한 사건의 영향을 줄이기 위해 어떤 노력을 기울였는가?

- 도로규정
  주 비상관리 웹사이트의 정보를 사용하여 주정부가 주민들에게 알리는 자연재해 및 인적재해유형을 평가하라. 당신은 모든 위협을 알고 있었는가? 현장이나 다른 정부 자원을 사용하여 자연재해나 재해가 발생했을 때 대피 경로를 결정할 수 있는가?

참고문헌

1. Codiga, D. and K. Wager. 2011. Sea-Level Rise and Coastal Land Use in Hawai'i: A Policy Tool Kit for State and Local Governments. Honolulu, HI: Center for Island Climate Adaptation and Policy, University of Hawai'i Sea Grant College Program. Available at http://seagrant.soest.hawaii.edu/publications.
2. Georgetown Climate Center. Climate Adaptation Progress Tracker. Georgetown Climate Center. https://www.georgetownclimate.org/adaptation/plans.html(accessed 10.21.20).
3. Burby, R.J. and L.C. Dalton. 1994. Plans can matter! The role of land use plans and state planning mandates in limiting development of hazardous areas. Public Administration Review 54(3): 229–238.
4. North Carolina Administrative Code. Title 15A, Part 7H, Section 0306.
5. Christie, D.R. and R.G. Hildreth. 1999. Coastal and Ocean Management Law. 2nd ed. St. Paul, NM: West Group.
6. Code of Federal Regulations. Title 44, Part 59.1.
7. Beatley, T., D.J. Brower, and A.K. Schwab. 2000. An Introduction to Coastal Zone Management. Washington, DC: Island Press.
8. Mileti, D.S. 1999. Disasters by Design: A Reassessment of Natural Hazards in the United States. Washington, DC: Joseph Henry Press.
9. Godschalk, D.R., T. Beatley, P. Berke, D.J. Brower, and E.J. Kaiser. 1999. Natural Hazard Mitigation: Recasting Disaster Policy and Planning. Washington, DC: Island Press.
10. Sutter, D. 2007. Ensuring Disaster: State Insurance Regulation, Coastal Development, and

Hurricanes. Mercatus Center, George Mason University.

11. Kousky, C. 2010. Managing the Risks of Natural Catastrophes: The Role and Functioning of State Insurance Programs. Resources for the Future. DP: 10-30.

제8장 지방정부

학습내용과 목표

(1) 학습 내용

- 공공의 건강과 안전을 보호하는 지방정부(역주: 지자체)의 책무
- 지방정부의 권한과 한계
- 미국 지방정부의 유형
- 지방정부 당국 내에 있는 재해경감도구
- 성장 특성이 재해에 대한 국지적 취약성에 어떻게 영향을 미칠 수 있는가?
- 기후변화에 적응하기 위해 지방정부가 할 수 있는 일

(2) 학습 목표

- 커뮤니티의 회복탄력성 향상을 위한 지방정부의 토지이용정책 및 도구 인식
- 지방정부 구조 내에서 재해경감 및 기후변화적응 정책을 촉진하는 효과적인 방법 파악
- 커뮤니티에서 회복탄력성 및 지속가능성 원칙이 구현되는 정도의 평가

개요

이 장에서는 지방정부가 관할구역 내의 재해와 위협을 관리하기 위해 행사할 수 있는 권한의 유형에 대해 폭넓게 다룬다. 이 장은 지방정부 차원에서 재해와 기후변화의 영향을 다루는 것이 가장 적절한 이유에 대한 논의로 시작한다. 그런 다음 일부 주에서 지방정부에 위임한 권한에 대한 설명을 포함하여 지방정부 권한의 출처에 대한 논의와 함께 지방 정책의 주제를 소개한다. 이러한 권한에는 취득, 과세, 지출, 교육 및 계획이 포함된다. 그런 다음 지역 재해경감 및 기후변화적응 정책이 개발되고 수행되는 조직 구조에 대한 아이디어를 제공하기 위해 미국의 일반적인 지방정부의 기본 형태 중 일부를 설명한다. 주 및 연방 헌법과 법률에 의해 설정된 경계 내에서 재해를 관리하고 기후변화에 적응하도록 하는 권한은 종종 지역 의사 결정자의 창의성과 사전 예방적 의지에 의해서만 제한된다. 이 장의 결론은 회복탄력적 커뮤니티를 만들기 위해 필요한 정치적 의지력에 대한 논의로 맺는다.

8.1 왜 지방정부인가?

우리가 대형 재난을 생각할 때, 우리는 파란 바람막이 차림의 FEMA(연방재난관리청) 공무원들, 피로하게 보이는 예비군들, 그리고 빨간 조끼를 입은 적십자 자원봉사자들이 얼음을 운반하고, 비상대피소를 설치하고, 수색과 구조를 수행하는 대규모 정부 대응의 이미지를 가질 수 있다. 또한 능동적인 국가 기관들을 상상할 수도 있다. 예를 들어, 주지사가 피난을 명령하고, 국가 방위군을 소집하고, 대통령에게 재난 선언을 요청하는 것을 상상할 수도 있다. 그러나 현실은 지역 커뮤니티가 이 모든 활동에서 가장 큰 몫을 차지하고, 주정부와 연방정부는 커뮤니티가 자연재해, 테러 행위, 또는 지방정부의 능력을 초과하는 다른 비상사태에 의해 압도될 때에만 지방정부와 함께 개입한다. 결국, 재난이 가장 직접적으로 그리고 예리하게 느껴지는 것은 지역 차원인데, 그곳은 홍수로 거리가 막히고, 지진으로 건물이 파손되고, 산불로 집이 파괴되는 곳이다. 그리고 재난의 영향을 대비하고 경감하기 위한 조치를 취해야 할 책임은 주로 지역 차원에서 있다.

기후변화적응의 핵심도 지방정부이다. 우리가 기후변화의 원인과 결과에 대해 생각할 때, 그것은 거대한 세계적인 문제처럼 보일 수 있는데, 그것은 사람들이 할 수 있는 것이 아무것도 없다고 생각하며 절망에 빠져 포기하도록 하는 것이다. 우리는 기후변화에 대한 정부간 패널과 같은 국제기구나 EPA(Environmental Protection Agency; 환경부)과 같은 국가기관에 전적으로 의존하여 기후변화를 설명하고 대비하기를 원할 수 있다. 그러나 "글로벌하게 생각하고, 로컬하게 행동하라(Think Globally. Act Locally; 역주: 지구를 생각하고, 행동으로 실천하라.)"라는 말은 진부한 표현 그 이상이다. 모든 정부, 민간부문 및 일반 시민은 기후변화의 정도와 커뮤니티의 영향을 줄이기 위한 조치를 취할 수 있다. 실제로 지방정부는 토지이용계획, 사회기반시설 개선, 건축법규, 범람원 관리, 에너지 절약 등을 통해 적응을 촉진하고 위험을 줄일 수 있는 좋은 위치에 있다. 지방정부는 이러한 많은 문제를 해결할 수 있는 권한과 다양한 도구를 가지고 있으며, 의미 있는 조치를 취할 수 있는 최적의 위치에 있다.

8.1.1 회복탄력적 커뮤니티

커뮤니티는 수많은 재난에 의해 영향을 받을 수 있다. 공장이나 공장의 폐쇄는 대규모 실업으로 이어질 수 있다. 강이나 호수의 오염은 물 공급을 마실 수 없게 만들 수 있다. 통제되지 않은 성장은 도시 스프롤(urban sprawl; 역주: 도시 난개발) 현상을 초래하여 대기 오염, 교통 혼잡, 토지 및 공공 자원의 비효율적인 사용을 초래할 수 있다. 양질의 교육, 적당한 가격의 주택, 의료, 그리고 일자리 기회의 평등한 접근의 부족은 심각한 빈곤을 초래하고 사회 불안을 조장할 수 있다. 지속가능한 커뮤니티는 이러한 문제들을 정면으로 마주하고 다가오는 경제적, 환경적, 사회적 문제와 싸우기 위한 사전 예방적 조치를 취하는 커뮤니티다.

가장 널리 사용되는 정의에서, "지속가능한 개발(sustainable development)"은 "미래 세대가 자신의 필요를 충족시킬 수 있는 능력을 훼손하지 않고 현재의 필요를 충족시키는" 개발이다. 지속가능한 발전은 지금 지구에 살고 있는 사람들이 미래 세대의 기회를 줄이지 않고 지나가기 위해 노력할 것이라는 것을 암시한다. 자연적, 경제적, 사회적 환경, 그리고 앞으로 올 모든 사람들에게 높은 삶의 질을 보장한다. 지속가능성은 자원의 현명한 사용과 모든 커뮤니티 구성원들이 현재와 미래에 의미 있고 생산적인 삶을 살 수 있는 공정한 기회를 구상한다. 지속가능성은 또한 우리 자신의 경계를 넘어서는 것을 보고 우리가 모두 복잡한 자연 과정 체계에서 서로 연결되어 있다는 것을 깨달아야 한다.

그러나 커뮤니티가 자연재해 및 인적재해에 노출되고 취약성을 줄이는 데 아무 것도 하지 않는다면 지속가능성 정책은 대부분 헛된 것이다. 지진, 허리케인, 얼음 폭풍, 토네이도, 홍수, 산불, 기술재해 및 기타 유형의 재해사건은 경제적으로 파괴적이고, 생태적으로 해를 끼치고, 사회적으로도 파괴적일 수 있다. 자연재해 또는 인적재해의 발생은 기존의 취약성을 강조하며 재난이 발생하기 전에 커뮤니티가 경험했던 문제를 악화시킬 수 있다. 기후변화와 함께, 이러한 기존의 조건들은 훨씬 더 명백해진다. 폭풍의 강도 증가, 기온 상승, 가뭄, 해수면 상승 및 기타 기후 관련 변화를 경험함에 따라 커뮤니티는 공공보건 문제에서 지역 시설과 서비스에 대한 수요 증가에 이르기까지 가장 먼저 타격을 받게 될 것이다. 진정한 지속가능한 커뮤니티는 또한 아직 다가올 변화에 대한 감수성을 가지고 미래 세대를 위한 환경 책임, 삶의 질, 경제적 활력, 공정한 유산 등과 함께 재난 예방과 기후적응을 고려한다는 관점에서 "재해-회복탄력적(hazard-resilient)" 커뮤니티가 되어야 한다. 커뮤니티는 더 지속가능해지기 위해 노력하면서 회복탄력성을 촉진하는 독특한 위치에 있다.

8.1.2 행동할 책무

크고 작은 커뮤니티가 이용할 수 있는 회복탄력성을 높이는 방법은 여러 가지가 있는데, 이는 지방정부가 추진할 수 있는 권한에 잘 들어맞는 방법이다. 회복탄력성을 키우기 위한 지역 정책은 고위험 재해의 피해를 줄이기 위한 커뮤니티의 의지를 나타내며, 매핑, 규제, 계획, 지출 및 기타 지역 재해경감 및 대비 활동에 대한 권한과 지침을 제공한다. 이러한 도구는 전국 커뮤니티에서 사람들이 예상하거나 이미 느끼고 있는 기후변화의 특정 영향에 적응하기 위해 사전 예방적인 지방정부에 의해 점점 더 많이 사용되고 있다.

재난 예방은 정치인들과 커뮤니티 지도자들에게는 단순한 문제가 아니라, 지역주민들의 건강과 안전을 보호하는 것은 지방정부의 긍정적인 의무이기도 하다. 홍수, 지진, 싱크홀, 강풍, 폭풍해일, 침식, 화학 물질 유출, 독성 폐기물 및 기타 자연재해 또는 인적재해 요소와 같은 알려진 위험 요소를 고려하지 않은 개발 결정은 사람과 재산을 위험에 처하게 할 수 있다. 기후변화에 비추어 볼 때, 이것은 더 강한 허리케인의 위험, 더 높은 기온의 위험, 해수면 상승으로 인한 재산 손실 등으로부터 시민들을 보호하기 위한 조치를 취하는 것을 의미한다. 주민과 재산 소유자가 재해 부지에 건물을 짓는 내재적 위험을 완전히 인지하고, 해당 위험을 경감하기 위해 지방정부의 권한이 지시되도록 하는 것이 전반적으로 커뮤니티의 가장 큰 이익이다.

지방정부는 주민의 건강과 복지를 보호할 의무가 있을 뿐만 아니라 법적 책임의 관점에서 위험을 줄이기 위한 조치도 촉진될 수 있다. 예를 들어, 개인이 홍수나 침식으로 인한 피해를 경험했을 때, 그들은 정부가 피해를 유발했거나, 이에 기여했거나, 재해에 대한 적절한 경고를 방지하거나 제공하지 않았다고 주장하며 정부를 상대로 소송을 제기할 수 있다. 이 같은 소송은 법원이 명령한 손해배상액이 커지고 있을 뿐 아니라 변호사비와 전문가 증인료가 많아 공공부문에도 비용이 많이 든다.

8.2 경찰권

우리는 지방정부가 시민들을 위해의 위험으로부터 보호할 권한과 의무까지 가지고 있다는 사실을 언급했다. 하지만 이 힘은 어디에서 오는 것인가? 미국 수정헌법 10조(Tenth Amendment)에 따르면, 모든 주정부는 그 주의 "경찰권(police power)"으로 알려진 것을 통해 공중보건과 안전을 보호할 수 있는 권한을 가지고 있다. 각 주는 차례로 이러한 권한의 일부를 지방정부에 위임한다. "딜론의 규칙(Dillon's Rule)"으로 알려진 원칙에 따르면, 지방정부는 적절한 권한 위임 없이는 행동할 수 없다.

딜런의 규칙에 따라 지방정부에 부여된 파생 권한은 주마다 다르지만, 대부분의 지방정부는 특히 비상관리와 같은 공공안전 기능과 관련하여 경찰권을 집행할 수 있는 상당한 자율성을 부여 받는다. 보통 지방정부는 기본적인 토지이용 관리 조치(예: 종합계획 및 용도지역지구조례)를 채택할 수 있는 권한을 부여받으며, 이들 중 일부는 재해를 설명하고 기후변화에 적응하는 데 사용될 수 있다.

- 자치(自治; home rule)
  자치 주에서, 일반 경찰권은 주 입법부에 의해 지방정부로 위임되어 법을 제정하고 그것이 통치하는 데 필요한 규정을 채택하고 시행한다. 이들 주에서 지방정부는 관할구역 내의 지방 문제에 대한 지배적인 권한을 갖는다. 자치권 원칙을 따르지 않는 주에서는 지방정부가 주 헌법이나 다른 주 법률에 의해 명시적으로 부여 받은 권한만 행사할 수 있다. 그러나 비자치주에서도 재난 예방과 기후변화적응을 위한 규제 권한은 상당히 광범위하다.

- 치외법권(extraterritorial jurisdiction)
  활동과 토지 사용을 규제하기 위해 지방정부에 부여된 권한은 해당 지방정부의 경계 내에 있는 영역으로 제한된다. 그러나, 대부분의 주들은 도시나 도시의 경계선 바로 바깥과 결국 합병될 수 있는 지역에 대한 개발을 지방 자치체에게 통제하기 위한 방법으로 치외법권 관할권을 설정한다. 치외법권 관할권은 일반적으로 도시 경계선 너머로 1마일까지 확장된다. 일부 주에서는 카운티 관리 위원회의 승인을 받아, 한 도시가 3마일까지 영토 외 토지이용계획 관할권을 확장할 수 있다. 치외법권 관할권은 재해 취약성을 줄이는 데 도움이 되는 방식으로 토지 사용에 대한 지방 자치체의 통제 범위를 넓히는 효과적인 방법이 될 수 있다. 이는 홍수와 같이 널리 분포되어 있고 정치적 경계를 넘나드는 재해 위험을 경감하는 데 특히 효과적이다.

8.2.1 한계

지방정부가 재해지역 개발을 통제하는 규제 등 관할구역 내에서 개발을 규제할 수 있는 광범위한 권한을 갖고 있는 반면, 민간인의 행동을 제한하는 데는 경찰권이 어디까지 갈 수 있는지에 대한 한계가 정해져 있다. 재해 위험으로부터 일반 대중을 보호하는 것과 사유재산 소유자가 원하는 대로 토지를 사용할 수 있는 권리를 제한하는 것 사이에는 항상 균형 잡힌 법이 있다. 물론, 어떤 사유지 소유자도 그들의 땅을 무제한으로 사용할 수 없다. 예를 들어, "민폐(nuisance)"라는 고대 법리 아래, 법원은 일반적으로 다른 사람의 재산을 해치지 않는 한 사람들이 자신의 재산을 사용할 수 있다고 주장한다. 특히 이는 토지소유자(공공 또는 민간)가 이웃 재산에 대한 홍수나 침식 피해를 실질적으로 증가시키는 방식으로 토지를 사용할 권리를 갖지 않는다는 의미로 확대됐다.

민폐법(law of nuisance)에 따르는 것 외에도, 사유재산 소유자들은 용도지역지구제(zoning), 건축법규, 세금, 환경법, 그리고 많은 규제와 제한의 대상이 된다. 그러나 연방헌법과 주 헌법은 용도지역지구제 같은 토지이용 통제는 임의로 또는 변덕스럽게 행사할 수 없으며, 사용에 대한 제한은 불합리할 수 없으며, 모든 규정은 유사한 상황에 있는 모든 토지소유자에게 균일하게 적용되어야 한다고 주장한다. 이러한 규칙과 기타 규칙은 주 및 연방 헌법의 "평등보호(Equal Protection)" 및 "적법절차(Due Process)" 조항에 나와 있다. 또한, 정부는 사유재산의 사용을 효과적으로 "압류"할 정도로 제한할 수 없으며, 이는 다음에 더 자세히 논의할 것이다.

수용 규정

우리는 주 및 연방 헌법이 사유재산 사용을 제한하는 지방정부의 권한을 제한한다는 점에 주목했다. 평등보호와 적법절차의 규칙 외에도, 만약 법원이 정부가 사유재산을 규제하는 데 지나쳤다고 판단한다면, 정부는 소유자에게 보통 재산의 공정한 시장가치로 결정되는 "정당한 보상(just compensation)"을 지불해야 한다. 이 원칙은 미국 수정헌법 5조의 "수용조항(Takings Clause)"에서 발견되며 모든 차원의 정부에 적용된다. 주들은 그들 자신의 헌법에서 같은 의미의 요구사항을 가지고 있다.

더 나아가기 전에 수용 규정에 대한 약간의 배경은 유용한 맥락을 제공할 수 있다. 문제의 핵심은 가장 강력한 정부 권력 중 하나인 "수용권(eminent domain)"의 법적 권한이다. 수용권 또는 "토지수용(condemnation)"은 정부가 공공 목적을 위해 사유지를 "수용(take)"할 수 있는 권한을 의미한다. 수용권은 지방정부와 주정부가 고속도로 건설을 위한 선로설비 권리를 획득하고 학교나 정부 시설과 같은 공공시설을 건설하기 위한 재산을 취득하는 데 일반적으로 사용된다. 공공목적이 지방정부의 권한 내에서 잘 받아들여지고 인정받는 사례들이다.

사유재산의 "물리적(physical)" 점유는 수정헌법 제5조항에 따른 정당한 보상을 요구한다. 그러나, 정부가 소유자의 토지를 심하게 제한함으로써 토지를 "수용"할 때도 이 수용 규정이 적용된다. 재산이 있는 관할구역의 모든 관련 법규를 준수하는 것이 토지소유자의 의무이긴 하지만, 때때로 그러한 규정들은 "수용(taking)"에 해당할 수 있다.

주법원과 미국 연방대법원은 규제가 도를 넘은 지경에 이르렀을 때를 판단하기 위해 광범위한 법적 시험을 개발했다. 다음 목록에는 수용과 관련된 몇 가지 주요 요소와 제한 사항이 요약되어 있다.

- 정부가 사유지를 물리적으로 점거하는 것은 거의 항상 '수용'이다.
- 모든 토지 사용 규정은 유효한 공공 목적에 부합해야 한다.
- 규정과 목적 사이에는 합리적인 연관성이 있어야 한다.
- 심지어 유효한 목적과 합리적인 연결이 없는 일시적인 사용 손실도 '수용'이다.
- 소유자가 그 재산의 모든 경제적으로 유익한 사용을 박탈하는 규정은 '수용'이다.

많은 사례들은 정부 조치의 성격, 조치의 경제적 영향, 규제가 소유자의 기대를 방해하는지 여부 등 요소들의 균형을 포함한다.

8.3 이해 상충 및 보완

지방정부는 경찰권 하에서 일반적으로 관할구역 내에서 성장과 발전의 많은 특징을 관리하고 광범위한 경감, 대비, 기후변화적응 프로그램을 시행할 권한을 갖는다. 이 장의 후반부에서 우리는 지방정부가 회복탄력성을 높이기 위해 취할 수 있는 조치의 유형에 대한 몇 가지 예를 보여준다. 그러나 지방당국이 반드시 의사 결정 과정을 경감하는 것은 아니다. 사유재산에 대한 규제는 논란이 될 수 있으며, 지방당국이 토지 사용을 제한하거나 위험 감소 조치를 시행하려고 할 때 광범위한 충돌 문제가 발생할 수 있는데, 이 중 많은 부분이 완전히 효과를 발휘하려면 몇 년이 걸릴 수 있다. 지역 정치인들은 종종 그들의 유권자들의 즉각적인 요구를 충족시켜야 한다는 압박을 받고, 대부분의 지방정부의 짧은 선거 주기는 일부 선출된 관료들로 하여금 성장의 한계, 납세자들에게 비용이 많이 들거나 개인의 토지의 가치를 떨어뜨리는 것으로 해석될 수 있는 위험 감소 전략을 내놓는 것을 주저하게 만들 수 있다. 그러나, 전반적인 복지, 안전, 안정성 및 커뮤니티의 지속가능성의 맥락에서 볼 때, 이러한 경쟁적 관심사 중 일부는 실제로 상충되기 보다는 상호 보완적일 수 있다.

8.3.1 경제적 압박

한편으로, 지방정부는 공공이익을 위해 토지 사용을 통제해야 한다. 공공의 건강과 안전을 지키는 것이 지방정부의 가장 중요한 의무라는 사실을 이미 논의했다. 재산피해를 줄이고 주민을 보호하기 위한 규제가 이 임무를 수행하기 위해 필수적이다. 한편, 지방정부는 또한 교육, 경찰 및 소방, 상하수도 시설, 보건 및 사회 서비스, 대중교통, 공원 및 레크리에이션, 도서관, 재활용 및 폐기물 처리, 그리고 그 밖의 커뮤니티의 중요한 요구를 포함한 모든 범위의 서비스를 시민에게 제공할 책임이 있다. 주정부 및 연방정부는 이러한 서비스를 위해 약간의 자금을 제공하지만, 재정적 부담의 대부분은 지방정부에 있으며, 양질의 서비스를 제공하라는 압력은 많은 커뮤니티에 지속적인 요구이다. 이러한 압력은 지역 또는 국가 경제 침체 시 특히 심각할 수 있다.

재산세는 지방정부의 중요한 수입원이다. 일반적으로 개발된 재산은 더 가치 있고, 따라서 더 높은 세율로 과세될 수 있기 때문에 지방세 측면에서 더 수익성이 있다. 많은 커뮤니티에서 지방세 과세 기반을 늘리기 위해 성장과 발전이 일어나도록 하여 정부가 프로그램과 서비스에 더 많은 돈을 쓸 수 있도록 하는 강력한 동기가 있다. 지역에 새로운 성장을 유치하고자 하는 열망으로, 지역 관할구역은 도시환경에 위험을 초래하는 재해들을 간과할 수 있으며 취약한 위치의 개발을 허용하거나 심지어 장려할 수도 있다. 게다가, 특히 해안과 같이 매우 요구되는 지역에 위치한 많은 커뮤니티들은 이미 매우 발전되어 지역 수준에서 긴장과 상충되는 이해관계를 가중시키고 있다. 투자가 이루어지고 이미 건설이 이루어졌을 때 위험한 토지 사용을 피하는 것은 훨씬 더 어렵다.

이러한 지역적 우려는 고재해지역의 토지이용을 우려하는 정책 및 규제를 만드는 데 중요한 요소이지만, 많은 커뮤니티는 공공보건 및 안전을 보호하고 책임 있는 개발을 촉진하는 이익이 상호 배타적이지 않다는 것을 깨닫게 되었다. 사실, 자연재해에 대한 위험과 노출을 줄이는 데 사전 예방적이고 사려 깊은 안전하고 탄력적인 커뮤니티는 궁극적으로 지역의 장기적인 경제적 건강에 기여할 수 있는 안전한 장소에서 미래의 성장과 개발을 거부하기 보다는 끌어들일 수 있다. 우리는 이 장의 다음 절에서 지방정부가 개발을 관리하기 위해 사용할 수 있는 몇 가지 구체적인 기술에 대해 읽을 것이다.

자기 진단

- 경찰권은 무엇이고 어떻게 지방정부에 전달되는가?
- 지방정부당국의 규제에 어떤 제한이 있는가?
- 재해 취약성을 줄이기 위해 토지 사용을 관리할 때 많은 지방정부가 직면하는 상충된 목표에 대해 논의하라.

8.4 성장과 개발의 관리

사유재산에 대한 공공 통제는 최근의 혁신이 아니다. 토지이용법은 미국이 존재하기 훨씬 전부터 영국에서 다양한 형태로 존재했고 심지어 고대 로마 시대까지 거슬러 올라간다. 최초의 로마 법전인 12표법(Twelve Tables; 기원전 451년–540년)은 구획 경계에서 구조물을 위한 '후퇴(setback)'를 요구했고 나무와 대지선(lot lines) 사이의 거리를 규제했다. 우리의 법적 전통에서 사유제의 개념이 생겨났을 때부터, 재산은 문자 그대로 "토지법(law of the land)"의 적용을 받아왔다.

토지법이 일반 토지소유자에게 의미하는 바는 시간이 지남에 따라 달라졌다. 초기에, 민폐법 등 판사가 만든 법률은 토지이용 갈등을 처리하기에 충분했다. 가장 간단한 형태로는, 민폐법 하에서, 공공 또는 다른 부동산 소유자에게 성가신, 불편함, 위험을 야기하는 방식으로 자신의 재산을 사용하는 부동산 소유자는 법원에서 "민폐(nuisance)"를 중단하라는 명령을 받을 수 있다. 그러나 우리 사회가 점점 더 복잡해지고 인구가 많아지면서, 그리고 제한된 천연자원에 대한 수요가 증가함에 따라, 더 광범위한 공공 토지 사용 통제가 필요하게 되었다. 오늘날, 이러한 토지이용 규제는 성장 특성을 관리하기 위해 경찰권 하에 있는 주 및 지방정부에 의해 채택된다.

8.4.1 RATES(규제, 취득, 과세, 교육 및 지출)

이 절에서는 기본 경찰권 하에서 지방정부가 갖는 기본권의 일부를 살펴볼 것이다. 이러한 권한은 RATES(Regulation, Acquisition, Taxation, Education, and Spending; 규제, 취득, 과세, 교육 및 지출)라는 약자를 사용하여 기억할 수 있다. 또한 다른 모든 지방 권한들을 위한 응집력 있는 체계를 만드는 데 도움이 될 수 있는 매우 강력한 도구로서의 계획 수립에 대해서도 논의할 것이다(Table 8.1 참조).

표 8.1 토지이용 및 개발을 통제할 수 있는 지방정부의 권한

규정 (Regulation)	지방정부는 용도지역지구제, 분구조례, 범람원 규제 등 규제를 통해 토지이용을 통제할 수 있는 권한이 있다. 규제는 또한 구조물을 더 위험 탄력적으로 만들기 위한 건축법규와 표준을 포함한다.
취득 (Acquisition)	지방정부는 공공의 이익과 사용을 위해 재산을 취득하고 보유할 수 있는 권한이 있다. 민간 시장에서 위험 자산을 제거하는 것은 유용한 경감 도구가 될 수 있다.
과세, 수수료 및 특별평가 (Taxation, Fees, and Special Assessments)	세금, 영향 수수료 및 특별평가는 정부가 경감 활동에 대한 비용을 지불하는 데 도움이 되는 중요한 수입원이 될 수 있다. 게다가, 세금의 힘은 커뮤니티의 발전 패턴에 심오한 영향을 미칠 수 있다. 예를 들어 특별세 구역은 해안가 재해가 발생하기 쉬운 지역에서의 집중개발을 저지하기 위해 사용될 수 있다.
교육 (Education)	커뮤니티가 직면한 위험에 대한 대중의 인식과 이해는 효과적인 위험관리 활동에 필수적이다. 교육과 정보 보급은 커뮤니티의 건강과 안전을 보호하기 위한 지방정부의 중요한 기능이다.
지출 (Spending)	지출은 지방정부의 기본적 힘이다. 지방정부는 비위험지역에 배치되고 알려진 위험 영향을 견딜 수 있도록 건설된 공공시설에 대해 비용을 지불하도록 선택할 수 있다. 지방정부는 공공 기반시설에 대한 지출과 알려진 위험지역의 자본개선을 보류함으로써 민간 개발에 영향을 미칠 수 있다.
계획 (Planning)	지방정부는 사회적 또는 경제적 목적을 위한 목표, 정책 및 절차의 수립을 통해 계획을 수립하고 수행할 수 있는 권한을 부여 받는다. 계획은 다른 모든 지방정부 활동에 대한 맥락을 제공하며, 정책과 행동이 양심적이고 조직적이며 합리적인 과정에 따라 수행되도록 보장한다.

우리는 이 장의 다음 절에서 지방정부의 계획 기능뿐만 아니라 이러한 각각의 권한에 대해 논의할 것이다. 여기서 논의되는 많은 활동은 재해경감 및 기후변화 기법을 자세히 설명하는 12장에서 찾을 수 있다. 그러나 이 장의 초점은 커뮤니티를 보호하기 위한 조치를 취할 수 있는 지방정부의 권한에 맞춰져 있다.

8.4.2 재해지역 성장관리

"RATES"에 해당하는 지방정부가 사용할 수 있는 권한은 (별도로 또는 함께) 커뮤니티 성장의 특성을 관리하는 데 사용될 수 있다. 이 관리 권한은 지방정부가 식별된 재해지역의 개발을 억제하고 관내 바람직한 부지로 성장을 유도하는 데 사용될 수 있다. 성장 관리 도구는 새로운 건설이 재해에 노출되는 정도를 증가시키지 않는 표준에 따라 건설되도록 조건을 부과하거나 제안된 개발 계획을 변경하는 데 사용할 수도 있다.

지역 토지이용 관리 도구와 기법은 다음의 성장 특성 중 하나 이상에 영향을 미친다.

- 수량(quantity)
  건물, 시설 및 구조물의 개수, 개발 면적, 개발 총면적 비율 등 개발 총량
- 품질(quality)
  안전, 에너지 효율, 재해 회복탄력성, 미관 등의 측면에서 시공의 건전성
- 우형(type)
  개발 범주. 주요 유형으로는 주거, 상업, 정부/종교/비영리, 산업, 개방 공간이 있다. 하위 유형에는 단일 가족/다세대 주택, 경공업/중공업 또는 스트립/몰 상업이 포함될 수 있다.
- 부지(location)
  다양한 형태의 개발이 가능한 지역 관할구역 내 지역.
- 밀도(density)
  구조물 간 거리, 부지 크기, 건물 높이, 에이커당 사람과 구조물 수 측면에서 개발 강도.
- 타이밍 및 속도(timing and rate)
  언제 그리고 얼마나 빠른 성장이 허용될 것인가? 적절한 공공시설(예: 상하수도, 공립학교)과 사회기반시설(예: 도로 용량)이 새로운 수준의 수요를 충족시키도록 하기 위해서는 성장 시기와 속도의 제어가 중요하다.
- 비용(cost)
  개발의 결과로 공공이 부담하는 비용. 예:
- 경제적 비용(economic cost)
  물, 하수관, 학교, 비상 및 지역 서비스, 사회기반시설

- 분배 비용(distribution cost)
  누가 지불할 것인가의 문제. 재산세 및 평가, 공공서비스의 효율성
- 환경 비용(environmental cost)
  수질 저하, 수자원 고갈, 폭우 흐름 증가, 개방 공간 손실, 서식지 손상, 명확한 절단, 지형 변화, 폐기물 관리, 매립 용량, 교통 혼잡, 대기오염 또는 소음 공해
- 사회적 비용(social cost)
  소득 또는 계층의 계층화, 도심지의 악화, 도시 스프롤화(urban sprawl), 과도한 부담 서비스 또는 인종 또는 민족 차별

성장의 이러한 모든 특성은 커뮤니티의 취약성의 수준을 결정한다. 신중하게 수행될 경우, 성장 관리는 지역 관할구역의 재해가 발생하기 쉬운 지역의 개발을 제어하는 데 사용될 수 있다. 일반적으로 지방정부는 성장관리기법을 오염, 교통혼잡, 미관 등의 요인을 통제하고, 재해경감을 위한 직접적인 목적보다는 새로운 개발에 기여할 수 있는 적절한 공공서비스가 제공되도록 하기 위해 더 자주 사용해왔다.

그러나, 미국 전역의 커뮤니티는 (인구 증가와 강수량과 홍수 패턴의 수준 변화, 가뭄 증가, 더 심한 폭염, 더 빈번하고 격렬하게 발생하는 허리케인, 그리고 해수면 상승의 항목으로) 현재의 상황뿐만 아니라 미래에서도 중요한 요소인 건전한 토지이용 관행에 의해 기후변화의 많은 영향을 줄일 수 있다는 것을 깨닫고 있다. 이러한 요소들은 새로운 개발을 위한 모든 부지 및 설계 결정의 일부가 되어야 한다.

참조 물 공급에 대한 새로운 수요를 충족시키기 위한 성장

오하이오 메디나 카운티의 시골지역으로의 확장은 카운티 물 공급에 새로운 수요를 가져왔다. 일부 주택 건설업자들은 처음에 기존의 습지와 자연 범람원을 메워야 하는 대규모 부지를 개발하기를 원했다. 이 건축 계획은 또한 사고가 발생할 경우 많은 양의 물을 운반하는 소방 서비스를 요구했다. 자치단체, 범람원관리자, 기획위원회, 주택건설업자협회, 비상대책책임자 등이 참여한 광역연대가 모여 물 공급과 습지·연못 보전을 도모하는 한편 카운티 발전을 촉진하기 위한 절차를 선도하였다. 이 제휴는 건축주가 원하는 주택설계를 개발할 수 있도록 하는 건축기준을 달성함과 동시에 급수를 지속하고 화재방호 및 범람원 관리를 개선하기 위해 각 주택구획 내에 연못과 습지를 건설하도록 하였다. 용도지역지구제와 토지이용 경감 노력은 커뮤니티가 수해와 화재 피해를 덜 입을 수 있도록 함으로써 주민의 건강, 안전, 복지를 증진하고 보호하였다.

8.4.3 규제권

국가가 지방정부에 부여한 "규제권(Regulatory powers)"은 지방정부가 관할구역 내에서 성장과 발전을 통제할 수 있는 가장 기본적인 방법이다. 지방정부는 자연환경을 보호하고, 경제발전을 장려하며, 대중의 건강과 안전을 보호하기 위해 사유재산을 규제한다. 지방정부가 이용할 수 있는 가장 일반적인 규제권의 종류는 다음과 같다.

- 용도지역지구조례(zoning ordinance)
- 토지분할규제(subdivision regulation)
- 건축법규
- 홍수피해예방조례(flood damage prevention ordinance)

용도지역지구제(zoning)가 널리 퍼지기 전에, 경찰권은 소방안전과 같은 비교적 간단한 통제를 위해, 또는 양립할 수 없는 용도가 이웃의 재산을 침해하지 않도록 하기 위해 지방정부에 의해 사용되었다. 일단 구획이 사법적으로 유리하게 되면, 그것은 정부가 특정 지역 또는 구역에서 특정 용도를 보호할 수 있도록 허용했다.

용도지역지구제를 통한 경찰권 행사

용도지역지구제(zoning)는 관할구역 내에서 토지의 향후 사용을 통제하기 위해 지방정부가 사용하는 거의 유비쿼터스 방식의 전통적인 도구이다. 그것의 핵심에서, 용도지역지구제는 여전히 부동산 소유자들이 인접한 부동산 소유자들의 권리를 방해하거나 일반 대중들에게 해를 끼치는 방식으로 그들의 땅을 사용하는 것을 금지하는 오래된 법적 원칙인 "민폐법(nuisance law)"의 기본적인 보호를 계속하고 있다.

민폐법은 일반적인 피해에 대해 오랫동안 보호를 제공하지만, 실제로는 소급적이고 시행하기가 번거롭다. 반면, 용도지역지구제는 토지 사용을 관리하는 보다 직접적이고 사전 예방적인 방법이며 지방정부가 민폐법 하에서 이용 가능한 것보다 더 구체적인 제한을 부동산 소유자에게 부과할 수 있도록 한다. 더욱이, 용도지역지구제의 진정한 아름다움은 개발 이전에 정부가 특정 위치에서 허용되는 사용을 미리 결정할 수 있게 한다는 것이다.

"용도지역지구제(zoning)"는 커뮤니티를 다른 구역(또는 구역)으로 분할하여 관할구역에서 허용되는 재산 사용을 규제한다. "용도지역지구지도(zoning map)"은 다양한 구역의 위치를 식별한다. 부수되는 "용도지역지구조례(zoning ordinance)" 또는 "법규

(code)"는 각 구역 내에서 허용되는 사용 유형과 강도를 정의한다. 법규는 신규 개발을 위한 허가 과정을 통해 시행된다. 토지소유자가 새 건물을 짓기 전에 지방정부에 용도지역지구제 허가를 신청해 받아야 하는 경우도 있다. 특정 유형의 신규 개발에만 구역별 승인이 필요한 경우도 있다. 구획된 구역은 해당 구역에서 허용되는 지배적인 용도에 따라 이름이 지정된다. 일부 커뮤니티는 다른 커뮤니티보다 더 정교한 용도지역지구제 시스템을 가지고 있지만, 가장 기본적인 용도지역지구제 구역에는 주거, 상업, 산업, 정부, 개방 공간/보존, 종교/비영리 지역이 포함된다.

용도지역지구조례는 부지 규모, 건물 높이, 연면적 또는 바닥면적(footprint), 후퇴(물적선으로부터 구조물의 최소·최대 거리는 물론 구조물 간 공간) 및 필요 주차공간, 주민 밀도 등 구역별로 충족해야 할 기준을 명시하고 있다. 재해경감을 위해, 용도지역지구지도에는 지정된 재해지역에서 부적절한 사용을 제한하는 규정이나 건물이 위험을 경감

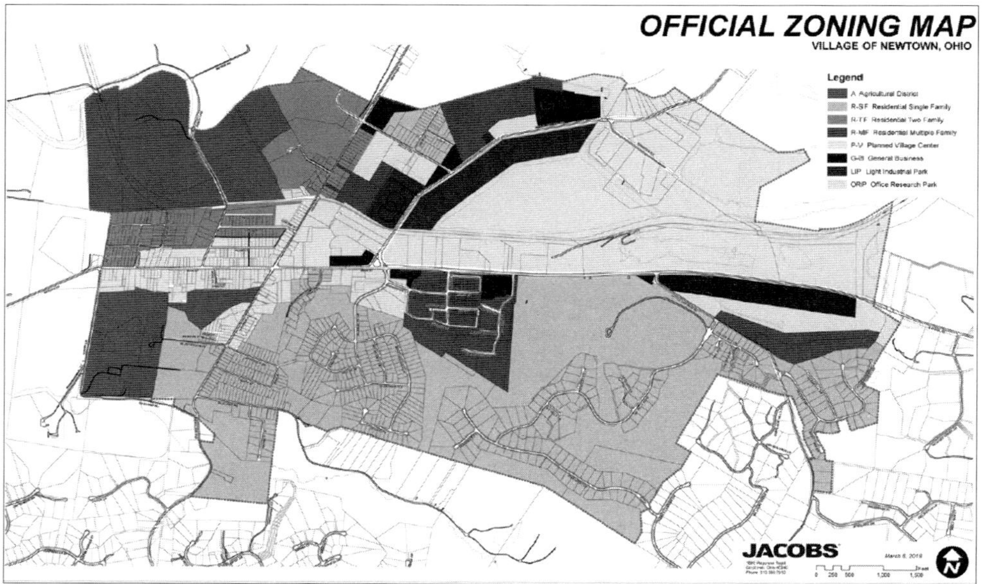

Figure 8.1 오하이오 뉴타운의 용도지역지구지도. 이 지도는 농업, 사업, 주거 및 산업과 같은 다양한 용도와 밀도를 위해 구역을 지정한 많은 소도시와 도시의 일반적 예이다.

하기 위해 건설되는 경우 추가 개발권을 제공하는 인센티브가 수반될 수 있다. 이는 국지적으로 발생 가능한 재해(예: 홍수) 부지를 매핑하고 이 공간 정보를 구역 용도지역지구제 과정에 통합했다고 가정한다(Figure 8.1).

부적합 용도

대부분의 용도지역지구조례는 법을 변경한 후에도 이전 사용이 부적합 용도(nonconforming Use)로 계속 사용될 수 있도록 한다. 이러한 건물들이 교체되거나 파괴됨에 따라, 전자의 사용은 불법이 된다. 시간이 지남에 따라, 이 과정은 도시의 용도지역지구조례를 준수하지 않는 건물의 수를 줄인다. 커뮤니티는 또한 "분할상환(amortization)"이라고 알려진 과정에 따라 특정 기간 내에 비적합한 구조를 교체할 것을 요구할 수 있다. 예를 들어, 커뮤니티는 주택 소유자가 해변 침식 지역 바깥으로 지정된 날짜까지 해변가의 집을 이전하도록 요구할 수 있다. 분할상환이 이루어지는 기간은 건물의 예상 감가상각과 근사해야 하며 그렇지 않으면 위헌적 감가상각으로 이의를 제기할 수 있다.

중첩용도지역

일부 지역 용도지역지구조례에는 중첩용도지역(overlay zone)이 포함되어 있는데, 중첩용도지역은 특정 지역에 대한 표준 용도지역지구조례에 추가되거나/대체되면서 개발에 조건을 적용한다. 중첩용도지역은 고재해지역에서 효과적일 수 있다. 예를 들어, 범람원 중첩용도지역은 매핑된 홍수구역의 개발을 규제하는 데 사용되었다. 중첩용도지역은 해안가, 폭풍해일, 침식성이 높은 지역과 같은 해안 고재해지역에도 사용되었다.

중첩용도지역은 상당한 피해를 주는 허리케인과 같은 특정 사건에 의해 트리거될 수 있다. 사건이 발생할 때까지 중첩용도지역은 "투명" 상태로 유지되며 중첩용도지역에 위치한 속성에 영향을 주지 않다. 중첩용도지역 복구는 철저한 손상 평가가 이루어질 때까지 재해의 영향을 받는 지역의 재건을 제한하거나 재해경감 기술을 포함하도록 구역의 새로운 개발을 요구하는 임시 규정을 포함할 수 있다.

보너스 및 인센티브 용도지역지구제

보너스 및/또는 인센티브 용도지역지구제는 개발자가 특정 양보의 대가로 건물 높이, 바닥 면적 또는 밀도와 같은 현행 규정의 한계를 초과할 수 있도록 허용하는 관행이다. 이 방법은 일반적으로 토지가 부족한 대도시지역에서 사용되며, 개발자는 더 쉽게 시장 이익을 실현할 수 있다. 재해경감도구로 사용할 경우 커뮤니티는 재해가 발생하기 쉬운 지역에 건축을 피하거나 건물 설계에 경감을 통합한 개발자에게 보너스를 제공한다(예: 예상 홍수위 이상으로 주택을 높이거나 내화 지붕 재료를 사용하는 경우). 그 대가로 개발자는 일반 건축이나 커뮤니티 내의 비위험지역에 일반적으로 허용되는 것보다 더 강하게 건설할 수 있다. 보너스 및 인센티브 구역은 개발자들이 해변 침식을 줄이기 위한 모래언덕 산책로와 모래 울타리 같은 현장 경감 시설과 홍수위험을 줄이기 위한 보존 연못을 제공하도록 장려하기 위해 사용되었다.

재해경감을 위한 용도지역지구제의 장점

경감 목적으로 사용될 때 용도지역지구제와 관련된 주목할 만한 강점이 있다. 용도지역지구제는 "다운조닝(down-zoning)" 또는 밀도 감소를 통해 재해가 발생하기 쉬운 지역에서 부적절한 개발을 방지하는 데 사용될 수 있다. 다운조닝은 최소 부지 크기를 늘리거나 에이커당 허용되는 주택 수를 줄임으로써 달성될 수 있다. 밀도를 줄임으로써, 더 적은 사람들과 건물들이 고위험지역에 위치하게 된다. 이는 결국 지방세 기반을 보호하고, 인구를 지역 비상대피소의 수용력과 일치시키며, 위험이 닥치기 전에 인구를 대피시키는 데 필요한 시간을 줄이고, 해변 침식 지역처럼 위험도가 높은 지역에 크고 이전하기 어려운 구조물이 건설되는 것을 막을 수 있다. 보다 안전한 지역은 소규모의 주거 건물, 아파트, 그리고 상업적인 사업체를 포함한 더 높은 강도의 사용을 위해 구획될 수 있다.

용도지역지구제는 위험지역이 아닌 지역에서의 집중적인 사용을 유지하기 위해 사용될 수 있지만, 공원, 개방된 공간, 그린웨이(greenway; 역주: 큰 공원을 연결하는 보행자·자전거 전용 도로, 산책로), 자원 보존, 야생 동물 서식지, 농업 또는 해변 접근을 포함한 보다 적절한 저강도 사용을 위해서 사용될 수도 있다. 용도지역지구제는 습지, 범람원, 모래언덕과 같은 재해를 경감하는 자연 지역을 보존하는 데 도움이 될 수 있다. 또한 용도지역지구제는 범람원, 지진구역 및 기타 재해지역에서 유해화학물질 또는 기타 위험물질의 저장 또는 취급을 금지할 수 있다.

재해경감 및 기후변화적응을 위한 용도지역지구제의 약점

재해경감 및 기후변화적응 목적으로 용도지역지구제를 사용하는 데에도 몇 가지 제한이 있다. 용도지역지구제는 이미 개발된 기존 건물과 부동산보다는 주로 새로운 구조물과 빈 토지에 적용된다(비적합 용도 조항은 종종 수십 년이 걸리는 경우가 많다). 결과적으로, 용도지역지구제는 현재 개발을 더 재해 회복탄력적으로 만드는 부족한 방법이다. 용도지역지구제는 또한 공간 제어이며 주로 공간적으로 정의되거나 명확하게 매핑된 재해(예: 홍수, 토네이도는 아니지만)에 적합하다. 또한, 밀도를 감소시키는 다운조닝은 대중교통, 상하수도, 폐기물 수집 및 화재 보호를 포함한 공공서비스를 제공하는 비용을 증가시킬 수 있으며, 이 모든 것이 넓은 땅에 분산될 때 더 비싸지고 덜 효율적이 되는 경향이 있다. 밀도가 낮은 지역은 지방정부의 세수 감소도 의미할 수 있다. 게다가, 용도지역지구규제는 변동하는 정치적 풍토의 영향을 받는다; 새로운 지도자들이 지방 선거와 임명된 직책을 맡으면서, 의사 결정은 현재의 행정 의제에 맞게 바뀔 수 있다. 마지막으로, 대부분의 용도지역지구지도는 재해 위험에 대한 현재 이해를 기반으로 작성되기 때문에(지도가 재해 위험을 포함하는 경우) 기후변화에 적응하는 능력이 제한된다. 예를 들어, 용도지역지구지도에 표시된 해안선 침식 지역은 더 많은 강우, 더 빈번한 해안폭풍, 해수면 상승으로 인해 미래에 발생할 수 있는 홍수위 또는 폭풍해일 수준을 과소평가하는 경우가 많다.

재해경감 및 기후변화적응을 위한 용도지역지구제 사용의 이러한 약점은 일반적으로 재해지역의 개발을 전면적으로 금지하는 것을 배제하지만, 현재와 미래에 특정 위험 문제를 충족시키기 위한 용도지역지구제 조례의 신중하고 정확한 적용을 배제하지는 않는다.

토지분할조례

개발 또는 판매를 위한 토지의 분할은 "토지분할조례(subdivision ordinances)"에 의해 관리된다. 토지분할조례는 소포와 부지배치 등을 통제하는 것 외에 도로, 빗물배수구 등 개발자가 건설하는 기반시설의 기준을 설정한다. 토지를 개별 필지로 분할·분양하기 전에 지방정부가 세분화플랫폼(지도)을 승인해야 한다. 많은 커뮤니티가 플랫폼 승인을 대가로 개발자에게 조건을 부과하는 것이 세분화 검토 시점이다. 지방정부는 학교, 상하수도, 소방 및 경찰 보호, 쓰레기 수거와 같은 지역 시설과 서비스에 대한 새로운 건설에 대한 수요를 충족시키기 위해 종종 규정과 수수료를 부과한다. 개발자는 또한 교통 혼잡, 대기 및 수질 오염, 과도한 소음, 빗물 유출 및 커뮤니티 개발 증가로 인한 유사한 부담과 같은 커뮤니티와 환경에 미치는 영향에 대해 비용을 지불해야 할 수도 있다. 필요한 공공시설을 짓기 위해 토지공여를 토지분할승인의 조건으로 요구하는 지방정부도 많다.

토지분할규제는 여러 가지 방법으로 경감 및 기후변화적응 목적에 사용될 수 있으며, 가장 일반적으로 홍수, 산불 또는 침식의 대상이 되는 토지의 토지분할을 금지하기 위해 적용된다. 구역 지도에서 재해 구역을 식별할 수 있는 경우 커뮤니티는 해당 구역과 건설 현장 사이의 최소 거리를 요구할 수 있다. 예를 들어, 해안 커뮤니티는 해안가에 깊은 부지(lot)의 형성을 요구할 수 있다. 이 부지들은 침식, 해수면 상승, 또는 해안폭풍으로 인해 구조물이 위협받을 경우 같은 구역의 더 내륙으로 주택을 이전할 수 있게 한다.

홍수 재해에 대한 토지분할 완충지

토지분할 레이아웃이 전체 부지를 홍수가 발생하기 쉬운 구역의 밖으로 유지하지 않는 경우, "완충지(buffer)"는 홍수에 노출되는 개발량을 최소화하는 데 도움이 될 수 있다. 완충지는 일반적으로 수로, 홍수길, 습지 또는 기타 물의 특징으로부터 25피트나 100피트와 같은 특정 거리의 장애물이다. 그 지역에서는 초목의 벌채, 지면의 개간, 자연적 특징의 변경은 허용되지 않지만, 나머지 구역은 등급을 매겨서 지을 수 있다. 예를 들어, 메릴랜드의 경우, 모든 습지 옆에 25피트 완충지가 필요하며 "특별한 주의 관심 습지"에는 100피트 완충지가 필요하다. 또한 토지분할조례를 통해 개발자는 재해가 발생하기 쉬운 부지에서 더 높은 밀도로 주택을 군집(cluster)할 수 있으며 모든 거주자가 사용할 수 있도록 녹지 또는 공원 부지에 건설할 수 없는 부지를 제공할 것을 요구할 수 있다.

토지분할규제는 사회기반시설이 알려진 재해 위험을 다루는 기준을 충족하도록 요구할 수도 있다. 예를 들어, 홍수 및 산사태가 발생하기 쉬운 지역에서는 적절한 배수 및 빗물 관리 시설의 설치와 불투수성 표면의 제한이 필요할 수 있다. 화재위험을 줄이기 위해 토지분할조례를 사용하여 넓은 건물간격, 방화방호벽 설치, 가뭄방지 또는 토종 식생 및 조경, 현장 저수지, 다중접근지점, 소방차와 응급차량을 수용할 수 있을 정도로 넓게 조성된 도로 등을 요구할 수 있다.

건축법규

"건축법규(Building codes)"는 상업 및 주거용 구조물에 사용되는 구조 건전성, 설계 및 건축 자재에 대한 기준과 요건을 규정한 법률, 조례 또는 규정이다. 대부분의 주에서 건축법규는 주 의회에 의해 제정되지만 허가와 집행은 지방정부의 책임이다(주 건축법규에 대한 논의는 7장을 참조할 것). 건축허가증 발급은 지방정부의 장관기능으로 건축계획이 법규요건을 충족하면 건축허가증을 발급해야 하는데, 이 결정에는 재량권이 없다.

그러나 해당 계획이 규정에 맞지 않을 경우 지방정부는 이를 거부하거나 승인을 받기 전에 수정을 요구할 수 있다. 지역 건물 감리는 건설 과정 중에 건설이 승인된 계획을 준수하는지 확인하기 위해 현장 검토를 수행한다. 경제적 인센티브로 보완하면 규제가 효과적일 수 있다는 연구결과가 나왔다. 커뮤니티는 이 목표를 염두에 두고 홍보 캠페인을 시작하고 시민들에게 법규 요건을 넘어 구조를 강화하는 방법에 대해 경고함으로써 건축법규의 엄격한 집행을 위한 공공지원을 구축하는 데 도움이 될 수 있다.

참조 허리케인 샌디 후 뉴욕시 건축법규의 강화

허리케인 샌디의 피해에 대응하여 마이클 블룸버그 시장은 기존 구조물을 보강하고 보다 효과적으로 새로운 프로젝트를 홍수 방지하는데 도움을 주기 위해 뉴욕시 건축법규의 잠재적 변화를 연구하기 위한 건물 회복탄력성 태스크 포스를 소집했다. 이에 따른 규정은 필요한 최소 홍수 방지 고도를 증가시켜 실질적으로 손상된 건물과 기타 새로운 건축물이 더 큰 홍수위험을 견딜 수 있도록 건설되어야 한다. 규정은 용도에 따라 가변적이다. 따라서 병원, 학교 또는 위험물질이 있는 시설과 같은 건물은 단독 주택과 같은 다른 구조물보다 높은 고도에서 건설되어야 한다. 이번 대책은 또한 뉴욕 시민들이 홍수가 발생하기 쉬운 지역의 재산을 위험과 피해로부터 더 잘 보호함으로써 미래의 홍수보험료 비용을 제한할 수 있도록 돕기 위한 것이다. 도시계획부는 건축법규의 변경 외에도 건물이 업데이트된 건축법규를 보다 쉽게 준수할 수 있도록 높이 제한에 대한 유연성을 제공하도록 용도지역지구제 결의안을 수정했다.

재난 후 건물 모라토리아

일부 커뮤니티는 폭풍 후 환경에서의 건설을 다루기 위해 모라토리아(moratoria)를 제정했다. "모라토리엄(moratorium; 지불유예)"은 개발권을 단기적으로 정지하는 것으로, 보통 지방정부가 건축 허가증을 발급하는 것을 거부함으로써 이루어진다. 모라토리아는 허리케인, 지진, 홍수와 같이 미리 정해진 방아쇠에 의해 활성화될 준비가 되어 있을 때에만 효과적이며, 행사 전에 지역 규제 법규의 공식적인 부분이다. 모라토리아는 지역 공무원들에게 피해를 평가하고 대응, 계획 및 경감 노력의 우선순위를 정할 수 있는 더 많은 시간을 준다. 이들은 종종 완전한 손상 평가가 이루어지거나 취득 프로그램이 시행되기 전에 재산 소유자가 손상된 구조물을 재건하는 것을 방지하기 위해 사용된다. 모라토리아는 또한 공무원들이 재해사건의 실제 피해를 반영하기 위해 고재해지역의 지정을 확장할 수 있도록 허용할 수 있다.

홍수피해예방조례

범람원에 지어진 구조물들은 물이 차올라 피해를 입을 수 있다. 위험에 처한 부동산의 수를 늘릴 뿐만 아니라, 범람원의 개발은 이러한 지역의 홍수 저장 용량을 감소시켜 홍수위를 증가시킨다. 지역 범람원 규제는 사람들이 가장 위험한 지역에 위치하지 못하게 할 수 있으며 다른 홍수가 발생하기 쉬운 지역에 대한 안전한 건물 설계를 요구한다.

지역 홍수피해예방규정은 고위험지역에서 개발을 금지하거나 조건을 설정한다. 조건에는 장애, 홍수 방지 및 고도화를 포함한 다양한 요구사항이 포함될 수 있다. 일부 커뮤니티에서는 이러한 조건들이 다른 용도지역지구제, 토지분할, 건축법규 또는 기타 지역 규정에 추가되거나 대체된다.

많은 지역 홍수예방조례가 연방 홍수보험에 가입할 수 있는 기회를 제공하는 FEMA(연방재난관리청)이 관리하는 프로그램인 NFIP(국가홍수보험프로그램)에 의해 발행된 최소 기준에 따라 제정된다. 범람원 개발은 FEMA가 발행한 FIRM(홍수보험율지도)를 기반으로 규제되며, 이 지도에는 100년 홍수지역(특별 홍수재해지역)과 관할 지역의 다른 유형의 홍수지역의 경계가 표시된다.

지역 범람원 관리와 관련된 몇 가지 중요한 문제가 있다. 많은 커뮤니티에서 중요한 문제는 관할구역의 실제 홍수위험을 반영하지 않는 부정확한 홍수지도를 포함하고 있는데, 이는 종종 새로운 개발로 인해 빗물 흐름이 바뀌어 홍수 수준이 급격히 증가할 수 있기 때문이다. 강수량 증가, 더 이른 눈 녹기, 해수면 상승과 같은 기후변화로 인한 재해의 가능성과 심각도의 점진적인 변화도 부정확한 홍수지도를 만들 수 있다.

범람원 관리 프로그램은 커뮤니티에서 개발 압력이 강하고 경감 목표를 준수할 리더십이 부족할 경우 실패할 수 있다. 이는 특히 범람원 외부에 위치한 적합한 건축 부지가 부족한 커뮤니티에서 문제가 된다. 홍수 재해 위험 감소는 종종 범람원의 자연적 기능의 보존보다는 범람원의 구조물 보호에 좁게 초점을 맞추었다. 습지와 범람원을 보호하는 복원과 보존 프로그램은 이러한 한계를 경감하는데 도움을 줄 수 있다.

범람원은 단일 관할권 내에 거의 속하지 않기 때문에 범람원 관리는 종종 다중 관할권 협업 또는 지역 관리 기구를 통해 가장 잘 처리된다. 하천 유역 전체에 걸친 홍수관리는 개별 커뮤니티가 제정한 지역 규제 프로그램보다 더 효과적일 수 있다. 협업 합의는 한 커뮤니티에서의 발전이 상류 사회와 하류 사회 모두에 영향을 미칠 수 있다는 것을 인정한다. 그러나 이러한 다중 관할권 관리 협약은 특히 지역 주도권에만 맡긴다면 달성하기 어려울 수 있다.

8.4.4 취득력

앞서 논의한 토지이용규제 유형은 지방정부가 커뮤니티의 명칭이나 소유형태를 변경하지 않고 관할구역 내에서 개발을 통제할 수 있도록 했다. 그러나 사유재산 규제는 지방정부가 성장을 통제하기 위해 이용할 수 있는 유일한 방법은 아니다. 구매나 규탄을 통해 재산을 취득할 수 있는 권한은 매우 중요한 정부 권력이다. 공유지 소유와 공유지의 양심적 관리는 재산 사용에 대한 직접적인 통제를 제공한다. 이 통제는 개발을 재해지역에서 벗어나게 하는 재해경감 및 기후적응 정책을 구현하는 데 사용될 수 있다.

자발적 매도인과 자발적 매입자

때때로 지방정부는 학교나 도로와 같이 특정 커뮤니티의 필요를 위해 재산을 수용(condemn)하는 수용권(eminent domain; 역주: 공적인 이유로 개인의 사유지를 취득할 수 있는 권리)을 사용해야 한다. 그러나 수용권은 재해경감 목적으로 토지를 취득하기 위해서는 자주 사용되지는 않는다(연방기금이 관련된 경우 절대 사용되지 않을 수 있다). 더 일반적으로 정부가 의욕적인 매도인으로부터 토지를 매입하는 것이다. 지방정부는 취득프로그램(acquisition program)을 통해 소유자가 자발적으로 매매에 동의한 주택이나 사업체를 매입하겠다는 제안을 한다. 종종, 부동산 소유자들은 반복적인 홍수와 같은 여러 가지 재해를 경험했을 때, 지역 “매입프로그램(buyout program; 바이아웃프로그램)”에 기꺼이 참여할 것이다. 재해경감을 위한 취득 프로그램은 해당 프로그램이 부동산 소유자에게 충분히 설명되고, 매입 가격이 시장 가치를 반영하며, 저렴한 주택 대안이 있을 때 가장 성공적이다. 매각 후, 지방정부는 그 재산에 대한 소유권을 취득하고, 그 재산의 모든 구조물을 철거하고, 이전 소유자는 매각 수익금을 다른 안전한 장소로 이동하는데 사용할 수 있다. 일부 취득 프로그램에는 소유자의 집이 재해지역 밖으로 대체 부지로 이전할 때 철거가 아닌 “이전(relocation)”이 포함된다.

매입프로그램을 통해, 지방정부는 이전에 위험했던 재산의 새로운 소유자가 된다. 지방정부는 재산이 다시는 사람들 또는 구조물에 위험을 주는 방식으로 사용되지 않도록 (영원히) 영구히 유지할 수 있어야 한다. 일부 빈곤 지역이나 시골지역에 위치한 사람들에게는, 재산을 유지하는 것에 대한 책임이 부담스러울 수 있다. 그러나 지방정부는 다른 정부 기관(예: 주 또는 카운티)에 소유권을 이전하거나, 지방정부가 보존 토지신탁 또는 환경보호단체와 같은 비영리 기관에 재산을 양도할 수 있다. 이 옵션을 통해 일부 커뮤니티는 지속적인 재산 유지에 대한 부담 없이 재해지역에서 사람과 건물을 철거함으로써 이익을 얻을 수 있었다.

취득의 다중 목표

공공 취득은 특정 재산의 일부를 효과적으로 “방재(disaster-proof)”하는 역할을 한다. 사유지에서 부동산이 제거되고, 부적절한 개발 가능성이 줄어든다. 취득하는 것이 전형적으로 가장 비용이 많이 드는 경감 전술 중 하나이긴 하지만, 장기적으로는 공공 재해복구와 재건을 위한 보험금을 반복적으로 사용하는 것보다 건물을 매입하고 철거하는 것이 비용이 덜 들 수도 있다.

복구 및 재건의 공공 비용을 줄이는 것 외에도, 취득은 범람원 저장 능력 증가, 습지, 해양 숲, 하구 및 기타 자연 서식지의 보존, 대수층 재충전 구역과 강바닥 완충지의 보호, 개방 공간, 해변 접근, 그리고 공원 및 레크리에이션 지역 제공과 같은 다른 커뮤니티 목표를 달성하기 위한 도구가 될 수 있다.

취득 토지의 이익 유형

토지소유권은 종종 “권리 묶음(bundle or rights)”으로 설명되며, 그 중 개발권은 단 하나일 뿐이다. 지방정부는 재해가 발생하기 쉬운 재산에 대해 권리 묶음으로 취득하거나, 지역권(easement; 역주: 남의 토지를 특정 목적으로 이용할 수 있는 권리)이나 사용권(right-of-use)과 같은 더 적은 이익을 취득할 수 있다.

토지 및 손상 구조물의 무조건 상속권 취득

한 명의 소유자가 한 토지와 관련된 모든 권리를 가질 때, 그 소유자는 그 토지를 “무조건 상속권(fee simple; 역주: 토지와 토지 내 구조물의 소유권)”으로 보유한다고 한다. 무조건 상속권으로 재산을 취득하는 것은 지방정부가 해당 구역의 사용과 처분에 대한 가장 큰 수준의 통제를 제공한다.

무조건 상속권 매입은 보통 토지 취득의 가장 비싼 방법이다. 아직 개발되지 않은 토지를 취득하는 것은 개발된 토지에 비해 구입 비용이 상당히 저렴할 수 있으며, 재해사건이 발생하기 전에 구조물의 손상을 방지할 수 있는 부가적인 이점이 있다. 반대로 재난 후 고밀도 반복손실재산은 가격이 하락하고 경감 목적을 위한 보다 나은 장기 투자가 될 수 있다.

지역권 취득

무조건 상속권 취득에 대한 대안으로, 지방정부는 "지역권(easement)"과 같은 재해가 발생하기 쉬운 재산에 대한 더 적은 이익을 취득할 수 있다. 토지소유자는 부동산에 대한 권리 중 하나 이상을 가지고 있으며, 나머지 권리는 토지소유자의 손에 있다. 지역권은 접근권과 같은 부동산을 사용할 수 있는 "긍정적인 권리(affirmative right)"를 부여하거나 토지소유자의 특정 방식으로 부동산을 사용할 권리를 "제한(restrict)"할 수 있다. 지방정부는 토지에 건물을 짓지 못하게 하는 "소극적 지역권(negative easement)"을 매입해 재해지역 개발을 막을 수 있다.

개발을 방해하는 지역권은 무조권 상속권만큼 취득하는 데 비용이 많이 들 수 있다. 많은 정부들은 또한 무조건 상속권으로 토지를 소유하는 것을 선호하는데, 그 이유는 지역권 조항이 규제되어야 하고 종종 상당한 비용을 들여 시행되어야 하기 때문이다. 많은 정부가 지역권으로 개발이 불가능한 부동산에 대해 세금 부담을 낮추겠다고 한다. 그러나 지방정부는 기부된 지역권마다 재산세 수입이 줄어드는 것을 볼 수 있었다. 이러한 이유로, 지역권은 재해경감 목적으로 자주 사용되지 않았다.

개발권 구매

부동산의 "개발권(PDR; Purchase of Development Rights)"을 구입하는 것은 개발에 대한 소극적 지역권을 취득하는 것과 유사하다. 지방정부는 토지에 건물을 짓지 못하게 하는 것이 유일한 목적일 때 무조건 상속권이나 지역권에 대한 대안으로 이 방법을 활용할 수 있다. 개발권(PDR)의 구매는 무조권 상속권 취득에 비해 크게 저렴하지 않을 수 있지만, 개발권을 소유함으로써, 정부는 그것의 유지에 대한 책임을 지지 않고 매우 높은 수준의 재산 통제를 떠맡는다. PDR은 특히 현재 용도가 재해경감 목표와 호환되는 임업 또는 농업의 토지에 적합하다. 이 경우 PDR은 토지소유자가 농작물이나 목재를 수확해 이익을 얻을 수 있도록 하는 한편, 토지가 고위험 용도로 바뀌는 것을 막을 수 있다.

개발권 이전

PDR과 마찬가지로 개발권 이전(TDR; Transfer of Development Rights) 프로그램은 개발을 토지 자체와 분리된 상품으로 취급한다. 지방정부는 우선 "송출지역(sending area)"의 부동산 소유자에게 토지의 가치나 면적에 따른 개발권 세트를 수여한다. 송출지역은 지방정부가 보호하고자 하는 땅이 포함되어 있다. 그런 다음 정부는 개발권을 위한 "수용

지역(receiving area)"을 설정한다. 수용지역은 송출지역으로부터 다소 떨어진 위치에 있으며 개발하기에 더 바람직한 부지이다. 송출지역 토지소유자는 통상 토지 개발이 금지되지만, 수용지역 개발자에게 개발권을 팔면 재산의 가치를 실감할 수 있다. 개발 권한을 획득한 개발자는 수용지역에서 허용되는 것보다 더 높은 밀도로 건설할 수 있다.

TDR은 복잡한 제도여서 지방정부가 시행하고 토지소유자가 이해하고 수용하기 어려운 경우가 많다. 다만 고재해 지역을 '송출지역'으로, 보다 적절하고 안전한 커뮤니티 지역을 '수용지역'으로 지정함으로써 지방정부가 관할구역의 전반적인 재산가치를 떨어뜨리지 않고 개발위치를 효과적으로 전환할 수 있다. 물론 성공하기 위해서는 재해지역 밖에서 적절한 수용지역을 이용할 수 있어야 하지만, (특정 개별 택지가 아니라) 커뮤니티의 넓은 지역을 지정할 수 있기 때문에, TDR은 구입한 개발권을 사용할 수 있는 개발자에게 어느 정도 유연성을 제공한다.

전체 동네 취득(Neighborhood-Wide Acquisition)

격리된 구역을 구입할 때 재해 손실 감소 효과가 뚜렷하지 않고 경감 효과도 떨어져 패치워크 효과(patchwork effect; 역자: 짜집기)가 발생한다. 이런 체커보드 패턴(checkerboard pattern)의 구매 역시 지방정부가 관리·유지하는 데 비용이 더 많이 들고 어렵다. 무질서한 토지이용 패턴을 피하기 위한 종합적인 관리 프로그램의 맥락에서 지금까지 연방 자금으로 수행된 대규모 취득 프로젝트는 상대적으로 거의 없었다. 대신, 지방정부는 일반적으로 흩어져 있는 공터의 목록을 취득했다. 그러나 일부 커뮤니티는 취득 프로그램에서 특정 부지에만 초점을 맞추기보다는 구조물 묶음 또는 주변을 우선하여 이 문제를 능동적으로 해결하기 시작하고 있다. 예를 들어, 2012년 샬럿-메클렌부르크 호수의 경우 현재 진행 중인 홍수위험도평가 및 감소 계획을 보완하기 위해 고아 부동산 범람원 취득 계획(Orphan Property Floodplain Acquisition Plan)을 개발했다. 이 계획에서는 경감 목적의 개별 부동산보다는 "프로젝트 영역(Project Area)"이라고 하는 묶음 자산의 취득에 더 중점을 두었다.

8.4.5 과세 및 요금

다른 정부 권력들과 마찬가지로, 지방정부의 세입 증대에 대한 권한은 주법에 의해 좌우된다. 세금, 특히 재산세는 전통적으로 대부분의 지방정부에게 가장 큰 단일 수입원이었으며 때로는 전체 수입의 절반 이상을 제공한다. 지방정부는 또한 사용료나 행정료를 부과하고, 특별평가를 하고, 채권을 발행하고, 보조금을 받을 수 있는 권한을 부여받는다. 세금, 평가 및 요금을 부과할 수 있는 권한은 단순히 세입의 수집을 넘어 커뮤니티 발전 패턴에 지대한 영향을 미칠 수 있다는 점에 유의해야 한다.

커뮤니티의 특정 지역을 차등세율이나 평가로 평가함으로써, 지방정부는 개발의 여력에 영향을 미칠 수 있다. 따라서 커뮤니티는 개발자가 위험하거나 환경에 민감한 것으로 확인된 토지에 건설할 의욕을 꺾는 동시에 바람직하며 안전한 지역으로 개발을 유도할 수 있다. 지방정부는 또한 부동산 소유자와 개발자들이 경감조치를 새로운 건설에 통합하고 기존 건물을 보수하도록 장려하기 위해 세금 감면을 사용할 수 있다. 바람 방재, 홍수 방재, 내풍 및 내진 보강을 촉진하기 위해 인센티브가 적용되었다. 이는 세금을 재산 소유자들이 에너지 절약, 역사적 보존, 그리고 커뮤니티에 가치 있는 다른 활동을 수행하기 위한 인센티브로 사용하는 프로그램과 유사하다.

부동산세

부동산세(real property tax)는 토지의 가치를 포함한 평가된 재산 가치에 기초하며, 구조물과 같은 개선 사항도 포함된다. "차등평가(differential assessment)"는 개발되지 않은 부동산에 공공서비스가 적게 필요하다는 점을 인식해 개발압력에 직면한 토지의 세금부담을 줄이는 기술이다. 이 기법은 토지에 적용되는 세율을 줄여 지급액이 필수 서비스의 비용과 같도록 함으로써 토지를 최선의 용도로 개발해야 하는 압력을 경감할 수 있다. 조세평가(tax assessment)도 평가된 토지의 가치를 도시 토지의 백분율로 낮추거나, 시장 가치와는 반대로 소득 생산 능력에 기초하여 토지를 평가할 수 있다.

농지, 임야, 역사적 재산, 야생동물 서식지와 같이 금전 이외의 방법으로 커뮤니티에 가치 있는 토지를 보존하기 위해 특혜과세(preferential taxation)가 사용되어 왔다. 그동안 특혜과세가 경감 목적 자체에 광범위하게 활용되지는 않았지만 지방정부는 차등평가를 적용해 범람원 등 재해가 발생하기 쉬운 토지에 대한 개발압력을 줄일 수 있다. 이는 특히 재해지역이 야생동물 서식지나 대수층 재충전 지역과 같은 민감한 다른 땅과 겹치는 경우에 효과적이며, 여러 커뮤니티 목표를 효과적으로 연계한다.

특별평가 및 요금

공공개선을 통해 직접적인 혜택을 받는 부동산 소유자를 대상으로 특별평가를 부과하는 지방정부도 적지 않다. 이 방법은 경제적 부담을 일반 대중에서 가장 많이 얻는 사람들로 옮긴다. 지방정부는 도로·보도·상·하수도·폭풍하수도·배수구·유역 개선사업 등 공공개선에 대해 특별평가를 부과하는 경우가 많다.

특정 개선을 위해 수익을 올리는 일회성 평가부터 진행 중인 프로젝트에 자금을 지원하는 장기 평가까지 경감 목적으로 이 기법을 적용하는 방법은 여러 가지가 있다. 재해경감을 위한 특별평가에는 다음이 포함될 수 있다.

- 제방, 옹벽, 제방(dike and berm) 등 구조 프로젝트 구축
- 지역 범람원 관리조직 구축
- 피해 사회기반시설 교체를 포함하여 해당 지역의 경감, 재해복구 및 대응 활동에 자금이 투입되는 특별 폭풍 서비스 지구 조성
- 빗물 관리 시스템 유지 관리
- 해변 침식 프로그램 구현
- 홍수방재수(floodproofing water), 하수관 또는 기타 공공서비스 시스템

이러한 요금은 평가 구역의 발전을 저해하는 효과를 가질 수도 있고 그렇지 않을 수도 있다. 그러나, 이 요금은 환경에 민감하거나 재해가 발생하기 쉬운 지역에서 생활하거나 사업을 하는 비용의 일부를 그렇게 하기로 선택한 사람들에게 전가한다.

참조 단단한 표면에 대한 요금

노스캐롤라이나 Charlotte-Mecklenburg County에서, 폭우 요금 프로그램은 홍수위험을 줄이고, 배수를 개선하고, 수질 오염을 줄이기 위한 지역 노력에 대한 비용을 지불한다. 그 프로그램의 비용은 전적으로 사용자 요금에 의해 지원된다. 계층형 빗물 요금 제도는 재산가치를 기준으로 산정되는 재산세와 달리 (1) 각 재산이 빗물 유출에 얼마나 기여하는지, (2) 빗물 서비스 제공 비용을 기준으로 한다. 요금 구조는 각 부동산의 불투수성 영역(경질 표면)의 크기를 기반으로 한다. 비바람이 부는 동안, 더 많은 불투수성 표면을 가진 집이나 상업용 부동산은 폭풍 시스템으로 더 많은 빗물을 보낼 것이다. 불투수성 구역에는 주차장, 보도, 차도, 옥상, 파티오, 테니스/농구장, 수영장 앞치마 및 빗물이 지면으로 스며들지 않는 기타 구역이 포함된다(Photo 8.1 참조). 구역의 불침투 표면의 크기는 나뭇잎이 나무에서 떨어진 겨울과 초봄에 찍은 항공 사진에 의해 결정된다. 컴퓨터 소프트웨어는 각 구역의 불투수성 제곱합을 계산하기 위해 사진에 보이는 단단한 표면의 가장자리를 그리는 데 사용된다.

카운티와 시의 방대한 파이프, 집수 유역, 격벽 및 암거 시스템을 유지하는 것 외에도, 빗물 요금은 명명된 하천의 유지 및 개선, 홍수재해지도 및 범람원 개발 규제, 하천과 호수의 수질 모니터링 및 개선에 대한 비용도 지불한다.

Photo 8.1 빗물 정원, 식생 수로(植生水路, vegetative swale) 및 친환경 지붕(green roof)을 포함하여 폭우 유출을 증가시키는 불투수성 표면을 줄이기 위해 많은 기술을 사용할 수 있다. 이러한 투과성 포장은 저강도 주차에 사용될 수 있으며 빗물이 토양으로 유입되도록 할 수도 있다. (Public Domain)

영향요금

영향요금(impact fee)은 새로운 개발이 커뮤니티에 부과하는 재정적 부담을 분담하기 위한 새로운 개발을 요구한다. "영향요금(impact fee)"은 일반적으로 학교, 하수 및 수처리장, 소방서, 주민센터 및 기타 지역 시설을 포함한 현장 외 개선을 위한 신규 개발에 대한 선불 요금(일부 관할구역에서 시간 경과에 따른 지불을 허용함)이다. 요금은 신규 개발이 초과 용량을 가진 기존 서비스를 매입할 수 있도록 설정할 수 있다.

영향요금은 일반적으로 평균적인 신규 거주자가 어떤 서비스를 필요로 하는지 보여주는 비율에 기초한다. 영향을 분석하는 방법은 여러 가지가 있지만, 대부분은 단일 프로젝트만 별도로 고려한다. 대안 방법은 특정 환경에서 모든 개발의 총 효과를 살펴보는 "누적영향평가(cumulative impact assessment)"를 수행하는 것이다. 예를 들어, 이 접근방식은 유역의 홍수 저장 용량에 대한 여러 잠재적 개발의 복합 효과를 추정하는 데 사용될 수 있다. 이 경우 요금은 아마도 범람원의 다른 곳에 홍수 저수지를 만들어 증가된 홍수위를 경감하는 데 사용될 것이다.

8.4.6 소비력

주민들이 필요로 하는 서비스를 제공하기 위해 지방정부는 공적자금을 공공목적에 쓸 수 있는 권한을 갖는다. 지방정부가 정기적으로 지출하는 세출은 기본적으로 두 가지다. 이 절에서 "운영예산(operational budget)"과 "자본개선지출(capital improvement spending)"에 대해 논의할 것이다.

대부분의 지방정부 지출은 상당한 재량권을 수반한다. 이상적인 경우, 지출 결정은 보다 광범위한 정책 문맥(context) 내에서 이루어지며, 따라서 지출 권한은 커뮤니티를 위한 보다 광범위한 개발 목표를 달성하는 데 사용된다. 또한 지방정부는 일반 대중의 이익에 가장 부합할 때 지출을 보류할 수 있는 힘을 가지고 있다는 점을 유념해야 한다. 지출을 만들거나 예비하는 이 권한은 커뮤니티가 일부 유형의 재해의 영향을 경감하고 기후변화에 적응하는 강력한 도구가 될 수 있다.

연간운영예산

매년 지방정부는 폐기물 수집, 소방 및 경찰 보호, 배수 정비 등과 같은 지속적인 서비스에 대한 비용을 지불하기 위해 운영예산을 책정한다. 이러한 유형의 지출은 일반적으로 지방정부의 "연간운영예산(annual operating budget)"에 포함된다. 운영예산은 일반적으로 일회성 대규모 경감사업에 대한 지출에 사용되지 않지만, 자치단체나 카운티의 운영예산 내에서 일상적인 활동에 위험 감소와 기후변화적응 전략을 삽입할 수 있는 기회는 충분하다. 이러한 전략 중 일부는 일상적인 작업을 수행하기 위해 지역 자금이 어떻게 그리고 어디서 사용되는지 재고할 뿐 추가 비용이 전혀 들지 않는다. 예를 들어, 전력선을 통해 정기적으로 나뭇가지를 트리밍하면 강풍과 얼음 폭풍 동안 커뮤니티의 정전 위험을 줄일 수 있다. 운영예산에 충분한 자금을 유지하는 것은 이러한 프로그램을 유지하는 데 매우 중요한다.

자본개선을 위한 지출

두 번째 유형의 지방 지출은 주요 일회성 자본개선 프로젝트를 포함한다. "자본개선(capital improvement)"의 정의는 커뮤니티마다 다르다. 일반적 의미는 거리와 다리, 학교, 공공도서관, 상하수도, 정수장, 공원 및 휴양시설, 관공서 등과 같이 상대적으로 규모가 크고, 비용이 많이 들고, 영구적인 물리 시설의 신설 또는 확장을 포함한다. 소규모 커뮤니티에서는 소방차 구입과 같은 일부 지출도 자본 지출로 간주될 수 있다.

자본개선프로그램 및 예산

대부분의 커뮤니티는 주요 프로젝트에 대한 공공지출이 어떻게, 언제, 어디서 발생할지에 대한 결정을 안내할 수 있도록 미리 계획을 세운다. "CIP(capital improvements program; 자본개선프로그램)"는 공공 물리 개선을 위한 다년 일정이다. 일정은 이용 가능한 재정자원의 예측과 향후 5 ~ 6년 동안 건설될 구체적인 개선사항의 선택에 기초한다. "자본개선예산(capital improvements budget)"은 보통 다음 회계연도 동안 가동되도록 프로그램된 시설과 관련이 있다.

자본개선예산과 CIP의 중요한 차이점은 1년 예산이 법적으로 채택된 연간운영예산의 일부가 될 수 있다는 것이다. 이와는 대조적으로, 장기 프로그램은 반드시 법적 중요성을 지니지 않으며 특정 연도의 특정 지출에 지방정부를 반드시 위임하지도 않는다. 이는 단지 향후 지출에 대한 결정을 안내하는 계획 도구의 역할을 할 뿐이다.

정부청사 및 시설 관련 기준

지방정부가 신축·시설물을 짓거나 낡은 것을 보수할 때 재해에 강한 기준에 따라 건축할 수 있는 기회가 생긴다. 이러한 기준은 자연 조명, 물 재활용 시스템, 재생 에너지원을 사용하는 효율적인 냉난방 시스템 등 지속가능한 건축 관행을 요구하는 특징과 함께 지역 자본개선 정책에 직접 통합될 수 있다. 공공건물은 최소한 민간개발을 위해 정해진 기준에 따라야 한다. 이상적으로는 손실 위험이 큰 경우 정부 구조가 훨씬 더 높은 기준에 맞춰 구축되어야 한다.

공공시설의 위치 결정도 중요하다. 재해지역 밖에 공공시설을 배치함으로써 지방정부는 재해 발생 후 수리 및 교체 비용을 절감할 수 있다. 재난 발생 시 지방정부의 대응능력이 저하되지 않도록 화재·경찰·병원·응급작전센터· 구조소 등 "라이프라인서비스(lifeline services)"를 재해지역 밖에 배치하는 것이 특히 중요하다. 높은 기준과 위험하지 않은 지역에 공공시설을 건설하는 것은 또한 지방정부가 민간 부동산 소유자들에게 모범을 보이면서 경감과 지속가능한 건축 관행의 좋은 리더가 되게 한다.

공공지출결정을 통한 민간개발 통제

공공 건물의 부지 및 건설 표준에 직접적으로 관여하는 것 외에도, 이상적으로는 자본개선프로그램이 민간 개발에 영향을 미치는 데 사용될 수 있다. 성장과 발전은 공공서비스의 가용성에 따르는 경향이 있기 때문에 공공지출결정(public spending decision)은 오랫동안 성장관리도구로 여겨져 왔다. 특히, 고속도로와 상하수도 시설들은 "성장 셰이퍼(growth shaper; 역주: 성장 제조기)"라고 불려왔다. 공공지출의 양심적 원천징수(withholding)는 또한 커뮤니티의 발전패턴에 영향을 미칠 수 있다. 지방정부가 상하수도 등 필수 서비스를 확대하지 않을 특정 지역을 설정함으로써 해당 지역의 성장이 제한될 수 있다. 지방정부는 확인된 재해지역의 개발을 막기 위해 공공 사회기반시설을 제공하는 장소(및 그렇지 않은 장소)에 대한 정책을 사용할 수 있다.

민간 개발을 저지하기 위해 공공지출을 보류하는 것은 이미 건설에 도달했거나 민간 개발자가 신규 건설을 지원하는 데 필요한 기반시설의 비용을 부담할 수 있는 지역에서는 실현 가능성이 낮다. 토양 및 기타 지형 조건이 현장 하수도(정화조)와 음용수(우물)를 지원할 수 있는 지역에서 공공 기반시설의 확장 거부는 재해관리도구로서 거의 영향을 미치지 않는다. 공중보건법(public health law)은 일부 지역에서 정화조 또는 개인 우물의 사용을 제한할 수 있지만, 종종 이러한 법은 재해 위험에 기초하지 않는다(일부 지역 및 주 법률은 오염의 위험 때문에 빈번한 홍수의 영향을 받는 지역의 정화조와 우물을 제한한다).

재해경감을 위한 자본개선프로그램의 효과

회복탄력적인 커뮤니티의 핵심 요소는 공공 사회기반시설의 위치이다. 이것은 재난 이후 특히 중요하다. 도로, 수도, 하수관, 학교, 도서관 및 기타 공공시설의 배치는 전반적인 커뮤니티 개발 패턴을 유도하기 위해 재건 단계에서 중요하다. 재해사건 이후, 자본개선(capital improvement)이 어디에서 어떻게 그리고 어떻게 건설되고 재건되는지는 커뮤니티 미래의 취약성을 극적으로 형성할 수 있다. 일부 커뮤니티는 재난 이후 공공투자 정책을 개혁하기 위해 기회의 창(window of opportunity)을 이용했다. 예를 들어 노스캐롤라이나 나그스헤드는 심각한 폭풍으로 인해 파손되거나 파괴된 개인 도로를 수리하기 위해 공공자금을 지출하지 않는 정책을 시행했다.

이론적 잠재력에도 불구하고 실제로 자본개선프로그램은 재해경감에 널리 사용되지 않는다. 게다가, 관할권은 종종 그들 자신의 자본개선프로그램을 무시한다. 개발을 막기 위해 공공시설을 배치하는 정책에 대해서 유사하게도 비효과적인 것으로 연구되었다. 그러한 정책은 재해지역에서 민간 개발의 기본적인 공간 패턴을 바꾸지 않는 경향이 있다. 게다가 공공서비스를 제한하는 것은 대개 토지를 개발하기 위해 기반시설을 필요로 하는 부동산 소유자들에게 인기가 없다. 지방정부들은 이 프로그램이 정치적으로 받아들여질 수 있도록 지리적 범위를 제한해야 할 의무가 있다고 느낄지도 모른다. 지방정부는 또한 재난이 발생했을 때 공공시설을 재건하기 위해 연방정부의 지원을 받을 수 있기 때문에 공공시설을 보호하는 데 자체 자금을 사용할 동기가 거의 없을 수 있다. 일반적으로 이러한 정책은 보완적인 토지이용규제 및 세금 정책과 연계될 때 훨씬 더 효과적이다.

지방정부 밖에서 이루어지는 지출결정

사회기반시설과 커뮤니티 개발을 지원하는 시설 중 상당 부분을 지방정부가 제공할 책임이 있지만, 상당수의 지출 결정은 지방정부의 통제 안에 있지 않다. 많은 지역 단체들뿐만 아니라 연방과 주정부 기관들은 종종 법률을 제정하거나 지방정부 권위를 능가하는 프로그램과 정책을 수행한다. 예를 들어, 대부분의 주요 고속도로 프로젝트는 연방 및/또는 주 자금으로 자금을 지원받으며, 도로 용량, 위치 또는 유지 보수에 대한 지방정부의 영향은 거의 없다.

국가의 많은 지역의 수자원 개발도 주 및 지역 기관에 의해 통제되며, 상대적으로 지방정부의 투입이 적다. 미육군공병단이 실시하는 해변 양빈(nourishment)과 같은 일부 연방토지관리프로그램은 취약한 해안지역의 성장을 추가적으로 고취시킨다. 주법은 또한 지방정부가 관할구역 내에서 토지를 개발하는 데 필요한 사회기반시설을 제공하도록 지시할 수 있다. 이런 적정시설법은 지방정부가 지출을 원천징수해 성장을 통제하기 어렵게 만들 수 있다.

8.4.7 교육

지방정부가 가지고 있는 권한 중에는 신뢰할 수 있는 데이터와 커뮤니티에 대한 정확한 정보에 대한 공공 접근을 제공하는 권한, 그리고 어쩌면 그 의무도 있다. 정보에 정통하고 교육을 받은 시민은 지역 수준에서 재해를 관리하는 데 필수적일 수 있다. 마찬가지로 기후변화의 영향에 대해 대중을 교육하는 것도 중요하다. 기후변화는 많은 분야에서 덜 즉각적인 관심사이지만 커뮤니티의 회복탄력성에 오랫동안 영향을 미칠 것이다. 지역주민들은 종종 현행 건축법규, 용도지역지구 규제, 토지분할 검토 및 허가 과정이 재해의 영향으로부터 자신과 재산을 적절히 보호할 것이라고 가정하지만, 항상 그렇지는 않다. 대중들에게 그것이 직면하는 재해를 알리는 것은 커뮤니티를 더 안전하게 만드는 첫 번째 단계이며, 인식 부족을 극복하는 것은 어떤 지역적 경감이나 적응 프로그램의 필수적인 부분이 되어야 한다.

자연재해에 대한 학습

많은 지방정부는 주민들에게 자연재해에 대해 경고하는 프로그램을 수행했다. 이 프로그램은 위험뿐만 아니라 재해 위험을 줄일 수 있는 기회이다. 다른 커뮤니티는 방문객들에게 취약한 생태계, 민감한 자연 지역, 멸종 위기에 처한 야생 동물과 식물 종, 또는 보호되고 보존되어야 할 다른 자연 경관에 대해 교육하는 데 초점을 맞추고 있다. 거주자와 관광객 외에도, 교육과 인식을 위한 지역 대상 청중에는 대출자, 보험 대리점, 건설업자, 건축가, 부동산 업자와 같은 광범위한 커뮤니티 구성원, 그리고 집행위원회(governing board), 건물 감리 및 용도지역지구 공무원, 그리고 긴급구조요원들을 포함한 지방 선출 및 임명 공무원 및 공무 직원들이 포함된다.

커뮤니티에서 위험에 대한 일반적인 인식이 왜곡된 것은 드물지 않다. 심지어 과거에 자연재해가 발생했던 지역에서도 그렇다. 위험 빈도에 관한 정보는 종종 오해를 받는다. 예를 들어, 100년 범람원의 일반적인 이해는 이 지역이 한 세기에 한 번만 침수될 것이라는 것이다. 또한 거주자는 홍수위와 같은 과거 재해사건의 범위를 파악하지 못하는 경우가 많다. 기후변화에 대한 이해와 수용 또한 매우 다양하며, 많은 시민들은 커뮤니티 취약성에 대한 예상되는 영향에 대해 불분명하거나 부정확한 정보를 가지고 있을 수 있다. 이러한 오해는 정확한 정보를 공표할 필요성을 강조한다.

커뮤니티가 커뮤니티의 인식을 증진시키기 위해 사용할 수 있는 몇 가지 다른 방법들이 있는데, 여기에는 부동산 공개, 커뮤니티의 인식캠페인, 재해지도, 재난 경고 등이 포함된다. 이것들은 12장에서 더 자세히 논의한다.

8.4.8 지방정부계획

지방정부계획(local government planning)은 커뮤니티의 성장과 발전의 모든 측면을 관리하기 위한 응집력 있는 틀을 제공한다. 대부분의 크고 중간 규모의 지방자치단체와 카운티 정부는 일종의 계획 기능을 수행한다. 일부 주에서는 지방정부계획이 의무화되어 있으며, 모든 규정과 조례가 계획과 일치해야 한다. 지방정부계획을 의무화하지 않는 주에서도 커뮤니티는 특정 자금프로그램에 적합하도록 계획을 준비해야 할 수 있다. 여기에는 HUD(U.S. Department of Housing and Urban Development; 미국 주택 및 도시개발부)가 관리하는 CDBG(Community Development Block Grant; 커뮤니티 개발블록보조금), EPA의 청정수법에 따른 보조금 및 FEMA가 관리하는 재난경감법에 따른 보조금과 같은 연방프로그램이 포함된다. 이러한 연방프로그램은 자금 지원을 요청하는 지방정부에 대가로 충족해야 하는 계획 기준을 수립한다.

매우 다양한 계획 유형이 있으며, 그 중 일부는 범위가 좁고 하나의 특정 주제(교통 계획 또는 해변 관리 계획 등)만 다루는 반면, 다른 계획은 더 광범위하고 여러 목표를 결합한다. 일부 계획은 독립적인 문서이고, 다른 계획은 더 넓은 커뮤니티 관리 프로그램의 일부로 포함되어 있다. 일부 커뮤니티는 모든 계획을 공식적으로 채택하여 규제 장치로 간주하는 반면, 다른 커뮤니티는 법의 힘 없이 단지 정책지침으로 계획을 사용한다. 계획이 실제로 실행되는 정도와 토지 사용에 영향을 미치는 효과 수준도 매우 다양하다.

지방정부가 공통으로 이용하는 계획 유형으로는 재해경감계획, 재난 후 복구계획, 토지이용계획, 종합계획, 범람원 관리계획, 수도 개선계획, EOP(emergency operation plan; 비상운영계획), 교통계획, 경제개발계획, 공원·휴양 계획, 공개 공간 관리계획등이 있다. 많은 커뮤니티는 현재의 계획 노력에 재해 회복탄력성 원칙을 통합하는 것의 가치를 깨닫게 되었다. 다른 사람들은 기후변화 영향을 고려하기 시작했고 기후변화의 증가하는 영향을 다루기 위한 적응 실행계획을 세웠다.

토지이용계획과 종합계획

많은 국가에서 토지이용계획은 재산사용 규제의 기초가 된다. 종합계획은 또한 경제 개발, 환경, 교통, 그리고 사회적 우려를 다룬다. 도시와 카운티의 계획자들은 땅의 물리적 특성을 연구한다. 급경사가 어디인가? 강, 하천, 호수 등 수로는 어디에 있는가? 그들은 기존의 거리, 철도, 수도, 하수구, 학교, 공원, 소방서, 그리고 개발을 지원할 수 있는 다른 시설들을 지도화한다. 그들은 또한 그 토지의 현재 용도에 주목한다. 공장들, 창고들, 상점들과 사무실들, 주거지역들은 어디에 있는가? 이상적으로 종합계획은 커뮤니티 내 재해 위치도 조사한다. 즉, 어떤 지역이 홍수의 영향을 받는가? 산불이 일어날 가능성이 더 높은 곳은 어디인가?

그들의 연구를 바탕으로, 계획자들은 기존의 공공시설을 이용하고 산업 가공 공장이나 주거 주택과 같은 양립할 수 없는 토지 사용을 피하기 위해 어떻게 다양한 지역이 개발될 수 있는지를 보여주는 지도를 준비한다. 이 지도들은 또한 새로운 수도관과 하수도가 가장 쉽게 건설될 수 있는 곳을 나타낼 수 있다. 그리고 나서 이 지도들은 논평하기 위해 대중에게 공개된다. 대중이 지도를 검토한 후, 기획자들은 토지의 현재와 미래의 사용을 보여주는 상세한 지도 세트를 준비한다. 지역 이사회는 최종 지도 세트를 검토하고 투표하거나, 지정된 기획 위원회에 기획 권한을 위임할 수 있다. 승인된 지도와 뒷받침되는 서술은 "종합계획(comprehensive plan)"이라 불리는 커뮤니티를 위한 공식적인 토지이용계획이 된다.

지방 공무원들은 토지이용계획을 사용하여 새로운 공공시설의 위치를 결정할 수 있다. 일부 정부는 이러한 비규제적인 목적으로만 그것들을 사용한다. 토지이용계획은 또한 부동산사용의 규제의 기초를 확립한다. 다만 계획 자체가 규제 체계를 마련하지는 않는다. 용도지역지구제 및 토지분할조례는 토지이용계획에 따른 규제체계이다.

재해경감 수단으로서 토지이용이나 종합계획의 주된 장점은 자본개선프로그램, 용도지역지구조례, 토지분할조례와 같은 다른 조치들을 안내한다는 것이다. 종합계획은 지방정부가 토지개발적합성에 대한 정보를 수집·분석해야 한다. 이 과정은 정책 입안자와 지역주민들이 재해가 발생하기 쉬운 지역의 개발 한계를 이해하는 데 도움이 된다. 결과적으로, 토지 사용은 일반적으로 공원, 골프장, 뒷마당, 야생동물 피난처 또는 자연적 특징과 같은 덜 집약적이고 재해에 적합한 사용을 위해 위험지역을 예약함으로써 재해 위험에 맞게 조정될 수 있다.

재해경감계획

계획 수립은 사후 대응적 과정에서 사전 예방적 과정으로 경감을 전환하는 핵심이다. 재해경감계획은 자연적 및 인간이 만든 원인에 기인하는 인명 및 재산피해를 줄이거나 제거하는 방법을 결정하는 포괄적이고 질서 있는 과정이다. 그러나 과거에는 많은 커뮤니티가 좋은 의도로 경감조치를 취했지만 사전 계획은 거의 없었다. 재난을 계기로 결정이 즉석에서 내려진 경우도 있다. 다른 경우에는 모든 옵션, 효과 또는 기여 요인을 신중하게 고려하지 않고 미리 결정했을 수 있다. 12장에서는 재해경감계획에 대해 자세히 논의한다.

재해경감계획의 주요 목적은 커뮤니티 전반에 걸쳐 위험과 미래 손실의 가능성을 감소시키는 커뮤니티 정책, 조치 및 구현을 위한 도구를 식별하는 것이다. 2000년 DMA(Disaster Mitigation Act; 재난경감법)에 따라 지방정부와 주정부는 앞으로 연방정부 경감기금을 받을 수 있는 재해경감계획을 마련해야 한다. 그 결과 그 어느 때보다 많은 커뮤니티가 경감계획을 마련하고 있으며, 이러한 계획을 현실화하기 위해 협력할 수 있는 방안을 모색하고 있어 기획 및 비상관리 분야 종사자들에게는 흥미진진한 시기이다(재난경감법은 제6장에서 자세히 논의한다). 효과적인 계획 수립은 광범위한 그룹의 기술, 전문성 및 경험을 통합하여 커뮤니티의 비전을 달성하고 가장 적절하고 공정한 경감사업을 수행할 수 있는 파트너십을 구축한다. 재해경감계획은 경감 프로그램에 대한 공공 및 정치적 지원을 증가시키고, 다른 중요한 커뮤니티 목표와 목표를 지원하는 조치를 초래하며, 위험 감소 고려사항을 포함하도록 커뮤니티 의사결정에 영향을 미칠 때 가장 성공적이다.

비상운영계획(EOP)

모든 카운티와 많은 지방정부는(규모에 따라 다름) "EOP(Emergency Operation Plans; 비상운영계획)"를 개발하고 채택하며, 이 EOP는 비상사태나 재난사태에 대응하여 정부기관과 민간단체가 취해야 할 조치를 미리 결정한다. EOP는 일반적으로 비상사태에 대응하고 대응에 대한 책임과 절차를 수립하는 지방정부의 능력을 설명한다. 계획을 최신 상태로 유지하기 위해 지방정부는 실제 위험 시나리오에 따라 연습을 수행한다. 재해 후 시나리오에서 발생하는 이슈는 종종 미래의 손실을 방지하기 위해 지금 수행할 수 있는 재해 전 활동에 관심을 받는다. FEMA는 많은 주 비상관리기관이 그렇듯이 홍수, 지진 및 허리케인 재해 시나리오에 대해 사용 가능한 재해 후 경감 및 복구 훈련을 제공한다.

기후변화적응계획

지방정부가 사용하는 가장 효과적인 적응 도구 중 하나는 커뮤니티를 계획할 수 있는 힘이다. 토지이용계획을 통해 지방정부는 주요 기후변화에 대한 회복탄력성을 높이고 커뮤니티가 그러한 변화에 직면하고 경감할 수 있는 내장 메커니즘을 갖추도록 보장할 수 있다. 전통적으로 지방정부계획은 과거의 경험을 바탕으로 현재와 미래의 성장을 위한 직접적인 의사결정을 이끌어 왔다. 그러나 기후변화의 출현과 적응을 위한 계획의 필요성으로 인해, 커뮤니티 개발 계획에 대한 극적으로 다른 접근법이 요구된다.

기후적응계획은 미래에 일어날 것으로 예상되는 변화를 설명하는 의사결정을 요구한다. 게다가, 기후변화는 커뮤니티가 직면한 과거 도전과 규모와 유형 모두 다르므로, 지방정부들이 새로운 개념과 새로운 계획 도구와 접근방식을 탐구하도록 강요할 것이다.

예를 들어, 폭풍 활동의 강도와 해수면 상승으로 인해 일부 해안선을 따라 변화 속도가 급격히 증가하기 때문에, 해안 지방정부는 교통, 주택, 상업, 산업, 휴양 및 필수 공공시설을 위한 가장 안전한 위치를 식별하는 전통적인 방법에 의존하지 못할 수 있다. 지난 30년간의 침식률에 기초한 침식 연구나 잠재적인 해수면 상승을 홍수 지역에 통합하지 않은 홍수지도와 같은 방법들은 빠르게 구식이 되어가고 있다. 기후변화로 인한 고온현상으로 용수공급에 변화가 일어나고 있는 다른 지역에서도 가뭄과 산불 발생빈도가 높아지고 있다. 이들 지방정부는 현재 자원 공급을 초과하는 미래의 물 수요를 고려하여 적은 물과 관련된 새로운 환경에 대한 계획을 세울 필요가 있을 것이다.

다양한 전략과 조치를 계획하는 것은 지방정부가 기후변화의 부정적인 영향을 줄이고 긍정적인 영향을 최대화하는 데 도움이 될 수 있다. 기후적응계획 전략을 그렇게 매력적으로 만드는 것은 비용 절약, 에너지 사용 감소, 커뮤니티 생활성 증가, 공중보건 증진, 그리고 보다 강력하고 정의로운 커뮤니티를 만드는 많은 공동 이익이다.

새로운 적응계획의 중요한 요소는 측정값(metrics), 기준선 및 평가를 일관되게 사용하는 것이다. 이러한 도구는 지방정부가 기후변화 취약성을 이해하는 데 도움이 될 수 있다. 측정값을 식별하면 지역 커뮤니티와 관련된 기후변화 영향을 효과적으로 측정할 수 있다. 그리고 각 측정값에 대한 기준선을 설정하는 것은 커뮤니티가 생태, 경제 및 사회 변화를 추적하는 데 도움이 된다. "증거 수집"은 적응계획을 효과적으로 수립하고 적응 조치를 이행하기 위한 기반을 조성하는 첫 번째 단계이다. 마지막으로, 선택된 측정값의 변화를 평가하려면 커뮤니티가 기회, 위협 및 자산을 비교하여 데이터를 활용해야 한다. 예를 들어, 캘리포니아 출라비스타시(City of Chula Vista)는 온도 상승을 관련 기후변화 조건으로 인식하고 이 조건을 해결하기 위해 11가지 적응 전략을 제안했다. 시는 변화하는 조건에 대비하는 성과를 정량화하기 위해 지속적으로 추적하고 보고할 수 있는 잠재적 지표를 식별했다. 이러한 지표 중 일부는 다음과 같다.

- 실제 온도 감소
- "저온형" 포장 표면의 총 면적
- 배포된 산불 교육 자료 수량
- 공공 봉사 및 교육으로 인한 커뮤니티 인식 증가율
- 지역 종 범위 및 다양성 변화를 모니터링하기 위해 수행된 조사 횟수
- 기후변화 영향을 설계에 통합한 서식지 복원 지역 수

델라웨어 루이스시에서 작성한 적응계획은 커뮤니티가 측정값, 기준선 및 평가의 사용으로 어떻게 이익을 얻을 수 있는지를 보여주는 또 다른 좋은 예를 제공한다. 시는 주요 측정값을 식별하고 기준을 설정한 다음 평가 과정을 통해 두 가지 주요 취약성을 개선했다. 그런 다음, 해수 침수와 증가된 홍수로 인한 재산피해와 같은 취약성은 이러한 변화하는 조건에 적응하기 위한 방법을 찾는 데 우선 순위가 주어졌다. 이 과정은 루이스가 지역적 중요성 지표와 패션 대응계획을 가장 효과적인 방법으로 측정할 수 있는 기반을 제공했다.

이러한 예는 크고 작은 커뮤니티에서 일어나고 있는 기후적응계획의 범위를 보여준다. 과거 패턴과 동향에 대한 배타적 의존을 넘어 회복탄력성으로의 진행 상황을 측정하기 위해 측정값 및 평가를 사용하는 것은 지방정부가 계획 과정을 재조정하는 데 도움이 된다. 새로운 과학, 새로운 기술 및 정책 기회를 통합하는 이러한 접근방식은 커뮤니티가 진정으로 기후변화에 대비하도록 촉진하고 있다.

자기 진단

- "건축법규", "용도지역지구지도", "누적영향평가", "자본개선" 및 "라이프라인서비스"를 정의하라.
- 5개의 기본 지방정부 권한을 열거하라.
- 지방정부의 규제 권한을 2개 이상 나열하라.
- 지방정부가 기후변화적응계획을 개발하기 위해 계획과정을 변경하는 2가지 방법을 열거하라.

8.5 지방정부 구조

지금까지 이 장에서 커뮤니티가 자연재해의 영향에 더 회복탄력적으로 대처하고 기후변화에 적응할 수 있도록 하기 위해 경찰권을 갖는 지방정부의 권한을 검토했다. 이러한 권력이 커뮤니티의 일상 업무에서 어떻게 집행되는지 이해하기 위해서는 지방정부의 조직과 경감전략을 이행하는 데 필요한 정치기계(political machinery; 역주: 보스정치인을 중심으로 구성된 정치시스템)를 알아야 한다.

조직의 유형은 비상관리와 계획이 지방정부 구조에서 어디에 적합한지를 지시한다. 이는 재해경감, 대비 및 기후변화적응이 커뮤니티 정책과 프로그램에 통합될 수 있는 용이성과 직접적인 관련이 있을 수 있다. 예를 들어, 관리자가 상당한 권한을 행사하는 커뮤니티에서 관리자는 부서장에게 정기적인 직무의 일부로 재해 위험 감소를 고려하도록 지시할 수 있다. 이는 공공사업 책임자가 사소한 또는 큰 강수 사건 중 홍수를 방지하기 위해 일상적인 빗물 관리 시스템 유지 관리의 일환으로 빗물 배수구 청소의 중요성을 이해하도록 보장하는 것만큼 간단할 수 있다. 어쨌든, 어떤 유형의 지방정부가 있든 간에, 기후변화적응이나 토지이용 규제와 같이 정치적으로 논란이 될 수 있는 문제들에 기꺼이 입장을 취할 수 있는 챔피언이나 비전 있는 인물이 있는 것이 중요하다.

8.5.1 지방정부의 정의

재난관리법에 따른 연방재난지원 및 경감계획의 목적을 위해, FEMA는 지방정부를 다음과 같이 정의한다.

> **카운티, 시, 읍, 구, 학군, 특별 지구, 주내 지역, 정부 위원회, 지방정부 기관 또는 기관, 인도 부족 또는 공인 부족 조직, 알래스카 원주민 마을 또는 단체 및 시골 마을지역, 비법인 도시, 마을 또는 기타 공공 단체**

다음 절에서는 정부 단위가 일반적으로 어떻게 설정되는지, 의사결정이 이루어지는 과정, 그리고 지방정부수준에서 정책이 어떻게 공식화되고 채택되는지를 설명할 것이다. 이 자료를 읽으면서 각 유형의 정부 구조에서 회복탄력성과 위험 감소를 어떻게 구현할 수 있는지 생각해 보라.

8.5.2 지방정부의 유형

미국의 기초자치단체에는 크게 5가지 유형이 있으며, 이를 일반목적정부와 단일목적정부로 분류할 수 있다. “범용지방정부(general-purpose government)”는 광범위한 정부 기능을 수행하며 카운티, 교구, 지방 자치체, 마을 및 마을을 포함한다. 학군, 특구 등 “단일목적지방정부(single-purpose local government)”는 특정한 목적을 갖고 한 가지 기능을 수행한다.

카운티

코네티컷과 로드아일랜드를 제외한 모든 주는 카운티(county)** 으로 나뉜다. 카운티는 도시 또는 시골일 수 있다. 그들은 그들 안에 자치체를 결합할 수 있고, 또는 그들 안에 비

** 알래스카에서는 자치구(borough)로, 루이지애나에서는 교구(parish)라고 불린다.

법인 커뮤니티를 가질 수 없다.

카운티는 원래 국가의 행정단위로서 기능하고 지방 차원에서 주 전체의 관심사를 수행하는 활동을 수행하기 위해 만들어졌다. 오늘날 카운티는 종종 더 많은 정책 및 의사결정 책임을 가진다. 카운티의 기본 기능으로는 재산 평가, 세입 징수(세금), 법 집행, 감옥, 선거, 토지 기록, 도로 정비, 긴급 서비스 등이 있다. 카운티는 또한 건강 관리, 사회 서비스, 오염 통제, 대중 교통, 산업 및 경제 개발을 포함한 추가 서비스를 제공할 수 있다.

카운티 정부 조직

미국의 카운티 정부는 크게 세 가지로 나뉜다.

1. 카운티 위원회(County Board)
   "감독자(supervisor)" 또는 "위원(commissioner)"으로 구성된다. 이는 미국에서 가장 일반적인 카운티 정부유형으로, 위원회는 카운티 유권자들에 의해 선출된다. 위원회는 중앙 정책 결정자 역할을 하고, 카운티 예산을 승인하고, 다른 관리들을 임명한다. 일부 카운티에서는 보안관, 공안관, 카운티 검사 또는 지방 검사, 카운티 세무사, 검시관, 카운티 서기 또는 법원 서기 등 다른 선출직 공무원과 권한을 공유한다.

2. 카운티 의회 선출위원(County Council-Elected Executive)
   이사회와 모든 행정 임원은 카운티 유권자에 의해 선출된다. 이러한 카운티에서 이사회는 입법(규칙 제정) 기능을 수행하고, 예산을 채택하고, 정책을 설정하고, 재무 감사를 수행한다. 집행관은 예산 편성, 정책 시행, 부서장 임명 등 집행 기능을 수행한다.

3. 카운티 의회 행정관(County Council-Administrator)
   일상적인 정부 운영에서 이사회가 더 손쉬운 편이다. 이들 카운티에서는 위원회가 정책 수립 및 예산 채택과 같은 입법 기능을 수행하고, 위원회가 고용한 전문 행정관이 정부 업무를 관리한다.

일반시

일반시(municipality; 역주: 카운티의 구성 단위)는 헌장이나 다른 수단을 통해 주(州)에 의해 형성된 통합 정부의 단위이다. 미국 전역에서 일반시는 도시, 마을(town, hamlet, village), 자치구(borough)로 다양하게 지칭된다. 일반적으로 비법인 지역(시 경계 밖의 지역)보다 인구밀도가 높은 도시지역을 설명하는 데 가장 자주 사용되는 용어이다. 일부 주에서는 다양한 용어가 특별한 법적 의미를 갖지 않는 반면, 다른 주에서는 유형별로 다른 지위를 부여한다. 모든 주에서, 지방정부는 커뮤니티를 위해 결정을 내리고 위임받은 권한과 책임 범위 내에 속하는 정책과 프로그램을 시행할 권한이 있다. 카운티와 마찬가지로 일반시는 일반목적 정부의 단위이다. 카운티와는 달리, 특히 일반시에서는 일반적으로 더 큰 의사결정 권한과 재량권을 가지고 있다.

일반시 조직

일반시정부는 크게 다음 세 가지 유형으로 나뉜다.

1. 시장–의회(mayor-council)
   가장 작은 도시와 가장 큰 도시 모두에서 가장 오래되고 흔한 형태의 지방정부다. 시장의 힘에 따라 두 가지 종류가 있다.
   a. 강한 시장-의회(strong mayor-council)
      시장은 유권자들에 의해 선출되며 행정 리더십의 원천이다. 시장은 예산을 마련하고, 시 고위 공무원을 채용하고 해고하며, 일상적인 행정 업무를 수행하고, 의회에 대한 거부권을 갖는다.
   b. 약한 시장-의회(weak mayor-council)
      권력(power)과 권위(authority)가 분열되어 있다. 의회는 행정권력의 원천이며 시장은 행정수반으로 간주된다. 의회는 시 공무원을 임명하고, 예산을 개발하고, 시장을 선출한다.

2. 시 위원회(city commission)
   입법과 행정 기능이 통합된다. 정치인인 각 청장은 자신의 부서의 옹호자가 되는 경향이 있다. 위원들은 일반적으로 정책을 수립하고 주요 부서를 이끈다. 한 명의 위원이 시장의 역할을 하며, 위원회 회의를 주재한다.

3. 의회–시관리자(council-city manager)
   10,000 ~ 50,000명의 도시에서 우세하며, 특히 선벨트(Sunbelt; 역주: 미국에서 연중 날씨가 따뜻한 남부 및 남서부 지역)의 교외 커뮤니티와 도시에서 그러하다. 이론적으로, 정부의 정치와 정책 결정 기능은 정책의 행정과 집행과 분리된다. 시관리자는 협의회의 자유에 따라 봉사하고, 부서장을 임명 및 해임하며, 용역 전달을 감독하고, 예산을 마련하고, 협의회에 정책 제언을 한다. 많은 커뮤니티에서, 그 관리자는 꽤 강력

하며 지역 문제에 있어서 활동적인 역할을 할 수 있다. 이런 조직구조가 수반하는 전문성과 부서간 조정의 정도가 높아졌기 때문에, 의회-관리자 계획에 따라 시행되는 지방정부는 모든 지방정부 운영에 경감을 가져올 가능성이 더 높다. 예를 들어 신축교사들을 산사태의 위험으로부터 멀리하는 것, 그리고 하천 제방을 레크리에이션 그린웨이로 지정하고, 모든 정부 건물에 안전한 방을 건설하는 것을 들 수 있다.

지방정부 부서

대부분의 지방정부는 개별 정부 부처에 위치한 지방공무원들을 통해 일반시나 카운티를 운영하는 일상적인 업무를 수행한다. 다양한 부서의 수와 규모, 조직 복잡성은 커뮤니티 자체의 규모, 상대적 재산, 지리적 위치에 따라 달라지지만, 전국적으로 전형적인 부서 기능에는 몇 가지 기본적인 유형이 있다. 예를 들어, 대부분의 지방정부에는 예산 및 재정 사무실뿐만 아니라 관리자 사무실이 있다. 지방정부는 자체적인 건축법규 집행 및 검사 부서를 두거나 하나의 카운티 내의 여러 소규모 일반시 간에 이러한 기능을 공유할 수 있다. 이러한 사무실은 계획 및 용도지역지구제뿐만 아니라 범람원 관리와 결합되는 경우가 많다. 지방정부는 반드시 변호사를 두고, 카운티는 소방·공공안전·의료긴급기관·위험물 관리뿐 아니라 비상관리 또는 대비부서나 기관을 두도록 했다. 대부분의 카운티와 지방정부는 대중교통, 주택, 위생, 공공사업과 같은 일상적인 서비스를 다루는 부서도 가지고 있다. 점점 더 많은 일반시들이 지속가능한 개발, 탄력성 및 기후변화적응을 전문적으로 다루는 사무실을 가지고 있다.

타운십

타운십(towns and township; 역주: 카운티 아래의 행정 구역 단위)은 카운티와 일반시와는 구별되는 지방정부의 일반목적(general-purpose) 단위이다. 일부 주에서는 타운십이 정부의 다른 일반목적 단위처럼 작동하면서 광범위한 권한을 가지고 있다. 이러한 유형의 타운십의 예는 뉴잉글랜드, 뉴저지, 펜실베이니아, 미시간, 뉴욕, 위스콘신에서 찾아볼 수 있다.

다른 주에서는 타운십의 권한이 더 제한적이다. 이것들은 도로와 법 집행과 같은 제한된 서비스를 제공하는, 본질적으로 더 시골적인 경향이 있다. 일리노이, 인디애나, 캔자스, 미네소타, 미주리, 네브래스카, 노스다코타, 오하이오, 사우스다코타에서 발견된다.

특별구

특별구(special district)란 한 가지 기능을 수행하거나 특정 지역의 서비스 수요를 충족시킬 수 있는 권한을 부여받은 단일목적지방정부를 말한다. 특별구는 화재 예방, 하수 및 물 관리, 모기 퇴치, 배수 및 홍수 방지, 토양과 물의 보존, 학군, 대중 교통, 그리고 심지어 재개발과 재해복구와 같은 커뮤니티의 특정한 문제들을 다루기 위해 만들어졌다.
특별구 공무원은 카운티 등 다른 정부에서 선출하거나 임명할 수 있다. 특별구의 예산과 인력은 매우 큰 규모에서 최소 규모까지 다양하다. 강력한 특별구의 예로는 뉴저지 항만청, 시카고 교통청, 로스앤젤레스 카운티 위생구가 있다.

서비스지구는 범용지방정부의 경계를 넘어 서비스를 확장할 수 있고 정치적 관할권을 초월한 지역문제를 해결할 수 있다. 예를 들어, 홍수 방지 구역은 여러 카운티를 흐르는 강의 범람을 처리할 수 있다. 서비스 구역은 규모의 경제를 기반으로 개별 기준으로 제공하기에 비효율적인 서비스를 제공하는 데 종종 사용된다. 예를 들어, 전력은 종종 단일 카운티의 인구보다 여러 카운티에 더 효율적으로 공급될 수 있다. 지역 전력회사는 또한 정전 및 기타 비상사태를 처리할 수 있도록 더 잘 갖춰질 수 있다.

8.5.3 지역 거버넌스

여러 면에서 지방정부는 각각의 권력 기반, 자체적인 기본 정부 구조, 자체적인 의사결정과 정책 수립 과정을 가진 독립적인 자치 단위로서 활동한다. 그러나 강한 정체성과 독특한 성격은 커뮤니티의 장소의식에 필수적이지만, 커뮤니티가 직면하고 있는 많은 도전들은 범위가 더 넓으며 지역적 접근으로 가장 잘 해결된다. 많은 유형의 재해가 명확하게 정의된 정치적 경계 내에서만 발생하는 것이 아니며 그 영향은 광범위한 지리적 영역에 걸쳐 경험할 수 있기 때문에 자연재해는 커뮤니티가 다루어야 하는 이 범주의 문제에 분명히 속한다. 이것은 특히 홍수의 경우에 해당하며, 이는 같은 유역이나 강유역에 사는 커뮤니티에 의해 악화될 수 있다. 편협한 시각은 지방정부 간에도 드물지 않고, 협동조합, 합작사업도 가볍게 진행되지 않는다. 그럼에도 불구하고 재해 관련 문제에 대한 해결책을 협력적인 방식으로 찾는 것이 개별 지방정부가 단독으로 일하는 것보다 더 효과적일 수 있다.

지역 기관은 종종 강유역이나 유역과 같은 생태계의 경계를 기반으로 한다. 다른 지방정부들은 한 주 내에서 운영되는 COG(council of government; 정부 위원회)와 같은 여러 관할권 협정으로 구성된다. 지역 또는 생태계 관리를 구현하기 위한 다양한 접근방식이 있다. 일부 지역에서는 규제 기관이 관리를 수행해 왔다. 이것은 지방 또는 주 경계를 가로지르는 독립적인 기관의 형태를 취할 수도 있고, 주정부 내에서 별도의 실체 또는 기존 부서 또는 기관의 부서로 운영될 수도 있다. 이러한 규제 기관은 대개 주의 입법부에 의해 만들어지며 규제 및 집행 권한을 모두 부여할 수 있다.

다른 지역 관리 기구는 본질적으로 더 행정적이며 조정 기능을 수행하거나 주 및/또는 지방정부에 대한 자문 위원회 역할을 수행할 수 있다. 많은 주들은 지역들이 자발적으로 지역 자원과 문제를 연구하고 그들의 회원국 정부들 사이의 협력적 준비와 조정된 행동을 촉진하기 위해 의회나 연방을 구성할 수 있도록 하는 법률을 가지고 있다.

재해지역 개발과 같은 구체적인 문제를 다루는 데 있어 지역 조직의 성공은 기껏해야 미미하다. 일부 관측통들은 연방 시스템 내의 정부 수준 간의 분열은 바꿀 수 없는 삶의 사실이라고 주장해왔다. 자연재해가 발생하기 쉬운 지역의 토지 사용에 있어 지역 주체의 기능은 광범위한 계획, 정부 간 조정 및 지방정부에 정보, 교육 및 기술 지원을 제공하는 역량 구축 기능으로 제한될 가능성이 높다. 특수목적지역조직은 계획과 정책을 직접 시행하거나 강제할 수 있는 권한을 부여받았을 때 더 성공적이었다.

다중관할계획

DMA(재난경감법) 행정에서 FEMA는 커뮤니티가 의무적인 지역 재해경감계획을 준비할 때 서로 협력하도록 장려한다. 더 광범위한 규모로 계획을 수립하면 인력, 자금, 기술 능력 및 경험과 같은 추가 자원을 투입할 수 있으며, 커뮤니티의 외부에서 발생하는 재난경감에 도움이 될 수 있다. 예를 들어, 다중관할계획(multi-jurisdictional planning) 구역에는 지진의 주요 위험이 있는 동일한 단층선을 따라 위치한 여러 마을 또는 동일한 유역 내에 있는 커뮤니티가 포함될 수 있다. 다중관할계획은 서로 인접한 커뮤니티(예: 3개 카운티 계획) 또는 카운티 정부와 그 안에 있는 일반시(municipalty)와 타운십(township)에 의해 만들어질 수도 있다.

정부위원회

일부 지역에서는 지방정부가 연합하여 COG(Council of Government; 정부위원회)를 형성한다. 카운티과 지방정부의 자발적 단체는 개별 지방정부가 아닌 지역 단위로 처리하는 서비스를 제공한다. 일부 COG는 상당히 작은데, 한 쌍의 지방정부가 함께 일하는 반면, 다른 COG와 유사한 구조는 훨씬 더 크다. 예를 들어, 워싱턴 DC에서는 지역 COG가

본질적으로 3개 주를 포괄하는 반면, 웨스트버지니아의 동부 팬핸들(panhandle; 역주: 좁고 긴 지역)에는 4개 주 파트너십이 존재한다.

COG가 제공하는 대표적인 서비스로는 노인 대상 프로그램, 토지이용계획, 경제 개발, 환경보호 및 기타 유형의 협업 노력이 있다. 회원 정부는 지역 의회의 업무를 지원하기 위해 회비를 지불하고, 그들이 공유하는 문제를 논의하고 상호 관심사를 다룰 방법을 찾기 위해 대표를 임명한다. 혜택을 가장 적게 받고 자원이 적은 주의 지역(종종 시골 카운티)은 COG에 의존하여 연방 및 주 프로그램을 관리하고 보조금을 작성하며 계획 작성 및 기타 지역 기능을 지원하는 경우가 많다. 일부 COG는 지역에 걸친 재해 위험을 성공적으로 다루었지만, 일반적으로 COG는 지역 규모보다 큰 규모의 자연재해 또는 기후변화 영향을 처리하는 데 일반적으로 사용되지 않았다. 보다 일반적으로 COG는 연방 재난복구 프로그램을 수행하고 지역 재해경감계획을 개발하기 위해 지역 커뮤니티에 지원을 제공했다.

상호원조협정

일부 주의 법률은 개별 지방정부로서 수행할 수 있는 모든 기능을 협력적으로 수행하기 위해 일반시와 카운티가 지역 간 협정을 체결할 수 있도록 한다. 이러한 많은 상호원조협정(mutual aid agreement)은 지방정부가 비상 서비스를 제공하기 위해 협력할 수 있도록 한다. 그 협정은 서명자들이 재난이 발생했을 때 도움을 제공하고 받을 수 있는 수단을 확립한다. 상호원조협정은 물류, 배치, 보상 및 책임 문제를 다루고 연방 재난 원조의 신속한 상환을 지원할 수 있다. 상호원조협정의 사전 설정된 정책과 절차는 정부 내 협력을 더욱 광범위하고 효율적으로 만들어 재산보호, 비용 최소화, 인명 구조 등의 역할을 한다.

자기 진단

- "일반목적지방정부"와 "단일목적지방정부"를 정의한다.
- 시 또는 카운티 관리자의 역할에 대해 논의한다.
- 상호원조협정에 의해 다루어질 수 있는 3가지 문제를 나열하라.
- 지역 협력 활동의 2가지 유형을 설명하라.

8.6 실현: 정치적 의지

이 장을 통해 지방정부가 자연재해의 위험을 줄이고, 기후변화에 적응하고, 전반적인 탄력성을 높이기 위한 정책을 수립할 수 있는 방식으로 성장과 개발을 통제할 수 있는 광범위한 권한을 가지고 있음을 보았다. 모든 경우에, 어떤 유형의 지방정부가 있고, 지역 재해가 있고, 어떤 수준의 자원을 이용할 수 있든지 간에, 기후변화적응이나 토지이용 규제와 같이 정치적으로 논란이 될 수 있는 문제에 기꺼이 입장을 취할 수 있는 챔피언, 비전 있는 인물 또는 조직을 갖는 것이 중요하다. 다시 말해, 이러한 도전을 해결할 수 있는 커뮤니티의 역량은 어느 정도의 정치적 의지력에 달려 있다. 강도 높은 성장의 즉각적인 및 중간 재정 이익은 위험지역에서 개발이 발생하거나 새로운 주택, 건물 및 공공시설이 높은 기준을 준수하지 않고 저렴하게 건설될 때 증가하는 취약성을 포함하여 성장과 관련된 장기적인 비용과 신중하게 비교되어야 한다. 그리고 강풍, 홍수, 산불, 폭풍해일 또는 지진. 이러한 문제들은 선견지명과 장기적인 사고를 필요로 하며, 심지어 선거 주기에 따라 흔들릴 수 있는 정치적 환경에서도 전체적으로 다루어져야 한다. 관리자, 시장, 시민 옹호자, 지역 사업 지도자, 커뮤니티 운동가 등 지역 챔피언은 기후변화를 고려하고 공공 개발 결정이 내려질 때마다 재해 위험을 최소화하도록 하기 위해 나설 사람이다.

요약

지방정부는 재해지역에서 많은 관리 계층 중 하나일 뿐이지만, 단언컨대 회복탄력적 커뮤니티를 만드는 데 있어 가장 중요한 역할을 한다. 토지이용패턴이 결정되고 대부분의 개발현안이 결정되는 것은 지방정부차원에서이다. 또한 재해를 경험하고 손실이 가장 직접적으로 발생한 곳, 그리고 지역 지식은 그러한 손실을 최소화하기 위한 다양한 접근방식을 알려주는 데 도움이 될 수 있는 곳도 지방정부 차원에서이다. 이 장에서는 주(州)가 지방정부에 위임한 권한, 재해 위험을 줄이는 데 사용할 수 있는 권한을 논의하였다. 이러한 권한에는 규제, 취득, 과세, 교육, 지출 및 계획이 포함된다. 이 장은 또한 이러한 권력에 대한 입법적, 헌법적 제한의 일부를 설명하고 미국에서 가장 널리 퍼져 있는 지방정부 구조의 유형을 제시하였다. 또한 지방정부가 주 내에서 또는 지역 간에 서로 관계를 맺는 방법을 탐구했다. 이 장은 정치적으로 인기가 없을지라도 커뮤니티 회복탄성력의 원인을 옹호할 지역 지도자의 필요성을 관찰함으로써 성공적인 장기적 위험 감소의 핵심을 요약했다.

용어

- 취득(acquisition)
  개인 소유의 재산을 포함한 재산을 매입하거나 비난함으로써 회득할 수 있는 정부 당국. 공유지 소유와 공유지의 양심적 관리는 재산 사용에 대한 직접적인 통제를 제공한다. 이 제어는 개발을 위험지역에서 벗어나게 하는 재해경감 및 기후적응 정책을 구현하는 데 사용될 수 있다.
- 분할상환(amortization)
  비적합 구조물이 지역 구역 규정을 준수하거나 특정 기간 내에 부동산에서 제거되어야 하는 과정이다.
- 연간운영예산(annual operating budget)
  지방정부가 경찰과 화재, 쓰레기 및 재활용 수거, 도로와 공원 정비와 같은 지속적인 서비스를 위해 매년 적립하는 금액이다.
- 완충지(buffer)
  수로, 수로, 습지 또는 기타 물 특징에서 25 또는 100피트 정도의 특정 거리의 장애물이다. 이 영역에서는 절단, 접지 커버의 제거 또는 자연적 특징의 변경이 허용되지 않는다.
- 건축법규(building codes)
  상업 및 주거용 구조물에 사용되는 구조 무결성, 설계 및 건축 자재의 표준과 요건을 정하는 법률, 조례 또는 규정
- 매입프로그램(buyout program)
  위험지역에 위치한 사유재산의 공개 취득
- 자본개선(capital improvement)
  상대적으로 규모가 크고, 비싸며, 영구적인 물리적 시설을 신설 또는 확장한다.
- 자본개선예산(capital improvements budget)
  현재 또는 내년 회계연도에 건설될 공공시설의 일정
- 자본개선프로그램(CIP; Capital Improvement Program)
  공공 신체 개선을 위한 다년간의 일정
- 누적영향 평가(cumulative impact assessment)
  특정 환경에서 모든 개발의 총 효과를 살펴보는 평가이다.
- 차등평가(differential assessment)
  미개발 부동산이 공공서비스를 덜 필요로 한다는 점을 인식하여 개발압력에 직면한 토지에 대한 세금부담을 경감하는 기법이다.
- 다운조닝(down-zoning)
  재해가 발생하기 쉬운 지역에서 부적절한 개발을 막기 위해 사용되는 구역 코드의 조항. 최소 부지 크기를 늘리거나 에이커당 허용되는 주택 수를 줄이면 달성될 수 있다.

- 적법절차(due process)
  모든 법적 절차 동안 민간인의 권리가 보호되어야 한다는 헌법 조항
- 지역권(地役權; easement)
  접근권 등 특정 재산의 사용권을 인정하는 유형으로 토지소유자의 특정 방식 사용권을 제한할 수도 있다.
- 비상운영계획(EOP; Emergency Operation Plan)
  주 또는 지역 수준에서 비상사태에 대응하기 위한 책임, 조치 및 명령 계통을 수립한다.
- 수용권(eminent domain)
  비난이라고도 알려진, 공공 목적을 위해 사유지를 "탈취"할 수 있는 정부의 권한이다.
- 평등보호조항(equal protection clause)
  법률이 유사한 상황에 있는 모든 사람에게 균일하게 적용되어야 한다는 헌법상의 요건
- 무조건 상속권(fee simple)
  단일 소유자가 토지 구획과 관련된 모든 권리를 갖는 경우
- 일반목적지방정부(general-purpose local government)
  광범위한 기능을 수행하는 지방정부의 유형. 예: 카운티, 일반시, 타운십
- 영향요금(impact fee)
  학교, 소방서, 주민센터 및 기타 지역 시설을 포함한 현장 외 개선 비용을 지불하기 위해 신규 개발에 대한 일회성 선불 요금
- 정당한 보상(just compensation)
  정부가 몰수하는 사유재산에 대해 재산 소유자에게 공정한 시장가치를 지급해야 한다는 헌법상의 요건이다.
- 라이프라인서비스(lifeline services)
  소방·경찰·응급의료, 수색·구조 작업 등 사람의 생명과 안전을 지키는 데 필수적인 지방정부가 제공하는 서비스다. 또한 병원, 발전, 통신, 운송, 상하수도와 같은 중요한 시/카운티 서비스에도 적용된다.
- 모라토리엄(moratorium; 지불유예)
  개발권의 단기적 중단은 보통 지방정부가 대형재난 발생 후 등 정해진 기간 동안 건축허가 발급을 거부함으로써 이루어진다.
- 경찰권(police power)
  공공의 이익을 위해 법과 규정을 만드는 정부의 기본 권한. 미국 수정헌법 10조는 경찰권을 주(州)에 이양하고, 주(州)는 지방정부가 공공의 안전, 건강, 복지를 보존하고 보호하는 조치를 제정할 수 있도록 하는 권한을 주(州)에 위임한다.
- 이전(relocation)
  위험 구역에서 개인 소유의 구조물을 제거하고 비위험 부지로 이전하는 것. 대부분 취득과 함께 사용된다.

- 단일목적지방정부(single-purpose local government)
  특정 목적을 가지고 한 가지 기능을 수행하는 지방정부의 유형. 예: 학군
- 토지분할조례(subdivision ordinance)
  개발 또는 판매를 위한 토지의 분할을 관리하는 지역 규정. 토지분할조례는 지역구의 구성을 통제하는 것 외에도 배수 및 홍수 방지 등 개발 기반시설의 기준을 설정한다.
- 지속가능한 개발(sustainable development)
  미래 세대의 요구 충족 능력을 훼손하지 않고 현재의 요구 사항을 충족하는 성장. 지속가능한 커뮤니티는 위험에 대한 높은 수준의 회복탄력성을 요구한다.
- 수용조항(takings clause)
  정부가 소유자의 재산을 물리적 점유로 취득하거나 소유자의 재산 사용을 엄격히 제한함으로써 적용되는 미국 헌법 수정 제5조의 조항. 정부가 소유주에게 가져간 것에 대한 정당한 보상을 하도록 요구한다.
- 용도지역지구제(zoning)
  토지이용을 통제하기 위해 지방정부가 이용할 수 있는 전통적인 도구인 용도지역지구지도는 용도지역지구조례에 기술된 바와 같이 다양한 규제가 적용되는 구역으로 관할구역을 나눈다.
- 용도지역지구지도(zoning map)
  지방정부가 관할하는 지역을 다양한 개발규제가 적용되는 구역으로 구분한다.

연습문제

요약 질문

1. 지속가능한 커뮤니티는 미래 세대의 필요를 충족시킬 기회를 줄이는 커뮤니티이다. 참인가 거짓인가?

2. 지속가능한 커뮤니티는 또한
   a. 연방정부 보조금을 받는 커뮤니티이다.
   b. 지방정부이다.
   c. 회복탄력적 커뮤니티다.
   d. 위험지역이다.

3. 사람과 재산이 위험지역에 들어가지 않도록 하는 것이 경감의 주요 목표 중 하나이다. 참인가 거짓인가?

4. 환경적으로 취약한 지역의 개발은 커뮤니티의 회복탄력성을 감소시킨다. 참인가 거짓인가?

5. 건축법규는 지방정부의 과세 권한의 한 예이다. 참인가 거짓인가?

6. 다음 중 지방정부의 규제 권한의 예는 무엇인가?
   a. 영향요금 b. 계획 c. 범람원 조례 d. 특별평가

7. 용도지역지구조례는 지정된 구역 내에서 허용되는 용도의 종류와 강도를 규정한다. 참인가 거짓인가?

8. 커뮤니티는 무엇을 위해 모라토리엄을 사용하는가?
   a. 손상된 구조물의 재건을 방지하기 위해
   b. 재해지도를 업데이트하기 위해
   c. 용도지역지구제 구역을 재평가하기 위해
   d. 위의 모든 것을 위해

9. 수용권은 정부에 다음과 같은 권리를 부여한다.
   a. 법을 집행한다. b. 과세를 부과한다.
   c. 용도지역지구제를 변경한다. d. 재산을 수용한다.

10. 지방정부는 개발자가 가장 높은 수익률에 따라 토지분할로 사회기반시설을 제공하도록 하고 있다. 참인가 거짓인가?

11. 새로운 개발은 다음을 통해 그들이 커뮤니티에 부과하는 재정적 부담을 공유한다.
    a. 재산세 b. 사용료 c. 자본개선 d. 영향요금

12. 소유자가 경제적으로 유리한 부동산 사용을 모두 박탈하는 규정은 위헌적 ( ) 이다.
    a. 경감 행위 b. 관리법 c. 수용 d. 토지신탁

13. 특별구는 단일목적정부의 한 예이다. 참인가 거짓인가?

14. 비상관리는 카운티 정부의 유일한 책임이다. 참인가 거짓인가?

15. 다음 중 지방 시정부의 가장 일반적인 유형은 무엇인가?
    a. 시장-의회 b. 시 위원회 c. 의회-관리자 d. 시장-관리자

16. 특별구는 정치적 관할권을 초월한 지역 문제를 다룰 수 있다. 참인가 거짓인가?

리뷰 질문

1. 자연재해에 의해 영향을 받은 커뮤니티를 생각해보라. 재해경감 및 대비는 커뮤니티의 지속가능성과 어떤 방식으로 연결되어 있는가?

2. 지속가능한 커뮤니티는 재해 회복탄력성이 있어야 한다. 지속가능한 커뮤니티가 고려해야 할 다른 4가지 이슈는 무엇인가?

3. 교외의 스프롤(sprawl; 난개발) 현상이 커뮤니티의 지속가능성과 재해에 대한 취약성에 어떤 영향을 미치는가?

4. 재해 후 재건을 해야 한다는 압박감이 가장 심한 때는 언제이며, 그 이유는 무엇인가?

5. 자연재해의 영향을 경감하거나 기후변화에 적응하기 위해 지방정부의 힘을 사용하여 어떻게 커뮤니티의 성장을 관리할 수 있는가?

6. 재건을 위해 반복적으로 비용을 지불하는 문제에 대한 장기적인 해결책은 무엇인가?

7. 재해경감 목적을 위해 지역권을 사용해야 하는 이유와 사용하지 말아야 하는 이유를 제시하라.

8. 수용권과 취득 간의 관계를 설명한다.

9. 재난경보시스템은 커뮤니티의 재해 계획 과정에서 중요한 부분이다. 재해 경고시스템의 고유한 약점은 무엇인가?

10. 미국의 5가지 지방정부 구조는 무엇인가? 어떤 것이 일반목적이고 어떤 것이 단일목적인가?

11. 카운티는 원래 주(州)의 행정 단위로 만들어졌다. 카운티로 분할되지 않은 두 주의 이름을 열거하라.

12. 특별구는 특정 지역의 서비스 수요를 충족시키기 위해 만들어진 단일목적정부이다. 5가지 특별구 유형을 나열하라.

13. 재해 회복탄력성을 추구하는 커뮤니티는 경감 프로그램과 정책을 개발하고 수행할 수 있는 능력에 기꺼이 투자해야 한다. 이 원칙을 입증하는 5가지 정부 활동을 나열하라.

응용

1. 지속가능한 커뮤니티의 고려를 염두에 두고, 당신이 사는 곳의 지속가능성을 평가하라. 커뮤니티의 재해에 대한 취약성을 증가시킨 지속불가능한 특정 토지사용이 있는가?

2. 지방정부가 지역에 산업단지를 건설할 계획인 대형 통신회사의 투자와 관련된 성장의 영향을 관리하기 위해 어떤 방법으로 용도지역지구제를 사용할 수 있었는가? 특히, 교통 문제, 오염 및 주택 문제를 해결하는 방법을 고려하라.

3. 특수평가가 재해에 취약한 영역의 개발을 어떻게 저해할 수 있는가? 당신의 지역에서 작동 중인 특별평가의 유형을 식별하라.

4. 만약 당신이 중간 규모 일반시의 비상관리자라면, 지방 정책 수립 과정을 통해 재해경감 안건을 추진하기 위해 의회-관리자 형태의 지방정부가 있다면 어떤 장점이 있을 것인가?

5. 지방정부가 인적재해 vs 자연재해의 위험을 관리하는 방법을 설명한다.

자습

• 재해지도의 활용

재해로부터 커뮤니티를 보호하는 최선의 방법을 결정하려면 먼저 지역 재해위험을 식별할 필요가 있다. 재해지도는 홍수, 산사태, 지진 및 허리케인과 같은 재해지역과 개발지역이 겹치는 지점을 극적으로 보여줄 수 있다. 인터넷 또는 기타 자료를 사용하여 해당 지역의 재해지도를 찾고, 집과 위험 사이의 거리를 확인하고, 재해 발생 위험을 평가하라.

• 국민 권력

각 주는 지방정부가 토지 사용을 통제할 수 있도록 권한을 부여한다. 당신의 커뮤니티에서 4가지 규제 권한(용도지역지구조례, 토지분할조례, 건축법규, 홍수피해예방조례)은 어떻게 작용하고 있는가?

• 커뮤니티의 회복탄력성

커뮤니티를 위한 재해경감 프로그램을 만들 때 채택해야 할 회복탄력성 및 지속가능성의 원칙은 무엇인가? 경감 정책을 개발하는 커뮤니티의 역량에 있어 어떤 활동이 이루어지고 있는가?

참고문헌

1. United Nations World Commission on Environment and Development. 1987. Our Common Future(p. 43). Oxford, United Kingdom: Oxford University Press.
2. Kusler, J.A. 2004. No Adverse Impact: Floodplain Management and the Courts. Madison, WI: Association of State Floodplain Managers.
3. Woodruff, S.C. et al. 2013. Adapting to Climate Change: A Handbook for Local Governments in North Carolina. Chapel Hill, NC: Coastal Hazards Center at the University of North Carolina at Chapel Hill. Available online at: coastalhazardscenter.org/adapt.
4. Olshansky, R.B. and J.D. Kartez. 1998. Managing Land Use to Build Resilience. In. Cooperating With Nature: Confronting Natural Hazards with Land Use Planning for Sustainable Communities. Edited by Raymond J. Burby. Washington, DC: Joseph Henry Press.

5. FEMA. 2013. Local Mitigation Planning Handbook. Publication 302-094-1. FEMA.
6. Hirokawa, K.H. and J.D. Rosenbloom. Land Use Planning in a Climate Change Context. Research Paper Legal Studies Research Paper Series, Research Paper No. 12-33. Drake University.
7. Code of Federal Regulations. Title 44, Part 201.2.

제 9 장 커뮤니티와 민간부문

학습내용과 목표

(1) 학습 내용
- 회복탄력적 커뮤니티를 조성하기 위한 민간 토지소유권의 역할
- 재해가 커뮤니티에 미치는 경제적 영향
- 기업이 자산, 재고 및 인력을 보호하기 위해 사용할 수 있는 경감조치
- 위험도를 저감을 위한 개발자와 투자자의 역할
- 재해경감을 위한 기업과 커뮤니티의 협력 전략

(2) 학습 목표
- 민간부문 개발 결정과 지역 취약성 간의 연관성 평가
- 재해영향을 경감하기 위한 업무연속성계획 과정의 이해
- 위험도평가의 원칙을 적용하여 정보에 입각한 투자결정
- 재해 위험에 대해 기업이 이용할 수 있는 보험 유형의 확인
- 재해가 발생할 경우 회사의 자산, 직원 및 기업 생존력을 보호하는 방법
- 커뮤니티 회복탄력성 향상을 위한 기업 인센티브 평가

개요

회복탄력적 경제는 회복탄력적 커뮤니티의 필수적인 요소이다. 회복탄력적 경제를 위해서는 자연재해와 기후변화의 영향을 견딜 수 있는 강력한 사업부문뿐만 아니라 민간 소유 부동산의 현명한 용도를 필요로 한다. 재난이 닥치기 전에 지역경제에 회복탄력성을 구축한 커뮤니티는 생산성에 지장을 덜 받을 가능성이 높으며, 안정적인 세금, 활기찬 시장, 그리고 커뮤니티 구성원들에게 더 높은 삶의 질을 유지할 수 있다. 이 장에서는 민간 토지소유자와 부동산 투자자의 의사결정 과정과 그들이 부동산의 위치와 용도에 관해 내리는 선택이 커뮤니티 취약성에 어떻게 영향을 미칠 수 있는지에 대해 논의한다. 또한 공공 부문 조치가 민간부문의 결정에 어떻게 영향을 미칠 수 있는지 설명한다. 그런 다음 지역기업, 특히 소규모 기업이 자연재해와 기후변화에 직면하여 자산, 직원 및 기업의 생존 능력을 보호할 수 있는 방법을 알아본다. 이 장은 민간부문이 커뮤니티 경감 프로그램에 참여하고 기후변화에 대한 재해 회복탄력성과 적응을 촉진하기 위한 노력을 주도할 수 있는 방법에 대해 논의하는 것으로 마무리된다.

9.1 회복탄력적 경제와 커뮤니티

재해 회복탄력적 커뮤니티의 중심에는 회복탄력적 경제가 있다. 거주자들은 괜찮은 일자리와 저렴한 주택 선택권을 얻을 수 있는 믿을 만한 원천이 필요하다. 기업은 상업과 무역을 위한 수용 장소와 안정적인 노동력이 필요하다. 지방정부가 기반시설을 구축·유지하고 커뮤니티 구성원들에게 서비스와 편의시설을 제공하기 위해서는 안정적인 재원이 필요하다. 활기찬 경제의 이 모든 요소들은 공공 부문과 민간부문 모두의 꾸준한 자본 투자 흐름에 의존한다. 재난 후 복구 및 재건 기간보다 이러한 문제가 더 중요한 것은 결코 아니다. 재해사건이 발생한 후에는 경제가 안정을 유지하거나 단기간 재정비 후 빠르게 안정세로 돌아오는 것이 커뮤니티의 회복을 위해 필수적이다. 재해가 발생하기 "전(前)"에 지역경제에 회복탄력성을 구축한 커뮤니티는 재해사건 후 안정으로 돌아가기에 훨씬 더 좋은 위치에 있을 것이다. 회복탄력적 커뮤니티는 재난 이후 경제적 활력을 유지하거나 빠르게 회복할 수 있다.

9.1.1 민간 토지소유권

커뮤니티의 전반적인 회복탄력성은 광범위한 위험의 영향을 견딜 수 있는 경제적 능력과 재난이 발생했을 때 경제 회복 속도에 달려 있다. 이는 사람과 재산을 재해 안전 위치에 배치하고 바람방재 지붕 설치 및 홍수에 취약한 구조물의 고도화와 같은 경감 건물 기법을 건설 과정에 통합함으로써 달성된다. 지방정부는 관할구역 내에서 어떤 종류의 건축물이 허용되고 어디에 건설될 수 있는지를 결정하는 데 중요한 역할을 한다. 그러나 민간부문은 커뮤니티의 토지이용 패턴의 주요 원동력이다. 부동산 소유자들이 그들의 땅을 어떻게 사용하고 그들의 재산을 보호할 지에 대해 내리는 선택은 커뮤니티의 취약성에 큰 영향을 미친다.

커뮤니티의 경제적 유지력에 있어 주요한 통제 요인은 그 지역에서 지배적인 토지이용 패턴에 있다. 도시환경은 취약성의 매우 중요한 결정 요인이기 때문에, 이 장의 첫 번째 절에서는 토지 소유, 특히 위험지역의 민간 토지 소유에 대한 문제를 다룬다.

9.1.2 기업 회복탄력성과 커뮤니티 회복탄력성

재난-회복탄력적 커뮤니티의 형성은 민간 부동산 소유자에 의한 위치 및 구조적 결정뿐만 아니라 위험 노출 측면에서 해당 지역에 가장 적합한 경제 활동의 유형에 관한 결정에 달려 있다. 진정으로 지속가능한 지역경제는 다양해지고 자연재해를 포함한 내부 또는 외부의 사건들에 의해 덜 파괴된다. 예를 들어, 경제적 버팀목으로서 오로지 관광에 의존하는 해안 도시는 경제가 더 다양화된 지역보다 대형 허리케인이 발생한 후 심각한 장기적 결과를 겪을 가능성이 더 높다. 산업이 혼합된 경제는 훨씬 더 안정적이다. 민간부문이 경감 및 다양화를 통해 재난에 더욱 저항할 수 있도록 하는 것은 지방세 기반을 보다 안전하게 하고, 주민을 보다 안전하게 하며, 기업 경쟁력을 높여 지방정부에 재정보증을 제공한다.

재난 이후 지역경제가 살아남을 수 있을 지에 많은 요소들이 작용하지만, 커뮤니티의 경제적 회복탄력성의 상당 부분은 그 지역에 위치한 개별 사업체와 산업체, 그들이 얼마나 잘 대규모 피해를 예방할 수 있는지, 그리고 얼마나 빨리 운영을 재개할 수 있는 지에 달려 있다. 회복탄력적 경제는 재해사건에 의해 생산성이 최소로 파괴되는 경제이다. 재난은 재난이 닥치기 전 커뮤니티에 존재했던 경제 흐름을 가속화하는 효과를 낼 수 있다. 예를 들어, 도심에서 느린 쇠퇴를 경험하는 경우, 재난은 위생, 공공안전, 교통 및 전반적인 악화의 어려움을 악화시키는 부정적인 추세를 빠르게 할 수 있다. 다른 한편으로, 재난은 또한 커뮤니티가 긍정적인 변화를 만들고 새로운 에너지를 질병이나 방치된 지역을 되살리는 데 집중할 수 있는 기회를 제공할 수 있다.

참조 캔사스 그린스버그에서 지속가능한 재개발을 수용하는 기업

2007년 5월 4일 EF5 토네이도가 캔자스주 그린스버그의 작은 마을을 휩쓸었을 때, 그 피해는 너무 광범위해서 많은 주민들이 그 커뮤니티가 재건될 수 있을지 궁금해했다. 1,600명의 주민이 살고 있는 마을의 약 95%가 파괴되었고, 남아있는 몇 안 되는 건물들은 상당히 손상되었다. 그 후 몇 주, 몇 달 동안 주민들은 FEMA 텐트 아래에서 복구 작업에 대해 논의하기 위한 회의를 열었다. 다양하고 때로는 상반된 비전이 논의되었지만, 커뮤니티는 에너지 효율적인 건물을 짓고 100% 재생 가능한 에너지를 활용하면서 지속가능한 도시를 재건하기로 결의했다.

재계는 지속가능성을 포용하는 데 중요한 역할을 했고 지역경제를 강화하기 위한 방안으로 지속가능한 재개발을 활용할 수 있는 기회까지 찾았다. BTI(Bucklin Tracker and Implement)는 지역 John Deere 공급업체로서 풍력 터빈으로 구동되는 새로운 LEED-플래티넘 딜러점을 건설했을 뿐만 아니라, 결국 농장 및 중소기업에 소형 터빈을 공급하는 새로운 회사(BTI Wind Energy)를 설립했다.

경감 및 대비를 통한 기업 보호

위험 토지 관리에서 민간 토지소유자가 수행하는 역할에 대한 탐구 외에도, 이 장에서는 재해가 개별 기업에 어떤 영향을 미칠 수 있는지에 대한 광범위한 개요와 더불어 기업과 산업이 더 회복탄력적이 될 수 있도록 재고, 소득 흐름, 직원 및 기타 자산을 보호하기 위해 취할 수 있는 몇 가지 단계에 대한 간략한 소개도 제공한다. 이는 생계보호를 위해 필요한 경감 및 대비 조치를 택하는 민간 사업자뿐만 아니라 지역경제 전반에 걸쳐 중요하다. 건전하고 실행 가능한 경제는 재해 영향에 회복탄력적으로 대처하고 커뮤니티의 전반적인 취약성 수준을 낮추기 위해 노력하는 건강하고 실행 가능한 기업에 크게 의존한다.

자기 진단

- 회복탄력적인 경제의 토대를 설명하라.
- 회복탄력적 경제가 커뮤니티의 회복탄력성에 필수적인 이유를 설명하라.
- 재난복구 후 지역경제가 더 지속가능하게 될 수 있는 방법에 대해 논의하라.

9.2 민간 토지소유권

민간 토지소유자는 재산에 관한 권리와 특권을 가지고 있는데, 예를 들면 목재를 베고, 지표수를 우회하고, 가축을 방목하고, 광석, 석탄, 광물을 채굴하고, 다른 방법으로 토지의 천연자원을 채굴할 수 있다. 재산 소유권의 권리와 특권에는 토지를 개발하고 건설할 수 있는 권리뿐만 아니라 토지를 매각하고 판매로부터 이익을 얻을 수 있는 권리도 포함된다. 이러한 소유권은 절대적인 것이 아니다. 민간재산의 소유주들도 의무와 책임이 있다. 소유자는 모든 적용 가능한 공공 법률, 규정 및 조례를 준수해야 하며, 이러한 규정이 토지소유자의 재산 사용에 대한 소망을 방해할 때에도 이를 준수해야 한다. 그럼에도 불구하고 연방, 주 및 지방법에 의해 설정된 경계 내에서 투자 기대를 충족하는 용도로 자신의 재산을 사용할 수 있는 자유가 있다. 그러나 때때로 이러한 용도는 일반적으로 커뮤니티의 최대 이익에 부합하지 않는다.

9.2.1 위치

부동산의 가치를 결정하는 가장 중요한 3가지 요소는 '위치, 위치, 위치(location, location, location)'라는 말이 심심찮게 나온다. 이것은 많은 종류의 자연재해에 대한 자산의 취약성을 결정할 때에도 마찬가지이다. 과거 재해사건의 경험은 토지이용 패턴이 자연재해에 대한 커뮤니티 취약성 수준의 주요 결정 요인 중 하나라는 것을 분명히 했다. 범람원, 해안선을 따라, 지진 위험지역, 도시-야생지 경계 부근 및 기타 위험지역에서 성장과 개발이 이루어질 때, 재산이 손상되고 홍수, 허리케인, 산불 또는 지진의 결과로 사망과 부상이 발생할 가능성이 더 크다. 이 확률을 고려할 때, 미국의 토지 대부분은 민간 토지소유자와 투자자들이 보유하고 있다는 것을 깨닫는 것이 중요하다. 개인주택자, 영세사업자, 대기업이 보유한 토지 등이 여기에 해당한다. 민간 소유의 원시 및 개발 토지 외에도, 국가 사회기반시설의 거의 85%가 민간부문이 통제하고 있다.

9.2.2 개발자와 투자자의 역할

토지소유권의 가장 중요한 권리 중 하나는 토지를 경제적으로 유익한 용도로 사용할 수 있는 권리이며, 종종 개발을 포함한다. 많은 소유주들이 그들의 부동산을 사업 위치로, 주요 거주지로, 가족을 위한 휴양지로 사용하는 반면, 많은 부동산은 돈을 버는 벤처로서 구입, 보유, 건설, 임대 및 판매된다. 이것은 특히 위험 지역인 해안 지대에서 특히 그렇다. 해안 지대는 높은 비율의 침식, 허리케인 및 폭풍, 유입구(inlet) 이동 및 기타 해안 재해의 영향을 받는다. 이와 같이, 많은 부동산 투자 결정이 이루어지는 방법에 대해 다음 토론에서 해안 지대를 예로 들 것이다. 그러나 홍수 평야, 산불 지역 및 지진 위험 구역과 같은 다른 유형의 위험 토지의 개발 결정에도 동일한 고려 사항이 적용된다.

해안 토지가 어떻게 개발되고, 개발 과정에서 자연재해가 고려되거나 고려되지 않을 수 있는 정도를 이해하기 위해서는 개발자와 투자자의 이익을 이해해야 한다. 일반적으로 민간부문은 기대 이익과 관련하여 운영된다. 개발은 투자자가 허용가능 투자 수익을 얻을 수 있는 장소와 시기에 발생한다. 일부 개발 프로젝트(예: 단일 건물)는 규모가 비교적 작은 반면, 다른 개발 프로젝트에는 수백 개의 유닛이 지원 시설과 사회기반시설을 갖추고 있다. 특정 프로젝트의 규모가 어떻든 간에, 상업적 개발자들은 시장과 동향을 분석하고 최소의 위험으로 그들의 제품에 대한 충분한 수요가 있을 것으로 예상되는 곳에 구축한다.

개발 결정 요소

주요 투자 결정을 내리기 전에 투자자들이 고려하는 몇 가지 공통적인 요소가 있다.

• 수요

경제학에서 수요(demand)는 상품에 대한 욕구와 그에 대한 지불 능력을 의미한다. 희소성은 고도로 발달된 해안지역의 해변 부동산과 같은 특정 상품에 대한 욕구를 증가시킨다. 수요가 많을 때, 민간부문은 그 수요를 충족시키기 위해 노력할 것이다.

• 위험

일반적으로 투자자들은 위험(risk)을 싫어한다. 허용위험의 정도는 잠재적 이익의 가능성과 규모에 따라 달라진다. 개발자들은 무엇을 어디에 지을지 결정할 때 일반 시장과 경제뿐만 아니라 지역, 커뮤니티, 현장의 많은 측면을 고려한다. 자연재해는 특정 프로젝트의 타당성을 결정할 때 현장의 다른 특성과 함께 고려되는 요소 중 하나일 수 있다.

• 규제

특정 위치에 적용되는 규제요건(regulatory requirement)은 투자의사결정에 중요한 역할을 한다. 주정부와 지방정부가 부과하는 토지이용규제 중 일부는 해안지대에 건설된 건물의 높이, 면적, 후퇴거리, t수용능력 등을 규정한다. 용도지역지구제 및 토지분할조례, 건축법규, 소방 규제, 환경보호법 및 기타 유형의 규제 명령은 건설 비용을 몇 배 이상 증가시킬 수 있다. 이러한 제약은 투자 프로젝트의 수익성에 반영된다.

• 사회기반시설

사회기반시설(infrastructure)의 가용성은 구축 위치와 밀도를 포함하여 개발 결정에서 중요한 역할을 한다. 적절한 물, 하수관, 도로, 그리고 그것을 뒷받침할 공공서비스 없이는 개발이 이루어질 수 없다. 초대형 개발회사를 제외한 모든 개발회사들은 건설하기 위해 공공 기반시설에 어느 정도 의존한다. 많은 사회기반시설은 지방정부로부터 제공되며, 종종 주 및 연방기금에 의해 보조된다. 위험지역으로의 사회기반시설 확장은 부적절한 개발을 조장할 수 있다. 마찬가지로, 도시 서비스와 기반시설을 위험지역으로 확장하는 것을 거부하는 것은 강도 높은 개발을 방지하거나 지연시키는 데 도움이 될 수 있다.

• 자본의 시간 가치

투자자들은 또한 제안된 프로젝트의 실행 가능성을 결정할 때 자본의 시간 가치(time value of money)를 고려한다. 신속하게 실현할 수 있는 투자 수익률은 개발 프로젝트의 수익성을 극대화한다. 구조물 하나가 폭풍, 급격한 침식 또는 기타 해안 재해로 인한 손상 또는 붕괴의 즉각적인 위험에 있는 경우, 개발자는 잠재적 이득이 위험을 감수할 가치가 없다고 판단할 수 있다. 이 계산의 일부는 미래 재해의 영향으로부터 재산을 보호하기 위해 사용할 수 있는 경감기법의 유형에 따라 달라진다. 건설에 대한 정부 허가를 얻는 것이 상대적으로 쉽거나 어려운 점도 투자 결정에 영향을 미칠 수 있다. 허가 과정의 지연은 개발 비용을 크게 증가시킨다.

투자 결정 시 재해 인식

이러한 개발 결정 요인이 나타내듯이, 투자자들은 항상 제안된 프로젝트나 벤처와 관련된 위험수준을 고려한다. 이러한 위험 계산에 자연재해를 통합하기 위해서는 먼저 투자자가 자신의 부동산에 잠재적으로 영향을 미칠 수 있는 재해를 인식해야 한다. 또한, 위험은 투자자들이 이해하고 이해할 수 있는 방식으로 설명되어야 한다. 그것이 순이익에 어떤 영향을 미칠까? 취약 지역에서 제안된 모든 프로젝트에 대해 다양한 재해사건의 확률, 예상 크기 및 강도 및 잠재적 영향의 심각성을 포함하는 철저한 재해식별 및 위험도평가를 수행해야 한다. 사전 자본 지출이 많은 프로젝트(예: 해변가에 직접 위치한 다층 고층 구조물)의 경우, 재해 위험 인자에 대한 연구가 필수적이다.

위험을 완전히 이해해야 하는 명백한 필요성에도 불구하고, 투자자와 개발자가 항상 잠재적 위험에 대한 철저한 평가를 수행하는 것은 아니다. 일부 투자자, 특히 지역 환경의 지리 및 기후에 익숙하지 않은 주 밖의 투자자들은 자연재해에 의해 야기되는 위험의 정도를 알지 못할 수 있다. 다른 투자자들은 주정부 및 지방정부 위험도평가에 너무 많이 의존할 수 있으며, 이는 해당 건물 부지와 직접 관련이 없는 규모일 수 있다. 개발자들은 또한 부지가 부동산 투자에 안전한지 여부를 판단하기 위해 건축 허가증을 발급하는 기관에 의존할 수 있다. 허가증이 발급되면 해당 지역에 재해가 없어야 한다는 논리다. 불행하게도, 이 가정은 항상 옳은 것은 아니다. 민간재산 사용과 관련된 모든 위험을 철저히 조사해야 하는 높은 수준의 민간 및 기업의 책임이 남아 있다.

참조 해안 변화에 대한 대응

해안 지대에서 생활(그리고 투자)하는 데 있어 근본적인 도전은 모든 정적, 움직이지 않는 건설(건물, 도로, 교량 및 공공 공급 라인)이 동적 지대에 배치된다는 것이다. 해안선, 유입구, 모래언덕 들판, 습지, 그리고 해양 숲은 해안 환경의 지속적인 변화에 대응하여 시간이 지남에 따라 변화한다. 때때로, 이러한 변화들은 수십 년 혹은 몇 세기에 걸쳐 매우 천천히 일어나고, 또 어떤 때는 매우 빠르게 일어난다. 바다와 육지의 수위 변화, 폭풍 빈도와 파도의 변화, 해류의 패턴 변화, 해상 지형 변화, 모래 공급 변화, 특히 장벽섬의 변화 등은 피할 수 없다. 이러한 동적 요소에 대한 인식은 끊임없이 변화하는 환경 속에서 살아가는 데 필수적이다. 해안가의 자연적 과정에 주의를 기울이지 않는 대가는 재산피해, 고비용 재건, 투자 손실, 그리고 인명에 대한 위험이다.

투자 결정 시 재해경감

재해 위험에 대한 이해는 절충(trade-off)의 관점에서 더 자세히 해석되어야 한다. 투자를 보호하기 위해 자본을 어떻게 할당해야 하는가? 프로젝트의 재정적 실행 가능성과 연계될 수 있는 재해가 많을수록 개발자의 의사결정 과정에서 더 많은 중요성이 부여될 것이다. 경우에 따라서는 적절한 자금이 투입되면 현장 고유의 위험을 경감할 수 있다. 예를 들어, 해안을 따라 위치한 구조물은 예상 홍수위 이상으로 상승하여 홍수위험과 폭풍해일의 피해를 줄일 수 있다. 그러나 위험 조건을 수정하기 위해 현장의 구조를 수정하는 것은 종종 프로젝트의 엔지니어링 및 건설 비용을 크게 증가시킨다. 개발자는 프로젝트의 재정적 매력을 증가시키기 위해 불필요하다고 여겨지는 비용을 피할 것이다. 심각한 경우, 비용 절감을 위한 지름길은 알려진 재해의 영향을 견딜 수 없는 안전하지 않은 건물의 건설을 초래할 수 있다.

9.2.3 민간부문 결정과 공공부문 조치

민간 재산 소유자는 해안지대 등 위험지역에서 투자부동산으로 수익을 실현하고 금전적 이득을 얻을 수 있는 선택권과 기회가 많지만, 민간은 재산권을 행사할 수 있는 자유통제가 부여되지 않는다. 개발자는 개발 프로젝트에 대한 재정적 예측을 할 때 불필요한 비용을 피할 수 있지만, 모든 정부 수준에 의해 설정된 규제와 정책은 그러한 개발 결정에서 재해 노출이 작용하는 상대적 가중치를 부분적으로 결정할 수 있다. 예를 들어, 많은 해안 주들은 해안선으로부터 얼마나 멀리 떨어진 곳에 구조물을 건설해야 하는지를 결정하는 후퇴 규정을 가지고 있다. 더 큰 구조물들은 보통 작은 일가족 단위들보다 더 먼 해안선으로부터 건설되어야 한다. 개발자와 투자자는 이익을 실현할 규모 구조를 구축하기 위해 충분한 공간을 부지 내에 확보해야 한다. 일부 주에서는 취약한 해안 생태계를 손상시키고 해안가의 다른 지역으로 침식 위험을 전달하는 돌제나 격벽과 같은 해안선 강화 구조물을 금지하기도 한다. 건축법규와 건축 규정 또한 수익성의 결정에 영향을 미친다. 엄격한 건축 기준은 일반적으로 건축 비용을 증가시키지만 재해 영향으로부터 건물에 추가 보안을 제공한다.

이러한 유형의 절충(trade-off)은 개발자가 여전히 이익을 실현할 수 있는 더 현명한 투자 결정을 내릴 수 있지만 지속가능하지 않거나 부적절하다고 간주되는 프로젝트는 규제 허가(regulatory green light)를 받지 못할 것이다. 규제요건의 부과가 토지 사용 의사결정에서 민간 책임의 요건을 대체하지는 않지만, 공공 부문의 조치는 더 어리석은(또는 위험한) 부동산 투자 선택을 방지하는 데 도움이 될 수 있다.

커뮤니티는 민간 재산이 최대한 활용될 때 과세표준에 추가되는 가치로부터 막대한 이익을 얻는다. 동시에, 해안 땅뿐만 아니라 굉장한 자연미, 환경적 중요성, 그리고 문화와 사회적 가치를 지닌 다른 땅들이 장기적으로 지속가능한 방식으로 사용되는 것이 공공과 민간 모두에게 가장 큰 이익이다.

자기 진단

- 개발 투자 결정 과정에서 고려되는 세 가지 요소를 설명하라.
- 민간부문 건설 및 투자 결정에 영향을 미칠 수 있는 두 가지 공공 부문 조치를 나열하라.
- 재해 인식이 어떻게 건전한 투자 결정을 내릴 수 있는지 설명하라.

9.3 경제적 회복탄력성

지금까지 이 장에서 민간 부동산에 대한 토지 소유와 투자 측면에서 민간부문에 대해 논의해 왔다. 그러나 커뮤니티의 취약성은 토지소유자들이 그들의 재산 사용에 관해 내리는 결정 이상의 것에 달려 있다. 재난이 닥쳤을 때 개별 가정이 피해를 입고, 재산이 파손되고, 도로가 막히고, 정전이 발생하고, 식수·하수도 처리 등 지방정부 서비스가 차질을 빚는 것을 알고 있다. 그러나 재해사건의 가장 오래 지속되고 가장 널리 퍼지는 효과 중 하나는 종종 지역경제이다. 커뮤니티의 경제적 문제의 근원은 재해가 지역기업에 미치는 영향에서 찾을 수 있다. COVID-19 대유행으로 인한 경제적 여파는 지역기업과 이들이 제공하는 일자리와 서비스가 재해로 인해 붕괴될 때 커뮤니티가 취약하다는 것을 분명하게 보여준다.

9.3.1 자연재해의 경제적 영향

모든 유형의 자연재해에 따라 엄청난 경제적 손실이 발생할 수 있다. 지난 수십 년 동안 허리케인으로 인한 기업들에 대한 다음과 같은 재정적 손실을 생각해 보자. 예를 들어, 1993년에 플로리다 남부 대부분을 황폐화시킨 허리케인 앤드류는 데이드 카운티에서만 8,000개의 사업체와 100,000개 이상의 일자리에 심각한 영향을 미쳤다. 이 지역의 연간 5억 달러 규모의 관광 산업은 몇 년 동안 혼란에 빠졌고, 농업은 2억 5천만 달러의 영구적인 수입 손실과 함께 10억 달러의 피해를 입었으며, 폭풍 피해 지역은 매일 2,200만 달러의 생산 손실을 입었다. 1999년 노스캐롤라이나 동부에서 발생한 허리케인 데니스와 플로이드로 인한 홍수는 약 6만 개의 사업체에 영향을 미쳐 9억 5천 5백만 달러 이상의 사업 손실을 초래했다. 물리적 손상에 대한 평균 수리 비용은 사업체당 약 40,000달러였으며, 평균 수익 손실은 거의 80,000달러였다. 2005년 허리케인 카트리나로 인해 영향을 받은 멕시코만 해안지역의 사업체 대부분은 상당한 순이익 감소를 겪었고, 어떤 사업체들은 아예 존재하지 않게 되었다. 재산피해, 자산 파괴, 수익 손실 및 기타 재정적 손실은 수십억 달러로 추산된다. 허리케인 카트리나, 윌마, 리타의 경제적 영향은 멕시코만 지역과 그 주 전역에서 수년간 느껴졌다. 허리케인 샌디는 뉴저지에서만 19,000개 이상의 소규모 기업들에게 25만 달러 이상의 피해를 입혔고, 여행과 관광에 약 9억 5천만 달러의 손실을 입혔고 관련 11,000명 이상의 고용감소를 가져왔다. 재난의 경제적 영향은 종종 건물과 사회기반시설이 수리된 후에도 오래 지속될 수 있으며, 일부 산업은 재난 전 수준으로 생산성으로 완전히 회복되지 않는다. 이러한 수치는 허리케인으로 인한 사업 손실을 보여준다. 산불, 토네이도, 하천 범람, 지진을 포함한 많은 다른 유형의 재해들도 경제적 파괴를 야기했다.

임시 부양

아이러니하게도, 어떤 경우에는, 큰 재난이, 적어도 단기적으로는, 실제로 지역경제를 부양시킬 수 있다. 재난지원자금과 보험금 지급이 재건과 복구를 위해 커뮤니티로 쏟아져 들어오면서 건물 붐이 종종 발생한다. 건설 일자리와 건설 활동을 지원하는 데 필요한 서비스는 종종 이전에 존재했던 것보다 더 많은 수입을 커뮤니티에 가져다 줄 수 있다. 뉴욕주 주정부는 허리케인 샌디로 피해를 입은 건물과 사회기반시설을 수리하고 교체하는 공사비가 약 420억 달러에 달할 것으로 추산했다. 이러한 신규 지출 유입은 상대적으로 고임금 건설업에서 약 299,000개의 일자리를 포함하여 352,000개의 신규 일자리를 창출할 것으로 예상되었다. 하지만, 이러한 직업들 중 많은 것들이 일시적이고 종종 영향을 받은 지역 밖에서 온 근로자들에 의해 채워진다. 일부 커뮤니티는 지역경제에 추가 자금을 투입하는 것을 돕기 위해 지역 출신의 계약자들에 대한 인허가를 우선시한다.

참조 미시시피의 경기회복 촉진을 위한 지역 고용

허리케인 카트리나와 BP 오일 유출의 여파로 미시시피 해안지역의 커뮤니티 지도자들은 연방복구기금이 지역주민들을 고용하는데 사용되지 않고 있다고 우려했다. 이에 대응하여 미시시피의 복구 일자리에 지역주민을 고용하는 것을 우선시하는 미시시피 잡스 퍼스트 법안이 2012년에 법안으로 통과되었다. 옥스팜 아메리카의 마이너 싱클레어(Minor Sinclair)는 이 법안이 "재해에서 손상된 건물을 넘어 문제의 핵심에 초점을 맞추는 혁신적인 접근법"이라고 설명했다. 우리가 잃은 것을 대체할 수 있지만 우리는 전체 경제와 커뮤니티의 삶을 되살릴 필요가 있다. 새 법에 따르면 연방재난자금을 받는 공공사업 계약자는 가용 일자리의 종류, 필요한 기술, 지불 임금, 저임금 미고용 지원자를 고용한 방법을 설명해야 한다. 그런 다음 미시시피 고용안정국은 이러한 요구를 충족시키기 위해 지역 근로자를 식별하고 교육하기 위해 계약자가 제공한 정보를 사용할 수 있다.

건축자재 공급업체, 옥상, 가전·가구점 등 대비·복구 활동과 연계된 사업도 재난 후 복구기간에 사업 수준이 높아질 가능성이 높다. 이들 산업 중 일부는 상당한 수익 증가를 경험할 수 있다. 홈디포(Home Depot)와 대형 건설자재 아울렛은 일상적으로 합판, 발전기 및 재해 대응 및 복구에 필요한 기타 자재를 창고에 보관한다. 그들은 목표 지역에 물자를 빠르게 보내고, 매장 시간을 연장하고, 그 외엔 증가하는 수요에 대응할 수 있으며, 종종 소매 시장과 도매 시장 모두에서 기록적인 판매를 경험한다.

마찬가지로, FedEx는 재해 대비 및 대응을 지원하기 위해 엄청난 운송 및 물류 네트워크를 사용하는 것으로 명성을 얻었다. FedEx는 매년 4백만 파운드 이상의 재난 관련 자선 운송을 위한 공간을 마련하고, FEMA, 미국 적십자사, 구세군, 그리고 다른 공공 및 비영리 단체들과 혁신적인 파트너십을 맺었다. 그러나 최근 몇 년 동안 FedEx를 비롯한 크고 작은 민간부문 기업들은 사업의 활력이 커뮤니티의 회복탄력성에 달려 있다는 사실을 이해하기 시작했다. 따라서 기업들은 재난 발생 후 커뮤니티가 신속하게 다시 일어설 수 있도록 대비, 커뮤니티 회복탄력성 및 장기적인 복구에 투자하기 위해 더 많은 노력을 기울이고 있다.

물리적 재건 국면이 누그러지면서 경제활동이 보다 정상적인 속도로 평탄해질 수 있고, 지역경제의 구조는 재난 이전의 균형을 되찾기 시작한다. 바로 이 시점에서 커뮤니티와 그 안에서 운영되는 기업들은 자연재해로 인한 미래의 붕괴에 덜 취약한 경제 구조를 재건할 기회를 갖게 된다. 이 작업의 상당 부분은 커뮤니티의 경제 부문을 구성하는 사업들을 강화하는 것을 포함한다.

9.3.2 소기업의 생존

커뮤니티는 그 존재 자체를 그들의 기업과 산업에 의존한다. 지역 기업부문은 일자리와 세수를 제공하고 상업, 무역 및 기타 경제 활동을 촉진한다. 재난복구 단계에서 선별된 기업 운영에서 발생하는 일시적 부양은 차치하고, 재난의 파급효과는 커뮤니티 생활의 다른 모든 부문에 스며들 수 있다. 파괴된 기업은 주민들이 일자리를 잃고, 재산 가치가 하락하고, 세금 수입이 줄어들기 때문에 커뮤니티 어려움에 더 많은 영향을 미친다. 기업이 자연재해로부터 스스로를 보호할 때, 그것은 또한 커뮤니티에서 가장 가치 있는 자산 중 하나를 보호하는 것이다.

소기업이 대기업이다

미국의 전체 고용주 중 99% 이상이 소규모 기업이며, 이 기업은 미국 노동력의 거의 절반을 고용하고 있다. 모든 기업과 산업은 재해에 노출되어 있지만, 소기업(일반적으로 50명 미만 고용자로 정의됨)이 특히 취약하며, 자연재난의 충격으로 30%가 생존하지 못한다. 일부 재난에서는 소기업 붕괴가 훨씬 더 높을 수 있다. 예를 들어, 노스캐롤라이나의 소기업 또는 새로운 기업의 약 50%가 주 동부의 3분의 1에 걸쳐 대규모 홍수를 일으킨 허리케인 플로이드 이후 복구되지 않은 것으로 추정된다. 그 주에서 더 크고 잘 확립된 기업들 중, 대략 6개 중 4개가 회복되었다. 일반적으로, 많은 지역 소기업들은 큰 사건 후에 사라진다.

재산에 손상을 입히고 회사의 자산과 재고를 파괴할 수 있는 직접적인 영향 외에도, 소기업은 일반적으로 재난이 발생할 때 지역경제에서 상대적 규모와 위치와 관련된 많은 부담을 겪는다. 예를 들어, 소기업은 일반적으로 지역 고객에 의존한다. 이 중 상당수는 거주자와 주변 기업이 더 이상 회사를 후원할 수 없을 때 잠식될 수 있다. 소기업은 또한 현금 유동성 문제, 자금 부족, 자재 손실을 경험하는 것 외에도, 지역주민을 이동시킬 때 직원 부족으로 인해 불균형적으로 어려움을 겪다.

많은 소기업들이 자산 및 업무 보호계획을 개발할 수 있는 지식과 자원의 부족으로 인해 주로 실패한다. 많은 소상공인들은 지역경제가 어떻게 구조화되어 있는지 완전히 이해하지 못하거나 재해사건으로 인해 경제가 변화할 수 있는 방법을 이해하지 못한다. 소기업들은 회생을 위한 시도로 개인 및 사업 자금원을 소진할 수 있으며 변화하는 재난 후 경제에 맞춰 사업 계획을 조정하지 못할 수도 있다. 이러한 모든 요소들은 기업이 재해사건에 대비하여 사업 보호 계획을 잘 준비해야 할 필요성을 지적한다.

자기 진단

- 재난이 기업에 미치는 몇 가지 경제적 영향을 나열하라.
- 재난 후 일부 커뮤니티가 일시적인 경제 성장을 어떻게 경험하는 지 설명하라.
- 소기업이 대기업보다 재난에 더 큰 타격을 입는 이유를 설명하라.

9.4 사업위험도평가와 영향 분석

재난이 닥치기 전에 직면하는 재해를 인식하고 조치를 취하는 기업은 종종 자연재해 및 인적재해와 관련된 많은 손실과 피해를 예방할 수 있다. "사업보호계획(business protection planning)"에는 다양한 접근방식이 있지만, 모든 예방 조치는 위험도평가와 사업 실행 가능성에 대한 위험의 잠재적 영향 분석에서 시작된다.

9.4.1 사업보호계획의 종류

많은 기업이 사업을 보호하기 위해 수행하는 계획 활동의 유형을 설명하는 데 다양한 용어가 사용된다. 예를 들어, "위기대응계획(contingency planning; 컨틴전시플랜)"은 조직이 재난에 대응할 수 있도록 하는 고급 준비 및 절차를 개발하여 중요한 사업 기능이 정해진 기간 내에 재개되고 손실 규모가 최소화되며 피해를 입은 시설이 가능한 한 빨리 수리 또는 교체되도록 하는 과정이다. "업무연속성계획(business continuity planning)"은 "운영계획연속성(continuity of operation planning)"처럼 이 과정을 설명하는 데 자주 사용되는 또 다른 용어이다. 이러한 계획은 일반적으로 하나 이상의 기능이 손상되거나 중단될 때 사업의 생존 가능성을 유지하는 데 사용된다. 이러한 계획의 대부분은 데이터 및 디지털 기록 보호, 검색 및 복원에 초점을 맞추고 있다.

일부 사업체는 "SPCC(Spill Prevention Control and Countermeasures; 유출방지관리 및 대책)" 계획 또는 위험 폐기물 또는 위험물질을 처리하기 위한 유사한 절차와 같이 해당 산업 또는 활동에 특화된 상황에 대처하기 위한 매우 구체적인 계획을 가지고 있다. 많은 기업이 작업장 안전 및 직원 건강을 위해 설계된 "안전 및 건강 계획(safety and health plan)"을 유지하고 있다. 이러한 계획 활동의 대부분은 OSHA(Occupational Safety and Health Administration; 산업안전보건청)과 EPA(Environmental Protection Agency; 환경부)을 포함한 주 및 연방기관에서 발행하는 규정에 대응하여 수행된다.

그러나 자연재해와 인적재해를 포함한 모든 유형의 재해와 운영과 물리적 자산을 포함한 모든 사업 요소를 포괄하는 종합비상계획을 가지고 있는 기업은 더 적다. 기업이 보유할 수 있는 다양한 독립 계획 중 많은 부분을 종합비상관리 프로그램 또는 과정으로 통합할 수 있지만, 그러한 경감과 대비가 시스템의 일부가 되는 것이 매우 중요하다. 기업이 이미 비상계획을 가지고 있는 경우, 자연재해와 인적재해에 대한 경감은 종종 기존 계획에 통합될 수 있다.

기업을 위한 종합재난대비 및 경감계획에는 세 가지 주요 요소가 포함된다.

1. 재산보호(property protection)
   물리적 시설과 그 내용물(예: 장비, 재고, 원료, 디지털 파일)을 알려진 재해로부터 보호

2. 위기대응계획(contingency planning; 컨틴전시플랜)
   발생할 수 있는 모든 비상사태를 예측하고 그에 따른 계획을 수립하여 운영 중단을 최소화

3. 보험(insurance)
   재난이 발생할 경우 즉각적이고 장기적인 비용을 부담할 수 있도록 적절한 보험 적용 범위 결정 및 적절한 종류의 보험 가입

재난에 대한 회복탄력성을 향상시키려면 먼저 기업이 직면하는 재해와 해당 재해에서 발생하는 위험을 파악하고 이해해야 한다. 사업위험도평가를 통해 이러한 질문에 대한 답을 얻을 수 있다.

9.4.2 사업위험도평가

전국적으로 수천 개의 커뮤니티가 매년 자연재해와 인적재해로 인한 사회적, 경제적 혼란을 겪고 있다. 매년 수천 개의 기업도 긴 연휴 동안 파열되어 시설이 침수되는 냉동 파이프와 같은 운영 내부 비상사태를 경험한다. 위험물질과 위험한 화학물질이 의도치 않게 방출될 수 있으며, 격납 및 오염 제거 조치가 수행되는 동안 공장 폐쇄와 정지시간(downtime)를 유발할 수 있다. 예를 들어, 2013년 텍사스 주 웨스트의 한 비료 공장에서 폭발사고가 발생해 15명이 사망하고 226명이 부상했는데, 비상대응계획이나 화재 규정가 없었던 카운티에서 비극적이고 예방 가능한 사건이었다. 이러한 시나리오는 모든 지역에 위치한 기업이 모든 종류의 재해에 취약하다는 것을 명확하게 보여준다. 이러한 이

유로, 사업 경감 및 대비프로그램은 발생할 수 있는 재해유형, 해당 재해에 대한 기업의 취약성, 그리고 재해사건이 발생할 경우 발생할 수 있는 손실의 요소를 고려하는 철저한 위험도평가에서 시작한다.

사업위험도평가의 요소

자연재해와 기술재해의 잠재적 결과에 대해 사업을 준비하는 데 있어 핵심적인 것은 위험에 대한 이해이다. 10장에서는 위험도평가와 관련된 단계를 더 자세히 다루지만, 이 과정은 기업과 관련하여 여기에 요약되어 있다. 기업이 위험을 완전히 이해하기 위해 수행해야 하는 재해도평가에는 세 가지 기본 수준이 있다.

1. 재해식별(hazard identification)
   사업 및 커뮤니티에 위협을 줄 수 있는 위험의 크기(강도) 및 관련 확률(우도)를 정의한다.

2. 취약성평가(vulnerability assessment)
   노출된 인구와 재산, 그리고 특정 지역에서 특정 강도의 재해사건으로 인해 발생할 수 있는 부상과 손상의 정도를 특성화한다.

3. 업무영향분석(business impact analysis)
   상당히 일반적인 저강도 사건(예: 지하수 유출로 인한 경미한 홍수)에서 비교적 드물고 재앙적 사건(예: 규모 6.8 지진)에 이르기까지 전체 범위의 재해 강도 및 확률과 관련된 문제를 고려한다. 위험도 분석은 잠재적인 모든 인명 및 피해 경험을 포착하고, 손실 최소화를 위한 업무영향분석 및 전략의 기초를 제공한다.

9.4.3 재해식별

사업위험도평가의 첫 번째 단계는 회사에 영향을 미칠 수 있는 잠재적 재해의 전체 범위를 파악하고 나열하는 것이다. 재해는 사업 계획에서 직원, 고객 또는 일반인에게 사망 또는 중대한 부상을 입힐 수 있는 계획되지 않은 사건을 말한다. 즉, 사업을 중단하거나 운영을 중단하거나 물리적 또는 환경적 손상을 입히거나 회사의 재무 상태 또는 공공 이미지를 위협할 수 있다. 여기에는 시설 내에서 발생할 수 있는 비상사태, 커뮤니티에서 발생할 수 있는 비상사태, 사업 공급망에서 발생하는 비상사태 등이 포함된다. 재해에는 지진, 허리케인, 가뭄 및 기타 자연 사건을 포함하여 기업이 위치한 커뮤니티에 직면한 모든 자연재해가 포함된다. 기업에 잠재적으로 영향을 미칠 수 있는 자연재해 외에도 원전사고, 테러, 유해물질 사고 및 사이버 위험을 포함한 수많은 유형의 기술 사건이 있다. 이러한 각 유형의 사건은 회사와 커뮤니티에 미치는 영향의 맥락에서 다루어져야 한다. 대규모 산업 시설에 폐를 끼칠 수 있는 것이 소기업에는 재난이 될 수도 있다.

재해정보수집

기업은 커뮤니티에 존재하고 시설에 영향을 미칠 수 있는 재해에 대한 정보를 수집할 수 있는 다양한 방법이 있다. 고려해야 할 몇 가지 요소는 다음과 같다.

- 역사적(historical)
  커뮤니티에서, 이 지역의 이 시설과 다른 시설에서 어떤 종류의 비상사태가 발생하였는가?

- 지리적(geographic)
  시설의 위치에 따라 어떤 일이 발생할 수 있는가? 고려해야 할 요소에는 범람원, 해안 지역, 지진 단층, 숲 지역, 댐 등의 근접성이 포함된다. 위험물질을 생산, 저장, 사용 또는 운송하는 시설과 같은 잠재적 인적재해에 대한 근접성 또는 주요 운송 경로 및 공항과의 근접성 또한 관련이 있다.

- 기술적(technological)
  과정 또는 시스템 장애로 인해 발생할 수 있는 결과는 무엇인가? 화재, 폭발, 위험물질 사고, 안전 시스템 고장, 통신 장애, 전원 장애 또는 냉난방 시스템 고장이 포함될 수 있다.

- 인적과오(human error)
  직원 실수로 인해 발생할 수 있는 비상상황은 무엇인가? 직원들이 안전하게 일할 수 있도록 교육을 받고 있는가? 그들은 비상 시에 무엇을 해야 하는지 알고 있는가? 인적과오는 작업장 비상사태의 가장 큰 단일 원인이며, 훈련 부족, 정비 불량, 부주의 또는 피로로 인해 발생할 수 있다.

기업이 재해 관련 정보에 의존할 수 있는 다양한 자료원가 있다: 지방 및 주 비상 사무소; 연방, 주 및 지방규제기관; 지역 계획, 용도지역지구제, 건물 및 공공 사업 부서; 소방, 경찰 및 비상 의료 서비스; 전기 및 통신 유틸리티; 지방비상계획위원회(LEPC; local emergency planning committees); 미국 적십자사; 국립기상국; 그리고 인근 사업체. 사업이 위치한 커뮤니티가 현재 시행 중인 지방 재해경감계획을 가지고 있는 경우, 기업은 재해식별 중에 해당 계획을 참조할 수 있을 뿐만 아니라 주 재해경감계획도 참조할 수 있다.

9.4.4 취약성평가

사업에 영향을 미칠 수 있는 자연재해 및 기술재해에 대한 정보로 무장한 기업은 이러한 재해에 대한 취약성을 평가할 수 있다. 취약성평가 동안 기업은 각 재해의 확률과 잠재적 영향을 결정한다. 즉, 식별된 재해 중 어떤 것이 실제로 발생한다면 사업에 어떤 일이 일어날지에 대한 예측이 이루어진다. 자연재해 발생 확률과 관련된 사업의 위치는 취약성의 주요 결정 요인 중 하나이다(예: 해안에 위치한 기업은 허리케인과 폭풍해일에 더 취약하다). 사업 취약성은 일상적인 운영을 위해 사업이 의존하는 사회기반시설 및 로컬 서비스를 포함하여 커뮤니티의 전반적인 취약성의 함수이기도 한다.

취약성은 사업이 성장(또는 축소), 새로운 빌딩이 건설되고 더 많은 재고와 고객이 확보되며 더 큰 가치가 축적됨에 따라 변경될 수 있다. 이러한 이유로, 가능한 추세와 변화에 기초하여 재해에 대한 미래의 취약성을 평가하고 현재 조건에 기초하여 현재의 취약성을 평가하는 것이 중요하다.

기업은 과거 기록 및 예상 미래 추세, 일반적인 재해사건의 상대적 강도, 각 위험 유형에서 예상할 수 있는 직간접적 영향 등에 의해 결정되는 빈도에 따라 각 재해에 대한 낮음, 중간 또는 높음과 같은 순위 시스템을 사용하여 취약성을 측정할 수 있다.

- 직접 영향(direct impact)
  건물 및 기타 시설과 같은 구조물의 물리적 손상이 포함된다. 직접적인 영향에는 재고자산, 장비 및 기타 실물자산의 손실도 포함된다.

- 간접 영향(indirect impact)
  도로의 폐쇄나 교통망의 방해, 수도, 하수, 전력과 같은 유틸리티의 손실, 그리고 전기통신의 중단으로 야기된다.

9.4.5 업무영향분석

일단 기업이 위치, 확률 및 강도를 기반으로 특정 확인된 재해에 대한 취약성에 대한 일반적인 생각을 갖게 되면, 분석은 이러한 재해가 해당 특정 사업에 미치는 특정 영향 쪽으로 향해야 한다. 이는 확인된 재해사건 중 하나에서 예상할 수 있는 손해와 손실의 유형을 계산하여 사업 자체의 특성과 관련시키는 "업무영향분석(BIA; Business Impact Analysis)"을 수행함으로써 이루어진다. 그러면 취약성을 줄이기 위해 수행해야 하는 작업 유형이 결정된다.

사업을 원활하고 수익성 있게 운영하는 여건은 기업마다 다르다. 예를 들어, 재고 및 사업 기록의 보호는 소매업자 또는 서비스 부문(예: 금융, 보험, 부동산, 식당, 호텔)에 가장 중요한 역할을 할 수 있다. 소규모 제조공장에는 사업의 성공에 필수적인 장비나 기계가 있을 수 있다. 농부들에게, 그것은 수확되고 보관된 농작물, 가축과 가금류, 또는 중요한 농기구의 보호일 수 있다. 업무영향분석의 목적은 재해 발생 시 가능한 한 빨리 가동해야 하는 사업 부분과 사업이 지속가능한 상태로 유지되어야 하는 부분을 파악하는 것이다.

재해가 사업에 미치는 영향을 결정하는 요소는 다음과 같다.

- 제공되는 서비스 또는 제품(services or products provided)

  제품 또는 서비스가 지연될 수 있는지 여부는 재해가 사업에 미치는 재정적 영향을 평가할 때 중요한 고려 사항이다. 예를 들어 햄버거 판매대가 지진 피해로 주방이 수리를 위해 문을 닫았기 때문에 1주일 동안 햄버거를 팔지 못하면 판매 누락으로 인한 손실을 주인이 메울 수 없다. 침대와 아침식사도 마찬가지인데, 여기서 후원자가 없는 매일은 수입 감소를 나타낸다. 그러나 가전제품을 판매하는 상점의 경우, 상점이 문을 닫은 경우 고객이 구매를 연기할 수 있으므로 (재고가 적절하게 보호되었다고 가정하면) 반드시 사업소득이 손실되는 것은 아니다.

- 위치 종속성(site dependence)

  사업이 고정된 위치에 있는지 또는 사업 기능을 보다 안전한 위치로 일시적으로 이동할 수 있는지 여부는 대비 및 위험 감소 전략과 중요한 관련이 있다. 유사시 사업장을 이전할 수 없는 경우에는 건물과 그 내용을 보호하거나 강화하기 위한 경감조치를 고려하는 것이 더 중요하다. 예를 들어, 제조공장이나 레스토랑은 쉽게 다른 지역으로 업무를 이전할 수 없는 반면, 투자 회사나 여행사는 더 유연하고 일시적으로 대체 사무 공간을 사용할 수 있다.

- 정보기술에 대한 의존도(dependence on information technology)
  고객 서비스 및 이와 유사한 산업의 경우 사업 연속성은 정보기술의 기능과 중요한 데이터 및 파일의 보호에 크게 좌우된다. 이러한 기업은 재해로부터의 중단을 최소화하기 위해 중요한 기록에 대한 지속적인 접근을 확보하는 데 초점을 맞출 것이다.

재해로 인한 운영 문제가 항상 재산피해나 사업 자체에 미치는 영향과 연결되는 것은 아니다. 외부 영향으로는 자재의 흐름과 고객 및 고객에게 재화를 배송하거나 서비스를 제공하는 능력의 차질이 포함된다. 따라서 업무영향평가에서는 다운스트림에서 발생할 수 있는 손실뿐만 아니라 업스트림에서 발생할 수 있는 손실도 고려할 것이다. 이는 특히 여러 커뮤니티가 참여하는 지역적 영향을 미치는 대규모 재난의 여파에서 더욱 그렇다.

업스트림 및 다운스트림 손실

기업이 재난을 무사히 모면하고 직원들이 직접적인 영향을 받지 않더라도 상당한 손실을 입을 위험이 여전히 존재한다. 일부 지역기업이 실패하면 지역경제에 미치는 악영향과 경제 분야 다양한 구성원 간의 상호관계 때문에 연쇄반응이 일어난다. 이러한 손실은 업스트림과 다운스트림의 두 가지 유형으로 나눌 수 있다. 업스트림 손실(upstream loss)은 하나 이상의 공급업체가 재해로 인해 영향을 받아 사업에 필요한 재화나 서비스를 제공할 수 없을 때 기업이 피해를 볼 것이다. 많은 기업들은 정기적으로, 때로는 매일 배달하는 것에 의존한다. 예를 들어, 생산품을 레스토랑에 보내거나 기계 부품을 제조사에 보내거나 한다. 이번 재난으로 협력업체 운영이 피해를 입어 재해 전 일정을 지키지 못하면, 이 업스트림 손실은 피해를 입지 않은 업체라도 다른 업체에 영향을 미칠 수밖에 없다. 다운스트림 손실(downstream loss)은 주요 고객 및/또는 커뮤니티 거주자의 삶이 재해의 영향을 받을 때 발생한다. 예를 들어 이 지역주민들이 대홍수 후 잔해를 치우고 집을 수리하는 경우 지역 극장은 손님이 극적으로 줄어들 수 있어 상류 배급사로부터 배달을 받을 수 없는 처지가 된다.

지역 교통시스템의 회복탄력성 또한 상류와 하류의 잠재적 손실을 예상할 때 중요한 요소이다. 물품이 지상 운송이나 항공을 통해 사업장으로 운송될 경우, 지역 또는 지역도로 시스템, 철도 및 공항의 손상은 기업이 필요한 물자를 확보하거나 제품을 시장에 전달하는 능력에 심각한 영향을 미칠 수 있다. 예를 들어 조립공장이 트럭으로 부품을 납품하는 데 의존하지만 공급자와 제조사 간 고속도로가 홍수나 지진으로 훼손되면 공장과 공급사 모두 손해를 보게 된다.

자기 진단

- 사업보호계획(business protection plan)이란 무엇인가?
- 기업의 재해 정보를 수집할 때 고려해야 할 4가지 요소는 무엇인가?
- 사업위험도평가의 요소는 무엇인가?

9.5 손실 최소화를 위한 대비 계획

철저한 위험도평가와 업무영향분석을 완료하면 기업은 회복탄력성을 강화하기 위한 경감 및 대비 계획을 수립할 수 있다. 이 계획은 기업이 수행하고자 하는 경감전략과 조치를 나열하고 이것들을 회사의 더 큰 사업 계획에 통합할 것이다. 효과적인 사업보호계획에는 재산보호, 사업 연속성 및 보험의 세 가지 주요 요소가 있다.

9.5.1 사업재산보호

재해손실로부터 회사재산을 보호하기 위한 사업전략은 건물과 기타 구조물, 건물 내부, 외부 구성요소 및 주변을 포함한다. 건물의 물리적 상태와 그것이 자연재해 또는 기술재해로부터 얼마나 잘 살아남을 수 있는가는 회사가 사고 후에 사업을 계속 운영할 수 있는지 여부를 결정할 수 있다. 건물 소유주가 일반적으로 임대인보다 그들의 재산에 대한 더 많은 통제권을 가지고 있지만, 기업 세입자들은 많은 동일한 우려들을 가지고 있다. 거주자가 건물을 소유하든, 건물 내 공간을 임대하든 동일하다.

회사의 자산을 재해에 더 잘 견딜 수 있도록 구조 개선을 위한 이상적인 시기는 대규모 추가 또는 보수 기간이다. 교체 창과 문, 새 지붕을 위한 재료 및 기타 품목은 구조적 건전성과 전반적인 건물 안전을 개선할 수 있으며 에너지 효율 증가 또는 유지보수의 용이성과 같은 다른 긍정적인 이점도 있을 수 있다. 회사가 리모델링 혹은 신축을 계획하든, 계획은 주 및 지방 건축법규 요건을 준수해야 한다. 이러한 법규는 전문가들이 과거 재해로부터 얻은 교훈을 반영하며 알려진 재해 영향으로부터 건물을 강화하기 위해 엔지니어링 및 구조 사양을 통합한다. 오래된 건물은 전문 엔지니어에 의해 점검되어 그것이 규정에 맞는지 확인할 필요가 있을 수 있다. 기업이 특히 위험 지역(예: 해안을 따라)에 위치한 경우 최소 법규 요구사항을 초과하도록 구조물을 건설하거나 보수하면 추가 보호를 제공할 수 있다. 이러한 추가적인 개선으로 인해 건설 비용이 증가할 수 있지만, 재해사건이 발생한 후 회사가 고객이나 고객에게 신속하게 문을 다시 열 수 있는 것은 현명한 투자인 경우가 많다.
기업이 고려할 수 있는 물리적 보수 조치의 예는 다음과 같다.

- 지진이나 강풍 등의 흔들림에도 견딜 수 있는 설비 업그레이드
- 예상 홍수위보다 높도록 건물 높임
- 토네이도 안전실 구축
- 내화 지붕재 설치
- 모든 외부 창 및 도어에 스톰 셔터 설치

특수홍수재해지역에 위치한 기업은 특정 유형의 건축물에 대한 보호를 제공하는 다양한 기술을 포괄하는 홍수방재(floodproofing)를 고려할 수 있다. 국가홍수보험계획(NFIP)은 새로운 주거용 건물의 홍수방재를 허용하지 않지만, 상업 공간이나 제조 시설과 같은 비주거용 건물은 보수하거나 홍수방재가 가능하다. 홍수방재에는 두 가지 접근 방식이 있다.

- 건조형 홍수방재(dry floodproofing)
  파편 충격을 포함한 유체 정역학적 및 동적 힘을 견딜 수 있도록 벽을 강화하는 것을 포함한다. 문, 창문, 통풍구를 포함한 개구부는 홍수 유입을 막기 위해 밀폐되거나 특수 폐쇄로 채워진다. 경우에 따라 벽은 방수 화합물 또는 플라스틱 시트로 코팅될 수 있다.
- 침수형 홍수방재(wet floodproofing)
  벽과 기초가 무너질 수 있는 손상 압력을 줄이기 위해 의도적으로 홍수 물이 특정 밀폐된 지역으로 들어갈 수 있도록 한다. 바닥재와 벽재는 침수피해에 강해야 하며 홍수경보가 발령되면 침수 가능 지역의 내용물을 제거해야 한다. NFIP 규정은 일반적으로 소규모 보관 또는 주차와 같은 신축 건물 내의 특정 공간에 대해서만 침수형 홍수방재 조치를 허용한다. 그러나 이러한 조치는 기존 건물의 피해를 줄이기 위해 사용될 수 있다.

재해로부터 사업재산을 보호하기 위한 다음과 같은 비구조적 경감조치도 있다.

- 장비를 포함하여 귀중한 것을 홍수 수위보다 낮은 층에서 높은 층으로 이동
- 주 차단기, 퓨즈 박스, 난방, 환기, 공조 시스템 등을 예상홍수위 이상으로 올리거나 이전
- 하수 역류 밸브 설치

- 앵커 연료 탱크 및 가스 연소식 온수기
- 지진 시 떨어지거나 흔들릴 수 있는 조명기구 및 기타 물품의 고정
- 무겁거나 깨질 수 있는 물체를 낮은 선반으로 이동
- 캐비닛과 파일을 낮은 벽에 부착하거나 볼트로 고정
- 자동 스프링클러 시스템 설치
- 사업체 외부 둘레에 내화조경 설치
- 수도관의 동결 또는 파열 방지를 위한 단열재

이러한 전략과 유사한 전략은 예상되는 재해사건 동안 구조물의 물리적 손상으로 인해 사업이 실패할 가능성을 줄이는 데 도움이 될 수 있다. 많은 재산보호 조치들은 하나 이상의 재해에 대한 안전성을 강화하면서 이중의 의무를 수행할 수 있다. 예를 들어 지붕 판자를 고정하는 것은 토네이도와 뇌우로부터뿐만 아니라 허리케인으로 인한 강풍으로부터 건물을 보호하는 데 도움이 된다.

9.5.2 위기대응계획

가장 잘 설계되고 잘 정비된 건물도 피해를 입어 폐업할 수 있다. 건물이 손상을 입지 않더라도, 큰 허리케인, 지진, 홍수 또는 다른 재앙적인 사건들은 도로를 폐쇄하고, 정전을 유발하거나, 사업을 강제로 중단시키는 다른 문제들을 일으킬 수 있다. 따라서 모든 사업은 재해 발생 시 가능한 한 신속하게 가동할 수 있는 연속성계획(continuity plan)이 필요한다. 앞서 수행한 업무영향평가를 바탕으로 각 기업은 특정 위험을 구체적으로 설명하고 정지시간(downtime)을 최소화하는 계획을 수립해야 한다.

업스트림 사업 중단 최소화

재해 발생 후 운영을 재개할 수 있는 많은 기업의 능력은 사업에 필요한 것을 제공하고 납기를 맞출 수 있는 공급업체의 능력에 달려 있다. 필요할 때 중요한 서비스 및 자재 공급업체를 이용할 수 있도록 보장하고 공급망의 연속성을 장려하기 위해 다음과 같은 여러 가지 방법이 있다.

- 주요 공급업체의 풀을 다양화하여 모두 동일한 지리적 영역에 배치되지 않도록 한다.
- 모든 중요 공급업체가 자체적인 업무연속성계획을 수립하도록 요구한다.

- 주요 공급업체와 유사 기업 간의 상호원조협정을 장려한다.
- 기본 공급업체가 비활성화된 경우 사업에 자재, 공급 및 서비스를 제공할 수 있는 백업 공급업체 목록을 확보한라.

이러한 조치들은 광범위한 재해가 커뮤니티의 많은 부분을 붕괴시키는 경우에도 사업을 지속시킬 수 있다. 미리 계획을 세워두면, 기업이 재해 발생 후 익숙하지 않은 연락처로 영업을 재개하기 위해 허둥대지 않을 것이다.

데이터 및 중요 기록 보호

중요한 사업 기능을 수행하기 위해서는 어떤 자료는 매우 중요하다. 데이터와 정보에 접근하지 않으면 사업 운영이 중단될 수 있다. 일부 업무 기록은 법적 또는 계약적 이유로 요구되며, 다른 업무 기록은 규제 기관 또는 감독 기관에 의해 요구된다. 재해 후 복구 노력을 지원하고 보험금을 청구하기 위해 특정 중요 기록이 필요할 수도 있다. 기업의 중요한 기록은 다음과 같다.

- 직원 데이터, 급여 기록, 재무 기록
- 전략적 계획, 연구 데이터
- 제품 목록 및 사양
- 공식, 영업비밀
- 공급업체 연락처, 재고 목록
- 고객, 발주처, 환자, 학생 기록
- 건축계획, 설계도, 공학도면
- 부동산 임대, 보험 기록

데이터 손실, 오염 또는 손상을 초래할 수 있는 위험은 얼마든지 있으며, 위기대응계획의 중요한 요소에는 데이터 및 중요 기록을 보호하기 위한 조항이 포함되어야 한다. 오늘날 대부분의 기업은 컴퓨터와 컴퓨터 네트워킹 시스템에 의존하고 있다. 온라인 보안은 이러한 기업에 매우 중요한 고려 사항이며, 자연재해로 인한 정전 및 기타 중단 시 연결 유지가 재해 전 단계에서 해결되어야 한다.

가장 중요한 기록은 여러 매체(인쇄본, 전자, 이동식 저장 장치, 클라우드 기반 서버 등) 중 하나에 백업해야 한다. 일부 기업과 대학은 중요한 백업 정보가 저장된 다른 곳의 호스트 기관 또는 시설에서 "핫 사이트" 또는 "미러 사이트"를 계약한다. 모바일 정보기술 서비스와 계약하는 것은 또 다른 옵션이지만, 이것은 중단된 사업이 전력 공급원뿐만 아니라 통신 접근권을 가질 것이라고 가정한다. 중요 기록을 보호하고 접근하는 절차는 다음과 같다.

- 중요한 레코드 표식(label) 지정
- 시스템 백업
- 기록 복사본 작성
- 컴퓨터 설비의 보안 강화
- 백업 시설로의 기록 대피 준비
- 서비스 부서가 다루는 백업 시스템
- 백업 전원 준비

데이터 센터 및 재해복구 시설의 서비스는 데이터가 정기적으로 백업되고 정상적인 사업 운영이 중단될 경우 사용할 수 있기 때문에 중요한 기록을 보호하는 데 도움이 될 수 있다.

9.5.3 업무이전계획

홍수 및 기타 재해가 정기적으로 반복되는 국가의 지역에서는 재해 발생 후 업무 이전을 위한 대체 현장을 파악하는 것이 중요한다. 더 안전한 장소로 이동하면 비용을 절감하고, 수익 손실을 예방할 수 있으며, 위험지역에 사업장이 위치해 있을 때 발생하는 파괴와 재건의 순환을 끊을 수 있다. 업무이전계획의 세 가지 주요 요소는 (1) 토지이용계획 및 부지 선정, (2) 건축기준 및 설계, (3) 임시 위치이다.

토지이용계획 및 부지선정

장기적으로, 자연재해로 인한 피해와 손실을 최소화하거나 방지하기 위한 가장 직접적이고 비용 효율적인 전략은 다른 개발 장소를 이용할 수 있을 때 재해가 발생하기 쉬운 지역에서 벗어나도록 개발을 안내하는 것이다. 지역 상공회의소와 같은 민간기업 및 단체와 협력하는 지방정부는 기획 및 규제 도구, 조례 및 기관 간 협력 협약을 결합하여 재해로부터 위험에 처한 인원과 재산의 가치를 줄일 수 있다. 이는 향후 커뮤니티에 진출할 가능성이 있는 신규사업자 건립을 위한 계획 수립은 물론, 재해가 심각한 피해를 초래하기 전후에 기존 사업자가 입주할 수 있는 사업지를 선정하는 것을 포함한다.

신규 사업 또는 사업 이전 장소를 선택할 때 고려해야 할 몇 가지 요소가 있다. 여기에는(1) 고객 접근, (2) 공급업체 접근, (3) 직원 접근, (4) 사무실/소매/제조 공간의 임대 또는 구입 비용, (5) 주요 서비스 전기, 수도, 통신 및 (6) 홍수, 산사태, 지진, 화재 및 위험물질 유출을 포함한 자연재해 및 기술재해에 대한 재산 및 건물에 대한 취약성 등을 포함한다.

임시 사업장소

재해로 인해 사업주가 건물에서 나가야 될 경우 소득에 차질이 빚어지고 사업체 상환능력이 중요한 문제가 된다. 업무이전계획의 중요한 부분은 적어도 일시적으로 이전된 사업을 수용할 수 있는 실행 가능한 사업장소를 식별하는 것이다. 재해가 발생하기 전에 기업은 복구 중에 운영할 대체 부지를 선택해야 한다. 일부 사업자는 유사사업자와 상조협약을 맺거나 거점운영을 할 수 없거나 접근할 수 없을 경우 다른 장소에 가용공간을 임대하도록 사전약정을 한다. 일부 기업에는 운영을 재개하는 데 사용할 수 있는 다른 시설이나 지점이 있을 수 있다.

사업 복구 위치 계획 중에 고려해야 할 사항은 다음과 같다.

- 동일한 전력 그리드에 있지 않은 부지를 선택한다.
- 공급업체 또는 렌털 회사가 컴퓨터, 재고 및 장비와 같은 중요한 물품을 복구 위치로 신속하게 운송하는 능력을 고려한다.
- 산업 청소 또는 긴급 수리 서비스 및/또는 손상된 시설을 보호하기 위한 보안 서비스를 미리 준비한다.
- 주 위치 공간의 임대를 검토하여 자연재해로 인한 손상에 대한 책임자를 판단한다.
- 수리 또는 교체되는 동안 손상된 장비, 기계, 차량 및 기타 자산을 교체하기 위한 대여 옵션을 살펴본다.

9.5.4 직원 및 가족 보호

사업 보호에 대한 기존의 접근방식은 운영의 연속성을 위한 계획, 재해 영향으로부터 건물과 시설을 강화하고 비구조적 경감조치를 수행하는 데 초점을 맞추고 있다. 불행히도, 기업들은 종종 재해가 직원들에게 미치는 영향을 간과하고 있지만, 직원들은 회사의 가장 중요한 자산이다. "기업은 포트 녹스(Fort Knox; 역주: 주의 연방 금괴저장소)만큼 안전할 수 있지만, 직원들이 일을 할 수 없다면 수익에 영향을 미칠 것이다." 기업은 항상 직원 자신과 가족들이 비상사태에 대비할 수 있도록 돕는 방법을 고려해야 한다. 이것은 그들의 개인 안전을 증가시키고 그 시설이 빠르고 효과적으로 백업되고 가동되도록 도울 것이다. 집에서 대비된 사람들은 직장에서 그들의 책임을 더 잘 수행할 수 있을 것이다.

직원들이 업무를 보다 안전하게 수행할 수 있도록 하기 위한 전술은 물론, 자신의 집에서 재난을 견뎌낼 수 있는 능력을 강화하여, 시설이 영업하는 즉시 업무에 복귀할 수 있도록 하기 위한 전술들이 많다. 직원보조계획의 활동 유형에는 다음이 포함될 수 있다.

- 모든 직원에게 재해 정보 배포
- 직원들이 자택 보호조치를 이행할 수 있도록 휴식 시간 허용
- 필요한 경우 4륜 구동 등 카풀 또는 픽업 서비스와 같은 대체 교통 수단 준비
- 난민 직원을 위한 긴급 주택 제공 또는 지원
- 단기 재정 지원을 포함하여 직원의 즉각적인 요구 사항 해결
- 주요 또는 대체 부지에서 아동 및 노인 돌봄 대비
- 유연한 작업 일정과 시간 단축
- 위기 상담 준비
- 직원 주택 및 소유물에 대한 재산보험에 대한 정보 제공

또 다른 중요한 고려사항은 직원 보상을 포함한다. 재해 발생 후 급여의 연속성은 직원들의 충성도를 유지하고 다시 일어서기 위해 고군분투하는 커뮤니티 구성원을 지원하는 데 핵심적이다. 직원들이 집에서 재난과 관련된 문제를 처리하고 개인의 재정적 의무를 이행하도록 도울 수 있는 전사적 정책의 예로는 전 직원의 급여 직접 입금, 현금 서비스, 재난 시 초과근무수당, 사업이 운영되지 않더라도 주급(또는 기타 금액) 지급 등이 있다. 많은 기업들이 직원지원프로그램(EAP; Employee Assistance Program)을 설치하기로 선택하는데, 이는 일반적으로 직원을 위한 다양한 지원 프로그램을 제공하기 위해 기업과 계약을 체결하는 제3자 조직이다. 예를 들어, 일부 EAP는 직원 또는 기금 모금자로부터 기부를 수집하여 필요할 때 직원을 지원하는 데 사용할 수 있다.

기업체들은 또한 회사 시설에서 재해사건이 발생했을 때 모든 직원들의 안전을 보장하는 것을 우선시해야 한다. 많은 기업이 매년 1회 이상 전 직원을 소집해 비상계획 검토, 대피훈련 실습, 심폐소생술(CPR), 응급처치 등 응급훈련을 실시하는 정책을 수립하고 있다. 직원들이 소방서, 경찰서, 구급차 서비스, 지역 비상관리 기관 등 비상 전화 번호에 직접 접근할 수 있도록 하는 것도 필수적이다. 기상라디오를 설치하여 토네이도, 허리케인, 얼음, 뇌우, 그리고 언론과 국립기상국에서 발표한 다른 심각한 기상 경고를 듣는 것은 직원들에게 임박한 사건에 대해 경고할 수 있다. 재해사건 발생 시 가족을 위한 공간을 포함하여 직원들을 보호하기 위한 현장 대피 조치도 보다 안전하고 안전한 작업장을 만들 수 있다.

9.5.5 보험

대부분의 회사들은 손실을 입은 후에야 보험이 제대로 가입되지 않았다는 것을 발견한다. 적절한 보험의 부족은 재정적으로 파괴적일 수 있다. 반면에, 적절한 금액과 종류의 보험은 기업이 운영을 재개하고, 손실된 수익을 보충하고, 손상된 재산을 수리하고, 장비와 자재를 교체하고, 그렇지 않으면 재난으로부터 회복할 수 있게 한다. 사업체에 대한 보험 보호는 크게 (1) 모든 구조물·장비·차량에 대한 재산보험, (2) 휴업 시 손실소득을 보전하기 위한 업무중단보험 (3) 재난으로 인한 추가비용을 보상하는 추가비용보험 3가지다. 기본 자산과 사업 운영을 다루기 위해 보험에 가입하는 것이 가능하고 현명함에도 불구하고, 놀랍게도 많은 소기업들이 투자보호를 위해 이러한 기본 단계를 밟지 못하고 있다.

정관 확인

보험을 든 많은 소기업들이 그들의 보험 증권의 세부사항을 완전히 알지 못한다. 기업은 철저한 재해경감 및 대비 노력의 일환으로 항상 보험 고문과의 논의를 해야 한다. 예를 들어, 대부분의 정책은 홍수나 지진 피해를 다루지 않는다. 이러한 재해를 포함하기 위해서는 별도의 정관이 필요할 수 있다. 민간기업에 맞춰 보험을 조정하고 재산피해뿐만 아니라 재해로 사업이 중단됐을 때 발생하는 수익 손실과 추가 비용도 고려해야 한다.

실행 가능한 사업 계획의 많은 측면과 마찬가지로 보험에 관한 한 악마는 세부적인 부분에 있다. 재난 전 단계에서 다루어야 할 문제에는 재산 평가와 적용 범위에 대한 광범위한 주제가 포함된다. 기업이 제기하고자 하는 질문은 다음과 같다.

- 재산은 어떻게 평가될 것인가?
- 보험 증권에는 어떤 위험 요소나 손실 원인이 포함되는가?
- 손실 발생 시 보험 증권에서 기업이 해야 할 일은 무엇인가?
- 정전으로 인한 손실은 어느 정도까지 보상되는가?
- 사내 및 사외 전원 중단에 대한 적용 범위가 제공되는가?
- 업무 중단 시 손실된 수입에 대한 보상이 적용되는가?
- 보장범위는 충분한가?
- 보험은 얼마 동안 제공되는가?
- 민간 당국의 명령(예: 강제 대피명령)에 의해 폐업할 경우 손실 소득에 대한 보상 기간

은 얼마나 되는가?

- 영업 재개 후 고객이 돌아오지 않을 경우 줄어든 수입은 어느 정도까지 보장되는가?
- 재난 발생 후 구조물을 수리해야 할 경우 현재 건축법규를 준수하기 위해 필요한 업그레이드 비용을 보험에 포함한가?
- 경감 및 대비 조치가 보험료율 하락을 초래할 것인가?

이러한 질문들은 기업이 보험상품을 추가로 통해 이용할 수 있는 다른 선택사항들뿐만 아니라 보험상품을 보유하기로 선택한 보험의 유형을 지정하는 데 도움이 될 수 있다.

재산보험

일반적으로 일반 재산보험(property insurance)은 홍수나 지진 피해에 대한 보장을 제외한다. 이러한 위험은 일반적으로 많은 기업들이 일상적으로 보유하고 있는 화재보험을 보완하기 위한 추가 정책을 통해 보상된다. 기업이 NFIP(국가홍수보험프로그램)에 참여하는 커뮤니티의 홍수 지역에 위치한 경우, 기업은 연방정부 지원을 받는 홍수보험에 가입할 수 있지만, 주거용 부동산처럼 홍수보험에 가입해야 하는 경우는 거의 없다.

NFIP를 통한 상업보험은 일반적으로 건물의 보험 적용 범위가 25만 달러, 건물 내용에 대한 추가 보험료가 25만 달러로 제한된다. 이것은 많은 돈처럼 보일 수 있지만, 많은 상업용 건물과 기업들은 이 가치를 훨씬 초과하고, NFIP 정책은 잠재적인 손실에 대해 기업을 충분히 보장하지 못할 수 있다. 이러한 이유로, 기업들은 NFIP 한도 이상의 손실에 대해 민간보험에 가입하는 것을 선택할 수 있다.

업무중단보험

업무중단보험(business interruption insurance)은 기업이 재해사건 동안 상당한 손실을 입는 경우에도 도움이 될 수 있다. 고객, 공급업체 및 기타 중요한 운영 없이 짧은 기간 동안만 있어도 수익과 순이익에 큰 격차가 발생할 수 있다. 또한 기업은 재난 후 재개장 후에도 일반적으로 매출 지연을 경험한다. 고객은 자신의 요구를 충족시키기 위해 대체 공급원을 찾을 수 있으며 이전 서비스 제공 업체와의 관계를 쉽게 재개하지 못할 수 있다. 업무중단보험은 회사가 다시 가동될 때까지 이러한 공백을 일부 메우는 데 도움이 될 수 있다.

업무중단보험은 재난으로 인한 피해로 회사를 비워야 할 경우 손실된 소득을 보상해 준다. 업무중단보험은 또한 재난이 발생하지 않았더라면 얻을 수 있었을 이익을 재무 기록에 근거하여 보상한다. 이 정책은 사업 활동이 일시적으로 중단되더라도 유틸리티와 같은 반복적인 운영 비용을 보상한다. 그 보험 가격은 일반적으로 화재나 다른 재난이 그 부지를 손상시킬 위험과 관련이 있다.

추가비용보험

재난 발생 후 수입이 줄어들면 기존 사업비와 재난으로 인한 신규 비용 모두 지출이 증가한다. 추가비용보험(extra expense insurance)은 적격 재해 발생 후 복구 및 재건 중에 중단되는 것을 방지하기 위해 정상운영비용 이상의 비용을 회사에 보상한다. 추가비용보험은 일반적으로 예상 수익과 비용을 추정하고 예상 수익을 계산한 다음 임시 휴업으로 인한 잠재적 손실을 결정하는 방식으로 계산된다. 추가비용보험은 일반적으로 업무중단 비용을 줄이는 데 도움이 되는 경우에만 지급된다. 경우에 따라서는 업무중단보험에 가입하지 않고도 추가비용보험만으로도 충분한 보장을 제공할 수 있다.

자기 진단

- 업스트림 및 다운스트림 손실에 대해 설명하라.
- 자연재해의 영향을 줄이기 위한 4가지 업무경감전략을 나열하라.
- 재산보험, 업무중단보험 및 추가비용보험의 목적을 설명하라.

9.6 민간부문의 참여

업무연속성계획, 재산보호 및 보험은 기업이 재해 영향으로부터 자산을 보호하는 데 도움이 될 수 있지만, 이러한 조치만으로는 사업의 재난 후 생존 가능성을 보장할 수 없다. 재난 전 계획은 반드시 더 큰 커뮤니티의 맥락에서 수행되어야 하며, 그렇지 않으면 기업은 일시적인 폐쇄에서 살아남기가 매우 어렵다는 것을 알게 될 것이다. 잠재적인 정지시간(downtime)을 최소화하여 개별 기업에 직접적인 혜택을 제공할 뿐만 아니라 커뮤니티 전체가 재해에 보다 회복탄력적으로 대처할 수 있도록 하는 경감 관행에 참여하는 것이 기업의 최대 이익이다. 자체 공장, 공장, 소매 또는 사무실 공간을 넘어서서 경감 노력을 확대함으로써, 민간부문 사업주들은 또한 그들의 일자리로 돌아갈 수 있는 인력을 확보할 수 있고, 공공시설, 도로 및 정부 서비스의 재활성화를 촉진할 수 있으며, 재난 발생 후 상업이 신속하게 재개될 수 있도록 도울 수 있다.

재난 대비 및 경감을 지원하기 위해 민관 협력 관계가 점점 더 발전하고 있다. 기후변화적응 관행뿐만 아니라 지역 재해경감 및 대비의 채택에 대한 사업부문의 참여를 유도하기 위해 광범위한 민관 협력 모델이 전국적으로 나타나고 있다. 이러한 협력 관계는 독립적으로 일하는 어느 한 그룹이 개발하는 것보다 더 실행 가능한 해결책으로 이어질 가능성이 높다.

참조 민관협력을 통한 대비 강화

2012년 3월, 버지니아 뉴포트뉴스시의 공공-민간 파트너십은 도시 전체에 걸쳐 회복탄력성을 높이기 위해 이해 관계자들 간의 관계를 구축하고 조정을 개선하기 위한 민-민간 파트너십을 개발했다. 이 시는 뉴포트뉴스 조선, 헌팅턴 잉걸스 인더스트리즈, 캐논 버지니아를 포함한 몇몇 큰 회사들을 수용하고 있다. 이러한 민간협력업체를 비상관리구조에 보다 잘 연결하기 위해 비상관리부서 내에 민간협력업체를 교육 및 훈련에 참여시키고, 소통 및 정보공유를 개선하고, 재난 발생 시 상황의식을 제고하기 위한 민간연락사무직을 신설하였다. 민간부문 연락직 외에도 뉴포트뉴스 비상운영센터 직원들은 일상 및 사고 운영 시 주요 민간부문 협력업체에 문호를 개방해 공공부문 비상계획, 절차, 연락처 및 자원 커뮤니티 전반에 대한 이해도를 높이고 있다.

경감 파트너십은 기업, 주 및 지방정부, 유틸리티, 연구 및 학계, 비영리 단체 및 기타 커뮤니티 조직의 리더십과 전문 지식을 결합하여 재해에 대한 노출을 줄이고 재난 후 복구를 용이하게 하는 통합 전략을 개발한다. 파트너십 활동에는 인식 및 교육 활동, 커뮤니티 전반의 재해와 위험을 식별하기 위한 사업 및 커뮤니티 취약성평가 프로그램의 통합, 재난 대응 및 복구에 대한 팀 접근법, 재해경감 및 지속가능성을 다루는 커뮤니티 기반 프로그램의 지원이 포함될 수 있다.

사업부문이 커뮤니티 회복탄력성을 강화하기 위해 취할 수 있는 가장 중요한 조치 중 하나는 건축법규를 지원하는 것이다. 즉, 강력하고 잘 시행된 건축법규는 장기적으로 기업의 비용을 절감하는 것이다. 최신 재난에 강한 재료와 시공 기법을 통합하기 위해 신규 건설에 대한 초기 비용이 더 높을 수 있지만, 이러한 기준은 일반적으로 풍속이나 지진동과 같은 특정 충격 수준에서 안전을 보장하도록 설계된다.

9.6.1 인센티브

때때로 좋은 기업 시민이 되는 것은 민간기업이 커뮤니티 차원에서 재해경감 및 대비 이니셔티브에 참여하기에 충분한 동기가 되지 않는다. 커뮤니티가 민간부문이 참여하도록 장려하기 위해 사용할 수 있는 다양한 인센티브가 있다. 재해 영향을 견딜 수 있도록 건설되거나 보수된 재산에 대한 낮은 세율 또는 세금 할인(예: 바람 피해를 방지하기 위한 허리케인 셔터, 홍수로부터 보호하기 위한 높임, 지진 흔들림으로부터 건물을 강화하기 위한 내진 보강)과 같은 일부 인센티브가 지방정부에 의해 제공된다. 기타 유형의 인센티브는 건물 공급 및 주택개선산업에서 제공할 수 있는데, 이를테면 경감 관련 자재 및 물품 구매에 대한 환불(rebate) 또는 할인혜택이 이러한 인센티브이다. 그 대가로, 소매업자, 도매업자 또는 유통업자는 매출 증가, 좋은 홍보, 그리고 커뮤니티에서 경감 노력의 파트너로서 인정을 받는다. 보험료 할인과 대출금리 인하를 통해 주택과 사업주의 경감조치를 자극하는 데도 대부업과 보험업계가 한몫할 수 있다. 그 대가로, 대여자와 보험제공자 모두 담보부동산의 안전성이 증가하여 효익을 얻는다.

인센티브를 적절히 적용하면 개별 사업자와 주택 소유자를 커뮤니티 기반 위험 감소 이니셔티브에 참여시키는 강력한 지렛대가 될 수 있다. 위험감소노력을 보상하는 데 인센티브를 사용할 수도 있다. Table 9.1에 샘플 인센티브를 표시하였다.

지역 경감전략의 필수적인 특징으로 인센티브를 채택하는 데 몇 가지 장애가 있다. 인센티브는 복잡하고 관리가 번거로울 수 있으며, 단기적으로는 위험 감소에 거의 영향을 미치지 않을 수 있다. 그러나 장기적으로는 인센티브가 패키지로 적용되고 정확한 위험도평가 및 위험도 분석 정보와 함께 적용되면 주택 소유자, 기업 및 커뮤니티가 자연재해의 영향으로부터 재산을 보호하기 위한 조치를 취하도록 동기를 부여할 수 있다.

Table 9.1 커뮤니티 기반 위험 감소 이니셔티브에 대한 인센티브

인센티브	조항
세금	• 주택 소유자와 사업주가 행하는 재산보호 조치에 대한 지방세 감면 • 구조물을 보수하기 위한 건축자재에 대한 판매세 면제
보험	• 경감조치를 기반으로 재해 지역별 차등 보험료 • 보강된 건물에 대한 자연재해 손실에 대한 공제 면제 • 보강된 공공시설에 대한 감소된 보험료 또는 감면 공제액 • 건축법규 시행 등급시스템을 구축하여 법규 이상으로 건설된 신축 공사에 대해 부동산 소유자의 프리미엄 할인의 허용

소매업체, 제조업체 또는 도매업체 가격	• 경감에 사용된 제품에 대한 제조업체의 환불(rebate) • 판매 시점 할인 또는 환불(예: The Home Depot) • 프로젝트별 할인 또는 환불
금융	• 경감 기능으로 지어진 구조물의 건축비 면제/감면 • 할인된 건설 대출 또는 보수 구조물의 낮은 이자율

참조 재산보호 환불

일리노이 사우스 홀랜드 빌리지 오브 사우스 홀랜드에는 부동산 소유주들이 지표면 및 지하수 침수를 방지하기 위한 재건축 프로젝트에 자금을 지원하는 환불(rebate) 프로그램이 있다. 프로젝트가 승인되고 설치되고 점검되면, 마을은 소유자에게 비용의 50%를, 최대 5,000달러까지 변제(reimburse)할 것이다. 이 프로그램에 따라 2019년 현재 1,170개 이상의 홍수방지 및 하수도 백업 보호사업이 완료되었다. 계약자들은 이 프로그램을 홍보하는 최고의 대리인 중 일부가 되었다.

9.6.2 민간보험

이 장의 대부분은 민간 토지소유자와 기업이 내리는 결정과 그에 따른 커뮤니티 취약성 사이의 연관성을 다루었으며, 민간부문 의사결정자들이 커뮤니티 경제 기반을 보호하기 위해 재해영향을 경감하고 대비하도록 장려할 필요성을 강조했다. 그러나 일부 민간부문 산업이 특히 중심적인 역할과 함께 경감 및 대비 태세를 장려하는 데 관심이 있다는 것이 점점 분명해지고 있다. 보험업계는 이러한 고유한 역할을 예로 들며 기본적인 위험관리자 역할을 하며, 위험을 이해하기 위한 도구와 위험을 사회 전반으로 확산시켜 재난의 개인 영향을 줄이는 메커니즘을 개발한다. 예를 들어, 보험 산업은 한 세기 전 많은 주요 도시지역에서 대혼란을 일으킨 광범위한 화재에 대해 도시를 상당히 덜 취약하도록 전환하는 데 역사적으로 주도적인 역할을 했다. 오늘날, 많은 보험회사들 - 그리고 보험증권을 구입하고 위험을 더 많이 분배하는 재보험회사들은 개별 토지소유자와 지방정부에 위험을 더 잘 전달하기 위한 새로운 방법을 고안하기 위해 공공 부문 및 비영리 단체와 협력하기 위해 적극적인 역할을 수행하고 있다. 궁극적으로 보험재산의 취약성을 감소시킨다.

미국에서 재난손실이 계속 증가함에 따라, 보험사들은 증가하는 취약성에 직면한 부동산에 적절한 보상을 제공해야 하는 과제에 직면해 있다. 특히 기후변화가 위험수준을 더욱 불확실하게 만들 때 이러한 문제가 두드러진다. 또한 규제 당국은 보험사가 금리를 인상할 수 있는 정도나 속도를 제한하는 경우가 많다. 그 결과, 몇몇 유명 보험회사들은 많은 부동산들이 보험을 유지하기 위해서는 물리적 회복탄력성에 대한 투자가 필요하다는 것을 인정한다.

참조 지하철에 대해 "대재해채권"을 발행한 뉴욕시

허리케인 샌디는 뉴욕시에 거의 190억 달러의 피해를 입혔고 뉴욕시의 교통시스템의 많은 부분을 멈추게 했다. 복구 과정 동안, 뉴욕시는 지하철 시스템을 위한 보험을 드는 것이 특히 해수면 상승과 미래에 더 극단적인 홍수사건의 가능성에 직면하여 엄청나게 비싸다는 것을 곧 깨달았다. 메트로폴리탄 교통국(MTA)이 세계적인 재난 모델링 회사와 협력하여 대재해채권(catastrophe bond) 개발을 위한 혁신적인 조치를 취했다.

이 채권은 폭풍 중 수위가 뉴욕의 배터리 파크에 있는 NOAA 워터 레벨 스테이션의 정상 수위보다 8.5피트 높이에 도달하면 발동(trigger)된다. 홍수가 이 임계 수준 이상일 경우 MTA는 채권 판매 수익금을 시설을 수리하고 재건하는 데 사용할 수 있다. 채권은 이 수준 이하의 홍수로 인한 피해를 보상하지 않기 때문에, MTA는 채권 임계값을 충족하지 못하는 소규모 폭풍에 대한 회복탄력성을 향상시킬 동기를 부여한다. 이러한 혁신적인 금융 메커니즘을 통해 뉴욕시는 지하철 시스템의 경감에 동시에 투자하면서 보험료를 줄일 수 있다. 2013년 7월에 발행된 이 채권은 오직 폭풍해일로부터만 보호하기 위해 발행된 최초의 대재해채권이었다.

자기 진단

- 기업이 커뮤니티 전반의 경감계획 및 프로그램에 참여하는 것이 중요한 이유는 무엇인가?
- 커뮤니티 기반 위험 감소를 위한 4가지 인센티브를 나열하고 그 조항을 설명하라.
- 보험회사가 커뮤니티 회복탄력성을 증진하는 데 특별한 관심을 갖는 이유에 대해 논하라.

요약

경제적 회복탄력성은 재난-회복탄력적 커뮤니티를 만드는 데 필수적인 부분이다. 이 장에서는 재난에 대한 회복탄력성을 높이기 위해 기업이 할 수 있는 계획 과정을 설명하고, 자연재해에 대한 취약성을 줄이기 위해 기업이 취할 수 있는 여러 경감조치를 식별했다. 그리고 사유지 투자 및 개발 의사 결정 시 고려해야 할 요인 목록을 제공하고 이러한 결정이 커뮤니티의 경제적 회복탄력성과 어떻게 관련되는지 설명하였다. 또한 몇 가지 유형의 사업보호계획을 간략히 설명하고 업무영향분석을 수행하는 목적과 과정을 설명했다. 커뮤니티와 기업이 재해영향을 경감하기 위해 협력하는 것이 중요하다. 이 장에서는 이러한 연결과 기업이 자체 시설 및 운영에 미치는 재해영향을 경감하여 전체 커뮤니티의 회복탄력성을 개선할 수 있는 과정을 탐구하였다.

용어

- 업무연속성계획(business continuity planning) 또는
  COOP(continuity of operation planning; 운영연속성계속)
  하나 이상의 기능이 손상되거나 중단되었을 때 사업의 생존 가능성을 유지하기 위한 계획. 컴퓨터화된 업무 운영의 출현 이후, 이러한 계획들 중 많은 것들이 데이터 보호, 검색 및 복원에 초점을 맞추고 있다.
- 업무영향분석(business impact analysis)
  확인된 재해사건 중 예상할 수 있는 손해 및 손실의 유형 계산. 여기서 손해는 사업의 특성과 관련이 있다. 업무영향분석을 통해 취약성을 줄이기 위해 수행해야 하는 작업 유형을 파악할 수 있다.
- 위기대응계획(컨틴전시플랜; contingency planning)
  조직이 재해에 대응할 수 있도록 사전준비 및 절차를 개발하여 중요한 업무기능을 정해진 기간 내에 재개하고, 손실액을 최소화하며, 피해를 입은 시설을 최대한 빨리 수리 또는 교체하도록 하는 과정이다.
- 수요(demand)
  상품에 대한 욕구와 그에 대한 지불 능력. 희소성은 특정 제품에 대한 욕구를 증가시킨다. 고도로 발달된 해안지역의 해변 부동산을 예로 들 수 있다.
- 직접 영향(direct impact)
  건물 및 기타 시설과 같은 구조물의 물리적 손상을 포함한다. 직접 영향에는 재고자산, 장비 및 기타 실물자산의 손실도 포함된다.
- 건조형 홍수방재(dry floodproofing)
  벽을 강화하여 파편 충격을 포함한 유체 정역학적 및 동적 힘을 견딜 수 있도록 하는 구조 경감기법이다. 문, 창문, 통풍구를 포함한 개구부는 홍수 유입을 막기 위해 밀폐되거나 특수 마감된다. 경우에 따라 벽은 방수 화합물 또는 플라스틱 시트로 코팅될 수 있다.
- 재해식별(hazard identification)
  사업 및 커뮤니티에 위협이 될 수 있는 재해의 크기(강도) 및 관련 확률(우도)를 정의하는 사업위험도평가 단계이다.
- 간접 영향(indirect impact)
  도로 폐쇄와 교통망 분해, 수도, 하수관, 전력과 같은 유틸리티의 손실, 통신 장애로 인해 발생한다.
- 사회기반시설(infrastructure)
  상수도, 하수도, 도로 등 개발을 지원하는 시설과 시스템

- 토지이용규제(land use regulation)
  용도지역지구제 및 토지분할조례, 건축법규, 소방 법규, 환경보호 법률 및 성장과 개발이 어디에서 어떻게 이루어지는지 지시하는 기타 유형의 명령과 같은 재산 사용을 통제하는 법률
- 위험/위험도(risk)
  예상 확률 및 빈도, 노출 및 결과 측면에서 정의된 재해와 관련된 잠재적 손실
- 위험도평가(risk assessment)
  특정 재해와 관련된 위험을 평가하기 위한 과정 또는 방법이며 발생 확률과 빈도, 크기 및 심각도, 노출 및 결과 측면에서 정의된다.
- 안전보건계획(safety and health plan)
  작업장 안전보장 및 직원 건강보호를 위한 계획
- 안전보건계획(safety and health plan)
  작업장 안전보장 및 직원 건강보호를 위한 계획
- 유출방지관리 및 대책(SPCC; Spill Prevention Control and Countermeasures)
  유해폐기물 또는 위험물 처리 계획 및 절차
- 화폐의 시간 가치(time value of money)
  금융의 기본 개념 중 하나인 화폐의 시간가치는 투자수익률이 빨라지면 수익성이 극대화된다는 전제를 갖고 있다.
- 취약성평가(vulnerability assessment)
  노출된 인구와 재산, 특정 지역에서 특정 강도의 재해사건으로 인해 발생할 수 있는 부상 및 손상의 정도를 특성화하는 사업위험도평가의 단계이다.
- 침수형 홍수방재(wet floodproofing)
  벽과 기초가 무너질 수 있는 손상 압력을 줄이기 위해 의도적으로 특정 밀폐된 지역에 홍수가 유입되도록 하는 구조 경감조치

연습문제

요약 질문

1. 지구의 글로벌 안정에 기여하기 위해서는 회복탄력적 커뮤니트는 회복탄력적 경제가 필요하다. 참인가 거짓인가?

2. 미국의 토지 소유는 소유자가 자신의 땅에서 원하는 것은 무엇이든 할 수 있다는 것을 의미한다. 참인가 거짓인가?

3. 다양한 경제는 다양한 인종적 배경을 가진 사람들에게 일자리를 제공하기 때문에 커뮤니티에 유리하다. 참인가 거짓인가?

4. 커뮤니티 사회기반시설 계획은 개발을 재해지역으로부터 멀리하는 데 사용될 수 있다. 참인가 거짓인가?

5. 투자자들은 언제 어디에 지을지 결정할 때 자연재해를 고려해야 한다. 참인가 거짓인가?

6. 기존 기업들은 보통 보험에 가입되어 있기 때문에 자연재해의 영향을 받지 않는다. 참인가 거짓인가?

7. 소기업들은 일반적으로 규모가 작고 청소가 쉽다는 이유만으로 대형 상점이나 체인점보다 빨리 문을 연다. 참인가 거짓인가?

8. COOP란?
   a. 가금류 거주지이다.
   b. Cooper라는 사람에 대한 애칭이다.
   c. 운영계획연속성이다.
   d. 커뮤니티 옵션 운영계획

9. 사업위험도평가의 일환으로, 사업은?
   a. 사업에 영향을 미칠 수 있는 재해를 식별해야 한다.
   b. 인근 은행에서 자금을 모두 인출해야 한다.
   c. CFO를 해고해야 한다.
   d. 위 항목 중 어느 것도 하지 않아야 한다.

10. 위험도평가는 사업에 다음과 같은 정보를 제공해야 한다.
   a. 특정 재해에 취약한 정도
   b. 다음 자연재해의 발생일
   c. 자연재해 예방을 위한 대안
   d. 위의 모든 것

11. 업스트림 손실은 하천 유역 개발로 인해 커뮤니티에서 유량이 증가하여 발생하는 피해를 말한다. 참인가 거짓인가?

12. 건축법규는
   a. 시공방법 및 자재관리를 규정한다.
   b. 자연재해 발생 시 건물 무단침입을 방지한다.
   c. 관리가 어렵기 때문에 거의 사용하지 않는다.
   d. 건설 비용을 절감한다.

13. 다음에 의해 지역 경감계획은 사업 운영에 대한 자연재해의 영향을 경감하는 데 중요한 역할을 할 수 있다.
   a. 개발이 위험지역에 위치하지 않도록 함으로써
   b. 재난 발생 후 사업체가 커뮤니티로 이전하도록 장려함으로써
   c. 개발 위험 지역에만 사회기반시설을 확장함으로써
   d. 위의 모든 것에 의해

14. 보험은 특정 사업에 맞게 조정되어야 하며, 다음의 것을 고려하여야 한다. 해당되는 모든 것을 표시하라.
    a. 재산상 손해 b. 수익의 손실 c. 재난으로 인한 추가 비용 d. 휴가 계획

리뷰 질문

1. 회복탄력적 경제란 무엇인가?
2. 토지소유권은 무엇으로 구성되어 있는가?
3. 커뮤니티가 지역경제의 생존 가능성을 완전히 통제할 수 있는가?
4. 재난 발생 후 회복탄력성에 장기적인 영향을 미칠 수 있는 요인은 무엇인가?
5. 커뮤니티의 회복탄력성이 경제와 무슨 관계가 있는가?
6. 사업보호계획이 중요한 이유를 설명하라.
7. 종합 재난 대비 및 경감계획에 포함되어야 할 3가지 요소를 말하라.
8. 재해 인식이 기업에 중요한 이유는 무엇인가?
9. 기업을 위한 경감조치로서 재해보험의 긍정적인 측면과 부정적인 측면을 설명하라.
10. 지방 관할권의 경감계획은 어떻게 경제적 회복탄력성에 기여할 수 있는가?

응용

1. 당신이 익숙하지 않은 커뮤니티의 먼 친척으로부터 사업을 물려받았다고 상상해 보라. 새로 인수한 사업이 자연재해에 회복탄력적으로 대처할 수 있도록 하기 위해 어떤 조치를 취하시겠는가?
2. 여기서 상속된 사업에 초점을 맞추고 있다. 고려할 수 있는 경감조치는 무엇인가?
3. 이와 같은 상황에서 보험을 선택할 때 고려해야 할 요소는 무엇인가?
4. 이 커뮤니티로 이사한 후, 다음 자연재해에 덜 취약하게 만들기 위해 커뮤니티에 어떻게 의지할 것인가? 사업부문의 일원으로서 커뮤니티의 재해경감 노력에 어떻게 기여할 것인가?

5. 당신이 지역경제 개발 이사이고 지역 상공회의소에서 "회복탄력적 커뮤니티 구축"에 대한 연설을 하도록 초대받았다고 상상해 보라. 그 연설의 윤곽을 잡아라.

6. 당신이 도시 관리자라고 상상해 보라. 관할 지역의 사업 커뮤니티가 회복탄력성을 향해 나아가고 있음을 보장하기 위해 어떤 정책, 프로그램 및 프로젝트를 발표하겠는가?

자습

- 제자리에, 준비, 땅! (READY, Set, Go!)
  자연재해는 자연환경의 일부이며 영원히 우리와 함께 할 것이다. 자연재해가 건물 환경에 미치는 영향에서 발생하는 재해의 빈도와 규모로 증가하고 있다는 징후가 있다. 이는 물론 기업이 과거보다 더 큰 영향을 받을 수 있음을 의미한다. 이것이 만들어낼 수 있는 직업을 생각해 보라. 인터넷을 탐색하여 경영, 관리, 연속성 계획, 보험 등의 가능성을 찾아 보라.

- 모의 인터뷰
  지역 사업주에게 연락하여 해당 지역의 자연재해에 대한 업무연속성계획을 논의하라. 그들은 준비하기 위해 무엇을 하고 있는가? 그들은 경감조치를 취하고 있는가? 그들은 사업에 재난이 닥칠까 봐 걱정하고 있는가? 그들은 어떤 종류의 보험을 가지고 있는가? 그들은 커뮤니티로부터 어떤 도움을 원하는가?

- 역경을 긍정으로 바꾸자! (Turning Lemons into Lemonade!)
  어렸을 때, 당신은 자신만의 레모네이드 가판대를 운영해 본 적이 있는가? 오늘(레모네이드를 판매하든 그렇지 않든) 독자적으로 사업을 시작한다면, 이 장에서 귀사의 사업 위치, 디자인 및 정책에 어떤 내용을 통합하겠는가?

참고문헌

1. Schwab, J., et al. 1998. Planning for Post-Disaster Recovery and Reconstruction. Chicago, IL: American Planning Association Planning Advisory Service. Report No. 483/484.
2. Eadie, C. 2001. Building Economic Vitality into Disaster Recovery in Holistic Disaster Recovery: Ideas for Building Local Sustainability after a Natural Disaster. Boulder, CO: Natural Hazards Research and Applications Information Center, University of Colorado.
3. National Renewable Energy Laboratory, U.S. Department of Energy. Greensburg, Kansas: A Better, Greener Place to Live. Revised October 2009.
4. Quinn, P. 2013. After Devastating Tornado, Town is Reborn "Green." USA TODAY Green Living Magazine. April 25, 2013.
5. Johnson, L., L.D. Samant, and S. Frew. 2005. Planning for the Unexpected: Land-Use Development and Risk. Chicago, IL: American Planner Association.

6. Lennon, G., W.J. Neal, D.M. Bush, O.H. Pilkey, M. Stutz, and J. Bullock. 1996. Living with the South Carolina Coast. Durham, NC: Duke University Press, p. 41.
7. French, S.P. 2002. Incorporating resilience in private sector project planning and review. In Building Disaster Resilient Communities Instructor Guide, edited by R.J. Burby. Emmitsburg, MD: Federal Emergency Management Agency, Emergency Management Institute.
8. Delia, A.A. 2001. Population and economic changes in eastern North Carolina before and after Hurricane Floyd. In Facing Our Future: Hurricane Floyd and Recovery in the Coastal Plain, edited by J.R. Maiolo, et al. Wilmington, NC: Coastal Carolina Press.
9. Henry, D.K., S. Cookie-Hull, J. Savukinas, F. Yu, N. Elo, B. Van Arnum. 2013. Economic Impact of Hurricane Sandy: Potential Economic Activity Lost and Gained in New Jersey and New York. U.S. Department of Commerce, Economics and Statistics Administration.
10. Grossman-Cohen, B. May 1, 2012. Mississippi "Jobs First" Legislation Breaks New Ground in Providing Jobs for Local People. http://www.oxfamamerica.org/press/mississippi-jobs-firstlegislation- breaks-new-ground-in-providing-jobs-for-local-people/.
11. Sturgis, S. May 3, 2012. New Mississippi Law Boosts Local Hiring in Disaster's Wake. The Institute for Southern Studies. http://www.southernstudies.org/2012/05/new-mississippi-law-boostslocal- hiring-in-disasters-wake.html.
12. The H. John Heinz III Center for Science, Economics and the Environment. 2002. Human Links to Coastal Disasters. Washington, DC: The Heinz Center.
13. https://www.sba.gov/sites/default/files/advocacy/2018-Small-Business-Profiles-US.pdf U.S. Small Business Administration Office of Advocacy. 2018. United State Small Business Profile. Washington, DC.
14. NC Division of Emergency Management, 2001. Managing Your Business to Minimize Disruption: A Guide for Small Business in North Carolina. Raleigh, NC: NCEM.
15. Federal Emergency Management Agency. October 1993. Emergency Management Guide for Business and Industry. A Step-by-Step Approach to Emergency Planning, Response and Recovery for Companies of All Sizes. Publication 141. FEMA.
16. Institute for Business and Home Safety. 2005. Open for Business: A Disaster Planning Toolkit for the Small to Mid-Sized Business Owner.
17. North Carolina Division of Emergency Management, May 2003. Keeping Natural Hazards from Becoming Disasters: A Mitigation Planning Guidebook for Local Governments. North Carolina Department of Public Safety.
18. Metropolitan Transportation Authority. July 2013. Metropolitan Transportation Authority Secures $200 Million of Insurance Protection for Future Sandy-Like Storms. MTA Press Releases. http://www.mta.info/press-release/mta-headquarters/mta-secures-200-million-insuranceprotection- future-sandy-storms.

제 III 편

자연재해와 인적재해

우리는 미국의 커뮤니티가 직면하고 있는 재해 범위와 이러한 재해를 해결하기 위해 진화한 재해관리체계에 대해 배웠다. 따라서 위험도를 평가하고 회복탄성력을 높이기 위한 대비, 경감 및 기후변화적응 프로그램을 개발하기 위한 접근방식을 탐구할 준비가 되었다. 이 장에서는 커뮤니티의 고유한 재해프로파일을 이해하고 해당 지역의 물리적, 경제적, 사회적 특성에 기초하여 위험도를 평가하는 과정을 심층적으로 다룬다. 제11장은 정부, 기업, 자원봉사 단체, 가족과 개인에 의해 수행되는 주요 활동을 포함하여 대비의 역할에 초점을 맞추고 있다. 제12장에서는 재해경감 활동을 설명하며, 토지 사용 결정에 영향을 미쳐 취약성을 감소시킬 수 있는 기회를 강조한다. 이 장에서는 또한 커뮤니티가 종합재해경감계획을 개발하기 위해 사용하는 과정의 기초를 설명한다. 이 장은 우선순위를 설정하고 광범위한 커뮤니티 구성원 및 조직과 협력하여 재해와 기후변화의 영향을 효과적으로 계획하고 보다 회복탄력적으로 계획할 수 있는 기본 요소(building blocks)를 제공한다.

미국 전역의 커뮤니티, 주 및 기업들은 기후변화가 많은 극단적인 날씨 사건의 분포, 변동성 및 강도에 영향을 미치면서 위험도가 어떻게 변화하고 있는지를 점점 더 평가하고 있다. 예를 들어, 우리는 더 이상 과거의 평균 강우량에 의존하여 빗물 기반시설의 크기를 적절하게 조정할 수 없다. 재해를 효과적으로 관리하는 것은 우리의 기후와 공동체가 어떻게 변화할지에 대해 가능한 최고의 과학을 사용할 것을 요구한다. 이 장에서는 현재와 미래의 위험도를 모두 해결하기 위한 시도로 변화하는 기후에 대한 정보와 대비 및 경감계획을 통합하기 위한 방법, 도구 및 데이터 출처에 대해 논의한다.

자연재해 및 인적재해의 영향에 대비하는 것은 일회성 해결책이 아니라 진행 중인 과정이다. 회복탄성적 커뮤니티는 도로의 부지와 설계에서부터 농업에 사용되는 관개 기술에 이르기까지 관련 날씨와 기후 과학을 거의 모든 의사 결정에 통합하는 공동체이다. 다음 장에서는 커뮤니티가 재해영향을 흡수하고 회복할 수 있도록 대비 및 경감의 기초 과정을 설명한다.

제10장 위험도평가

학습내용과 목표

(1) 학습 내용
- 위험도평가 목적
- 위험도평가 과정
- 위험도평가 수행을 위한 데이터 출처
- 매핑 및 데이터 수집

(2) 학습 목표
- 커뮤니티의 자산 목록을 작성하고 재해 위험도평가 도구의 선택
- 재해지도를 사용한 취약성평가
- 취약성을 변경할 수 있는 커뮤니티 관행 및 동향 확인
- 커뮤니티에서 사용하는 재해 위험도평가 전략의 평가

개요

자연재해의 영향에 회복탄력적 커뮤니티는 우연히 만들어지지 않는다. 어떻게 그리고 어디서 만들 것인가에 대한 결정은 얼마나 성공적으로 재난을 피할 수 있는지를 결정한다. 위험도평가는 직면한 재해에 대해 어떻게 알려주는지 설명하여 보다 회복탄력적이기 위한 노력으로, 이를 통해 가장 적절한 재해경감, 대비 및 기후변화적응 전략을 선택할 수 있다. 위험도평가는 몇 가지 다른 요소 또는 단계로 구성된다. 철저한 위험도평가를 실시하기 위해, 커뮤니티는 먼저 특정 관할권에 영향을 미칠 수 있는 재해를 식별해야 한다. 그런 다음 잠재적 강도와 심각도 뿐만 아니라 이러한 재해가 발생할 가능성이 얼마인지 결정해야 한다. 또한 커뮤니티는 식별된 위험에 대한 취약성(vulnerability) 수준을 평가해야 한다. 취약성평가에는 피해를 입을 수 있는 사람과 재산을 식별하고, 재화로 손실을 추정하며, 미래에 영향을 받을 수 있는 사람이나 물건을 예측하는 것이 포함된다. 점점 더 많은 커뮤니티가 기후변화로 인한 위험의 추가 수준을 평가하고 있으며, 미래에 자연재해가 변화할 수 있는 정도를 계산하고 있다. 위험도평가의 마지막 단계는 커뮤니티가 직면하는 위험수준이 수용 가능한 것으로 간주되는지 또는 허용되지 않는 것으로 간주되는지에 대한 결론을 형성하기 위해 관련 데이터와 정보를 수집하고 분석하는 것을 포함한다. 위험도평가 과정의 각 단계는 커뮤니티가 전략과 정책을 개발할 수 있는 건전한 사실 기반을 구축하기 위한 추가 정보를 제공한다. 완료 시, 신중한 위험도평가를 통해 커뮤니티는 재해경감, 대비 및 기후변화적응 노력을 가장 필요한 곳에 적용할 수 있다.

10.1 평가 목적

“위험도평가(risk assessment)”는 커뮤니티에 영향을 미칠 수 있는 재해를 정의하고 이러한 재해가 사람과 재산에 어떻게 영향을 미칠 수 있는지를 설명하는 과정이다. 위험도평가는 종합 재해경감계획 과정의 일부로 수행되며, 위험도평가 동안 얻은 데이터는 경감 정책과 전략을 지시하고 정당화하는 데 도움이 될 수 있는 확실한 사실 기반 데이터로 사용된다. 주(州), 지방정부 및 아메리카 원주민 부족은 2000년 DMA(Disaster Mitigation Act; 재난경감법)에 따라 특정 연방 재난지원 및 경감 자금 지원을 받을 수 있는 모든 재해경감계획을 준비해야 한다. 위험도평가는 그러한 계획을 준비하는 데 필요한 단계 중 하나이다.

이 장에서는 일반적인 위험도평가가 수행되는 방법과 정보를 재해에 대한 커뮤니티 취약성을 줄이는 데 사용할 수 있는 방법을 설명한다. 여기서 주로 지방 차원에서 준비된 경감계획에 초점을 맞춘다. 주(州) 차원 계획에는 몇 가지 다른 단계가 있지만, 일반적으로 과정은 모든 위험도평가에서 유사한다. 이 장에 기술된 많은 단계는 커뮤니티가 DMA에서 요구하는 재해경감계획을 준비할 수 있도록 작성된 지침 자료로 FEMA(Federal Emergency Management Agency; 연방재난관리청)가 윤곽을 잡은 위험도평가 절차에 기초한다.

자기 진단

- “위험도평가”를 정의한다.
- 재해 위험도평가의 목적을 논의한다.

10.2 평가 단계

각 지역 커뮤니티는 고유하며, 동일한 위험도평가를 수행하는 두 개의 마을이나 카운티는 없다. 그러나 모든 위험도평가에는 다음과 같은 공통 단계가 있다.

1. 재해식별
2. 재해사건의 프로파일링
3. 자산 및 인구 목록
4. 손실 추정
5. 토지 용도 및 개발 동향 설명
6. 결론과 허용위험 결정

위험도평가 과정의 단계는 모든 종류의 재해에 적용할 수 있다. 인적재해에 대한 재해프로파일링, 자산 목록 및 손실 추정 단계에는 몇 가지 고유한 측면이 있지만, 일반적으로 커뮤니티가 자연재해, 테러 및 기타 의도적인 위협 또는 위험물질 사고와 같은 기술재해를 다루는지에 관계없이 위험도평가를 위해 유사한 과정이 사용된다.

10.2.1 위험도평가 도구

위험도평가 과정에서 수집된 정보 중 일부는 지도에 가장 잘 표시되며, 이는 다양한 재해의 영향을 받을 수 있는 지리적 영역을 나타낸다. 이것은 홍수, 폭풍해일, 그리고 특정 지역에서 더 널리 퍼져 있는 산사태와 같은 재해의 경우에 해당된다. 이는 화학 또는 산업시설 주변의 위치 또는 테러공격의 잠재적 대상이 될 수 있는 지역과 같은 인적재해에도 해당될 수 있다. 사이버 공격이나 눈보라와 같은 기타 재해는 특정 지리적 위치에 얽매이지 않기 때문에 공간 매핑으로 설명하기 어려울 수 있다.

재해가 발생하기 쉬운 국부 지역을 설명하고 중요한 지역 특성을 찾기 위해 위험도평가 맵을 작성하는 방법은 많다. "HAZUS(Hazards U.S.; 해저스)"는 컴퓨터 모델링 시스템으로, 위험도평가 과정의 많은 단계에 대한 지도를 만들고 데이터를 수집하고 분석하는 데에도 도움이 될 수 있다. HAZUS는 원래 지진에 의한 손실을 추정하기 위해 FEMA에 의해 개발되었다. 최신 버전인 HAZUS-MH(Multi-Hazard; 복합재해)는 지진, 허리케인, 홍수로 인한 손실을 추정하는 데 사용된다. 또한 이 소프트웨어에는 기타 재해에 취약한 목록 작성 및 커뮤니티 기능 매핑에 유용한 정보가 포함되어 있다.

"GIS(Geographic information systems; 지리정보시스템)"은 기본 매핑에서 정교한 분석에 이르기까지 다양한 수준의 기술과 훈련, 그리고 다양한 수준의 정교함으로 사용할 수 있는 소프트웨어의 범주이다. 본질적으로, GIS는 지구상의 모든 사물이 우주에서 고유한 위치(특정 주소)를 가지고 있다는 사실을 활용하여 사용자가 공간 데이터의 레이어를 생성하고 이를 서로 중첩할 수 있게 한다. 예를 들어, 커뮤니티에서 주거 구조물이 위치한 위치를 보여주는 지도는 홍수지도와 중첩되어 두 계층 간의 관계를 나타낼 수 있다. GIS 소프트웨어는 이 공간 정보를 캡처하여, 우리가 상관 관계를 시각화하고, 관계를 분석하고, 시간과 공간에 따른 패턴을 식별하는 데 도움을 준다. 그런 다음 이 정보를 활용하여 결론을 도출하고 지역 토지 사용조건에 대한 결정을 내릴 수 있다. 가장 일반적으로 사용되는 GIS 소프트웨어는 공공 및 민간부문용으로 소프트웨어와 데이터를 제공하는 민간기업 ESRI ArcGIS이다. ArcGIS는 HAZUS 및 기타 많은 GIS 응용 프로그램이 실행되는 소프트웨어 역할을 한다.

공간 데이터와 관련이 적은 재해와 관련된 위험도를 분석하기 위해 비상관리자와 계획자가 도출할 수 있는 많은 다른 도구가 존재한다. 예를 들어 테러에 대한 잠재적 대상의 취약성을 결정하는 데 사용되는 평가 도구는 CARVER Matrix이다. 베트남 전쟁 중 미군 특수부대에 의해 개발된 이 매트릭스는 각각의 잠재적인 "목표(target)"를 6개의 다른 요소에 걸쳐 1 ~ 10의 척도로 평가하는 것을 포함한다. 연습 과정을 거친 후, 그 결과는 경감을 위해 우선 순위를 매겨야 할 현장이나 자산을 결정하는 데 사용된다. CARVER 매트릭스의 분석 요소는 다음과 같다.

- 중요도(criticality)
  해당 자산이 더 큰 시스템의 취약지점(choke point; single point of failure)인가?

- 접근성(accessibility)
  해당 자산 또는 시스템에 쉽게 접근할 수 있는가?

- 회복성(recuperability)
  부작용으로부터 회복하는 데 얼마나 많은 시간과 노력이 필요한가?

- 취약성(vulnerability)
  현재의 안전시스템은 피해를 당할 사람들의 잠재적 역량에 비해 얼마나 효과적인가?

- 모집단에 대한 영향(effect on the population)
  악의적인 행동으로 인한 부작용의 범위와 크기는 어느 정도인가?

- 인식 가능성(recognizability)
  악의적인 행위자들은 자산이나 시스템을 어느 정도 가치 수준으로 인식할 것인가?

10.2.2 데이터 품질: "최상의 가용 데이터" 사용

데이터 수집 단계에서 정보 자료의 품질은 평가의 품질과 결과에 직접적인 영향을 미친다는 것을 기억해야 한다. 그러나 전반적으로 정확하지 않거나 완전하지 않은 미가공 데이터 때문에 커뮤니티가 유용한 위험도평가를 수행하는 것을 방해 받아서는 안 된다. FEMA는 커뮤니티가 완벽한 정보에 접근할 수 없다는 사실을 반영하는 문구인 "최상의 가용 데이터(best available data)"를 지방정부와 주정부가 사용할 것을 요구한다. 계획 개발자는 항상 사용된 데이터의 출처, 날짜 및 잠재적인 오류, 간격, 부정확함 또는 기타 결함을 나타낼 수 있는 기타 메타데이터(metadata; 데이터에 관한 데이터; 역주: 어떤 목적을 가지고 만들어진 데이터)를 기록해야 한다. 재해 위험도평가를 포함한 모든 데이터 분석의 최종 결과는 결함이 있을 수 있다는 비판적인 눈으로 보아야 한다. 이는 기후변화를 다루는 데이터를 포함한 모든 자연재해에 해당하며, 일반적으로 기후변화는 더 세분화된 커뮤니티 수준보다는 전체 주 또는 지역과 같이 훨씬 더 큰 규모로 발생한다.

참조 원주민의 지식을 활용한 기후변화 위험도평가

종종 영향의 최전선에서, 미국의 토착 부족들은 기후변화에 대한 취약성으로 자주 언급된다. 워싱턴에 있는 스위노미시(Swinomish) 부족은 기후 영향에 대한 위험을 평가하기 위해 전통적인 환경 지식과 지역적인 상대적 해수면 상승 시나리오의 지도를 포함한 현대 과학을 결합하고 있다. 2007년 스위노미시는 부족 토지의 상황 변화에 대한 직접적인 경험에 힘입어 기후변화 선언을 통과시킨 최초의 부족 국가가 되었다. 스위노미시 부족의 기폭제가 된 것은 2006년 겨울폭풍으로 인한 강한 해일이 통나무를 도로를 가로질러 많은 주택의 마당으로 밀어 넣었을 때였다. 이 부족은 해수면이 몇 피트 더 올라가면 미래가 어떻게 될지 고려했고, 당시 계획되었던 부족 경제 개발 프로젝트가 향후 100년 안에 물속에 잠길 저지대에 위치해서는 안 된다고 결정했다.

부족들은 종종 시간이 지남에 따라 상황이 어떻게 변하는지 잘 알고 있다. 그들은 수백 년, 때로는 수천 년 동안 여러 곳에서 살았고, 극단상황을 경험했고 그러한 곳에서 사는 법을 배웠다. 환경과의 밀접한 연관성 때문에, 많은 부족들이 일어나고 있는 변화를 목격하고 있다.

"어떤 것이 정상이고 어떤 것이 정상적이지 않은지, 어떤 것이 변화하고 어떤 것이 변하지 않았는지 알 수 있을 만큼 충분히 오랫동안 커뮤니티 안에서 살아온 사람은 극소수이다." 그 부족들은 인류가 강을 재정비하고 풍경을 바꾸기 시작하기 전으로 거슬러 올라가는 개인적이고 커뮤니티적인 지식의 세대를 유지한다. 스위노미시 기후변화 선언과 행동계획을 읽으려면, www.swinomish-nsn.gov/climate_change/climate_main.html를 방문하라.

10.2.3 기본지도 생성

재해 매핑은 위험 특정 정보가 중첩될 수 있는 기본지도에서 시작한다. "기본지도(base map)"는 커뮤니티의 기본 지형, 물리적 요소 및 사회기반시설을 보여준다. 위험도평가 목적을 위한 좋은 기본지도는 도시 한계, 치외 법권 및 소유권 패턴(즉, 공공 및 사유지), 도로, 교량 및 철도, 하천, 분수대를 포함하는 물 특징, 습지 및 해변과 같은 기타 자연적 특징 및 가파른 사면을 포함할 것이다. 기본지도는 현재 개발 위치가 어디인지, 앞으로

부설 예정인 상하수도 등 기반시설의 위치도 표시해야 한다. 이러한 특징의 대부분은 지역 및 주 고속도로 지도, 지역 토지이용 및 용도지역지구지도, 자본개선 계획 및 항공 사진에서 찾을 수 있다.

자기 진단

- 위험도평가 과정의 단계를 나열하라.
- "HAZUS"와 "GIS"를 설명하라.

10.3 1단계: 재해식별

기본지도가 구축되면 위험도평가가 본격적으로 시작될 수 있다. 위험도평가 과정의 첫 번째 단계는 "어떤 종류의 재해가 커뮤니티에 영향을 미칠 수 있는가?"라는 질문을 던진다. "재해식별(hazard identification)"에는 국지적 지역에서 발생할 수 있는 모든 재해의 목록과 각 재해의 설명이 포함된다. 어떤 재해는 매우 드물게 발생하는 반면, 어떤 재해는 커뮤니티에서 정기적으로 반복되는 사건이다. 심지어 매우 큰 재해사건도 연속적으로 발생할 수 있다. 예를 들어, 2004년 허리케인 시즌 동안, 플로리다는 몇 주 안에 4개의 대형 허리케인을 경험했다. 2005년의 허리케인 시즌에도 허리케인 카트리나, 리타, 윌마를 포함한 거대한 해안폭풍의 비슷한 빠른 연속이 있었다. 재해식별은 모든 잠재적 재해를 연구하고 가능한 사건 목록에 포함하는 것을 포함한다.

어떤 재해는 만성적일 수 있다(정기적으로 발생하지만 매번 광범위한 손상을 유발하지는 않는다). 이러한 반복적 발생은 평균적인 양의 수많은 강우로부터 발생할 수 있는 홍수나 산사태와 같이 시간에 따른 누적적인 영향을 초래할 수 있다. 어떤 재해는 덜 규칙적일 수 있지만 대형 허리케인이나 지진과 같이 실제로 발생할 때 더 큰 재앙적 영향을 미칠 수 있다. 위험도평가는 만성적 재해(chronic hazard)와 일시적 재해(episodic hazard) 모두를 다루어야 한다.

10.3.1 정보 찾기

재해식별을 위한 다양한 정보 소스가 있다. 커뮤니티의 과거에 대한 연구는 일반적으로 국지적인 지역에서 발생하는 재해유형을 나타낼 수 있다. 신문, 일기예보, 과거 재난 선언, 그리고 지역 기록 보관소의 다른 역사적 기록들은 정보의 보물창고를 포함할 수 있다. 장기 거주자의 인터뷰는 또한 과거에 커뮤니티를 강타한 재해유형에 대한 좋은 정보원이 될 수 있다.

재해사건에 대한 오래된 설명을 수집하면 해당 지역의 주요 위험성에 대한 개요를 제공하지만, 커뮤니티 구성원들이 쉽게 떠올리거나 당시 주요 헤드라인을 장식했던 "대형 재해"뿐만 아니라 가능한 모든 재해에 대한 정보를 얻기 위해 접촉 범위를 넓혀야 한다. 공공적으로 이용할 수 있는 지역 계획 및 문서에는 재해가 이 문서의 초점이 아닐 수 있지만 재해에 대한 정보가 포함되어 있는 경우가 많다. 예를 들어, 교통, 환경 또는 공공 사업 보고서는 지역 재해 가능성에 대한 참조를 가질 수 있다. 지역 종합계획, 토지이용계획, 건축법규 및 규정에도 재해에 대한 정보가 포함되어 있는 경우가 많다. 지역 부서의 인력도 해당 지역에서 발생할 수 있는 재해에 대한 정보를 제공할 수 있다. 정기적으로 비상사태를 처리하는 경찰, 소방, 구조, 비상관리 요원들도 재해 가능성에 익숙하다.

잠재적 재해에 대한 정보 검색은 국지적 출처 이상으로 확장되어야 한다. 일부 재해는 국가의 큰 지역 또는 주 전체에서 더 흔하며 이러한 지역 재해 가능성도 재해식별에 포함되어야 한다. 예를 들어, 중서부의 "토네이도 골목(tornado alley)"에 위치한 커뮤니티는 미국의 다른 지역보다 어떤 해에도 더 많은 토네이도를 경험할 가능성이 높다. 이 가정은 단순히 과거에 토네이도가 종종 그 지역에 영향을 미쳤다는 사실에 근거한다. 주 및 연방기관은 데이터 뱅크 및 기타 국가 또는 지역 수준의 재해 기록을 보유하고 있다. 많은 정부 기관은 주 비상관리소, NOAA(National Oceanic and Atmospheric Administration; 국립 해양 대기국), FEMA, USGS(U.S. Geological Survey; 미국 지질 조사국), 국립허리케인센터 및 국립기상국을 포함한 재해별 웹사이트를 갖고 있다.

아래 목록은 주 또는 커뮤니티가 과거 사건을 문서화할 때 참조할 수 있는 출처의 예를 포함한다. 또한, 위험도평가를 준비하는 개인은 지역 역사학자 및 사서, 최근 비상관리소, 지역 내 오랜 기업 및 주민과 같은 지역 정보 출처를 찾는 것을 선택할 수 있다.

- NOAA 폭풍사건 데이터베이스 (https://www.ncdc.noaa.gov/stormevents/)
  날짜, 강도, 인명 손실, 재산피해 및 농작물 데이터에 대한 세부 정보를 포함하여 폭풍 및 기타 중요한 기상 현상의 발생을 문서화한다.

- data.gov (https://www.ncdc.noaa.gov/stormevents/)
  연방기관 컨소시엄에 의해 관리되는 data.gov에는 다운로드 가능한 100,000개 이상의 GIS 데이터 세트가 포함되어 있다.

- 국립눈사태센터 (https://avalanche.org/)
  과거 이벤트에 대해 알아볼 수 있는 검색 가능한 데이터베이스를 포함한다.
- 지진 카탈로그 (https://earthquake.usgs.gov/earthquakes/search/)
  USGS는 지진의 규모, 날짜, 위치에 따라 맞춤화할 수 있는 검색 가능한 데이터베이스를 갖고 있다.
- 댐 사고 데이터베이스 (https://damsafety.org/incidents)
  주 댐 안전 공무원 협회는 커뮤니티가 자신의 위치 또는 그 근처에서 발생한 사건에 대한 보고서를 작성하는 데 사용할 수 있는 댐 고장에 대한 검색 가능한 데이터베이스를 갖고 있다.
- 눈폭풍 데이터베이스 (https://catalog.data.gov/dataset/snowstorm-database)
  data.gov에서 이용할 수 있는 이 데이터베이스에는 1900년까지 거슬러 올라가는 500개 이상의 눈보라가 포함되어 있으며, 넓은 지역에 걸쳐 폭설이 퍼지는 폭풍을 기록하고 있다.

10.3.2 인적재해에 대한 정보 찾기

테러공격과 기술재해는 미국에서 매우 드물게 발생하므로 인적재해가 커뮤니티에 영향을 미칠 수 있는지 판단하는 데 도움이 될 수 있는 관련 기록이 몇 개 있을 수 있다. DHS(Department of Homeland Security; 국토안보부), FBI(Federal Bureau of Investigation; 연방수사국), 미국 국무부는 국내외 테러 활동에 대한 연례 보고서를 발간한다. 미국 EPA(Environmental Protection Agency; 환경부)뿐만 아니라 주 비상사태 기관과 환경자원부도 유해물질 사고에 대한 데이터의 출처이다. 또한 많은 커뮤니티에서 수많은 유형의 기술재해에 대응하기 위한 계획이 수립되어 있으며, 이러한 계획 및 계획을 개발하는 사람들은 인적재해에 대한 정보의 귀중한 원천이 될 수 있다. 그러한 계획에는 비상운영계획, 화학 물질 비축 비상계획, 독성 방출 목록 보고서, 커뮤니티 알 권리 보고서, 지역비상계획위원회 파일 및 기타 유형의 비상 및 통보 문서가 포함된다.

커뮤니티가 과거 사건을 식별하고 설명하는 데 사용할 수 있는 몇 가지 자료를 다음에 나열하였다.

- 화학물질안전위원회 (https://www.csb.gov/)
  산업화학사고 조사를 담당하는 CSB 웹사이트에는 현재 및 완료된 조사에 대한 보고서가 포함되어 있다.

- 독성 물질 방출 목록 (https://epa.gov/tri/)
  독성 방출 목록 프로그램에는 EPA에 보고된 화학물질 배출 및 폐기물 관리 활동에 대한 데이터베이스(위치, 배출 유형 및 화학물질 유형 포함)가 포함되어 있다.

- 연간 통합범죄보고서 (https://crime-data-explorer.app.cloud.gov/)
  FBI는 18,000개 이상의 법 집행기관으로부터 범죄 통계를 제공한다. 범죄 데이터 탐색기를 통해 사용자는 데이터베이스를 검색하고, 데이터를 다운로드하고, 시각화를 만들 수 있다.

참조 NYC의 재해이력 및 결과 도구

2019년 재해경감계획의 일환으로, 뉴욕시는 재해식별 및 취약성평가를 위한 새로운 접근법을 취했다. 재해이력 및 결과 도구(Hazard History & Resultence Tool; https://nychazardhistory.com/)는 과거의 재해사건뿐만 아니라 이러한 사건이 도시의 기능에 영향을 미치는 방법에 대한 엄청난 양의 정보를 수집한다. 예를 들어, 데이터베이스에는 휴교 및 출석, 지하철 지연, 위생부 픽업 변경 및 기타 통계 지표와 함께 과거 사건의 성격을 더 잘 이해할 수 있도록 하는 정보가 포함되어 있다. 수백 년 전으로 거슬러 올라가면, 이 도구는 위협이나 날씨 사건, 기간 또는 위치별로 맞춤형 검색을 가능하게 한다.

자기 진단

- "재해식별"을 정의한다.
- 잠재적 자연재해사건을 식별하기 위한 정보의 출처를 열거한다.
- 잠재적 인적재해사건을 식별하기 위한 정보의 출처를 열거한다.

10.4 2단계: 재해프로파일링*

재해프로파일은 다음과 같은 질문을 던진다: "확인된 재해가 커뮤니티에 미치는 잠재적 영향은 무엇인가?" 재해프로파일은 각 재해가 커뮤니티에 어떻게 영향을 미치는지, 각 재해가 얼마나 자주 발생할 수 있는지, 그리고 재해가 발생할 수 있는 장소를 결정하는 데 도움이 된다. 커뮤니티가 식별한 재해가 주기적, 계절적 또는 언제든지 발생할 수 있는지 확인하는 것이 중요하다. 또한 각 재해 유형의 위치와 지리적 범위를 아는 것이 중요하다. 커뮤니티의 특정 부분은 하천과 강을 둘러싼 범람원과 같은 식별 가능한 지역에서 정기적으로 영향을 받을 것이다. 지진이나 눈보라와 같은 다른 종류의 재해들은 전체 커뮤니티에 영향을 미칠 것이다. 다양한 강도의 재해는 또한 다른 방식으로 커뮤니티에 영향을 미칠 것이다. 예를 들어 개량 후지타 등급에서 4 또는 5등급인 토네이도는 등급 1 또는 2등급 토네이도보다 더 많은 피해를 일으킬 수 있다. 이는 재해프로파일에 대한 중요한 정보이다. 자연재해에 대한 기후변화의 영향은 재해프로파일의 복잡성을 증가시키지만, 이러한 복잡성이 커뮤니티가 이미 직면하고 있는 재해에 대한 기후변화의 잠재적 영향을 다루는 것을 방해해서는 안 된다.

10.4.1 재해이력 작성

재해프로파일을 시작하는 좋은 방법은 각 재해의 과거 발생에 대한 정보를 제공하는 것이다. 이러한 재해이력은 패턴과 추세에 기초하여 미래 재해사건에 대한 일반적인 가정을 할 수 있는 특정 사건의 스냅샷(snapshot; 역주: 특정시점에서의 사건을 포착)을 제공할 수 있다. 과거에 토네이도를 경험한 커뮤니티는 또 다른 토네이도가 발생할 수 있다고 가정할 수 있다. 반면에, 한 커뮤니티가 지난 30년 동안 매년 평균 세 번의 토네이도를 경험했다는 사실이 다음 해에 토네이도가 그 지역의 특정 지점을 강타할 것이라는 것을 의미하지는 않는다. 과거 데이터를 사용하여 미래에 발생할 가능성이 있는 사건을 추정하는 데는 한계가 있음은 분명하다. 그럼에도 불구하고 재해이력은 가능 범위 내에 무엇이 있는지 잘 파악할 수 있다. 과거 발생한 정보의 출처는 종종 이전 단계에서 재해식별 목록을 작성하는 데 사용된 출처와 동일하다. 이를테면 보관된 뉴스 계정, 기상 기록 및 지

---

* 프로파일링(profiling): 어떤 것의 특성을 분석함으로써 특정 상황이나 영역에서의 거동을 예상하는 것

역주민 및 커뮤니티 관계자와의 인터뷰 등이 있다. 프로파일 단계에서 개발된 재해이력은 목록에 자세히 설명되어 있으며 역사적 사건이 커뮤니티에 어떤 영향을 미쳤는지에 대한 보다 완전한 그림을 그린다.

참조 "KNOW YOUR LINE: BE FLOOD AWARE (홍수고: 홍수주의)"

FEMA와 다른 7개 연방기관이 만든 " "KNOW YOUR LINE: BE FLOOD AWARE" 하이 워터마크 이니셔티브는 커뮤니티가 주민들에게 주요 지역 홍수를 상기시키고 주민들이 다음 홍수에 대비하도록 장려하는 데 도움이 된다. 참여 커뮤니티는 눈에 띄는 곳에 높은 워터마크 간판을 게시하고, 특별 출시행사를 개최해 간판을 공개하며, 홍수위험에 대한 지역적 인식을 심어주고 행동에 대한 동기를 부여하는 지속적인 교육을 진행한다.

역주: 오렌지 비치에 설치된 하이 워터마크 사인
(출처: masgc.org/news/article/high-water-markers-may-be-coming-to-your-city)

국지 재해이력에는 과거 재해사건의 모든 요소에 대한 설명과 함께 재해 지속시간, 사건 심각도 및 그 결과로 발생한 손상이 포함되어야 한다. 일부 재해는 단일 힘 이벤트인 반면, 다른 유형의 재해는 강풍, 폭풍해일 및 홍수의 복합 위협뿐만 아니라 화학 유출과 같은 2차 영향을 수반할 수 있는 여러 요소(예: 허리케인)로 구성된다. 이러한 각 재해 특성은 재해이력에 언급된 각 사건에 대해 자세히 설명해야 한다.

10.4.2 재해범위 식별

재해프로파일은 규모와 강도를 식별하는 것을 포함하는 식별 단계 동안에 열거된 각 잠재적 재해의 범위를 평가해야 한다. 재해 범위 추정치는 지역 과거 근거와 지역 데이터에 기초해야 한다. 재해의 잠재적 범위는 상대적인 용어를 사용하여 설명하거나 프로파일이 표준화된 강도 스케일을 참조할 수 있다. 신뢰할 수 있는 재해 등급 척도에는 허리케인을 분류하는 사피르-심슨 척도, 토네이도에 대한 강화된 후지타 등급 척도, 지진을 등급 매기는 수정 메르칼리 척도가 포함된다(참조: 3장과 4장의 이러한 등급 척도에 대한 설명). 홍수의 심각성은 종종 수심과 속도로 측정된다. 산불의 경우, 심각도는 화재 라인 강도(불이 열을 방출하는 속도 또는 화재 라인의 단위 길이를 측정한 값), 화재 확산 속도(피트/초) 및 화염 길이로 표현될 수 있다. 공식적인 등급 척도가 없는 다른 유형의 재해의 경우 심각도는 경도, 중간 또는 심각도와 같은 일반적인 용어를 통해 표시될 수 있다. 재해사건의 범위에는 사건의 크기, 커뮤니티 내의 영향을 받는 지역 및 인간 활동의 양의 조합인 잠재적 영향의 측정값도 포함된다. Table 10.1은 재해가 커뮤니티에 미칠 수 있는 다양한 영향을 설명하는 하나의 방법을 설명한다.

Table 10.1 재해 영향 수준과 커뮤니티에 미치는 영향

수준	영향을 받는 영역(%)	설명
Catastrophic	50% 이상	다중 사망 30일 이상 시설 완전정지 재산의 50% 이상이 심각하게 손상됨
Critical	25%–50%	다중 심각 손상 최소 2주 동안 핵심시설의 완전한 셧다운 재산의 25% 이상이 심각하게 손상됨
Limited	10%–25%	약간의 부상 1주일 이상 핵심시설의 완전한 셧다운 재산의 10% 이상이 심각하게 손상됨
Negligible	10% 미만	경미한 부상 삶의 질에 미치는 영향 최소화 24시간 이내에 주요 시설 및 서비스 셧다운 심각한 손상을 입은 재산의 10% 미만

10.4.3 재해확률 결정

일부 재해는 다른 재해보다 특정 커뮤니티에서 발생할 가능성이 더 높다. 확률 또는 발생 가능성의 추정치는 실제 예측이 아니다. 대신, 확률은 과거 발생빈도와 미래 발생 가능성을 나타내기 위해 지역 데이터와 지역 역사적 증거를 기반으로 한다. Table 10.2는 발생빈도에 기초한 확률 소통 방법 중 하나를 보여준다.

Table 10.2 발생빈도에 따른 위험 가능성

가능성	발생빈도
Highly likely	내년에 거의 100%의 확률
Likely	향후 10년 동안 10%에서 100% 사이의 확률 또는 향후 10년 동안 적어도 한 번의 기회
Possible	다음 해에 1%에서 10% 사이의 확률 또는 다음 100년 동안 적어도 한 번의 기회
Unlikely	향후 1년간 1% 미만의 확률 또는 향후 100년간 1회 미만의 확률

표준화된 정보는 주파수 또는 재현기간(recurrence interval) 범위 내에서 일부 유형의 재해확률을 결정하는 데 도움이 된다. 예를 들어, 홍수의 확률은 (물 흐름의 세제곱 피트/초로 표현되는) 특정 크기의 홍수가 특정 해에 발생할 수 있는 통계적 확률의 물 흐름으로 표현된다. 연간 홍수는 일반적으로 연간 기준으로 발생할 것으로 예상되는 단일 최대 사건으로 간주된다. 어떤 해에도 동일하거나 초과할 확률이 1%(100명 중 1명)인 홍수를 100년 홍수라고 한다. 이 용어는 단순히 확률을 표현하는 편리한 방법이다. 정확히 세기마다 한 번씩 홍수가 난다는 뜻으로 해석해서는 안 되며, 100년 홍수가 발생하면 가까운 미래에 또 다른 '100년 홍수'가 발생할 위험이 거의 없다는 의미도 아니다. 실제로 홍수의 위험이 있는 어떤 커뮤니티에서도 100년 동안 여러 차례 홍수가 연속적으로 발생할 수 있다.

10.4.4 재해위치 식별

재해프로파일은 각 잠재적 재해의 영향을 받는 위치(지리적 영역)를 식별해야 한다. 일부 유형의 재해는 상당히 예측 가능한 영역에서 발생한다. 예를 들어, 범람원과 가파른 경사면(산사태가 발생할 수 있음)은 지리적으로 식별되고 설명될 수 있다. 토네이도, 얼음 폭풍, 강풍과 같은 다른 유형의 재해는 현장 고유의 것이 아니며 지리적으로 쉽게 정의될 수 없다. 이러한 유형의 재해에 대해서는 전체 커뮤니티가 노출된 것으로 간주된다.

잠재적 재해의 위치를 식별하는 가장 효과적인 방법은(지리적 정의가 가능한 위험의 경우) 위험 경계를 보여주는 지도를 만들거나 얻는 것이다. 많은 유형의 재해는 주 및 연방기관에 의해 매핑되어 커뮤니티에 제공된다. 예를 들어, FIRM(Flood Insurance Rate Map; 홍수보험율지도)는 FEMA에 의해 NFIP(National Flood Insurance Program; 국가홍수보험프로그램)에 참여하는 커뮤니티에 제공된다. 다른 일반적인 지도상의 재해로는 지진, 해안침식, 폭풍해일 침수 지역, 풍속 지역, 쓰나미, 산사태, 산불 등이 있다. 국내 모든 원자력 시설을 규제하는 미국 NRC(Nuclear Regulatory Commission; 원자력규제위원회)는 모든 원전을 중심으로 규정된 안전·피난구역인 원자력계획구역(NPZ; Nuclear Planning Zone)에 대한 정보를 제공할 수 있다.

10.4.5 기후변화 영향 프로파일링

앞 장에서 논의 했듯이 기후 조건의 변화로 인해 많은 자연재해의 빈도, 지속시간, 강도, 변동성 및/또는 위치가 변화하고 있다. 위험도평가는 시간이 지남에 따라 재해가 어떻게 변화하는지 고려하는 경우 가장 효과적일 수 있다. 예를 들어, 루이스, 델라웨어 재해경감계획에는 겨울폭풍 사건에 대한 기후변화의 잠재적 영향을 설명하는 다음과 같은 문구가 포함되어 있다.

> **현재 루이스의 겨울폭풍에 영향을 미칠 가능성이 있는 기후변화에는 두 가지 영향이 있다. 첫째로, 겨울 강수량은 더 극단적인 상황에서 떨어지면서 더 간헐적으로 증가할 것으로 여겨진다. 이러한 극단적인 상황은 현재의 겨울폭풍을 악화시켜 폭풍의 전반적인 영향을 악화시킬 수 있다. 게다가, 평균기온이 올라가면, 그 강수량은 눈이나 얼음으로 줄어들 것이고, 그 대신 비가 내릴 것이다. 눈과 얼음이 줄어들고 일시적인 강수량이 증가할 때 루이스는 겨울폭풍 동안 내륙의 홍수가 증가하는 것을 볼 수 있다.**

참조 위험도평가에 대한 정보를 제공하는 기후변화 자료

climate.gov

NOAA는 NOAA의 기후 정보, 데이터, 제품 및 서비스를 위한 단일 진입 지점 역할을 하는 이 사이트를 출시했다. 이 기후 포털은 농업에서 에너지, 교통에 이르기까지 기후가 우리 삶의 거의 모든 측면에 미치는 영향에 대한 정보를 제공한다.

climate.data.gov

2014년에 시범 단계로 시작된 이 웹사이트에는 기후변화와 관련된 광범위한 연방 데이터 세트가 포함되어 있다. 이 사이트에는 해안홍수, 음식 회복탄력성, 물과 생태계 취약성, 인간의 건강 및 에너지 사회기반시설과 관련된 데이터와 자료(resource)가 포함되어 있다.

Digital Coast (csc.noaa.gov/digitalcoast)

이 웹사이트는 사용자가 업데이트된 기후 데이터를 해안 관리 결정에 통합할 수 있는 도구, 교육, 현장 사례 및 정보를 제공하기 위해 만들어졌다. 여기에는 해수면 상승 및 해안홍수 영향 뷰어가 포함되어 있어 관리자들이 위험 요소를 확인할 수 있도록 커뮤니티가 다른 커뮤니티 데이터 위에 홍수 구역을 시각화할 수 있다. 또한, 디지털 코스트의 사회 취약성 지수(Sovial vulnerability Index, SOVI)는 환경 위험에 대한 미국 카운티의 사회적 취약성을 측정한다.

미국 글로벌 변화 연구프로그램 (globalchange.gov)

미국 글로벌 변화 연구프로그램(USGCRP; U.S. Global Change Research Program))은 지구 환경의 변화와 그것이 사회에 미치는 영향에 대한 연방 연구를 조정하고 통합한다. 이 프로그램은 미국 내 기후의 예상 지역 변화 및 예상 영향을 포함하여 지구 변화에 대한 정기적인 평가를 제공한다.

10.4.6 인적재해프로파일링

FEMA, OSHA 및 기타 연방정부 및 주정부 기관에서 이용할 수 있는 다양한 자원은 의도적 및 기술재해 모두에 대한 사건 프로파일에 대한 정보를 제공한다. 이러한 프로파일에는 다음과 같은 인적재해의 특성에 대한 정보가 포함된다.

- 적용모드(application mode)
  재해(예: 폭발 장치 폭발, 화학물질 저장 용기 파열)를 유발하는 의도하지 않은 인간 행위 또는 사건을 설명한다.

- 기간(duration)
  재해가 목표물에 존재하는 시간(예: 토네이도의 지속시간은 단지 분일 수 있지만, 겨자가스와 같은 화학전 작용제는 적절한 조건에서 며칠 또는 몇 주 동안 지속될 수 있다.

- 동적/상태 특성(dynamic/state characteristic)
  팽창, 수축 또는 구속 상태로 유지되는 재해 영향의 경향을 설명한다(예: 저장 탱크에서 누출되는 염소 가스 구름은 바람과 함께 표류하여 위치를 변경할 수 있고 시간이 지남에 따라 소멸하여 위험에서 감소할 수 있다).

- 경감 조건(mitigating condition)
  재해의 영향을 감소시킬 수 있는 대상과 대상 물리적 환경의 특성(예: 흙 제방(earthen berm)은 폭탄으로부터 보호를 제공할 수 있고, 햇빛 노출은 일부 생물작용제의 효과를 감소시킬 수 있다)

- 악화되는 조건(exacerbating condition)
  재해의 영향을 강화하거나 확대할 수 있는 특성(예: 움푹 패인 곳이나 낮은 구역은 무거운 증기를 가둘 수 있다. 주차된 자동차나 우편함과 같은 거리의 장애물은 폭발 장치를 숨길 수 있는 기회를 제공할 수 있다)

이러한 재해프로파일은 인적재해와 관련된 다양한 재해를 평가하는 데 유용한 정보를 제공할 수 있다. 다양한 작용제의 특성에 대한 세부 정보 외에도, 그것들이 도시환경과 인간 집단에 영향을 미칠 수 있는 방법에 대한 정보는 결과적으로 발생하는 손상을 줄이거나 제거할 수 있는 조치에 대한 결정을 알려주는 데 도움이 될 수 있다.

10.4.7 1단계 및 2단계 완료

재해식별 및 프로파일링 단계가 완료되면 계획 팀은 각 재해 유형에 의해 영향을 받는 영역을 나타내는 지도 또는 커뮤니티에 영향을 미치는 재해사건의 특성에 관한 정보를 포함하는 보고서를 작성하게 된다. 홍수와 관련된 경우와 같은 경우에 두 가지 유형의 정보를 모두 사용할 수 있다. 재해 매핑의 중요성은 커뮤니티 자산과 모집단의 목록을 작성할 때 위험도평가 과정의 다음 단계에서 명확해진다.

자기 진단

- 재해확률을 결정하는 방법을 검토하라.
- 잠재적 재해의 범위를 결정하는 요인이 무엇인지 설명하라.
- 재해프로파일에 포함시켜야 하는 중요한 인적재해의 몇 가지 특성을 열거하라.

10.5 3단계: 자산 및 인구 목록

위험도평가 과정의 1단계와 2단계는 커뮤니티가 다양한 유형의 재해를 경험할 수 있는지 여부, 그러한 재해가 어떤 수준의 영향을 미칠 수 있는지, 그리고 커뮤니티 내에서 그러한 재해가 발생할 가능성이 있는지를 결정한다. 3단계는 "재해사건의 영향을 받는 것은 무엇인가?"라는 질문에 답하는 데 도움이 된다.

이 단계 동안, 계획 팀은 확인된 재해로 인해 위험에 처한 기존 자산의 수와 금액을 결정할 것이다. 자산은 건물, 시설(폐수처리장 등), 사회기반시설(도로, 교량 등), 역사적/문화적 랜드마크 및 기타 중요한 지역 자원을 포함하여 가치를 지닌 커뮤니티의 모든 특징이다. 4단계와 5단계를 결합하면, 커뮤니티는 또한 자산의 손실을 추정할 수 있고, 그 지역이 안전하지 않은 것으로 확인된 장소에서 추가적인 개발이 이루어지도록 장려하고 있는지 또는 허용하고 있는지 판단할 수 있을 것이다. 계획팀은 또한 재해경감조치가 이미 시행되고 있는 장소, 예를 들어 예상 홍수위 이상으로 상승된 주택도 식별할 수 있다. 다시 말해, 이전 단계에서 수집한 정보를 기반으로 하고 후속 단계를 따름으로써 커뮤니티는 현재와 미래에 재해에 대한 "취약성(vulnerability)" 수준을 측정할 수 있다. 위험도평가 과정 동안 최종 목표, 즉 취약성을 감소시키는 경감 및 대비 조치를 만들고 구현하는 것에 초점을 맞추는 것이 중요하다.

10.5.1 3단계의 과제

자산과 모집단의 완전한 목록을 생성하기 위해 두 단계 과업(task)로 정보를 수집하고 분석하여 스프레드시트, 차트, GIS 맵 또는 다른 유형의 보고서로 취합한다.

- 과업 1

  커뮤니티 전체에 걸쳐 자산을 식별한다. 지진, 얼음 폭풍 및 토네이도와 같은 일부 유형의 재해가 전체 지역에 영향을 미칠 수 있기 때문에 이러한 커뮤니티 차원의 관점이 유용하다. 또한 가능한 경우 커뮤니티가 미래의 성장과 개발을 이러한 더 안전한 지역으로 이끌 수 있도록 커뮤니티의 비위험지역에 널리 퍼져 있는 토지이용 유형을 표시하는 데도 유용하다.

- 과업 2

  알려진 재해지역에 위치한 총 커뮤니티 자산의 비율을 결정한다. 이 작업은 커뮤니티의 나머지 자산과 비교하여 위험에 취약한 커뮤니티 자산의 비율을 나타낸다.

10.5.2 정보 출처

자산 목록을 수행하기 위한 정보의 출처는 커뮤니티마다 다르다. 어떤 커뮤니티에는 정교한 데이터 관리 및 GIS 기능이 있다. 이러한 커뮤니티는 자산 및 인구 목록을 작성하는 데 도움이되는 HAZUS를 사용하기를 원할 수 있다. 어떤 커뮤니티는 지역 재산세 기록, 세분화 제도, 항공 사진 및 미국 인구센서스 데이터에 더 많이 의존할 수 있다. 일부 커뮤니티의 긴급 911 시스템, 특히 GIS 형식에 포함된 시스템은 인구와 자산의 위치에 대한 귀중한 정보를 제공할 수 있다.

10.5.3 과업 1: 커뮤니티의 자산 및 인구 목록 작성

목록 단계의 첫 번째 과업에는 커뮤니티 전체에 위치한 자산의 목록과 설명을 작성하고, 지도에서 각 자산을 식별하고, 총 자산 금액을 집계하는 작업이 포함된다. 특히 식별해야 할 중요한 것은 특히 재해사건에 이어 인구의 건강과 안전에 필요한 커뮤니티 "핵심시설(critical facility)"이다. 여기에는 병·의원, 경찰, 소방·응급 작전소, 대피소가 포함된다. 수도 및 하수 시스템, 통신 라인, 에너지 서비스 및 주요 운송 경로를 포함한 "라이프라인 유틸리티(lifeline utility)" 및 기타 기반시설도 나열되어야 한다. 정부 및 시민 건물, 주요 고용주, 은행, 학교, 어린이집, 식료품점, 철물점, 주유소와 같은 특정 상업 시설과 같은 재난 후 복구를 돕는 "필수시설(essential facilities)"도 포함되어야 한다. 부식제, 폭발물, 인화성 물질, 방사성 물질 및 독소와 같은 산업/위험물질을 제조, 저장 또는 처리하는 위험물질 시설도 식별해야 한다. HAZUS의 데이터, 세금 기록, 항공 사진 또는 지역 계획 문서는 이러한 정보를 수집하고 지도에 표시하는 데 유용한다.

각 자산의 가치 추정

GIS, HAZUS, 공공 문서 또는 세금 기록을 사용하여 각 재해지역 내의 건물과 시설의 총 가치를 추정할 수 있다. 지방세 평가 기록(개인 소유 건물의 경우)과 정부 기록(공공 건물 및 시설의 경우)을 통해 접근할 수 있는 각 유형의 건물에 대한 대략적인 교체 가치는 재해사건에 의해 심각하게 손상되거나 파괴될 경우 이러한 구조물을 재건하는 데 드는 비용을 나타낸다. 보험대체가치는 위험도평가 재고목적의 자산가치를 나타내는 좋은 지표이기도 하지만, 개인소유구조의 경우 이러한 수치를 얻기는 더 어려울 수 있다.

인구수

자산 목록을 작성할 때 가장 우선 순위가 높은 항목은 사람이다. 위험도평가는 인구밀도의 영역뿐만 아니라 고유한 취약성을 가진 사람들의 위치와 수를 식별해야 한다. 그것이 나이, 장애, 빈곤, 언어, 이동성 또는 다른 장벽 때문이든 간에, 사회적으로 취약한 사람들은 종종 재난에 대비하고, 대처하고, 재난으로부터 회복하는 데 더 큰 어려움에 직면한다. 또한 이러한 인구는 재난 발생 직전, 발생 중 및 발생 후 응급구조요원과 같은 비교적 큰 규모의 자원 배치를 요구할 수 있다.

Table 10.3은 워싱턴 킹카운티의 재해경감계획에서 인용한 예를 보여준다. 여기서 위험도평가에는 카운티와 주 내의 취약 인구 집단에 대한 설명이 포함된다.

또한 이동인구는 재해사건으로부터 더 큰 위험에 처할 수 있다. 이동인구는 학생, 2주택자, 이주농장 종사자, 관광객, 다수의 사람들이 밀집한 스포츠 행사나 축제와 같은 특별한 행사를 위한 방문객 등이다. 이동인구는 지역 환경에 덜 익숙하고 대피하거나 자신을 보호할 준비가 덜 되어 있을 수 있다.

표 10.3 취약 인구 집단 (King County, WA 재해경감계획)

관할 지역	비영어권 (%)	장애인 (%)	고령층 (%)	빈곤 (%)	K012 학생 (%)	40년 이상 주택자 (%)
King 카운티	5.4	16.1	10.7	6.4	16.6	33.5
Washington 주	14.0	17.7	11.2	10.6	19.1	29.4

자료: 미국 인구조사국, 선정 사회특성 프로파일: 2000, 주거특성 프로파일, 2000; 2007년 인구조사국, 2008년 킹 카운티 연간 성장 보고서

10.5.4 과업 2: 재해지역 자산의 비율 계산

자산 목록의 두 번째 과업에는 커뮤니티의 총합과 비교하여 위험지역에 위치한 자산과 그 가치의 비율을 계산하는 것이 포함된다. 이 과업은 각 재해지역의 수 또는 값을 전체 커뮤니티의 총 수 또는 값으로 나누어 수행한다. 예를 들어 20개의 주거용 구조물이 커뮤니티에 위치하고 그 중 10개가 100년 범람원에 위치한다면, 지역 주거용 구조물의 50%가 홍수재해지역에 위치한다. 이것은 전반적인 취약성을 측정하는 데 유용한 정보이다.

재해 피해에 취약한 건축주(및 커뮤니티 과세 기준)의 비율에 대한 정보를 제시함으로써, 우리는 커뮤니티가 얼마나 취약한지를 '숫자'로 알 수 있다. 이러한 수치는 지방 공무원과 시민들에게 실질적인 눈을 뜨게 하는 역할을 할 수 있으며, 재정적, 정치적으로 적

극적인 경감 및 대비 노력을 지원하도록 장려할 수 있다.

10.5.5 의도적인 인적재해에 대한 자산 목록 작성

의도적인 인적재해에 대한 위험도평가를 수행하는 것은 테러공격 또는 기타 위협의 잠재적 대상이 될 수 있는 구조물과 시설을 식별하는 자산 특정 접근방식을 포함한다. 그런 다음 각 자산은 특정 취약성에 대해 개별적으로 평가된다. 이 단계 동안 조사되어야 하는 중요한 기반구조와 시스템은 무성능 또는 파괴가 커뮤니티, 주, 지역 또는 국가의 방어 또는 경제적 안보에 약화시키는 영향을 미치는 것을 포함한다. 이러한 중요한 사회기반시설 범주에는 다음이 포함된다.

- 식품 공급, 저장 및 유통 시스템
- 물과 폐수
- 공중보건(병원, 진료소 등)
- 응급 서비스
- 방위산업
- 통신
- 에너지(석유, 가스, 전력선, 원자로)
- 교통(공항, 도로, 철도 등)
- 은행 및 금융
- 화학물질 및 유해물질
- 우편 및 배송

이러한 자산의 취약성은 내재적 취약성 및 전술적 취약성이라는 두 가지 기본 접근방식을 통해 식별할 수 있다.

- 내재적 취약성(inherent vulnerability)

  건물이나 시설의 사용 방법, 가시성, 접근성, 사람 수 및 기타 요인에 따라 자산의 내재적 취약성 수준이 결정된다. 예를 들어, 축구 경기장과 대형 콘서트 경기장은 수천 명의 사람들이 모이고 비교적 쉽게 입장할 수 있는 장소이다. 테러범들은 공격 중에 많은 사람들이 다칠 수 있기 때문에 그러한 목표물을 매력적으로 생각할 수 있다. 이러한 내재적 취약성에 대한 평가는 자산별로 수행되어야만 약점을 확인할 수 있다.

- 전술적 취약성(tactical vulnerability)

  건물의 설계, 건축, 조경 및 엔지니어링 방법에 따라 전술적 취약성이 결정된다. 예를 들어 HVAC 시스템이 쉽게 접근할 수 없도록 설계되고 이를 겨냥한 보안 카메라가 있다면, 테러리스트는 이 시스템을 독가스를 방출하는 무기로 사용할 가능성이 적을 수 있다. 공격으로부터 얼마나 잘 보호되는지 결정하기 위해 의도적 재해의 위험으로 확인된 각 자산에 대해 전술적 취약성평가를 완료해야 한다.

10.5.6 자산 및 인구 매핑

취약성평가의 다음 단계에서는 중첩지도(map overlay)를 만든다. 위험도평가 과정의 2단계 동안 생성된 재해지도는 커뮤니티의 기본지도에 중첩되어 이러한 영역에서 영향을 받을 수 있는 건물 수와 가치를 시각화할 수 있다. 커뮤니티 특징과 재해가 이러한 특징에 영향을 미칠 수 있는 방법을 보여주는 중첩지도는 GIS를 사용하여 제작할 수 있다.

자기 진단

- 취약한 자산 군(群)을 목록화하는 데 필요한 작업은 무엇인가?
- "자산", "취약성", "내재적 취약성" 및 "전술적 취약성"을 정의하라.
- 재해지역 목록을 작성하는 동안 수집할 수 있는 몇 가지 유형의 정보를 설명하라.

10.6 4단계: 잠재적 손실 추정

위험도평가 과정의 네 번째 단계는 다음과 같이 대답한다: "재해사건에서 커뮤니티가 잃을 수 있는 것은 무엇인가?" 지금까지 위험도평가는 하나 이상의 재해가 커뮤니티에 영향을 미칠 수 있다고 판단(1단계), 재해사건을 프로파일링(2단계), 재해사건에 의해 손상될 수 있는 자산과 모집단을 조사했다(3단계). 이 단계에서 커뮤니티는 커뮤니티를 위협하는 다양한 재해에 의해 커뮤니티가 경제적으로 어떻게 영향을 받을 수 있는지를 나타내는 달러 금액을 사용하여 손실을 추정한다. FEMA에서 제작한 손실 추정 소프트웨어인 HAZUS는 이 단계를 수행할 때 많은 커뮤니티에 유용했다.

"손실 추정치(loss estimate)"는 목록 상의 각 자산에 발생할 수 있는 각 재해 유형별 손상 수준을 평가한다. 여기에는 다양한 재해 시나리오에서 건물의 교체 값을 기반으로 각 구조물에 발생할 수 있는 손실을 계산하는 것이 포함된다. 예를 들어, 건물에 있는 3피트의 홍수는 6인치보다 더 많은 피해를 유발한다. 건물 내용물의 교체 비용도 계산에 추가된다. 매우 상세한 손실 추정치는 (예를 들어 각 구조에서 제공하는 용역이 대체 위치에서 수행되어야 하는 경우와 같이) 각 구조물의 사용과 기능이 중단될 때 발생하는 비용을 여기에 더한다. 이 수치들을 합치면, 이 수치는 커뮤니티에 추정된 총 자산 손실을 제공한다.

참조 손실 추정치 계산

구조물 손실 + 내용 손실 + 사용 및 기능 손실 = 총 손실

위험도평가의 손실 추정 단계는 커뮤니티의 취약성 수준을 보여주는 정보를 하나 더 제공한다. 최종 목표는 취약성을 줄이는 것이다. 무엇이 위험에 처해 있는지 정확히 아는 것은 그 목표를 달성하기 위한 가장 적절한 재해경감전략을 개발하고 목표로 하는 데 도움이 될 수 있다.

10.6.1 인적 손실 계산

손실 추정 중에 포착되는 홍수, 지진 또는 기타 유형의 재해로 인한 비용은 본질적으로 금액으로 산정할 수 있다. 인적 손실은 계산하기가 훨씬 더 어렵다. 다양한 주 및 연방 출처의 소프트웨어 제품은 다양한 재해 조건에서 다양한 유형의 건물에서 부상 또는 사망할 수 있는 사람의 수에 대한 신뢰할 수 있는 추정치를 제공할 수 있다. 위험도평가의 경우, 사람이 다치거나 사망할 가능성은 경고 시간, 구조물의 품질 및 연령, 국지적 대응능력 및 재해 자체의 특성과 같은 요인에 따라 결정된다는 점에 유의해야 한다. 홍수, 사망 또는 부상과 같은 일부 재해의 경우 미국에서는 상대적으로 드물며 사람들이 대피 경고에 주의를 기울이지 않거나 홍수 속을 운전할 때 가장 자주 발생한다. 폭염과 같은 기타 재해의 경우 부상 및 인명 손실이 광범위하게 발생할 수 있다. 어떤 경우든, 인간의 생명에 1달러의 가치를 두는 것은 매우 문제가 있다; 오히려, 계획 과정은 모든 종류의 재해에 대해 가능한 한 최대한의 인간 부상과 사상자의 위험을 줄일 수 있는 모든 기회를 통합해야 한다.

참조 침묵의 살인자: 폭염

더위는 선진국에서 가장 재앙적 날씨이다. 미국에서는 매년 홍수, 번개, 토네이도를 합친 것보다 더 많은 온열질환으로 인한 사망자가 약 700명에 이른다. 1980년대에 미국에서 두 번의 극심한 폭염으로 2만 명이 사망했다. 1999년 동부 지역의 가뭄과 폭염으로 502명의 사망자가 발생했으며, 이는 1990년대 가장 재앙적 기상 현상으로 기록되었다. 2003년 서유럽을 강타한 폭염 동안, 35,000명 이상의 사람들이 열과 관련된 상태로 목숨을 잃었다. 참고로 허리케인 카트리나의 사망자 수는 1,836명이었다.

자기 진단

- 손실 추정 방정식을 설명하라.
- 재해로 인한 잠재적 인명 손실 추정과 관련된 인자를 토의하라.

10.7 5단계: 미래 토지이용 및 개발

지금까지 위험도평가 과정 동안 재해사건이 현재 커뮤니티에 미칠 수 있는 영향에 초점을 맞춰왔다. 그러나 커뮤니티는 끊임없이 변화하고 있다. 마을과 도시가 성장함에 따라 취약성의 수준이 변화한다. 일반적으로 자산과 사람이 많을수록 취약성이 커진다고 가정할 수 있으며, 많은 경우 이는 사실이다. 그러나 우리는 이 가정을 받아들일 필요가 없다. 커뮤니티는 재해에 대한 취약성이 증가하지 않는 방식으로 성장하고 발전하도록 선택할 수 있다. 이것은 재해가 사라지는 것을 의미하지는 않지만, 새로운 개발이 위험 장소에 위치하지 않거나 재해의 영향을 더 잘 견딜 수 있도록 구축되도록 커뮤니티가 성장 방향을 의식하고 결정을 내린다는 것을 의미한다. 위험도평가 과정의 5단계는 "지금처럼 계속 성장하고 발전한다면 앞으로 어떤 사람과 재산이 재해로부터 위험에 처하게 될 것인가"라는 질문을 던지며 커뮤니티의 미래 취약성을 평가한다.

커뮤니티의 미래를 예측하는 확실한 방법은 없지만, 인구와 토지이용의 추세는 성장의 미래 방향을 나타낸다. 신성장에 대한 커뮤니티의 태도도 향후 성장 동향을 보여준다. 이러한 태도는 관내 토지이용을 규제하는 자치법규를 통해 명시된다. 위험도평가 동안, 우리는 재해 위험 지역에서 개발이 허용될 경우 규제 시스템의 변화를 촉진하는 데 도움이 되는 경감전략을 구성할 수 있도록 미래 개발이 발생할 수 있는 장소를 예측한다.

10.7.1 미개발 지역 설명

커뮤니티의 잠재적 미래 취약성을 평가할 때 시작하기에 좋은 점은 카운티 또는 마을 경계 내에서 현재 개발되지 않은 모든 영역을 설명하는 것이다. 지역 토지이용 지도, 세금 자료, 항공 사진, 심지어 커뮤니티의 "앞유리 투어(windshield tour)"를 통해 빈 소포를 식별할 수 있다. 미개발 지역별로 위험도평가에는 산림, 사막, 습지, 농지, 공원지 등 토지 덮개의 지배적인 형태에 대한 설명이 포함된다.

위험도평가는 미개발 지역의 현재 상태를 설명하는 것 외에도 이러한 지역의 향후 수십 년 동안 발생할 가능성이 있는 개발 유형을 고려하여 잠재적 미래 조건을 설명한다. 대부분의 지방정부는 어떤 종류의 새로운 개발이 허용되는지 지시하는 미래의 토지 사용을 다루는 정책, 계획 및 규정을 가지고 있다. 예를 들어, 지역 종합계획은 종종 향후 10년 또는 20년 동안 커뮤니티가 어떻게 그리고 어디에서 성장하기를 원하는지 설명한다. 용도지역지구제조례와 토지분할조례는 일반적으로 더 구체적이며, 커뮤니티의 특정 지역에서 허용되는 건물 수와 유형을 기술한다. 이러한 규칙과 정책은 규칙이 변경되지 않고 개발자와 토지소유자가 해당 규칙을 최대한 활용할 경우 무엇을 구축할 수 있는지에 대한 정보를 제공한다. 이 단계에서는 지역 계획자 또는 구역 관리자가 참여하여 향후 개발과 관련된 동향 및 정책에 대한 최상의 정보를 얻는 것이 유용한다. 지역 규제 및 토지이용 정책에 대한 자세한 설명과 향후 취약성을 줄이기 위해 이러한 정책을 어떻게 사용할 수 있는지에 대한 자세한 내용은 제8장을 참조한다.

10.7.2 예정된 사회기반시설 지역 설명

지역커뮤니티의 토지이용계획과 용도지역지구제 규정을 살펴 개발의 유형과 위치를 결정하는 것 외에도, 위험도평가에는 공공서비스가 도로, 수도, 하수도를 포함한 미개발 지역으로 언제 어디서 확장될 것인지를 보여주는 지역 사회기반시설 계획의 검토도 포함되어야 한다. 대규모 공공 사회기반시설 건설 결정은 지방정부가 향후 5-10년 동안 공공자산을 언제 어디서 건설할 것인지를 계획하는 자본개선계획을 통해 가장 일반적으로 이행된다. 일부 커뮤니티는 향후 10년 동안 커뮤니티에 대한 전반적인 토지이용 패턴을 설명하기 위해 마스터 또는 종합계획을 사용한다.

건설하면 그들이 올 것이다!

일단 이러한 사회기반시설이 제공되면 대개 곧 개발이 뒤따르기 때문에 예정된 사회기반시설은 향후 개발의 좋은 예측 변수이다. 이 시설들은 새로운 이웃, 쇼핑 센터, 공장, 사무실 단지, 그리고 다른 종류의 공사를 지원하기 위해 필요하며, 이 시설들은 건설하고 유지하는데 매우 비용이 많이 든다. 대부분의 대규모 개발 프로젝트는 개발자와 건설자를 위한 실행 가능한 투자가 되기 위해 다른 공공시설뿐만 아니라 공공 상하수도 연결이 필요하다.

토지이용규제나 공식적인 자본개선계획이 제정되지 않았을 수 있는 소규모 커뮤니티에서는 기획자와 비상관리자가 커뮤니티가 어떻게 성장하고 있는지, 현재 미개발 지역에서 발전 가능성이 있는지에 대한 자체 판단에 의존할 수 있다. 지역주민, 사업주, 선출직 공무원 및 지역 직원으로부터 도출된 통찰력은 미래의 토지이용 동향에 대한 이러한 추측을 전달하는 데 도움이 될 수 있다. 그 지역이 인근 도시 성장의 베드룸(bedroom) 커뮤니티로 여겨지는가? 큰 고용주들이 그 지역이 매력적인가? 커뮤니티가 접근할 수 있는 주요 주간 도로 또는 연결 도로가 건설될 것인가? 주나 지방정부는 그 지역으로 기업과 산업을 유치하기 위해 세금 우대 조치나 다른 경제 개발 프로그램을 만들어 왔는가? 이러한 질문들과 다른 질문들은 적어도 일반적인 방법으로 커뮤니티의 미래 개발 잠재력과 그에 따른 미래 취약성을 예측하는 데 도움이 된다.

10.7.3 미개발지역과 위험지역이 교차점 결정

커뮤니티의 어떤 영역이 미개발이고 미래에 어떤 영역이 개발될 수 있는지를 아는 것은 커뮤니티의 개발 가능한 부분이 알려진 재해지역에 위치하는지 여부를 결정할 수 있는 근거를 제공한다. 이 단계에는 위험도평가 과정의 2단계 동안 생성된 재해지역 설명과 이 단계 동안 생성된 미개발 토지 및 예정된 사회기반시설 지역의 설명을 비교하는 작업이 포함된다. 커뮤니티 기반 지도에 재해지도를 중첩(overlay)하면 이 단계를 시각화하는 데 도움이 된다.

중첩을 통해 미개발 토지가 위험지역과 교차한다면, 향후 잠재적 취약성에 대한 보다 구체적인 정보가 필요하다. 예를 들어 커뮤니티의 용도지역지구지도와 함께 재해지도를 겹쳐서 표시하면 재해지역에서 허용되는 개발 유형을 나타낼 수 있다. 만약 더 많은 사람들과 재산을 위험에 빠뜨릴 수 있는 개발이 허용될 것으로 보인다면, 그 커뮤니티는 재난이 일어나기 전에 규칙을 바꾸기로 선택할 수도 있다.

자기 진단

- 위험도평가에 예상되는 미래 개발을 포함하는 것이 왜 중요한지 설명하라.
- 자본개선프로그램은 개발 동향에 대해 무엇을 알려주는가?

10.8 6단계: 결론

위험도평가 과정은 광범위한 잠재적 재해에 대한 커뮤니티 취약성 수준에 대한 풍부한 정보를 제공할 수 있다. 이러한 정보의 대부분은 알려진 재해지역과 관련하여 커뮤니티 자산의 위치를 설명하는 지도뿐만 아니라 수치와 예측으로 가득 찬 차트, 스프레드시트, 표 및 보고서 형태로 작성될 것이다. 그러나 이러한 정보의 가치는 수집된 데이터와 수행된 분석을 기반으로 하는 결론인 공식화된 결론에 있다.

10.8.1 허용위험 결정

각 커뮤니티는 위험도평가 전체를 살펴보고 모든 다양한 정보의 조합이 허용위험 시나리오 또는 허용불가능 시나리오인지 결정해야 한다. 다시 말해서, 위험도평가 중에 제시된 문제들이 커뮤니티가 그것에 대해 뭔가를 하기로 동의할 정도로 매우 큰가? 만약 그렇다면, 위험의 수준은 받아들일 수 없는 것으로 간주될 것이며, 커뮤니티는 재해경감과 그러한 위험을 줄이기 위한 준비를 통해 필요한 조치를 취해야 한다. 반면에, 커뮤니티 중 극히 일부만이 알려진 재해에 실제로 취약하다는 것이 발견될 수 있으며, 커뮤니티는 상대적으로 작은 재해 문제를 해결하기 위해 필요한 돈, 시간 및 에너지를 소비하는 것을 포기하기로 결정할 수 있다. 또한 위험도평가는 커뮤니티가 이미 시행 중인 경감전략을 가지고 있음을 보여줄 수 있다. 이는 결론에도 반영되어 위험 감소를 계속하기 위한 공공의 결의를 강화할 수 있다. 어느 쪽이든, 위험도평가 과정의 마지막에 형성된 결론은 수집되고 분석된 정보와 직접 연결되는 것이 중요하다.

위험도평가에서 도출된 결론은 확고하지 않다. 시간이 지남에 따라 커뮤니티의 취약성 수준이 달라질 수 있다. 예를 들어, 인구의 급격한 증가는 들어오는 거주자들이 위험지역에 배치되지 않도록 하기 위해 자산과 인구 목록을 수정해야 할 수도 있다. 반면에, 경감전략이 구현되고 위험이 감소하기 때문에 전반적인 취약성은 감소할 수 있다. 위험도평가 과정은 정적인 것이 아니며, 지역 조건이 변경됨에 따라 위험도평가를 업데이트하고 변경되는 조건을 반영하도록 수정해야 한다.

10.8.2 재해경감계획 수립

커뮤니티가 위험수준을 수용할 수 없다고 결정하는 경우, 위험도평가는 목표 경감전략을 수립하기 위한 사실적 근거를 제공할 수 있다. 이는 종종 위험도평가 과정에서 강조된 취약성을 줄이기 위한 목표, 목적 및 조치를 제시하는 정책 문서인 경감계획을 개발함으로써 효과적으로 달성된다. 위험도평가와 손실 추정은 완전한 재해경감계획의 한 가지 요소에 불과하지만, 취약성을 줄이기 위한 조치를 실행에 옮길 계획 자체이다. 경감계획을 통해, 위험도평가 동안 얻은 정보를 사용하여 기존 건물을 보호하고 위험 영향으로부터 오래된 건물을 보수할 수 있다. 미개발 토지에서, 미래의 개발을 안내할 수 있고 위험지역에서 사람들과 재산을 보호할 수 있다.

10.8.3 불확실성 대처

이 장 전체에 걸쳐, 우리는 위험도평가가 만능 해결책(silver bullet)가 아니라는 것을 강조했다. 그것은 특정 재해가 특정 커뮤니티에 영향을 미칠 것이라는 것을 확실히 예측할 수 없다. 이 불확실성의 수준은 변화하는 기후가 재해에 대해 우리가 알고 있는 것을 어떻게 변화시키는지 평가하려고 할 때 특히 사실이다. 그렇다면 이 모든 불확실성에 어떻게 대처해야 하는가? 한 가지 방법은 위험도평가에서 수집된 정보를 사용하여 "후회 없는" 위험 감소 정책을 개발하는 것이다. 다시 말해, 우리는 관련 위험의 정확도에 관계없이 커뮤니티에 도움이 되는 조치를 시행한다. 이러한 실행은 종종 여러 참가자를 참여시키고 전체 커뮤니티를 위한 윈-윈을 위해 두 개 이상의 지역 목표를 달성한다.

자기 진단

- 위험도평가 결과를 취약성을 줄일 수 있는 조치에 통합하는 방법을 나열하라.
- 위험도평가에 대한 커뮤니티의 결정에 영향을 미치는 요소를 토의하라.
- 위험도평가를 사용하여 개발을 위험지역으로부터 멀리하는 방법을 설명하라.

10.9 재해도시

이제 경감 및 대비 활동의 기초가 되는 철저한 위험도평가를 수행하는 데 필요한 단계를 설명했으므로 이러한 개념을 적용할 준비가 되었다. 이 절에서는 위험도평가 과정을 설명하기 위해 재해도시(Hazard City)라는 가상의 커뮤니티를 사용한다. 이 절을 읽으면서, 당신이 이 커뮤니티의 비상관리자 또는 계획자라고 상상해 보라. 그러면 당신은 걱정스러운 시민과 재해에 대한 당신의 커뮤니티의 회복탄력성을 향상시키는 임무를 맡은 전문가로서 단계를 거치는 것을 상상할 수 있다. 다음의 재해도시 사례 연구를 읽고 잠시 멈춰서 질문을 살펴보라. 우리가 제시하는 과장된 조건들이 커뮤니티가 취할 수 있는 선택들에 대한 아이디어를 불러일으키고, 당신이 몇몇 심각한 문제들을 다루면서 약간의 재미를 느끼기를 바란다.

10.9.1 재해도시 사례

애틀랜틱 주의 마운틴-코스트에 자리잡은 재해도시에는 10,000명의 거주자들이 살고 있다. 소나무 숲으로 뒤덮인 가파른 산과 완만하게 경사진 둑이 있는 넓고 조용한 강이 있는 매우 아름다운 자연을 지닌 지역이다. 거의 80년 전에, 인공호수를 만들기 위해 래지 강을 가로지르는 흙댐이 건설되었고, 이것은 마을의 식수 공급원이 되었다. 재해도시의 크라운주얼(crown jewel)은 넓은 모래 해변으로 대서양 해안을 끼고 있으며 본토에서 좁은 둑길로만 접근할 수 있다. 매년 여름, 수백 명의 방문객들이 3일간의 음악 축제에 참가하기 위해 해안가에 모인다.

재해도시는 엄청난 인구 증가를 겪고 있다. 공공 및 민간 사회기반시설에 대한 투자는 지난 5년 연속 수백만 달러였다. 새로운 학교와 쇼핑센터가 건설되고 있고, 미개발지역에 대해 도로, 상수도, 하수도가 계획되고 있다. 특히 강 근처에 위치한 습지는 새로운 개발을 위해 적절한 것으로 여겨지며, 지역 보호 단체가 습지에서 제공되는 특정 서식지에서만 사는 멸종 위기에 처한 개구리 종을 확인했지만 곧 배수되고 채워질 예정이다. 철도 종점 끝의 강둑에 위치한 한 화학공장은 이제 막 200명의 근로자를 고용했고, 이 지역으로 이사하는 가족들을 수용할 새로운 사업부가 생겨나고 있다. 투자자들은 더 많은 관광객을 유치하기 위해 해변의 최고급 부동산에 대형호텔을 짓는 것을 고려하고 있다. 개발자들, 시장, 그리고 그 마을의 세무사는 기분이 매우 들떠 있다.

그러나 1990년대의 허리케인 클러스터, 2009년, 2011년, 2014년의 토네이도 파괴, 매년 발생하는 강력한 산불과 같은 자연재해는 지역주민, 기업 및 관광 산업에 영향을 미쳤다. 매년 홍수는 재해도시를 위협하는데, 산에서 녹은 눈으로 부풀려진 강이 제방을 위협하기 때문이다. 2018년, 연속된 눈폭풍으로 도시가 거의 일주일간 폐쇄되었다. 일부 지역에서는 2주 동안 정전이 되었고 도로는 며칠 동안 통행할 수 없었다. 1910년 도시 외곽의 곡물 엘리베이터가 붕괴된 이후 지진의 피해는 기록되지 않았지만 때때로 약한 지진이 감지된다. 주기적인 산사태로 인해 일부 산길은 바위와 파편으로 폐쇄되었다.

역사적으로, 가뭄은 재해도시에서 문제가 되지 않았다. 그러나 최근 5년 중 3년 동안 이 지역이 보통 내리는 산에는 적설량이 현저히 적었고, 이로 인해 재해도시 저수지의 수위가 낮아졌다. 일부 지역 환경단체와 수도 사업자는 기후변화가 도시 급수에 미치는 잠재적 영향에 대한 연구를 요청하고 있다.

지금까지, 최근 재해도시를 강타한 가장 파괴적인 자연재해는 2013년 허리케인 젤다였다. 강력한 카테고리 3의 폭풍인 젤다의 상처는 여전히 도시 곳곳에서 볼 수 있다. 비록 이 마을은 이전에 허리케인을 견뎌냈지만, 젤다 기간 동안 폭풍해일과 홍수가 특히 높게 나타났다. 평생을 재해도시에서 살아온 '노인들(old timers) '조차도 내륙에 이토록 높은 파도나 홍수를 떠올리지 못했다. 일부 동네에서는 강풍에 지붕과 옆구리가 뜯겨나가고 건물 전체가 뿌리째 뽑히는 등 피해를 입은 주택 중 상당수가 완전히 수리되지 않았다. 그 마을의 소규모 사업체들 중 대다수는 한 번도 재개업한 적이 없다. 해안지역은 폭풍의 타격을 받았고, 몇몇 지역은 매우 심하게 침식되어 해안지역은 거의 남아 있지 않은 반면, 수많은 해안지역들은 아직 재개발되지 않았다. 그러나, 지난 폭풍의 홍수 수위보다 높은 기둥에 올라간 해안에서 몇 줄 뒤에 위치한 집들은 비교적 작은 피해를 입었다.

재해도시 마을 의회는 FEMA 요건을 충족하는 재해경감계획을 개발하기 위한 팀을 임명하여 다음 재해가 발생할 때 마을이 재해경감사업을 위한 기금을 포함하여 연방 재난지원을 받을 수 있도록 했다. 계획 팀장과 비상관리 팀장이 공동으로 이끄는 팀은 경감계획 과정의 위험도평가 단계에 착수하려고 한다.

1단계: 재해식별

- 재해도시가 직면하는 자연재해는 무엇인가?
- 재해도시는 어떤 인적재해에 직면해 있는가?
- 설명에서 특별히 언급되지 않은 재해나 2차 영향이 재해도시에 영향을 미칠 수 있는가?

커뮤니티 위험도평가의 재해식별 단계에 등재될 재해 유형에는 허리케인(폭풍해일과 침식 포함), 하천 범람, 토네이도, 산불, 심한 겨울폭풍, 지진 및 산사태가 포함된다. 재해식별에는 잠재적 댐 붕괴 및 화학 물질 유출, 해수면 상승도 포함될 수 있다. 물론 실제로는 지방정부 웹사이트, 주민 인터뷰, 지역 문서 및 계획 검토, 지방 직원 보고서, 오래된 기상 보고서 및 기록 보관소 등 재해도시 식별 단계를 완료하기 위한 추가 정보 출처를 이용할 수 있다. 사실, 계획자와 비상관리자가 지역 재해에 대한 정보를 수집하기 시작할 때 정보 과부하가 종종 발생한다. 데이터 수집 단계를 중단하고 계획 과정의 다음 단계로 넘어갈 시기를 결정하기 어려울 수 있다.

2단계: 재해프로파일링

- 재해도시에 대해 식별된 각 재해로부터 어떤 잠재적 영향을 예상할 수 있는가?
- 각 재해가 식별될 가능성은 얼마나 되는가?
- 도시의 일부에만 영향을 미치는 특정 재해가 있는가?
- 위험도평가에서 어떤 기후변화가 미치는 영향에 주목해야 하는가?

앞서 장에서 언급한 바와 같이, 재해프로파일로 시작할 수 있는 좋은 장소는 커뮤니티 재해이력을 탐색하고 문서화하는 것이다. 각 사건을 단순히 기록하는 대신 재해의 범위, 심각도 및 위치에 대한 정보를 제공하는 세부 정보가 특히 유용하다. 예를 들어, 허리케인 젤다가 2014년에 발생했다고만 언급하는 대신, 재해도시의 재해이력은 재산피해와 사망자와 부상자 수뿐만 아니라 풍속, 홍수 깊이, 폭풍해일의 높이 등 젤다의 중요한 특징을 표시해야 한다. 완전한 재해이력은 또한 기업이 영구적으로 또는 일시적으로 문을 닫았는지 여부, 사람들이 이동했는지 여부, 커뮤니티 내의 특정 인구가 불균형하게 영향을 받았는지 여부, 사건이 어떻게 지역경제, 소셜 네트워크, 그리고 도시환경에 영향을 미쳤는지에 대한 기타 관련 사실과 같이 과거 재해사건의 더 긴 지속적 영향을 나타낸다.

기후변화로 인한 단일 자연재해사건을 설명할 수는 없지만, 재해 발생 추세가 어떻게 변화하고 있는지에 대한 논의는 포괄적인 재해프로파일의 유용한 부분이 될 수 있다. 예를 들어, 허리케인 젤다의 폭풍해일, 홍수 수위, 침식이 기록을 깼다는 사실은 해수면 상승과 미래의 폭풍의 심각성과 관련하여 상황이 변화하기 시작했다는 것을 나타내는 것일 수 있다.

재해도시의 비상관리자는 마을의 FIRM, 폭풍해일 침수지도, 침식률 지도, 지형 지도(급경사와 산사태 지역의 경우), 지진 용도지역지구지도, 산불 지도 및 댐 파괴시 하류 홍수 가능성을 보여주는 댐 침수지도를 포함하여 주 및 연방기관으로부터 많은 재해지도를 입수했다. 커뮤니티는 또한 다양한 예측 범위를 보여주는 몇 가지 시나리오를 사용하여 해안선을 따라 해수면 상승 가능성을 설명하기로 결정했다. 이 모든 지도를 기본지도에 계층화함(layering)으로써, 재해도시 계획 팀은 도시의 모든 잠재적 재해의 경계를 정의하는 지도를 만들 수 있다.

재해도시는 비상관리에 전재해접근법을 사용하기 때문에, 계획팀은 위험도평가에 기술재해로 인한 잠재적 위험을 포함해야 한다. 예를 들어 강둑에 화학공장이 존재하면, 위험물질이 강으로 유출되거나 운송 중 사고가 발생할 경우 그러한 재해 위험을 초래할 수 있다. 그러나 보안을 위해 화학 공장의 특정 위치와 내용물을 식별하는 것은 권장되지 않을 수 있다. 극도로 불안정한 산업의 경우, 각 주는 종종 공인된 직원만 볼 수 있는 보안 접근 지도를 가지고 있다. 이러한 커뮤니티에서 의사 결정자들은 이웃의 재해에 대한 시민들의 알 권리와 보안 우려의 균형을 맞춰야 한다.

3단계: 자산 및 인구 목록 작성

Table 10.4는 도시의 홍수재해지역에 위치한 재해도시 자산과 인구의 비율을 나타낸다. 도표의 마지막 행을 보면 재해도시 구조물의 40%, 마을 재산 가치의 42%가 홍수 지역에 위치하고 있음을 알 수 있다. 우리는 또한 마을 인구의 42%가 홍수재해지역에 살고 일하고 있다는 것을 볼 수 있다. 이 도표는 그 마을의 총 재산 가치의 매우 중요한 퍼센트와 많은 사람들이 홍수로 인해 위험에 처해 있다는 것을 말해준다.

주거 구조물에 거주하는 인구 수를 계산하고 다른 유형의 건물에 있는 인구 수에 더하면 이중으로 산정한다는 점에 유의하라. 계획팀은 위험에 처한 인구 수를 평가할 때 이 약점을 명심해야 한다. 보다 정교한 분석은 24시간 동안 주어진 위치에 있는 사람들의 수를 계산한다. 예를 들어, 그러한 분석은 재해도시의 인구의 대다수가 낮 시간에는 학교, 쇼핑 또는 직장에 있지만, 그들은 주로 밤에 주거 구조물에 위치한다는 것을 보여줄 수 있다. 이는 비상경보 등 대비 노력에 중요한 정보이다. 예를 들어, 사람들이 잠들어 있을 때 피난처를 찾기 위해 텔레비전이나 라디오 방송을 시청하지 않는 밤에 덮치는 토네이도로 인해 더 많은 사망자가 보고된다. 반대로, 겨울폭풍과 눈보라는 더 많은 사람들이 차를 몰고 집으로 돌아가려고 하는 경향이 있기 때문에 낮 동안 발생하는 가장 위험할 수 있다.

- 위험수준을 이해하는 데 도움이 되는 재해도시의 자산에 대해 아는 데 어떤 추가 정보가 유용한가?
- 위험도평가의 이 단계에서 더 많은 정보가 필요한 특정 인구집단이 있는가?

Table 10.4 재해도시 자산 및 인구 목록: 홍수위험지역

구조 유형	구조물 수			구조물 가치			사람수		
	시 (개)	재해지역 (개)	재해지역 (%)	시 ($)	재해지역 ($)	재해지역 (%)	시 (명)	재해지역 ($)	재해지역 (%)
Residential	2500	100	40	250,000,000	100,000,000	40	10,000	4000	40
Commercial	10	8	70	10,000,000	7,000,000	70	570	345	61
Industrial	1	1	100	2,000,000	2,000,000	100	200	200	200
Government	7	5	36	7,055,000	2,555,000	36	570	170	30
Education	4	2	50	6,000,000	3,000,000	50	3000	1500	50
Utilities	4	4	100	4,750,000	4,750,000	100	30	30	100
Religious/Nonprofit	3	1	43	3,450,000	1,500,000	43	351	10	0.03
Total	2529	1021	42	283,255,000	120,805,000	42	14,721	6255	42

4단계: 손실 추정

이제 재해도시가 직면하고 있는 재해뿐만 아니라 이러한 재해에 노출될 수 있는 자산과 인구집단에 대한 더 나은 인식을 갖게 되었으므로 다양한 시나리오에서 발생할 수 있는 잠재적 손실의 추정을 시작할 때이다. 허리케인의 폭풍해일로 인해 발생할 수 있는 홍수와 같이 일부 지역에서만 발생하는 재해에 대해, 해안선으로부터 특정 거리 및 고도 내에 위치한 재산의 가치를 추가하도록 선택할 수 있다. 눈보라가 몰아칠 경우, 구조물과 사회기반시설 손상 외에도, 도시가 눈을 치우고 사업체들이 다시 문을 열기에 충분한 전력을 복구하는 데 걸리는 평균 시간을 볼 수 있다. FEMA가 개발한 HAZUS와 같은 손실 추정 소프트웨어는 위험도평가의 이 단계에서 매우 유용할 수 있다.

5단계: 미래 토지이용 및 개발

- 향후 몇 년 동안 재해도시의 어디서 얼마나 많은 발전을 기대하는가?
- 재해도시에서 토지를 사용하는 방식의 변화는 재해 취약성에 어떤 영향을 미칠 것인가? 특정 재해에 대해 이것이 더 뚜렷한가?

전체 인구가 어떻게 변화하고 있는지 이해하는 것 외에도, 어디에서 발전이 일어나고 있는지 생각해보는 것이 중요하다. 이 정보는 재해도시의 미래 주택, 기업 및 사람들이 홍수, 겨울폭풍, 물 부족, 댐 붕괴 및 기타 알려진 재해에 어떻게 영향을 받을 수 있는지를 이해하는 데 필수적이다. 또한 이 정보는 이 개발이 실제로 재해프로파일을 어떻게 변경할 수 있는지를 이해하는 데 매우 중요하다. 예를 들어, 습지를 메워야 하는 재해도시의

개발이 홍수의 위험을 증가시킬 수 있는가? 향후 10년 또는 20년 동안 인구가 두 배로 증가한다면, 저수지는 미래의 인구에게 식수를 공급할 충분한 용량을 가질 수 있을까? 만약 우리가 봄 동안 재해도시로 배수되는 겨울 눈덩이에 기후변화가 미치는 영향을 고려한다면 어떨까?

위험도평가에서 토지 사용과 개발 패턴의 평가목표는 반드시 개발을 늦추는 것이 아니라 불필요한 위험을 피하기 위해 개발 관리를 보다 신중하게 할 수 있는 정보를 제공하는 것이다. 위험도평가의 마지막 단계로 넘어가 수집한 모든 정보로부터 결론을 도출하면서, 경제적, 정치적, 사회적 요소들이 개발 패턴에 어떻게 영향을 미치는지 생각해 보고 싶을 것이다. 재해도시는 세금이나 규제 정책을 통해 특정 지역의 발전을 보조하거나 장려하고 있는가? 시민들은 새로운 부동산 투자에 대한 결정을 내릴 때 위험에 대한 충분한 정보를 가지고 있는가?

6단계: 결론

이제 무수한 지도, 차트, 스프레드시트, 예측, 그리고 현재와 미래의 위험수준에 대한 그림을 그리는 다른 형태의 정보를 모았다. 하지만 이 모든 정보를 어떻게 이해할 수 있을까? 위험을 줄이기 위한 또는 재해에 대비하기 위한 가장 중요한 실행 또는 전략은 무엇인가?

위험도평가에서 수집된 주요 정보를 요약하는 것 외에도, 우리는 허용위험수준을 결정해야 한다. 허리케인 젤다와 유사한 사건의 가능성과 심각성에 기초하여, 재해도시의 위험수준을 줄이기 위한 조치를 취해야 하는가? 어떤 종류의 사건에 너무 많아 준비하고 있고 다른 사건에 대해 충분하지 않은가? 일부 지역이나 인구 집단이 불균형적으로 위험에 처해 있는가? 커뮤니티가 위험도평가에서 도출해야 하는 정해진 결론은 없지만, 커뮤니티의 가치와 열망을 바탕으로 수집되고 있는 데이터와 정보에 묶여 있는 것이 필수적이다.

요약

이 장에서는 위험도평가가 직면한 재해에 대해 어떻게 알려주는지 설명하여, 보다 회복탄력적으로 되기 위한 노력으로 가장 적절한 경감 및 대비 전략을 선택할 수 있도록 한다. 우선, 커뮤니티는 발생할 수 있는 모든 재해, 주로 과거의 사건에 기초한 정보 및 기타 지방 및 지역 데이터를 식별해야 한다. 위험도평가 과정의 두 번째 단계에서 커뮤니티는 영향을 받을 수 있는 영역, 가능한 영향 및 재발 확률을 포함하는 재해프로파일을 작성한다. 세 번째 단계는 재해에 취약한 자산과 모집단의 목록을 포함한다. 네 번째 단계에서, 커뮤니티는 사망자와 부상자의 예상 숫자뿐만 아니라 달러 수치를 사용하여 재해사건에서 잃을 수 있는 것을 추정한다. 커뮤니티는 과정의 다섯 번째 단계를 사용하여 성장과 개발 동향을 설명함으로써 미래의 취약성을 예측한다. 이 장에서는 위험도평가 결과에 기초하여 커뮤니티가 허용위험수준에 대한 결론에 도달할 수 있는 방법을 개략적으로 설명하는 여섯 번째 단계에 대한 논의로 마무리한다.

용어

- 자산(asset)
  사람, 건물, 사회기반시설, 핵심시설 및 환경, 문화 및 레크리에이션 특징을 포함하지만 이에 국한되지 않는 가치를 지닌 인간이 만든 또는 자연적 특징
- 기본지도(base map)
  커뮤니티의 기본 지형, 물리적 요소, 핵심시설 및 사회기반시설을 보여주는 그래픽으로, 취약성의 예시를 위해 위험별 정보를 겹치는 데 사용할 수 있다.
- 핵심시설(critical facility)
  특히 재해사건에 이어 인구의 건강과 복지에 중요한 시설. 핵심시설에는 대피소, 경찰 및 소방서, 병원, 상하수도 처리 시설, 발전소, 통신 및 교통망 등이 포함된다.
- 필수시설(essential facility)
  재해사건 발생 후 커뮤니티의 완전한 회복을 위해 중요한 시설. 여기에는 정부 건물, 주요 고용주, 은행, 학교 및 식료품점, 약국, 철물점, 건물 공급점, 주유소와 같은 특정 상업 시설이 포함된다.
- 지리정보시스템(GIS; Geographic Information System)
  지도 및 분석에 사용될 데이터베이스와 지구의 물리적 특징을 연관시키는 컴퓨터 소프트웨어 응용프로그램
- 재해식별(hazard identification)
  영역을 위협하는 위험 요소를 식별하는 과정
- 재해프로파일(hazard profile)
  재해의 물리적 특성, 그리고 크기, 지속시간, 빈도, 확률 및 범위를 포함한 다양한 설명자의 결정에 대한 설명
- 해저스(HAZUS)
  재해손실을 추정하는 데 사용되는 위험도평가 도구. 경제, 인구조사, 건물 재고, 교통 시설, 지역 지질학 및 기타 정보에 대한 데이터베이스를 포함한다.

- 내재적 취약성(inherent vulnerability)
  건물이나 시설의 사용 방법, 가시성, 접근성, 거주자 수와 같은 요인 및 (종종 의도적 인적재해와 관련이 있는) 자산의 민감도 수준을 결정하는 기타 요인
- 라이프라인 유틸리티(lifeline utilities)
  음용수, 폐수처리, 전력시스템, 통신망 등 커뮤니티 건강과 복지에 필수적인 서비스
- 손실 추정치(loss estimate)
  재해로 인한 구조물 및 내용물의 잠재적 손상, 서비스 중단 및 거주자와 사업체의 이동에 대해 산정된 달러 금액
- 규모(magnitude)
  재해사건의 강도 또는 방출되는 에너지의 양에 대한 측정단위. 특정 재해사건의 크기(또는 심각도)는 일반적으로 기술적 측정단위를 사용하여 결정된다.
- 확률(probability)
  재해사건이 발생할 가능성에 대한 통계적 측도이다.
- 재현기간(recurrence interval)
  특정 위치에서 유사한 크기의 재해사건 사이의 기간. 이는 주어진 사건이 주어진 해에 동일하거나 초과할 확률을 기반으로 한다.
- 위험도평가(risk assessment)
  위험을 평가하는 데 사용되는 과정 또는 방법론이다. 위험도평가에는 일반적으로 다섯 가지 예비 단계가 포함된다: 1) 재해식별, 2) 재해프로파일링, 3) 자산 및 인구 목록, 4) 손실 추정, 5) 미래 개발 및 인구 추이. 6) 허용위험 결정. 6번째 단계는 종종 추가 조치가 필요한지 여부를 결정하기 위해 위험도평가에 포함된다.
- 전술적 취약성(tactical vulnerability)
  재해 영향에 대한 자산의 민감도를 결정하는 건물의 설계, 건설, 조경 및 엔지니어링 방법과 같은 요소(종종 의도적 인적재해와 관련이 있음)
- 취약성(vulnerability)
  재해의 결과로 사람들과 재산이 경험할 수 있는 피해와 손상의 정도. 현재의 취약성은 현재 누가, 무엇이 위험에 처해 있는지와 관련이 있으며, 미래의 취약성은 예상되는 개발 및 인구 추세에 따라 미래에 누가, 무엇이 위험에 처해 있는지를 나타낸다.

연습문제

요약 질문

1. 위험도평가의 목적은 커뮤니티에서 재해사건이 발생할 경우 어떤 일이 일어날지 결정하는 것이다. 참인가 거짓인가?

2. 만성적 재해의 반복적 발생은 시간이 지남에 따라 누적된 영향을 초래하지 않는다. 참인가 거짓인가?

3. 허리케인에 대한 위험도평가 과정은 위험물질 사고에 사용되는 것과 크게 다르다. 참인가 거짓인가?

4. 기본지도를 사용하는 목적은?
   a. HAZUS 지도를 주기적으로 업데이트하기 위해
   b. 기본 지형과 비교하여 재해별 정보를 보기 위해
   c. 커뮤니티의 용도지역지구제를 나타내기 위해
   d. 범람원을 나타내기 위해

5. 재해식별에는 재해기록 작성과 관련이 있다. 참인가 거짓인가?

6. 커뮤니티의 과거 재해사건에 대한 연구는 중요도가 낮은 사건뿐만 아니라 주요 사건을 포함해야 한다. 참인가 거짓인가?

7. 재해프로파일은 경우에 따라 경미, 보통 또는 심각과 같은 용어를 사용하여 잠재적 위험의 심각도를 식별한다. 참인가 거짓인가?

8. 재해의 잠재적 영향은
   a. 확률과 동일하다.
   b. 심각도보다 높다.
   c. 발생빈도와 사건 크기의 조합이다.
   d. 사건 크기, 영향 영역 및 인간 활동량의 조합이다.

9. 100년 홍수는 다음 세기를 가진 홍수이다.
   a. 향후 1년 내 100%에 가까운 발생 확률
   b. 특정 연도에 발생할 1% 확률
   c. 앞으로 10년안에 적어도 한번의 발생 가능성
   d. 향후 100년 동안 한 번도 안 되는 발생 가능성

10. 대피소는 커뮤니티 자산의 한 예이다. 참인가 거짓인가?

11. 전술적 취약성은 시설이나 건물이 어떻게 사용되는지에 따라 부분적으로 결정된다. 참인가 거짓인가?

12. 인적재해 영역에서 발생하는 잠재적 손실은 일반적으로 사람, 자산 및 기능의 세 그룹으로 나뉜다. 참인가 거짓인가?

13. 자연재해로 인한 손실을 추정하는 방법은 테러리스트 또는 기술재해와 동등하게 잘 작동한다. 참인가 거짓인가?

14. 세월이 흐르면서, 커뮤니티의 취약성은
    a. 그대로 유지된다. b. 감소한다. c. 증가한다. d. 변한다.

15. 커뮤니티의 미개발 지역 및 성장 가능성에 대한 평가는 커뮤니티의 잠재적 미래 취약성을 결정하는 데 도움이 된다. 참인가 거짓인가?

16. 지리정보시스템은
    a. 컴퓨터 소프트웨어 제품의 일종이다.
    b. 지리적 기능의 디지털 중첩을 만드는 도구이다.
    c. 인쇄된 지도를 만드는 도구이다.
    d. 위의 모든 것이다.

리뷰 질문

1. 위험도평가는 경감 노력에 어떻게 영향을 미치는가?
2. 위험도평가 과정의 6단계는 무엇인가?
3. 위험도평가 과정에서 커뮤니티의 취약성 수준을 결정하는 데 도움이 되는 단계는?
4. 좋은 기본지도의 몇 가지 요소를 나열하라.
5. 과거 재해사건에 대한 정보를 찾을 수 있는 곳에 대한 3가지 예를 설명하라.
6. 인적재해에 대한 정보를 찾기 위해 사용할 수 있는 출처는 무엇인가?
7. 지역 기후변화 영향에 대해 알 수 있는 출처는 어떤 것들이 있는가?
8. 어떤 재해유형이 일반적으로 매핑되는가?
9. 과거 정보를 사용하여 미래에 무슨 일이 일어날지 추정하는 것의 한계는 무엇인가?
10. 커뮤니티 자산의 3가지 예를 나열하라.
11. 재해 범위는 위험도평가 과정의 두 번째 단계에서 파악된다. 토네이도의 잠재적 심각성을 설명하는 데 사용할 수 있는 등급은 무엇인가?
12. 위험도평가의 3단계인 취약한 자산과 인구의 목록은 3가지 작업을 포함한다. 3가지 작업을 각각 설명하라.

13. 목록 과정의 일부로 각 커뮤니티 자산의 가치를 추정해야 한다. 방법을 설명하라.
14. 자산의 취약성을 식별하기 위해 2가지 접근방식을 사용할 수 있다. 전략적 취약성을 정의하고 예를 제시하라.
15. 홍수, 지진, 허리케인 바람으로 인한 잠재적 손실을 분석하는 데 사용되는 위험도평가 프로그램의 이름은 무엇인가?
16. 미래 사회기반시설이란 무엇이며, 이것은 미래의 무엇을 나타내는가?
17. 재해경감계획은 무엇인가?
18. 홍수에 대한 재해 확률과 100년 범람원이 의미하는 바를 설명하라.

응용

1. 당신의 커뮤니티의 위험도평가 과정의 어떤 요소들이 지도에 표시되도록 선택하겠는가? 그 이유는? 지도를 만드는 데 사용할 수 있는 자료는 무엇인가?
2. 당신은 미시시피 빌록시의 기획자로서 시의 위험도평가를 수행해야 하는 책임을 지고 있다. 위험도평가는 시의 경감전략을 수립하는 데 어떤 역할을 하는가? 커뮤니티에 영향을 미치는 자연재해를 식별하고, 만성적 재해가 있는지 판단하라.
3. 지난 8년 동안 두 대의 열차가 당신의 지역을 관통하는 철로에서 탈선했다. 하나는 위험물질과 두 명이 사망하는 등 중요했다. 이 재해에 대한 재해프로파일을 작성하라. 이 프로파일은 자연재해에 대한 프로파일과 어떻게 다른가?
4. 델라웨어 루이스의 자연재해에 대한 취약성의 정도를 어떻게 판단하는가? 이 단계에 필요한 3가지 작업에 필요한 정보를 얻기 위해 인터넷 또는 기타 어떤 자원을 이용하겠는가?
5. 추정된 총 손실을 계산하기 위해 본문에 제공된 공식을 사용하여, 당신의 집이나 거주지에 영향을 미치는 재해사건으로부터 야기될 총 손실을 결정하라. 그 손실은 재해에 따라 달라지는가? 그렇다면, 그 이유를 설명하라.
6. 계획자로서, 만약 당신이 미개발 지역이 산사태에 취약하다는 것을 발견한다면 어떻게 하겠는가? 참고로 당신은 더 큰 도로를 건설하고 잠재적 재해지역에 물과 전기를 공급하려는 계획에 대해 이미 알고 있다.

7. 당신이 오하이오의 시골 농경지에 살고 있다고 상상해 보라. 왜 한 지역에 상하수도관을 설치하는 미래 프로젝트가 미래 발전의 지표가 되는가? 이 영역의 향후 취약성에 대해 무엇을 알 수 있는가?

자습

- 가정에서 발생하는 홍수 비용 추정

  필요한 모든 것은 당신의 집과 그것의 내용물에 큰 손상을 입히기 위해 몇 인치 정도의 물만 있으면 된다. FloodSmart.gov(National Flood Insurance Program의 자료)에서 제공하는 대화형 도구를 통해 가정에서 홍수가 발생할 경우 인치에 따른 비용이 얼마나 들 수 있는지 확인할 수 있다. 물이 "상승"하면, 카펫, 가전제품, 콘센트, 개인 소지품, 가구, 그리고 다른 가정용품들이 물에 젖으면서 달러 수치가 올라간다. 교육 현장에는 청소 비용까지 포함돼 있다. 이 도구를 직접 확인하려면 https://www.floodsmart.gov/flood-insurance-cost/calculator을 방문하라.

- 미래 설명하기

  커뮤니티 취약성평가의 일부는 미래에 무엇이 손실의 위험에 처해 있는지를 결정하는 것이다. 현재 상태와 잠재적 미래 상태를 포함하여 미개발 마을이나 카운티의 지역에 대해 설명하라. 인터넷, 항공 지도, 세금 지도, 지역 토지 지도와 같은 자원을 사용한다. 가능한 경우 언제든지 해당 부동산을 소유한 사람을 지정한다.

- 재해이력 101(Hazard History 101)

  당신의 커뮤니티를 위협하는 가장 중요한 자연재해라고 생각되는 것을 골라라. 재해 범위, 확률 및 위치를 파악하여 재해프로파일을 작성하라.

- 위험도평가

  사람들이 살거나 일하는 커뮤니티의 재해가 발생하기 쉬운 지역을 고려해보라. 성장과 경감에 대한 커뮤니티 및 지역 정치 태도에 근거하여 경감계획의 실현 가능성을 예측하라.

참고문헌

1. NOAA. 2014. Lessons in Resilience: How Indigenous Tribes Are Helping Lead the Way on Climate Change. Coastal Services 2(17): 11–14.
2. Woodruff, S.C. et al. (2013). Adapting to Climate Change: A Handbook for local governments in North Carolina. Chapel Hill, NC: Coastal Hazards Center at the University of North Carolina at Chapel Hill. Available online at: coastalhazardscenter.org/adapt.

제11장 대비

학습내용과 목표

(1) 학습 내용
- 비상관리주기의 일부로서의 대비 역할
- 정부 당국, 기업 및 개인의 대비 책임
- 미국의 주요 대비프로그램
- 재해별 대비 훈련의 예

(2) 학습 목표
- 모든 차원에서 대비의 효율성 평가
- 주요 대비 담당자를 식별하고 담당자의 대응이 어떻게 조정되어야 하는지의 이해
- 지역 비상운영계획 또는 가족재난계획과는 관계없이 정보에 입각한 재해 계획 수립

개요

이 장에서는 재해경감 및 대비의 차이점과 유사성을 개략적으로 설명하고, 기후변화 정보를 대비프로그램에 통합해야 할 필요성을 포함하여 재난관리 주기에서의 대비의 역할에 대해 논의한다. 또한 국가대응계획과 국가대비를 안내하는 대통령정책지령 8호 등 재난에 대한 대비가 효율적인 대응을 보장하는 데 어떻게 도움이 되는지에 대해서도 간략하게 설명한다. 그다음으로 정부, 기업, 가족, 그리고 미국 적십자사와 같은 자원 봉사 단체들에 의해 수행되는 다양한 준비 활동을 설명한다. 대피 시나리오에 초점을 맞추어 정부와 개인의 준비 책임에 대해 설명하고, 커뮤니티와 개인이 다양한 유형의 재해 상황에 대비할 수 있도록 돕는 다양한 준비 프로그램에 대한 논의로 끝난다.

11.1 요약

커뮤니티가 허리케인이 접근하고 있다는 소식을 들으면, 시민들과 기업체들에게 경고를 확실히 하기 위해 매우 분주한 활동이 일어나고, 예상되는 영향에 따라, 취약한 사람들을 위험으로부터 벗어나게 하려는 시도가 이루어진다. 이러한 활동들 가운데, 미리 행동 방침을 계획한 것이 커뮤니티에 유리하다. 경고를 전달하고, 많은 사람들을 대피시키고, 대피소를 설치하기 위한 가장 효율적인 방법을 결정하는 것은 커뮤니티 관계자들이 즉석에서 할 일이 아니며, 특히 이러한 준비를 세심하게 하는 것이 가능할 때 더욱 그렇다.

본질적으로, 재난이 일어나기 직전, 도중, 그리고 직후에 일어날 활동에 대한 이러한 계획은 '대비'라고 설명된다. 그것은 제2장에서 논의된 재난관리 주기의 중요한 부분이다.

"대비(Preparedness)"는 어떤 비상사태나 재난에 대응할 준비가 되어 있는 상태를 말한다. 그것은 다양한 종류의 재해사건 동안 일어날 수 있는 일을 예측하고, 그러한 가능성에 대처하기 위한 계획이 마련되어 있는지 확인하고, 상황 진화에 따라 다양한 역할이 무엇일지 관련된 모든 사람을 훈련하고 교육하는 것을 포함한다. 경감과 함께, 대비는 미래에 초점을 맞추고 있으며, 회복탄력적 커뮤니티의 요소 중 하나이다.

FEMA(Federal Emergency Management Agency; 연방재난관리청)이 기술한 바와 같이, 대비에는 다음이 포함된다.

> **운영 능력을 구축, 유지 및 개선하기 위한 계획, 자원, 교육, 연습 및 조직과 관련된 작업이다. 대비는 광범위한 잠재적 사고에 필요한 인력, 교육 및 장비를 식별하고, 사고에 필요한 경우 역량을 제공하기 위한 관할구역별 계획을 개발하는 과정이다.**

대비는 비상관리주기에서 중요한 역할을 한다. 대비에는 재해 전 준비 및 즉각적인 비상대응에 대한 계획뿐만 아니라 정부 서비스, 전력회사 및 기업을 재해 전 상태로 최대한 신속하게 복구하는 작업이 포함된다. 대비는 비상관리의 대부분의 측면을 포괄하는 개념이다. 그것은 많은 정부 관료들, 응급 구조대원들, 자원봉사자들, 그리고 시민들 사이의 조정을 수반한다. 비상관리 기관, 기업 및 거주자 모두 대비 능력을 갖추어야 한다. 이러한 기능은 재해 발생 전에 비상훈련을 계획하고, 훈련하고, 수행함으로써만 발생할 수 있다. 재난에서 무엇을 해야 하는지 알면 재난이 전개될 때 종종 발생하는 혼란, 불안, 공포, 심지어 공황상태(panic)까지 줄일 수 있다. 가장 중요한 것은 사전 재해대비계획이 생명을 구하고 부상을 최소화할 수 있다는 것이다.

11.1.1 종합비상관리에서의 대비

대비는 종합비상관리 시스템의 필수적인 부분이다. "종합비상관리(comprehensive emergency management)"는 자연재해의 필연성과 인적재해의 가능성 및 이 재해들이 커뮤니티에서 재난을 일으킬 수 있는 잠재성을 다루기 위해 지방, 주 및 연방 수준에서 널리 사용되는 접근법이다. 제2장에서 논의한 바와 같이, 종합비상관리 시스템의 4가지 단계는 "대비(preparedness)", "대응(response)", "복구(recovery)" 및 "경감(mitigation)"이다. 재난이 발생하기 전에 대비해야 한다. 재해가 발생하면 커뮤니티는 먼저 특정 사건에 대응해야 하며, 그 후 곧 복구를 시작해야 한다. 그러나 커뮤니티가 하나의 재난으로부터 여전히 회복하고 있는 동안에도, 다음 재난의 영향을 경감하기 위한 과정을 시작해야 한다.

대비와 경감의 차이

경감과 대비 사이에 몇 가지 중복 사항이 있지만, 몇 가지 차이점도 있다. 대비 활동은 재해사건에 앞서 수행될지라도 일반적으로 대응 및 복구 단계로 진행된다. 대비를 하는 동안, 물자를 모으고, 영향을 미치기 전에 그리고 그 직후에 재난의 영향으로부터 복구하기 위해 무엇을 해야 할지에 대한 계획을 세운다. 이와는 대조적으로, 경감이란 재해 전 활동을 통해 사람과 재산에 대한 재해의 영향을 줄이려는 지속적인 노력이다. 경감은 재해사건 발생 몇 달, 몇 년, 심지어 수십 년 전에 발생할 수 있으며 재해가 발생한 후에도 미래에 대한 안목으로 계속될 수 있다. 요약하자면, 이 두 재해 전 단계의 차이는 주로 시간적인 것이다. 경감에는 미래에 더 적은 사람들이 재난의 희생자가 될 수 있도록 보장하는 장기적인 헌신이 포함되지만, 대비는 특정 사건 전후에 전달되어야 하는 비상 서비스에 대한 계획이다.

그 둘 사이의 차이를 개념화하기 위해, 강풍을 동반한 큰 눈보라가 도시에 2피트의 눈을 쏟아 부을 것으로 예측된다고 상상해보라. 피해를 줄이기 위해 시행될 수 있었던 경감 노력으로는 송전선 매설, 병원과 대피소에 예비 발전기 제공, 신축 건물에 지붕을 보강해야 하는 건축법규 개발 등이 있다. 폭풍에 효과적으로 대처하기 위한 대비 노력에는 눈보라가 치기 전에 도로에 모래와 소금을 뿌리고, 주변 지역의 전기 수리 부대를 동원하여 정전을 신속하게 복구하고, 눈이 오면 운전을 시도하는 사람들의 수를 줄이기 위해 학교를 폐쇄하는 것이 포함될 것이다.

대비와 대응

대비는 재난 발생 직후 발생하는 비상관리주기의 단계인 대응과 직접적인 관련이 있다. 재난에 대한 성공적인 대응을 경험하려면 대응 작업 전에 대응계획을 수립해야 한다. 대응에 대한 사전 계획 중 상당 부분은 대비가 담당한다. 대응 노력에서 조정해야 할 많은 활동들이 있다. 재난을 앞두고 할 수 있는 계획이 많을수록, 그 특정한 재난에 대한 대응은 더 효율적일 것이다. 대비가 없다면 시기적절하게 조정된 대응이 불가능할 것이다.

11.1.2 기후변화에 대한 대비

많은 과학자들과 비상관리자들은 기후변화가 산불의 심화, 해수면 상승, 극심한 강우, 폭풍우, 질병이 새로운 지역으로 퍼지고, 폭염, 가뭄을 포함한 영향과 함께 그들 커뮤니티의 재해프로파일과 취약성을 바꾸고 있다는 것을 인식하고 있다. 1880년대 테네시에서 기록이 시작된 이래 가장 높은 2010년 5월의 홍수와 볼더 카운티의 연평균 강수량(20.7인치)에 버금가는 17인치의 비가 며칠 만에 내린 2013년 콜로라도 홍수에 이르기까지 수많은 기록을 세운 혹독한 기상 사건들이 있었다. 2020년 캘리포니아 산불 시즌은 기후변화와 관련된 기록적인 재해의 또 다른 사례로, 주 토지의 거의 4%가 1년 동안 불에 탔다.

더 강한 폭풍과 해수면 상승과 같은 예상되는 기후변화 영향은 보다 정교하고 광범위한 비상 대응을 지원하는 대비 노력을 요구할 수 있다. 도시지역에 더 빈번한 폭우와 홍수가 발생하고 더 광범위한 해안홍수는 더 큰 재산피해를 유발하여 긴급 대응자들에게 더 큰 부담을 주고 기업들과 주택 소유자들에게 더 큰 재정적 타격을 줄 것이다. 홍수보험은 재평가되어야 할 수도 있다. 전염병의 위협이 높아지면 긴급 관리와 공중보건 노력에 대한 더 나은 조정이 필요할 것으로 보인다. 이러한 실상은 코로나19 범유행 기간 동안 미국과 전 세계의 커뮤니티가 바이러스의 확산을 줄이기 위해 노력하면서 알게 되었다. 비상관리자들은 잠재적으로 재앙적인 사건에 대응하기 위해 더 많은 비축물(stock)을 배치할 준비가 되어 있어야 할 수도 있다. 즉, 비상관리 커뮤니티는 기후변화의 잠재적으로 위험한 영향을 수용하고 전략 계획에 대한 포괄적인 변경을 이행하기 위해 서비스가 제공되는 방법을 재평가해야 할 수 있다.

자기 진단

- 대비와 관련된 대응 활동의 예를 나열하라.
- 기후변화가 어떻게 대비 정책과 실행의 전환을 요구할 수 있는지 설명하라.

11.2 대비는 모든 사람의 책임

잠재적 대비 활동에 관련된 많은 다른 조직들이 있지만, 가족이나 사업주로서, 모든 개인이 재난에 대한 자신의 준비에 대한 책임을 받아들여야 한다는 것을 깨닫는 것이 중요하다. 정부 기관과 자원봉사 단체들은 중요한 역할을 하지만, 이러한 예방 조치를 취하는 것은 각 시민에게 책임이 있다. 각 수준에서 대비를 달성하기 위해 협력하는 것이 성공적 대응 노력의 핵심이다.

참조 허리케인 팸: 카트리나 전 계획 및 대비 훈련

허리케인 팸(Hurricane Pam)은 2004년 7월 루이지애나 배턴루지에 있는 비상운영센터에서 일어난 훈련이다. 5일간의 훈련은 허리케인 팸이라는 가상의 시나리오에 바탕을 두고 있었는데, 이 폭풍은 천천히 움직이는 강한 3등급 허리케인으로 개념화되어 미래의 어느 불확실한 시기에 뉴올리언스 시를 강타할 것이다. FEMA는 전국 25개의 재난 시나리오 중 뉴올리언스를 강타한 허리케인이 가장 재앙적인 시나리오 중 하나로 선정되었기 때문에 훈련에 대한 자금을 제공했다. 이 훈련은 민간 계약 회사인 Innovative Emergency Management Inc에 의해 설계되고 시행되었으며 루이지애나 남동부에 위치한 50개 이상의 교구, 주, 연방 및 자원봉사 기관의 비상관리 관계자들이 참여했다. 팸의 목적은 모든 참가자 간의 공동 재난대응계획의 개발을 촉진하고 이러한 유형의 재난에 대비하고 대응하기 위해 무엇을 해야 할지를 결정하는 것이었다.

가상 시나리오의 결과는 1년 조금 지난 2005년 8월 허리케인 카트리나에 의해 초래된 실제 조건과 놀라울 정도로 유사했다. 허리케인 팸이 진행되는 동안 모델들은 시속 120마일의 지속적인 바람, 루이지애나 일부 지역에 최대 20인치 정도의 강우, 뉴올리언스의 제방 시스템을 덮친 폭풍해일을 상상했다. 게다가, 이 시나리오는 30만 명의 사람들이 대피하지 않을 것이고, 50만 채 이상의 건물이 파괴될 것이며, 하수도 서비스와 통신망이 파괴될 것이며, 약 1000개의 대피소가 필요할 것이며, 고립된 주민들을 구조하기 위해 보트와 헬리콥터가 필요할 것이며, 홍수가 전 국토에 넓은 거주할 수 없는 지역을 만들 것이라고 명시했다. 남동쪽의 예측된 결과에는 175,000명 이상의 부상자, 200,000명 이상의 질병, 60,000명 이상의 사망자가 포함되었다. 이런 점에서 허리케인 팸과 허리케인 카트리나는 다행히 그리 가깝지 않았다.

허리케인 팸 훈련 동안 300명의 워크숍 참가자들은 그룹으로 나뉘어 시나리오가 전개되는 각 부분에 대한 대응책을 강구하도록 요청받았으며, 수색 및 구조, 대피, 잔해 제거, 의료에 초점을 맞췄다. 상륙 후와 복구 문제가 강조되었다. 훈련의 결과는 각 수준의 정부가 계획을 수정하기 위해 사용해야 하는 15가지 지침 원칙으로 구성된 해야 할 일 목록으로 공식화되었다. 이 목록에는 폭풍 이재민에게 보급품을 나눠주기 위한 도표, 잔해 제거, 대피소, 수색 및 구조를 위한 실행계획, 대피 계획 개정에 대한 아이디어가 포함되어 있다. 또한 상세한 작업

장 요약에는 언급된 각 작업에 대한 적절한 우선순위(lead) 및 지원 기관이 나와 있다.

카트리나 이후, 많은 허리케인 팸 참가자들은 워크숍이 가장 중요한 몇 가지 문제를 미리 예상함으로써 실제 재난에 대응하는 능력을 증가시켰다고 보고했다. 그러나, 카트리나 재앙의 여파는 또한 주의를 기울이지 않은 더 많은 교훈을 노출시켰다. 비록 역사는 뒤늦은 깨달음(20/20 hindsight; 역주: 뒤를 돌아 보는 시력은 2.0이다)을 제공하지만, 허리케인 팸 훈련 동안 배운 교훈 중 더 많은 것이 2005년 허리케인 시즌이 오기 전에 완전히 이행되지 않은 것은 죽은 사람들과 너무나 잔인하게 삶을 파괴한 사람들에게 정말 불행한 일이다. 팸 훈련의 두 번째 계획된 단계에 대한 자금은 그것이 실시되기도 전에 의회에 의해 삭감되었다.

11.2.1 연방 조정

대비 책임은 개인, 비정부 기관, 민간부문, 지방정부, 주 및 연방기관에 의해 공유된다. 그러나 연방정부는 대비 활동을 위한 조정 구조를 만들고 더 많은 재해복구가 가능하도록 역할과 책임을 정의하는 데 중요한 역할을 한다. 2011년 3월에 발표된 대통령 정책지침(PPD; The Presidential Policy Directive) 8: 국가 대비는 국가 안보에 가장 큰 위험을 초래하는 위협에 대비하기 위한 체계적인 과정의 개발을 이끌었다. PPD-8은 다음의 5가지 대비 임무 영역을 정의하고 국가 대비의 보장과 강화를 위한 국가의 접근방식을 안내하는 정책 및 계획 문서(후술)를 의무화한다: 예방, 보호, 경감, 대응 및 복구.

국가경감체계

"국가경감체계(National Mitigation Framework)"는 미국이 경감을 통해 위험을 관리하는 방법을 조정하고 해결하기 위한 공통 플랫폼을 구축한다. 그것은 경감 역할을 설명하고 국가가 어떻게 경감 기능을 개발하고 조정하여 생명과 재산 손실을 줄일 것인지를 다룬다. 체계는 모든 계획, 의사 결정 및 개발에 위험 관리와 경감을 포함하는 국가 문화 변화를 만드는 데 초점을 맞추고 있다. 국가경감체계는 경감에 관련된 기업에 필요한 7가지 핵심 기능을 논의한다.

- 계획
- 공개 정보 및 경고
- 운영조정
- 커뮤니티 회복탄력성
- 장기적 취약성 감소
- 위험 및 재난 탄력성 평가
- 위협 및 재해식별

국가대응체계

대응 노력 중에 많은 활동을 조정해야 한다. 2013년에 업데이트된 "NRF(National Response Framework; 국가대응체계)" 제2판은 대응 이해 당사자들이 어떻게 협력해야 하는지 그리고 대응 노력이 국가 대비의 다른 부분과 어떻게 관련되는지에 대한 맥락을 제공한다. NRF는 정부 기관, 커뮤니티, 민간부문, 비정부 기구 및 개인에 걸쳐 역할과 책임을 조정하기 위해 국가사고관리시스템(NIMS)에서 식별된 확장 가능하고 유연하며 적응 가능한 개념을 기반으로 구축된다. NRF는 심각하지만 순전히 국지적인 사고에서 대규모 재해에 이르는 사고를 관리하기 위한 특정 당국과 모범 사례를 설명한다.

NRF는 사고가 임무를 처리할 수 있는 가장 낮은 관할권 수준(예: 카운티 또는 지방정부)에서 처리되도록 계층화된 대응을 강조한다. NRF는 항상 유효하며 요소들은 언제든지 구현될 수 있다. NRF에 기술된 구조, 역할 및 책임은 위협이나 위험의 맥락, 사건 예측 또는 사고에 대응하여 부분적으로 또는 완전히 구현될 수 있다. 구조와 절차가 선택적으로 구현될 수 있기 때문에, NRF는 규모화된 대응, 필요한 자원의 전달 및 각 사고에 적합한 조정 수준을 허용한다.

국가재난복구체계

2011년 9월에 확정된 NDRF(National Disaster Recovery Framework; 국가재난복구체계)는 특히 대규모 또는 재앙 사건 발생 시 효과적인 복구를 촉진하기 위한 가이드이다. NDRF는 복구 조정자 및 기타 이해관계자의 핵심 복구 원칙, 역할 및 책임을 정의하고, 복구 중 커뮤니케이션과 협업을 용이하게 하기 위한 조정 구조를 마련한다. 또한 NDRF는 재난 전/후 복구 계획에 대한 지침을 제공하고 커뮤니티가 보다 강력하고 스마트하며 안전하게 재건할 수 있는 기회를 활용할 수 있는 전반적인 과정을 설명한다.

재난복구를 계획하는 과정을 강조하여 커뮤니티가 재구축할 뿐만 아니라 미래의 재해에 대한 취약성을 줄일 수 있도록 함으로써, NDRF는 재해경감에도 중요한 역할을 한다. 이러한 측면에서, 대비, 대응, 복구 및 경감은 모두 비상관리의 상호 강화 단계이다.

국가사고관리시스템

국가대비시스템은 NIMS(National Incident Management System; 국가사고관리시스템)의 일관된 구현을 요구한다. 2003년에 설립된 NIMS는 여러 기관 또는 관할 당국이 비상관리의 모든 단계에서 필요한 기능을 구축, 유지 및 제공하기 위해 협력할 수 있도록 일관되고 전국적인 접근방식과 어휘를 제공한다. NIMS는 국토안보부 산하에 있으며 다음과 같이 기술되어 있다.

이 시스템은 연방, 주 및 지방정부가 원인, 규모 또는 복잡성에 관계없이 국내 사고에 대비, 대응 및 복구하기 위해 효과적이고 효율적으로 협력할 수 있는 일관된 전국적인 접근방식을 제공할 것이다. 연방, 주 및 지방 역량 간의 상호운용성과 호환성을 제공하기 위해 NIMS는 다음을 포함할 것이다.

- 사고 명령 시스템을 포함하는 핵심개념, 원칙, 용어 및 기술
- 다중 기관 조정 시스템
- 통합 명령
- 훈련, 식별 및 자원관리(자원 유형의 분류 시스템 포함)
- 자격 및 인증
- 사고 정보 및 사고 자원의 수집, 추적 및 보고

대비 측면에서 연방기관에 대한 표준화된 지침은 NIMS를 통해 확립되며 계획, 연습, 훈련, 인력 자격 및 훈련, 장비 획득 및 인증, 상호 원조 및 간행물 관리의 교육 요소를 포함한다. NIMS는 모든 대비 요소를 통합하고 연방 차원에서 정기적으로 활동을 수행하여 "국가중대사건(incident of national significance)"에 대한 대비가 보장되도록 권장한다. 국가적으로 중대한 사고는 다음 4가지 기준 중 하나를 충족한 후에 선언된다.

- 연방기관은 국토안보부 장관의 도움을 요청했다.
- 주정부나 지방정부가 연방정부의 재난대응능력이 압도되기 때문에 도움을 요청했다.
- 여러 연방기관이 대응 노력에 참여하였다.
- 대통령은 국토안보부의 참여를 요청하였다.

국가중대사고에 대비하기 위해, 연방기관은 재난 중 NRF의 요구사항과 보다 안정적인 상태의 NIMS의 요구사항을 충족시킬 책임이 있다. 그러나 일반적으로, 대비에 대한 연방정부의 기여는 주 및 지방 노력을 증가시키기 위해 적절한 자원을 사용할 수 있도록 하는 것이다. 이러한 자원에는 재해대비에 관한 공공지원 자료, 훈련, 인력, 프로그램, 장비 및 연습에 대한 보조금, 지방정부 및 주정부의 능력을 초과하는 재난 시 대응 및 복구 노력에 대한 보조금, 보다 강력한 프로그램 구축을 지원하는 기술 지원이 포함된다.

국가예방체계

"국가예방체계(National Prevention Framework)"는 주로 테러에 초점을 맞춘, 국가에 대한 임박한 위협에 대한 정보와 관련하여 커뮤니티 구성원부터 정부의 고위 지도자에 이르기까지 전체 커뮤니티가 수행해야 할 작업을 설명한다. 이 체계는 테러행위를 예방하는 데 필요한 다음과 같은 핵심역량을 설명하고 이해당사자들이 협력할 수 있도록 조정 구조를 확립한다.

- 계획
- 공개 정보 및 경고
- 운영조정
- 포렌식 및 원인분석(attribution)
- 지능(intelligence) 및 정보 공유
- 차단(interdiction) 및 중단(disruption)
- 여과(screen), 검색 및 탐지

11.2.2 연방 대비

NOAA 기상라디오(NWR)

재해 대비 노력을 위해 대중에게 제공되는 가장 중요한 연방 자원 중 하나는 NOAA(National Oceanic and Atmospheric Administration; 국립해양대기청)에 의해 제공된다. NOAA의 국립기상국은 "NOAA 기상라디오 전재해네트워크(NOAA Weather Radio All Hazards Network.)"를 책임진다. 전국의 이 라디오 방송국 네트워크는 지속적인 날씨와 위험 정보를 방송한다. 경고, 감시, 그리고 예보는 지역 내에서 가장 가까운 국립기상국 사무실에서 직접 전송된다. 이 네트워크가 "전재해(All Hazard)"이라고 불리는 이유가 있다. 여기에는 기상국의 관할이 아닌 전재해, 심지어 기상재해(지진이나 기름유출 등)에 대한 경고와 사건 후 정보가 포함된다. NWR 전용으로 구성된 NWR 수신기 구입에 대한 정보는 https://www.weather.gov/nwr/에서 확인할 수 있다.

Ready.gov 캠페인

"레디(Ready)"는 FEMA가 미국인들에게 자연재난과 인적재난을 포함한 비상사태에 대비하고 대응할 수 있도록 교육하고 권한을 부여하기 위해 개발한 국가 공익광고 캠페인이다. 이 캠페인의 목표는 대중을 참여시키고 전국적으로 기본적인 대비 수준을 높이는 것이다.

Ready와 스페인어 버전 Listo는 개인에게 3가지 주요 사항을 요청한다: 1) 비상 공급 키트 제작, 2) 가족 비상계획 수립, 3) 발생할 수 있는 다양한 유형의 비상사태와 적절한 대응에 대해 알려준다. www.ready.gov 웹사이트 외에도, 캠페인 메시지는 텔레비전, 라디오, 인쇄물, 브로셔를 통해 배포되고 있으며, 점점 더 소셜 미디어를 통해 배포되고 있다.

기후 데이터 이니셔티브

2013년에 발표된 대통령의 기후실행계획의 일환으로, 기후 데이터 이니셔티브(Climate Data Initiative)는 국가 기후변화 대비 지원을 위한 혁신과 민간부문 기업가 정신을 자극하기 위해 기후 관련 데이터 자원을 자유롭게 사용할 수 있도록 하는 광범위한 노력이다. 기후 데이터 이니셔티브의 핵심 요소인 웹사이트 www.climate.data.gov는 기후에 대한 연방 데이터를 시민, 연구자, 기업가 및 혁신가들에게 더 개방적이고 접근하기 쉽고 유용하게 만든다. 웹사이트에는 커뮤니티가 미래를 준비하는 데 사용할 수 있는 큐레이션된 고품질 데이터 세트, 웹 서비스 및 도구가 포함되어 있다. 처음에는 해안홍수와 해수면 상승에 초점을 맞췄던 이러한 데이터 세트와 자원은 시간이 지남에 따라 인간의 건강, 에너지 사회기반시설 및 식량 공급과 같은 다른 기후 관련 위협에 대한 정보를 제공하기 위해 확장되고 있다.

11.2.3 주 대비

주정부는 지방정부 차원이 제공할 수 있는 것 이상으로 지원과 자원이 필요할 때 지방정부를 지원할 책임이 있다. 이러한 자원에는 지방 차원의 대응능력을 보완하기 위한 자금, 인력 및 장비가 포함된다. 주(州) 차원의 책임에는 지방 관할구역 간의 계획 및 준비 노력의 조정과 여러 관할구역 간의 훈련 및 연습 프로그램의 조정도 포함된다. 또한 각 주는 국토안보부의 연방 차원 기관의 조정과 유사하게 대응 노력에 관여하는 비상관리 이외의 주(州) 기관의 활동을 조정해야 한다.

각 주는 비상관리소를 운영하고 있다. 다음은 다양한 주의 비상관리소의 예이다.

- 노스캐롤라이나 공공안전부 비상관리과
- 루이지애나 주지사 국토안보 및 비상대비실
- 콜로라도 지방정부 내 비상관리과
- 미시시피 비상사태관리국
- 워싱턴 군사부 비상관리과

각 주 비상관리실이 어느 부서나 부서 명칭에 관계없이 모두 유사한 기능을 수행한다. 모든 비상관리 기관은 시설 및 장비에 대한 비상계획을 잘 유지하고, 지역 재해계획 개발을 감독하고, 지방정부에 훈련 및 지원을 위한 자금을 제공해야 한다. 이러한 기능을 수행하기 위해 주 비상관리소는 주로 FEMA와 주 예산으로부터 대비 활동을 위한 자금을 받는다.

각 주의 주지사도 주 비상관리소와 조율할 책임이 있다. 주지사는 주정부 최고책임자로서 강제 대피 명령, 국가방위군 소집, 주 및 지방 역량에 대한 연방정부와 소통하는 것에 대해 최종 결정을 내린다.

주지사의 주요 자원은 "국가방위군(national guard)"이다. 국가방위군은 요청 시 통신시스템, 건설장비, 의료용품, 침대, 음식, 물, 담요와 같은 비상용품, 그리고 배급을 보조하는 인력 등의 측면에서 재난 대응에 크게 도움을 줄 수 있는 역량을 제공한다. 국가방위군을 부르면 주지사는 주 군사력의 최고사령관이 된다. 주지사는 또한 비상사태가 선포된 동안 수정, 명령 철회 또는 규정을 만들 수 있는 경찰권을 가지고 있으며 주정부, 지방정부 및 주정부 간의 대피 조정에도 참여해야 한다. 주로 대응 관련 활동이지만, 주지사실은 이러한 기능을 수행하고 재난에 대응할 수 있는 국가의 준비가 보장되도록 대비 활동에 참여해야 한다.

11.2.4 지방 대비

주지사가 주에 대한 최고책임을 가지고 있는 것처럼, 구청장/군수나 시장은 관할구역의 지도자로서 주민의 복지와 안전을 위해 제공할 책임이 있다. 시장은 비상시 가용한 지역 자원을 조정하여 대비태세를 확보하고, 그 자원이 소진되었을 때 주지사와 소통하여야 한다. 지역법은 야간 통행금지령을 제정하고, 격리 명령을 내리고, 직접 대피하거나, 지역법을 정지시킬 수 있는 시장의 권한을 결정한다. 또한 시장은 시민들에게 경고를 전달하고, 지역 비상관리자와 협력하며, 다른 관할구역과의 자원 공유를 촉진하는 역할도 담당한다.

각 지역 관할구역은 또한 자연재해 및 기술적 비상사태를 포함한 다양한 비상사태 시나리오에 대해 경찰, 소방, 구급대원 등 "응급구조요원(first responder)"의 책임을 할당하는 어떤 형태의 비상계획을 가지고 있다. 이러한 응급구조요원들은 각각 자신만의 행동수칙(protocol)과 대비 활동을 가지고 있다. 다른 정부 차원과 유사하게, 이러한 절차는 지역 "비상운영계획(emergency operation plan)"에서 상세하게 조정될 수 있으며, 대개 카운티 수준에서 지역 비상관리자에 의해 개발 및 유지된다.

응급구조요원 배치 외에도 논리적으로 조정하고 대비하는 활동이 많다. 통신, 통보 및 경고, 수색 및 구조, 대피소 및 대중 관리, 교통 우회, 대피, 법 집행 및 정전은 비상관리자가 직면하는 몇 가지 문제이다. 지방정부가 책임지고 있는 수많은 세부사항은 재난에 대비하여 수립된 대비와 비상운영계획의 절실한 필요성을 강조한다.

FEMA는 다음과 같은 지방정부의 비상관리 책임 목록을 작성했다.

- 커뮤니티에 대한 재해식별 및 잠재적 위험도평가
- 건축법규, 용도지역지구조례 및 토지이용 관리 프로그램 시행
- 신속하고 효과적인 대응을 보장하기 위한 비상계획 조정
- 화재 진압 및 위험물질 사고 대응
- 경고시스템 설정
- 비상용품 및 장비 입고
- 손상 평가 및 요구 식별
- 더 안전한 곳으로 주민들의 대피
- 부상자 관리
- 집에 남아 있을 수 없는 사람들을 대피시키는 것
- 복구 작업 지원

지역 비상관리자는 이러한 대비 측면을 조정할 수 있는 고유한 위치에 있으며 비상관리소 외부의 파트너와 개인적 접촉을 수립하고 유지할 수 있다. 지역 비상운영계획의 유지 및 이행은 관련된 다양한 기관, 조직 및 개인의 이해에 의해 크게 촉진된다.

지역 비상관리 공무원의 매우 중요하지만 종종 간과되는 책임에는 대비 활동에 대한 대중을 교육하고 다양한 재난 시나리오에서 취할 수 있는 가장 안전한 행동 방침에 대한 정보를 시민들에게 제공하는 것이 포함된다. 커뮤니티 내의 높아진 인식은 효과적인 대응을 위한 지역 비상계획을 구현하는 데 중요한 역할을 한다. 어떤 커뮤니티를 위한 최선의 대비는 그들 자신의 최선의 이익을 위해 행동할 준비가 된 대중을 갖는 것이다. 기상 조건, 비상관리 키트, 안전한 물 및 식품 취급 관행 및 기타 비상 관련 정보에 대한 공고는 커뮤니티 교육에 매우 효과적일 수 있다. 지방정부는 웹사이트, 신문 및 라디오 방송, 소셜 미디어, 브로셔, 전단지와 학교 어린이 교육 자료를 포함한 다양한 방법을 사용하여 말을 퍼뜨린다(Figure 11.1 참조).

Figure 11.1 노스캐롤라이나 데어카운티의 비상관리부서는 트위터와 다른 형태의 소셜 미디어를 적극적으로 사용하는 것을 포함한 다양한 의사소통 방법을 사용하여 시민들과 연결한다.

11.2.5 가족과 개인

지방, 주 및 연방정부가 수행하는 비상관리 기능 외에도, 우리 각자는 개인 차원의 대비에도 중요한 역할을 한다. 대비를 잘 한 사람은 재해 발생 시 사후 대응이 아닌 사전 대응이 가능한다. 어떤 재해가 우리와 가족에게 잠재적으로 영향을 미칠 수 있는지 알고 대비 조치를 취하는 것은 우리의 개인적 책임이다.

2004년, FEMA는 시민을 대상으로 한 정보 핸드북인 "준비됐나요? 시민 대비를 위한 심층 가이드라인(Are you Ready? An In-depth Guide to Citizen Preparedness)"을 발간했다. 이 핸드북은온라인(https://www.fema.gov/pdf/areyouready/areyouready_full.pdf)으로 확인할 수 있다. 보조 자료인 "재난 대비-한 가족의 경험(Getting Ready for Disaster—One Family's Experience)"이라는 제목의 비디오는 FEMA 웹사이트에서 다운로드하거나 YouTube를 통해 접근할 수 있다. 이러한 자원은 다음을 수행하는 방법에 대한 세부 정보를 제공한다.

- 당신과 가족에게 영향을 미칠 수 있는 재해와 비상사태에 대한 정보 수집
- 비상계획 수립
- 재난구호키드 수집 및 조합
- 모든 유형의 재해로부터 피난처를 찾는 방법의 학습
- 커뮤니티 경고시스템 및 대피 경로 식별
- 커뮤니티와 학교 계획에서 필요한 정보
- 특정 재해에 대해 무엇을 해야 하는지 학습
- 계획을 연습하고 유지

또한 핸드북에는 각 대비 단계 동안 취해야 할 조치에 대한 제안 사항이 나열되어 있다. 가이드는 재난이 일어나기 전에 개인이 자신의 위험을 알고 위험 징후를 인식하는 법을 배우고, 전통적인 주택 소유자의 보험(홍수보험 등)에서 보장되지 않는 추가 보험을 포함한 보험에 가입하고, 재난 계획을 수립하고, 물자를 조합하고, 다른 사람을 돕는 자원봉사를 할 것을 제안한다. 재난이 일어나는 동안, 계획은 실행에 옮겨질 수 있고, 시민들은 비상 공무원의 조언을 들으면서 다른 사람들을 도울 수 있다. 가족들은 비상시에 가족 구성원들 간의 의사소통, 공공시설 차단, 필수 기록(vital record) 보호, 애완동물 관리를 위해 탈출로를 준비하고 사전 계획을 세워야 한다. 지역 학교에 대한 비상계획을 아는 것은 또한 의사소통, 안전, 그리고 대피 조치의 측면에서 아이들이 있는 가족을 위한 대비를 하는 데 도움이 될 수 있다.

이 모든 것은 개인이 진지하게 받아들여야 할 중요한 책임이다. 잘 대비된 사람들은 문제의 일부라기보다는 해결책의 일부가 되어 다른 사람들을 도울 수 있을 것이다. FEMA는 모든 가정의 기본 재난구호키트에 포함되어야 하는 다음 항목을 나열한다.

- 썩지 않는 식품의 3일 공급
- 3일 물 공급: 1인당 하루 1갤런(역주: 약 4리터)의 물
- 배터리 구동 휴대용 라디오 또는 텔레비전 및 여분의 배터리
- 손전등 및 여분의 배터리
- 응급처치키트 및 설명서
- 위생용품(수건 및 화장지)
- 성냥/라이터 및 방수 용기
- 호루라기
- 여벌옷
- 깡통따개를 포함한 주방용품 및 조리도구
- 신용카드 및 신분증 사본
- 현금과 동전
- 처방약, 안경, 콘택트렌즈 용액 및 보청기 배터리와 같은 특수 필요 품목
- 조제분유, 기저귀, 병, 젖꼭지 등 유아용품
- 담요, 침낭, 재킷, 팬, 모자, 장갑, 스카프, 그리고 추운 기후에 있는 경우 튼튼한 신발과 같은 따뜻한 옷

취약 인구에 대한 대비

많은 커뮤니티에는 재해사건의 영향에 예외적으로 취약한 상당한 수의 거주자가 있다. 취약 인구에는 빈곤층, 노인, 장애인, 비영어권 거주자, 고립된 지역 또는 외딴 지역에 사는 사람, 그리고 여러 가지 다른 방법으로 피해를 입은 개인과 가족이 포함될 수 있다. 일반적으로, 이러한 인구는 재난에 미리 대비할 능력이 거의 없거나 전혀 없다; 예를 들어, 하루하루가 힘들 때 3일분의 음식과 물을 비축하는 것의 어려움을 상상해보라. 따라서 이러한 인구집단은 자급자족 능력이 큰 인구집단보다 취약성에 대해 더 높은 수준의 대응이 필요하기 때문에 재난을 계획할 때 추가적인 주의가 필요하다.

11.2.6 사업 및 상업

커뮤니티의 일원으로서 지역기업과 상업 운영도 대비의 책임이 있다. 9장에서는 기업이 직면하는 위험과 재해로부터의 위험을 줄이기 위해 기업이 사용할 수 있는 경감 및 대비 조치를 상세히 다룬다. 이 장에서는 재산보호, 업무연속성계획, 업무이전계획, 직원 및 가족 보호, 적절한 보험 가입 등의 책임을 충족하기 위한 전략에 대해 설명한다.

기업은 자신의 자산과 투자를 보호할 뿐만 아니라 더 넓은 지역의 대비 노력에도 기여할 수 있다. 커뮤니티의 가족들을 위해 적절한 공급을 하는 것은 지역 사업들의 대비와 조정이 필요하다. 예를 들어, 허리케인을 대비해 집을 판자로 덮는 것과 같이 피해로부터 재산을 보호하는 데 관심이 있는 가정은 합판, 못, 망치를 구입할 수 있어야 한다. 산불이 나기 전에 대피하는 시민들은 가스 탱크를 가득 채울 필요가 있다. 다가오는 겨울폭풍 전에, 개인들은 우유, 빵, 그리고 통조림을 사기 위해 식료품점으로 몰려든다. 기업은 일반적으로 대규모 고객 유입을 수용하는 데 익숙하지 않으며, 이러한 특별한 경우에는 가능한 경우 추가 물자를 반입할 수 있도록 준비해야 한다.

참조 월마트의 대비

소매업체 월마트는 허리케인이 발생하기 쉬운 플로리다에 위치한 상점들에서 재해 영향으로부터 사업을 보호하기 위해 많은 재해 대비 전략을 구현했다. 또한, 회사는 지역 상점과 고객에게 도움이 될 대상 품목의 배송에도 대비 노력을 집중했다. 허리케인이 오기 전에, 그 회사는 역사적으로 냉동 식품을 정전으로부터 보호하기 위해 드라이아이스와 예비 발전기를 가득 실은 트럭을 보냈다. 월마트는 허리케인 재해지역의 고객 구매 패턴을 연구한 후, 허리케인이 발생하기 전에 고객들이 일반적으로 특정 품목을 위해 진열대를 급습한다는 것을 결정할 수 있었다. 이러한 소비자 조사를 바탕으로 월마트는 생수, 손전등, 발전기, 방수포, 딸기 팝 타르트(pop tart)를 포함하여 수요가 많은 품목의 추가 배송을 위한 비상계획을 수립하고 있다.

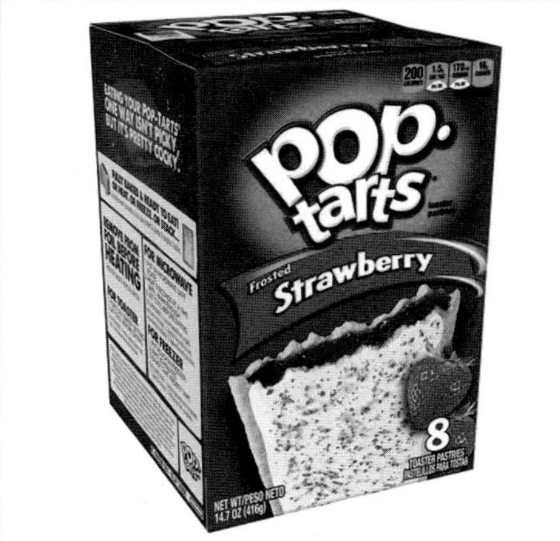

역주: 켈로그사의 과자로 켈로그의 다른 제품인 콘클레이크처럼 아침대용으로 먹기도 한다(출처: 나무위키)

11.2.7 대피

대피(evacuation)는 모든 책임 차원에서 준비를 포함하는 비상 관련 조치의 대표적인 예이다. 대피는 개인, 기업, 지방, 주 및 연방 차원에서 훨씬 이전에 계획될 수 있지만, 그 실행은 사건 직전에 이루어진다. 지금까지 본 장에서는 이러한 서로 다른 차원의 역할과 책임을 별도로 식별했지만, 본 장에서는 필요한 조정 정도를 강조하기 위해 특정 대피 상황에서 이들을 모두 함께 묶을 것이다.

당신이 장벽섬에 있는 마을의 주민이라고 상상해 보라. 게으른 여름날의 초저녁에 저녁을 만드는 동안, 당신은 아이들이 밖에서 노는 것을 주시하고 있고 당신은 뒤에서 텔레비전을 켜고 있다. 갑자기 뉴스에서 대서양에 열대폭풍이 거세지고 있다는 소식을 듣게 된다. NOAA NWS 예보관은 허리케인이 될 것으로 예측하고 있으며, 당신의 장벽섬은 계획된 경로 내에 있다. 물론, 그들의 예측에는 어느 정도의 신뢰성이 있을 뿐이지만, 그 후 이틀 동안, 그것은 여전히 당신의 방향으로 향하고 있고 3등급의 허리케인이 되었다. 무슨 일을 하겠는가?

이제 당신이 같은 마을의 지역 비상관리자이고 국립기상국으로부터 허리케인 상태 업데이트를 자주 받고 있다고 상상해 보라. 당신은 커뮤니티의 비상계획을 가까이에 두고 있다. 시민과 방문객이 대피할 수 있는 충분한 시간이 확보되도록 시장, 주지사에게 적절한 통보를 통해 강제 대피 권고가 필요하다는 것도 잘 알고 있다. 사전 조사와 자료 수집을 바탕으로 한 당신의 계획은 관광 성수기에 당신 같은 규모의 도시가 대피하기 위해서는 상륙 전에 전체 인구를 성공적으로 섬 밖으로 이동시키려면 적어도 이틀의 사전 통지가 있어야 한다는 것을 보여준다. 하지만, 당신은 관광객들의 입맛을 맞추는 지역기업들로부터, 시장과 주지사에게 비상사태와 의무적인 대피를 요청하기 전에 허리케인이 그 지역에 더 확실하게 상륙할 것으로 예측될 때까지 기다려야 한다는 압박을 느낀다. 이틀간의 대피 창구가 빠르게 다가오고 있다. 무슨 일을 하겠는가?

지역 철물점 주인으로서, 당신은 무엇을 하는가? 주지사로서 무슨 일을 하겠는가? 거주자 또는 방문객으로서, 당신은 무엇을 하는가? 다행히도, 당신은 대비가 되어 있다.

철물점 주인으로서, 당신은 허리케인의 첫 통보에 합판과 다른 물품의 추가 선적을 요청했다. 당신은 직원들이 상황을 인지하고 가족의 안전을 위해 준비하고 있는지 확인한다. 업무연속성계획을 수립하고 홍수보험에 가입했다.

비상관리자로서 당신은 시민과 관광객들에게 곧 도래할 허리케인 상태에 대해 경고하고, 상륙이 예상되기 며칠 전에 자발적으로 대피하도록 장려한다. NWS의 예측에 따르면 허리케인이 이틀 후에 상륙할 것으로 예상되면, 당신은 의무적으로 대피할 것을 권고한다. 시장에게 연락하고 시장이 주지사에게 연락하면, 주지사는 국가방위군이 역주행 교통을 돕고 주의 대피 계획에 따라 대피소를 설치한다. 주지사는 지역 경찰, 주 경찰, 그리고 다른 주에서 요청받은 사람들을 포함한 국가방위군에게 대피 명령을 집행하도록 명령한다. 주지사는 또한 대피 활동을 안내하기 위해 연방 공무원과 협력하고 있다. NRF는 주변 지역과 주의 해안선을 따라 대피하는 많은 수의 사람들 때문에 발동된다. 당신의 지역 비상 공무원들은 의무적인 대피에 대한 방문 통지와 특별한 도움이 필요한 사람들을 돕기 위한 준비를 마치고 지원을 시작한다. 미국 적십자의 지역 지부는 자원봉사자들과 보급품들을 준비시키고 그들을 위험으로부터 벗어나게 하고 있다. 병원과 양로원은 응급 계획에 따라 그들이 할 수 있는 모든 환자들을 대피시킬 준비를 하고 있다. 그리고 지역 전력회사들은 정전에 대비하고 있다.

거주자로서, 당신은 창문에 보드를 설치하고, 차에 휘발유가 있는지, 휴대폰이 완전히 충전되었는지 확인하고, 강제 대피령이 내려지기 전에 당신이 갈 수 있는 몇몇 장소를 확인했다. 당신은 전통적인 도로가 혼잡할 경우에 대비하여 그 지역에 대한 상세한 지도와 허리케인의 이동 경로와 지역 대피 지침에 대한 최신 정보를 받을 수 있는 NWR(NOAA 기상라디오)을 준비했다. 자녀분의 약품, 여분의 옷가방, 신분증과 보험 서류와 같은 중요한 서류 사본, 자동차 여행을 위한 음식과 물도 준비되어 있다. 대피령이 내려지면, 당신은 어떠한 악천후에도 갇히는 것을 피하기 위해 즉시 떠날 준비가 되어 있고 아이들을 데리러 가는 것이 속도를 늦추지 않도록 당신의 아이들의 학교 비상계획을 알고 있다. 섬을 빠져나가는 단 하나의 다리는 붐비지만, 교통은 움직이고 있고, 당신과 당신의 이웃들은 성공적으로 대피할 수 있다.

그러나 대피에 앞서 대비와 조율이 없다면 대피 과정은 쉽게 악몽이 될 수 있음은 분명하다. 시민, 지역 비상공무원, 사업주, 주지사 사무실, 연방 기상 캐스터들이 모두 힘을 합쳐 교육, 연습, 훈련을 통해 각자의 책임을 알지 못한다면 대피의 많은 부분이 성공적으로 수행되지 못할 것이다.

시민들과 관계자들에게 다가오는 허리케인에 대해 경고시스템이 없다면, 아무도 걱정하거나 대피 절차를 시작할 수 없을 것이다. 지역주민들이 허리케인이 다가오고 있다는 소식을 들었을 때 무엇을 해야 할지 알지 못한다면, 그들은 의무적인 대피를 위한 초기 준비를 하거나 가족 재난 계획을 시작하지 않을 것이다. 철물점들은 집을 확보하기 위해 물자를 구입하기 위해 마지막 순간까지 기다리는 주민들로 넘쳐날 것이고, 재고는 빠르게 고갈될 것이다. 비상관리자가 너무 오래 기다려 의무대피 권고를 하면, 주지사는 양질의 허리케인 사전 지원을 할 수 있는 충분한 시간을 갖고 국가방위군을 가동시킬 수 없다. 고속도로는 그 섬의 유일한 다리를 건너려고 시도하는 차들로 주차장으로 변할 것이다. 병원과 양로원은 대피할 시간이 없을 것이고 그들은 환자들을 제자리에 두는 것 외에는 선택의 여지가 없을 것이다. 교통 상황은 다른 주민들이 대피하는 것을 단념하게 할 것이고, 그들은 폭풍을 이겨내기 위해 집에 머물면서 자신과 구조대원들을 위험에 빠뜨릴 것이다. 이 모든 소동은 허리케인이 계속해서 점점 더 빠른 속도와 힘으로 커뮤니티를 강타하는 동안 일어날 것이다.

이 시나리오에 설명된 각 참여자는 대피 과정에서 중요한 역할을 한다. 각각의 대비가 잘 되어 있을수록, 대피는 더 효율적이고 효과적일 수 있다. 그러나 이러한 참가자 중 한 명만 준비되지 않은 경우, 도미노 효과가 발생할 수 있다. 다른 커뮤니티 구성원들은, 개인으로서 아무리 잘 준비되었다 하더라도, 상호의존의 사슬의 다른 곳에서 끊어진 연결 때문에 그들의 기능을 수행할 수 없을 것이다. 대피 상황에서, 우리 자신을 위해서, 그리고 우리 주변 사람들의 안전과 복지를 위해서, 대비를 심각하게 생각하는 개인적 책임은 필수적이다.

자기 진단

- "국가대응체계"와 "국가사고관리시스템"에 대해 설명하라.
- FEMA 핸드북("Are You Ready? An In-depth Guide to Citizen Preparedness")에서 확인할 수 있는 내용을 요약하라.

11.3 대비프로그램

이용 가능한 많은 프로그램, 훈련 활동 및 연습이 있으며, 각 프로그램은 대비에 중요한 역할을 한다. 따라서 재해가 발생할 때 가능한 최상의 지침이 마련되고 대응 노력이 필요하다. 활동에는 경고시스템 및 대피 계획, 비상 대응 공무원 훈련 제공, 대응 연습의 효율성 평가, 인구 동향 및 특수 요구 예측, 관련 수많은 조직 간의 조정 세부사항이 포함되지만 이에 국한되지는 않는다. 이 절은 시민, 가족, 기업 및 정부 관리들이 이용할 수 있는 많은 대비 자원을 보여주기 위해 몇 가지 자원봉사 프로그램, 교육 프로그램 및 재해별 연습을 강조한다.

11.3.1 자원봉사

미국 전역에는 대비에 지속적인 기여를 하는 많은 수의 자원봉사 프로그램이 있다. 여기에는 수많은 지역 주도 단체들뿐만 아니라 미국 적십자사, 구세군, 세컨드 하베스트, 가톨릭 자선단체, 메노나이트 재난봉사단, 그리고 NVOAD(National Voluntary Organizations Active in Disasters; 국가재난자원봉사단체)의 일부인 단체들이 포함되었다.

미국 적십자사

미국 적십자(American Red Cross; ARC)는 1881년 클라라 바튼에 의해 재난의 희생자들을 돕기 위해 만들어졌다. 적십자의 95%는 자원봉사자로 구성되어 있다. 이 자원봉사자들은 미국 전역과 국제적으로 인도적인 원조를 제공한다. 미국 적십자사가 수행하는 주요 활동은 다음과 같다.

- 주택 화재에서 지진에 이르기까지 미국에서 매년 약 70,000건의 재난에 대응
- 미국 적십자사를 통해 헌혈하는 약 4백만 명으로부터 미국 혈액 공급의 40% 이상을 공급
- 심폐소생술, 응급처치, 생명지킴이와 같은 건강 및 안전 코스에서 9백만 명 이상의 미국인 훈련

미국 적십자는 피난처와 물자를 제공하고, 사람들이 사랑하는 사람들과 연락하는 것을 돕고, 재난이 발생했을 때 신속하고 효율적으로 동원할 수 있도록 준비된 지역 지부를 갖고 있다. 또한, 적십자는 자원봉사자들을 위한 교육 및 홍보 자료와 훈련 과정을 통해 커뮤니티 대비에 기여한다. 커뮤니티 및 가족 준비 프로그램에서 FEMA와의 적십자 파트너십은 대비 활동의 한 예에 불과하다. '장애인과 특별 도움이 필요한 이를 위한 재난 대비'를 포함한 기타 간행물은 온라인(redcross.org/prepare/location/home-family)에서 찾을 수 있다.

커뮤니티 비상대응팀

지역 대응능력을 지원하기 위해 CERT(Community Emergency Response Team; 커뮤니티 비상대응팀)이 구성되었다. CERT를 통해 지역 자원봉사자들은 피해자들에게 즉각적인 도움을 제공하는 방법과 현장에 도착한 대응자들의 노력을 돕는 방법을 배우는 훈련을 받는다. 이런 식으로 재난을 겪은 후, 소통이 없는 지역에 갇힌 개인들은 도움의 손길이 닿을 때까지 자신과 다른 사람들을 돕는 방법에 대해 미리 교육받을 수 있다. 지역 비상관리사무소는 대부분의 CERT 교육 과정을 후원하는데, 여기에는 재난 대비, 소방 안전, 재난 의료 운영, 빛 수색 및 구조, 팀 구성 및 재난 심리학에 대한 20시간의 교육이 포함된다. CERT 교육 과정에 대한 자세한 내용은 웹사이트(http://www.fema.gov/community-emergency-response-teams)를 참조하라.

11.3.2 교육 및 훈련

다음은 비상관리연구소(EMI)와 FEMA의 Ready Kids Program을 포함하여 재난 대비에 초점을 맞춘 많은 교육 및 훈련 프로그램의 예이다.

비상관리연구소(EMI)

EMI(Emergency Management Institute; 비상관리연구소)는 1979년 FEMA에 의해 학생과

작업 전문가에게 비상관리 과정을 제공하기 위해 만들어졌다. 이 연구소는 미국 전역에 걸쳐 비상관리 분야에서 수많은 학위 프로그램의 설립을 지원했으며 원격 학습 프로그램도 제공하고 있다. 그것의 임무는 국가 훈련 프로그램을 통해 미국의 비상 실행을 강화하는 것이다. EMI는 FEMA에 의해 연방, 주, 지방 및 부족 정부 관계자, 자원봉사 조직 및 공공 및 민간부문의 능력을 향상시키기 위한 비상관리 훈련의 개발과 전달을 위한 국가적 초점으로 설명된다. EMI 커리큘럼은 생명을 구하고 재산을 보호하기 위해 비상 시 다양한 요소가 어떻게 협력하는지에 중점을 두고 이러한 다양한 청중의 요구를 충족하도록 구성된다. 매년 수천 명의 참가자들이 메릴랜드 에미츠버그에 위치한 EMI 캠퍼스에서 강좌를 수강하는 반면, 더 많은 참가자들이 EMI 지원 연습, EMI, FEMA 및 주 비상관리 기관이 공동으로 운영하는 비거주자 프로그램 및 EMI 독립 연구프로그램에 참여한다. EMI의 무료 거리 학습 프로그램인 독립 학습 프로그램은 재난 대비 촉진을 위해 전문가와 자원봉사자들에게 훈련을 제공한다. 과정 목록과 등록 방법은 EMI 프로그램 웹사이트(http://www.training.fema.gov/EMI/)를 참조하라.

Ready Kids!

미국 국토안보부는 아이들에게 비상사태에 대해 교육하기 위해 2006년 봄에 Ready Kids! 라고 불리는 프로그램을 시작했다. 부모들과 교사들은 그들의 자녀들에게 몇몇 연령층에 적합하고 이해할 수 있는 웹사이트(www.ready.gov/kids)를 알려 줄 수 있다. 이 사이트는 스콜라스틱사가 개발한 게임, 퍼즐, 학교 내 레슨 등을 통해 어린이들이 중요한 어학, 지리, 사회 등 비상사태에 대비할 수 있는 단계에 초점을 맞추고 있다. Ready Kids! 마스코트인 Rex the Mountain Lion은 대비 활동에서의 역할을 위해 어린이들이 능동적인 학습에 참여하도록 고안되었다. 미국심리학회, 미국적십자사, 전국초등교장학회, 전국학교심리학회, 전국부모교사협회, 전국아동외상스트레스센터, 미국교육부, 미국보건인적서비스부 등이 Ready Kids! 프로그램 설계에 기여했다. Ready Kids!는 더 큰 공공서비스 Ready 캠페인의 일부로, 이 캠패인은 젊은이와 노인을 불문하고 모든 시민들에게 비상사태에 대비하는 방법에 대해 교육하기 위해 고안되었다.

11.3.3 연습

적절한 대비는 국토안보부가 수행하는 HSEEP(Homeland Security Exercise and Evaluation Program; 국토안보 연습 및 평가 프로그램)와 같이 통제된 환경에서 실제 비상 시나리오를 모방하는 견고한 훈련과 연습에 의존한다. 다른 많은 정부 기관들도 공무원, 자원봉사자, 그리고 다양한 유형의 위험 및 비상 사고에 대한 대응자. 다음 절에서는 위험별 연습 프로그램의 몇 가지 예를 설명한다.

지진대피훈련

지진대피훈련(Great ShakeOut Earthquake Drill; 그레이트 셰이크아웃 지진훈련)은 2008년 캘리포니아 남부에서 대지진 때 어떻게 스스로를 보호할 것인지, 그리고 어떻게 대비할 것인지에 대해 대중을 교육하기 위해 고안된 훈련으로 시작되었다. 지진대피훈련은 매년 10월 셋째 주 목요일에 20개 이상의 공식적인 지진대피지역에서 실시되며, 다른 주나 국가의 사람들도 등록하고 총계에 포함될 수 있는 옵션이 있다. 2013년, 전 세계적으로 약 2,490만 명의 사람들이 지진대피훈련에 등록했다. 매년 새로운 지진대피지역이 확보된다.

매년 열리는 지진대피훈련의 국가 후원자들은 적십자와 다른 단체들뿐만 아니라 연방비상관리국, 미국 지질 조사국, 그리고 국립 과학 재단을 포함한다. 서던캘리포니아 대학교에 본부를 둔 지진학 및 교육센터인 서던캘리포니아 지진센터는 일본을 제외한 모든 지진대피훈련 웹사이트를 관리하고 있다. 지역 및 지역 수준의 추가 후원자들은 지진 시 무엇을 해야 하는지 훈련하기 위해 가정, 학교, 그리고 기업들에서 훈련을 조직하고 시행하는 것을 돕는다.

2008년 첫 지진대피훈련은 캘리포니아 남부 샌안드레아스 단층에서 발생한 규모 7.8의 지진과 그로 인한 파괴에 대한 포괄적인 설명인 셰이크아웃 시나리오에 기초했다. 이러한 지진은 남캘리포니아에 전례 없는 피해를 만들어 낼 것이고, 1994년 노스리지의 규모 6.7의 지진에서 발생했던 막대한 피해를 크게 줄일 것이다. 지진대피훈련 시나리오는 이 지진이 1,800명 이상의 사망자와 50,000명의 부상자, 2,000억 달러의 피해와 기타 손실을 초래하고 심각하고 장기적인 혼란을 일으킬 것으로 추정한다. 지진대피훈련 프로그램에 대해 자세히 알아보려면 관련 웹사이트(https://www.shakeout.org/)를 방문하라.

토네이도 훈련

매년 3월 한 달 동안 국립기상국과 협력하여 미주리주는 주 전체에 걸친 토네이도 훈련(tornado exercise)을 실시한다. 모든 시민, 기업 및 학교가 참여하도록 초대한다. 미주리주 의회 위원들도 훈련에 참가하는데, 훈련에 참가하는 모든 사람들은 안전한 장소를 찾고 추가 지시를 기다리도록 NWR(기상라디오)을 조정함으로써 폭풍 사이렌에 대응하도록 권장된다. 미국 적십자사는 또한 토네이도 사건에 대한 대응능력을 테스트하기 위해 토네이도 훈련을 실시한다. 한 예로, 플로리다주 제퍼슨 카운티의 자원봉사자들은 제퍼슨 카운티 비상운영센터 및 주 비상관리 관리담당자들과 함께 학교에 모의 대피소를 설치하고, 모의 재난 피해자에게 뜨거운 식사를 제공하고, 대규모 관리가 필요한 지역을 식별함으로써 토네이도 활동을 조정했다.

테러 훈련

테네시주 내슈빌시와 그레이터 내슈빌 국토안보지구(구역 5)는 2006년 4월에 비상대비 도전(emergency preparedness challenge)을 실시했다. 이 훈련은 도시에 대한 전면적인 테러공격에 대응하는 지역 응급구조요원들의 능력을 테스트하기 위한 것이었다. 그것은 내슈빌의 모든 정부수준과 주변 4개 카운티의 대응자들을 포함했다. 이 도전은 국내 최대 규모의 지역 재난 대응 훈련 중 하나였다. 지역응급팀, 법집행기관, 14개 지역병원은 환자, 부상자, 사망자의 역할 또는 음식과 음료의 자원봉사 코디네이터 역할을 하는 3,000명 이상의 자원봉사자를 모집하여 이러한 유형의 테러 사건에 대한 대응능력을 평가할 수 있었다. 훈련은 "대량 인명피해 대응, 희생자 수색 및 구조, 생존자 분류 및 수송 준비, 병원 처리 및 치료, 사망한 피해자 처리 및 기타 재난관리 노력"에 대한 구역 5의 전략을 검토했다. 훈련은 또한 대비에 참여하는 역할을 하는 관련된 자원봉사자들을 교육하기 위한 것이었다.

자기 진단

- 미국 적십자의 역할에 대해 설명하라.
- EMI 프로그램에 대해 설명하라.
- 자연재해를 선택하고 해당 재해에 대한 대비훈련 예를 제시하라.

요약

대비는 최신 상태를 유지하기 위해 지속적인 업데이트와 수정이 필요한 지속적인 과정이다. 비상관리자가 사건에서 배운 교훈을 통합하고 대비 기능의 조직적 또는 행정적 변경 후에도 대비 활동에 대한 업데이트를 구현할 수 있다. 대비 조치는 사후 대응이 아닌 사전 예방적 조치이지만, 비상관리주기 내에서 대비의 역할을 이해함에 있어 비상관리자는 수립된 계획과 행동수칙을 유연하게 조정하여 비상 상황이 발생할 때 이를 충족할 수 있어야 한다는 것을 깨닫는다. 이 장에서는 정부의 모든 수준, 기업 부문 내 및 민간인에 의해 대비 기능이 수행되는 체계를 설명하였다. 모든 시민은 대비 교육을 지속하고 정부, 커뮤니티 및 개인의 대비 상태를 개선하는 데 기여할 책임이 있다.

용어

- 종합비상관리(comprehensive emergency management)
  지역, 주 및 연방 수준에서 자연재해의 필연성과 커뮤니티에서 재해 발생 가능성을 다루기 위해 널리 사용되는 접근법
- 비상운영계획(emergency operation plan)
  비상 대응자를 위해 상세하고 조정될 수 있는 절차를 포함하고 있으며, 지역 비상관리자가 개발 및 유지관리한다.
- 응급구조요원(first responder)
  경찰, 소방, 구급대원과 같은 비상사태 현장에 가장 먼저 도착한 그룹들
- 국가중대사건(incident of national significance)
  연방기관이 국토안보부에 도움을 요청한 후, 주 또는 지방정부가 연방정부에 도움을 요청하거나, 여러 연방기관이 관여하거나, 대통령이 국토안보부의 개입을 요청하면 선언된다.
- 경감(mitigation)
  재해와 그 영향으로부터 사람과 재산에 대한 장기적인 위험을 줄이거나 제거하기 위한 지속적인 조치
- 국가방위군(national guard)
  통신시스템, 건설장비, 의료용품, 침대, 식품, 물, 담요 등 비상용품 제공, 물류지원 인력 제공 등의 측면에서 재난대응을 크게 지원할 수 있는 능력을 제공한다.
- 국가대비평가 및 보고시스템(national preparedness assessment and reporting system)
  대통령에게 국가의 준비 수준에 대한 보고서를 제공하고 훈련, 계획, 연습 및 장비 분야에서 대비에 대한 정량화 가능한 성과조치 채택에 대한 지침을 참가 기관에 제공한다.
- 국가사고관리시스템(NIMS; National Incident Management System)
  재난 대비 국가대응계획에 참여하는 연방기관에 지침을 제공한다.
- 국가대응계획(NRP; National Response Plan)
  연방 차원에서 대응 책임과 물류를 조정하는 역할을 한다. 27개 정부 기관과 미국 적십자사 간의 구속력 있는 협정을 나타낸다.
- NOAA 기상라디오 모든 위험 네트워크(NWR; NOAA Weather Radio All Hazards Network)
  지속적인 날씨 및 재해 정보를 방송하는 전국의 라디오 방송국 네트워크.

- 대비(preparedness)
  사고 직후의 신속한 대응능력을 향상시키기 위한 활동. 대응 절차 개발, 경고시스템 설계 및 설치, 대피 계획, 비상 운영 시험을 위한 연습, 비상 인력 교육을 포함한다.
- 복구(recovery)
  재난 발생 후, 긴급 요구가 충족된 후 시작되는 조치를 포함하는 비상관리주기의 단계(예: 도로 및 교량 수리 및 전력 복구)
- 회복탄력적 커뮤니티(resilient community)
  재난이 발생하지 않도록 재해사건에 앞서 조치를 취하는 마을, 시, 카운티, 아메리카 원주민 부족, 주 및 기타 커뮤니티
- 대응(response)
  재난 발생 중 또는 재난 발생 직후의 긴급한 피해자들의 필요를 충족시키기 위한 활동을 포함하는 비상관리주기의 단계; 수색과 구조뿐만 아니라 대피를 예로 들 수 있다.

연습문제

요약 질문

1. 대비는 비상관리주기의 모든 단계와 중복된다. 참인가 거짓인가?

2. 다음 중 진정한 대비 활동이 아닌 것은?
   a. 훈련 b. 연습 c. 비상대응계획 d. 토지이용계획

3. 대비는
   a. 구급대원의 응급구조이다.
   b. 장기적 활동이다.
   c. 대응을 위한 사전 계획이다.
   d. 제방을 쌓거나 주택을 보수하는 것이다.

4. 국가대응계획에는 10가지 비상대응기능이 있다. 참인가 거짓인가?

5. 비상대응기능은 서로 독립적이다. 참인가 거짓인가?

6. 전재해네트워크(All Hazards Network)는 다음을 통해 방송된다.
   a. NOAA 기상라디오
   b. USGS 위험 무선
   c. 기상 채널
   d. FEMA 기상라디오

7. 주 차원 비상관리실은 사무실이나 기관명이 다르지만 비슷한 기능을 수행한다. 참인가 거짓인가?

8. 비상사고 시 주지사의 주요 자원은
   a. 지역 경찰서이다.
   b. 대통령이다.
   c. 하드웨어 상점 주인이다.
   d. 국가방위군이다.

9. 지방정부는 다음 대비 책임 중에 분담하지 않는 것은?
   a. 국토안보부에 도움 요청
   b. 경고시스템 제공
   c. 비상용품 및 장비 확보
   d. 커뮤니티 대피

10. 사업 소유자는 커뮤니티 내에서 대비 책임을 진다. 참인가 거짓인가?

11. "준비됐나요? 시민 대비에 대한 심층 가이드(Are You Ready? An In-depth Guide to Citizen Preparedness)"는 모든 유형의 재해로부터 찾아야 할 대피소를 설명한다. 참인가 거짓인가?

12. 대피는 다음 중 하나를 포함한다.
   a. 지역 경찰서
   b. 주지사
   c. 국가방위군
   d. 위의 모든 것

13. 다음 중 대비 및 대응에 관여하는 자원봉사 기관이 아닌 것은?
   a. 미국 적십자사
   b. 가톨릭 자선단체
   c. 비상관리연구소(EMI)
   d. 대비와 대응에 관련된 위의 모든 곳

14. 국토안보부는 너무 무서워서 아이들을 대비에 참여시키고 싶지 않아 한다. 참인가 거짓인가?

15. 모든 재해에 대해 수행할 수 있는 대비 훈련이 있다. 참인가 거짓인가?

리뷰 질문

1. 국가대응계획에 참여하는 10개의 연방 부서 또는 기관의 이름을 대라.
2. 경감의 예를 설명하라.
3. 대비의 예를 설명하라.
4. 대응의 예를 설명하라.
5. 대비가 모든 사람의 책임인 이유를 설명하라.
6. 시민들이 대비 활동에 참여할 수 있는 방법에는 어떤 것들이 있는가?
7. 미국 적십자사 외에 다른 자원봉사 단체들은 무엇이 있는가?

8. 경고시스템을 사용한 대비 훈련의 예는 무엇인가?

9. 지역 차원에서 CERT(커뮤니티 비상대응팀)의 기능, 구성 방법 및 참여자를 설명하라.

응용

1. 당신이 산불이 발생하기 쉬운 마을의 시장이라고 상상해 보라. 마을의 준비 상태를 개선하기 위해 참여할 수 있는 다양한 대비 활동은 무엇인가? 당신의 마을에 적용할 수 있는 다른 지역 경보시스템의 예는 무엇인가? 어떤 연습을 하고 싶은가? 그리고 누가 참여하는가?

2. 가족이나 룸메이트와 함께 대비 계획을 세울 시간을 확보하라. 무엇을 포함하겠는가? 어디서 좋은 예를 찾기 시작하겠는가? 다른 사람들이 당신 계획을 템플릿으로 사용하도록 권장하는 것을 고려하는가?

3. 시민으로서 커뮤니티의 다른 사람들이 그 지역에서 일어나는 대비 활동에 참여하도록 설득할 수 있는 방법은 무엇인가?

자습

- 미국 적십자사(ARC)
  미국 적십자사는 대부분의 프로그램을 자원봉사자들에게 의존하고 있다. 미국의 모든 재난 이후, ARC 지부는 긴급 원조, 치료, 그리고 위로를 제공하기 위한 행동을 개시한다. 가까운 지역의 적십자사에 연락하려면 적십자 웹사이트(www.redcross.org/where/chapts.asp)의 지침을 따르라. 미국 적십자가 재난 후 당신의 커뮤니티를 돕기 위해 시행하고 있는 구체적인 프로그램과 자원에 대해 설명하라.

- 준비됐나요? … 준비.. 시작!(READY? ... Set ... Go!)
  비상관리자에 대한 책임은 장소마다 다르다. 해당 지역의 비상계획은 해당 지방정부 웹사이트에서 확인하라. 재난 대응 책임이 당신 커뮤니티를 보호하기 위해 상주하는 관리자에 대해 명확하게 설명, 명시 및 조정되고 있는지 확인하라. 그리고 참여하기 위해 무엇을 할 수 있는지 알아보라.

참고문헌

1. FEMA Strategic Foresight Initiative. 2011. Climate Change: Long Term Trends and their Implications for Emergency Management. http://www.fema.gov/pdf/about/programs/oppa/climate_ change_paper.pdf
2. U.S. House of Representatives. 2006. A Failure of Initiative: Final Report of the Select Bipartisan

Committee to Investigate the Preparation for and Response to Hurricane Katrina. Available at katrina.house.gov.

3. Beriwal, M. 2005. Hurricane Pam and Katrina: A Lesson in Disaster Planning. Natural Hazards Observer 30(November)(2): 8–9.
4. U.S. Department of Homeland Security. 2004. National Information Management System. Available at NIMS online: www.nimsonline.com/nims_3_04/introduction_and_overview.htm.
5. NOAA. 2013. National Weather Service: NOAA Weather Radio All Hazards. www.nws.noaa/gov/nwr.
6. Federal Emergency Management Agency. 2004. Are you Ready? An In depth Guide to Citizen Preparedness. IS-22. FEMA.
7. Leonard, D. 2005. The Only Lifeline Was the Wal-Mart. Fortune, 3 October, 2005.
8. Emergency Management Institute. 2006. Welcome to the Emergency Management Institute(EMI). www.training.fema.gov/EMIweb.
9. DHS Wants Kids to Get Ready! 2006. Natural Hazards Observer. Vol. 30(March)(4): 5–6.
10. Homeland Security Exercise and Evaluation Program. 2006. Welcome to the HSEEP Website. Hseep.dhs.gov.
11. State of Mississippi Emergency Management Agency. 2004. Informational Notes for First Responders and Officials. Bulletin #4 5(20 February). Available at sema.dps.mo.gov/Bulletin45.pdf.
12. Metropolitan Nashville and Davidson County, TN, Mayor's Office of Emergency Management. 2006. Office of Emergency Management Home. www.nashville.gov/oem.

제 12 장 재해경감계획

학습내용과 목표

(1) 학습 내용

- 경감전략의 주요 범주
- 경감을 위한 자금원의 예
- 경감전략 선택 시 중요한 요소
- 재해경감계획을 개발하기 위한 단계

(2) 학습 목표

- 용어 숙달, 절차 이해 및 재해에 대한 취약성 감소 전략의 인식
- 다양한 경감도구의 장단점 평가
- 위험도평가와 전략 선택 간의 관계 이해
- 재해경감계획의 기본 요소의 이해

개요

이 장에서는 경감에 대한 5가지 광범위한 접근법의 개요로 시작하여 공동체의 회복탄력성을 높일 수 있는 전략을 소개한다. 해안재해로부터 해안선을 보호하기 위해 사용되는 사업에 주의를 기울이면서 구조공학적 사업의 장단점을 자세히 설명한다. 그런 다음 재해지역에 위치한 재산의 취득과 용도지역지구제와 같은 토지사용규제 기법과 같은 예를 사용하여 예방적 경감전략을 논의한다. 다음으로 재산보호에 대해 설명하고, 이어서 자연자원보호를 위한 다양한 도구와 공교육 및 인식프로그램을 통해 잠재적 재해에 대해 지역사회 구성원에게 알리는 방법에 대해 논의한다. 또한 지역 차원에서 경감 노력을 구현하기 위해 지역사회가 이용할 수 있는 자금원 중 일부를 검토한다. 이 장에는 다양한 인적재해를 처리하는 데 사용할 수 있는 몇 가지 방법에 대해 간략히 설명한다. 지역사회가 취약성 감소에 대한 응집력 있고 조정된 접근방식을 제공하기 위해 지역 재해경감계획에 경감전략과 조치를 통합할 수 있는 방법을 설명함으로써 마무리한다.

12.1 경감도구 및 기술

경감도구와 기법은 이를 사용하는 커뮤니티만큼 다양할 수 있으며, 정확히 동일한 전략 그룹을 사용하는 커뮤니티는 없다. 일반적으로 다음 표와 같이 경감에 대한 5가지 광범위한 접근법이 있다. 이러한 각 범주 내에서 서로 다른 경감조치는 특정 유형의 문제를 대상으로 한다. 일부 커뮤니티는 한 가지 유형의 경감전략에 초점을 맞추기로 선택할 수 있는 반면, 다른 커뮤니티는 혼합일치접근법(mix and match approach)을 사용할 수 있다. 어떤 전략(또는 전략의 조합)이 사용되든 간에, 각 실행 유형의 비용, 전략을 실행할 수 있는 커뮤니티의 기술적 능력, 그리고 전략이 실행되면 커뮤니티가 얻게 될 이익과 같은 다양한 요인에 따라 달라진다. 일부 경감기법은 개발이 발생하기 전에 사람과 재산을 위험에 노출시키지 않도록 함으로써 미래의 재난을 예방하는 데 가장 적합하다(이들은 예방 범주의 전략이다). 다른 경감 범주는 기존 구조물(예: 재산보호 그룹의 전략)을 보호하는 데 더 효과적이며 이미 개발이 발생한 지역에 적합하다. Table 12.1은 커뮤니티가 포괄적인 경감 프로그램의 일부로 사용할 수 있는 경감전략의 유형을 요약하고 각각의 몇 가지 예를 제공한다.

표의 일부 범주 간에 약간의 중복이 있을 수 있다. 어떤 전략들은 둘 이상의 범주에 속할 수 있는 반면, 다른 전략들은 어떤 하나의 그룹에 직접적으로 들어맞지 않을 수 있다. 그럼에도 불구하고, 세부사항에 대해 논쟁할 수 있지만, 여기에 제시된 그룹화는 사용 가능한 다양한 옵션에 대한 토론 중에 사용할 수 있는 공통의 어휘를 제공할 수 있다.

Table 12.1 경감전략의 유형

전략 유형	목적과 비평	예	
구조공학적 사업	재해사건의 환경 또는 진행을 수정하여 재해의 영향을 줄이다. 장기적으로 취약성을 증가시키거나 환경 악화를 초래할 수 있는 잠재력을 갖는다.	• 댐과 저수지 • 전환(diversion) • 호안층 • 식물 완충지	• 제방/홍수벽/둔덕(berm) • 방파제/돌제/둑(jetty) • 양빈(養濱) • 빗물 하수구/배수시스템
예방	재난 문제를 피하거나 위험 문제가 악화되지 않도록 한다. 미래의 취약성을 줄이는 데 가장 효과적이며, 특히 아직 개발이 이루어지지 않은 장소에서 그렇다.	• 토지이용계획 • 용도지역지구제/분할 • 범람원 규정 • 취득 및 이전	• 해안선/고장 구역 장애 • 자본개선프로그램 • 세금 및 수수료

재산보호	재난 충격을 견딜 수 있도록 건물을 보수/강화함으로써 구조물을 보호한다. 재해 구역의 기존 구조물을 보호하는 데 효과적이다.	• 건축법규/시공표준 • 건물 입면도 • 방수/바람방재	• 내진 개수 • 안전실 • 난연성 건축자재
천연자원 보호	자연 영역과 그 경감 기능을 보존 또는 복원하여 자연재해의 영향을 줄이다. 개방된 공간/레크리에이션 영역/그린웨이 제공과 같은 다른 커뮤니티 이익에도 기여할 수 있다.	• 범람원 보호 • 해변/사구 보존 • 리파리안 버퍼 • 내화조경	• 침식/침적물 관리 • 습지보전 및 복원 • 서식지 보호 • 경사 안정화
공개 정보	거주자, 사업주, 잠재적 부동산 구매자, 방문객에게 위험, 위험지역 및 자신과 재산을 보호하기 위한 경감 기술에 대해 조언한다.	• 공공 봉사 사업 • 재해지도 정보 • 학동을 위한 교육 프로그램	• 부동산공시 • 경고시스템

12.1.1 맞춤형 경감전략의 선택

경감전략은 진공 외부와 단절된 상태(vacuum)에서 선택되지 않는다는 점을 기억해야 한다. 재해경감계획의 개념을 소개할 때, 그 장의 후반부에서 경감전략을 선택하고 적용하는 과정에 대해 논의할 것이다. 일단, 미리 결정된 문제를 해결하기 위해 경감기법을 선택한다는 것을 명심해라. 다시 말해, 경감전략은 신중한 데이터 정보 위험도평가 중에 확인된 위험을 실제로 줄이는 데 도움이 되는 경우에만 효과적이다.

12.1.2 기후변화에 대비한 재해경감

기후변화는 홍수, 가뭄, 심한 폭풍, 허리케인과 같은 많은 자연재해의 빈도, 강도 및 변동성에 광범위한 차이를 초래하고 있다. 이러한 사건들로 인한 재난의 위험을 줄이기 위한 조치를 취하면서, 또한 기후변화의 영향에 대비하고 적응하는 능력을 향상시키고 있다. 예를 들어, 커뮤니티가 과거에 가뭄을 경험했고, 기후변화 때문에 미래에 더 심각한 가뭄이 발생할 가능성이 높다는 것을 안다면, 이러한 변화하는 취약성을 해결하기 위한 재해경감기법도 기후변화적응의 한 형태이다. 이 장에서는 재해경감에 초점을 맞추고 있지만, 기후 및 관련 기상 사건이 계속 변화함에 따라 재해경감이 커뮤니티 회복탄력성 강화에도 효과적일 수 있다는 점을 명심해야 한다.

자기 진단

- 5가지 유형의 경감전략을 언급하라.
- 경감전략 선택에 관련된 요소를 논의하라.
- 위험도평가가 선택 과정과 어떤 관련이 있는지 설명하라.

12.2 구조공학적 사업을 통한 경감

미국에서 수년 동안, 재난을 예방하기 위해 선호된 기술은 재해 그 자체를 통제하려고 시도하는 것이었다. 공학과 기술이 자연의 힘에 대항하여 방어하는 데 사용될 수 있다고 가정되었다. 주 및 연방기관, 커뮤니티, 그리고 심지어 개인 재산 소유자들은 댐, 제방, 방파제, 그리고 자연재해에 저항하도록 설계된 다른 큰 사업들을 전국에 건설했다. 많은 경우에, 이러한 튼튼한 구조물은 증가하는 홍수, 침식, 파도 작용, 그리고 다른 자연재해로부터 사람과 재산을 확실히 보호한다. 커뮤니티가 강과 같이 특정 천연자원에 의존하는 지역에 위치할 때, 이러한 방식으로 주민을 보호하는 것이 타당할 수 있다. 어떤 곳에서는 구조물이 너무 오래되어 커뮤니티를 온전하게 유지하기 위해서는 반드시 유지관리되어야 한다. 다른 곳에서는 한 지역에 대한 기존 투자나 그 위치의 문화적 중요성으로 인해 공학적 방벽 이외의 접근방식을 사용하는 것이 어렵거나 생각할 수 없게 된다. 그러나 구조공학적 경감에도 단점이 있으며, 많은 커뮤니티는 이러한 사업과 관련된 심각한 단점을 경험했다.

12.2.1 구조공학적 경감사업의 단점

구조공학적 사업이 일부 위치에서는 적절하지만, 일반적으로 이러한 경감 접근방식은 결함이 존재한다는 가정에 기초한다. 재해에 저항하기 위해 커뮤니티를 무장시킴으로써, 이러한 커뮤니티는 자연의 힘을 물리칠 수 있다고 가정한다. 이것은 성공에 대한 보장이 거의 없고 잘못된 안전성(false sense of security)으로 이어질 가능성이 있는 끝없는 과제이다.

잘못된 안전성 제공

많은 구조적 경감사업의 큰 단점은 단기적 위험을 줄이는 과정에서, 특히 주민들이 잘못된 안전감을 느낄 때 재해가 발생하기 쉬운 지역의 개발을 장려함으로써 미래의 재난을 실제로 악화시킬 수 있다는 것이다. 홍수통제관리에 관심이 있는 토목 기술자, 계획자, 그리고 다른 사람들은 홍수통제 사회기반시설에 대한 막대한 투자에도 불구하고 이 나라의 홍수로 인한 피해가 실제로 증가했다는 것을 관찰했다.

천연자원의 경감기능 감소

구조공학적 사업은 또한 폭풍과 홍수의 영향을 경감하는 자연의 능력을 감소시킬 수 있다. 종종 이러한 부정적인 영향은 사업 현장으로부터 어느 정도 떨어진 곳에서 경험된다. 예를 들어, 제방(levee)은 강의 자연적인 흐름과 부피를 변화시킴으로써 상류 또는 하류 홍수를 악화시킬 수 있다. 돌제(groin)는 모래를 가두어 해안을 침식으로부터 보호하기 위한 것으로, 인근 해변의 침식을 악화시킬 수 있다. 홍수통제 목적으로 건설된 수로는 주변의 습지와 습지로부터 진흙 퇴적물을 강탈하고 영양분을 고갈시킬 수 있어 홍수 평원의 자연 흡수 능력을 감소시킬 수 있다. 단순히 한 동네에서 다른 동네로 문제를 옮기는 것을 피하기 위해 구조적 경감사업을 생각할 때 더 넓은 지역을 고려하는 것이 중요하다.

구조공학적 경감사업의 잠재적 비용

자연에 대항하는 무장(armoring)은 매우 비쌀 수 있다. 많은 구조물 사업들은 기술적으로 어렵고 비용이 많이 들며 그 이점은 오래가지 못할 수 있다. 예산이 빠듯할 경우 제방, 방조제 및 기타 대형 사업의 정기적 유지 및 보수가 연기되어 실패 가능성이 높아질 수 있다. 큰 경감사업을 건설하고 유지할 수 있는 지방정부는 거의 없으며, 대부분의 대규모 공학적 사업은 연방정부 및 주정부로부터 자금을 지원받는다. 연방기금은 대형 항만이나 해운 수로 등 국가 관심사가 있거나 재산 가치가 높은 해안을 따라 상당한 세수와 일자리가 창출되는 지역의 경감 사업에 가장 많이 사용된다. 불행하게도, 이러한 사업들 중 일부는 연방 세금의 "포크배럴(pork barel; 역주: 지역구의 선심사업을 위해 정부의 예산인 돼지고기통을 남용하는 것)"을 통해 자금을 조달하는데, 이는 비록 상대적으로 소수의 사람들에게만 직접적인 혜택이 있을 수 있지만 의회 의원이 자신의 지역구에 거액의 돈을 보낼 수 있을 때이다.

이러한 단점은 대부분 복잡한 공학적 계획과 건설에 수백만 달러가 필요한 매우 큰 규모의 구조물 사업에 적용된다. 각 사업의 잠재적인 장점과 단점과 함께 대규모 구조물 사업에 대한 설명이 뒤따른다. 그러나 모든 구조물 사업이 이 규모로 수행되는 것은 아니다. 이러한 불이익이 상당 부분 적용되지 않는 빗물 하수관이나 배수시스템 등 지역 차원에서 진행되는 소규모 사업도 일부 논의될 예정이다.

12.2.2 댐 및 저수지

댐(dam)은 물, 폐수 또는 액체를 운반하는 물질을 저장하거나 홍수 조절을 위해 설치한 인공 장벽이다. 댐은 물을 유지하고 하류 수로의 용량을 초과하지 않는 통제된 속도로 방류함으로써 효과적인 홍수통제 장치가 될 수 있다. 댐은 또한 항해, 관개(灌漑), 급수, 수력, 그리고 다른 목적을 위해 물의 깊이를 유지하기 위해 사용된다. 저수지는 댐 뒤에 위치한 저수시설로, 절정기에 물을 저장하고 식수의 공급원으로서 레크리에이션과 낚시 기회를 제공하기 위해 사용된다.

댐 소유권

매우 큰 댐은 종종 주 또는 연방기관에 의해 소유, 운영 및 규제되지만, 미국의 대부분의 댐은 개인 소유이다. 댐 소유자는 댐의 안전과 책임에 대한 책임이 있으며 댐 유지관리, 성능향상 및 보수에 대한 자금을 조달한다. 대부분의 주에서는 댐을 감시하고 정기적으로 점검을 수행하는 댐 안전 프로그램을 운영하고 있지만, 민간 토지소유자가 소유하고 통제하는 댐이 많아 주 및 지방 공무원들이 안전을 보장하기 어렵다. 많은 주에서, 댐 안전사무소는 인력이 부족하고 자금이 부족하며, 댐 관계자들은 주의 모든 개인 소유 댐을 검사할 수 없다. 댐의 보수와 유지관리는 비용이 많이 들 수 있으며, 많은 주 댐 안전프로그램은 민간 댐 소유자에게 보수를 요구할 수 있는 시행 권한이 없다.

댐 관련 환경비용

일부 다른 유형의 구조물 사업과 마찬가지로 댐과 저수지는 비용이 많이 들고 토지가 많이 소모되므로 정기적인 유지관리가 필요하며, 설계된 용량에 대한 홍수 피해만을 방지한다. 댐과 저수지는 저수지가 차면 자연서식지가 범람하거나 연어 등 종의 이동에 장벽이 생기는 등 환경비용이 많이 들 수 있다. 댐은 홍수를 흡수하는 능력을 포함하여 범람원의 자연스럽고 유익한 기능을 제거할 수 있다. 댐은 또한 전체 유역의 수문학을 변화시켜 댐 자체에서 멀리 떨어진 지역에 부정적인 영향을 끼칠 수 있다.

댐 파손 재해

댐 붕괴의 가능성은 많은 주에서 매우 심각한 위험이다. 잘 정비되지 않은 댐에서 형성되는 누출 및 균열은 댐 붕괴를 야기할 수 있으며, 종종 경고 없이 하류로 매우 빠른 홍수를 일으켜 재산과 사람의 생명을 심각한 위험에 빠뜨린다(Photo 12.1 참조). 댐은 다음 중 하나 이상의 이유로 붕괴될 수 있다.

- 댐의 수용능력을 초과하는 홍수로 인한 범람
- 고의적 파괴행위(sabotage)
- 댐 건설에 사용되는 재료의 구조적 파괴
- 댐을 지지하는 기초의 이동 및/또는 파괴
- 콘크리트 또는 제방댐의 침하 및 균열
- 제방댐의 배관과 토양의 내부침식
- 부적절한 유지보수(maintenance and upkeep)

Photo 12.1 델리댐 아래에서 본 경치는 2010년 유실 후 동수력을 보여준다.
(이미지 제공, FEMA, Josh de Berge)

댐 붕괴 사고

1970년대 일련의 댐 붕괴로 인해 국가는 댐의 점검과 규제에 집중하게 되었다.

- 1972년 2월 26일, 웨스트버지니아주 버펄로 크릭에 있는 버팔로 광산회사가 소유한 제방 댐(tailing dam)이 붕괴되었다. 몇 분 만에 125명이 사망하고 1,100명이 부상당했으며 3,000명 이상이 집을 잃었다.
- 1976년 6월 5일, 아이다호주 테톤강에 있는 123미터 높이의 댐인 테톤댐이 붕괴되어 10억 달러의 피해를 입었고 11명이 사망했다. 테톤댐의 붕괴로 인해 4,000채 이상의 주택과 4,000채 이상의 농가가 파괴되었다.
- 1977년 11월, 조지아의 켈리반스댐이 실패하여 39명의 사망자를 냈는데, 대부분이 대학생이었다.

12.2.3 제방과 홍수벽

여러 개의 제방이라는 용어가 사용된다. (수로) 제방(dike)은 보통 항로의 깊이와 위치를 유지하기 위해 강을 가로질러 부분적으로 건설된 흙이나 암석 구조물이다. (홍수) 제방(levee)은 낮은 지대의 홍수를 막기 위해 사용되는 토제이다. 홍수벽(floodwall)은 홍수에 대한 장벽 역할을 하는 철근콘크리트 벽이다. 둔덕(berm)은 경사면을 쌓거나 흙으로 채워 만든 장벽으로, 홍수가 건물에 도달하는 것을 막기 위한 것이다.

제방과 이와 유사한 홍수통제 구조물은 반드시 수로의 외부에 위치해야 하며, 제방이 차지하는 홍수 저수량을 보충해야 한다. 제방과 홍수벽은 개발을 위한 범람원 개간에 사용되어서는 안 된다.

홍수통제 구조물에 의한 환경파괴

제방과 홍수벽은 댐과 저수지의 것과 유사한 환경 피해를 일으킬 수 있다. 이러한 구조물은 자연히 홍수를 경감하는 환경의 능력을 방해할 수 있는데, 이는 정상 상황에서 습지와 저지대로 과도한 물을 흡수함으로써 가능하다. 제방과 홍수벽은 홍수가 자연 범람원으로 유입되는 것을 막는다. 결과적으로, 그들은 종종 상류 및 하류 지역에 홍수를 집중시킨다. 이러한 홍수통제 구조물은 또한 늪과 하구와 같은 야생동물과 물고기 서식지에서 그들이 적절하게 기능하는 데 필요한 물과 영양분을 빼앗을 수 있다.

참조 허리케인 카트리나 이후 뉴올리언스 제방의 붕괴

많은 세대 동안 루이지애나 뉴올리언스에서 홍수재해 예방을 위해 사용된 도구와 기술은 제방의 건설을 통한 구조적 수단에 초점을 맞추었다. 역사적으로 뉴올리언스를 둘러싼 제방과 미시시피 강둑을 따라 건설된 제방은 홍수를 막는 데 반복적으로 실패했다.

각각의 연속적인 홍수사건 이후, 뉴올리언스의 제방은 단순히 다음 홍수에 대한 예방책으로 더 높게 지어졌다. 제방은 또한 강의 흐름을 집중된 지역으로 유도함으로써 물의 양을 증가시키는 역할을 한다. 이러한 요소들은 자연 토양 조건 때문에 그 지역에서 발생하는 일상적인 침하와 결합하여 효과적으로 뉴올리언스 보호를 위한 끝없는 도전을 만들어낸다. 뉴올리언스의 제방이 2005년 허리케인 카트리나의 힘에 의해 뚫렸다는 사실은 제방이 대체적으로 얼마나 완벽한 홍수 방지책이 아님을 극적으로 보여준다. 제방이 뚫린 후 뉴올리언스에서 일어난 일은 도시의 대부분에 과도한 홍수와 제방 뚫린 근처의 이웃들이 파괴되는 최악의 시나리오의 훨씬 더 확실한 예이다.

카트리나가 뉴올리언스 안팎을 통과하면서 높은 폭풍해일과 많은 양의 비를 몰고 오면서 폰차트레인 호수의 수위가 급격히 상승하여 뉴올리언스 지역, 특히 17번가 운하와 런던 애비뉴 운하의 제방 시스템 전체가 긴장되었다. 8월 29일, 용솟음치는 물이 뉴올리언스 주변의 동쪽 제방을 넘어 올리언스 패리시와 세인트루이스로 흘렀다. 버나드 패리시와 산업 운하와 해안 내 수로를 따라 물을 밀어 올린다. 이날도 17번가 운하와 런던 애비뉴 운하를 따라 균열이 발생해 뉴올리언스의 80%가 물에 잠겼다. 특히 허리케인 리타가 상륙한 지 얼마 되지 않아 복구가 어려웠고 시간도 많이 소요되었다. 미육군공병단은 카트리나가 상륙한 지 43일이 지난 10월 11일까지 홍수를 모두 빼내지 못했다.

뉴올리언스의 제방이 왜 그리고 어떻게 그렇게 완전히 실패했는지에 대해서는 상당한 추측이 있다. 확실한 것은 미육군공병단이 의도적으로 제방을 “표준 프로젝트 허리케인”으로 알려진 특정 수준으로 건설했다는 것이다. 이 표준은 폭풍해일 수준의 범주 3 허리케인과 풍속의 범주 2 허리케인을 포함하도록 설계되었다. 결과적으로, 뉴올리언스의 제방은 카트리나와 같은 강력한 3등급 허리케인을 견디도록 설계되거나 건설되지 않았다. 제방 건설 후 관리를 담당했던 수많은 기관들이 정비 및 보수 정책과 관행을 변화시키고, 관할권 간 이행 영역의 취약성으로 인해 더욱 복잡해졌다. 이러한 문제는 침하되기 쉬운 삼각주 토양에 제방을 쌓는 것이 제방이 가라앉고 시간이 지남에 따라 불안정해지는 것과 같은 기본적인 문제 외에도 있다. 카트리나 이전에 보고된 17번가 운하 제방에서의 유출은 이 침하로 인한 구조적 요소 약화로 인한 것일 수 있다.

제방의 높이를 강화하고 증가시키기 위한 노력이 진행 중이지만, 제방 시스템의 지속은 뉴올리언스 시에서 이용할 수 있는 유일한 경감 기술은 아니다. 콜로라도 대학의 자연재해 연구 및 응용 정보 센터의 2002 자연재해 관찰자 기사에서 뉴올리언스에 대해 다음과 같은 적응 전략이 권장되었다. 당시 이 기사는 다음과 같은 미래의 홍수재해를 경감하기 위한 다양한 도구와 기술을 권고했다.

- 천연 해안 방어를 보호하고 복구
- 범주 4 및 5 허리케인에 견딜 수 있도록 제방 및 배수시스템 업그레이드
- 국지적 표고, 침하율 및 배수 능력을 통합하는 잠재적 홍수지역지도 개발
- 지역 침하, 강우 및 해수면 상승의 과거 및 예상 비율을 기반으로 홍수 방지 설계 및 유지
- 배수 및 주입 활동, 얕은 지하수 유출 및 침하를 증가시키는 기타 인간 개발의 최소화
- 주민들이 접근하는 허리케인을 피할 수 있는 능력을 높이기 위한 대피 경로 개선
- 건물 및 기반시설의 홍수방재 장려
- 더 많은 주택 소유자와 기업 소유자가 NFIP(국가홍수보험프로그램)를 구입하도록 장려

12.2.4 구조공학적 사업을 통한 해안재해 영향 감소

허리케인과 해안폭풍 경감에 대한 전통적인 접근법은 폭풍의 피해를 덜 받기 위해 자연환경을 강화, 보강 또는 보충하는 것이다. 대부분의 허리케인과 관련된 사망과 재산피해는 폭풍해일의 결과이다. 해안선 보호 작업은 폭풍해일과 폭풍으로 인한 파도와 싸우기 위해 설계되었다. 일부 해안선 보호 작업도 진행 중인 해안침식으로부터 기존 개발을 보호하기 위해 설계되었다. 그러나 이러한 조치는 금전적 측면과 환경적 측면 모두에서 비용이 많이 드는 경우가 많으며, 기존의 주요 건물을 포기하기 전에 주로 마지막 방어 수단으로 사용되어야 한다. 이러한 사업의 환경적 피해와 높은 비용을 염두에 둔 일부 해안주에서는 대부분의 해안 강화 장치를 금지하는 법안을 통과시켰다.

퇴적물 포집 구조물

해변과 모래언덕은 폭풍과 파도에 대한 해안의 첫 번째 방어선이다. 이러한 방어를 제공하는 모래는 바람, 파도, 해류, 조수의 자연적인 힘에 반응하여 앞바다의 막대에서 수로로, 해변과 모래언덕으로, 그리고 다시 되돌아온다. 모래 포집 구조물은 모래가 해변이나 모래언덕에 쌓일 때 이러한 순환을 방해함으로써 해변과 모래언덕을 보호, 유지 또는 강화하도록 설계되었다. 돌제(groin)와 둑(jetty) 같은 일부 구조물들은 모래가 해안과 평행하게 흐를 때 모래를 포획하도록 설계되어 있는데, 이것은 해안 표류라고 알려진 자연적 과정이다. 식생과 울타리는 모래가 공기를 통해 날릴 때 모래를 잡도록 설계되어 있다. 그러나 모래 흐름의 자연스러운 순환을 방해함으로써 이러한 기술은 의도하지 않은 부정적인 결과를 초래할 수 있다. 그들은 하류 해변으로 굶어죽거나 해안에서 모래를 쓸어내리는 해류를 만들지도 모른다.

돌제(突堤; groin)

돌제(groin)는 해안과 평행하게 흐르는 해류에 의해 움직이는 모래를 잡기 위해 해변에 수직으로 놓인 목재, 콘크리트, 금속판 말뚝 또는 바위로 만들어진 벽과 같은 구조물이다. 보통 돌제 들판이라고 불리는 그룹으로 지어지며, 그들의 주된 목적은 모래를 붙잡고 그들 사이의 해변 칸을 채우는 것이다.

돌제는 주로 레크리에이션 목적으로 더 넓은 해변을 조성하고 해변의 모래 교체 필요성을 줄이기 위해 설계되었다. 더 넓은 해변은 폭풍의 파도를 바다로 더 멀리 날려보냄으로써 침식을 늦추는 것을 도울 수 있지만, 해안의 해일이나 강풍으로부터 해안가의 건물들을 보호하는 효과적인 방법은 아니다. 정상적인 표류 패턴을 방해함으로써, 돌제들은 해변 하류의 모래를 굶기고 해안선의 전반적인 침식 문제를 악화시킬 수 있다.

둑(jetty)

둑(jetty)은 해안과 수직인 벽과 같은 구조물로, 종종 쌍으로 이루어져 침전물이 유입구에 쌓이는 것을 막는다. 유입구(inlet)는 보초도 사이를 흐르고 바다를 소리와 연결하는 천연 수로이며 항해에 매우 중요하다. 둑의 주요 기능은 보트가 안전하게 통과할 수 있도록 하는 것이다.

둑의 주요 기능은 항로를 보호하는 것이지만, 그것들은 해안과 평행하게 이동하는 침전물의 이동을 제한할 수 있으며, 돌제보다 더 그렇다. 또한 둑은 해안으로 모래를 운반하는 해류를 만들어 해변의 순모래 유실을 초래할 수 있다. 둑 시스템의 영향은 때때로 예측하기 어렵고 몇 년 또는 수십 년 후까지 종종 명백하지 않다.

방파제 및 격벽

방파제(seawall)는 해안선의 침식으로부터 건물을 보호하기 위해 설계된 수직 해안 벽이다. 그들은 폭풍우의 공격으로부터 보호하거나 보호하지 않을 수도 있다. 격벽(bulkhead)은 해안선에서 뒤로 물러난 수직 벽으로, 종종 나무나 강철로 만들어진다. 방조제와 달리 격벽은 그 뒤에 느슨한 충전물과 침전물을 유지하도록 설계되었다. 방파제와 격벽이라는 용어는 서로 다른 차이에도 불구하고 종종 상호 교환적으로 사용된다.

방파제는 건설 비용이 많이 들고 해안선에 대한 일반인들의 접근을 막을 수 있다. 그것들은 파도를 반사하고 해류를 더 격렬하게 만들 수 있는데, 이것은 해변의 윤곽(경사)을 더 가파르게 만들고 실제로 벽 앞과 벽 양쪽 끝의 부동산에 침식을 더 심하게 만들 수 있다. 방파제는 느슨해진 자재가 폭풍우 때 위험이 될 수 있기 때문에 지속적인 유지 보수와 투자가 필요하다. 모래주머니로 만들어진 임시 방퍼제는 폭풍의 힘을 견디지 못하며, 그들이 보호하고 있는 구조물이 이전될 때까지 정상적인 침식을 막기 위해서만 사용되어야 한다.

사구의 건설 및 안정화

모래언덕(dune)은 심각한 폭풍과 장기적인 침식 동안 건물을 손상으로부터 보호하는 데 자연적으로 매우 유용한다. 그들은 또한 폭풍우 동안(대개 모래언덕의 틈새로 바닷물이 섬으로 밀려올 때) 과습(overwash) 홍수를 방지하고 과습수가 바다로 역류할 때 발생하는 쇄굴(scouring)을 최소화한다. 모래언덕은 또한 건물을 강풍으로부터 보호한다. 모래언덕은 울타리로 모래를 가두거나 불도저로 모래를 모래언덕에 쌓아 인위적으로 건설할 수 있다. 사구(sand dune) 안정화는 식물을 이용해 사구 형태로 모래를 고정하는 기술이다.

모래언덕 밭은 기존의 해변가 주택 사이에 놓기가 어려울 수 있다. 폭풍을 막으려면 사구의 넓이가 약 100피트이고, 사구의 높이가 10피트여야 한다. 또한 모래언덕 사이에 틈이 없어야 하며, 이로 인해 해안가의 전망과 해변으로의 일반인의 접근이 제한된다. 모래언덕은 자연 주기의 일부로 이동한다. 모래언덕을 제자리에 닻을 올리려는 시도는 일반적으로 해변을 좁게 만들고 끝부분에 침식을 일으킬 수 있는 "방파제" 모래언덕을 만든다. 모래 공급이 적은 지역은 인공적으로 모래 언덕을 쌓는 데 어려움을 겪을 것이다.

양빈

비교적 안정적이거나 성장하는 해변은 그 뒤에 있는 구조물에 자연 보호를 제공한다. 침식이나 양빈 불량으로 인해 모래를 잃고 있는 해변들은 이러한 자연 보호를 제공할 수 없다. "양빈(beach nourishment; 養濱)"은 해변의 모래를 인위적으로 대체하거나 첨가하여 해변을 넓히고 바닷물을 향해 더 멀리 이동시키는 것이다.

대규모 양빈 프로그램은 마일당 1백만 달러에서 5백만 달러까지 매우 비쌀 수 있다. 해변을 유지하기 위해 필요한 영양분의 빈도는 예측하기 어렵다. 대서양을 따라 진행되는 대부분의 자양분 프로젝트는 폭풍이 얼마나 자주 발생하는지에 따라 수명이 2년에서 10년이다. 인공적으로 양빈을 한 해변은 자연 해변보다 더 빨리 침식되는 경향이 있다.

양빈 프로그램은 레크리에이션 용도로 더 넓은 해변을 만들지만, 의도치 않게 재해 위험을 악화시킬 수도 있다. 해변에 자양분을 공급하는 데 사용되는 모래는 인근 해안 은행에서 채취하는 경우가 많은데, 이러한 은행은 그에 맞는 모래를 더 저렴하게 공급하기 때문이다. 그러나 이 은행들을 강탈하는 것은 근시안적인 일인데, 이 은행들이 앞바다의 "과속방지턱" 역할을 하기 때문이다. 그 결과 더 큰 파도가 해안에 닿아 더 심각한 침식을 일으킨다. 양빈 프로그램들은 또한 더 많은 구조물들을 위험에 처하게 하면서 해안가 개발에 박차를 가할 수도 있다.

자기 진단

- 댐이 붕괴할 수 있는 방법을 적어도 세 가지 나열하라.
- 구조공학적 사업이 재해지역의 개발을 어떻게 장려할 수 있는지 설명하라.
- 댐과 같은 대규모 구조공학적 사업의 환경비용에 대해 논의하라.

12.3 폭우관리시스템

모든 구조적 경감사업이 대규모이고 비용이 많이 드는 것은 아니다. 커뮤니티 차원에서 구조물 사업은 일반적으로 엔지니어가 설계하고 공공 공사 직원이 관리하며, 배수 및 배관시스템뿐만 아니라 폭우(stormwater) 및 위생 하수시스템의 건설 및 유지관리와 같은 필요한 조치를 포함한다.

12.3.1 적정용량의 배수시스템

도시지역에서 많은 홍수가 발생하는 이유는 단순히 배수시스템이 폭우 유출을 처리할 수 있는 능력을 갖추지 못하기 때문이다. "유출(runoff)"은 토양에 스며들지 않거나, 증발하거나, 식물 뿌리에 의해 갇히지 않고, 지표면을 통해 첫 번째 함몰, 하천, 호수 또는 그것이 만나는 다른 저지대로 흘러드는 빗물이다. 폭우시스템은 유출을 포착하여 일련의 배수관과 배관으로 배수구 또는 기타 격납장치로 유도하도록 설계되었다. 배수시스템이 설치될 때 커뮤니티는 암거(culvert), 도랑, 수로, 배관 및 기타 모든 요소가 정상적인 평균 이상의 폭우 동안 예상되는 폭우의 양을 충족하기에 충분한 용량으로 건설되도록 해야 한다.

새로운 또는 개선된 폭우시스템을 설계할 때, 커뮤니티는 미래의 개발과 성장으로 인해 홍수 수위에 발생할 수 있는 모든 변화를 예상하는 것이 좋다. 개발이 증가하면 일반적으로 불투수 표면이(주차장, 지붕, 거리 및 기타 비다공성 표면과 같이 빗물이 스며들 수 없는 포장된 지역) 증가하여, 폭우시스템으로 유입되는 물의 양이 증가한다. 잘 계획되지 않은 빠른 도시화는 증가하는 폭우 유출을 관리하는 커뮤니티의 능력을 빠르게 압도할 수 있다.

12.3.2 배수시스템 유지관리

배수시스템은 검사, 탈염 및 보수라는 잘 계획된 지속적인 예방적 유지관리 프로그램이 없으면 계속해서 제대로 작동하지 않는다. 유지관리 작업은 비용이 많이 들 수 있지만 홍수 문제를 해결하는 것만큼 비용이 많이 들지는 않다. 특히 장마 전이나 장마철에는 문제가 있는 도로변 도랑, 폭우 취수구, 배수구, 수로 등을 정기적으로 점검해야 한다. 일부 지방정부는 폐쇄회로CCTV를 이용해 출입검사가 불가능한 기존 배수로를 감시하고 있다.

12.3.3 새로운 폭우관리

전통적인 도시의 폭우관리 및 홍수통제사업에는 자연적인 도시 하천 채널을 방해하는 엄격하고 침습적인 기술이 포함된다. 일부 커뮤니티는 일반적으로 친환경 사회기반시설(green infrastructure) 또는 저영향개발(LID; low-impact development)라는 대체 방법을 선택하고 있다.

토양 생물공학, 하천을 따라 식생을 이용하여 유량을 늦추는 기술, 하천 둑을 안정시키고 홍수를 통제하는 다른 새로운 방법들을 포함한 개발 기술들이 있다. 일부 커뮤니티는 또한 불투수성 표면의 양을 제한하고, 지붕에 작은 나무, 관목, 그리고 다른 식물들이 빗물이 배수시스템에 도달하기 전에 여과하고 흡수하기 위해 자라는 친환경 지붕(green roof)과 같은 혁신적인 해결책을 장려한다. 이러한 접근과 다른 유형의 접근은 홍수재해를 줄이고 커뮤니티의 아름다움을 더하면서 수질을 개선할 수 있다.

구조공학적 경감사업의 탈피

경감 관행은 재해영향을 줄이는 방법으로 공학적 접근법에만 초점을 맞추는 것에서 벗어나고 있다. 경험에 따르면 위에서 설명한 조치들은 단기적으로는 효과가 있을 수 있지만 장기적인 효과는 종종 의심스럽다. 많은 구조물 사업은 건설과 유지관리 비용이 많이 든다. 그들은 갑작스런 붕괴에 취약할 수 있고, 그들의 그늘에서 개발이 일어나도록 장려한다. 구조공학적 접근은 환경이나 다운스트림 사람들에게 의도하지 않은 손상을 초래할 수 있다. 장기적인 비용이 이익보다 큰 전략은 지속가능하지 않으며, 장기적으로 이러한 조치는 커뮤니티의 회복탄력성을 증가시키기보다는 감소시킬 수 있다.

경감 전문가들은 다음에 논의할 예방, 천연자원 보호 및 재산보호 전략과 같은 보다 지속가능한 활동을 지향하고 있다.

자기 진단

- 유출 및 불투수성 표면을 정의하라.
- 도시홍수와 배수시스템의 유지관리 간의 관계를 설명하라.
- 구조공학적 사업의 장기적인 효과에 대해 논의하라.

12.4 예방을 통한 경감

장기간에 걸쳐 자연재해로 인한 피해와 손실을 최소화하기 위한 가장 지속가능한 접근 방식은 재해가 발생하기 쉬운 지역에서 벗어나도록 개발을 안내하는 것이다. 이것은 범람원에 건설하지 않고, 급경사와 산사태 지역을 피하며, 높은 침식 해안지역에서 개발을 늦추는 것을 의미한다. 즉, 도시환경이 재해사건과 교차하는 위치에서 사람과 재산을 제거함으로써 재난을 완전히 피하려고 노력한다. 이 절에서는 재난을 예방하는 3가지 방법에 대해 설명한다.

1. 미래의 재난을 예방하는 가장 직접적인 방법은 재해부지를 공공으로 매입하는 것이다: 소유주에게 떠나라고 돈을 지불한 다음 그 장소에 위치한 모든 건물을 철거하거나 이전하는 것이다.
2. 재해를 예방하기 위한 2번째 방법은 지역 토지이용규제, 용도지역지구조례, 알려진 재해지역에 향후 건축을 금지하는 후퇴규정과 같은 지역 토지이용규제를 포함한다.
3. 3번째 방법은 재해지역의 개발을 막고 더 안전한 지역의 개발을 장려하기 위해 자본개선을 위해 공공자금을 사용하는 커뮤니티의 힘을 포함한다.

예방접근법은 성장을 촉진할 수 있는 다른 안전한 개발 장소가 커뮤니티에 있을 때 가장 유용하다. 추가 개발을 흡수할 수 있는 지역의 능력의 상한선인 "빌드아웃(build-out; 역

주: 성장상한선)"에 도달한 커뮤니티는 예방 전략을 사용할 수 있는 선택권이 더 제한적이지만, 지방정부가 안전한 위치의 기존 부지("(공터 주택)채우기(infill)"이라고 하는 관행)에 새로운 구조물을 건설하도록 권장할 수 있는 방법은 있다. 예방 기법은 지리적으로 설명되고 지도에 표시할 수 있는 재해(예: 홍수)에만 적용된다. 지역적으로 특정되지 않은 재해에는 덜 효과적이다. 이러한 재해은 커뮤니티의 어떤 곳(토네이도)과 모든 곳(얼음폭풍)에서 발생할 수 있기 때문에 다양한 유형의 경감전략이 필요하다.

12.4.1 취득과 이전

위험지역의 재산을 취득함으로써, 커뮤니티는 토지가 재해에 대응할 수 목적으로만 사용되도록 보장할 수 있다. 예를 들어, 피크닉 쉼터와 개 공원은 집과 가게보다 범람원에 더 나은 선택이다. 취득(acquisition)은 일반적으로 가장 비용이 많이 드는 경감 전술 중 하나이지만, 장기적으로 취득은 매우 비용 효율적일 수 있다. 지방정부는 매입을 통해 반복적인 재해(대부분의 경우 홍수)를 겪고 있는 사유 주택 또는 사업용 부동산의 소유권을 취득한다. 소유자의 집이 더 안전한 곳으로 이전(relocation)할 때 취득이 수반될 수 있고, 구조물을 옮길 수 없거나 그렇게 하는 것이 비용적으로 효율적이지 않을 경우 철거(demolition)가 수반될 수 있다.

취득을 통한 비용 절감

비록 매입프로그램(buyout program)이 관련된 가격과 주택 수에 따라 수천, 때로는 수백만 달러의 초기 지출을 요구하지만, 장기적으로 이러한 자금은 미래의 재난을 방지함으로써 실현되는 비용 절감을 통해 전액 상환된다. 처음에, 취득한 재산에 대한 소유권이 공공 영역으로 이전되기 때문에, 취득은 세금 명부에서 부동산을 제거할 수 있으며, 따라서 지방정부는 대부분의 커뮤니티에서 주요 수입원인 그 재산에 대한 부동산 세금을 더 이상 징수할 수 없다. 그러나 이러한 부동산으로 인한 세수 손실 비용은 일반적으로 재해 사건 동안 주택이 손상된 후 반복적으로 집을 수리하고 재건하는 비용에 비해 훨씬 낮다. 지방정부는 재난으로 주민들이 대피할 때 발생하는 구조·복구 작업, 긴급대피, 재정지원 비용도 회피한다. 지방정부가 이들 부동산을 매입하면 더 이상 시가 운영하는 서비스(쓰레기 수거, 도로 정비 등)를 제공하지 않기 때문에 비용 절감도 실현된다. 장기적으로 볼 때, 취득은 커뮤니티가 반복적인 손실을 방지함으로써 많은 것을 절약할 수 있게 한다.

커뮤니티는 공원, 산책로(greenway), 공지(open space), 테니스 코트, 구장(ball field), 자

연보호구역, 커뮤니티 정원과 같은 다양한 용도로 그들의 소유물을 사용했다. 이러한 새로운 용도는 서식지를 보호하고, 수질을 개선하고, 개방된 공간을 보존하고, 지역의 아름다움과 오락의 기회를 제공하는 것을 포함하여 다양한 방법으로 커뮤니티에 봉사할 수 있다.

인근 공지(lot; 예: 거리 또는 주변의 모든 공터)의 취득은 지역커뮤니티에 가장 큰 장기적 이익을 가져다 준다. 토지의 효과적인 재사용에 도움이 되지 않을 수도 있는데, 이 경우 부동산이 비좁은 방식으로 취득되는 단편적인 접근은 토지의 효과적인 재사용에 도움이 되지 않을 수 있다. 그러나 연방기금의 지원을 받는 매입프로그램(전국 매입사업의 대부분을 커버함)에는 자발적으로 취득 및 이전 과정에 참여하는 매수자가 참여하기 때문에, 공지 한가운데에 홀로 구조물이 남은 불행한 사례들이 있다. 이러한 "비균질 접근법(snaggle-tooth approach)"은 재해가 발생하기 쉬운 지역의 취약성에 대한 전반적인 감소를 감소시킬 수 있다. 그러나 일반적으로 잘 만들어진 취득프로그램은 반복적인 홍수를 경험한 커뮤니티에 매우 효과적인 경감전략으로 작용할 수 있다.

12.4.2 토지이용규제

재난을 예방하는 또 다른 효과적인 방법은 사람과 재산이 알려진 재해지역에 개발되기 전에 위치하지 못하게 하는 것이다. 커뮤니티는 토지이용계획 또는 종합계획을 채택하여 이를 수행한다.

커뮤니티가 어떻게 성장하기를 원하는지 그리고 그 계획을 따르는 조례를 통과시켜 어디에서 그리고 어떻게 부동산이 개발될 수 있는지를 통제한다. 조례들은 일반적으로 토지소유자나 개발업자가 개발을 허가하는 대가로 규칙을 준수해야 하는 허가절차를 통해 시행된다. 이 절에서는 용도지역지구조례, 토지분할조례 및 후퇴를 포함하여 위험장소의 성장을 통제하기 위해 지방정부가 사용할 수 있는 보다 일반적으로 사용되는 규제 유형 중 일부에 대해 논의한다.

용도지역지구조례

미국의 대다수 지방정부는 관할구역 내의 토지사용을 통제하는 도구로 "용도지역지구제(zoning)"를 사용한다. 지방정부는 관할권을 지구로 분할하고 각 지구 내에서 건물의 건설과 사용을 규제하고 제한할 수 있다. 용도지역지구제를 통해 관리되는 토지 용도에는 용도 유형(주거, 상업, 산업 등)뿐만 아니라 토지 크기, 건물 높이, 도로 장애, 인구밀도

(한 지역에 얼마나 많은 사람을 수용할 수 있는지) 및 기타 개발 요소와 같은 최소 사양이 포함된다.

용도지역지구제조례는 지도와 쓰여진 텍스트로 구성된다. 일부 커뮤니티는 지도에 재해지역을 표시함으로써 용도지역지구제조례를 잘 활용하고 있다. 조례의 해당 문구는 이들 지역이 휴양, 개방 또는 녹지, 농업 등 저강도 이용을 허용하도록 할 수 있다. 또한 용도지역지구제는 자연재해에 노출된 지역의 폐차장 및 화학 시설과 같은 환경적으로 위험한 사용을 금지하는 데 사용될 수 있다. 동시에, 용도지역지구제조례는 재해에 노출되지 않는 커뮤니티의 일부에서 더 큰 밀도를 허용함으로써 안전한 지역의 개발을 장려하기 위해 사용될 수 있다.

토지분할조례

"토지분할조례(subdivision regulation)"는 분양이나 개발을 위해 작은 구획으로 분할되는 토지를 통제한다. 일반적으로 도로, 배수시스템, 보도, 조명과 같은 기반시설의 건설 및 입지 기준을 마련한다. 토지분할조례는 용도지역지구제처럼 광범위하지 않고 토지이용에만 간접적으로 영향을 미친다. 그럼에도 불구하고, 특히 홍수가 발생하기 쉬운 부동산과 산불 재해지역에 대한 개발을 제한하기 위해 세분화된 규정이 사용되어 왔다. 토지분할조례는 구조물 및 재해지역 사이의 거리를 증가시키고 폭우 흐름을 제어하기 위한 불투수성 표면의 양에 대한 제한을 설정할 수 있다. 토지분할조례는 주택이 보다 안전한 지역에 밀집해 있는 반면 범람원·고침식지역·방화구역 등은 개발이 불가능한 상태로 방치할 수 있도록 클러스터링(clustering) 개발에도 유용하다.

참조 콜로라도, 캘리포니아, 그리고 오리건의 토지분할

콜로라도에서는 지방정부는 토지분할 지원자들에게 홍수와 침식을 예방할 배수 계획을 하도록 요구한다. 캘리포니아에서 지방정부는 토지분할자들에게 산불 억제시설을 개발계획에 통합할 것을 요구한다. 오레곤 포틀랜드에서는 개발자는 홍수로 인한 손상을 최소화하는 방식으로 하수도와 상수시스템과 같은 공공시설을 배치해야 한다.

12.4.3 후퇴 법규

후퇴 법규는 재해지역과 건설될 수 있는 공지 사이에 최소거리를 확립한다. 해양 해안선 후퇴는 해안폭풍과 규칙적인 침식으로부터 구조물의 손상을 방지하도록 설계된다. 단층

지대 후퇴가 비슷한 양상으로, 지진에 의한 구조물의 손상을 방지하도록 건설이 단층선에서 떨어지도록 거리를 확립하도록 한다.

후퇴와 관련된 큰 문제는 일부 커뮤니티에서의 효과를 약화시키고 너무 많은 "용도제한변경(variances)"(개발 앞서 갈 수 있는 예외에도 불구하고 규칙이 금하는)을 허가하고 있다는 것이다. 일부 용도제한변경은 대형 폭풍 후 해변전망지역(beachfront)에 위치한 집을 재건하고자 하는 집 소유주들에게 건설지대의 해변전망지역을 줄였다. 주 및 지방 관리자들이 후퇴(setback)에 근거하여 건축과 재건축을 허가하지 않는다면 헌법 상의 문제가 발생할 수 있다. 후퇴 규제와 연관된 몇몇 헌법 이슈는 이전 장에서 논의된다.

12.4.4 자본개선 프로그램

지방정부는 교량, 경찰서, 학교, 휴양소, 기타 커뮤니티 시설과 같은 물리적 사업을 포함하는 자본개선과 같은 공공 목적을 위해 공공자금을 사용할 수 있다. 대부분의 지방정부는 CIP(capital improvement program; 자본개선프로그램)으로 이런 고액 항목을 계획한다. CIP는 향후 5년에서 10년간 공공시설을 제공하겠다는 정부의 의도를 제시하고, 공공시설이 어디에 위치할 것인지, 언제, 어떻게 건설, 개보수, 유지보수를 할 것인지를 명시하고 있다.

공공시설물을 재해로부터 보호하기 위한 자본개선계획의 활용

커뮤니티는 알려진 재해지역에 자본개선을 요구함으로써 공공시설을 보호할 수 있다. 이러한 조심스러운 부지는 라이프라인과 핵심시설을 보호할 수 있고 또한 재해사건 동안 손상될 수 있는 공공 구조물의 보수 및 재건을 위한 공공 비용을 줄일 수 있다. 지방정부는 또한 자본개선 및 유지관리 프로그램을 사용하여 공공시설을 내구성이 강한 재료를 사용하여 건설하고 재해영향을 견딜 수 있도록 하는 방식으로 건설하도록 요구할 수 있다.

민간개발을 재해지역에서 옮기기 위한 자본개선계획 활용

자본개선계획을 활용해 공공구조물 피해를 제한하는 것 외에도 지방정부가 위험지역의 성장과 민간개발을 저지하는 데에도 지출 권한을 활용할 수 있다. 도로, 학교, 상하수도 및 개발을 지원하는 데 필요한 다른 기반시설과 같은 공공서비스의 가용성을 제한함으로써, 커뮤니티는 개발자가 위험지역에 건설하는 것을 훨씬 더 비싸고 어렵게 만들 수 있다. 많은 커뮤니티는 도시 난개발(sprawl) 현상을 억제하기 위해 외곽 지역으로의 서비스 확장에 대한 금지령을 제정한다. 지방정부는 또한 자본개선계획을 사용하여 재해가 존재하지 않는 커뮤니티에서 성장과 개발이 일어나도록 장려할 수 있다. 그러나 CIP는 매우 위험하고 빠르게 성장하는 지역에서도 재해경감 목적으로 광범위하게 사용되지 않았다. 자본개선 지출이 경감도구로 사용된 드문 사례에서, 그것은 다른 토지사용조례 및 계획과 함께 사용될 때만 효과적이다.

자기 진단

- "용도제한변경(variance)"를 정의하라.
- 3가지 재해방지도구 설명하라.
- 경감전략으로 토지취득과 관련된 비용과 편익을 설명하라.

12.5 재산보호를 통한 경감

완벽한 세계에서의 커뮤니티는 재해영향에 결코 노출되지 않는 장소에 건설될 것이다. 그러나 재해를 피할 수 없을 때는 건물과 시설을 강화하여 잠재적 재난손실을 줄이는 것이 시급하다. 지방정부는 주택과 기업의 재해 회복탄력성을 향상시키는 조치를 취할 것을 권장하거나 경우에 따라서는 부동산 소유자에게 요구할 수 있다. 지방정부는 또한 하수처리장, 소방 및 경찰서, 학교, 도서관, 정부청사, 상수도 및 전력배전선, 도로, 교량 및 기타 사회기반시설과 같은 공공시설이 높은 기준에 따라 건설되도록 할 수 있다.

과거의 재난에서 손상된 구조물을 연구한 결과, 다음을 포함하여 재산피해의 원인이 될 수 있는 많은 요소들을 이해하게 되었다.

- 지표면에 건설 → 홍수에 취약한 구조물
- 골조 불량 → 강풍, 설하중 및 지진에 취약한 구조물
- 부적절한 정착(anchoring) → 지진에 불안정하고 강풍에 민감한 구조물
- 불량 기초 → 침식 및 폭풍해일의 마찰 작용에 취약한 구조물
- 저품질 건축자재 → 다중 재해에 대한 취약성 증가
- 조잡한 시공 → 모든 유형의 재해에 대해 약한 구조물

커뮤니티가 이러한 결함에 대처하고 건물이 재해 조건을 견딜 수 있도록 하는 방법 중 일부는 건물과 시설의 강화, 건축법규의 시행, 그리고 시정의 개선을 포함한다. 다음 절에는 이러한 자산 보호 방법에 대해 설명한다.

12.5.1 건물과 시설물의 보강

건물과 시설물을 보강하기 위해 사용되는 많은 유형의 경감전략 중, 이 장에서는 (1) 고도화, (2) 홍수방재, (3) 바람방재 및 (4) 내진 보강의 4가지 기법을 설명한다.

홍수위 이상으로 건물을 고도화

많은 커뮤니티는 미래의 홍수 손실을 줄이면서 부동산 소유자들이 같은 장소에 머물 수 있도록 하기 위해 고도화(elevation)를 성공적으로 사용했다. 또한 일부 공공시설 및 사회기반시설에도 고도규정(elevation-in-place)이 적용된다. 고도화은 가장 일반적으로 건물을 기둥이나 말뚝 위에 놓고 그 아래에 열린 공간을 두는 방식으로 이루어진다. 고층 건물의 최저 거주 가능 층은 일반적으로 100년 홍수 수위 이상으로 올라가며, 상승하는 물은 구조물을 해치지 않고 건물 아래로 흐른다. 많은 건축법규는 소규모의 창고와 주차 그리고 다른 유사한 활동들이 100년 홍수 수준 이하에서 일어날 수 있도록 허용할 것이다. 해안을 따라, 고도화는 또한 건물을 예상되는 폭풍해일과 파도 높이 이상으로 올리는 것을 의미할 수 있다.

홍수 피해를 줄이는 한 가지 경제적 방법은 난로나 온수기와 같은 난방, 환기, 냉각(HVAC) 장비 같은 건물의 기계 및 전기 장비만 높이는 것이다. 이 장비는 종종 위층이나 다락방으로 옮길 수 있다. 그러나 HVAC 시스템을 이전하려면 배관 및 전기 변화가 필요할 수 있다. 서비스 패널(퓨즈 박스 및 회로 차단기), 스위치, 계량기 및 콘센트 같은 전기 시스템 부품도 100년 홍수보다 최소 1피트 이상 높여야 한다. 이러한 부품은 쉽게 물 손상을 입고 단전 및 화재의 원인이 될 수 있다. 전기 및 기계 장비를 높임으로써, 건물들은 종종 홍수사건 후에 더 빨리 그리고 더 저렴하게 거주할 수 있다.

건물을 높이려고 선택할 수 있는 높이는 여러 가지 요인에 따라 달라진다. 홍수의 가능성이 더 큰 재앙적 영향을 미칠 수 있는 건물의 경우, 100년 홍수위 이상으로 높이는 것이 현명할 수 있다. 예를 들어 위험물질이 다량 있는 병원이나 산업시설은 범람원 위로 큰 홍수위로 높여야 한다.

홍수방재

홍수방재(floodproofing)에는 크게 두 가지 유형이 있다. 건조형 홍수방재는 홍수 수위 이하의 모든 지역을 방수처리(watertight)한다는 것을 의미한다. 침수형 홍수방재로, 깊은 물에 의해 가해지는 압력을 줄이기 위해 의도적으로 홍수가 건물 안으로 들어갈 수 있다. 건물주가 침수될 것으로 예상되는 건물 일부에서 수분에 민감한 물품을 제거해 내부를 홍수방재한다. 역류밸브(일명 '체크밸브')는 배수관을 임시로 막아 주택 소유자가 하수가 집안으로 역류하는 것을 막을 수 있도록 돕는다.

홍수방재로 인해 건설 비용이 더 많이 들지만, 효과적인 경감도구가 될 수 있으며 높은 수준으로 수재해에 대한 보호를 제공한다. 건조형 홍수방재는 일반적으로 플라스틱 시트의 방수 화합물로 벽을 코팅하고 착탈식 보호 또는 모래주머니로 건물 개구부를 보호하는 방식으로 이루어진다. 건조형 홍수방재는 더 깊은 물에 의해 가해지는 압력이 대부분의 벽과 바닥을 붕괴시키기 때문에 건물의 기초 위로 2, 3피트 이상 확장될 수 없다.

바람방재

바람방재(windproofing)는 바람 피해를 견딜 수 있도록 건물을 설계하고 건설하는 것을 포함한다. 바람방재는 일반적으로 구조물의 공기역학을 개선하거나, 건축에 사용되는 재료를 개선하거나, 바람방재 셔터와 비산 방지 창유리와 같은 기능을 추가하는 것을 포함한다. 바람방재는 또한 건물의 거주자와 그들의 소유물을 깨진 유리와 날아다니는 물체로부터 보호하는 것을 도울 수 있다.

주거용 구조물은 절대 완전히 바람방재가 되지 않지만 바람에 견딜 수 있도록 만들 수 있다. 비용을 크게 늘리지 않고도 저항을 높일 수 있는 시공방법으로는 일반적인 목재보다 큰 목재 사용, 못 대신 볼트 사용, 허리케인 클립 설치 또는 지붕 브레이스 보강 등 상당히 간단한 기술이 있다. 이러한 기술은 강풍 사건 동안 지붕이나 심지어 건물 전체가 헐거워지는 것을 방지하고 주변 구조물에 추가 피해를 입히고 인간의 생명을 위험에 빠뜨리는 비산 물체를 방지할 수 있다.

내진시공 및 보수

내진건설(seismic construction)은 지진의 흔들림을 견딜 수 있는 새로운 구조물을 설계하고 건설하는 것을 포함한다. 그것은 또한 지진 피해를 줄이기 위해 건물 내부에 대한 비구조적 개선도 포함한다. 새 집을 지을 때 벽돌만을 사용하는 것보다는 콘크리트에 철근을 추가하거나 벽돌 베니어판(veneer)에 목재 프레임을 사용하는 것과 같이 건축 과정에서 내진기술을 포함시키 것이 비용이 적게 들 수 있다.

대조적으로, 기존 건물을 "보수(retrofitting)"하는 것은 종종 더 어려운 과정이다. 재건축은 초기 건설 중에 설계 개선을 통합하는 것보다 훨씬 더 비용이 많이 든다. 심각한 지진의 영향을 거의 받지 않는 지역에서 내진 보수는 대중들에게 낮은 우선순위가 될 수 있다. 그러나 이러한 지역들에서도 상당히 저렴한 전술은 지진 위험을 줄이는 데 큰 도움이 될 수 있다.

건물의 구조 개선에는 일반적으로 브레이스 추가 및 돌출부(overhang) 제거가 포함된다. 교량, 급수탑 및 기타 비점유 구조물도 내진 재료로 보수할 수 있다. 지진 발생 시 파괴될 수 있는 스프링클러 배관, 물 연결부, 가스 공급 라인 등 2차 손상 발생원을 안전하게 확보하거나 차단 밸브를 장착해야 한다. 연료 탱크와 공급 라인은 지진에 의해 이탈되지 않도록 단단히 고정되어야 한다.

비구조적 경감기법으로는 책장, 컴퓨터 모니터 및 조명 기구를 벽에 고정하고 유리창을 비산 방지 필름으로 덮으며 지진 시 유출될 가능성이 낮은 위험물질을 놓는 방법이 있다.

12.5.2 건축법규

재해영향으로부터 건물을 보호하는 효과적인 방법은 엄격한 건축법규의 엄격한 시행을 통해서이다. "건축법규(building code)"는 건축물의 건축·재건축·유지관리·운영·점유·사용·외관에 관한 기준과 요건을 정한 법령·조례·규정 등을 말한다. 건축법규는 보통 일정 수준의 내화성과 함께 인명 구조 및 건물 붕괴를 줄이기 위해 지진, 홍수, 강풍 영향에 대한 규제를 요구한다.

구조물이 최대한 안전하게 건설될 수 있도록 건축법규의 정신뿐만 아니라 글자의 엄격한 준수가 필수적이다. 재난 이후 엄격한 집행이 특히 중요하다. 주민들과 부동산 소유자들이 허리케인이나 다른 대규모 사건 이후에 가능한 한 빨리 집과 사업을 재건하기를 원하는 것은 이해할 수 있다. 허가 절차를 신속히 진행하기 위해 재난 이후 기간 동안 공무원들에게 정치적 압력이 가해질 수 있다. 하지만, 정상으로 돌아가려는 이러한 충동이 대중의 건강과 안전을 희생으로 충족되서는 안 된다.

참조 부실시공으로 인한 막대한 손실

1992년 8월, 시속 120마일 이상의 바람을 동반한 허리케인 앤드류에 의해 75,000채 이상의 주택과 8,000채 이상의 사업장이 파괴되거나 심각한 피해를 입었다. 폭풍 후의 피해 보고는 앤드류가 1980년 이전에 지어진 것보다 최근에 지어진 건물들에 더 많은 피해를 입혔다는 것을 보여주었다! 피해의 대부분은 부실시공(shoddy workmanship), 불량 설계, 그리고 건축법규의 느슨한 집행이 널리 행해졌기 때문이다. 허리케인 앤드류 이후, 플로리다의 건축법규는 바람에 의한 파편과 허리케인으로 덮인 지붕의 높은 충격에도 견딜 수 있는 유리를 요구하도록 수정되었다.

12.5.3 기타 시정 개선 사항

건물과 시설을 보강하는 것 외에도 커뮤니티가 공공시설의 보호를 위해 사용할 수 있는 공공시설의 지중화와 가지치기(pruning)와 같은 다른 기술들이 있다. 이러한 단계를 다음에 설명하였다.

유틸리티 라인의 매설

전력선을 지하에 매설하면 특히 강풍과 겨울폭풍우가 몰아치는 동안에도 전력과 통신을 계속 가동시키는 데 도움이 될 수 있다. 정상적인 기상 조건에서는, 지하시스템이 지상시스템(overhead system)보다 더 신뢰할 수 있고, 더 적은 중단이 있을 수 있다. 그러나 전문인력이 문제를 식별하고 위치를 파악하여 해당 부위를 파내고 케이블을 수리해야 하기 때문에 신뢰성 향상은 수리 시간의 증가로 상쇄된다. 허리케인이나 얼음폭풍과 같은 심각한 기상현상에서는 지하설비가 있는 고객들은 방해를 덜 받지만 지하에 고장이 났을 때 가장 늦게 전력을 복구하는 고객들 중 하나가 될 수 있다.

기존의 지상 전선을 매립하는 것은 종종 비용이 많이 들고 완공하는 데 몇 년이 걸릴 수 있다. 매장 비용과 높은 운영 및 유지보수 비용을 충당하기 위해 공공요금이 125%까지 오를 수 있다. 그러나, 새로 개발된 지역에 공공 전선을 매설하는 비용은 비용 효율적인 대안이 될 수 있다.

가지치기 및 심기

가지치기(pruning)는 유틸리티 라인을 방해하는 나무와 높은 덤불을 적게 하는 것이다. 가지치기는 송전선에 즉각적인 위협이 되는 가지를 제거하는 것은 물론 나무를 튼튼하게 하고 강풍이나 얼음폭풍 때 송전선이나 자동차, 건물 등에 무거운 가지를 넘어뜨리거나 떨어뜨리는 일이 적어진다. 가지치기는 새로운 성장 속도를 따라잡기 위해 거의 끊임없는 노력을 필요로 한다. 공공 선로가 충분한 가지치기를 할 수 있을 만큼 넓지 않은 경우, 커뮤니티는 추가 선로권을 구입하거나 임대할 수 있다. 커뮤니티는 바람에 강한 종류의 나무와 식물, 그리고 넓게 분리된 나무보다 바람에 덜 취약한 더 큰 나무를 심는 것(planting)을 선택할 수 있다.

자기 진단

- 보수란 무엇인가?
- 재해로부터 재산을 보호하는 3가지 방법을 나열하라.
- 건물을 보강하기 위해 사용된 4가지 전략을 언급하라.
- 유틸리티와 공공시설을 보호하는 방법에 대해 논의하라.

12.6 천연자원 보호를 통한 경감

커뮤니티의 습지, 산허리, 해안선, 범람원, 강가 지역, 숲 및 서식지는 중요하고 비용 효율적인 환경 서비스와 이익을 제공할 수 있으며, 그 중 가장 중요한 것은 재해경감이다. 종종, 사람과 재산의 취약성을 줄이는 가장 좋은 방법은 건강하고 잘 작동하는 생태계를 보존하는 것이다.

12.6.1 습지 보존

습지는 적어도 일 년의 일부분의 물로 자연적으로 범람하는 지역이며 지구상에서 가장 역동적이고 가치 있고 다양한 생태계 중 하나이다. 습지는 엄청난 양의 홍수를 저장하고 하류의 흐름을 늦추고 줄임으로써 자연적인 홍수 조절의 역할을 한다. 연방정부는 주정부 및 지방정부와 함께 준설 및 매립활동의 요건과 습지지역의 편의시설 취득 및 구입을 허용하는 규정을 통해 습지를 보호하고 있다. 습지 규제에 대한 자세한 내용은 7장을 참조하라.

국가 습지의 고갈

지난 세기에 걸쳐, 미국의 해안과 내륙의 유역(watershed)은 극적으로 변화했다. 일부

지역에서는 습지(wetland)의 80%가 농업과 도시화로 전환되었다. 다른 지역에서는, 강이 자연적인 구불구불 패턴으로 수로를 바꾸는 것을 막기 위해 설계된 대규모 홍수방재 구조물의 건설로 인해 많은 범람원과 삼각주에 대한 퇴적물 흐름과 담수 공급이 제한되었다.

습지를 물리적으로 변화, 퇴화, 파괴하는 인간의 행동 중에는 농업으로의 전환, 개발을 위한 개간, 관개를 위한 배수, 조사/에너지 탐사/추출을 위한 준설, 제방, 제방, 댐 건설 등이 있다. 습지는 또한 물과 대기 오염, 침입종의 유입, 침전, 온도와 염도의 변화를 통해 일반적으로 악화된다. 미래에는 해수면 상승이 해수면 상승으로 인한 해수침입뿐만 아니라 범람으로 인해 해안지역의 습지에 가장 심각한 장기적 위협이 될 수 있다. 해수면 예측이 조금이라도 실현된다면 해안 습지의 상당 부분이 침수될 수 있다.

12.6.2 토양보전 및 급경사면보전

15도 이상의 대부분의 경사면은 산사태를 일으키기에 충분한 흙과 느슨한 바위가 있다. 산사태 위험은 급경사와 느슨한 토양이 집중호우, 부서진 수도관 또는 잘못된 방향 유출로 인해 물에 젖게 되면 크게 증가한다.

토양보전 및 급경사지보전은 산사태 위험지역 개발에 제한을 두고 산사태 위험지역의 경사를 제한하는 조치다. 경사 안정화의 방법에는 경사의 경사를 줄이는 것과 같은 경사 구조의 변경이 포함된다. 다른 기술들은 느슨한 돌무더기와 흙을 고정시키는 것을 돕기 위해 식물을 심는 것을 포함한다. 물은 산사태 위험을 크게 증가시키기 때문에, 현명한 물 관리는 급경사와 관련된 재해를 줄이는 데 도움이 될 수 있다. 한 가지 방법은 물이 그 아래의 느슨한 물질에 도달하는 것을 막기 위해 표면을 불투수성 물질로 덮는 것이다. 그러나 이 기술은 빗물 유출을 증가시키고 내리막길에서 홍수재해를 발생시킬 수 있다. 더 나은 접근은 빗물을 물줄기 방향을 변경하거나 지하 배수시스템을 설치하는 것이다.

자기 진단

- 자연 자원 보호를 경감전략으로 사용하는 두 가지 방법을 말하라.
- 습지 보존의 경감 이점을 설명한다.

12.7 공공정보를 통한 경감

종종 회복탄력적 커뮤니티를 구축하는 열쇠는 재해의 본질과 결과에 대해 대중을 교육하는 것이다. 시민, 선출직 공무원, 기획자, 건설업자, 비상관리자, 학교 어린이, 그리고 커뮤니티의 다른 사람들이 그들 주변의 재해에 대해 배우면서, 그들은 부상과 죽음, 재산피해, 그리고 경제적 손실을 최소화하기 위해 취할 수 있는 조치들에 대해서도 배울 수 있다. 재해 매핑, 부동산 매매 시 공시 요건, 재난 경고시스템, 커뮤니티 인식캠페인 등 재해와 경감에 대해 대중에게 알리는 많은 방법이 있다.

12.7.1 재해 매핑

일부 커뮤니티는 지도를 발행하여 지역 재해에 대한 정보를 전달한다. 재해 매핑에는 위험 인구, 위험지역, 위험 구조물 및 환경에 민감한 지역의 목록이 포함된다. 재해지도는 위험지역의 윤곽을 보여주는 간단한 종이 지도(예: 폭풍해일 침수지역)에서 지리정보시스템(GIS)을 통해 생성된 정교한 다층 컴퓨터 지도까지 다양할 수 있다. GIS는 위험지역의 위치와 특성과 관련된 공간정보, 인구통계학적 데이터, 건설환경의 특성 및 기타 경감 및 대비 노력에 필요한 요소의 목록 및 분석을 지원한다.

재해지도는 종종 공공이 지방 관공서에서 볼 수 있도록 제공된다. 많은 커뮤니티는 시/군 웹사이트의 링크를 통해 그들의 지도에 접근할 수 있도록 하여 새로운 거주자와 현재의 거주자가 비교적 적은 비용으로 언제든지 지도에 접근할 수 있도록 한다. 웹 기반 지도를 사용하면 최신 및 대화형 맵핑 정보를 쉽게 배포할 수 있다. 커뮤니티가 직면하는 재해 노출의 범위를 명확하게 묘사하는 지도는 일반 대중뿐만 아니라 지역 공무원들 사이에 인식과 이해를 창출할 수 있으며, 이는 종종 다른 정보 보급 방법보다 더 생생하다. 이러한 커뮤니티의 취약성에 대한 그래픽 묘사는 천 마디의 말보다 가치가 있을 수 있으며 공공 및 사유재산과 관련하여 위험이 어디에 있는지를 주민들에게 알리는 역할을 할 수 있다. 예를 들어, 폭풍해일이나 홍수 지역의 재해지도와 겹쳐진 마을의 재산세 기반 지도는 정말 눈을 뜨게 할 수 있다. 건설된 환경과 잠재적 재해지역의 교차점이 지도에 표시되었을 때, 그것은 커뮤니티의 취약성 수준을 감소시킬 관리 관행의 필요성을 강조할 수 있다.

참조 GIS를 사용하여 미래 개발의 홍수 계획

노스캐롤라이나에 있는 샬럿-메클렌부르크 폭우 서비스의 기획자와 엔지니어들은 GIS 기술을 사용하여 미래의 홍수사건의 영향에 대한 컴퓨터 모델을 만들고 다양한 토지 사용, 개발 패턴, 그리고 성장 시나리오의 영향을 평가한다. 실제로 빌드아웃 분석을 수행함으로써 현재 용도지역지구제 기준으로 도시가 완전히 개발되었다고 가정하면 범람원을 예측할 수 있다. 그 부서는 GIS 데이터를 사용하여 도시지역 범람원에서 가장 적절한 빗물 홍수방재 대책을 선택한다.

12.7.2 부동산공개법

재해지도는 부동산 거래 중에 재해가 공개되어야 하는 경계를 정의하는 데 사용될 수 있다. 부동산 공시법은 재해가 발생하기 쉬운 지역 내에 부동산이 있는 경우 매수자와 대부업자에게 통보하도록 하고 있다. 공개법의 지지자들은 더 나은 정보에 입각한 시장이 더 나은 의사결정으로 귀결되어야 한다고 주장한다. 예를 들어, 대출자들은 재해지역에서 신용을 연장하는 것을 주저할 것이고, 정보에 정통한 구매자들은 재해지역에서 구매를 피하거나, 더 낮은 가격을 요구하거나, 협상 카드로서 경감을 요구할 것이다. 소수의 주만이 자연재해에 대한 부동산 공개를 의무화했다. 연방 규제 대출기관(미국 내 은행 및 주택담보대출 발행자 대부분 포함)은 건물이 공식적인 홍수보험율지도에 표시된 대로 범람원에 있는 경우 주택담보대출 또는 기타 대출을 신청자에게 권고해야 한다.

부동산 과정에서 재해위험 통보가 너무 늦게 발생하면 주택 구매자에게 통보가 큰 영향을 미치지 않을 수 있다. 예를 들어, 연방 대출법은 신청자가 보통 계약을 체결하거나 다른 방법으로 부동산 구입을 약속한 마감 5일 전에 홍수재해 통보를 해야 한다고 요구한다.

지역 부동산 위원회는 새로 온 사람들에게 주택 구입 과정 초기에 재해 위험에 대해 철저히 조언하도록 요구함으로써 통보 관행을 보다 효과적으로 만드는 데 도움이 될 수 있다. 부동산 위원회는 또한 부동산이 지도화된 고위험지역에 있는지 여부에 관계없이 주택 소유자들에게 과거의 재난 사건을 공개하도록 요구할 수 있다. 그러나 많은 주의 판매자는 재산에 영향을 준 홍수, 침식 또는 해안폭풍을 포함한 과거 재해사건이나 재해위험에 대해 어떠한 표현도 할 수 있는 선택권을 보유하고 있다.

12.7.3 재난 경고

재난 경고는 홍수, 댐 붕괴, 뇌우, 겨울 날씨, 토네이도 및 기타 돌발(rapid-onset) 재해으로부터 주민을 보호하는 데 매우 중요한다. 많은 재난경보가 국립기상국을 통해 발령되고 사이렌, 라디오, 텔레비전, 모바일 공공통지시스템, 전화 트리, 역방향 911 시스템, 방문접촉 등 다양한 방법으로 대중에게 전파된다. 게시된 표지는 특정 현장의 위험을 식별하는 데 사용될 수 있다. 해안을 따라 있는 역조(riptide; 역주: 파도가 갑자기 먼바다로 밀려나는 역파도) 지역, 쓰나미 침수지역, 낙석 및 산사태 위험지역, 국지적인 홍수 지역 및 기타 재해지역에 정보 표지판이 설치되었다.

많은 사람들이 재난이 임박했다는 긴급 경고에 대응하지 못하며, 심지어 더 먼 미래에 예상되는 경고에 주의를 기울이는 주민들은 더 적다. 개인은 다음과 같은 다양한 심리적 또는 사회적 이유로 경고를 무시한다.

- 재난 발생 가능성에 대한 오해
- 경감조치 효과의 과소평가
- 자신의 운명을 통제하는 것은 불가능하다는 운명론적 믿음
- 재해존재를 믿지 않음
- 재해는 한 번 발생하면 다시는 발생하지 않을 것이라는 가정
- 과거에 받은 검증되지 않은 경고
  (즉, 재해 경고를 받았으나 실제로 발생하지 않았던 경고)

12.7.4 커뮤니티 인식캠페인

커뮤니티가 단독으로 운명론적 관점을 바꾸거나 사람들이 경고와 경고 문구를 무시하도록 만드는 모든 심리적 요인들과 싸울 수는 없지만, 커뮤니티 인식프로그램은 재해위험과 경감전략에 대해 일반 대중을 직접 교육하는 데 사용될 수 있다. 정보는 공공봉사사업, 재해정보센터 및 키오스크, 취학 연령 교육 워크숍 및 기타 문구 확산 수단을 포함하여 다양한 방법으로 제시될 수 있다.

일반적인 인식캠페인은 커뮤니티와 개별 가정에 특정한 실용적인 정보와 같은 매우 다양한 주제를 포함할 수 있다. 주민들에게 노출을 제한할 수 있는 방법, 피해를 줄이기 위해 재산을 보수할 수 있는 방법, 어떤 종류의 비상사태에 대비해 챙길 물품, 지역 대피경로 및 절차에 대해 알려주어야 한다. 인식캠페인은 또한 통제되지 않는 범람원 사용이

하류 이웃에 어떻게 영향을 미치는지, 습지가 자연적으로 홍수를 흡수하고 여과하는 방법, 장벽섬과 유입구(inlet) 이동, 모래언덕이 내륙지역을 파도 작용과 폭풍해일로부터 보호하는 방법 등 대중이 알아야 할 더 큰 환경에 어떻게 적응하는지에 대한 정보를 다룰 수 있다.

일반 인식프로그램은 재해경감 및 대비 활동에 대한 공공지원을 구축한 기록이 혼재되어 있다. 주택 홍수방재 워크숍이나 재산보험 정보 세션 등 범위가 좁은 자조(self-help) 프로그램이 더 성공적이다. 일부 커뮤니티는 지역 건물 공급 및 주택 개선 기업과 성공적으로 협력하여 소비자에게 경감 건물 기술에 대한 정보를 제공하고 있다. 예를 들어, 홈디포(Home Depot)와 로우스(Lowes)를 포함한 대형 소매업체들은 몇몇 해안지역에서 경감 엑스포와 대비 박람회를 개최했다. 이러한 사건들은 종종 허리케인 시즌이 시작되기 직전인 초여름에 개최되도록 전략적으로 타이밍을 맞춘다. 유리창 위에 유리창을 씌워 강풍으로부터 유리창을 보호하는 등 경감 기술을 시연하는 동시에 고객이 스스로 가정 보호 및 주택 개선을 하도록 교육하고 동기를 부여한다.

자기 진단

- 어떻게 공공정보가 효과적인 재해경감기법이 될 수 있는지 설명하라.
- 재난경고시스템의 장애물에 대해 논의하다.
- 커뮤니티 인식캠페인의 예를 들어보라.

12.8 경감기금

커뮤니티가 이 장에서 언급한 많은 경감 전술을 구현하는 데 상당한 비용이 들 수 있다. 지방정부 공무원들은 제한된 자원을 분배하는 방법을 결정할 때 많은 경쟁적인 이해 관계들의 균형을 맞춰야 한다. 범죄 통제, 교육, 저렴한 주택, 대중교통, 노숙자, 그리고 건강서비스와 같은 뜨거운 이슈들은 종종 유권자들의 즉각적인 관심을 끈다. 많은 지방정부 예산이 시민들의 긴급한 요구를 충족시키는데 부족하며, 특히 커뮤니티가 최근 재해사건을 경험하지 않은 경우, 경감의 우선순위는 낮을 수 있다. 다만 현재 경감에 투입되는 달러가 재난 발생 후 긴급대응·복구·재건에 필요한 금액을 줄여 미래 달러 수요를 크게 줄인다는 것은 기획·비상관리분야에서는 잘 받아들여지는 원칙이다. 비상사태에 따라 운영되는 사업체, 거주자, 기본서비스를 유지하는 것은 커뮤니티의 경제적 안정과 사회적 안정을 가져온다. 위험을 낮추기 위한 재원은 잘 쓰인 재정을 의미한다.

12.8.1 주 및 연방의 기금 출처

주 및 연방의 지원은 많은 지방정부 세입 흐름의 큰 부분이다. 매입, 고도화 프로젝트 및 기타 고가의 경감 활동의 대부분은 HMGP(Hazard Mitigation Grant Program; 재해경감 보조금 프로그램), BRIC(Building Resilient Infrastructure and Community) 및 홍수경감 지원프로그램(FMA)과 같은 프로그램을 통해 연방기금으로 지불된다. 다른 기금 출처(funding source)로는 주택도시개발부에서 발행하는 중소기업청 재난지원 프로그램과 커뮤니티 개발 블록 조성금이 있다. 이 프로그램들의 대부분은 미국 대통령이 그 지역에 대한 재난 선언을 한 후에 커뮤니티에서 이용할 수 있다. FEMA가 관리하는 BRIC 및 FMA 프로그램과 같은 일부 프로그램은 재해 신고에 얽매이지 않으며, 지방정부는 매년 이 기금을 신청할 수 있다. 이러한 프로그램 및 기타 연방프로그램에 대한 설명은 6장에서 찾을 수 있다.

12.8.2 경감조치와 기타 목표의 결합

재난지원 프로그램 외에도 다른 연방 및 주 프로그램은 재해와 직접 관련이 없는 경우에도 경감 활동에 자금을 지원할 수 있다. 경감 목표는 종종 저렴한 주택, 오염 방지, 수질 보호, 천연자원 보존, 야생동물 보호 및 기타 상호 이익과 같은 다른 목표와 결합될 수 있다. 예를 들어, 습지 복원기금은 연방 EPA(Environmental Protection Agency; 환경부)에서 받을 수 있고, 토양과 물 대출은 미국 농무청에서 받을 수 있으며, 유역 보호 보조금은 천연자원 보호청으로부터 받을 수 있다. 이러한 프로그램은 일차적인 목표로 자연재해경감을 갖지 않을 수 있지만, 종종 부수적인 이익으로서 재해 경감에 기금을 지원할 수 있는 기회를 제공할 수 있다.

12.8.3 분담금 찾기

많은 연방 보조금 프로그램은 지방정부가 "비연방분담(nonfederal match)"(보통 수여된 총 보조금 금액의 백분율)으로 알려진 것을 기여하도록 요구하는데, 이는 다른 출처에서 와야 한다. 이것은 많은 연방 재해경감 보조금에 해당된다. 다른 출처의 연방기금은 사용할 수 없지만, 지역 또는 주 기금은 분담금으로 사용할 수 있다.

주가 필요한 일치를 제공하지 않을 때 보조금을 신청하는 지방정부는 현금 지출 대신 "현물출연(in-kind contribution)"으로 비연방분담금을 충족시킬 수 있다. 현물 자원은 경감 활동(사업 관리자, 엔지니어, 계획자, 공공 공사 승무원 등)을 수행하기 위해 지역 직원에게 지급되는 노동력 또는 급여로 구성될 수 있다. 현물출연에는 기부된 서비스, 물품, 장비 및 사무 공간도 포함될 수 있다. 다른 조직과 맺어진 파트너십과 연합도 현물 자원의 원천이 될 수 있다.

참조 유동성 높은 비용 절감

오클라호마주 툴사는 폭우 관리프로그램에 대한 비용을 지불하기 위해 안정적인 자금원을 설립했다. 유역에 있는 각 가정과 사업체는 공공요금의 일부로 월별 빗물 사용료를 산정한다. 기업은 불투수성 표면의 양을 기준으로 평가된다. 이 수수료는 연간 8백만 달러 이상을 모금하는데, 이것은 시가 새로운 개발에 대한 규제, 도시의 주요 배수 계획, 그리고 자전거와 하이킹 길로 사용될 개울 바닥을 따라 땅을 취득하는 데 사용한다.

12.8.4 가정에서 경감기금 찾기

비록 외부 자금원이 대부분의 대형 경감사업에 대해 돈을 지불하지만, 많은 창의적인 지방정부는 경감 활동에 대한 지불에 있어서 더 자립적이 되고 있다. 지방정부는 자본 예산, 조세 및 특별평가, 지방채, 공공사업 및 허가 수수료, 비영리단체와의 파트너십 등 다양한 자원을 사용하여 경감 활동을 지원하고 있다.

또한 지방정부는 연간운영예산을 주의 깊게 연구하여 현재 진행 중인 커뮤니티 프로그램에 경감이 어디에 적합한지 확인할 수 있다. 종종 지출 우선순위의 변화만이 일부 경감 아이디어의 자금 조달에 필요한 전부이다. 그리고 때때로, 가장 효과적인 경감 활동에는 새로운 돈이 전혀 필요하지 않다. 단지 커뮤니티가 일상적인 운영과 의사결정에 경감 원칙을 포함하도록 생각을 전환하면 될 뿐이다.

자기 진단

- 비연방분담 및 현물출연을 정의한다.
- 경감기금의 3가지 지역 원천을 열거하라.
- 경감을 위한 연방 및 주 기금의 3가지 출처를 언급하라.

12.9 인적재해 경감전략

위험장소를 피해 인적재난을 막을 것이 아니라 공격으로부터 보호되거나 공격이나 위험물 사고에 더 잘 견딜 수 있는 도시환경을 조성해야 한다. 이는 목표강화 및 기타 전략을 통해 달성될 수 있다. 또한 커뮤니티의 구성원들이 다양한 종류의 인적재해로부터 그들 자신, 가족, 그리고 사업을 보호하는 방법에 대해 더 잘 알 수 있도록 대중의 인식캠페인을 수행하는 것이 가능하다.

"목표강화(target-hardening)" 전략은 매우 간단할 수 있다. 예를 들어, 독성 가스가 유입되지 않도록 HVAC 시스템의 공기 흡입구 주변에 방호울타리를 설치하는 것이다. 목표강화는 특히 민감한 건물 주변의 넓은 영역을 완충지로 차단하는 것과 같이 더욱 정교할 수 있다. 자연재해영향 경감에 적합한 전략 중 일부는 인적재해에 대한 방호 강화에도 사용될 수 있다. 예를 들어, 일부 유형의 지진경감기술은 또한 폭탄 폭발의 영향에 대비하여 건물을 강화할 수 있다. 산불에 대한 경감은 방화장치로부터 구조물을 보호할 수 있다. 그리고 강풍으로부터 건물을 강화하는 재산보호조치는 폭발의 충격을 경감하는 데 도움이 될 수 있다. Table 12.2는 인적재해의 영향을 경감하는 데 사용할 수 있는 몇 가지의 전략 유형의 예를 제공한다.

Table 12.2 테러 및 기술재해 경감전략

경감기법의 유형	샘플 작업
부지 계획 및 경관 설계	• 울타리, 버스 대피소, 쓰레기통, 우편함 등과 같은 은닉 기회를 최소화 • 출입구 제한 • 적절한 조명 제공
건축 및 인테리어 디자인	• 보안되지 않은 구역에서 화장실 및 서비스 공간을 배치하지 말 것 • 원격 위치에서 배달/메일 서비스 시설 위치 파악 • 차량 진입 또는 건물 아래 진입 금지 • 지붕 접근 제한
구조공학	• 폭발 저항 외부 구조체 생성 • 구조 요소가 폭팔 하중을 견딜 수 있는지 확인 • 중요한 건물 요소를 강화된 바닥, 벽 및 천장 내에 둘러쌀 것
보안	• 백업 제어 센터 성능 개발 • 침입 탐지 시스템 구현 • 스크리닝 시스템(금속 검출기, X선 기계 등) 설치

기계공학	• 은폐, 매립 및 케이싱을 통해 유틸리티 라이프라인(물, 전력, 통신) 보호 • 접근이 제한된 지붕에 공기 흡입구를 위치 시킬 것 • 흡기(intake air) 여과 제공
전기공학	• 기본 및 백업 연료 공급 영역 보호 • 별도의 비상 및 일반 전원 시스템 구현 • 유틸리티 시스템을 입구, 적재 영역 등에서 멀리 배치

자기 진단

- "목표강화" 전략을 정의한다.
- 테러와 기술재해 경감을 위한 7가지 경감 기술을 나열하라.
- 인적재해와 자연재해의 주요 차이점을 설명하라.

12.10 종합: 지역경감계획

이 장에서 설명한 모든 경감전략은 종합경감계획의 일부로 최대한 활용된다. 재해경감계획은 경감 목표, 목적, 정책 및 프로그램에 대한 커뮤니티의 약속을 확립하는 가장 효과적인 방법이다. 커뮤니티가 달성하고자 하는 바를 표현함으로써, 그 계획은 서비스되고 있는 공익과 실행에 옮겨질 경감전략 사이의 중요한 연결이 될 수 있다. 계획은 지역 커뮤니티가 재해사건이 발생하기 전에 무엇을 하고 싶은지 식별함으로써 특별, 사업별 경감 시도의 조정되지 않고 종종 일관성이 없는 결과를 피하는 데 도움이 될 수 있다. 그래야 돈이 생기고 기회가 생기는 즉시 커뮤니티가 경감전략을 보다 효율적으로 구현할 수 있다.

지역경감계획(local mitigation plan)이 타당할 뿐만 아니라, 특정 유형의 연방재난지원을 받기 전에 지방정부가 승인된 경감계획을 수립하도록 법으로 규정되어 있다. 여기에는 두 가지 중요한 FEMA 자금 출처인 HMGP와 BRIC 프로그램의 자금이 포함된다.

재난경감법에 따르면 재해경감계획의 1차 목적은 커뮤니티 전반에 걸쳐 위험과 미래 손실 가능성을 줄일 수 있는 커뮤니티 정책, 전략, 시행 도구를 파악하는 것이다. FEMA 지역경감계획 핸드북은 이 과정을 구성하는 9가지 과제를 제시한다.

1. 계획지역 및 자원 결정
2. 기획팀 구성
3. 공공봉사전략 수립
4. 커뮤니티 역량 검토
5. 위험도평가 실시
6. 경감전략 개발
7. 계획의 현행화
8. 계획의 검토 및 채택
9. 안전한 회복탄력적 커뮤니티 만들기

재해경감계획 과정의 9개 주요 단계는 이 장의 다음 절에 설명되어 있다. 이러한 단계에 대한 자세한 설명은 FEMA 웹사이트에서 계획 지침을 다운로드할 수 있다. FEMA 핸드북 외에도 Beyond the Basics(기본을 넘어) 웹사이트(www.mitigationguide.org)는 고품질 경감계획에 대한 전국의 다양한 커뮤니티의 지침과 예시를 제공한다.

12.10.1 계획지역 및 자원 결정

지방정부는 단일관할계획(single-jurisdictional plan)으로 알려진 관할구역에 대한 경감계획을 독자적으로 작성할 수 있다. 또는, 커뮤니티는 다중관할계획과정(multi-jurisdictional planning process)에서 다른 커뮤니티와 함께 경감계획을 개발할 수 있다. 카운티 단위에서 다중관할계획이 조율되는 경우가 많다. 각 관할구역이 이 과정에 참여하고 계획을 공식적으로 채택한다면 FEMA 요건에 따라 다중관할구역의 계획이 허용될 수 있다. 단일 및 다중관할계획 모두 자체적인 이점과 과제를 제시하므로, 커뮤니티에 적합한 접근방식을 결정할 때 비용 대 기회를 고려하는 것이 중요한다.

다른 관할권과 연계하여 경감계획을 수립하면 계획 작업을 완료하기 위해 가용한 인적, 기술적, 재정적 자원 풀(pool)을 늘릴 수 있다. 그러나 당신의 커뮤니티가 단일 또는 다중관할계획을 추구하든 상관없이, 그 과정을 촉진하기 위해 많은 외부 자원이 존재한다. 예를 들어, 많은 지역 계획기관은 지역 대학들이 계획 또는 비상관리 학위 프로그램을 제공하는 것과 마찬가지로 전문 지식을 제공할 수 있다. 경감계획 과정의 조정, 촉진 및 실행을 지원하는 민간 컨설턴트도 있다. 컨설턴트를 선택할 때 비중을 검토하는 기준은 FEMA 핸드북을 참조하라.

12.10.2 기획팀 구성

계획 과정에 착수하기 전에, 커뮤니티는 계획을 끝까지 관철하기 위한 약속과 정치적 의지를 확립해야 한다. 계획은 장기간의 절차가 될 수 있으며, 지원을 지속하는 것이 성공을 위해 매우 중요한다. 필요한 지원을 얻는 데 있어 중요한 요소는 전반적인 커뮤니티의 지식 기반에 달려 있다. 재해경감계획 및 위험 감소에 대한 특정 수준의 이해는 성공적인 결과를 위해 필요하다. 또한 커뮤니티가 직면하는 재해와 그에 대한 조치를 취해야 할 필요성에 대한 일반적인 인식이 있어야 한다. 물론, 계획 과정 자체는 그 과정의 참여자들이 그들 커뮤니티의 취약성과 그것을 감소시키는 방법에 대해 더 잘 알게 될 때 교육적인 역할을 할 것이지만, 시민들과 선출직 및/또는 임명직 공무원들이 처음부터 재해에 대해 실제로 얼마나 많이 알고 있는지에 대한 평가는 미래의 단계를 능률적이고 효과적인 방법으로 지시하는 데 도움이 될 수 있다.

재해경감계획을 개발할 계획팀은 계획 과정의 일부인 분석 및 정책 권고뿐만 아니라 세부 연구를 수행할 권한을 가진 현지 인력으로 구성되어야 한다. 많은 커뮤니티는 정기적으로 회의를 하고 경감계획 과정을 감독하기 위해 자문위원회 또는 TF팀을 설립한다. 지방정부 및 다른 관할구역 내의 다른 기관들과 조율하는 것도 중요하다. 이것은 계획이 다중관할계획, 즉 한 카운티나 지역의 모든 지방정부를 포괄하는 계획인 경우에 특히 중요하다.

12.10.3 공공봉사전략 수립

경감계획 과정에 대한 적절한 공공참여를 요청하기 위해서는 커뮤니티가 공공봉사(outreach) 노력을 통해 달성하고자 하는 것, 재해경감계획에 참여하는 사람, 커뮤니티를 효과적으로 참여시키는 방법과 시기를 표현하는 것이 중요하다. 공공봉사전략(outreach strategy)은 이해당사자와 대중 구성원을 대상으로 하고 계획 과정에 참여시키는 방법을 식별하는 데 도움이 될 것이다.

FEMA는 최소한 계획 과정에 포함되어야 하는 이해 당사자는 재해경감 활동에 참여하는 인접 커뮤니티, 지방 및 지역 기관, 그리고 개발을 규제할 권한을 가진 기관, 기업, 학계 및 기타 민간 및 비영리 단체라고 권고한다. 게다가, FEMA는 지역 문화 기관들과 선출직 공무원들 그리고 기획 위원들에게 참여를 권유할 것을 권고한다.

이러한 주요 이해관계자 그룹 외에도 일반 대중에게도 계획 과정에 참여할 수 있는 기회가 주어져야 한다. 시민들을 단순히 경감계획이 어떻게 개발되고 있는지에 대한 최신 정보를 제공하는 것을 넘어, 반드시 기술 전문가는 아니지만, 커뮤니티 구성원은 계획 자체의 내용을 구체화하고, 자산과 문제 지역을 식별하고, 위협과 재해이력을 설명하고, 제안된 경감대안의 우선순위를 정하는 데 도움을 줄 수 있다.

공공참여를 촉진하면 경감계획이 커뮤니티 목표와 우선 순위를 대표할 뿐만 아니라 계획의 이행을 도울 수 있는 이해 관계자들의 참여를 증가시킨다. FEMA는 계획이 초안 단계에 있을 때 그리고 계획 승인 전에 대중이 과정에 참여하도록 요청한다. 공개 회의, 워크숍, 정보 프레젠테이션, 웹사이트, 주민 우편 및 기타 형태의 커뮤니케이션은 종종 시민 참여를 요청하는 효과적인 방법이다.

실제 공공봉사 방법은 커뮤니티마다 다르겠지만, 많은 전술은 미국 전역에서 흔하다. 예를 들어, 위원회와 같은 이사회에 대한 프레젠테이션은 주요 이해관계자의 참여를 확보하는 데 도움이 될 수 있다. 경감계획이 논의되는 회의와 워크숍은 종종 뉴스 미디어, 소셜 미디어, 시 웹사이트 또는 박람회나 스포츠 행사와 같은 커뮤니티 행사를 통해 광고된다. 관할구역은 또한 공공의 참여를 요청하기 위해 전략적인 장소에서 비공식 라운드 테이블(roundtable)과 포럼을 개최할 수 있다.

12.10.4 커뮤니티 역량 검토

재해경감계획의 일부는 기존 정책, 프로그램 및 자원의 형태로 커뮤니티가 이미 이용할 수 있는 강점이 무엇인지 아는 것이다. 이러한 자산은 역량 평가에 문서화되어야 한다. 역량평가는 지방정부가 경감조치를 추진하기 위해 부여한 법적 권한을 기술한다. 평가는 또한 커뮤니티의 제도적 틀, 기술적 노하우, 경감비용 지불능력도 평가한다. 비정부기구(교회, 자선단체, 커뮤니티 구호단체, 적십자사, 병원, 영리 및 비영리 사업체)의 기여뿐만 아니라 모든 정부 차원(지방, 주, 부족, 연방 및 지역)의 역량이 재해경감의 관점에서 커뮤니티에 대한 유용성에 대한 설명과 함께 포함되어야 한다. 역량 평가를 준비하면 지역 경감전략이 기존 당국, 정책, 프로그램 및 자원을 기반으로 하며, 기존 도구를 확장하고 개선할 수 있는 커뮤니티의 능력이 적절히 파악된다.

경감전략을 수행하는 데 필요한 정치적 의지력을 과소평가해서는 안 된다. 일부 커뮤니티에서 가장 극복하기 어려운 장애물은 시민이나 지방 공무원들이 새로운 것에 참여하기를 꺼리는 것일 수 있다. 일부 부동산 소유자들은 재해경감을 권리의 제한으로 볼 수 있다. 다른 커뮤니티 구성원들은 재해경감이 성장과 경제 발전에 장애가 될 것이라고 잘못 생각할 수 있다. 재정적 제약의 시기에는 제한된 자원의 지출이 도전이 될 수 있다. 한편, 일부 주민과 선출직 공무원들은 과거 재난의 참상을 직접 경험했을 수 있으며 지역 재해경감 노력을 전폭적으로 지원할 것이다. 기획단은 커뮤니티의 역량을 평가할 때 지역 정치 풍토를 신중하게 고려해야 한다.

12.10.5 위험도평가 실시

위험도평가 과업은 재해경감계획의 중추이며, 커뮤니티가 적절한 경감조치를 식별하고 우선 순위를 정할 수 있는 사실적 근거를 제공한다. 위험도평가 과정에는 재해의 식별 및 프로파일, 취약 자산 및 인구집단의 평가, 잠재적 손실 추정, 미래의 토지이용 및 개발 동향 설명이 포함된다. 이러한 단계는 10장에 자세히 설명되어 있다.

12.10.6 경감전략 개발

이전 단계들은 특정 식별된 재해에 취약한 인구와 자산과 재해위협을 다루는 커뮤니티의 능력을 식별했다. 그런 다음 계획 팀은 취약성을 줄이기 위해 적절한 경감조치를 개발해야 한다. 목표와 목적은 경감 결정을 안내하는 데 유용하며 재해 및 위험도평가 결과를 다루기 위해 개발된다.

- 목표(goal)
  커뮤니티가 달성하고자 하는 바를 설명하는 일반적인 지침이다.
- 목적(objective)
  목표를 달성하기 위한 보다 구체적인 방법을 제공한다. 일반적으로, 각 목표 진술에는 그 목표에 도달하기 위한 단계를 설명하는 3가지 또는 4가지 목표가 있을 것이다.
- 경감조치(mitigation action)
  나중에 개발되며 목표에 도달하기 위한 가장 구체적인 제안이다.

목표, 목적 및 행동이 함께 커뮤니티 회복탄력성을 높이기 위해 고안된 경감전략을 구성한다. 목표는 커뮤니티가 재해로부터 어떻게 스스로를 보호하기를 원하는지, 그리고 커뮤니티가 어떻게 미래에 성장하고 발전하기를 원하는지에 대한 비전을 확립한다. 목적은 목표보다 구체적이고 범위가 좁으며, 목표의 도달 시기를 쉽게 알 수 있도록 표현된다.

커뮤니티가 특정 식별된 재해에 대해 허용할 수 없는 위험에 직면한다고 결론을 내리고 의미 있는 목표와 목적을 설정함으로써 취약성 수준을 줄이겠다는 약속을 했다면, 이제 그러한 목표를 충족하는 계획을 수립해야 할 때이다. 이것은 계획 과정의 실행 부분으로, 여기서 계획 팀은 취약성을 줄이기 위해 무엇을 하고 어디서 무엇을 할 것인지를 결정한다. 이 절의 계획에는 앞서 식별한 각 재해의 영향을 줄이기 위한 특정 경감조치와 사업의 식별, 평가 및 우선순위 부여가 포함된다. 만들어진 정책들은 커뮤니티의 일상적인 그리고 장기적인 의사 결정을 안내하는 데 도움이 될 것이다.

검토되는 경감조치는 이전에 제시한 목적에 도달하기 위한 광범위한 옵션을 포함해야 한다. 모든 실행이 반드시 실행되어야 하는 것은 아니지만, 계획 팀은 각각의 상대적인 장점을 가진 여러 대안을 생각해야 한다. 확인된 조치 중 일부는 토네이도에 안전한 방을 건설하거나 지진 흔들림을 견딜 수 있도록 기존 학교 건물을 보수하는 것과 같은 "벽돌과 모르타르" 사업일 수 있다. 그 밖의 경감조치는 홍수에 취약한 부동산의 취득이나 용도지역지구조례 또는 건축법규의 변경과 같은 비건설 사업일 수 있다. 일반적으로 경감조치는 예방, 재산보호, 천연자원 보호, 구조물 사업 및 비상 운영뿐만 아니라 공공 교육 및 인식 전략을 포함한 6가지 광범위한 경감 활동 범주를 포함해야 한다. 확인된 조치와 사업은 기존 건물과 기반구조뿐만 아니라 새로운 건물과 기반구조에 대한 재해의 영향을 줄이는 것을 모두 다루는 것이 중요하다. 또한, 조치에는 재해 발생 후 수행하기에 적절한 조치도 포함되어야 하며, 재해 전 기간을 포함하여 언제든지 시행할 수 있는 조치도 포함되어야 한다.

편익비용분석(BCA)

재난경감법에 부수되는 규정은 경감조치 선정의 우선순위 결정과정에 편익 극대화를 위한 편익비용 검토 활용에 중점을 두도록 하고 있다. 연방기금을 사용하는 모든 사업은 비용 효율적인 것으로 정당화되어야 한다. 이는 다양한 비용편익분석(BCA) 방법론을 사용하여 결정할 수 있다.

- BCA(Benefit-Cost Analysis; 편익비용분석)
  보험구조물에 대한 회피된 미래 피해를 사업 비용과 비교하여 장기적인 관점에서 재해경감사업의 타당성을 평가하는 정량적 절차이다.

- BCR(Benefit-Cost Ratio; 편익비용비)
  편익의 순현재가치가 비용의 순현재가치를 초과하는지를 보여주는 분석의 결과이다.

FEMA의 BCA는 OMB(Office of Management and Budget; 예산관리실)의 지침에 따라 관리된다. 자금 지원을 위해 FEMA에 제출된 모든 경감사업에 BCA가 필요하며, BCR이 1.0 미만인 경감사업은 대부분의 프로그램에서 자금 지원을 고려하지 않을 것이다. BCR이 높은 경감사업은 연방기금을 받기 위해 더 경쟁력이 있을 것이다.

12.10.7 계획의 현행화

경감은 진행 중인 과정이다. 효과적인 계획은 동적이고 진화하고 있으므로 지속적으로 테스트해야 한다. 따라서 서면 경감계획의 필수 요소는 계획의 진행 상황을 정기적으로 모니터링하고 평가하는 절차를 상세히 설명하는 부분이다. 이 계획은 이러한 기능을 수행할 특정 인물이나 직책을 지방정부 내에서 지정해야 한다.

재해경감계획을 모니터링하고 평가할 때 해결해야 할 주요 질문은 "계획 및 경감 노력의 결과로 해당 지역의 취약성이 증가 또는 감소하였는가?"이다. 취약성이 감소된 경우, 계획 팀은 다른 방법을 사용하여 해당 지역의 취약성을 감소시키는 데 있어 훨씬 더 큰 개선을 달성할 수 있는지 결정해야 한다. 취약성이 증가했거나 예상대로 감소하지 않은 경우 다른 경감전략이 현재 사용 중인 것보다 더 큰 효과를 제공할 수 있는지 여부를 결정하기 위해 경감 노력을 평가해야 한다.

재해경감계획의 정기적인 스케줄 업데이트는 지역에서 발생한 변경사항을 다룬다. 이 일정은 분기별, 반기별 또는 연간 중 어느 것이든 지방정부의 요구와 능력에 가장 적합한 것이 될 수 있다. 최소한 재난경감법에 따라 지역경감계획은 5년 주기 내에 갱신되어야 한다. 계획서에는 커뮤니티가 5년마다 계획을 검토·갱신하고, 검토·승인을 위해 계획을 주 재해경감 담당관 및 FEMA에 다시 제출하겠다고 선언하는 문구가 포함되어야 한다. 기획팀은 또한 계획의 시행을 감시하기 위한 정기적인 일정을 잡아야 한다.

12.10.8 계획의 검토 및 채택

지방정부의 관리 기구는 그 계획을 시행 가능하게 만들기 위해 재해경감계획을 공식적으로 채택해야 한다. 기획이나 비상관리요원들이 잇따라 내놓은 권고안은 정부의 재해대처와 취약성 저감 정책을 명확하게 정리한 공문으로서 거의 영향을 미치지 못한다. 사실, FEMA의 계획 승인을 위해서는 계획 채택이 전제 조건이다.

계획의 최종 버전은 보통 일반 대중에게 공개되는 정기 회의에서 커뮤니티의 주도적 관리 기구에 제시되어야 한다. 지방정부의 구조에 따라, 이 회의는 시의회, 감독 위원회, 카운티 위원회, 의원 위원회 또는 기타 공식적인 정책 결정 그룹의 회의가 될 수 있다. 경감계획은 정부의 정상적인 법적 절차를 통해 채택되어야 한다. 일반적으로 대부분의 지방자치단체는 결의안에 따라 재해경감계획을 채택한다. 결의안(resolution)은 보통 법적 구속력을 갖는 통치기구의 의견, 의지 또는 의도를 표현하는 것이다. 국가 및 지방 관할권에 따라 이 계획의 채택은 지방정부에 재해손실을 줄이기 위한 조례, 정책 또는 프로그램을 제정하고 계획에 포함된 권고 경감조치를 이행할 수 있는 법적 권한을 부여한다.

12.10.9 안전한 회복탄력적 커뮤니티 만들기

채택되면 커뮤니티는 재해경감계획에서 개발된 조치를 이행하기 위해 노력해야 한다. 커뮤니티는 일반적으로 기금 또는 기타 자원의 부족, 경감계획 과정 종료 후 관심의 상실, 경감전략과 일상적인 운영 및 정부 프로그램 간의 단절 등 계획에 기술된 전략을 효과적으로 수행하는 데 어려움을 겪는다.

다음 접근방식은 재해경감계획을 성공적으로 구현하고자 하는 커뮤니티에 유용할 수 있다.

- 재난 후 기회의 창을 사용하라.

  재해 후 복구 기간은 경감 목표를 달성할 수 있는 고유한 기회를 제공한다. 정책을 바꾸고 장기적인 위험 감소에 투자하려는 대중의 지지와 정치적 의지가 최고조에 달할 수도 있다. 또한 FEMA의 HMGP 및 공공지원과 같은 자금원을 경감에 사용할 수 있다.

- 양보다 질에 집중하라.

  계획을 구현하면 몇 가지 "초기 승리"를 달성하거나 일부 초기 경감조치를 성공적으로 완료하는 데 도움이 된다. 이러한 작업은 신속하게 구현될 수 있는 저비용 작업일 수도 있고 우선 순위가 높은 단일 사업일 수도 있다. 진전을 입증하는 것은 미래에 더 복잡한 조치를 구현하는 데 필요한 지원을 얻는 데 큰 도움이 될 수 있다.

- 지역 챔피언을 격려하라.

  성공적인 사업에는 종종 강력한 지역 챔피언(local champion)이 수반된다. 챔피언은 경감 비전을 이해하고, 이를 명확하게 전달할 수 있으며, 다른 사람을 참여시킬 수 있는 리더이다.

- 멘토를 식별하라.

  커뮤니티 담당자는 경감조치를 성공적으로 이행한 다른 커뮤니티로부터 배울 수 있다. 다른 커뮤니티는 기꺼이 경험과 교훈을 공유할 수 있다. FEMA Best Practices Portfolio(http://www.fema.gov/mitigation-best-practices-portfolio) 또는 주 재해경감 담당자에게 아이디어와 조언을 구할 수 있다.

자기 진단

- 지역 재해경감계획의 역할을 설명하라.
- 연방재난기금과 관련하여 경감계획의 중요성을 논의하라.
- 경감계획 개발에 관련된 단계를 설명하라.

요약

이 장에서는 자연재해 및 인적재해에 대한 취약성을 줄이기 위해 커뮤니티가 사용할 수 있는 많은 도구와 기법 중 일부를 설명한다. 이러한 도구에는 다양한 구조공학적 사업, 재해영향을 견딜 수 있도록 건물과 시설을 강화하는 방법, 토지이용 규제 및 건축법규, 천연자원 및 습지 보존 전략, 대중에게 재해를 알리고 커뮤니티의 재해인식을 높이는 기술, 경감전략 등이 포함된다. 인적재해의 영향을 줄이는 것을 목표로 하는 경감 대책도 포함된다. 또한, 이 장에서는 연방 및 주 자원을 포함하여 경감을 위한 자금 출처의 예와 지방정부가 내부 수익원을 사용하여 경감 활동에 자금을 지원할 수 있는 방법을 제공하였다. 이 장은 모든 커뮤니티 프로그램과 정책에 회복탄력성을 조정하고 통합하는 방법으로서 재해경감계획에 대한 논의로 마무리되었다.

용어

- 양빈(養濱; beach nourishment)
  해변의 모래를 인위적으로 대체하거나 추가하는 것은 해변을 넓히고 해수면을 향해 더 멀리 이동시키기 위한 것이다.
- 건축법규(building code)
  건축물의 건축·재건축·정비·운영·점유·사용·외관에 관한 기준과 요건을 정하는 법률·조례·규정
- 빌드아웃(build-out)
  추가 개발을 흡수할 수 있는 커뮤니티 능력의 상한선이다.
- 불투수성 표면(impervious surface)
  주차장, 지붕, 거리 및 기타 다공성이 없는 표면과 같이 빗물이 스며들 수 없는 포장된 영역
- (공터 주택)채우기(infill)
  기존 (공터) 부지에 새로운 구조물을 짓는 관행
- 현물출연(in-kind contribution)
  상품 및/또는 서비스의 비현금 기여. 장비, 기술 또는 컨설팅 서비스, 가구, 사무용품 등과 같은 항목을 포함할 수 있다. 기부된 직원 또는 자원봉사 시간도 포함할 수 있다.

- 비연방분담(nonfederal match)
  연방 보조금 프로그램 이외의 출처에서 제공되어야 하는 많은 연방 보조금 프로그램에 필요한 자금의 양(일반적으로 수여된 총 보조금 금액의 백분율)
- 보수(retrofitting)
  지진과 관련된 흔들림 및 지반 움직임을 견딜 수 있도록 기존 건물을 재건한다.
- 유출(runoff)
  토양에 스며들지 않거나, 증발하지 않거나, 식물 뿌리에 의해 갇혀서 땅 표면 위로 흐르는 빗물
- 토지분할조례(subdivision ordinance)
  더 큰 토지를 더 작은 구획으로 나누는 것을 규제하는 규정. 토지분할조례는 구획에 허용되는 토지사용을 규정하며, 종종 개발업자가 허가와 교환하여 새로운 개발을 지원할 수 있는 적절한 편의시설을 제공해야 하는 조건을 수반한다.
- 목표강화전략(target-hardening strategy)
  인적재해영향으로부터 구조물을 보호하는 방법
- 용도제한변경(variance)
  용도제한 규정을 예외적으로 변경하여 개발을 계속할 수 있도록 하는 것
- 용도지역지구제(zoning)
  지역 커뮤니티를 지역 또는 지구로 나누는 과정이다. 용도지역지구제 규정은 각 구역에서 허용되는 개발 및 토지 사용의 유형과 양을 통제한다.

연습문제

요약 질문

1. 경감은 단기적인 예방 조치에 기초한다. 참인가 거짓인가?

2. 다음 중 재산보호 경감전략의 예는 무엇인가?
   a. 안전실 b. 자본개선 c. 허리케인 셔터 d. 식물 완충지

3. 제방은 어떤 유형의 경감전략의 예인가?
   a. 천연자원 보호 b. 재산보호 c. 예방 d. 구조공학적 사업

4. 재해경감계획은 위험도평가의 첫 번째 단계이다. 참인가 거짓인가?

5. 다음 중 공공정보 전략의 예는 무엇인가?
   a. 세금 및 수수료 b. 건축법규 c. 경고시스템 d. 전환(diversion)

6. 습지 보존은 구조공학적 사업의 한 예이다. 참인가 거짓인가?

7. 댐은 범람원의 자연적인 기능을 증가시킨다. 참인가 거짓인가?

8. 다음 중 해안재해영향을 줄이기 위해 사용되는 것은?
   a. 복원 완충지(riparian buffer) b. 돌제
   c. 내진 보수 d. 경사 안정화

9. 돌제는 침식으로부터 보호하기 위해 해안에서 굳어진 물질이다. 참인가 거짓인가?

10. 폭우시스템은 일반적인 장마철보다 낮은 빗물의 양을 충족시킬 수 있는 용량을 가져야 한다. 참인가 거짓인가?

11. 개발을 재해가 발생하기 쉬운 지역에서 벗어나도록 하는 것이 재해경감에 대한 가장 지속가능한 접근법이다. 참인가 거짓인가?

12. 매입프로그램(buyout program)은 다음의 한 방법이다.
   a. 공개 정보 b. 재산보호 c. 예방 d. 천연자원 보호

13. 취득은 부동산 소유자가 매도할 의사가 있는 경우에만 사용된다. 참인가 거짓인가?

14. 토지이용계획과 그에 따른 구역 및 조례를 사용하여 사람과 재산이 재해지역에 위치하지 않도록 할 수 있다. 참인가 거짓인가?

15. 후퇴 규정은 다음과 같이 사용할 수 있다.
   a. 자본개선을 구축한다.
   b. 취득한 재산(property)을 재사용한다.
   c. 건물 구역 간 거리를 설정한다.
   d. 시공과 단층선 사이의 거리를 설정한다.

16. 커뮤니티가 재해를 피할 수 없는 상황에서, 그들은 가능한 한 많은 피해로부터 재산을 보호해야 한다. 참인가 거짓인가?

17. 침수형 홍수방재는 특수 페인트와 화합물을 사용하여 벽을 물 손상으로부터 보호한다. 참인가 거짓인가?

18. 내진건설에는 지진 피해를 줄이기 위한 구조 및 비구조적 개선이 포함된다. 참인가 거짓인가?

19. 습지는 다음에 의해서 오염을 감소시킨다.
   a. 증가하는 홍수에 의해 b. 오염 물질을 걸러내는 것에 의해
   c. 홍수 감소에 의해 d. 오염 물질을 희석하는 것에 의해

20. 다음 중 기계공학적 경감기술의 예는 무엇인가?
    a. 흡기(intake air) 여과
    b. 침입 탐지 시스템
    c. 금속탐지기
    d. 돌풍방재 외장

리뷰 질문

1. 경감은 재해위험을 줄이기 위한 장기적인 접근법이다. 커뮤니티가 재해와 재난을 통제하기 위해 사용할 수 있는 5가지 다른 경감전략을 나열하라.
2. 댐, 방조제, 식물 완충지는 모두 구조공학적 사업의 예이다. 이러한 유형의 전략의 목적을 설명하라.
3. 위험도평가는 어떻게 커뮤니티가 경감전략을 선택하는데 도움을 줄 수 있는가?
4. 댐, 제방, 방조제를 건설함으로써, 인간은 대자연의 힘을 이길 수 있다고 가정한다. 그러한 사업의 3가지 단점은 무엇인가?
5. 커뮤니티가 취득한 재산을 재사용할 수 있는 2가지 방법을 나열하라.
6. 예방적 경감(preventative mitigation)에 있어 후퇴 규정이 갖는 역할에 대해 논의한다.
7. 매입프로그램은 무엇이며, 왜 그것이 집이나 이웃 블록을 포함할 때 가장 잘 작동하는가?
8. 습지는 환경의 중요한 부분이다. 그들은 어떻게 홍수 조절에 기여하는가?
9. 인간이 습지를 훼손한 방법에는 어떤 것들이 있을까?
10. 부동산의 재해 취약성을 결정하는 것은 누구(잠재적 구매자, 매도자, 대출회사 등)의 책임인가?
11. 경감전략을 수행하고자 하는 커뮤니티가 이용할 수 있는 3가지 다른 자금원을 나열하라.
12. 주정부 및 연방정부 지원 프로그램 중 재난 상황이 필요하지 않은 것은?
13. 인적재해 위협에 대한 경감을 위한 목표강화를 정의하라.
14. 법은 지방정부가 연방재난자금을 받기 전에 승인된 경감계획을 가지고 있어야 한다고 요구한다. 이유를 설명하라.

응용

1. 경감계획이 지진이 잦은 지역의 커뮤니티가 경감전략을 수행하는 데 어떻게 도움이 되는지 설명하라.

2. 미네소타에 있는 강에 있는 댐을 제거하는 제안을 지지하기 위해 어떤 근거를 제시할 것인가? 그 제안에 반대하는 사람들은 수력발전과 홍수조절의 손실이 그 지역에 부정적인 영향을 미칠 것이라고 주장한다.

3. 조지아의 한 작은 해안 마을은 12개의 집과 몇몇 작은 사업체들이 있는 해안선을 보호하기 위해 방조제를 사용하는 아이디어를 탐구 중이다. 그러한 방조제의 효과를 결정하는 요인은 무엇인가? 이 커뮤니티에서 사용할 수 있는 다른 옵션은 무엇인가?

4. 캔자스의 토네이도가 잦은 지역의 경감계획자로서, 커뮤니티에서 집을 보호하기 위해 어떤 재산보호 경감조치를 권고하고 싶은가? 잠재적인 전략을 연구하기 위해 어떤 자원을 사용하겠는가?

5. 당신의 커뮤니티를 둘러보고 개발이나 다른 방법으로 인해 훼손되거나 파괴된 습지에 대해 생각해보라. 만약 있다면, 그것이 그 지역의 홍수에 어떤 영향을 미쳤는가? 아직도 취약한 습지가 있는가?

6. 커뮤니티를 위해 어떤 재해 경고시스템이 마련되어 있는가? 다른 재해 문제를 갖는 다른 커뮤니티와 어떻게 비교할 수 있는가?

7. 당신은 산업지역에 있는 창고 소유주로서 사업의 일부를 수용하기 위해 인접한 건물을 짓기로 결정했다. 산업단지의 반대편 끝에서 발생한 화학 폭발로 인해 당신은 새 건물과 투자를 보호하는 것에 대해 생각하게 되었다. 건물의 설계, 시공 및 보안에 어떤 유형의 경감전략을 사용할 수 있는가?

8. 당신은 4번째로 큰 홍수를 경험한 마을의 비상관리자이다. 범람원에 위치한 몇몇 동네의 집들은 심각한 피해를 입었고, 많은 사람들이 트레일러나 다른 종류의 임시주택에서 살고 있다. 마을의 시장은 당신에게 몇몇 경감사업을 수행하기 위해 FEMA로부터 자금을 구하라고 요청하였다. 시장과 시의회에 어떻게 하라고 조언해 주겠는가? 당신의 아이디어를 제안할 때 어떤 요소들을 고려할 것인가?

자습

- 저축계획
  개발되어서는 안 되거나 재해로부터 충분히 보호될 수 없는 지역이나 지역에 대해 생각해 보라. 이 지역을 개발로부터 보호하고 부상이나 피해로부터 거주자와 재산을 보호할 수 있는 매입계획을 마련하라. 그러한 전략의 높은 비용을 어떻게 방어할 것인가?

- 공공지원
  커뮤니티를 위해 제안된 경감조치(또는 도움이 될 것으로 생각되는 조치)를 생각해 보라. 그 조치(action)에 대한 커뮤니티의 일반적인 감정은 무엇인가? 경감에 대한 더 많은 지지를 얻기 위해 무엇을 할 수 있을까?

- 친환경 방법
  커뮤니티를 위한 특정한 경감조치를 선택하고, 해당 비용을 지불하기 위해 사용할 수 있는 자금 선택사항을 고려하라. 어떤 자원을 검토하겠는가?

참고문헌

1. FEMA. 2016. Be Aware of Potential Risk of Dam Failure in Your Community. National Dam Safety Program.
2. Knabb, R.D., J.R. Rhome, and D.P. Brown. 2005. "Tropical Cyclone Report, Hurricane Katrina, 23-30 August 2005." National Hurricane Center. www.nhc.noaa.gov/2005atlan.shtml.
3. U.S. House of Representatives. 2006. A Failure of Initiative: Final Report of the Select Bipartisan Committee to Investigate the Preparation for and Response to Hurricane Katrina. Available at katrina.house.gov.
4. Leatherman, S.P. and V.R. Burkett. 2002. Sea-Level Rise and Coastal Disasters: Lessons from the East Coast and New Orleans. Natural Hazards Observer 26(March)(4): 10–11.
5. Buby. R.J., ed. 1999. Cooperating with Nature: Confronting Natural Hazards with Land Use Planning for Sustainable Communities. Washington, DC: Joseph Henry Press.
6. FEMA. 2003. State and Local Hazard Mitigation Planning How-To Guide: Integrating Manmade Hazards into Mitigation Planning. Publication 286-7.
7. FEMA. 2013. Local Mitigation Planning Handbook. Publication 302-094-1.

제 IV 편

재난관리의 미래

제13장 재난 회복탄력성

이 책의 마지막 장에서, 재난 회복탄력성의 개념을 탐구함으로써 미국의 재난과 기후변화에 대해 우리가 배운 모든 것을 연결한다. 어떻게 재난예방 문화를 구축하고 재난이 발생했을 때, 대비하고 복구하고 성공적으로 회복할 수 있는 계획을 가지고 있는지 확인할 수 있을까? 커뮤니티의 장기적 위험을 줄이기 위해 재난계획을 수립하는 데 있어 비상관리자의 역할은 무엇인가? 언제 재난이 커뮤니티에 영향을 미치는가? 어떻게 하면 미래의 재난을 경감시킬 수 있는 방법으로 회복탄력성을 포용하여 회복할 수 있을까? 이러 저러한 질문들이 이 장의 초점이다.

이 책의 핵심 목표는 재해경감 및 대비 체계를 지속적인 반복 과정으로 구성하는 것이다. 위험을 평가하고 관리하는 작업은 시간이 지남에 따라, 공동체의 사회적, 환경적, 경제적 현실이 변화함에 따라 발전해야 한다. 이 장에서는 회복탄력적 커뮤니티가 적응 학습을 사용하여 기후변화를 계획하는 방법을 설명하는 것 외에도 비상관리자, 자원 계획자 및 기타 사람들이 재해 취약성을 줄이기 위한 최상의 정보와 도구를 통합하는 데 도움이 되는 다음의 주요 자원을 강조한다.

- 미국인구조사국(U.S. Census Bureau; factfinder.census.gov)
- HAZUS-MH(fema.gov/HAZUS-software)
- 재난 데이터(Disaster Data; disaster.data.gov)
- 국가기후평가(National Climate Assessment; nca2018.globalchange.gov)
- 기후 데이터 이니셔티브(Climate Data Initiative; climate.data.gov)
- 디지털 코스트(Digital Coast; coast.noaa.gov/digitalcoast)
- Beyond the Basic Mitigation Guide(mitigationguide.org)
- Ready.gov(ready.gov; listo.gov)
- 주 재해경감 담당자(State Hazard Mitigation Officers; fema.gov/state-hazard-mitigation-officers)
- 주 기후학자(State Climatologists; stateclimate.org)

제13장 재난 회복탄력성

학습내용과 목표

(1) 학습 내용

- 경감 및 대비가 회복탄력성 개념을 지원하는 방법
- 효과적인 위험 소통 전략
- 회복탄력적 커뮤니티를 조성하는 데 있어 민간 및 비영리 부문의 역할
- 재해, 위험 및 기후변화에 대한 유용한 정보 출처
- 재난 후 재개발을 회복탄력성 향상의 기회로 활용하는 가치

(2) 학습 목표

- 커뮤니티 회복탄력성을 높이는 경감 및 대비 조치를 위한 기회 평가
- 회복탄력성을 추구하기 위한 비상관리의 역할에 대한 보다 미묘한 이해 개발
- 재해 및 위험에 대한 정보를 효과적으로 소통하기 위한 알려진 기술의 학습
- 재해, 취약성 및 기후변화에 대한 정보가 포함된 데이터 집합, 도구 및 자원 탐색
- 자연재해 및 인적재해에 대해 허용할 수 있는 위험수준의 고려
- 재난 예방을 위한 개인 책임의 역할 평가
- 재난 후 복구로의 경감을 포함하는 전략을 개발하기 위해 다른 사람과 협력

개요

재해가 자연계의 기능인 반면, 재해에 대한 취약성은 주로 인간의 행동과 거동의 함수이다. 우리가 커뮤니티를 만들고 살기 위해 선택하는 방법은 우리가 재해와 기후변화의 영향에 얼마나 회복탄력적인지를 결정한다. 예방 문화인 경감 윤리를 주입하고 실제로 발생하는 사건에 완벽하게 대비하겠다는 의지를 불어넣으면 보다 지속가능하고 회복탄력적인 미래를 달성하는 데 도움이 될 수 있다. 이 장에서는 비상관리자에 대해 의사소통자, 조정자 및 커뮤니티 조치의 촉진자로 설명한다. 이 장에서는 또한 미국에서 확고한 경감, 대비 및 기후변화적응을 수행하는 신뢰할 수 있는 정보의 주요 출처를 논의한다. 이 장은 재해에 직면하여 보다 회복탄력적인 커뮤니티를 만들고 커뮤니티를 보다 안전하고 회복탄력적인 내일로 이끌 수 있도록 지원하는 전략과 접근법에 대한 논의로 마무리된다.

13.1 재난 회복탄력성 수용

미국은 지난 수십 년간 재난으로 인한 물질적 손실이 비정상적으로 증가해 왔다. 사망자의 수가 비슷하거나 더 큰 규모의 자연재해나 인적재난을 겪은 다른 나라에서 경험한 사람들과 같지 않지만, 재산피해의 정도는 천문학적이고 다른 선진국의 것을 앞질렀다.

1980년과 1989년 사이에 미국에서 발생한 27건의 기상 및 기후 재난으로 인해 10억 달러 이상이 손실이 있었다. 그 후 10년 동안, 1990년과 1999년 사이에, 이 숫자는 총 10억 달러 이상의 손실과 함께 놀라운 48건의 재난으로 치솟았다. 이 추세는 2000년과 2009년 사이 54건의 기상 및 기후 재난이 10억 달러를 넘어서면서 계속되었다. 놀랍게도, 2010년과 2019년 사이에, 수십억 달러의 재난의 집계는 119건에 달했다.

이 수치들은 미국의 증가하는 재난손실에 대한 놀라운 그림을 그리고 있다. 또한 더 많은 사람들과 취약한 지역에 대한 투자 외에도, "한 때 먼 미래의 문제로 여겨졌던 기후변화가 현재로 확고하게 다가왔다"는 것을 알고 있다. 미국의 평균기온은 지난 세기 동안 거의 2°F 상승했으며, 그러한 변화의 대부분은 지난 40년 동안 일어났다. 앞으로 수십 년 안에 평균 기온이 2 ~ 4°F, 어쩌면 금세기 말까지 온실가스를 크게 줄이지 않는다면 9°F까지 상승할 것으로 예상할 수 있다.

이러한 지구 기온의 변화와 함께 기후의 지역적, 국지적 변화가 일어나 더 극단적인 기상 현상으로 이어진다. 국립해양대기청의 2018년 연구에 따르면, 2050년까지 미국 해안 지역의 대부분은 해수면 상승의 영향이 극적으로 가속화되므로 매년 30일 이상의 홍수에 의해 위협을 받을 가능성이 있다. 대형 허리케인과 그 파괴적인 폭풍해일은 미국 인구의 약 39%가 해안 카운티에 사는 시기에 대서양에서 더 흔해질 가능성이 있다. 오늘날 극심한 가뭄이나 유난히 강력한 뇌우로 여겨지는 것이 앞으로 몇 년 후에는 일반적인 현상이 될 수 있다.

미국의 전통적인 개발 패턴과 도시 성장은 매우 근본적인 방식으로 실패한 커뮤니티를 만들어냈다. 개발 패턴이 재해를 고려하지 않을 때, 커뮤니티의 사회적, 경제적, 환경적 구조는 취약해진다. 재난을 막기 위한 전통적인 접근방식은 댐, 제방, 제방, 방조제와 같은 대규모 공사의 건설을 통해 재해 자체를 억제하거나 통제하는 것이었다. 많은 경우, 이러한 구조공학적 경감사업은 잘못된 안정감을 제공하여 궁극적으로 붕괴할 경우 대규모 피난(displacement)과 재산피해를 초래한다. 허리케인 카트리나의 홍수가 터져서 제방을 넘었을 때 뉴올리언스에서 일어난 피해가 이 골치 아픈 현실을 지적한다. 대규모 예방사업은 또한 극단적인 사건에 대해 경감하는 자연의 능력을 손상시킬 수 있다. 많은 연구들은 최상의 경우 역효과를 내거나 심지어 자연적인 과정을 방해하여 취약성을 악화시킨 공학의 예를 제공한다. 허리케인, 지진, 홍수와 같은 사건들은 (인간활동으로 악화될 수 있을지라도) 자연스럽고 불가피한 현상이며, 우리가 그들의 발생 장소에 구조물을 짓고 정착지를 놓기로 선택할 때에 비로소 재난이 된다.

13.1.1 미래에 대한 투자

이러한 취약성의 증가와 엄청난 재난손실의 추세는 근본적으로 우리 커뮤니티와 국가 전체에 대해 지속가능하지 않다. 우리가 어디서 어떻게 살고 싶은지에 대한 생각의 변화가 필요하다. 우리는 이웃과 도시 중심지를 건설하거나 재건할 때 자연 세계와 그것이주는 위협과 기회를 고려해야 한다. 재난의 영향을 막거나 줄이려는 목적이 우리의 모든 행동과 거동에 스며들어 더 안전한 생활 환경을 조성해야 한다. 하지만, 전 유엔 사무총장 코피 아난이 지적했듯이,

> **예방 문화를 만드는 것은 쉽지 않다. 예방 비용은 현재 지불되어야 하지만, 그 혜택은 먼 미래에 있으며, 그 이익은 유형적이지 않다. 그것들은 일어나지 않은 재난이다.**

미래의 이익을 위해 오늘날 조치를 취하는 데 있어 이러한 도전에도 불구하고, 대비와 경감이 생명과 돈을 절약하는 것으로 입증되었다는 것을 알고 있다. 사실, 경감의 가치에 대한 연구는 평균적으로, 경감에 지출된 각 달러가 미래의 손실을 피할 수 있는 4달러의 사회를 절약한다는 것을 보여주었다. 홍수위험의 경우, 투자 수익은 경감에 사용되는 1달러당 거의 5달러이다. 미래를 바라볼 때, 모두가 환경을 이해하고 커뮤니티가 자연과 인적재해에 직면했을 때 저항하고 다시 일어설 수 있도록 하기 위한 장기적인 조치를 취해야 할 책임을 공유하는 회복탄력성 문화가 필요하다.

13.1.2 회복탄력성 정의

국립과학원(National Academy of Sciences)은 "회복탄력성(resilience)"을 불리한 사건에 대비하고 계획하고, 흡수하고, 복구하고, 보다 성공적으로 적응할 수 있는 능력으로 정의한다. 재난 회복탄력성을 수용하려면 사건이 발생하기 전에 손실을 줄이기 위해 재난을 더 잘 예측하고 계획해야 한다. 회복탄력성은 일회성 투자가 아니라 정책 입안자, 자원관리자, 비상관리자, 가족, 심지어 개인이 지속적으로 노력해야 하는 지속적인 목표이

다. 이러한 맥락으로 회복탄력성은 과정이자 결과이다. 국립연구회의(National Research Council) 보고서는 다음과 같은 문구를 사용하여 회복탄력적 국가의 특성을 기술하였다.

- 국가의 모든 개인과 커뮤니티는 커뮤니티를 더욱 회복탄력적으로 만드는 데 필요한 위험과 취약성 정보에 접근할 수 있다.
- 모든 차원의 정부, 커뮤니티 및 민간부문이 이 정보를 기반으로 복원 전략 및 운영 계획을 설계했다.
- 사전 예방적 투자와 정책 결정을 통해 미래의 재난으로 인한 인명, 비용 및 사회경제적 영향을 줄일 수 있다.
- 커뮤니티 연합은 재난 발생 전후에 필수적인 서비스를 제공하기 위해 널리 조직되고 인정되며 지원된다.
- 재해 후 복구는 빠르고 재해 대응에 드는 1인당 연방 비용은 10년 동안 감소해 왔다.
- 전국적으로, 대중은 보편적으로 더 안전하고, 더 건강하며, 더 나은 교육을 받는다.

땅 위에 있는 이것은 어떻게 생겼는가? 회복탄력적 커뮤니티는 허리케인이 상륙하는 것을 막을 수 없고, 가뭄을 막기 위해 비를 불러올 수도 없으며, 단층이 미끄러져 땅이 흔들리는 것을 막을 수도 없다. 그리고 회복탄력적인 커뮤니티는 이러한 재해로부터 오는 피해를 완전히 예방할 수 없을지도 모른다. 그러나 교통, 통신, 의료 등과 같은 라이프라인 시스템은 스트레스에 직면하여도 계속 작동을 하도록 설계되었다. 인근 지역과 기업은 도시의 안전한 지역에 위치해 있으며, 레크리에이션 또는 자연용으로 알려진 고재해지역을 그대로 두고 있다. 피해를 입은 기업은 직원을 지원하고 가급적 빨리 영업을 지속하거나 재개할 계획을 갖고 있다. 역사적인 건물들은 현재의 규정에 맞게 보수되었다. 또한 습지와 모래언덕과 같은 중요한 환경보호 기능이 보호되어 극한 기후가 발생할 때 건설된 환경의 영향을 줄이는 완충지 역할을 한다. 커뮤니티 구성원은 자신, 가족 및 친구를 안전하게 보호하기 위해 취할 수 있는 여러 가지 조치와 위험에 대해 알게 된다. 재난이 발생하면 커뮤니티는 과거로부터 배우고, 지속적으로 적응하고 발전하여 보다 안전해지고, 미래를 계획할 때 최고의 가용 정보를 사용한다.

자기 진단

- 재난 회복탄력성을 정의하라.
- 보다 회복탄력적 커뮤니티에 필수적인 몇 가지 특성을 설명하라.
- 재난 감소 또는 예방의 이점을 측정하기 어려운 이유를 설명하라.

13.2 책임 공유

이 책 전반에 걸쳐 논의했듯이 재난위험을 줄이고 보다 회복탄력적인 커뮤니티를 구축하는 것은 다국적 조직에서 개별 시민에 이르기까지 광범위한 행위자에 의존한다. 재해관리를 촉진하거나 방해하는 정책과 투자는 지역, 주 및 연방 차원에서 공공부문 전반에 걸쳐 발생한다. 개발자, 보험사, 은행 및 비영리 조직은 모두 재난이 발생하기 전에 회복탄력성을 수용하고 손실을 경감할 수 있는 권한을 가지고 있다. 재난 시 서비스를 제공하는 중심적인 역할을 하는 비상관리자, 소방관, 경찰, 병원 및 기타 사람들도 극한 사건에 직면했을 때 휠 수는 있지만 깨지지 않는 커뮤니티를 만들기 위해 매우 중요하다. 그리고 장기적으로 회복탄력성은 위험 이해, 사회기반시설 설계 및 리소스 관리를 위한 혁신적인 방법을 연구하는 사람들에게도 의존한다. Table 13.1은 재난 회복탄성성의 향상을 위해 이러한 핵심 행위자들이 직면한 많은 책임, 과제 및 기회 중 일부를 요약한 것이다.

Table 13.1 위험 관리에서 상호 작용하는 주요 당사자의 책임, 과제 및 기회

이해관계자	책임	과제	기회
연방정부	커뮤니티를 위한 보호 구조 제공 및 운영, 국가홍수보험 프로그램 지원, 재난 지원	재난 위험관리에 대한 포괄적이거나 조정된 접근방식 없음	재해복구 자금 지출 증가 억제
주 및 지방정부	토지이용, 용도지역지구제, 토지이용계획, 건축법규 시행, 위험 관리 전략 개발 시 공공보건 및 안전 보장	개발 제한에 대한 거부감, 개인 소유 토지의 토지이용 통제 어려움	자연 방어를 강화하고 투자를 통해 여러 생태계 서비스의 이점 실현
재해가 잦은 지역의 주택 소유자 및 기업	자산의 취약성을 줄이고 회복탄력성을 높이기 위한 조치를 취함	고객이 직면한 위험을 인지하지 못하거나 과소평가할 수 있음	재넌 방지 또는 가치 향상으로 보수된 구조에 대한 수요 창출
비상관리자	비상 대비, 대응, 복구 및 경감 활동 감독	위험 관리보다 즉각적인 재난 대응에 더 집중	예방 및 재해복구에 중점을 두고 균형을 맞추기 위한 교육 및 역할의 방향 변경
건설 및 부동산	설계에 회복탄력성 통합, 고객에게 위험 정보 제공	조치를 취하면 비용이 증가하고 판매 가능성이 낮아질 수 있음	틈새 시장의 새로운 기회

은행 및 금융 기관	재해보험이 필요	보험을 요구할 인센티브가 주어지지 않음	포트폴리오의 전반적인 위험 감소
민간보험사 및 재보험사	보험 수리에 따른 재해보험 제공, 재해식별	요율 구조에 제한을 둘 수 있음	개선대책에 대한 보험료 인하 등 인센티브 대폭 확대
연구원	위험, 재해 및 재난에 대한 데이터, 예측 및 모델 수집, 분석 및 커뮤니케이션	데이터 집합이 불충분하거나 분산되어 있으며, 광범위한 사용자와 연구를 공유하는 방법을 알고 있음	예측 및 모델링 능력 향상

13.2.1 비상관리의 기술

우리는 이 책을 통해 경감이 위험을 낮추고 위험에 대한 취약성을 감소시켜 커뮤니티의 전반적인 회복탄력성에 기여할 수 있는 방법에 대해 논의하였다. 비상관리자는 커뮤니티 내에서 전체 커뮤니티를 소집하고 회복탄력성을 촉진하는 방향을 정할 수 있는 고유한 기회를 갖는다. 효과적인 비상관리자는 대응에만 집중하기보다는 커뮤니케이션, 촉진자 및 조정자 역할을 수행하며, 미래를 계획하고 재난손실을 줄이고 생명을 구하는 데 필요한 많은 의사 결정자와 행위자에게 회복탄력성의 윤리를 불어넣는다. 커뮤니티 전반에 걸쳐 우선순위 균형을 맞추고 회복탄력성을 증진하는 데 필요한 기술은 비상관리의 기능을 강조하고 비상관리자가 커뮤니티를 보다 안전하고, 건강하고, 지속가능한 경로로 안내하기 위해 다중적이고 지속적인 역할을 수행하는 방법을 설명한다.

비상관리자가 수행하는 많은 경감기능은 기술적이다. 우리는 우리 지역에서 일어날 수 있는 재해사건들과 그것들이 사람들과 재산에 어떻게 영향을 미칠 수 있는지를 우리에게 알려줄 기상학자들과 지질학자들이 필요하다. 우리는 건축법규를 개발하고 재해영향에 저항할 수 있는 구조공학적으로 안전한 건물과 사회기반시설을 설계하기 위해 건설엔지니어와 건축가가 필요하다. 우리는 데이터를 수집하여 구축 환경과 잠재적 영향 사이의 교차점을 포착하는 지리공간 형식으로 표시할 GIS 기술자가 필요하다. 우리는 구조물들이 홍수의 위험에 처해 있는 곳을 나타내는 홍수지도를 만들고 범람원의 건축에 대한 규제요건의 기초가 되는 홍수위를 설정하기 위해 수문학자와 수공학자가 필요하다. 우리는 성장과 개발을 재해지역에서 벗어나게 하고 더 지속가능한 토지이용 패턴을 장려할 계획자와 자원관리자가 필요하다.

비상관리의 과학은 좋은 데이터, 정확한 매핑, 그리고 그것들을 해석하기 위한 전문지식에 의존한다. 그러나 비상관리에는 광범위한 비판적 사고, 지식을 실제에 적용하고 의사결정자에게 건전하고 데이터 중심적인 조언을 효과적으로 전달하는 작업도 수반된다. 궁극적으로, 데이터를 해석하고 정책으로 변환한 후에야 경감이 차이를 만들 것이다. 과학과 정책의 기로에 서서, 비상관리자들은 회복탄력성을 만든다.

13.2.2 위험 소통

재해감소조치를 이행하는 데 있어 주요 장애물은 위험에 대한 대중의 오해와 대부분의 사람들이 그들의 커뮤니티가 재난을 경험하지 않을 것이라는 (그들이 이미 어떤 재난을 경험했다면 다른 재난을 경험할 가능성은 더더욱 작을 것이라는) 사실을 포함한다. 어디에 살든, 모든 사람들은, 그들이 특정한 장소에 살면서 그들이 겪고 있는 위험의 수준을 알 자격이 있고, 비상관리의 기술은 대중에게 이해 가능한 방법으로 위험을 전달하고 메시지를 사람들의 가치와 연결시켜 행동을 촉진하는 방법을 이해하는 것을 포함한다.

회복탄력성을 위한 소통(communication)은 경고 및 긴급 메시지와 같은 전술적 소통을 넘어선다. 회복탄력성 소통은 "사람들이 재난에서 자신의 역할을 어떻게 보고, 인내하도록 결심하고, 역사적 선례를 통해 학습하도록 장려한다." 회복탄력성을 주도하는 효과적인 위험 소통은 결코 작은 일이 아니다. 그러나 사회과학 연구는 비상관리자가 재해 정보를 전달하고 경감과 대비를 장려할 수 있는 증거기반전략(evidence-based strategy)을 제공한다. 다음 개념은 회복탄력성을 촉진하기 위해 재해와 위험에 대해 효과적으로 전달하는 핵심 기법을 요약한다.

재난에 대한 사회적 기억 보존

교육자, 비상관리자 및 전문 소통가(communicator)는 커뮤니티 구성원과 조직이 이전의 재난으로부터 배우고 대응과 복구에 필요한 기술과 지식을 유지할 수 있도록 과거의 사건을 활용할 수 있는 창의적인 방법을 찾아야 한다. 예를 들어, 뉴올리언스 동부에 있는 베트남계 미국인 사회의 나이든 구성원들은 이전의 역경에서 배운 (풀링자원(pooling resource)과 주택 건설과 같은) 교훈을 젊은 세대에게과 전했는데, 이것은 궁극적으로 허리케인 카트리나로부터 그들의 커뮤니티를 더 빨리 회복시키는 데 도움을 주었다.

커뮤니티와 개인의 역할을 강조

커뮤니티 외부에서 들어오는 지원 및 서비스 제공에만 초점을 맞춘 재해관리 접근방식은 개별적인 행동과 커뮤니티의 참여를 방해한다. 회복탄력적 커뮤니티는 자신의 건강과 안전에 대한 책임을 지기 때문에, 재난이 닥치면 정부나 다른 외부 조직이 단순히 커뮤니티를 사건 발생 전 상태로 복원할 것이라는 비현실적인 기대를 설정하기 보다는 모든 사람에게 재해를 대비하고 경감할 책임을 두는 방식으로 소통 노력이 틀에 박혀야 한다.

커뮤니티 멤버십과 사회적 연결고리 확인

회복탄력적 커뮤니티는 타인에 대한 존경과 봉사를 보여주는 시민들 사이의 공유된 연결로 특징지어진다. 효과적인 의사소통은 커뮤니티의식을 강조하고 강화하여 도움, 협력, 호혜의 규범을 촉진해야 한다. 이상적으로, 사회적 결속을 촉진하는 메시지는 커뮤니티 구성원들이 경쟁적인 이해 관계에도 불구하고 복잡한 정책 선택을 할 수 있도록 도울 수 있다.

사람들의 욕구를 이해

모든 커뮤니티는 다르고, 의사소통 전략은 커뮤니티의 고유한 욕구에 기초해야 한다. 표본집단(focus group), 인터뷰, 설문 조사와 같은 청중 연구기법은 시민이 필요로 하는 정보에 대한 가정을 만드는 것보다 주어진 커뮤니티에서 공통적으로 나타나는 주제와 관심사에 소통 전략을 집중하는 데 도움이 될 수 있다. 마찬가지로, 커뮤니티의 공유된 인식, 신념 및 가치를 이해하는 것은 행동 변화에 동기를 부여할 가능성이 높은 메시지를 설계하는 데 도움이 될 것이다.

위험 자체보다는 개인 행동의 이점을 강조

사람들은 재난의 결과에 영향을 미칠 수 있다고 믿는 경우 재해에 대비하고 경감하기 위한 조치를 취할 가능성이 더 높다. 해결책에 집중하지 않고 재난의 가능성으로 사람들을 겁주는 것은 위협이 너무 커서 변화를 일으키기 힘들다는 믿음을 만들어낸다.

사람들이 자신보다 더 취약한 사람들을 돕도록 유도

다른 사람들, 특히 어린이와 노인들과 같은 더 취약한 사람들에 대한 사람들의 연민을 끌어내는 것은 커뮤니티를 더 회복탄력적으로 만들기 위한 행동을 고무하는 강력한 동기 부여가 된다. 또한 이 메시지는 커뮤니티가 보다 광범위한 사회적 요구를 해결하는 경감 및 대비 전략을 수립하는 데 도움이 될 수 있다.

하기 쉬운 작은 행동부터 시작

위험을 줄이기 위해 사람들이 취할 수 있는 구체적인 정보와 조치를 제공하는 것은 사람들에게 대비와 경감이 노력할 가치가 있다고 확신시키는 데 도움이 된다. 만약 사람들에게 재난에 대비하기 위해 취할 수 있는 작은 행동 목록이 주어진다면, 그들은 가장 쉽게 채택할 수 있는 행동부터 시작해서, 행동할 동기를 느낄 가능성이 더 높다.

일상에 확률과 데이터의 연결

위험은 종종 해석하고 이해하기 어려운 용어로, 특히 몇 년 또는 수십 년의 시간 척도를 생각할 때 사용된다. 확률과 위험의 수준에 대한 효과적인 의사소통은 단순한 통계를 넘어서서 어떤 재산보험이 적절한지 또는 새 집의 기준 상승이 적절한지를 결정하는 것과 같이 수치 정보가 이해 가능해야 하고 필요한 결정을 내리는데 필요한 방식으로 제시되어야 한다.

참조 100년 범람원의 의미는?

홍수위험을 나타내는 표준 방법은 100년 범람원을 보여주는 지역 지도에 표시된 것처럼 연간 1% 확률 범람원으로 나타낸다. 1% 연간 확률 범람원 설명에 의해 전달되는 전부 또는 전무(all-or-nothing) 결과는 지속적이고 은밀한 문제이다. 국민과 지방공무원, 보험대리점 등은 통상 1%대를 보여주는 선 바로 바깥에 홍수위험이 전혀 없다는 의미로 해석한다. “연 1% 확률 홍수”와 “100년 홍수”라는 용어는 대중과 의사 결정자들에게 지속적인 오해를 불러일으켰다.

최근 몇 년 동안 100년 범람원과 같은 통계를 정보를 사용하는 사람들과 더 관련이 있는 시간 척도에 연결하려는 노력이 있었다. 예를 들어, 30년 근저당 기간 동안 홍수가 발생할 가능성을 설명하는 것이 많은 사람들에게 훨씬 더 관련성이 있고 유용할 수 있다. 100년 된 범람원 바로 너머에 집을 짓는 것은 완전히 안전한 선택처럼 들릴지 모르지만, 주택담보대출을 갚기 전에 여전히 26%의 홍수가 일어날 가능성이 있다. 이런 식으로 정보를 살펴본 후, 주택 소유자는 집을 짓거나 구입하기 전에 그들이 편안하게 느끼는 보호수준에 대해 한번 더 생각할 수 있다.

13.2.3 개인 책임: 아래로부터의 회복탄력성

재해관리와 관련된 회복탄력성에 대한 논의는 개인적 책임의 문제에 대한 언급 없이는 완전하지 않다. 개인과 그 가족, 기업 및 지방정부 관계자가 커뮤니티의 재해에 대해 정확하고 신뢰할 수 있으며 명확하게 전달되었다고 가정하면, 우리가 사는 방식에서 그러한 재해를 해결하기 위한 일정한 수준의 책임이 있다.

개인과 가족 차원에서, 한 사람이 다른 사람에게 완전히 의존할 수 없다고 가정해야 한다. 심지어 정부, 긴급 구조대원, 적십자, 이웃, 교회도 재난이 닥쳤을 때 항상 도움을 줄 수는 없다. 궁극적으로, 우리 모두는 우리 자신의 안전에 책임이 있다. 그렇긴 하지만, 우리는 그들 자신을 도울 능력이 없는 사람들(젊은 사람들, 늙은 사람들, 가난한 사람들, 박탈당하고 박탈당한 사람들, 정신질환자, 아프고 병든 사람들, 그리고 그들의 생활환경에서 운이 없는 사람들)이 있다는 것을 인식하는 사회에 살고 있다. 따라서 개인의 책임과 독립성은 높이 평가되지만, 재해 취약성의 문제를 해결하기 위한 보다 사회적으로 수용 가능한 접근법일 뿐만 아니라 비용 효율적인 수단이기 때문에 재해에 대비하고 경감하는 책임은 커뮤니티 전체에 있다.

위험 감소 관행의 채택을 장려하는 것은 항상 법과 정부만이 아니다. 행동을 취할 수 있고, 기꺼이 할 수 있는 시민들의 일정 수준의 참여가 필요하다. 회복탄력성의 비전은 부분적으로 책임과 자급자족 정신을 구현하고 있으며 재난 저항에 대한 외부 자원(즉, 연방정부 및 주정부 자금)에 대한 과도한 의존은 이와 일치하지 않는다. 커뮤니티는 재난 사건의 재정적 영향에 대처하기 위해 더 나은 준비를 해야 하며, 적어도 가장 재앙적인 재난을 제외한 모든 분야에서 자신의 자원을 더 많이 활용하여야 한다. 부분적으로 이것은 취약한 장소에서 개발을 허용하거나 심지어 적극적으로 홍보하는 것에 대한 더 많은 책임을 받아들이고 시간이 지남에 따라 이것을 줄이려고 노력하는 것을 의미한다.

커뮤니티의 모든 재해에 대한 대비와 방재 노력에 대한 책임을 공유함으로써, 커뮤니티의 참여는 성공적인 비상관리 프로그램의 핵심이다. 정부는 결코 혼자서 경감할 수 있는 충분한 자원이나 돈을 갖지 못할 것이며, 경감이 없을 때 완전한 회복을 위한 자금을 마련하지 못할 것이다. 개인 및 커뮤니티 책임에 기초한 회복탄력성 모델은 정부가 경감조치의 유일한 원천이 되지 않도록 요구한다. 기업, 비영리 단체, 전문 협회, 이웃 활동가, 그리고 커뮤니티의 다른 구성원들은 더 많이 관여하고 변화를 만들 수 있다. 모든 차원의 커뮤니티와 개인은 그들 자신과 가족을 돌보는 것, 그리고 그들의 커뮤니티를 다음 단계의 회복탄력성으로 이끄는 것에 참여함으로써 궁극적으로 커뮤니티의 회복탄력성에 책임이 있다.

13.2.4 "광역 커뮤니티" 연합

보다 안전하고 공정한 장소를 만들기 위해 시민 개개인이 개인적 책임을 지는 것 외에도, 회복탄력적인 커뮤니티는 재난 위험 감소의 주요 파트너 및 이해 관계자가 되기 위해 커뮤니티 그룹, 민간부문 조직 및 비영리 단체의 광범위한 연합에 참여한다. 결국, 미국에서는 공공 부문이 전체 노동력의 10%만 차지하고 나머지 90%는 민간부문과 비정부기구에서 일한다. 제9장에서 논의한 바와 같이, 민간부문은 개인사업보호의 한 형태로서나 커뮤니티 전반에 경제적 안정을 조성하는 방법으로서 경감 및 대비 활동에 필수적인 역할을 한다. 환경단체, 신앙에 기반을 둔 단체, 사회서비스를 제공하거나 빈곤인구를 지원하는 단체와 같은 비정부기구도 커뮤니티가 재해영향을 줄이고 대비할 수 있도록 보다 광범위한 연합에 포함되어야 한다. Table 13.2는 재난정책 수립을 지원하기 위한 광범위한 연합을 구축함으로써 추가적인 회복탄력성을 위한 주요 메커니즘을 요약한다.

Table 13.2 재난정책 수립에 커뮤니티 참여를 위한 메커니즘

메커니즘	목적
광역 커뮤니티 연합의 개발	단순히 재난 회복탄력성에 대한 커뮤니티의 의지를 확보하기 위한 도구가 아니라, 광범위한 커뮤니티 연합의 개발은 사람들을 함께 연결해 문제를 해결하고 신뢰를 쌓는다는 점에서 회복탄력성 창출 메커니즘이다.
다양한 커뮤니티 구성원의 참여: 커뮤니티의 "조직적 구조"	어떤 단일 단체도 회복탄력성이라는 완전한 공공재를 제공할 수 없기 때문에, 그것은 공유된 가치와 책임이 된다. 커뮤니티에서 회복탄력성에 대한 관심을 촉진하는 데 협력하면 커뮤니티의 완전한 구조가 문제 해결 노력에 포함될 기회를 가질 수 있으며, 공공 및 사적 이익과 다양한 사회적, 경제적 배경을 가진 사람들을 대표할 수 있다.
조직 역량 구축과 리더십 구축	커뮤니티 회복탄력성을 위한 의미 있는 민간-공공 파트너십은 성공을 위한 강력한 거버넌스 및 조직 구조, 리더십 및 지속적인 자원에 달려 있다.
회복탄성력 계획	지역 재난 커뮤니티를 위한 우선 활동은 커뮤니티 회복탄력성의 단계적 개선을 위한 계획이다.

환경보전 및 보호단체

범람원 보존, 하천유역계획 또는 친환경 사회기반시설 이니셔티브를 통해 재해 감소와 환경보호는 종종 더 지속가능한 커뮤니티를 촉진하는 상호 강화 활동이다. 많은 커뮤니티에서 자연 지역의 보존은 비정부기구(NGO)에 의해 수행된다. 성장하는 비영리 부문은 환경운동가 단체, 토지 신탁, 보존원, 레크리에이션 클럽, 유역 보호자, 수렵 어업 협회, 감시 단체, 그리고 환경의 질과 자원 보호에 초점을 맞춘 다른 단체들을 포함한다. 그들은 시에라 클럽, 네이처 컨저버서던시, 천연자원 보호 위원회와 같은 국가적 인정을 받는 대규모 단체에서 적은 예산과 작은 자원 풀을 가진 지역 풀뿌리 봉사 단체까지 그 규모가 다양하다. 제3의 분야로도 알려진 이 NGO들은 우리 사회에서 성장하는 강력한 힘이며 종종 그들의 의제를 제시하고 추진하는 데 있어 상당히 눈에 띄고 목소리가 크다.

비영리 환경단체의 각 유형은 자체 우선 순위를 추구하지만, 그 목표의 대부분은 환경에 민감하거나 생태적으로 취약한 토지에서의 재해경감에 대한 지역 또는 주 정부의 관리 목표와 중복된다. 환경단체가 자연재해 자체에 대한 노력을 목표로 삼지 않을 수 있지만, 그 결과의 많은 부분이 자연재해영향을 줄이는 효과를 가질 수 있다. 예를 들어, 보존 및 환경보호를 위해 면적을 구입하는 것도 이러한 자연 지역의 재해경감 기능을 증가시키는 결과를 초래할 수 있다. 예를 들어, 습지는 홍수 손실을 줄이는 동시에 물고기와 야생 동물들에게 중요한 서식지와 번식지를 제공할 수 있다. 토지를 보존 지역권(conservation easement) 또는 영구 소작지(permanent holding) 상태로 두는 것은 또한 이러한 지역들을 개발 흐름에서 벗어나게 하여 재해지역에 구조물이 건설되는 것을 방지할 것이다. 재해경감 노력, 환경보호, 지속가능성, 그리고 궁극적으로 커뮤니티 회복탄력성 사이의 상호 보완 관계는 건강한 자연시스템이 재해로부터 커뮤니티를 보호하는 역할을 하는 방법과 토지사용전략이 그러한 자연시스템을 건강하도록 유지하는 역할을 하는 방법을 고려할 때 명확해진다.

자기 진단

- 재난 위험과 회복탄력성에 대해 보다 효과적으로 소통할 수 있는 최소 3가지 전략을 나열하라.
- 비상관리기능에 기여할 수 있는 다른 그룹, 조직 및 전문 분야를 나열하라.

13.3 환경 인지

그 근간에서 회복탄력성은 우리가 살고 있는 세상을 이해해야 자연환경의 현재와 미래의 조건에 민감한 방식으로 도시환경과 사회시스템을 관리할 수 있다. 소기업 소유자는 어떤 재해를 예측하고 운영계획연속성을 적절하게 준비해야 하는지 어떻게 알아야 하는가? 비상관리자는 커뮤니티의 재해경감계획을 업데이트할 때 기후변화의 예상 영향에 대한 최신 정보를 어디에서 찾아야 하는가? 건설회사는 새로 건설된 다리 아래에 있는 암거(culver)의 크기를 적절하게 측정하기 위해 어떤 정보를 사용할 수 있는가?

많은 사람들이 직면하고 있는 도전은 재해, 기후, 경제 및 사회 동향에 대한 정보와 데이터의 부족이 아니다. 오히려 인터넷으로 끝없는 양의 정보를 갖게 되었으므로 신뢰할 수 있는 자원과 신뢰할 수 있는 정보의 최고의 큐레이터(curator)를 찾는 것이 데이터 중심 정책을 만들고 최선의 결정을 내리는 데 중요하다. 다음 절에서는 경감 및 대비 작업의 기반이 되는 중요한 정보를 제공하는 주요 리소스, 도구 및 조직을 요약한다.

13.3.1 통계

미국 인구조사국(U.S. Census Bureau)은 미국 전역의 모든 커뮤니티의 인구와 경제적 특성에 대한 풍부한 정보를 제공한다. 매 10년 마다 모든 사람을 실제로 집계하는 것 외에도, 미국 커뮤니티 조사(ACS; American Community Survey)는 커뮤니티가 사용할 수 있는 최신 정보를 가진 통계 조사를 지속적으로 제공한다. 경제총조사(Economic Census)는 또한 미국의 사업과 경제에 대한 정보를 제공하며 매 5년마다 실시된다.

인구조사의 데이터는 사람들이 어디에 살고 있는지, 어떻게 인구가 변화하고 있는지, 경제적, 사회적 취약성, 그리고 커뮤니티에서 기업의 구성에 대한 정보를 제공하는 재해관리를 뒷받침한다. 인구조사 데이터는 factfinder.census.gov를 통해 접근할 수 있다.

13.3.2 해저스

"HAZUS(해저스; Hazards U.S.)"는 위험도평가과정의 많은 단계에 대한 데이터를 수집하고 분석하는 데 사용할 수 있도록 FEMA에서 개발 및 무료로 제공되는 컴퓨터 모델링 시스템이다. 최신 버전인 HAZUS-MH(Multi-Hazard)는 지진, 허리케인, 홍수로 인한 손실을 추정하는 데 사용된다. 이 소프트웨어에는 또한 다른 재해에 취약한 목록 작성 및 커뮤니티 기능 매핑에 유용한 정보가 포함되어 있다.

HAZUS에서 분석된 잠재적 손실 추정치는 다음과 같다.

- 주거 및 상업용 건물, 학교, 핵심시설 및 기반시설의 "물리적 손상(physical damage)"
- 실직, 업무 중단, 수리 및 재건 비용을 포함한 "경제적 손실(economic loss)"
- 홍수, 지진 및 허리케인에 노출된 피난처 요건, 피난 가구 및 인구 추정치를 포함한 "사회적 영향(social impact)"

최신 HAZUS 소프트웨어 및 사용자 설명서는 https://www.fema.gov/HAZUS-software을 통해 액세스할 수 있다.

13.3.3 재난 데이터

많은 연방기관과 협력하여 백악관은 재난에 대한 국가적 회복탄력성을 강화하기 위한 재난 관련 데이터 세트, 도구 및 기타 자원의 중심지로 포털 disaster.data.gov을 발표했다. 2014년 출시된 지 불과 몇 달 만에 포털에는 악천후 데이터 목록, FEMA 재난 선언, 지진 자료(Earthquake Feeds), 국가 통합가뭄정보시스템, 국가 화재사고 보고시스템 등 150개 이상의 데이터 세트가 포함되어 있다.

13.3.4 국가기후평가

USGCRP(United States Global Change Research Program; 미국 글로벌 변화 연구프로그램)은 환경변화와 사회에 미치는 영향에 대한 연방 연구를 조정하고 통합한다. 몇 년마다 USGCRP는 관측과 예측을 포함한 기후변화에 대한 최신 연구를 통합하고 요약하는 국가기후평가를 발표한다. 평가에는 미국 전체에 대한 기후변화 영향과 각 지역 및 다양한 경제 부문에 대한 구체적인 영향에 대한 정보가 포함된다. 2018년에 발표된 제4차 국가기후평가(National Climate Assessment)는 다음 링크에서 확인할 수 있다: http://nca2018.globalchange.gov.

13.3.5 기후 데이터 이니셔티브

기후 데이터 이니셔티브(Climate Data Initiative)는 기후에 대한 연방 데이터를 시민, 연구자, 기업가 및 혁신가들에게 더 개방적이고 접근하기 쉽고 유용하게 만든다. 웹사이트

climate.data.gov에는 커뮤니티가 미래를 준비하는 데 사용할 수 있는 엄선된(curated) 고품질 데이터 세트, 웹 서비스 및 도구가 포함되어 있다. 처음에는 해안홍수, 식량 회복탄력성, 수자원 및 생태계 취약성에 초점을 맞췄지만, 이러한 데이터 세트와 자원은 인간의 건강과 에너지 사회기반시설과 같은 다른 기후 관련 위협에 대한 정보를 제공하기 위해 시간이 지남에 따라 확장되고 있다.

13.3.6 디지털 코스트

국립해양대기청(NOAA; National Ocean and Astraffic Administration)은 후원을 받는 디지털 코스트(Digital Coast; http://coast.noaa.gov/digitalcoast) 웹사이트는 데이터, 도구, 교육 및 사례 연구를 통해 커뮤니티가 해안 문제를 해결할 수 있도록 돕는다. 이 웹사이트에는 해안 환경을 이해하고 해안 회복탄력성을 계획할 수 있는 역사적인 허리케인 경로, 대화형 해수면 상승 보기, 육지 피복 변화를 볼 수 있는 도구 및 기타 많은 자료가 포함되어 있다.

13.3.7 국지적 경감계획

"Beyond the Basics(기본을 넘어)" 웹사이트는 FEMA의 지역 재해경감계획에 대한 지침을 기반으로 하며, 전국의 예와 모범 사례를 제공한다. 이 웹사이트는 승인된 재해경감계획의 기본 요건을 충족하기 위해 비상관리자 또는 계획자가 알아야 할 모든 것을 포함하고 있으며, 커뮤니티가 계획을 강화하고 궁극적으로 더 탄력적인 커뮤니티를 만들기 위해 요건을 초과하는 방법에 대한 아이디어와 예를 제공한다. 이 도구는 다음 웹사이트를 통해 액세스할 수 있다: http://mitigationguide.org.

13.3.8 Ready.gov

웹사이트 Ready.gov은 FEMA가 후원하는 국가 공공서비스 광고 캠페인으로 미국인들이 자연재해와 인적재난에 대비하고 대응할 수 있도록 교육하고 권한을 부여하기 위해 고안되었다. 영어(www.Ready.gov) 및 스페인어(www.Listo.gov) 웹사이트는 사람들이 (1) 비상구호키트를 만들고, (2) 가족비상계획을 세우고, (3) 발생할 수 있는 다양한 비상 유형 및 적절한 대응에 대해 알 수 있도록 돕는다.

13.3.9 주(州) 재해경감 담당자

각 주 내에서 경감계획을 위한 귀중한 자원은 주 재해경감 담당자로 불리는 FEMA 경감보조금 프로그램(HMGP)의 공식 연락처이다. 주 재해경감 담당자는 경감계획을 수행하고 경감사업을 위한 자금을 모색하는 지역 커뮤니티에 지원을 제공한다. FEMA는 다음 링크에서 주 재해경감 담당자의 최신 목록과 연락처 정보를 유지한다: https://www.fema.gov/state-hazard-mitigation-officers.

13.3.10 주(州) 기후학자

대부분의 주에서는 연구 조정, 자원관리자와 조직에게 기후 데이터와 정보에 대한 정보 제공, 시민 교육 등 여러 서비스를 제공하는 기후사무소(climate office)를 운영하고 있다. 이러한 각 사무소 내의 주 기후학자(state climatologist)는 주어진 주 내에서 특정 변화와 기후 취약성에 대한 정보를 제공할 수 있기 때문에 경감, 대비 및 기후적응에 종사하는 사람들에게 엄청난 자원이다. 미국 국립기후학회(American Association of State Climatologists)는 기후사무소가 있는 주의 목록을 관리하고 각 주의 기후학자들에게 연락처 정보를 제공한다: http://www.stateclimate.org.

자기 진단

- 미국에서 가장 신뢰할 수 있는 사회경제적 자료의 출처를 말하라.
- HAZUS를 사용하여 분석할 수 있는 재해와 잠재적 손실을 설명하라.
- 기후변화의 영향에 대한 두 가지 정보 출처를 설명하라.

13.4 허용위험수준 결정

비상관리자와 커뮤니티가 재해영향을 관리할 때 다루어야 하는 윤리적 문제 중 하나는 허용위험수준을 정의하는 방법이다. 최신 기술, 건축 기술 또는 최첨단 토지이용계획 관행을 가지고도 자연 또는 인적재해로부터 모든 위험의 100%를 제거할 수는 없다. 지구상의 어느 곳에 살든 어느 정도의 고유한 위험은 있을 것이다. 물론 일부 지역에서는 이러한 위험이 다른 지역보다 더 널리 퍼져 있다. 뉴올리언스는 도시의 많은 부분이 해수면 아래에 있는 그런 장소 중 하나이다. 많은 면에서, 허리케인이 뉴올리언스를 강타하여 엄청난 피해를 일으킬 가능성은 예고된 재난이라고 불려왔다. 2005년 허리케인 카트리나가 도착했을 때, 그 가설은 현실이 되었다.

허리케인 카트리나 발생 직후 뉴올리언스에서 169마일 이상의 제방과 홍수벽이 손상되어 대규모 홍수, 재산피해, 수천 명의 주민 대피, 수백 명의 인명 피해가 발생했다. 뭐가 잘못되었는가? 물리적, 공학적, 인적, 조직적 요인들의 재앙적 결합은 도시를 둘러싼 보호 기능의 월파(越波; overtopping)과 파괴로 이어졌다. 이러한 요인들 중 많은 것들이 우연, 불운, 나쁜 타이밍, 또는 겉으로 보기 드문 우연의 집합에서 기인한다. 그러나 뉴올리언스의 파괴로 이어진 많은 다른 요인들은 알려진 사실들과 확립된 규약에 기초한 의도적이고 잘 고려된 결정들의 결과였다. 그러한 결정 중 하나는 도시의 홍수에 대한 허용위험수준을 포함했다.

13.4.1 허용위험의 한계 설정

특정 지역의 특정 인구에 대해 허용위험수준을 설정하는 데 있어 고려되는 몇 가지 사항을 이해하기 위해, 뉴올리언스의 국제적인 결과물인 네덜란드라는 나라를 살펴볼 수 있다. 네덜란드는 수백 년 동안 해수면 근처 또는 해수면 아래에 있는 국토의 대부분을 유지할 수 있도록 구조물을 설계하고 건설해 왔다. 네덜란드는 세계에서 가장 낮은 지리적 국가 중 하나이다. 그것의 이름은 문자 그대로 "낮은 땅"을 의미하며, 첫 번째 제방은 12세기 초에 지어졌다. 저지대의 이탄습지에서는 복잡한 배수 수로와 풍차로 움직이는 펌프가 육지를 건조하게 유지하기 위해 사용되어 왔다.

네덜란드와 뉴올리언스의 유사점은 여러 면에서 두드러진다. 네덜란드의 약 4분의 1이 해수면 아래에 있고, 뉴올리언스는 해수면 아래에 약 50%가 있다. 뉴올리언스는 멕시코만과 폰차트레인 호수로부터 인구를 보호하기 위해 제방을 사용했다. 네덜란드 기술자들은 홍수를 막기 위한 거대한 벽과 장벽을 건설하기 위해 토양 샘플, 공학 기술, 그리고 건축 자재를 찾는다. 뉴올리언스에서 일하는 엔지니어들과 시공사들(contractors)은 홍수를 줄이기 위해 비슷한 연구를 하고 비슷한 전술에 종사한다. 이 차이는 각 커뮤니티가 허용위험수준을 설정하고 공사의 세부사항을 구현하는 방법에 부분적으로 있다. 그 차이들 중 일부는 지형, 토양 유형, 전문 지식, 폭풍에 대한 노출 및 기타 이슈의 차이로 설명될 수 있다. 그러나 더 중요한 것은 네덜란드가 그것의 임무를 접근하는 방식과 뉴올리언스의 상황 사이의 차이는 위험의 정의, 원하는 보호 수준, 그리고 시간이 지남에 따라 홍수 조절이 개선되었던 경험과 수명의 차이에서 기인한다.

간단히 말해서, 네덜란드는 뉴올리언스에서 제공되는 것보다 더 높은 수준의 홍수방재 기능을 제공한다. 홍수 경감에 대한 네덜란드의 법규(commitment)는 인구밀도가 높은 지역의 경우 10,000년에 1번, 인구밀도가 낮은 지역의 경우 4,000년에 1번의 도시지역에서 홍수가 발생할 확률을 기반으로 한다. 이것은 네덜란드인들이 사건의 규모와 홍수벽에 가해지는 압력과 관련하여 10,000년에 한 번 일어날 수 있는 사건으로부터 그들의 도시를 보호하려고 시도한다는 것을 의미한다. 미국은 국가 정책의 문제로서 현재로서는 그러한 수준의 보호가 실현 가능하다고 생각하지 않는다. 대신, 미국은 일반적으로 홍수방재 전략의 기초로 홍수의 100년에 1번의 확률에 초점을 맞추고 있으며, 500년에 1번 확률의 홍수방재수준은 매우 보수적이라고 생각한다.

13.4.2 높은 기준에 필요한 것은?

네덜란드가 왜 뉴올리언스에서 발견되는 것보다 더 높은 수준의 보호를 제공하는가 하는 질문에 대한 간단한 대답은 홍수위험을 다루는 국가적 의지와 경험의 문제이다. 네덜란드 시민들과 그들이 선출한 지도자들은 오래 전에 이 나라를 북해로부터 오랜 세월 동안 개간한 메마른 땅을 유지하고 심지어 확장시키는 현재의 궤도에 올려놓았다. 국민의 정치적 의지가 네덜란드를 파도, 바람, 폭풍해일의 맹공으로부터 보호하는 제방의 배후에 있다. 네덜란드인들은 의도적으로 이 길을 선택했고, 그들의 전통적 삶의 방식을 계속 추구하고자 한다.

네덜란드의 정치적 의지는 오직 그들의 계속되는 근면함에서 능가한다. 네덜란드인들은 제방과 방조제를 유지할 뿐만 아니라 매년 홍수방재 시스템을 개선하려고 한다. 네덜란드 기술자들은 계속되는 재해위험에 직면하여 구조물의 건전성을 높일 수 있는 새로운 방법을 끊임없이 찾고 있다. 돈은 확실히 이 문제의 한 부분이다. 실사(due diligence; 實査)는 공공자금을 지출하려는 네덜란드의 의지와 일치하며, 국가를 안전하고 건조하게 유지하는 제방에 상당한 자금이 할당된다. 네덜란드에서 허용되는 위험수준은 제방시스템을 둘러싼 결정을 주도한다. 재료와 기술의 선택은 주민들이 줄이려고 하는 위험에도 부합한다.

최근 몇 년 동안, 네덜란드의 홍수관리전략은 기후변화의 영향과 효과적인 홍수 조절이 단지 물을 막기 위해 벽을 건설하는 것보다 자연시스템과 함께 작동해야 한다는 이해로 인해 크게 변화하고 있다. 여러 면에서 홍수관리의 변화는 특히 기후변화에 따라 일부 지역을 보호하는 것이 불가능할 것이라는 인식에 대응한다.

네덜란드는 강의 수위를 낮춰야 하는 30개 이상의 지점에 "Room for the River(강을 위한 여유)" 프로그램을 2006년과 2015년 사이에 시행하였다. 이 사업은 일부 제방을 옮기고, 홍수 수로를 만들고, 깊이를 늘리고, 홍수 우회로를 건설하고, 다른 도시지역을 보호하면서 극단적인 기상 상황에서 특정 지역에 홍수가 날 수 있도록 하는 기타 조치들을 포함한다. 이 프로그램은 환경의 질(environmental quality)을 개선하고 알려진 범람원이나 건설된 범람원으로 물을 방출함으로써 대재앙의 가능성을 줄일 것으로 기대된다. 미국에서는 네덜란드에 존재하는 것만큼 긴 홍수방재 역사가 없다. 거의 200년 전에 홍수에 대한 구조공학적 보호 접근법을 채택한 이후, 미국은 일반적으로 유지관리와 보수에 대해 "hurry up and wait(역주: 급한 줄 알고 서둘렀지만 기다리게 하다)" 접근법을 취하는데, 여기서 제방이 붕괴되고, 무너지고, 가라앉고, 그리고 10년 이상의 기간에 걸쳐 균열이 발생하는 것을 허용한다. 카트리나와 같은 대재앙이 발생할 경우, 주, 연방 및 지방 재정에서 이 문제에 대한 값비싼 단기 보수자금을 지원해야 한다. 또 다른 재해사건이 재발할 때까지 몇 년의 방치 및 감소는 허용된다. 네덜란드는 그러한 주기적인 홍수보호 패턴을 유지하지 않는다. 그들의 국가적 의지, 자금, 그리고 근면함은 그들의 제방이 결코 끝난 것으로 간주되지 않는다는 것을 의미한다.

자기 진단

- 네덜란드와 미국이 홍수재해에 대한 허용위험수준 결정에 접근하는 방법을 비교하라.
- 네덜란드 "Room for the River" 사업이 홍수통제전략의 전환(shift)인 이유에 대해 논의하라.

13.5 회복탄력성 촉진 전략의 구현

지금까지 경감과정과 대비과정, 그리고 재해관리에 참여하기 위한 다양한 정부 및 조직의 역할에 대해 논의했다. 재해프로파일, 자연환경, 커뮤니티 역량 및 시민의 가치에 따라 커뮤니티마다 효과적인 전략이 크게 다르기 때문에 우리는 따라야 할 특정 경감 및 대비 전략에 대해 지나치게 규범적인 것을 의도적으로 피했다. 회복탄력성을 높이기 위해 취해진 조치의 개발에서 위험을 분석하고 커뮤니티를 참여시키는 과정은 필수적이다. 그러나 경감 및 대비 전략의 일부 광범위한 범주는 도시환경에 대한 재해영향을 줄이면서 동시에 귀중한 자연지역을 보호하는 방법으로 계속해서 나타났다. 이 절에서는 회복탄력성 계획 및 구현의 기초가 되는 이러한 개념을 요약한다.

13.5.1 토지사용

회복탄력적 커뮤니티에서 토지는 제한된 자원으로 간주되고 사려깊게 관리된다. 환경적으로 민감한 토지(습지, 해안선, 경사지, 단층대)는 집중적인 개발을 금지한다. 개발 패턴은 밀집된 도시지역을 촉진하여 산재한 개발과 무질서한 확장을 감소시킨다. 회복탄력적인 커뮤니티는 활용도가 낮은 도시지역을 활용하고 매립지와 브라운필드(brownfield; 역주: 오염된 산업부지) 개발을 장려할 수 있다. 에너지 및 자원 보존은 최우선 과제이며, 대중교통, 보행, 자전거 등 다양한 형태의 교통수단(재난 발생 시 필수적일 수 있는 여유수단)을 위한 선택사항을 만드는 데 더욱 중점을 두고 있다. 본질적으로, 재해에 회복탄력적인 커뮤니티는 하천 범람, 산불, 보초도 이주와 같은 자연적 특징과 과정의 존재를 인정하고, 토지이용과 정착 패턴을 간섭하거나 방해하지 않고 지속되도록 조정한다.

재해를 고려하여 가장 위험한 지역에 건물을 짓지 못하게 하는 용도지역지구제 및 토지분할조례와 기타 토지이용계획 활동도 재해로부터 지역경제기반을 보호하는 데 도움이 될 수 있다. 사회기반시설에 대한 자본개선 계획과 장기적 전략 계획은 가장 취약한 지역의 상하수도 같은 공공시설을 제한함으로써 재해지역의 발전을 저해하는 데 도움이 될 수 있다. 다른 커뮤니티들은 취약하거나 민감한 토지를 개방된 공간이나 농지로 남겨두고 보다 적합한 토지에 새로운 개발의 밀도를 높이려는 클러스터 개발 조례와 같이 토지를 현명하게 사용하기 위한 다른 혁신적인 전략을 택한다.

회복탄력적 커뮤니티는 또한 자연시스템이 반드시 정치적 문제에 해당하지 않는다는 것을 인식하고, 관할권을 넘는 영향을 설명하기 위해 더 넓은 규모의 계획 및 자원관리에 접근한다. 예를 들어, 하천유역관리(river basin management)는 지역 규모의 수질, 서식지 보호, 농촌 토지 보존 및 홍수재해경감 문제를 해결하기 위해 충분히 활용되지 않은 시스템이지만 효과적인 계획 메커니즘이다. 하천유역은 주요 하천시스템으로 배수되는 모든 땅으로 구성되기 때문에 하천, 지류, 유역은 많은 커뮤니티, 토지 피복 유형, 다양한 토지이용에 걸쳐 연결되어 있다. 몇몇 주에서는 수질 목적을 위해 유역 기반 접근방식을 사용한다. 그러나 그러한 접근법의 잠재적인 유용성에도 불구하고 홍수방재 목적으로 강유역을 계획하기 위한 단위로 사용하는 주는 적다.

13.5.2 친환경 사회기반시설

사회기반시설은 도로, 하수관로, 배수로와 같은 개발을 담당하는 공공사업과 공공 유틸리티를 포괄하는 용어이다. 하지만, 자연은 홍수와 폭염에서 우리를 보호하고, 그리고 공기와 물의 질을 향상시키는 것과 같은 많은 서비스를 인간들에게 제공할 수 있다. 건강한 모래언덕은 파도 소리를 흡수하는 데 있어서는 비길 데 없다. 마찬가지로, 자연적으로 발생하는 습지는 물을 여과하고 청소하는 동시에 엄청난 양의 빗물 유출을 흡수하고 침투시킬 수 있다.

친환경 사회기반시설(green infrastructure)의 개념은 자연 지역을 한 지역의 생태적 건강과 사람들이 기대하게 된 삶의 질 모두에 필요한 사회기반시설의 또 다른 형태로 본다. 친환경 사회기반시설은 자연시스템을 활용하여 빗물 관리, 기후적응, 환경 보건 및 기타 사회적, 경제적, 환경적 목표를 달성하기 위한 전략적 접근법이다. 친환경 사회기반시설은 습지, 천연 둔덕, 도시 숲, 공원, 수로를 따라 완충지, 그린웨이, 주거용 조경, 심지어 도시 정원을 포함할 수 있으며, 각각 커뮤니티에서 다양한 목적을 수행할 수 있다. 친환경 사회기반시설이 천연자원과 서식지를 보호할 수 있을 뿐만 아니라, 이러한 공간들은 홍수 저수시설, 수로지역, 그리고 커뮤니티에서 과도한 물의 영향을 줄이기 위한 유출 필터의 역할도 한다. 친환경 사회기반시설은 또한 커뮤니티에서 불침투성 표면적의 양을 감소시켜 폭우 흐름의 양과 속도를 효과적으로 감소시킨다.

참조 내슈빌의 홍수위험 저감을 위한 친환경 사회기반시설

테네시 내슈빌은 2010년 기록적인 폭우로 컴벌랜드 강이 범람한 후 광범위한 홍수를 겪었다. 홍수위험을 줄이고 손상된 하천을 복구하기 위해, "내슈빌 내추럴리(Nashville Naturally)" 개방공간계획(open space plan)은 도시 전역에 분산된 수백 곳의 22,000 에이커의 보호를 요구함으로써 친환경 사회기반시설의 개념을 사용한다. 컴벌랜드 강을 따라 펼쳐진 넓은 지역을 포함하는 보존될 땅은 홍수방재 완충지를 제공하고, 수질을 개선하고, 농업 토양을 보호하고, 휴양 기회를 제공할 것으로 기대된다. 이 계획은 또한 하수도의 범람을 줄이고 홍수위험을 경감하기 위해 고안된 도심 내의 50개의 소규모 친환경 사회기반시설 사업을 식별한다.

13.5.3 홍수위험 결정과 미래 빌드아웃의 통합

앞에서 논의한 100년 홍수위험의 의미를 전달하는 것과 관련된 문제 외에도, 개발 및 기후변화 증가 등 여러 가지 이유로 인해 홍수 수준이 변경되기 때문에 개념 자체가 예방적으로(proactively) 사용하기도 어렵다. 범람원 및 유역 내 다른 곳의 조건 변화는 홍수 수위에 심각한 영향을 미친다. 유역이 개발됨에 따라, 포장이나 지붕과 같은 불투수면의 증가는 폭풍으로 인한 더 많은 물이 땅의 표면에서 배수시스템과 하천으로 흘러들어가게

하고, 대개는 개발 전보다 더 빠른 속도로 흘러들게 한다. 그러한 도시화가 일어나기 전에 계산되고 지도화되었던 홍수의 깊이와 경계가 단기간에 부정확해진다.

이것이 의미하는 것은 범람원에 대한 침해를 허용하는 오늘의 1%(100년) 기준이 실제로는 내일의 50년 기준이 될 수 있고, 유역이 완전히 개발되면 10년 기준이 될 수 있다는 것이다. 그리고 일단 한 지역이 개발되면, 시간을 되돌려서 그 지역에서 미래의 개발을 없애는 것은 매우 어렵다. 이러한 경향은 홍수 피해의 확대를 억제하는 데 좋은 징조(bode)가 아니다.

홍수위험 판단에 관한 현재 방법에 대한 대안으로, 예상 유출량을 결정할 때 미래 상황 시나리오를 사용하여 홍수 피해의 증가를 초래하는 개발 패턴의 변화를 고려할 수 있다. 새로운 수준의 개발이 홍수위의 결정에 고려됨에 따라, 최하층 바닥높이에 대한 규정은 홍수위가 구조물의 수명 내에 있을 수 있는 장소를 예측할 수 있어 특정 주거지에 제공되는 보호 수준을 크게 높일 수 있다.

노스캐롤라이나 샬럿-메클렌부르크와 같은 몇몇 커뮤니티는 홍수 규제를 설정할 때 개발 계획을 사용했다. 시-군 범람원 관리 당국은 향후 개발된 조건에 기초한 홍수재해지역 식별을 강조한다. 지도는 아직 유역 내에 발생하지 않은 개발로 인한 유출률 증가를 통합하며, 해당 규정은 이러한 수준을 반영한다.

13.5.4 악영향없음: 무해 정책

허용홍수위험의 결정에 미래 개발의 영향을 통합하는 것 외에, 다른 접근법에는 "악영향없음(no adverse impact)"로 알려진 개념이 포함된다. 범람원 관리에 대한 악영향없음 접근법은 한 부동산 소유자의 행동이 다른 부동산 소유자의 홍수위험을 증가시키지 않도록 하기 위해 노력한다.

"악영향없음" 접근법은 토지이용 변화에 따른 홍수 영향을 계획하고 줄이는 데 초점을 맞춘다. 그것은 근본적으로 새로운 개발이 홍수 피해를 악화시키지 않도록 보장하는 정책이다. 예를 들어, 집 근처의 공터가 개발되는 경우, "악영향없음" 정책에 따라 이전에는 존재하지 않았던 폭우 동안 새로운 홍수가 당신의 부동산에 발생해서는 안 된다. 따라서 이 설계에서는 친환경 지붕, 빗물 정원 또는 기타 경감기술을 사용하여 폭우를 포착하고 침투시켜야 한다. 규제 기관 및 주민이 완전히 수용하면 무영향(no impact) 범람원이 기본관리기준이 되며 전체 유역으로 확대될 수 있다. 수문학, 하천 깊이, 속도 또는 퇴적물 수송 함수에 부정적인 변화를 일으키지 않는 방식으로 개발이 허용된다. 현장별

경감기법은 유수지(detention basin; 遊水池) 및 저류지(retention basin; 貯留池)의 설치에서 적절한 배수 채널, 개선된 빗물 관리 기능에 이르기까지 다양하다.

홍수 경감에 대한 악영향없음 접근방식은 공정성, 책임, 커뮤니티 참여, 사전홍수계획, 지속가능한 개발 및 지역 토지이용 관리를 촉진한다. 구체적인 토지이용내역은 커뮤니티 차원에서 결정되기 때문에 범람원 위험관리 책임을 지방정부와 개인에게 곧바로 전가한다. 또한 재산 소유자가 자신의 재산에 영향을 미치는 관리 전략에 대한 정보를 얻을 수 있기 때문에 사유재산권도 지원한다. 이 접근방식은 특히 현재 규제 대상 홍수지역에 있지는 않지만 미래에 있을 수 있는 부동산 소유자에게 도움이 될 수 있다.

자기 진단

- 친환경 사회기반시설을 정의하라.
- 홍수를 관리하기 위해 강유역 척도를 사용하는 것의 가치에 대해 논의하라.
- "악영향없음" 경감전략의 예를 제시하라.

13.6 재난 전후의 재개발 기회

세상의 가장 좋은 곳에서, 커뮤니티는 그들의 일상 활동의 일부로서 더 회복탄력적이 되기 위해 노력한다. "경감은 포괄적이고 커뮤니티 전반에 걸쳐 장기적으로 수행될 때 가장 효과적이다. 단일 보조금 또는 활동이 도움이 될 수 있지만, 시간이 지남에 따라 조정된 경감 활동을 수행하는 것이 커뮤니티가 미래의 재해영향에 대해 물리적, 사회적, 경제적 회복탄력성으로 대처할 수 있도록 보장하는 가장 좋은 방법이다." 모든 선택된 경감조치는 정치적 의지로 묶이고 그들을 강제할 권한으로 제도화되어야 한다. 커뮤니티가 경감목표를 커뮤니티 성장 및 개발과 얼마나 잘 통합하고 경쟁 우선순위의 균형을 맞추느냐에 따라 커뮤니티가 어느 정도까지 회복탄력적인 미래를 가질 수 있는지 결정될 것이다.

13.6.1 재해 후 재개발

때때로, 커뮤니티 일상에 대한 회복탄력적이고 지속가능한 접근을 장려할 수 있는 가장 좋은 기회가 큰 재난 후에 발생한다. 지방관할구역 내 토지의 상당 부분이 이미 지속가능성과는 거리가 먼 관행과 전통에 따라 개발됐다는 점도 지역 경감의 걸림돌 중 하나다.

아이러니하게도, 자연재난 직후의 시간은 커뮤니티에 고위험지역의 개발 및 재개발을 지도하는데 있어 회복탄력성 윤리를 심어줄 수 있는 고유한 기회의 창을 제공할 수도 있다. 사전 숙고과 계획을 통해, 자연재해의 여파로 재건된 커뮤니티는 미래의 재해에 더 회복탄력적으로 대응할 수 있도록 재건될 수 있으며, 이는 재해-파괴-재건축의 순환을 깨뜨릴 수 있다. 동시에, 커뮤니티에는 에너지 효율, 저렴한 주택, 걸을 수 있는 지역, 재활용된 건축자재 사용, 물 사용 감소, 환경보호와 같은 지속가능성의 다른 특성들을 두 번째 기회 개발에 통합할 기회가 생긴다.

커뮤니티가 아직 공식적으로 환경의 질, 경제적 평등, 사회적 평등, 또는 거주 적합성(livability) 같은 더 광범위한 문제를 고려하지 않았다면, 재난이 "현상을 뒤흔들고, 커뮤니티의 정상적인 현실을 혼란시키고, 다른 일을 할 기회를 제시하기" 때문에 재난 후 복구기간은 시작하기에 좋은 시간이 될 수 있다. 재난 발생 후 커뮤니티의 일상적인 사업에서 발생하는 변화는 다음과 같다.

- 재해에 관한 인식의 증가
  재난 사건 직후, 사람들은 커뮤니티에 미칠 수 있는 재해와 그 영향의 범위를 개인적으로 인식하게 된다. 다시 말해, 갑자기, 재해는 현실이 된다.

- 파괴 발생
  어떤 경우에는, 그 재난들이 이미 일부 일을 했을 것이다. 예를 들어, 토네이도, 지진 또는 화재는 노후화되거나, 느스하거나 또는 안전하지 않은 건물이나 기반시설을 손상 또는 파괴할 수 있다.

- 커뮤니티의 참여도 증가
  재난은 커뮤니티가 힘들게 동시에 쉽게 결정을 내리도록 강요한다. 재난 이후 정책 형성에 대한 커뮤니티의 참여와 시민의 참여가 증가하는 경우가 많다.

- 주위의 지원 증가
  다양한 주, 연방, 지역, 학술 및 비영리 기관으로부터 재난에 영향을 받은 커뮤니티에 기술 지원 및 전문가 조언을 제공할 수 있다.

- 자금 유입
  주 및 연방정부 기관으로부터 재난복구 및 경감사업을 위해 민간 시민과 지방정부 모두에 대한 재정적 지원이 제공된다. 보험금 청구 지급은 또한 복구 및 경감 작업에 대한 자금원을 제공할 수 있다.

• 재해식별의 변화

때때로 재해는 재해지역의 위치에 대한 커뮤니티의 평가를 변경할 수 있다. 재해는 홍수지도 업데이트, 유입구(inlet) 구역 이전, 침식률 재확립, 해면 또는 지진 후퇴규제 수정 및 새로운 조건에 기초한 실제 재해 위험을 반영하기 위한 취약성의 기타 지표를 변경할 기회를 제공할 수 있다.

취약성을 줄이는 방식으로 커뮤니티가 미래의 재난으로부터 복구될 수 있도록 보장하는 가장 좋은 방법은 사건 전에 종합적이고 전체적인 계획을 준비하는 것이다. 그러나 한 커뮤니티가 그러한 계획을 준비하지 않았더라도, 그 커뮤니티를 전보다 더 지속가능하게 만들 수 있는 복구 과정 동안 할 수 있는 상식적인 일들이 많이 있다. 지속가능한 개발과 회복탄력성을 재난복구에 통합하려면 현재 생각, 토지 사용 및 정책의 변화가 필요한다. 재해경감을 촉진하는 복구 전략을 개발하기 위한 몇 가지 광범위한 지침은 다음과 같다.

• 장기 시각

재해경감을 통합하려면 복구 의사결정에 더 긴 기간을 채택해야 한다. 특히 자연생태계를 파괴하거나 손상시키는 단기적 행동, 장기적인 성장을 장려하거나 촉진하는 단기적 행동, 그리고 더 많은 사람들과 재산을 재해에 노출시키는 개발 패턴은 만행이다.

• 미래 손실 고려

재건 중에는 기후변화로 인한 사건 재현주기 또는 강도 변화를 포함하여 재해로 인한 미래 잠재적 손실에 상당한 주의를 기울여야 한다.

• 천연자원 보호

습지, 방화 구역 및 모래 언덕과 같은 중요한 경감 기능을 수행하는 자연환경의 특징을 고려하고 재건하는 동안 보호해야 한다.

• 가용한 최상의 데이터 사용

발생 빈도, 예측 또는 취약성에 대한 과학적 불확실성으로 재건 중 구조공학적 보강 또는 재해 회피를 미루어서는 안 된다.

• 재개발 투자

미래 재난을 고려하지 않은 재난 후 재건축은 복구자원에 대한 비효율적인 투자다. 커뮤니티는 재난으로부터 배우고, 복구를 시민의 미래 안전과 활력에 투자하는 기회로 여겨야 한다.

그러나 재난 후 복구 기간은 최근 재난의 희생자들에게 높은 스트레스와 불안감 중 하나라는 것을 기억해야 한다. 그 과정을 늦추는 것으로 보이는 재개발 노력에 대한 커뮤니티의 저항이 있을 수 있다. 게다가, 재난으로 인해 삶이 파괴된 사람들은 종종 재해사건이 일어나기 전처럼 그들의 삶을 원래대로 되돌리고 싶어한다. 그러한 태도는 이해할 수 있지만 재개발 단계에서 커뮤니티를 변화시키는 데 장애가 될 수 있다.

13.6.2 회복탄력적 재개발 사례

자연재난 이후 지속가능성을 수용하고 회복탄력성을 높이는 재개발 접근법을 채택한 커뮤니티의 사례가 많이 있다. 재난 후 지속가능성을 높일 수 있는 기회를 활용한 커뮤니티는 다음과 같다.

- 아칸소 강에 위치한 오클라호마 툴사는 홍수에 취약한 역사를 가지고 있다. 수년간의 반복적인 홍수가 있은 후, 1980년대에 툴사는 경감에 대한 다각적인 접근을 시작했다. 홍수위험을 줄이기 위한 사업으로는 주택을 범람원 밖으로 이전, 신규개발에 대한 유역 차원의 규제 채택, 도시 배수 마스터플랜 개발, 폭우관리 자금원 구축, 범람원 내 개방공간 및 레크리에이션 지역 조성 등이 있다.
- 1993년 중서부 홍수 이후 위스콘신 솔저스그로브는 많은 지속가능한 개발 지침을 따르면서 커뮤니티를 재건했다. 회복탄력성과 지속가능성을 촉진하기 위한 다른 활동들 중, 마을은 사업지구를 완전히 범람원 밖으로 이전하였고, 새로운 사업체들이 절반 이상의 태양에너지의 사용하도록 하였으며, 건축자재에 관한 생애주기해석을 수행하였으며, 상세한 부지분석을 바탕으로 건물 및 조경(landscaping)을 위치하였고, 주택공급(housing)을 다운타운 개발과 어울리도록 하였다.
- 허리케인 앤드류 이후 재건하는 동안, 해비타트운동은 플로리다 홈스테드 근처에 조던 커먼스라는 저렴한 주택단지(affordable housing complex)를 건설했다. 이 사업은 개별 주택으로 지어지기보다는 커뮤니티로 설계됐다. 이 사업은 재건축 과정에 참여한 저소득층과 중산층 주민들에게 저렴한 주택을 제공하는 한편 미래의 허리케인에 견딜 수 있도록 설계 기준과 건축 관행을 통합했다.
- 1997년 봄의 파괴적인 토네이도에 이어 아칸소 아델피아는 미국 주택도시개발부(HUD)의 자금을 더 큰 지역 재개발 계획의 일환으로 포괄적인 도심 복구 프로그램을 개발하기 위해 사용했다. 도심을 커뮤니티의 중심지로 유지하고자 하는 지역의 의지에

부응하여 개발된 주요 사업으로는 시청과 마을광장의 신축, 가로경관 개선, 강변공원 조성, 영향을 받은 마을에 중산층 주택 유치, 주택복구프로그램의 조성 등이 있다. 또한, 용도지역지구조례의 변경으로 도시 전체의 주택 유형, 소형 근린 설계, 에너지 효율적인 주택 건설 관행이 더욱 다양해졌다. 도시는 토네이도 이후 HUD 기금을 활용하여 전체 커뮤니티에 혜택을 주는 지속가능한 복구 계획을 개발했다.

- 허리케인 샌디의 여파로 북동부 해안선을 따라 많은 커뮤니티는 허리케인, 해안홍수, 해수면 상승 및 기타 재해에 대한 장기적인 취약성을 줄이기 위한 노력을 포함한 복구 전략을 시행하고 있다. 뉴욕 나소 카운티는 폭풍해일 홍수와 폭우 범람을 해결하기 위해 Rebuild by Design(역주: 도시재개발 공모전)으로부터 1억 2천 5백만 달러의 공공 및 민간 자금을 지원받았다. 이 사업은 홍수방지지역 개발밀도와 활력을 높이기 위한 구역변경과 함께, 습지복원, 휴양지 조성 등 친환경 사회기반시설을 포함함으로써 환경·경제·사회적 회복탄력성을 높이도록 설계되었다.

자기 진단

- 재난 후 기회의 창이란 무엇인가?
- 재난복구에서 경감을 촉진하기 위한 3가지 전략을 나열하라.

요약

납세자들은 커뮤니티가 재난에 대응하고 복구하는 것을 돕기 위해 매년 수십억 달러를 지출한다. 손실은 계속 증가하고 있고, 기후변화는 한때 극단적인 날씨였던 것을 더 흔하게 만들고 있는 것으로 보인다. 또한 이러한 재난손실과 복구비용은 동일하게 부담되지 않는다. 몇몇 사람들에게 자연재해에 취약하고 환경적으로 민감한 지역에 짓도록 허용하고, 그 후 사회는 그들이 재난이 닥쳤을 때 복구하는 것을 돕기 위해 돈을 지불한다. 이것은 건전한 환경정책이나 재정정책이 아니다. 단기적으로 비용이 절감되는 것처럼 보이기 때문에 개발 위치를 결정하는 경우가 많다. 궁극적으로, 이러한 결정은 피해가 발생한 후 청소하기 위해 비용을 지불하는 것보다 경감 및 대비에 투자하는 것이 훨씬 더 비용 효율적이고 합리적이기 때문에 비용이 더 많이 든다. 더 중요한 것은, 재난으로 잃어버린 삶은 다시 온전해질 수 없다는 것이다.

개발 및 재해관리에 대한 보다 회복탄력적 접근방식은 비상관리자, 지역 선출 공무원, 사업주, 교회 및 종교 기관, 비영리 단체, 주택 소유자, 주 및 연방 정책 입안자 등 모두에게 필요하다. 재해와 기후변화에 대한 명확하고 신뢰할 수 있는 정보로 시작하여 커뮤니티는 취약성을 평가하고, 자신이 편안한 위험수준에 대한 신중한 결정을 내리고, 자연재해와 인적재해에 더 회복탄력적으로 대처할 수 있는 변화를 고려할 수 있다. 공학적 접근법, 강력한 건축법규, 운영연속성계획 및 토지이용계획 등 재해관리를 위해 광범위한 경감 및 대비 전략이 성공적으로 채택되었다. 그러나 습지, 모래언덕, 범람원, 해안선을 포함한 자연환경을 보존하고 보호하는 것이 보다 회복탄력적인 건축 환경을 조성하기 위한 효과적인 접근법의 일부라는 것이 점점 분명해지고 있다. 우리는 재난이 발생하는 것을 막기 위해 최선을 다하지만, 재난은 우리가 사는 세상의 일부라는 것을 알고, 재난으로부터 배우고 더 나은 방법으로 재건하기 위해 최선을 다한다. 결국, 우리 모두는 안전한 내일을 보장하기 위해 재해영향에 대해 우리 커뮤니티를 더 회복탄력적으로 만들 책임이 있다.

용어

- 친환경 사회기반시설(green infrastructure)
  자연 지역을 삶의 질뿐만 아니라 지역의 생태 건강도 지원하는 기반시설(하수도 및 도로와 같은 공공시설 및 공공시설)의 한 형태로 본다.
- 악영향없음(no adverse impact)
  토지이용계획 및 경감전략을 통해 한 부동산 소유자의 행동이 다른 부동산 소유자의 홍수 위험을 증가시키지 않도록 보장하는 범람원 관리에 대한 접근법
- 회복탄력성(resilience)
  불리한 사건에 대비하고 계획하고, 흡수하고, 회복하며, 보다 성공적으로 적응할 수 있는 능력
- 하천유역관리(river basin management)
  자연시스템이 반드시 정치 범위에 해당하지 않는다는 사실을 인식하여 수질, 서식지 보호, 농촌토지보전, 홍수재해경감 등의 문제를 지역규모로 해결하는 기법

연습문제

요약 질문

1. 개발 패턴은 재해를 고려하지 않을 때 취약하다. 참인가 거짓인가?

2. 재해경감은 특히 피해, 재건, 반복적 피해의 순환을 끊는 데 전념하는 비상관리 단계이다. 참인가 거짓인가?

3. 다음 중 시민들이 재난에 대비하도록 격려하는 유용한 의사소통 전략이 될 수 있는 것은?
   a. 재난의 결과에 대해 이야기함으로써 사람들을 겁준다.
   b. 사람들이 그들 자신보다 더 취약한 사람들을 돕도록 격려한다.
   c. 비상 대응자들이 그들을 구할 준비가 되어 있다는 것을 시민들에게 보장한다.
   d. 과거에 커뮤니티에서 재난이 일어나지 않았던 것처럼 행동하라

4. 회복탄력적 커뮤니티는 재난의 어떤 부정적인 경제적 영향을 더 잘 견딜 수 있는가?
   a. 거주자 이동 및 지역 고용 기반 상실 b. 기타 공적 자금지원사업의 연기
   c. 주요 고용주의 손실 d. 위의 모든 것

5. 네덜란드가 왜 뉴올리언스에서 발견되는 것보다 더 높은 수준의 보호를 제공하는가 하는 질문에 대한 간단한 대답은 세계 경제의 문제이다. 참인가 거짓인가?

6. 인구조사는 매년 미국의 인구를 집계한다. 참인가 거짓인가?

7. 다음 자료들 중 미국 기후변화의 영향에 대한 정보를 제공할 수 있는 것은?
   a. 기후 데이터 이니셔티브 b. 국가기후평가
   c. 디지털 코스트 d. 위의 모든 것

8. 다음 중 친환경 사회기반시설의 예는 무엇인가?
   a. 도로 b. 농장 c. 하수관로 d. 유틸리티 라인

9. 모든 토지이용계획 및 개발 활동에 경감 윤리를 주입하는 것이 지역 취약성을 증가시키는 최선의 방법이다. 참인가 거짓인가?

10. 우리는 적십자사나 연방정부와 같은 다른 사람들에게 우리의 안전을 책임지게 할 수 있다. 참인가 거짓인가?

리뷰 질문

1. 재난 회복탄력성을 정의하라.

2. 홍수위험을 1% 확률의 홍수로 설명하는 표준 방법이 100년 범람원으로 설명되는 것은 왜 잘못된 것인가?

3. 자연 범람원의 이점은 무엇인가?

4. 재난 후 커뮤니티에서 일어나는 변화에는 어떤 것들이 있는가?

5. 재난 후 재개발 기간 동안 커뮤니티가 회복탄력성을 높이기 위해 사용할 수 있는 3가지 지침을 나열하라.

6. 시민들이 재해에 대비하고 경감할 수 있도록 장려하는 3가지 효과적인 의사소통 전략을 나열하라.

7. 커뮤니티 인구의 특성을 이해하는데 중요한 정보원은 무엇인가?

8. 기후변화 영향에 대한 정보와 데이터의 2가지 출처를 말하라.
9. 재해 취약성을 줄이는 데 있어 지방정부와 비영리 환경단체의 상호 보완적인 목표 중 일부를 설명하라.
10. 재난복구가 예방 조치를 취할 수 있는 잠재적으로 귀중한 시간인 이유는 무엇인가?
11. 비상관리를 예술의 한 형태로 볼 수 있는 이유를 설명하라.

응용

1. 당신은 어느 강유역에 있는가? 상류에 수원(headwater) 근처인가, 하류에 있는 유출 지점(outflow point) 근처인가, 아니면 그 중간쯤인가? 당신 커뮤니티의 행동이 전체 강유역에 어떤 영향을 미치는가?

2. 당신 커뮤니티에 영향을 미칠 수 있는 재난을 생각해 보라. 그 재난 이후, 만약 당신이 비상관리자라면, 고위험지역의 개발과 재개발을 지도하는 데 회복탄력성의 윤리를 주입하기 위해 무엇을 할 것인가? 당신은 그 기회의 창을 이용하겠는가? 만약 그렇다면, 어떻게? 경감을 촉진하기 위해 어떤 복구 전략을 사용하겠는가?

3. 당신의 커뮤니티의 자연적인 특징 중 일부를 식별하라. 만약 당신이 강 근처에 산다면, 당신은 범람원의 범위를 알 수 있는가? 습지가 있거나 근처에 있는가? 만약 그렇다면, 그들은 과도한 강우량을 위한 집수하는 자연적 성능으로 기능하는가? 그렇지 않은 경우, 경감 기능을 보호하기 위해 어떤 조치를 취해야 하는가?

4. 뉴올리언스의 구조공학자들이 네덜란드에서 훈련을 받았다면 대형 허리케인에 이은 제방 보수와 재건에 어떻게 접근할 수 있는지 설명하라. 그들이 마주칠 수 있는 접근에 대한 장애물은 무엇인가? 할당될 수 있는 예산을 고려하라. 토지이용계획 및 개발의 전통도 고려하라.

5. 커뮤니티가 홍수 경감에 부정적인 영향을 미치지 않는 접근방식을 취할 경우 범람원 규제를 개발하기 위해 취할 수 있는 전략을 개략적으로 설명하라. 범람원의 경계를 어떻게 평가하겠는가? 미래 개발을 고려해 보겠는가? 왜 그런가? 혹은 왜 그렇지 않은가?

6. 당신은 반복되는 홍수를 경험한 작은 마을의 비상관리자이다. 마을 관리자가 제안된 구조 경감사업의 비용과 이점을 상세히 설명하는 보고서를 요청했다. 보고서를 작성할 때 고려해야 할 요소는 무엇인가? 당신은 어떤 기준으로 당신의 정보를 사용할 것인가?

자습

- 친환경 사회기반시설

메릴랜드 자연자원부는 주의 장기적인 생태 건강에 가장 중요한 개발되지 않은 땅을 식별하기 위해 노력하고 있다. 메릴랜드의 친환경 사회기반시설로 불리는 이 땅들은 다양한 식물과 동물 개체군을 지원하는 데 필요한 자연적 토대를 제공하며, 물을 여과하고 공기를 정화시키는 것과 같은 귀중한 자연 과정을 가능하게 한다. 친환경 사회기반시설 보호를 위한 우선 순위를 식별하고 설정하는 것은 현재 진행 중인 과정이다. 카운티별 지도를 포함한 메릴랜드의 친환경 사회기반시설에 대한 설명은 https://dnr.maryland.gov/ land/Pages/Green-Infrastructure.aspx에서 확인할 수 있다. 메릴랜드의 접근방식을 지침으로 삼아, 당신의 커뮤니티가 개방공간을 어떻게 다루는지 알아보라. 만약 당신이 도시지역에 산다면, 당신의 도시는 도시 숲이나 다른 자연지역을 보호하는가? 만약 당신의 커뮤니티가 교외나 시골이라면, 농경지나 서식지가 어떤 식으로든 보호되고 있는가? 지역 차원에서 어떤 수질 보호가 시행되고 있는가? 주(州)의 수준은 어떠한가?

- 정의로운 환경

지역 계획 부서, 지역 사무 또는 주택 기관 또는 미국 인구조사로부터 정보를 얻으면 저소득 또는 소수 민족이 지역 내에 어디에 살고 있는지 파악할 수 있다. 이제 거기에 존재할 수 있는 재해를 식별한다. 지역 홍수지도를 보라. 유독성 폐기물 처리장이나 지역 매립지가 근처에 있는가? 사회의 다른 부문보다 재해에 더 취약한 지역에 사는 불우한 사람들이 있는가? 만약 그렇다면, 당신의 커뮤니티의 모든 구성원을 보호하기 위해 비상관리자로서 무엇을 할 수 있을까?

- 위험 사업

위험을 묘사하기 위해 사용하는 용어들은 종종 일반 대중에게 혼란스럽고 오해의 소지가 있다. 친구, 동료, 가족을 대상으로 한 비공식 여론조사를 실시하라. 그들에게 "100년 홍수 위험"을 언급할 때 떠오르는 것이 무엇인지 물어보라. 100년에 한 번꼴로 홍수가 난다는 것을 의미하는 것이 틀림없다고 응답하는 사람은 얼마나 될까? "해마다 1%의 홍수 가능성"이라는 문구가 위험의 개념을 명확히 하는 데 도움이 되는가? 더 헷갈리게 하는가? 당신은 비상관리 분야에 종사하지 않는 사람들이 이해할 수 있는 용어로 홍수위험을 어떻게 설명할 것인가?

참고문헌

1. National Oceanic and Atmospheric Administration. 2020. Billion-Dollar Weather and Climate Disasters. National Oceanic and Atmospheric Administration. http://www.ncdc.noaa.gov/billions/.
2. U.S. Global Change Research Program. 2018. National Climate Assessment. U.S. Global Change Research Program. http://nca2018.globalchange.gov.
3. Sweet, W.V. and J. Park. 2014. From the extreme to the mean: Acceleration and tipping points of coastal inundation from sea level rise. Earth's Future, 2(12): 579–600.
4. National Oceanic and Atmospheric Administration. 2018. Fast Facts: Economics and Demographics. Office of Coastal Management.
5. Annan, K. 2000. Facing the Humanitarian Challenge: Towards a Culture of Prevention. New York, NY: United Nations.
6. Multihazard Mitigation Council. 2005. Natural Hazard Mitigation Saves: An Independent Study to Assess the Future Savings from Mitigation Activities.
7. National Academy of Science. 2012. Disaster Resilience – A National Imperative. Washington, DC: National Academies Press.
8. Godschalk, D., T. Beathley, P. Berke, D. Brower, and E. Kaiser. 1999. Natural Hazard Mitigation: Recasting Disaster Policy and Planning. Washington, DC: Island Press.
9. Kershaw, P.J. 2005. Creating a Disaster Resilient America: Grand Challenges in Science and Technology: Summary of a Workshop, edited by National Research Council of the National Academies. Washington, DC: National Academies Press.
10. Mileti, D.S. and L. Peak. 2002. Understanding Individual and Social Characteristics in the Promotion of Household Disaster Preparedness. New Tools for Environmental Protection: Education, Information, And Voluntary Measures, edited by T. Dietz and P.C. Stern, pp. 125–139. Washington, DC: National Academies Press.
11. Room for the River Programme. http://www.ruimtevoorderivier.nl/english/room-for-the-riverprogramme/.
12. Ganderton, P. T., et al. (2006) Mitigation generates savings of four to one and enhances community resilience. Natural Hazards Review, 30(4).
13. Monday, J. (2005) Chapter 1: Introduction to Sustainability. Holistic Disaster Recovery: Ideas for Building Local Sustainability after a Natural Disaster. Boulder, CO. http://www.colorado.edu/hazards/publications/holistic/ch1_sustainability.pdf.

찾아보기

0

ㄱ

ㅅ

ㅇ

ㅈ

ㅊ

ㅋ

ㅌ

ㅍ

ㅎ

저자 소개

김두기 (金斗基)

고려대학교 건축사회환경공학부(공학사)
KAIST 건설 및 환경공학과(공학석사 및 공학박사)
현재 : 국립 공주대학교 천안공과대학
스마트인프라공학과 교수
자격 : 건축구조기술사, 토목구조기술사
자료 : www.kim2kie.com 및 유튜브

Hazard Mitigation and Preparedness
재해와 재난관리 **정가 27,000원**

저자 : Dylan Sandler, Anna K. Schwab
역자 : 김두기

발행인 : 임해진
발행처 : 도서출판 구미서관

발행 : 2023년 1월 15일

등록 : 1979년 6월 29일 No.9–6호

주소 : 서울시 마포구 신촌로 2길 5–15 구미빌딩
전화 : 02–333–1101
팩스 : 02–335–2201
http://www.goomibook.com

ISBN 979–11–6257–241–2 (93530)